최신 출제기준에 맞춘 최고의 수험서

2025 최신판

합격보증

건설재료시험 기능사

필기 실기

고행만 저

이 책의 특징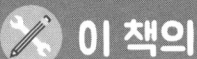

- 정확한 답과 명쾌한 해설
- KCS 적용 | SI 단위 적용
- 새롭게 적용되는 이론과 예상문제 삽입
- 다년간 실무 및 강의 경험이 풍부한 최상급 저자
- 과년도 출제문제를 검토, 개정된 규정에 맞게 수정 보완

실기 필답형
기출 복원 문제 수록

CBT 모의고사 수록

질의응답 카페 운영
cafe.daum.net/khm116
(토목, 건설재료, 콘크리트)

도서출판 건기원

머리말

경제가 어려운 현실에 직면하면서 건설경기 역시 침체가 되어 경기부양책으로 정부에서 SOC 투자에 각별한 정책을 추진하고자 한다.

건설정책은 초기에 거대한 사업비가 출자되어 다소 무리한 면이 있지만 미래 지향적인 측면에서는 결코 방치하여서는 안 된다.

여론을 수렴하여 적절한 방향으로 추진하여야 할 것이다.

건설환경에 적극 대응하기 위해서는 공사의 질적 발전을 도모하여야 한다. 그러기 위해서 건설기술자의 자세가 매우 중요하다고 본다.

본 책자를 소개하면 토목 및 건축현장의 초급 품질관리자로 근무를 희망하는 수험생에게 짧은 시간에 자격취득을 할 수 있도록 단원별 실전문제와 실기작업 시험과정을 사진을 통해 이해력을 증진하게 편성하였다.

아무쪼록 수험자 여러분의 무한한 정진과 최선을 다하는 모습에서 보람을 느끼며 여러분의 합격을 진심으로 기원합니다.

끝으로 본 책자를 펴내기 위해 협조해 주신 도서출판 건기원 관계자분들과 원고 정리 및 교정 등에 많은 도움을 주신 분들께 감사드리며 그동안 아껴주신 교장선생님과 여러 선생님, 그리고 늘 함께하는 가족에게 진심으로 고마움을 표합니다.

저자 고행만

건설재료시험 기능사 필기시험 출제기준

직무 분야		토목		자격 종목		건설재료시험기능사	
• 직무내용 : 건설공사를 수행함에 있어서 필요한 각종 재료에 대해 여러 가지 항목에 걸쳐 시험을 실시하고 적합성을 판별하는 직무이다.							
필기검정방법		객관식	문제수	60		시험시간	1시간
필 기 과목명	출제 문제수	주요항목		세부항목		세세항목	
건설재료, 건설재료시험, 토질	60	1. 건설재료		1. 일반재료의 성질 및 용도		1. 목재 2. 석재 3. 금속재 4. 역청재 5. 화약 및 폭약 6. 토목섬유	
				2. 콘크리트 재료 및 콘크리트의 성질 과 용도		1. 잔골재 2. 굵은골재 3. 시멘트의 종류 4. 시멘트의 성질 5. 혼화재료의 성질 6. 혼화재 7. 혼화제 8. 굳지 않은 콘크리트 9. 굳은 콘크리트	
		2. 건설재료시험		1. 흙의 시험		1. 함수비시험 2. 밀도시험 3. No. 200체 통과량시험 4. 액성한계시험 5. 소성, 수축한계시험 6. 흙의 입도시험	
				2. 시멘트 시험		1. 밀도시험 2. 응결시간 측정시험 3. 분말도시험 4. 압축, 인장강도시험 5. 기타 시멘트관련 시험	
				3. 골재 시험		1. 체가름 시험 2. 밀도 및 흡수율 시험 3. 표면수량시험 4. 골재의 단위용적질량시험 5. 유기불순물시험 6. 잔입자시험 7. 안정성시험 8. 마모시험	

필기 과목명	출제 문제수	주요항목	세부항목	세세항목
			4. 콘크리트시험	1. 압축, 인장강도시험 2. 휨강도시험 3. 단위질량 및 공기함유량시험 4. 반죽질기시험 5. 블리딩시험 6. 콘크리트의 배합설계
			5. 아스팔트 및 혼합물시험	1. 비중 및 점도시험 2. 침입도시험 3. 연화점, 인화점 및 연소점시험 4. 신도시험 및 기타 아스팔트시험
			6. 강재의 시험	1. 강재 시험
		3. 토질	1. 흙의 기본적 성질과 분류	1. 흙의 성질 2. 흙의 분류
			2. 흙 속의 물과 압밀	1. 흙의 모관성, 투수성, 동상 2. 분사현상 및 파이핑 3. 흙의 압축성과 압밀 4. 압밀 시험의 정리와 이용
			3. 흙의 전단강도	1. 직접 전단강도 2. 일축압축 전단강도 3. 삼축압축 전단강도
			4. 흙의 다짐	1. 실내다짐 2. 모래치환에 의한 현장밀도 시험 3. 노상토 지지력비(CBR)시험

건설재료시험 기능사 실기시험 출제기준

직무 분야	토목	자격 종목	건설재료시험기능사

- 직무내용 : 건설공사를 수행함에 있어서 필요한 각종 재료에 대해 여러 가지 항목에 걸쳐 시험을 실시하고 적합성을 판별하는 직무이다.
- 수행준거 : 1. 토질에 대한 기초적인 이론 지식을 바탕으로 토질시험을 수행하고 결과를 판정할 수 있다.
  2. 건설재료 및 각종 콘크리트에 대한 기초적인 이론 지식을 바탕으로 관련 시험을 수행하고 결과를 판정할 수 있다.

실기검정방법	복합형	시험시간	필답형 : 1시간 작업형 : 2시간 정도

실기과목명	주요항목	세부항목	세세항목
토질 및 건설재료 시험	1. 토질, 시멘트, 골재, 콘크리트 등 건설재료시험에 관한 사항	1. 토성시험하기	1. 토성시험을 할 수 있어야 한다.
		2. 노상토지지력비시험하기	1. 노상토지지력비 시험을 할 수 있어야 한다.
		3. 다짐 및 현장밀도시험하기	1. 흙의 다짐 시험을 할 수 있어야 한다. 2. 흙의 현장밀도 시험을 할 수 있어야 한다.
		4. 흙의 전단시험하기	1. 직접전단시험을 할 수 있어야 한다. 2. 일축압축시험을 할 수 있어야 한다. 3. 삼축압축시험을 할 수 있어야 한다. 4. 기타 전단시험을 할 수 있어야 한다.
		5. 압밀시험하기	1. 압밀의 원리를 이해하고 적용할 수 있어야 한다. 2. 압밀시험을 할 수 있어야 한다. 3. 압밀침하량을 산정할 수 있어야 한다.
		6. 골재시험하기	1. 잔골재 관련 시험을 할 수 있어야 한다. 2. 굵은골재 관련 시험을 할 수 있어야 한다.
		7. 시멘트 및 콘크리트 시험하기	1. 시멘트 관련 시험을 할 수 있어야 한다. 2. 콘크리트 관련 시험을 할 수 있어야 한다.
		8. 아스팔트 시험하기	1. 아스팔트 관련 시험을 할 수 있어야 한다.
		9. 강재시험하기	1. 강재 관련 시험을 할 수 있어야 한다.

건설재료시험 기능사 출제분석표

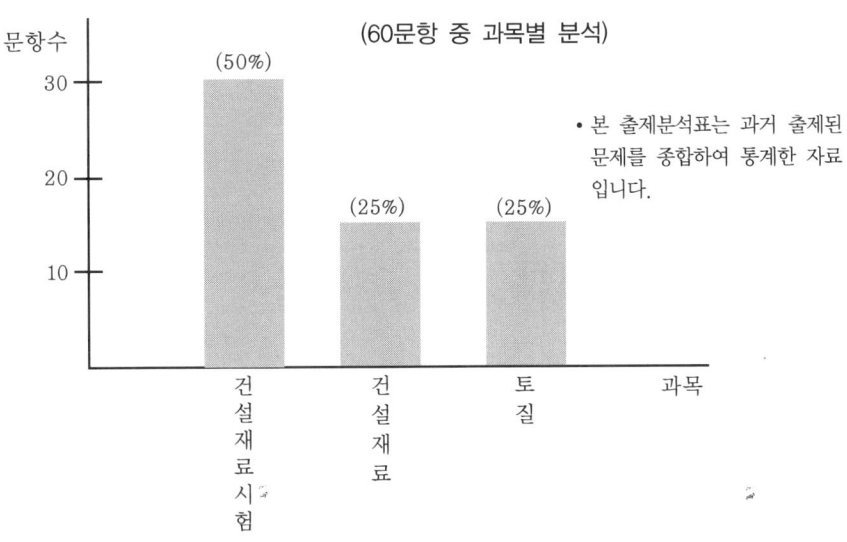

※ 계산문제 출제의 경우
건설재료시험 – 3문항 이내
토질 – 5문항 이내

◎ 건설재료시험 기능사 출제 비율

주요 항목	세부 항목	출제 비율
1. 건설재료	1. 일반재료의 성질 및 용도	25.0%
	2. 콘크리트 재료 및 콘크리트의 성질과 용도	
2. 건설재료시험	1. 흙의 시험	50.0%
	2. 시멘트 시험	
	3. 골재 시험	
	4. 콘크리트 시험	
	5. 아스팔트 및 혼합물 시험	
	6. 강재의 시험	
3. 토질	1. 흙의 기본적 성질과 분류	25.0%
	2. 흙 속의 물과 압밀	
	3. 흙의 전단강도	
	4. 흙의 다짐	
	5. 기초	
	6. 지반의 지지력	

차 례

제1편 | 건설재료

제1장 재료의 일반 … 1-3

1-1 재료가 갖추어야 할 기본 조건 / 1-3
1-2 재료의 규격 / 1-3
1-3 재료의 역학적 성질 / 1-4
■ 제1장 실전문제 / 1-7

제2장 목 재 … 1-9

2-1 개 설 / 1-9
2-2 목재의 구조와 성분 / 1-10
2-3 목재의 일반적 성질 / 1-10
2-4 목재의 역학적 성질 / 1-11
2-5 목재의 건조 / 1-11
2-6 목재의 방부법 / 1-12
2-7 목재의 가공법 / 1-12
■ 제2장 실전문제 / 1-14

제3장 석 재 … 1-17

3-1 석재의 종류 / 1-17
3-2 석재의 구조 / 1-18
3-3 석재의 성질 / 1-18
3-4 석재의 규격 / 1-19
■ 제3장 실전문제 / 1-20

제4장 시멘트 및 혼화재료 — 1-23

    4-1   시멘트 / 1-23
    4-2   혼화재료 / 1-28
    ■ 제4장 실전문제 / 1-32

제5장 골 재 — 1-48

    5-1   골재의 특성별 분류 / 1-48
    5-2   골재의 성질 / 1-48

제6장 폭파약 — 1-51

    6-1   폭파약의 종류 / 1-51
    6-2   화   약 / 1-51
    6-3   폭   약 / 1-52
    6-4   기폭용품 / 1-54
    6-5   폭파약 취급시 주의사항 / 1-55
    ■ 제6장 실전문제 / 1-56

제7장 금속재료 — 1-60

    7-1   금속재료의 특징 / 1-60
    7-2   강 / 1-60
    7-3   강의 열처리 / 1-61
    7-4   강의 일반적 성질 / 1-61
    7-5   금속 방식법 / 1-63
    ■ 제7장 실전문제 / 1-64

제8장 합성수지 — 1-67

    8-1   합성수지의 분류 / 1-67
    8-2   플라스틱의 특징 / 1-67
    ■ 제8장 실전문제 / 1-68

제9장 도 료 — 1-69

    9-1   도료의 주성분 / 1-69
    9-2   도료의 종류 / 1-69

- 제9장 실전문제 / 1-71

제10장 역청재료 1-72

- 10-1 아스팔트의 종류 / 1-72
- 10-2 아스팔트의 성질 / 1-73
- 10-3 각종 아스팔트 / 1-75
- 10-4 아스팔트 혼합물 / 1-75
- 제10장 실전문제 / 1-79

제2편 건설재료시험

제1장 콘크리트 2-3

- 1-1 시멘트 시험 / 2-3
- 1-2 골재시험 / 2-23
- 1-3 콘크리트 시험 / 2-64
- 제1장 실전문제 / 2-100

제2장 토질시험 2-120

- 2-1 흙 입자 밀도시험(KSF 2308) / 2-120
- 2-2 흙의 액성한계시험(KSF 2303) / 2-120
- 2-3 흙의 소성한계시험(KSF 2303) / 2-121
- 2-4 흙의 수축정수(한계)시험(KSF 2305) / 2-121
- 2-5 흙의 분류 / 2-122
- 2-6 흙의 다짐(KSF 2312) / 2-123
- 2-7 현장밀도(들밀도)시험 / 2-124
- 2-8 흙의 입도시험 및 물리시험용 시료조제(KSF 2301) / 2-125
- 2-9 흙의 입도분석시험(KSF 2302) / 2-126
- 2-10 흙의 함수량 시험(KSF 2306) / 2-127
- 2-11 신속(급속) 함수량 시험 / 2-128
- 2-12 노상토 지지력비(CBR) 시험(KSF 2320) / 2-128
- 2-13 도로의 평판재하시험(KSF 2310) / 2-129
- 2-14 표준관입시험 / 2-130

■ 제2장 실전문제 / 2-131

제3장 아스팔트 시험   2-140

3-1 역청재료의 침입도시험(KSM 2252) / 2-140
3-2 역청재료의 신도시험(KSM 2254) / 2-141
3-3 원유 및 석유제품 인화점시험(KSM 2010) / 2-141
3-4 역청재료의 연화점시험(환구법)(KSM 2250) / 2-141
3-5 아스팔트 혼합물의 마샬안정도 및 흐름값시험(KSF 2337) / 2-142
3-6 다져진 아스팔트 혼합물의 겉보기 비중 및 밀도시험(KSF 2353) / 2-143
3-7 아스팔트 포장용 혼합물의 아스팔트 함유량시험(KSF 2354) / 2-143
3-8 기름 및 아스팔트질 혼합물의 증발감량시험(KSM 2255) / 2-144
■ 제3장 실전문제 / 2-145

제4장 목재시험   2-151

4-1 목재의 흡수율 시험(KSF 2199) / 2-151
4-2 목재의 압축시험(KSF 2206) / 2-151
4-3 목재의 경도시험(B형 경도시험)(KSF 2212) / 2-151
■ 제4장 실전문제 / 2-153

제5장 석재시험   2-156

5-1 석재의 압축강도시험(KSF 2519) / 2-156
5-2 석재의 밀도 및 흡수율시험(KSF 2518) / 2-156
■ 제5장 실전문제 / 2-157

제3편 토 질

제1장 흙의 기본적 성질   3-3

1-1 흙의 구성 / 3-3
1-2 흙의 밀도 관계 / 3-5
1-3 상대밀도 / 3-6

1-4 흙의 연경도(컨시스턴시) / 3-7
■ 제1장 실전문제 / 3-11

제2장 흙의 분류   3-14

2-1 입도 분석 / 3-14
2-2 공학적 분류 / 3-16
■ 제2장 실전문제 / 3-18

제3장 흙의 다짐   3-21

3-1 다짐시험 / 3-21
3-2 현장밀도 시험(들밀도 시험) / 3-24
3-3 노상 및 노반의 지지력 / 3-24
■ 제3장 실전문제 / 3-27

제4장 흙의 투수성   3-30

4-1 흙 속의 물의 흐름 / 3-30
4-2 투수계수 시험 / 3-31
4-3 성층토의 투수계수 / 3-32
4-4 유 선 망 / 3-33
4-5 제체의 침투 / 3-35
4-6 유효응력 / 3-36
4-7 분사현상(quick sand) / 3-40
4-8 흙의 동해(동상) / 3-40
■ 제4장 실전문제 / 3-42

제5장 흙의 압밀   3-47

5-1 압　　밀 / 3-47
5-2 공극수압과 유효응력과의 관계 / 3-47
5-3 과잉공극수압 / 3-48
5-4 Terzaghi의 1차 압밀 / 3-48
5-5 압밀 기본 방정식 / 3-50
5-6 압밀시험 / 3-50
■ 제5장 실전문제 / 3-52

제6장 흙의 전단강도 3-56

- 6-1 흙의 전단 / 3-56
- 6-2 직접전단시험 / 3-56
- 6-3 삼축압축시험 / 3-57
- 6-4 일축압축시험 / 3-59
- 6-5 현장의 전단강도 / 3-61
- 6-6 모래지반의 전단 특성 / 3-63
- ■ 제6장 실전문제 / 3-64

제7장 기초공 3-70

- 7-1 토질조사 / 3-70
- 7-2 기초 / 3-72
- ■ 제7장 실전문제 / 3-78

제4편 기출문제

2012년 2월 12일(제1회) 시험	4-3
2012년 4월 8일(제2회) 시험	4-14
2012년 10월 20일(제5회) 시험	4-27
2013년 1월 27일(제1회) 시험	4-39
2013년 4월 14일(제2회) 시험	4-50
2013년 10월 12일(제5회) 시험	4-62
2014년 1월 26일(제1회) 시험	4-75
2014년 4월 6일(제2회) 시험	4-87
2014년 10월 11일(제5회) 시험	4-99
2015년 1월 25일(제1회) 시험	4-111
2015년 4월 4일(제2회) 시험	4-124
2015년 10월 10일(제5회) 시험	4-136
2016년 1월 24일(제1회) 시험	4-148

2016년 4월 2일(제2회) 시험	4-161
제1회 CBT 모의고사	4-174
제2회 CBT 모의고사	4-186
제3회 CBT 모의고사	4-198

제5편 | 실기 기출문제

실기 필답형 문제	5-3
실기 작업형 문제	5-140

제1편 건설재료

제 1 장　재료의 일반
제 2 장　목　재
제 3 장　석　재
제 4 장　시멘트 및 혼화재료
제 5 장　골　재
제 6 장　폭파약
제 7 장　금속재료
제 8 장　합성수지
제 9 장　도　료
제10장　역청재료

제1장 재료의 일반

1-1 재료가 갖추어야 할 기본 조건

① 사용 목적에 알맞은 공학적 성질을 가질 것
② 사용 환경에 대해 안정하고 내구성을 가질 것
③ 생산량이 많고 경제적이어야 할 것
④ 내화성, 내수성이 클 것
⑤ 운반, 취급, 가공이 용이할 것

1-2 재료의 규격

1-2-1 산업 표준화의 효과

① 재료나 제품의 모양, 치수, 품질, 사용방법, 시험방법 등의 표준규격을 정하므로 품질의 향상을 증대시킬 수 있다.
② 생산 능률이 오르고 생산비가 저렴하다.
③ 재료가 절약된다.
④ 거래의 공정화 및 소비의 합리화가 증진된다.

1-2-2 한국 산업 표준규격(KS)

16개 부문으로 되어 있으며 토목 건축은 F, 금속은 D(예 : 철근, 강재), 요업은 L(예 : 시멘트와 혼화재료), 화학은 M(예 : 아스팔트) 등이 속한다.

1-3 재료의 역학적 성질

1-3-1 탄성과 소성

외력에 의해 물체가 변형되었다가 외력을 제거하면 원상태로 되돌아가는 성질을 탄성이라 하고, 외력을 제거하여도 변형된 상태로 남아 있는 성질은 소성이라 한다.

1-3-2 응력과 변형률 곡선

(1) 응력

① 재료에 하중이 작용하면 재료의 내부에서 저항력이 생기는 것으로 내부의 단위 면적당의 작용하는 힘을 응력이라 한다.

② $f = \dfrac{P}{A}$ (MPa, N/mm^2)

(2) 변형률

① 물체가 외력을 받아 변형이 일어나는 양을 단위 길이당의 변형량으로 표시한다.

② $\varepsilon = \dfrac{\triangle l}{l} \times 100$

③ 푸아송의 비 $v = \dfrac{횡방향 변형률}{종방향 변형률} = \dfrac{1}{m}$

④ 푸아송의 비(v)과 푸아송의 수(m) 관계

- $v = \dfrac{\beta}{\varepsilon} = \dfrac{횡방향의\ 변형률(하중과\ 직각방향\ 변형률)}{종방향의\ 변형률(하중방향\ 변형률)} = \dfrac{1}{m}$

- $v = \dfrac{\dfrac{\Delta d}{d}}{\dfrac{\Delta l}{l}}$

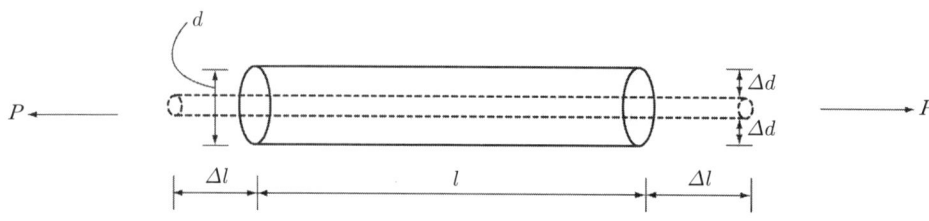

(3) 연강의 응력 – 변형률 곡선

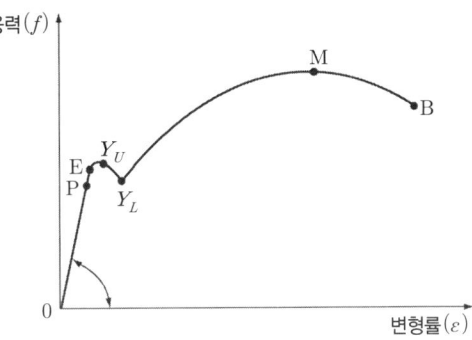

① 비례한도(P점)

　탄성한도 내에서 응력과 변형률이 직선적으로 비례하여 변화하여 외력을 제거하면 원래 상태로 회복되는 한계

② 탄성한도(E점)

　응력과 변형률이 아주 미세하게 곡선으로 변화하지만 외력을 제거하면 영구 변형을 남기지 않고 원래 상태로 돌아오는 한계

③ 항복점(Y_U : 상항복점, Y_L : 하항복점)

　외력은 증가하지 않는데 변형이 급격히 증가하였을 때의 응력

④ 극한강도(M점)

　응력의 최대값

⑤ 파괴점(B점)

　재료가 파괴되는 점

(4) 탄성계수

① 응력과 변형률 곡선의 직선부분의 기울기

② $E = \dfrac{f}{\varepsilon} = \dfrac{\dfrac{P}{A}}{\dfrac{\triangle l}{l}} = \dfrac{P \cdot l}{A \cdot \triangle l}$

(5) 탄성계수(E), 푸아송 비(v), 전단탄성계수(G) 관계

$E = 2G(1+v)$

$G = \dfrac{mE}{2(m+1)}$

1-3-3 강도의 종류

(1) 피로강도

① 하중이 재료에 반복 작용할 때
재료가 정적강도보다 낮은 강도에서 파괴되는 현상
② 응력(S)-반복횟수(N) 곡선

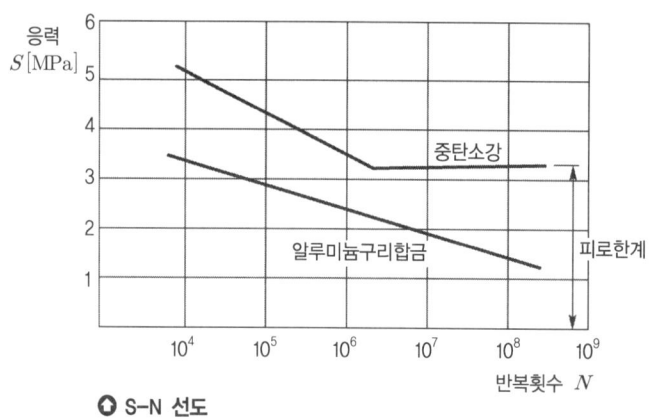

○ S-N 선도

- 피로한계 이하에서는 반복횟수(N)를 증가해도 파괴가 안 일어나고 S-N곡선이 수평이 된다.
- 비철금속이나 콘크리트 등은 S-N곡선의 수평부가 생기지 않는다.

(2) 크리프

일정한 하중을 지속적으로 장시간 가했을 때 시간의 경과에 따라 변형이 증가되는 현상

(3) 릴랙세이션

재료에 하중을 가했을 때 시간의 경과함에 따라 재료의 응력이 감소하는 현상

제1장 실전문제 — 재료의 일반

01 그림과 같은 강의 응력-변형 곡선에서 항복점은?

㉮ P
㉯ Y
㉰ U
㉱ F

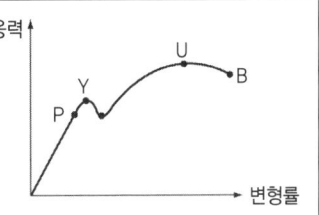

02 다음 설명 가운데 옳지 않은 것은?

㉮ 탄성계수가 큰 재료일수록 강도가 크고 변형률은 적다.
㉯ 탄성계수를 구하는 목적은 강도와 변형률을 구하기 위함이다.
㉰ 강성은 외력을 받아 이에 저항하는 성질을 말한다.
㉱ 취성은 충격강도와 관계가 거의 없다.

해설 취성은 작은 변형에도 파괴되는 성질이므로 충격강도와 반비례 관계가 있다.

03 다음 설명 가운데 옳지 않은 것은?

㉮ 크리프는 일정한 응력하에서 시간의 경과에 따라 변형이 증가되는 현상을 말하고 릴랙세이션의 반대이다.
㉯ 탄성계수가 큰 물체일수록 푸아송 비는 커진다.
㉰ 피로성이란 재료에 생기는 반복적인 응력에 대한 저항성을 말한다.
㉱ 인성은 변형이 크면서 저항성도 큰 성질을 말하고 취성은 작은 변형에도 쉽게 부러지는 현상을 말한다.

해설 $G = \dfrac{E}{2(1+v)}$

• 전단 탄성계수와 푸아송 비는 반비례 관계이다.

04 다음과 같은 재료의 역학적인 성질에 관한 용어 중에서 옳지 않은 것은?

㉮ 응력 : 재료가 외력에 저항하기 위해서 발생되는 재료 내부의 힘(應力)
㉯ 강성 : 재료가 파괴될 때까지 외력을 잘 견디는 성질(剛性)
㉰ 강도 : 재료가 외력에 저항할 수 있는 힘(强度)
㉱ 변형 : 재료에 외력이 작용되면 모양이 변화하는 것(變形)

해설 • 강성 : 외력에 대해 변형이 적은 재료의 성질

답 01. ㉯ 02. ㉱ 03. ㉯ 04. ㉯

05 직경이 20cm, 길이 5m인 강봉에 축방향으로 50kN의 인장력을 주어 지름이 0.1mm가 줄고, 길이가 10mm 늘어난 경우의 이 재료의 푸아송 수는 얼마인가?

㉮ 3.5 ㉯ 4.0 ㉰ 1.25 ㉱ 0.25

해설
- $v = \dfrac{\beta}{\varepsilon} = \dfrac{1}{m}$
- $v = \dfrac{\frac{\Delta d}{d}}{\frac{\Delta l}{l}} = \dfrac{l \cdot \Delta d}{d \cdot \Delta l} = \dfrac{5000 \times 0.1}{200 \times 10} = 0.25$
- $\therefore m = \dfrac{1}{v} = \dfrac{1}{0.25} = 4$

06 다음 그림은 강(鋼)의 응력과 변형률의 관계를 표시한 곡선이다. 외력을 제거해도 변형 없이 원래 상태대로 되는 응력의 한계점은 다음 중 어느 것인가?

㉮ P ㉯ E
㉰ Y ㉱ U

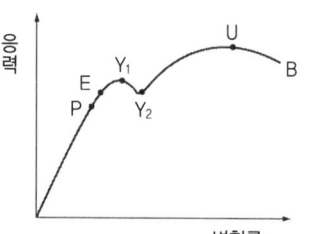

해설
- 탄성한계(E점) : 외력을 제거해도 변형 없이 원래대로 되는 응력
- 비례한계(P점) : 응력과 변형률의 관계가 직선적으로 변하는 한계

07 어떤 재료의 푸아송 비가 1/3이고, 탄성계수는 204,000MPa일 때 전단탄성계수는?

㉮ 25,600MPa ㉯ 76,500MPa
㉰ 544,000MPa ㉱ 229,500MPa

해설 $G = \dfrac{E}{2(1+v)} = \dfrac{204,000}{2\left(1+\dfrac{1}{3}\right)} \fallingdotseq 76,500\text{MPa}$

답 05. ㉱ 06. ㉯ 07. ㉯

제 2 장 목 재

2-1 개 설

목재의 사용 범위가 최근에는 한정이 되어 거의 사용 빈도가 적은 추세이지만 일부 가설구조물의 재료로 이용되고 있다.

2-1-1 목재의 장점

① 외관이 아름답다.
② 가볍고 취급, 가공 등이 쉽다.
③ 무게에 비해 강도가 크다.
④ 열, 음, 전기의 부도체이다.
⑤ 충격, 진동을 잘 흡수한다.
⑥ 온도에 대한 신축이 작다.
⑦ 구입이 쉽고 비교적 가격이 저렴하다.

2-1-2 목재의 단점

① 함수율에 따른 변형과 팽창, 수축이 크다.
② 재질과 강도가 균질하지 못하여 내구성과 내화성이 작다.
③ 부식이 쉽고 충해를 받기 쉽다.
④ 크기에 제한을 받는다.

2-2 목재의 구조와 성분

2-2-1 목재의 구조

(1) 변 재

목질부분의 중앙부 외관의 연한 색깔 부분

(2) 심 재

① 목질부분의 중앙부의 암색을 나타낸 부분
② 단단한 조직으로 형성되어 강도와 내구성이 변재보다 크다.

2-2-2 목재의 성분

셀룰로오스 성분이 60% 정도 차지하고 나머지는 대부분 리그닌으로 구성되어 있다.

2-3 목재의 일반적 성질

2-3-1 밀 도

① 주로 기건밀도(공기 중 건조시킨 상태, 겉보기 밀도)를 말한다.
② 목재의 기건밀도는 0.3~0.9g/cm^3 정도이다.
③ 함수량에 따라 밀도가 달라진다.
④ 목재의 강도는 밀도가 클수록 크다.

2-3-2 함 수 율

① 함수율 $= \dfrac{W_1 - W_2}{W_2} \times 100$

여기서, W_1 : 건조 전의 중량
W_2 : 절대 건조 중량

② 공기 건조시 함수량은 15%(13~18%) 정도이다.
③ 섬유 포화점은 유리수와 세포수의 한계에서의 함수상태로 30% 정도이다.
④ 목재의 함수율과 강도는 반비례한다.
 (함수율이 적을수록 강도가 크다.)

2-4 목재의 역학적 성질

2-4-1 압축강도

① 섬유에 평행방향의 압축강도의 10~20% 정도
② 섬유에 직각방향의 압축강도는 낮다.

2-4-2 인장강도

① 섬유에 평행방향의 인장강도는 제일 크다.
② 섬유에 직각방향의 인장강도는 상당히 적다.

2-4-3 경 도

하중 P에 의해 지름 10mm인 강구를 목재 표면에서 눌렀을 때 움푹 패인 흔적의 표면적으로 하중을 나눈 값

2-5 목재의 건조

2-5-1 목재의 건조 목적

① 균류에 의한 부식과 벌레의 피해 예방
② 사용 시 수축, 균열 방지
③ 강도 및 내구성 증진
④ 방부제 등의 약제 주입이 쉽다.
⑤ 중량의 경감으로 취급이 쉽다.

2-5-2 목재의 건조 방법

(1) 자연건조법

① 공기 건조법
  목재를 옥외에 쌓아서 기건상태에서 건조시키는 방법

② 수침법
  목재를 물속에 담가 수액을 수중에 용출시키는 방법으로 공기 건조법보다 건조속도가 빠르고 변형 및 균열이 적어지나 강도가 저하된다.

(2) 인공건조법

① 끓임법(자비법)
목재를 뜨거운 물에 끓여 수액을 추출시켜 건조시키는 방법으로 침수법에 비해 건조 속도가 빠르다.

② 열기법
목재를 밀폐된 실내에 넣고 가열한 공기로 건조시키는 방법

③ 증기법
목재를 증기시설 속에 넣고 압력증기를 보내 건조시키는 방법

④ 고주파 건조법
목재를 내부에서 균등하게 가열할 수 있어 건조속도가 매우 빠르다.

⑤ 훈연법
톱밥, 생목 등을 태운 연기를 이용하여 건조시키는 방법

⑥ 전기건조법
고압전류를 목재에 흘려 보내 건조시키는 방법

2-6 목재의 방부법

- 크레오소트 방부제 용액을 주로 주입한다.
- 목재의 표면을 두께 3~10mm 정도 태워 탄화시키는 표면 탄화법을 이용하여 표면처리 한다.

2-7 목재의 가공법

2-7-1 합판 제조 방법

(1) 로터리 베니어(Rotary Veneer)
둥근 원목을 나이테에 따라 회전시키면서 얇게 깎아내는 것으로 주로 이 방법으로 많이 이용한다.

(2) 슬라이스드 베니어(Sliced Veneer)
끌로 각목을 얇게 깎아내 장식용에 이용한다.

(3) 소드 베니어(Sawed Veneer)

톱을 이용하여 단판을 얇게 잘라낸다.

2-7-2 합판의 특징

① 합판은 3매, 5매, 7매 홀수 장으로 섬유방향이 서로 직각이 되도록 접착제로 붙여 압축하여 만든다.
② 팽창, 수축에 의한 변형이 거의 없다.
③ 섬유방향에 따라 강도의 차이가 없다.
④ 너비가 넓은 판을 얻을 수 있다.
⑤ 목재 전체를 이용할 수 있다.
⑥ 외관이 아름다운 판을 얻을 수 있다.
⑦ 열과 소리의 전도가 적다.
⑧ 내수성이 크고 접합이 쉽다.

제2장 실전문제 — 목재

01 목재에 관한 여러 가지 설명 중 옳지 않은 것은?
  ㉮ 목재의 밀도는 보통 기건밀도를 말하고 이 상태의 함수율은 15% 전후이다.
  ㉯ 목재의 수분이 감소하면 압축강도는 적어진다.
  ㉰ 목재의 인장강도는 압축강도에 비해서 크다.
  ㉱ 목질은 건조중량의 60%가 셀룰로오스이다.

  해설
  • 목재의 수분이 감소하면 압축강도는 커진다.
  • 목재의 주성분은 셀룰로오스와 리그닌질로 되어 있다.

02 목재의 건조에 관하여 잘못된 것은 다음의 어느 것인가?
  ㉮ 건조시키면 비틀림을 방지하는 효과가 있다.
  ㉯ 건조시키면 강도는 증가한다.
  ㉰ 침수법은 공기건조법에 비하여 그 건조기간이 길다.
  ㉱ 건조시키면 도료나 주입제의 효과를 증대시킬 수 있다.

  해설
  • 침수법은 공기건조법에 비하여 건조기간이 짧다.
  • 건조시키면 균류에 대한 저항성이 증대된다.

03 다음은 합판에 관한 설명이다. 틀린 것은?
  ㉮ 합판은 단판을 3매, 5매, 7매 등 홀수로 겹쳐서 만든 것이다.
  ㉯ 합판은 단판이 서로 90°로 얽혀 있어 가로 또는 세로방향에 대한 수축 및 팽창이 적다.
  ㉰ 소드 베니어는 원목에 가로방향의 톱을 사용하여 단판을 깎아 내서 아름다운 나뭇결을 얻을 수 있다.
  ㉱ 로터리 베니어는 축을 중심으로 회전시켜 축에 평행하게 붙어 있는 칼날로 원둘레를 따라 목재를 얇게 깎아 내어 단판을 제조한다.

  해설 소드 베니어는 원목을 세로방향으로 자른다.

04 다음은 목재의 방부제 중에서 가용성이 아닌 것으로 묶여 있는 것은?
  ㉮ 유산동, 염화제2수은   ㉯ 크레오소트, PCP
  ㉰ 유산동, PCP   ㉱ 염화제2수은, 크레오소트

  해설 크레오소트, PCP는 빗물에 녹지 않는다.

답 01. ㉯ 02. ㉰ 03. ㉰ 04. ㉯

05 목재의 강도에 관한 다음 설명 중 틀린 것은?
- ㉮ 밀도가 크면 압축강도가 커진다.
- ㉯ 휨강도는 전단강도보다 크다.
- ㉰ 목재의 세로인장강도는 압축강도보다 작다.
- ㉱ 목재의 수분이 증가하면 압축강도는 감소한다.

해설 목재의 세로 인장강도는 압축강도보다 크다.

06 다음 중에서 아름다운 무늬를 얻을 수 있고 가장 많이 사용하는 단판의 제조방법은 어느 것인가?
- ㉮ 슬라이스드 베니어
- ㉯ 소드 베니어
- ㉰ 로터리 베니어
- ㉱ 단판 베니어

07 다음 중 목재의 강도와 관계가 먼 것은?
- ㉮ 기건밀도
- ㉯ 섬유포화점
- ㉰ 함수율
- ㉱ 하중과 섬유방향의 각도

해설 모두 관련되지만 그 중 밀도가 가장 관계가 없다.

08 다음은 목재의 함수율을 구하는 식이다. 이 중 옳은 것은? [단, W_1 : 건조전 시험편 질량(g), W_2 : 절대건조 시험편 질량(g)]
- ㉮ 함수율 $= \dfrac{W_1 - W_2}{W_2} \times 100(\%)$
- ㉯ 함수율 $= \dfrac{W_2 - W_1}{W_2} \times 100(\%)$
- ㉰ 함수율 $= \dfrac{W_1 - W_2}{W_1} \times 100(\%)$
- ㉱ 함수율 $= \dfrac{W_2 - W_1}{W_1} \times 100(\%)$

09 목재의 건조 방법 중 인공건조법이 아닌 것은?
- ㉮ 훈연건조법
- ㉯ 열기건조법
- ㉰ 자비건조법
- ㉱ 공기건조법

해설 공기 건조법은 자연건조법이다.

10 목재를 구성하고 있는 물질 중에서 목질부에서 가장 많은 양을 차지하고 있는 것은?
- ㉮ 수렴제
- ㉯ 수지
- ㉰ 리그닌(lignin)
- ㉱ 셀룰로오스(cellulose)

해설 셀룰로오스가 60% 차지한다.

답 05. ㉰ 06. ㉮ 07. ㉮ 08. ㉮ 09. ㉱ 10. ㉱

11 다음에 열거한 사항 중 목재의 장점이 아닌 것은 어느 것인가?
  ㉮ 밀도에 비하여 강도가 큰 편이다.
  ㉯ 온도에 따른 팽창계수가 비교적 적다.
  ㉰ 열과의 전기의 전도성이 적다.
  ㉱ 내구성이 크고 재질이 균질하다.

해설 재질이 균질하지 않다.

답 11. ㉱

제 3 장 석 재

3-1 석재의 종류

3-1-1 화 성 암

지구 내부에 용융상태로 있는 암장(마그마)이 냉각하여 응고된 것
① 화강암 : • 강도가 크고 내구성이 커 공사용 골재에 알맞다.
　　　　　• 내화성이 적다.
② 섬록암
③ 안산암
④ 현무암

3-1-2 퇴적암(수성암)

① 응회암 : 내화력이 풍부하다.
② 사암
③ 혈암
④ 점판암 : 지붕 및 온돌에 사용된다.
⑤ 석회암 : 석회 및 시멘트의 원료로 사용된다.
⑥ 규조토
⑦ 화산재

3-1-3 변 성 암

① 대리석
② 사문석
③ 편마암
④ 편암(천매암)

3-2 석재의 구조

(1) 절 리

암석 특유의 천연적으로 갈라진 금으로 화성암에서 많이 볼 수 있다.
① 주상절리(柱狀) : 돌기둥을 배열한 것과 같은 모양의 절리
② 판상절리(板狀) : 판자를 겹쳐 놓은 모양의 절리
③ 구상절리(球狀) : 양파 모양으로 생긴 절리

(2) 층 리

평행상의 절리로 수성암에서 주로 볼 수 있다.

(3) 편 리

불규칙하게 생긴 절리

(4) 석 리

조암광물의 접합상태에 따라 생기는 갈라지는 금

(5) 석목(돌눈)

암석의 가공이나 채석에 이용하는 갈라지기 쉬운 면

(6) 벽 개

석재가 잘 갈라지는 면

3-3 석재의 성질

3-3-1 밀도 및 흡수율

① 석재의 밀도는 표면건조 포화상태의 밀도를 말한다.
② 보통 2.65g/cm^3 정도
③ 표면건조 포화상태의 밀도 $= \dfrac{A}{B-C} \times \rho_w$

여기서, A : 시험체의 건조질량(g)
B : 시험체의 침수 후 표면건조 포화상태의 질량(g)
C : 시험체의 물속 질량(g)
ρ_w : 물의 밀도(g/cm³)

④ 흡수율 $= \dfrac{B-A}{A} \times 100$
⑤ 밀도가 클수록 흡수율이 작고 압축강도가 크다.

3-3-2 강 도

(1) 압축강도

① 석재의 강도 중 압축강도가 제일 크다.
② 인장강도는 잘 이용하지 않으나 압축강도의 1/10~1/20 정도
③ 압축강도 공시체는 5cm×5cm×5cm 입방체로 절단하여 시험한다.
④ $f = \dfrac{P}{A}$
⑤ 석재의 압축강도는 화강암 〉 안산암 〉 현무암 〉 대리석 〉 점판암 〉 사암 〉 응회암의 크기 순서로 나타낸다.

(2) 휨강도

① 공시체는 5cm×5cm×30cm, 지간은 25cm
② 휨강도 $= \dfrac{3Pl}{2bh^2}$

여기서, l = 지간 25cm

3-4 석재의 규격

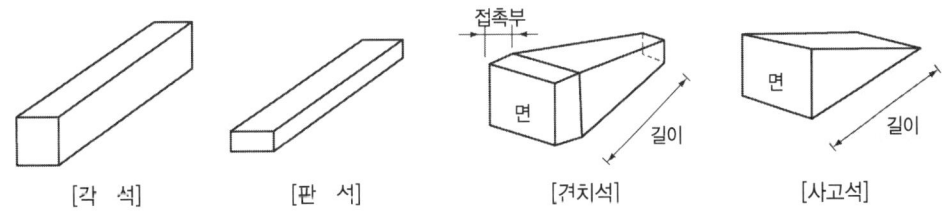

[각 석] [판 석] [견치석] [사고석]

(1) 각 석
폭이 두께의 3배 미만이고 폭보다 길이가 긴 직육면체

(2) 판 석
두께가 15cm 미만이고 폭이 두께의 3배 이상인 판 모양

(3) 견치석
앞면은 거의 사각형에 가깝고 길이는 최소변의 1.5배 이상으로 흙막이용 석축, 비탈면 보호 돌붙임에 쓰인다.

(4) 사고석
앞면은 거의 사각형에 가깝고 길이는 최소변의 1.2배 이상

제3장 실전문제 — 석 재

01 다음 석재 중에서 내구연한이 가장 긴 것은?
㉮ 화강암   ㉯ 대리석   ㉰ 석회석   ㉱ 백운암

해설 • 화강암
① 석질이 견고하여 풍화나 마모에 대한 저항성이 크다.
② 대재를 취할 수 있어 큰 형태의 구조에 쓰인다.
③ 가공이 어렵고 내화성이 적은 단점이 있다.
④ 외관이 미려하여 토목 건축의 장식재로 사용할 수 있다.

02 다음 석재 중 강도가 가장 작은 것은 어느 것인가?
㉮ 화강암   ㉯ 대리석   ㉰ 응회암   ㉱ 안산암

해설 • 압축강도의 크기는 화강암, 안산암, 대리석, 응회암 순으로 응회암이 강도가 가장 적다.
• 응회암은 불에 가장 잘 견딘다.

03 다음 석재 중에서 강도가 가장 작은 것은?
㉮ 화강암   ㉯ 대리석   ㉰ 안산암   ㉱ 사암

해설 화강암 > 안산암 > 대리석 > 사암

04 다음 석재 중 구조용 재료로 가장 적합한 것은?
㉮ 사암   ㉯ 섬록암   ㉰ 대리석   ㉱ 편마암

해설 화강암과 거의 비슷한 섬록암은 강도가 커 구조용 재료로 적합하다.

05 다음 중 화성암에 속하지 않는 것은?
㉮ 대리석   ㉯ 섬록암   ㉰ 현무암   ㉱ 화강암

해설 • 변성암 : 대리석, 석회암

06 강도보다는 내화성이 필요한 경우 다음 석재 중 적당한 것은?
㉮ 화강암   ㉯ 사암   ㉰ 대리석   ㉱ 응회암

해설 응회암은 불에 잘 견디지만 강도는 아주 적다.

답 01. ㉮ 02. ㉰ 03. ㉱ 04. ㉯ 05. ㉮ 06. ㉱

07 석재에 관한 설명 중 옳지 않은 것은?
- ㉮ 석재를 조성하고 있는 광물의 조직에 따라 생기는 금의 모양을 석리라 한다.
- ㉯ 석재의 종류에 따라 천연적으로 갈라진 금을 절리라 한다.
- ㉰ 변성암에서 주로 생기는 것으로 방향은 불규칙하고 작게 갈라지는 것을 벽개라 한다.
- ㉱ 갈라지기 쉬운 석재의 면을 석목 또는 돌눈이라 한다.

해설
- 변성암에서 주로 생기는 것으로 방향은 불규칙하고 작게 갈라지는 것을 편리라 한다.
- 석목 또는 돌눈은 석재의 가공에 이용된다.

08 암석은 그 성인(成因)에 따라 대별(大別)되는데 mironite(미로나이트), hornfelz(호른 페르즈), 편마암, 결정편암은 어느 암으로 분류되는가?
- ㉮ 화성암
- ㉯ 수성암
- ㉰ 변성암
- ㉱ 석회질암

해설
- 변성암의 종류 : 편마암, 편암, 결정편암 등

09 퇴적암에 주로 나타나는 평행상의 절리(joint)를 무엇이라 하는가?
- ㉮ 편리(片里)
- ㉯ 층리(層理)
- ㉰ 석리(石理)
- ㉱ 석목(石目)

해설 퇴적암 및 변성암에 나타나는 평행상의 절리인 층리가 나타난다.

10 다음 중 채석이나 석재의 가공시 이용되는 일정한 방향의 깨지기 쉬운 금을 말하는 것은?
- ㉮ 층리
- ㉯ 편리
- ㉰ 석목
- ㉱ 선상구조

11 견칫돌의 뒷길이는 앞면의 몇 배 이상이 적당한가?
- ㉮ 1.0배
- ㉯ 1.5배
- ㉰ 2.0배
- ㉱ 2.5배

해설
- 견치석 : 면은 거의 정사각형에 가깝고 면에 직각으로 잰 공장은 면의 최소변의 1.5배 이상이다.
- 사고석 : 면은 거의 정사각형에 가깝고 면에 직각으로 잰 공장은 면의 최소변의 1.2배 이상이다.

12 다음은 암석을 성인에 따른 분류를 설명한 것이다. 틀린 것은?
- ㉮ 화성암이란 지구의 심부에서 암장이 분출하여 생성된 암석이다.
- ㉯ 퇴적암이란 물이나 바람의 작용으로 퇴적되어 이루어진 암석이다.
- ㉰ 변성암이란 열, 압력, 풍화작용 등의 변질작용을 받아 생성된 암석이다.
- ㉱ 변성암은 심성암, 반심성암, 화강암 등으로 분류된다.

해설 심성암, 반심성암, 화강암 등은 화성암의 분류에 속한다.

답 07. ㉰ 08. ㉰ 09. ㉯ 10. ㉰ 11. ㉯ 12. ㉱

13 주로 화성암에 많이 생기는 절리로 돌기둥을 배열한 것 같은 모양의 절리를 무엇이라 하는가?

㉮ 주상절리　　㉯ 구상절리　　㉰ 괴상절리　　㉱ 판상절리

[해설] • 구상절리 : 양파처럼 생긴 절리
　　　• 판상절리 : 수성암에서 주로 생긴다.

14 석재의 압축 시험 공시체(A)와 휨강도 시험 공시체 크기(B)로 각각 알맞은 것은?

㉮ A=5cm×5cm×20cm　　B=5cm×5cm×5cm
㉯ A=5cm×5cm×15cm　　B=5cm×5cm×15cm
㉰ A=5cm×5cm×10cm　　B=5cm×5cm×20cm
㉱ A=5cm×5cm×5cm　　B=5cm×5cm×30cm

[해설] • 휨강도 시험 공시체 : 5cm×5cm×30cm, 지간(l) 25cm
　　　• 휨강도 = $\dfrac{3Pl}{2bh^2}$

답 13. ㉮　14. ㉱

제 4 장 시멘트 및 혼화재료

4-1 시멘트

4-1-1 시멘트 제조

석회석과 점토를 혼합하여 1,400~1,500℃ 정도 소성하여 클링커를 만든 후 응결 지연제인 석고를 2~3% 정도 넣고 클링커를 분쇄하여 만든다.

4-1-2 시멘트의 화학적 성분

(1) 주성분
① 석회(CaO) : 63%
② 실리카(SiO_2) : 23%
③ 알루미나(Al_2O_3) : 6%

(2) 부성분
① 산화철(Fe_2O_3)
② 무수황산(SO_3)
③ 산화마그네슘(MgO)

4-1-3 시멘트 화합물의 특성

(1) 규산 삼석회(C_3S)
강도가 빨리 나타나고 중용열 포틀랜드 시멘트에서는 이 양을 50% 이하로 제한하고 있다.

(2) 규산 이석회(C_2S)
수화작용은 늦고 장기 강도가 크다.

(3) 알루민산 3석회(C_3A)
수화작용이 가장 빠르며 수화열이 매우 높아 중용열 시멘트에서는 8% 이하로 제한하고 있다.

(4) 알루민산철 4석회(C_4AF)

수화작용이 늦고 수화열도 적어 도로용, 댐용 시멘트에 사용된다.

4-1-4 시멘트의 일반적 성질

(1) 시멘트의 수화

① 시멘트와 물이 혼합하면 화학반응을 일으켜 응결, 경화 과정을 거쳐 강도를 내게 된다. 이런 반응을 수화작용이라 한다.
② 수화작용은 시멘트의 분말도, 수량, 온도, 혼화재료의 사용 유무 등 여러 가지 요인에 따라 영향을 받는다.

(2) 응결 및 경화

① 응 결
- 시멘트와 물이 혼합된 시멘트 풀이 시간이 지남에 따라 유동성과 점성을 잃고 굳어지는 현상
- 응결은 초결 1시간 이후, 종결은 10시간 이내로 규정되어 있다.
- 시멘트의 응결시험은 비카침 및 길모어 침에 의해 시멘트의 응결시간을 측정한다.

② 응결시간에 영향을 끼치는 요인
- 수량이 많으면 응결이 늦어진다.
- 석고량을 많이 넣을수록 응결은 늦어진다.
- 물-결합재비가 많을수록 응결은 늦어진다.
- 풍화된 시멘트를 사용할 경우 응결은 늦어진다.
- 온도가 높을수록 응결이 빨라진다.
- 습도가 낮으면 응결이 빨라진다.
- 분말도가 높으면 응결이 빨라진다.
- 알루민산 3석회(C_3A)가 많을수록 응결은 빨라진다.

③ 경 화
응결이 끝난 후 수화작용이 계속되면 굳어져서 강도를 내는 상태

(3) 수화열

① 시멘트가 수화작용을 할 때 발생하는 열을 말한다.
② 시멘트가 응결, 경화하는 과정에서 열이 발생한다.
③ 수화열은 콘크리트의 내부온도를 상승시키므로 한중 콘크리트 공사에는 유효하지만 댐과 같이 단면이 큰 매스 콘크리트 온도가 크게 상승하여 초기 경화 후 냉각하게 되면 내외 온도차에 의한 온도 응력이 발생하여 균열이 발생하는 원인이 된다.

④ 수화열은 물-시멘트비가 클수록 높고 양생온도가 높을수록 조기 재령에서 높아진다.

(4) 시멘트의 풍화

① 시멘트가 저장중에 공기와 접하면 공기중의 수분을 흡수하여 수화작용을 일으켜 굳어지는 현상
② 풍화된 시멘트의 성질
- 밀도가 작아진다.
- 응결이 늦어진다.
- 강도가 늦게 나타난다.
- 강열감량이 증가된다.

 [강열감량] 시멘트의 풍화 정도를 나타내는 척도로 3% 이하로 규정되어 있다.

(5) 시멘트의 밀도

① 보통 포틀랜드 시멘트의 밀도는 $3.14 \sim 3.16 g/cm^3$ 정도이며 콘크리트 배합 및 단위용적질량 계산 등에 이용된다.
② 시멘트의 밀도 값으로 클링커의 소성상태, 풍화, 혼합재료의 섞인 양, 시멘트의 품질, 시멘트의 종류 등을 알 수 있다.
③ 시멘트 밀도에 영향을 끼치는 요인
- 석고 함유량이 많으면 밀도가 작아진다.
- 저장기간이 길거나 풍화된 경우 밀도가 작아진다.
- 클링커의 소성이 불충분할 경우 밀도가 작아진다.
- 혼합 시멘트는 혼합재료의 양이 많아지면 밀도가 작아진다.
- 일반적으로 실리카(SiO_2), 산화철(Fe_2O_3) 등이 많으면 밀도가 크고, 석회(CaO), 알루미나(Al_2O_3)가 많으면 밀도가 작다.

④ 시멘트 밀도 시험
- 르샤틀리에 병에 광유를 $0 \sim 1 ml$ 눈금 사이에 넣고 눈금을 읽는다.
- 병의 목 부분에 묻은 광유를 철사에 마른 천을 감고 닦아낸다.
- 시멘트 64g을 넣고 병을 가볍게 굴리거나 흔들어 내부 공기를 뺀 후 광유의 표면 눈금을 읽는다.
- 시멘트 밀도 = $\dfrac{\text{시멘트의 질량}(g)}{\text{비중병 눈금의 차}(ml)}$

(6) 시멘트의 분말도

① 시멘트 입자의 가는 정도를 나타내는 것으로 비표면적으로 나타낸다. 즉 시멘트 1g이 가지는 전체 입자의 총 표면적(cm^2/g)이다.
② 보통 포틀랜드 시멘트의 분말도는 $2,800\ cm^2/g$ 이상이다.
③ 시멘트의 입자가 가늘수록 분말도가 높다.

④ 분말도가 높은 시멘트의 성질
- 수화작용이 빠르고 초기강도가 크게 된다.
- 블리딩이 적고 워커빌리티가 좋아진다.
- 풍화하기 쉽다.
- 수화열이 많으므로 건조수축이 커져서 균열이 발생하기 쉽다.

⑤ 시멘트의 분말도 시험은 표준체에 의한 방법[No.325(44μ), No.170(88μ)]과 블레인 방법이 있다.

(7) 시멘트의 안정성

① 시멘트가 경화중에 체적이 팽창하여 균열이 생기거나 휨 등이 생기는 정도를 말한다.
② 보통 포틀랜드 시멘트의 팽창도는 0.8% 이하이다.
③ 시멘트가 불안정한 원인은 시멘트 입자 안에 산화칼슘(CaO), 산화마그네슘(MgO), 삼산화황(SO_3) 등이 많이 포함되어 있기 때문이다.
④ 시멘트의 오토클레이브 팽창도 시험으로 시멘트의 안정성을 알 수 있다.

(8) KS L ISO 679 시멘트의 강도시험

① 모르타르는 물/시멘트 비 0.5 및 시멘트와 표준모래를 1 : 3의 질량비로 한다.(시멘트 510g, 표준사 1250g)
② 흐름 몰드에 모르타르를 각 층마다 20회씩 2층을 다진 후 흐름판을 15초 동안에 25회 낙하시켜 흐름값을 구한다.
③ 흐름값은 100~115가 표준값이다.
④ 흐름값(%) = $\dfrac{\text{시험 후 퍼진 모르타르 평균지름}}{\text{흐름 몰드의 밑지름}} \times 100$
⑤ 압축강도 = $\dfrac{\text{최대 하중}}{\text{시험체의 단면적}}$

여기서, 시험체(공시체)의 단면적은 $40 \times 40 = 1{,}600 mm^2$이다.

(9) 시멘트 모르타르의 인장강도 시험

① 모르타르는 시멘트와 표준모래를 섞어 무게비가 1 : 2.7의 질량비로 한다.
② 인장강도 = $\dfrac{\text{최대 하중}}{\text{시험체의 단면적}}$

4-1-5 시멘트의 종류 및 특성

(1) 보통 포틀랜드 시멘트

① 일반적인 시멘트를 보통 포틀랜드 시멘트라 한다.
② 원료가 석회석과 점토로 재료 구입이 쉽고 제조 공정이 간단하며 그 성질이 우수하다.

(2) 중용열 포틀랜드 시멘트

① 수화열을 적게 하기 위해 알루민산 3석회(C_3A)의 양을 적게 하고 장기강도를 내기 위해 규산 이석회(C_2S)량을 많게 한 시멘트
② 수화열이 적다.
③ 조기강도는 작으나 장기강도는 크다.
④ 댐, 매스 콘크리트, 방사선 차폐용 등에 적합하다.
⑤ 건조수축은 포틀랜드 시멘트 중에서 가장 작다.

(3) 조강 포틀랜드 시멘트

① 보통 포틀랜드 시멘트의 28일 강도를 재령 7일 정도에서 나타난다.
② 수화속도가 빠르고 수화열이 커 한중공사, 긴급공사 등에 사용된다.
③ 수화열이 크므로 매스 콘크리트에서는 균열 발생의 원인이 되므로 주의해야 한다.

(4) 고로 시멘트

① 수화열이 비교적 적다.
② 내화학약품성이 좋아 해수, 공장폐수, 하수 등에 접하는 콘크리트에 적당하다.
③ 댐 공사에 사용된다.
④ 단기강도가 적고 장기강도가 크다.

(5) 실리카 시멘트(포졸란)

① 콘크리트 워커빌리티를 증가시킨다.
② 장기강도가 커진다.
③ 수밀성 및 해수에 대한 화학적 저항성이 크다.

(6) 플라이 애시 시멘트

① 콘크리트 워커빌리티를 증대시키며 단위수량을 감소시킬 수 있다.
② 수화열이 적고 건조수축도 적다.
③ 장기강도가 커진다.
④ 해수에 대한 내화학성이 크다.

(7) 알루미나 시멘트

① 1일 강도가 보통 포틀랜드 시멘트의 28일 강도와 같다.
② 발열량이 커 한중공사, 긴급공사에 적합하다.
③ 해수 및 기타 화학작용을 받는 곳에 저항성이 크다.
④ 내화용 콘크리트에 적합하다.
⑤ 보통 포틀랜드 시멘트와 혼합하여 사용하면 순결성이 나타나므로 주의하여야 한다.

(8) 초속경 시멘트(jet cement)

① 2~3시간에 큰 강도를 얻을 수 있다.
② 응결시간이 짧고 경화시 발열이 크다.
③ 알루미나 시멘트와 같은 전이 현상이 없다.
④ 보통 시멘트와 혼합해서 사용하면 안된다.
⑤ 강도 발현이 매우 빨라 물을 가한 후 2~3시간에 압축강도가 약 10~20 MPa에 달한다.
⑥ 재령 1일에 40MPa의 강도를 발현한다.

(9) 팽창 시멘트

① 보통 포틀랜드 시멘트를 사용한 콘크리트는 경화 건조에 의해 수축, 균열이 발생하는데 이 수축성을 개선할 목적으로 사용한다.
② 초기에 팽창하여 그 후의 건조수축을 제거하고 균열을 방지하는 수축 보상용과 크게 팽창을 일으켜 프리스트레스 콘크리트로 이용하는 화학적 프리스트레스 도입용이 있다.
③ 팽창성 콘크리트의 수축률은 보통 콘크리트에 비해 20~30% 작다.
④ 팽창성 콘크리트는 양생이 중요하며 믹싱시간이 길면 팽창률이 감소하므로 주의해야 한다.

4-1-6 시멘트의 저장

① 방습된 사일로 또는 창고에 입하된 순서대로 저장한다.
② 포대 시멘트는 지상 30cm 이상 되는 마루에 쌓아 놓는다.
③ 포대 시멘트는 13포 이상 쌓아 놓지 않는다. 단, 장기간 저장시에는 7포 이상 쌓지 않는다.
④ 저장 중에 약간이라도 굳은 시멘트는 사용해서는 안 된다.
⑤ 장기간 저장한 시멘트는 사용하기 전에 시험을 하여 품질을 확인해야 한다.
⑥ 시멘트의 온도가 너무 높을 때는 온도를 낮추어서 사용해야 한다.
⑦ 시멘트 저장고의 면적

$$A = 0.4 \frac{N}{n} (\text{m}^2)$$

여기서, N : 총 쌓을 포대 수
n : 높이로 쌓을 포대 수

4-2 혼화재료

4-2-1 혼 화 재

사용량이 비교적 많아 그 자체의 부피가 콘크리트의 배합 계산에 관계가 되며 시멘트 사용량의 5% 이상 사용한다.

(1) 포졸란

① 블리딩이 감소하고 워커빌리티가 좋아진다.
② 수밀성 및 화학 저항성이 크다.
③ 발열량이 적어지므로 강도의 증진이 늦고 장기강도가 크다.
④ 댐 등 단면이 큰 콘크리트에 사용된다.

(2) 플라이 애시

① 콘크리트의 워커빌리티를 좋게 하고 사용수량을 감소시켜 준다.
② 장기강도가 크다.
③ 수화열이 적어 단면이 큰 콘크리트 구조물에 적합하다.
④ 콘크리트의 수밀성을 크게 개선한다.

(3) 고로 슬래그

① 내해수성, 내화학성이 향상된다.
② 수화열에 의한 온도 상승의 대폭적인 억제가 가능하게 되어 매스 콘크리트에 적합하다.
③ 알칼리 골재 반응의 억제에 대한 효과가 크다.

(4) 팽창제

① 교량의 지승을 설치할 때나 기계를 앉힐 때 기초부위 등의 그라우트에 사용한다.
② 콘크리트 부재의 건조수축을 줄여 균열의 발생을 방지할 목적으로 사용한다.
③ 혼합량이 지나치게 많으면 팽창균열을 일으키게 되므로 주의해야 한다.
④ 포틀랜드 시멘트에 혼합하여 팽창 시멘트로 사용한다.
⑤ 물탱크, 지붕 슬래브, 지하벽 등의 방수 이음부를 없앤 콘크리트 포장, 흄관 등에 이용한다.

(5) 실리카 품

① 밀도는 $2.1 \sim 2.2\,g/cm^3$ 정도이며 시멘트 중량의 5~15% 정도 치환하면 콘크리트가 치밀한 구조가 된다.
② 재료분리 저항성, 수밀성, 내화학 약품성이 향상되며 알칼리 골재 반응의 억제효과 및 강도 증진이 된다.
③ 단위수량의 증가, 건조수축의 증대 등의 결점이 있다.

4-2-2 혼 화 제

사용량이 비교적 적어 그 자체의 부피가 콘크리트의 배합 계산에서 무시되며 시멘트 사용량의 1% 이하로 사용한다.

(1) AE제

① 콘크리트 내부에 독립된 미세한 기포를 발생시켜 이 연행공기가 시멘트, 골재입자 주위에서 볼 베어링 작용을 함으로써 콘크리트의 워커빌리티를 개선한다.
② 블리딩을 감소시킨다.
③ 동결융해에 대한 내구성을 크게 증가시킨다.
④ 공기량이 1% 증가함에 따라 슬럼프가 2.5cm 증가하고 압축강도는 4~6% 감소한다.
⑤ 단위수량이 적게 된다.
⑥ 철근과 부착강도가 저하되는 단점이 있다.
⑦ 알칼리 골재 반응이 적다.

(2) 감수제, AE 감수제, 분산제

① 시멘트 입자를 분산시킴으로써 콘크리트의 워커빌리티를 좋게 하고 소요의 워커빌리티를 얻기 위해 단위수량을 10~16% 정도 감소시킨다.
② 동결 융해에 대한 저항성이 증대된다.
③ 단위 시멘트량을 감소시킨다.
④ 수밀성이 향상되고 투수성이 감소된다.
⑤ 내약품성이 커지고 건조수축을 감소시킨다.

(3) 유동화제

① 낮은 물-결합재비 콘크리트에 사용하여 반죽질기를 증가시켜 워커빌리티를 증대시킨다.
② 고강도 콘크리트를 얻을 수 있다.

(4) 경화 촉진제

① 시멘트의 수화작용을 촉진하는 혼화제로 시멘트 중량의 1~2% 정도 사용한다.
② 초기강도를 증가시켜 주나 2% 이상 사용하면 큰 효과가 없으며 오히려 순결, 강도저하를 준다.
③ 조기강도의 증대 및 동결온도의 저하에 따른 한중 콘크리트에 사용한다.
④ 경화 촉진제로 염화칼슘, 규산나트륨 등이 있다.

(5) 지연제

① 시멘트의 수화반응을 늦추어 응결시간을 길게 할 목적으로 사용한다.
② 서중 콘크리트 시공시 워커빌리티의 저하를 방지한다.
③ 레디믹스트 콘크리트의 운반거리가 멀어 운반시간이 장시간 소요되는 경우 유효하다.
④ 수조, 사일로 및 대형 구조물 등 연속타설을 필요로 하는 콘크리트 구조에서 작업이음 발생 등의 방지에 유효하다.

(6) 급결제

① 시멘트의 응결시간을 빨리하기 위해 사용한다.
② 모르타르, 콘크리트의 뿜어 붙이기 공법, 그라우트에 의한 지수공법 등에 사용된다.
③ 탄산 소다, 염화 제2철, 염화알루미늄, 알루민산 소다, 규산 소다 등이 주성분이다.

(7) 발포제

① 알루미늄 또는 아연 등의 분말을 혼합하여 모르타르 및 콘크리트 속에 미세한 기포를 발생하게 한다.
② 모르타르나 시멘트 풀을 팽창시켜 굵은 골재의 간극이나 PC 강재의 주위를 채워지게 하기 위해 프리플레이스트 콘크리트용 그라우트나 PC용 그라우트에 사용된다.
③ 건축 분야에서는 부재의 경량화, 단열성을 증대하기 위해 사용한다.

제4장 실전문제 — 시멘트 및 혼화재료

01 시멘트의 성질에 대한 설명 중 옳지 않은 것은?
㉮ 보통 포틀랜드 시멘트가 모든 분야에 걸쳐 가장 많이 사용된다.
㉯ 조강 포틀랜드 시멘트는 발열량이 많고 저온에서도 강도의 저하가 적다.
㉰ 플라이 애시 시멘트는 워커빌리티를 증가시킨다.
㉱ 알루미나 시멘트는 댐 등의 거대한 구조물에 적합하다.

해설 알루미나 시멘트는 수화열(발열량)이 많아 거대한 구조물에 적합하지 않다.

02 조기 고강도를 요하는 공사, 공기를 급히 서두르는 공사에 효과적인 시멘트는?
㉮ 중용열 포틀랜드 시멘트 ㉯ 조강 포틀랜드 시멘트
㉰ 공기연행 시멘트 ㉱ 알루미나 시멘트

해설 조강 및 알루미나 시멘트가 사용되는데 알루미나 시멘트가 더 조기에 고강도를 낼 수 있다.

03 조강 포틀랜드 시멘트 사용시의 단점은?
㉮ 거푸집을 단시일 내에 제거할 수 있다.
㉯ 수화열이 크므로 단면이 큰 콘크리트 구조물에 적당하다.
㉰ 양생기간을 단축시킨다.
㉱ 한중공사에 적합하다.

04 다음은 시멘트를 조기강도 순으로 열거한 것이다. 옳은 것은?
㉮ 알루미나 시멘트 − 고로 시멘트 − 포틀랜드 시멘트
㉯ 포틀랜드 시멘트 − 고로 시멘트 − 알루미나 시멘트
㉰ 알루미나 시멘트 − 포틀랜드 시멘트 − 고로 시멘트
㉱ 포틀랜드 시멘트 − 알루미나 시멘트 − 고로 시멘트

05 시멘트가 수화작용을 할 때 발생하는 수화열이 가장 작은 것은 다음 중 어느 것인가?
㉮ 실리카 시멘트 ㉯ 보통 포틀랜드 시멘트
㉰ 고로 시멘트 ㉱ 중용열 포틀랜드 시멘트

해설 수화열이 작은 중용열 포틀랜드 시멘트는 댐 공사에 적합하다.

답 01. ㉱ 02. ㉱ 03. ㉯ 04. ㉰ 05. ㉱

06 다음 중에서 KSL 5201에 따른 포틀랜드 시멘트에 속하지 않는 것은?
  ㉮ 중용열 시멘트 ㉯ 저열 시멘트
  ㉰ 포졸란 시멘트 ㉱ 내황산염 시멘트

  해설 포졸란 시멘트는 혼합 시멘트에 속한다.

07 포틀랜드 시멘트가 풍화되었을 때 일어나는 성질의 변화에 관한 다음의 설명 중 옳지 않은 것은?
  ㉮ 조기강도가 저하한다.
  ㉯ 밀도가 증가한다.
  ㉰ 비표면적이 감소한다.
  ㉱ 응결을 빠르게 할 경우도 있으나 일반적으로 응결시간은 늦어지는 경향이 있다.

  해설 풍화된 시멘트는 밀도가 작아진다.

08 다음은 슬래그(slag)에 대한 설명이다. 옳지 않은 것은?
  ㉮ 슬래그란 철을 생산하는 과정에서 부산물로 나오는 것이다.
  ㉯ 단열성, 부착력, 건조수축에 대한 저항성 등이 일반 골재보다 다소 떨어지나 골재로서 사용은 가능하다.
  ㉰ 콘크리트용, 포장용 등의 골재로 사용이 가능하다.
  ㉱ 워커빌리티는 일반 골재보다 불량하다.

  해설 단열성이 크며 건조수축이 작고 부착력이 크다.

09 포졸란(pozzolan) 시멘트와 플라이 애시(fly-ash) 시멘트의 특성 설명 중 틀린 것은?
  ㉮ 수밀성이 크므로 댐(dam) 등의 큰 구조물에 사용한다.
  ㉯ 바닷물과 같은 염화물에 대한 저항성이 크다.
  ㉰ 장기강도는 낮으나 조기강도가 증대한다.
  ㉱ 균일한 콘크리트를 만들기가 어렵다.

  해설 • 조기강도는 낮으나 장기강도가 크다.
  • 포졸란 시멘트는 수화열이 낮아 댐 등 매시브한 구조물에 사용된다.

10 다음과 같은 시멘트의 성분 중에서 가장 많이 함유하고 있는 것부터 순서대로 이루어진 것은 어느 것인가?
  ㉮ 석회 – 실리카 – 산화철 – 알루미나 ㉯ 석회 – 실리카 – 알루미나 – 산화철
  ㉰ 실리카 – 석회 – 산화철 – 알루미나 ㉱ 실리카 – 석회 – 알루미나 – 산화철

답 06. ㉰ 07. ㉯ 08. ㉯ 09. ㉰ 10. ㉯

11 시멘트의 저장 및 관리에 있어 다음 중 적당하지 않은 것은 어느 것인가?
㉮ 방습적인 구조로 된 사일로 또는 창고에 저장해야 한다.
㉯ 지상 30cm 이상 되는 마루바닥에 쌓아야 하며 13포 이상 쌓아서는 안 된다.
㉰ 저장기간이 길어질 때는 7포 이상으로 쌓아 올리지 않는 것이 좋다.
㉱ 장기 저장된 것은 품질시험을 하여야 하고, 단기 저장품으로 약간 굳은 것은 사용해도 좋다.

해설 약간 굳은 시멘트라도 사용해서는 안 된다.

12 다음 시멘트 중 콘크리트 댐 시공에 적합한 것은?
㉮ 보통 포틀랜드 시멘트 ㉯ 중용열 포틀랜드 시멘트
㉰ 조강 포틀랜드 시멘트 ㉱ 백색 포틀랜드 시멘트

13 다음 설명이 올바르게 되어 있는 것은 어느 것인가?
㉮ 중용열 포틀랜드 시멘트 : 해수의 작용을 받는 곳이나 하수의 수로에 적당하다.
㉯ 플라이 애시 시멘트 : 댐공사 등에 많이 사용된다.
㉰ 슬래그 시멘트 : 응결이 빠르므로 한중 콘크리트에 적당하다.
㉱ 조강 포틀랜드 시멘트 : 건축물의 표면 마무리 도장에 주로 사용된다.

14 알루미나 시멘트의 특성에 관한 다음 사항 중에서 옳지 않은 것은 어느 것인가?
㉮ 포틀랜드 시멘트와 혼합하여 사용하면 빨리 응결하는 순결성을 가진다.
㉯ 응결 및 경화시 발열량이 작으므로 양생시와 별다른 주의를 요하지 않는다.
㉰ 석회분이 적기 때문에 화학적 저항성이 크고 내구성도 크나 가격이 고가이다.
㉱ 초조강성 시멘트로 초기강도가 커서 보통 포틀랜드 시멘트의 28일 강도를 24시간에 낼 수 있다.

해설 응결 및 경화시 발열량이 많으므로 양생시 주의해야 한다.

15 특수 시멘트 중에서 알루미나 시멘트에 관한 설명 중 옳지 않은 것은?
㉮ 해수 또는 화학작용을 받는 곳에서는 부적합하다.
㉯ 발열량이 대단히 많으므로 양생할 때 주의해야 한다.
㉰ 수화작용에 의한 수산화칼슘의 생성량이 작아 산에 강하다.
㉱ 열분해 온도가 높으므로 내화용 콘크리트에 적합하다.

해설 해수 또는 화학작용을 받는 곳에서는 적합하다.

16 시멘트의 수화작용에 영향을 미치는 주요 화합물 중 알루민산3석회(C_3A)는 중용열 포틀랜드 시멘트에서 얼마 이하를 사용하도록 규정되었는가?
㉮ 2% ㉯ 4% ㉰ 6% ㉱ 8%

답 11. ㉱ 12. ㉯ 13. ㉮ 14. ㉯ 15. ㉮ 16. ㉱

17 시멘트의 표준 계량에서 단위용적질량(kg/m^3)은 다음 중 어느 것인가?
  ㉮ 2,100　　㉯ 1,800　　㉰ 1,500　　㉱ 1,400

18 시멘트가 공기 중의 수분을 흡수하여 일어나는 수화작용이란?
  ㉮ 풍화　　㉯ 경화　　㉰ 수축　　㉱ 응결

  해설 시멘트가 공기중의 수분을 흡수하고 덩어리가 된다.

19 보통 포틀랜드 시멘트가 회색을 나타내는 이유는 무엇을 함유하고 있기 때문인가?
  ㉮ 무수황산　　㉯ 실리카　　㉰ 산화철　　㉱ 석회

20 시멘트 제조 공정 중 소성(burning)이 불충분한 경우 발생하는 현상이 아닌 것은?
  ㉮ 시멘트 밀도가 작아진다.
  ㉯ 시멘트의 안정성이 떨어지고 장기강도가 저하된다.
  ㉰ 시멘트의 주원료인 석회성분의 분리현상이 생긴다.
  ㉱ 수화작용이 빨라 시멘트의 초기강도가 커진다.

21 시멘트의 응결시간에 대한 설명이다. 다음 사항 중에서 옳은 것은 어느 것인가?
  ㉮ 분말도가 낮으면 응결이 빠르다.
  ㉯ 물의 양이 많으면 응결이 빨라진다.
  ㉰ 알루민산3석회(C_3A)가 많으면 응결이 빠르다.
  ㉱ 온도가 낮을수록 응결이 빠르다.

  해설 • 분말도가 낮거나 온도가 낮으면 응결이 늦어진다.
  • 물의 양이 많으면 응결이 늦어진다.

22 다음과 같은 시멘트의 강도에 영향을 주는 사항 중에서 옳지 못한 것은?
  ㉮ 분말도가 높으면 조기강도가 커진다.
  ㉯ 30℃ 이내에서 온도가 높을수록 강도가 커지며 재령에 따라 강도가 증가한다.
  ㉰ 물의 양이 적으면 강도가 커지나 반죽이 어렵다.
  ㉱ 풍화된 시멘트는 강도가 작아지며, 특히 장기강도가 현저히 작아진다.

  해설 풍화된 시멘트는 강도가 작아지며 특히 조기강도가 현저히 작아진다.

23 시멘트 모르타르의 압축강도시험시 실험실의 상대습도는 몇 % 이상인가?
  ㉮ 30%　　㉯ 50%　　㉰ 70%　　㉱ 90%

  해설 • 상대습도 : 50% 이상
  • 습기함의 습도 : 90% 이상

답 17. ㉰ 18. ㉮ 19. ㉰ 20. ㉱ 21. ㉰ 22. ㉱ 23. ㉯

24 시멘트 모르타르의 압축강도시험에서 시멘트량이 450g일 때 표준사의 질량은?
  ㉮ 1250g ㉯ 756g ㉰ 1350g ㉱ 510g

  해설 시멘트와 표준사 비율이 1 : 3이므로 $450 \times 3 = 1350g$

25 시멘트 모르타르의 압축강도 시험시 플로(flow) 값을 측정하여 이 값이 110~115 정도일 때 몰드를 제작한다. 이때, 플로 테이블(flow table)을 15초 동안 몇 회 낙하시키는가?
  ㉮ 5회 ㉯ 10회 ㉰ 25회 ㉱ 50회

26 다음 중 모르타르의 압축강도용 흐름시험에서 흐름값으로 적당한 것은?
  ㉮ 80~90 ㉯ 50~100 ㉰ 100~115 ㉱ 95~105

27 시멘트의 응결시험 방법 중 옳은 것은?
  ㉮ 길모어 침에 의한 방법
  ㉯ 오토클레이브 방법
  ㉰ 블레인 방법
  ㉱ 비비시험

  해설 시멘트의 응결시험은 길모어 침, 비카침에 의한 방법이 있다.

28 르샤틀리에 병에 0.5cc 눈금까지 광유를 주입하고 시료로 시멘트 64g을 넣어 눈금이 21.5cc로 증가되었을 때 이 시멘트의 밀도는 어느 것인가?
  ㉮ $3.0 g/cm^3$ ㉯ $3.05 g/cm^3$ ㉰ $3.12 g/cm^3$ ㉱ $3.17 g/cm^3$

  해설 시멘트 밀도 $= \dfrac{64}{21.5 - 0.5} \doteqdot 3.05 g/cm^3$

29 시멘트의 밀도에 관한 다음 설명 중 옳지 않은 것은?
  ㉮ 소성이 불충분하면 밀도가 저하한다.
  ㉯ 풍화하면 밀도가 저하한다.
  ㉰ 실리카나 산화철을 많이 함유하면 밀도가 증가한다.
  ㉱ 혼화제를 첨가하면 밀도가 증가한다.

  해설 혼화제를 첨가하면 밀도가 저하한다.

30 다음 시멘트의 비표면적 시험에 관한 설명 중 틀린 것은?
  ㉮ 블레인 공기투과장치를 사용하여 시험할 수 있다.
  ㉯ 시멘트의 분말도를 알아보는 시험이다.
  ㉰ 시멘트 내의 공기량을 측정하는 시험이다.
  ㉱ 초기강도는 비표면적이 큰 시멘트가 높다.

답 24. ㉰ 25. ㉯ 26. ㉰ 27. ㉮ 28. ㉯ 29. ㉱ 30. ㉰

31
시멘트의 분말도(fineness)는 수화속도에 큰 영향을 준다. 이 분말도는 어떻게 표시하는가, 다음 중 옳은 것은?

㉮ 비중량 stoke(g/cm^2) 또는 표준체 44μ의 잔분(%)
㉯ 비표면적 blaine(cm^2/g) 또는 표준체 44μ의 잔분(%)
㉰ 비중량 stoke(g/cm^2) 또는 표준체 66μ의 잔분(%)
㉱ 비표면적 blaine(cm^2/g) 또는 표준체 66μ의 잔분(%)

32
표준체에 의한 분말도 시험 결과 다음과 같을 때 분말도는 얼마인가? (단, 표준체의 보정계수 : −14%, 시험한 시료의 잔사량 : 0.095g)

㉮ 91.83%   ㉯ 85.83%   ㉰ 78.95%   ㉱ 98.95%

해설
• 시험한 시료의 보정된 잔사량= $(100-14) \times 0.095 = 8.17\%$
• 분말도= $100 - 8.17 = 91.83\%$

33
다음은 시멘트의 분말도에 대한 설명이다. 맞지 않는 것은?

㉮ 분말도 시험방법에는 표준체에 의한 방법과 비표면적을 구하는 블레인(blaine) 방법이 있다.
㉯ 비표면적이란 시멘트 1g이 가지는 총 표면적을 cm^{2}으로 나타낸 것으로 시멘트의 분말도를 나타낸다.
㉰ KS L 5201에 규정된 포틀랜드 시멘트의 분말도는 2,800 cm^2/g 이상이다.
㉱ 시멘트의 품질이 일정한 경우 분말도가 클수록 수화작용이 촉진되므로 응결이 빠르며 조기강도가 낮아진다.

해설 분말도가 클수록 수화작용이 촉진되므로 응결이 빠르며 조기강도가 높다(크다).

34
다음은 시멘트의 분말도가 높을 때의 효과이다. 틀린 것은 어느 것인가?

㉮ 수화작용이 빠르다.   ㉯ 조기강도가 빠르다.
㉰ 발열량도 약간 높아진다.   ㉱ 풍화가 더디다.

해설 분말도가 높다는 것은 시멘트 입자가 가늘다는 뜻으로 풍화가 빨라진다.

35
시멘트의 분말도에 관한 설명 중 옳은 것은?

㉮ 분말도가 높을수록 물에 접촉하는 면적이 작다.
㉯ 분말도가 높을수록 수화작용이 느리다.
㉰ 분말도가 높을수록 콘크리트에 내구성이 좋다.
㉱ 분말도가 높을수록 콘크리트에 균열이 발생하기 쉽다.

해설 분말도가 높은 시멘트는 입자가 가늘어 수화열이 높아 콘크리트 균열이 발생하기 쉽다.

답 31. ㉯ 32. ㉮ 33. ㉱ 34. ㉱ 35. ㉱

36 다음 설명 중 틀린 것은?
- ㉮ 혼화재(混和材)에는 플라이 애시(fly ash), 고로 슬래그(slag), 규산백토 등이 있다.
- ㉯ 혼화제(混和劑)에는 AE제, 경화촉진제, 방수제 등이 있다.
- ㉰ 혼화재(混和材)는 그 사용량이 비교적 적어서 그 자체의 부피가 콘크리트 배합의 계산에서 무시하여도 좋다.
- ㉱ AE제에 의해 만들어진 공기를 연행 공기라 한다.

해설
- 혼화재는 사용량이 비교적 많아 배합설계에서 용적 계산에 고려되고 포졸란 등이 있다.
- 혼화제는 사용량이 적어 용적 계산에 고려되지 않는다.

37 다음은 혼화재료에 대한 설명 중 틀린 것은?
- ㉮ 감수제라 함은 시멘트 입자를 분산시킴으로써 콘크리트의 단위수량을 감소시키는 작용을 하는 혼화제이다.
- ㉯ 촉진제라 함은 시멘트의 수화작용을 촉진하는 혼화제로서 보통 리그닌설폰산염과 그 염기를 많이 사용한다.
- ㉰ 지연제라 함은 시멘트의 응결을 늦게 할 목적으로 사용하는 혼화제로서 여름철에 레미콘(ready-mixed concrete)의 운반거리가 길 경우나 콜드 조인트(cold joint)의 방지 등에 효과가 있다.
- ㉱ 급결제라 함은 시멘트의 응결시간을 빠르게 하기 위하여 사용하는 혼화제이고 뿜어 붙이기 공법, 물막이 공법 등에 사용한다.

해설
- 촉진제에는 염화칼슘과 규산나트륨이 사용된다.
- 리그닌설폰산염과 그 염기는 지연제에 사용된다.

38 다음 시멘트 분산제에 관한 설명 중 잘못된 것은?
- ㉮ 분산제를 사용하면 콘크리트의 강도, 수밀성, 내구성을 증대시킬 수 있다.
- ㉯ 분산제에는 pozzolith와 darex 등이 있다.
- ㉰ 분산제를 사용한 콘크리트는 유동성이 많아지고, 블리딩이나 골재분리가 적게 일어난다.
- ㉱ 시멘트 분산제는 시멘트 입자 간의 표면활성의 성질을 부여하여 비교적 균일하게 분산시킬 목적으로 사용된다.

해설 다렉스(darex)는 AE제에 속한다.

39 콘크리트의 경화를 촉진하는 화학약품이 아닌 것은?
- ㉮ 규산나트륨
- ㉯ 염화칼슘
- ㉰ 염화알루미늄
- ㉱ 포졸리스

해설 경화제로 규산나트륨, 염화칼슘, 염화알루미늄 등이 사용된다.

답 36. ㉰ 37. ㉯ 38. ㉯ 39. ㉱

40
다음 혼화재료 중 콘크리트의 워커빌리티를 개선하는 효과가 없는 것은?
- ㉮ 시멘트 분산제
- ㉯ AE제
- ㉰ 포졸란
- ㉱ 응결경화 촉진제

해설 응결 경화 촉진제는 경화속도를 촉진시키므로 워커빌리티가 감소된다.

41
다음 혼화재료 중 사용량이 비교적 많아 콘크리트 배합 설계에서 고려해야 되는 혼화재료는?
- ㉮ 포졸란
- ㉯ AE제
- ㉰ 시멘트 분산제
- ㉱ 응결 경화 촉진제

해설 포졸란 혼화재에 속하여 혼합량을 배합 설계시 고려해야 한다.

42
다음 중에서 혼화제에 속하지 않는 것은?
- ㉮ AE제
- ㉯ 포졸리스
- ㉰ pozzolan
- ㉱ 염화칼슘

43
AE제의 특성에 관한 다음 설명 중 틀린 것은?
- ㉮ 단위수량이 적고, 동결융해에 대한 저항성이 크다.
- ㉯ 콘크리트 내부에 공극이 많기 때문에 콘크리트의 특수계수가 크므로 수밀성 콘크리트에는 사용할 수 없다.
- ㉰ 단위 시멘트량이 같은 콘크리트에서 반배합의 경우 공기연행 콘크리트가 압축강도가 높다.
- ㉱ 알칼리 골재 반응의 영향이 적고, 응결경화시에 있어서 발열량이 적다.

해설 콘크리트 내부에 무수히 많은 미세한 기포가 시멘트 입자를 분산시켜 투수성이 작아지며 수밀성 콘크리트에 사용될 수 있다.

44
AE제를 사용한 콘크리트는 일반적으로 동결 융해에 대한 저항성이 증가되는데, 이를 좌우하는 가장 큰 요인은?
- ㉮ slump
- ㉯ 연행 공기의 균일한 크기와 고른 분포
- ㉰ 물-시멘트비
- ㉱ bleeding량

45
다음 중 AE제를 사용한 콘크리트에 대한 설명으로 올바른 것은?
- ㉮ AE제를 사용하면 내구성이 증가하며 동결융해에 대한 저항성 역시 증가한다.
- ㉯ AE제를 사용하면 강도가 증가한다.
- ㉰ AE제를 사용하면 철근과 부착하는 강도가 증진된다.
- ㉱ AE제를 사용하면 단위수량이 증가한다.

해설
- 철근과 부착강도가 감소된다.
- AE제를 사용하면 단위수량이 감소된다.
- 압축강도가 감소된다.

답 40. ㉱ 41. ㉮ 42. ㉰ 43. ㉯ 44. ㉯ 45. ㉮

46 AE제를 사용하는 가장 큰 목적은 다음 중 어느 것인가?
⑦ 워커빌리티의 증대   ㉯ 시멘트 절약
㉰ 수량의 감소   ㉱ 모래 절약

47 AE제가 아닌 것은?
⑦ 빈졸레신 분말(vinsol resin)   ㉯ 빈졸(NVX)
㉰ 다렉스 원액(darex)   ㉱ 포졸란

48 다음 중 5% 이상의 감수율을 기대할 수 있는 혼화제(재료)는?
⑦ AE제   ㉯ 염화칼슘   ㉰ 규산소다   ㉱ 플라이 애시

49 다음의 혼화제 중에서 슬럼프 값을 증대시키기 위해서 가장 좋은 것으로 짝지어진 것은?
⑦ AE제, 유동화제   ㉯ 감수제, 지연제
㉰ 분산제, 경화촉진제   ㉱ 팽창제, 감수제

50 다음은 플라이 애시(fly ash)에 관한 사항이다. 옳지 않은 것은?
⑦ Workability가 좋아진다.   ㉯ 단위수량이 감소된다.
㉰ 시멘트의 수화열이 증가된다.   ㉱ 수밀성이 증대된다.

해설 시멘트의 수화열이 저하된다.

51 플라이 애시(fly-ash)를 시멘트에 혼합하면 다음과 같은 효과가 있다. 이 중 옳지 않은 것은?
⑦ 화학적 저항성의 향상   ㉯ 골재의 절약
㉰ 유동성의 증가   ㉱ 수화열의 저하

52 AE제를 사용한 콘크리트에 있어 다음 중 옳지 못한 것은 어느 것인가?
⑦ 철근 콘크리트에서는 기포로 인하여 철근과 부착력이 떨어진다.
㉯ 동결 융해에 대한 저항이 적어진다.
㉰ 수밀성, 내구성이 증가된다.
㉱ 알칼리 골재 반응이 영향이 적다.

해설 • 동결 융해에 대한 저항이 커진다.
• 화학적인 침식에 대한 내구성이 증대된다.

답 46. ⑦ 47. ㉱ 48. ⑦ 49. ⑦ 50. ㉰ 51. ㉯ 52. ㉯

53 다음에서 인공산 포졸란(pozzolan)을 사용한 콘크리트의 특징으로 옳지 않은 것은?
㉮ 워커빌리티(workability)가 좋고 블리딩(bleeding) 및 재료의 분리가 적다.
㉯ 수밀성(水密性)이 크다.
㉰ 강도의 증진이 빠르고 단기강도가 크다.
㉱ 바닷물에 대한 화학적 저항성이 크다.

해설 조기강도는 작고 장기강도가 크다.

54 그라우팅(grouting)용 혼화재로서의 필요한 성질 중 옳지 않은 것은?
㉮ 단위수량이 작고, 블리딩이 적어야 한다.
㉯ 그라우트를 수축시키는 성질이 있어야 한다.
㉰ 재료의 분리가 생기지 않아야 한다.
㉱ 주입하기 쉬워야 하며 공기를 연행시켜야 한다.

해설
• 그라우트를 수축시키는 성질이 있어서는 안 된다.
• 유동성이 있어 구석을 채울 수 있어야 한다.

55 시멘트 모르타르 인장강도 시험을 위해 시멘트와 표준사의 비율은?
㉮ 1 : 2.45   ㉯ 1 : 2.7   ㉰ 1 : 3   ㉱ 1 : 2.54

해설 시멘트 모르타르의 압축강도 시험에서는 1 : 3이다.

56 다음 중 시멘트 밀도 시험시 사용하지 않는 것은?
㉮ 광유   ㉯ 헝겊   ㉰ 비카 장치   ㉱ 르샤틀리에 병

해설 비카 장치는 시멘트 응결을 측정하는 장치이다.

57 블레인 공기투과장치가 사용되는 시험은?
㉮ 시멘트 분말도 측정   ㉯ 시멘트 밀도 측정
㉰ 콘크리트 공기량 측정   ㉱ 시멘트 응결시간 측정

58 모르타르 흐름 시험에서 흐름 몰드의 밑지름 100mm, 시험 후 퍼진 모르타르의 평균지름이 212mm일 때 흐름값은 얼마인가?
㉮ 66.6   ㉯ 86.6   ㉰ 89.2   ㉱ 112

해설 흐름값 $= \dfrac{(212-100)}{100} \times 100 = 112$

답 53. ㉰ 54. ㉯ 55. ㉰ 56. ㉰ 57. ㉮ 58. ㉱

59 시멘트 모르타르의 압축강도 결정시 시험한 평균값보다 몇 % 이상 강도 차이가 나는 것을 압축강도 계산에 넣지 않는가?
- ㉮ 5%
- ㉯ 10%
- ㉰ 15%
- ㉱ 20%

60 시멘트의 밀도 시험은 (a)회 이상 실시하여 그 차가 (b) 이내일 때의 평균값으로 밀도를 취한다. 이때 (a)와 (b)의 값은 각각 얼마인가?
- ㉮ (a) 2 (b) ±0.03g/cm^3
- ㉯ (a) 2 (b) ±0.02g/cm^3
- ㉰ (a) 3 (b) ±0.01g/cm^3
- ㉱ (a) 3 (b) ±0.02g/cm^3

61 시멘트 밀도와 분말도에 관한 설명 중 틀린 것은?
- ㉮ 분말도가 높으면 시멘트 풀의 응결속도가 빠르고 시멘트의 강도는 커지며 조기강도가 크다.
- ㉯ 밀도는 시멘트 성분에 따라 다르며 풍화된 시멘트는 밀도가 작아진다.
- ㉰ 분말도 시험방법에는 표준체에 의한 방법과 비표면적을 구하는 블레인 방법이 있다.
- ㉱ 고로 시멘트는 밀도가 크다.

해설 고로(slag) 시멘트는 밀도가 작다.

62 시멘트 응결시간 측정시 길모어 장치에 의한 시험체를 조제할 경우 어느 정도 크기로 패트를 만드는가?
- ㉮ 지름 7.5cm, 중앙 두께가 1.3cm
- ㉯ 지름 9cm, 중앙 두께가 2.5cm
- ㉰ 지름 10cm, 중앙 두께가 1.6cm
- ㉱ 지름 13cm, 중앙 두께가 7.5cm

해설 시멘트 응결 시간 측정법에는 비카 장치, 길모어 장치 등이 있다.

63 콘크리트의 흡수성, 투수성을 감소시키기 위해 사용하는 방수용 혼화제의 종류가 아닌 것은?
- ㉮ 염화칼슘
- ㉯ 탄산소다
- ㉰ 실리카질 분말
- ㉱ 고급지방산

해설
- 방수제 종류 : 염화칼슘, 지방산, 파라핀, 고분자에멜션
- 탄산소다는 급결제에 속한다.

64 시멘트 원료인 점토 중의 산화철을 제거하거나 대용원료를 사용하여 제조하며 또한 소성 연료로 석탄 대신 중유를 사용하여 제조하는 시멘트는?
- ㉮ 고로 시멘트
- ㉯ 백색 포틀랜드 시멘트
- ㉰ 조강 포틀랜드 시멘트
- ㉱ 중용열 포틀랜드 시멘트

답 59. ㉯ 60. ㉮ 61. ㉱ 62. ㉮ 63. ㉯ 64. ㉯

해설 백색 포틀랜드 시멘트는 철분, 마그네시아가 적은 백색 점토와 석회석을 원료로 하고 소성 연료는 석탄 대신 중유를 사용해서 만든다.

65 시멘트의 강열감량에 관한 설명 중 틀린 것은?
㉮ 시멘트가 풍화하면 강열감량이 적어지며 풍화의 정도를 파악하는 데 이용된다.
㉯ 강열감량은 시멘트에 1,000℃의 강한 열을 가했을 때 시멘트의 감량을 뜻한다.
㉰ 강열감량은 클링커와 혼합하는 석고와 결정수량과 거의 같은 양이다.
㉱ 강열감량은 시멘트 중에 하유된 H_2O와 CO_2의 양을 뜻한다.

해설 풍화된 시멘트는 강열감량이 증가되며 시멘트의 풍화의 정도를 파악하는 데 감열감량이 사용된다.

66 시멘트의 응결 경화 촉진제로 사용되는 혼화재료는?
㉮ 플라이애시 ㉯ 염화칼슘
㉰ 포졸리스   ㉱ 리그닌설폰산염

해설 • 콘크리트 경화 촉진제로 염화칼슘과 규산나트륨이 사용된다.
• 염화칼슘은 시멘트량의 1~2% 사용한다.

67 시멘트 클링커의 냉각과정에서 유리질 속에 포함되어 시멘트 특유의 암갈색을 띠게 하는 작용을 하며 장기간 경과 후 팽창성을 띠어 균열을 가져오는 화합물은?
㉮ 유리석회 ㉯ 아황산
㉰ 마그네시아 ㉱ 알칼리

해설 마그네시아가 시멘트 중에 많이 존재하면 팽창균열의 원인이 되며 장기 안정성을 해칠 우려가 있다.

68 콘크리트 시공시 블리딩 방지 대책에 관한 설명 중 틀린 것은?
㉮ 분말도가 큰 시멘트를 사용한다. ㉯ 세립자가 많은 잔골재를 사용한다.
㉰ 가능한 한 단위수량을 적게 한다. ㉱ 굵은골재의 최대 치수를 크게 한다.

해설 • 적당한 세립자가 포함된 잔골재를 사용한다.
• 부배합으로 시공한다.
• 분산제를 사용한다.

69 염화칼슘($CaCl_2$)을 혼합한 콘크리트의 성질이 아닌 것은?
㉮ 시멘트량의 1~2% 사용하면 조기강도가 증대된다.
㉯ 건습에 대한 팽창수축이 작게 된다.
㉰ 적당량을 사용하면 마모에 대한 저항성이 커진다.
㉱ 슬럼프가 감소된다.

답 65. ㉮ 66. ㉯ 67. ㉰ 68. ㉯ 69. ㉯

해설 • 건습에 대한 팽창수축이 크게 된다.
• 응결이 촉진되고 슬럼프가 감소하므로 시공에 주의한다.

70 초속경 시멘트의 특성 중 틀린 것은?
㉮ 응결시간이 짧고 경화시 발열이 크다.
㉯ 2~3시간이 큰 강도를 발휘한다.
㉰ 알루미나 시멘트와 같은 전이현상이 발생한다.
㉱ 포틀랜드 시멘트와 혼합하여 사용하지 않아야 한다.

해설 알루미나 시멘트와 같은 전이현상(순결현상 : 강도가 발현 전에 응결하는 현상)이 없다.

71 긴급 보수가 필요한 경우 다음의 시멘트 중 적당한 것은?
㉮ 실리카 시멘트 ㉯ 알루미나 시멘트
㉰ 중용열 포틀랜드 시멘트 ㉱ 고로 시멘트

해설 알루미나 시멘트는 발열량이 크기 때문에 긴급을 요하는 공사나 한중 공사시의 시공에 적합하다.

72 시멘트의 건조수축에 관한 설명 중 틀린 것은?
㉮ C_3A 함유량, 물-시멘트비 등이 높은 경우 수축이 높아지는 경향이 있다.
㉯ 수축에는 수화에 따른 화학적 수축, 건조에 의한 수축, 탄산화에 의한 수축 등이 있다.
㉰ 시멘트 겔의 주위에 있는 미세한 모세관 속의 수분이 증발하면 모세관수의 표면장력이 작아지게 되어 수축한다.
㉱ 습도가 커지면 모세관이 물을 흡수하여 표면장력이 작아지며 팽창한다.

해설 경화한 시멘트 풀은 건조시키면 시멘트 겔의 주위에 있는 미세한 모세관 속의 수분이 증발하며 모세관수의 표면장력이 커지게 되어 수축한다.

73 알루미나 시멘트의 특성에 관한 설명 중 틀린 것은?
㉮ 발열량이 대단히 커 조기에 고강도를 발현한다.
㉯ 해수 기타 화학적 침식에 대한 저항성이 크다.
㉰ 열분해 온도가 높으므로(1,300℃) 내화 콘크리트용 시멘트로서 적합하다.
㉱ 포틀랜드 시멘트와 혼합하여 사용하면 순결(純潔)하지 않는다.

해설 • 포틀랜드 시멘트와 혼합하여 사용하면 순결하므로 주의하여야 한다.
• 발열량이 대단히 크기 때문에 물-시멘트를 적게 하고(40%), 저온(25℃ 이하)으로 유지시켜 양생하지 않으면 장기강도가 상당히 저하한다.
• 수화한 알루미나 시멘트는 알칼리성에 약하므로 철근을 부식할 우려가 있다.

답 70. ㉰ 71. ㉯ 72. ㉱ 73. ㉱

74 혼화재료를 사용하므로 얻을 수 있는 효과가 아닌 것은?

㉮ 크리프가 감소된다.
㉯ 건조수축이 감소된다.
㉰ 발열량이나 발열속도가 감소된다.
㉱ 시공연도가 향상되어 마무리 작업량을 증대시킨다.

해설 혼화재료를 사용하면 워커빌리티가 개선되고 마무리 작업을 감소시킬 수 있다.

75 염화칼슘을 사용한 콘크리트의 성질로서 틀린 것은?

㉮ 적당량의 염화칼슘을 사용하면 마모저항성이 커진다.
㉯ 건조수축과 크리프가 작아진다.
㉰ 알칼리 골재 반응을 촉진시킨다.
㉱ 황산염에 대한 저항성이 적어진다.

해설 건조수축과 크리프가 커진다.

76 중용열 포틀랜드 시멘트의 장기강도를 높여 주기 위해 포함시키는 성분은?

㉮ MgO
㉯ CaO
㉰ C_3A
㉱ C_2S

해설
• C_2S(규산 2석회) : 수화가 늦고 장기강도가 커진다.
• C_3A(알루미나 3석회) : 가장 빨리 응결되며 수화작용이 매우 빠르다.

77 고로 시멘트의 특징에 해당되지 않는 것은?

㉮ 밀도가 작다.
㉯ 장기강도가 크다.
㉰ 응결시간이 빠르다.
㉱ 블리딩이 작아진다.

해설
• 수화열이 비교적 적다.
• 내화학약품성이 좋으므로 해수, 공장폐수, 하수 등에 접하는 콘크리트에 적당하다.

78 염화칼슘을 응결경화 촉진제로 사용할 경우 다음 설명 중 옳지 않은 것은?

㉮ 조기강도를 증대시켜 주나 2% 이상 사용하면 큰 효과가 없으며 순결(純潔), 강도저하를 나타낼 수 있다.
㉯ 건습에 의한 팽창, 수축이 커지며 알칼리 골재 반응을 촉진시킨다.
㉰ 염화칼슘을 사용한 콘크리트는 황산염에 대한 화학 저항성이 크다.
㉱ 프리스트레스 콘크리트의 PC 강재에 접촉하면 부식 내지 PC 강재는 녹이 슬기 쉽다.

해설 염화칼슘을 사용한 콘크리트는 황산염에 대한 화학 저항성이 적다.

답 74. ㉱ 75. ㉯ 76. ㉱ 77. ㉰ 78. ㉰

79 콘크리트의 연행 공기량에 대한 다음 설명 중 틀린 것은?
- ㉮ 콘크리트의 온도가 높으면 연행 공기량이 감소하고 온도가 낮으면 연행 공기량이 증가한다.
- ㉯ 잔골재 입도는 연행 공기량에 영향을 미치지 않는다.
- ㉰ 시멘트의 비표면적이 커지면 연행 공기량이 감소한다.
- ㉱ 플라이 애시를 혼화재로 사용할 경우 미연소 탄소함유량이 많으면 연행 공기량이 감소한다.

해설 연행 공기량의 변동을 적게 하기 위해서는 잔골재 입도를 일정하게 하는 것이 중요하며 조립률의 변동은 ±0.1 이하로 억제하는 것이 바람직하다.

80 AE제를 사용했을 때 콘크리트에 미치는 영향 중 설명이 틀린 것은?
- ㉮ 단위수량이 감소된다.
- ㉯ 블리딩이 증가한다.
- ㉰ 콘크리트의 동결 저항성이 증대된다.
- ㉱ 워커빌리티가 개선된다.

해설 골재 분리 및 블리딩이 감소된다.

81 블리딩의 대한 설명 중 틀린 것은?
- ㉮ 물-결합비가 커지면 블리딩이 커진다.
- ㉯ 철근콘크리트에서 철근과 부착력이 감소된다.
- ㉰ 콘크리트 타설 후 보통 10시간 이내에 끝난다.
- ㉱ 블리딩 현상 이후에 레이턴스가 발생한다.

해설 콘크리트 타설 후 블리딩이 발생하며 보통 4시간 이내에 끝난다.

82 콘크리트의 구성요소에 대한 설명 중 틀린 것은?
- ㉮ 시멘트와 물을 혼합한 것을 시멘트풀이라 한다.
- ㉯ 모래와 자갈을 채움재로 사용한다.
- ㉰ 시멘트와 모래, 물 등을 혼합한 것을 모르타르라 한다.
- ㉱ 시멘트, 모래, 자갈, 물이 혼합된 것을 콘크리트라 한다.

해설 채움재란 석회암 분말, 화성암류를 분쇄하여 0.08mm체를 70% 이상 통과한 것을 뜻한다.

83 블리딩에 대한 다음 설명 중 옳지 않은 것은?
- ㉮ 블리딩이 많은 콘크리트는 침하량도 많다.
- ㉯ 초속경 시멘트는 응결이 매우 빠르기 때문에 블리딩은 거의 발견되지 않는다.
- ㉰ 콘크리트 타설속도가 빠르면 블리딩이 적어진다.
- ㉱ 거푸집의 치수가 크면 블리딩이 크게 되는 경향이 있다.

해설 콘크리트 타설속도가 빠르면 블리딩이 많아지기 때문에 1회의 타설높이를 작게 한다.

답 79. ㉯ 80. ㉯ 81. ㉰ 82. ㉯ 83. ㉰

84 포졸란을 사용한 콘크리트의 특징이 아닌 것은?
- ㉮ 수밀성이 크다.
- ㉯ 발열량이 적다.
- ㉰ 워커빌리티가 좋다.
- ㉱ 건조수축이 작다.

해설
- 건조수축이 크다.
- 블리딩이 감소한다.
- 발열량이 적어 단면이 큰 콘크리트에 적합하다.

85 콘크리트의 블리딩에 관한 설명 중 틀린 것은?
- ㉮ 블리딩이 심하면 투수성과 투기성이 커져서 콘크리트의 중성화(탄산화)가 촉진된다.
- ㉯ 블리딩이 심하면 철근과 부착력 감소로 강도 및 내구성의 감소가 현저해진다.
- ㉰ 시멘트의 분말도가 작을수록, 잔골재 중의 미립분이 작을수록 블리딩 현상이 적어진다.
- ㉱ 블리딩은 보통 2~4시간에 끝나며 그 연속시간은 콘크리트 높이가 낮고 온도가 높으면 빨리 끝난다.

해설 시멘트의 분말도가 커지면 블리딩 현상이 적어진다.

86 실리카 품을 사용한 콘크리트의 특징으로 옳지 않은 것은?
- ㉮ 블리딩 및 재료의 분리가 적다.
- ㉯ 알칼리 골재 반응의 억제 효과를 낸다.
- ㉰ 건조 수축이 적다.
- ㉱ 내화학적 저항성이 크다.

해설
- 건조 수축이 크다.
- 단위수량이 커진다.
- 장기강도가 크다.
※ 포졸란으로서 플라이 애시, 고로 슬래그 분말, 실리카 품, 규조토, 화산회 등이 있다.

87 분말도가 큰 시멘트의 성질이 아닌 것은?
- ㉮ 블리딩이 적고 워커빌리티가 좋다.
- ㉯ 수화작용이 빠르다.
- ㉰ 건조수축을 억제하여 균열을 방지한다.
- ㉱ 강도 증진율이 높아진다.

해설
- 시멘트의 입자가 미세할수록 분말도가 크다.
- 분말도가 크면 균열이 커지고 내구성이 떨어진다.

답 84. ㉱ 85. ㉰ 86. ㉰ 87. ㉰

제 5 장 골 재

5-1 골재의 특성별 분류

(1) 골재의 입경에 따른 분류
① 굵은 골재 : 5mm 체에 거의 남는 골재
② 잔골재 : 10mm 체를 전부 통과하고 5mm 체를 거의 통과하며 0.08mm 체에 다 남는 골재

(2) 골재의 산출 방법에 따른 분류
① 천연 골재 : 하천모래, 하천자갈, 바다모래, 바다자갈 등
② 인공 골재 : 부순돌(쇄석), 부순모래, 고로 슬래그, 인공 경량 및 중량골재 등

(3) 골재의 중량에 의한 분류
① 경량 골재 : 콘크리트의 질량을 줄이기 위해 사용하는 골재로 밀도가 $2.50g/cm^3$ 이하
② 보통 골재 : 밀도가 $2.50~2.65g/cm^3$ 정도인 골재
③ 중량 골재 : 댐, 방사선 차폐 콘크리트 등에 사용되는 골재로 밀도가 $2.70g/cm^3$ 이상인 골재

5-2 골재의 성질

(1) 골재의 필요 조건
① 깨끗하고 유해물이 함유하지 않을 것
② 물리, 화학적으로 안정하고 강도 및 내구성이 클 것
③ 입도 분포가 양호할 것
④ 모양은 구 또는 입방체에 가까울 것
⑤ 마모에 대한 저항성이 클 것

(2) 골재의 입도 및 입형

① 골재의 모양은 모난 것보다는 둥근 것이 콘크리트의 유동성, 즉 워커빌리티를 증대시켜 주므로 구 또는 입방체가 좋다.
② 골재의 입자가 크고 작은 것이 골고루 섞여 있는, 즉 입도가 양호한 것이 좋다.
③ 부순돌(쇄석)은 강자갈에 비해 워커빌리티는 나쁘고 잔골재율과 단위수량이 증대되며 골재의 표면이 거칠어 강도는 더 크다.
④ 굵은 골재의 최대치수가 65mm 이상인 경우에는 대·소 알을 구분하여 따로 저장한다.
⑤ 잔골재는 10mm 체를 전부 통과하고 5mm 체를 질량비로 85% 이상 통과하며 최대입자로부터 미립자까지 대소의 알이 적당히 혼합되어 있는 것이 좋다.
⑥ 굵은 알이 적당히 혼합되어 있는 잔골재를 쓰면 소요 품질의 콘크리트를 비교적 적은 단위수량 및 단위 시멘트량으로 경제적인 콘크리트를 만들 수 있다.
⑦ 조립률이 2.0~3.3의 잔골재를 쓰는 것이 좋다. 조립률이 이 범위를 벗어난 잔골재를 쓰는 경우에는 2종 이상의 잔골재를 혼합하여 입도를 조정해서 쓰는 것이 좋다. 또 잔골재 입도의 표준에 표시된 연속된 2개의 체 사이를 통과하는 양의 백분율은 45%를 넘지 않아야 한다.
⑧ 빈배합 콘크리트의 경우나 굵은 골재의 최대치수가 작은 굵은 골재를 쓰는 경우에는 비교적 세립이 많은 잔골재를 사용하면 워커빌리티가 좋은 콘크리트를 얻을 수 있다.
⑨ 잔골재에 부순 잔골재나 고로 슬래그 잔골재를 혼합하여 사용할 경우 0.15mm 체 통과 분의 대부분이 부순 잔골재나 슬래그 잔골재인 경우에는 15%로 증가시켜도 좋다.

(3) 알칼리 골재 반응

① 포틀랜드 시멘트 속의 알칼리 성분이 골재 속의 실리카질 광물과 화학반응을 일으키는 것이다.
② 알칼리 골재 반응을 일으키는 시멘트를 사용한 콘크리트는 타설 후 1년 이내에 불규칙한 팽창성 균열이 생긴다.
③ 콘크리트 속의 골재는 겔(gel) 상태의 물질을 형성한다.
④ 이백석, 규산질 또는 고로질 석회암, 응회암의 골재에서 이와 같은 반응을 일으킨다.
⑤ 알칼리 골재 반응을 억제하기 위해 알칼리량을 0.6% 이하로 하는 것이 좋다.

(4) 굵은 골재 최대 치수

① 골재의 체가름 시험을 하였을 때 통과중량 백분율이 90% 이상 통과한 체 중에서 최소치수의 눈금을 말한다.
② 굵은 골재 최대치수는 허용하는 범위 내에서 큰 것을 사용할수록 간극률이 적어서 단위수량과 단위시멘트량이 적어지고 잔골재율이 적어져서 경제적인 콘크리트가 된다.

③ 굵은 골재 최대치수가 클수록 워커빌리티가 나빠지고 재료분리가 발생한다.
④ 구조물의 종류별 굵은 골재 최대치수

구조물의 종류		굵은 골재 최대치수	
무근 콘크리트		40mm 이하, 부재 최소치수의 1/4 이하	
철근 콘크리트	일반적인 경우	20mm 또는 25mm 이하	부재 최소치수의 1/5 이하, 피복 두께 및 철근의 최소 수평, 수직 순간격의 3/4 이하
	단면이 큰 경우	40mm 이하	
댐 콘크리트		150mm 이하	
포장 콘크리트		40mm 이하	

제 6 장 폭파약

6-1 폭파약의 종류

6-1-1 화 약

폭파속도 340 m/sec 이하로 연소하는 것

6-1-2 폭 약

① 뇌관을 사용하여 그 기폭에 의해 폭발시키는 것
② 폭속이 2,000~8,000 m/sec
③ 반응이 신속하고 폭발력이 강하다.

6-2 화 약

6-2-1 흑색화약

① 황(S) 10%, 목탄(C) 15%, 초석(KNO_3) 75% 비율로 미분말을 혼합한 것
② 폭파력은 강하지 않으나 값이 싸고, 취급 및 보관시 위험이 적으며 발화가 간단하고 소규모 공사에 사용 가능.
③ 흡수성이 크며 젖으면 발화하지 않고 수중에서는 폭발하지 않는다.
④ 폭발시 연기가 많아 유연화약이라고도 한다.

6-2-2 무연화약

① 니트로셀룰로오스 또는 니트로글리세린을 주성분으로 하는 화약에 비해 압력은 높지 않다.
② 연소성을 조절할 수 있어 총탄, 포탄, 로켓 등에 사용한다.

6-3 폭 약

6-3-1 기폭약

- 보통의 폭약은 화약과 달리 점화하면 연소할 뿐 즉시 폭발하지 않는다.
- 기폭약은 점화 자체로 자신이 폭발하여 다른 화약류의 폭발을 유발한다.

(1) 뇌산수은(뇌홍)
① 화염, 충격 및 마찰 등에 매우 예민하다.
② 발화온도는 170~180℃로 매우 낮아 취급시 주의

(2) 질화납
① 무색의 결정체로 되어 있으며 점폭약으로 많이 사용한다.
② 뇌홍에 비해 가격이 저렴하고 기폭력이 크다.
③ 수중에서 폭발한다.
④ 발화점이 높고 구리와 화합하면 위험하므로 뇌관의 관체는 알루미늄을 사용한다.

(3) DDNP
① 황색의 미세결정으로 기폭약 중 가장 강력한 폭약
② 폭발력은 TNT와 동일하고 뇌홍의 2배 정도
③ 발화점은 180℃ 정도

6-3-2 폭 약

(1) 칼릿
① 과염소산 암모늄을 주성분으로 규소철, 목분, 중유 등을 조합한 분말
② 다이너마이트보다 발화점(295℃)이 높고 충격에 둔감하여 취급에 위험이 적다.
③ 폭발력은 다이너마이트보다 우수하고 흑색화약의 4배 정도이며 폭발속도가 다이너마이트보다 느리다.
④ 큰 돌의 채석, 암석, 경질토사 절토시 적합하며 가격도 저렴하다.
⑤ 유해가스 발생이 많고 흡수성이 커 갱내의 터널공사에는 부적당하다.

(2) 니트로글리세린
① 글리세린에 질산을 반응시켜 만든 무색, 무취한 액체
② 충격 및 마찰에 극히 예민하므로 단독으로 사용하는 것은 위험
③ 가장 강력한 폭약으로 흑색화약보다 강하다.
④ 액체로 운반, 취급이 불편하고 동해를 입기 쉽다.

(3) 다이너마이트(Dynamite)

① 규조토 다이너마이트
- 액상인 니트로글리세린의 취급 위험과 불편을 없애기 위해 불가연성의 규조토 25, 니트로글리세린 75 비율로 흡수시킨 것

② 스트레이트 다이너마이트
- 액상인 니트로글리세린 40~60%에 가연성인 질산나트륨에 질산칼, 목분, 녹말, 황 분말 등을 혼합한 것
- 규조토 다이너마이트보다 위력이 크다.

③ 교질 다이너마이트
- 니트로셀룰로오스에 니트로글리세린 및 젤라틴 20% 이상 넣어 콜로이드화하여 만든 가소성의 황색폭약
- 폭약 중 폭발력이 가장 강하여 터널과 암석 발파에 주로 사용하고 수중용으로도 사용한다.

④ 분말상 다이너마이트
- 니트로글리세린 7~20%에 질산암모늄 7% 이상을 함유된 것으로 채탄용에 사용한다.

(4) 면화약
① 질산과 황산의 혼합액으로 면사와 같은 식물섬유를 넣은 초안섬유가 주성분이다.
② 습하면 폭발하지 않으며 충격 및 마찰이 있으면 쉽게 폭발한다.

(5) 질산암모늄계 폭약(초안폭약)
① 질산암모늄을 주성분으로 질산암모늄 폭약, 질산암모늄 유제 폭약 등이 있다.
② 질산암모니이기 분해하여 폭발하므로 잔류물이 남지 않고 전부 가스화되어 폭발력이 커진다.
③ 유해가스가 많이 발생하여 채광작업이나 채석장 암석 발파에는 좋으나 터널에는 부적당하다.

(6) ANFO (Ammonium Nitrate Fuel Oil mixture)
① 초유폭약이라고 한다.
② 초안암모늄 94, 연료유(경유) 6의 질량비 혼합물
③ 충격에 둔하며 취급이 안전하고 가격이 저렴
④ 폭발 가스량이 많고 폭발온도는 비교적 낮다.

(7) 슬러리(slurry) 폭약
① 함수폭약이라고 한다.
② 초안 TNT, 물의 혼합물로 내수성이 강하고 폭발력이 크다.

③ 충격, 마찰, 화염에 대한 안정성이 다이너마이트나 ANFO보다 높다.
④ 폭발력은 ANFO보다 크고 다이너마이트와 비슷하다.

(8) 캄마이트(Calmmite)

발파에 의하지 않고 무소음, 무진동으로 팽창에 의해 암석을 발파한다.

6-4 기폭용품

6-4-1 도화선

① 분말의 흑색화약 주위를 마사, 면사, 종이, 테이프 등으로 피복하고 방수도료를 도포한 후 가공한 직경 약 5mm의 화공품으로 공업뇌관에 결합하여 발파가 가능하게 한다.
② 연소속도가 정확하고 점화력이 강하며 내수성이 양호해야 한다.

6-4-2 도폭선

① 대폭파 또는 수중폭파 등 동시에 폭파할 목적으로 뇌관 대신 금속 또는 섬유로 피복한 끈 모양의 폭약
② 면화약을 심약으로 하고 마사, 면사 등으로 싸서 방습포장한 것으로 연소속도는 3,000~6,000 m/sec이다.
③ 원료로 피크린산, TNT, 헥소겐, 펜트리트 등을 사용한다.

6-4-3 공업뇌관

① 도화선을 이용하여 폭약을 폭발하도록 유도한다.
② 구리관에 기폭약을 넣고 도화선을 점화시켜 기폭약을 폭발하여 폭약에 전달한다.

6-4-4 전기뇌관

공업뇌관 윗부분에 전기점화장치를 조합시킨 것으로 여러 개의 발파를 동시에 일정한 지체시간을 두고 폭발한다.

(1) 전기뇌관

① 전화와 동시에 폭발하는 순발뇌관으로 보통뇌관과 거의 비슷하다.
② 도화선 대신 전기점화장치가 있다.

(2) 지발 전기뇌관
　① 폭발시간을 단계적으로 늦추어 순차적으로 폭발시킨다.
　② DS 뇌관(decisecond detonator)
　　• 지발 간격은 1단의 차가 약 $\frac{25}{100}$ 초로서 단계적 폭발이 가능하도록 한 것으로 여러 개를 동시에 폭발시킬 경우 지발간격이 길어 효율이 떨어진다.
　③ MS 뇌관(milisecond detonator)
　　• 지발 간격을 더 짧게 하여 1단의 차를 약 $\frac{25}{1000}$ 초로서 작업효과가 좋다.

6-5 폭파약 취급시 주의사항

① 다이너마이트는 직사광선을 피하고 화기가 접근하는 데 두지 말 것
② 운반시 화기나 충격을 받지 않도록 할 것
③ 뇌관과 폭약은 동일한 장소에 두지 말 것
④ 장기간 보관시 온도나 습도에 의해 변질되지 않도록 할 것
⑤ 취급자의 교육, 지도, 감독을 철저히 할 것

제6장 실전문제 — 폭파약

01 흑색화약이 아닌 면화약을 심약으로 하고 마사(麻絲), 면사(綿絲) 등으로 싸서 방습포장을 한 것을 무엇이라 하는가?
㉮ 전기뇌관　　㉯ 일반뇌관
㉰ 뇌홍　　㉱ 도폭선

해설 도폭선은 대폭파 또는 수중폭파 등 동시에 폭파가 가능하다.

02 다음 중에서 도화선의 점화로 발파시키지 않는 것은?
㉮ 공업용 뇌관　　㉯ 흑색화약
㉰ 데토릴　　㉱ 무연화약

해설 데토릴은 첨장약에 사용되며 일반 화염으로 점화가 가능하다.

03 다음 중에서 데토릴의 사용 용도로 옳은 것은?
㉮ 뇌관의 원료　　㉯ TNT의 주원료
㉰ 도폭선의 원료　　㉱ 초안폭약의 원료

04 다음 설명 중에서 틀린 것은?
㉮ ANFO는 질산 암모늄의 주성분이다.
㉯ 전기 뇌관은 일반 뇌관에 전기점화장치를 부착한 것이다.
㉰ 도화선의 심약으로는 무연화약을 사용한다.
㉱ 알루미늄 뇌관은 폭발할 때 파편이 있으므로 갱내용으로는 부적당하다.

해설 도화선의 심약으로는 유연화약을 사용한다.

05 대폭파 또는 수중 폭파를 동시에 실시하기 위해 뇌관 대신 사용하는 것을 무엇이라 하는가?
㉮ 도화선　　㉯ 도폭선
㉰ 전기뇌관　　㉱ 첨장약

06 다음 화약류 중에서 발화점이 가장 낮은 것은?
㉮ 데토릴　　㉯ TNT
㉰ 초안폭약　　㉱ 뇌홍

답 01. ㉱　02. ㉰　03. ㉮　04. ㉰　05. ㉯　06. ㉱

07 다음은 폭약에 관한 사항이다. 옳지 않은 것은?

㉮ 다이너마이트의 주성분은 니트로글리세린이다.
㉯ TNT는 도화선만으로 폭발시킬 수 없다.
㉰ 도화선의 심약으로 주로 흑색화약을 사용한다.
㉱ 흑색화약의 주성분은 황산염이다.

해설 흑색화약의 주성분은 초석(초산칼륨)이다.

08 최근에 탄광과 토목 공사용의 폭약으로 이용되는 것으로 그 주성분이 질산암모늄과 연료유로 되어 있는 폭약은?

㉮ ANFO
㉯ 다이너마이트
㉰ 칼릿
㉱ 니트로글리세린

09 다음 중에서 폭약으로 칼릿(carlit)의 사용이 부적당한 곳은?

㉮ 채석장에서 큰 석재의 채취용
㉯ 경질토사의 절취용
㉰ 터널공사의 발파용
㉱ 암석의 절취 또는 제거용

해설 갱내 터널공사의 발파용으로는 부적당하다.

10 발파에 의하지 않고 무진동, 무소음으로 팽창에 의하여 기존 건물이나 암반을 폭파하는 폭약은?

㉮ 슬러리(slurry) 폭약
㉯ ANFO 폭약
㉰ 칼릿(carlit) 폭약
㉱ 캄마이트(calmmite)

11 다음 중에서 기폭약에 속하는 것은?

㉮ 칼릿(carlit)
㉯ 뇌홍
㉰ 질산암모늄
㉱ 다이너마이트

해설 기폭약에는 뇌홍, 데토릴, DDNP 헥조겐 등이 있다.

12 다음 폭약에 대한 설명 중 옳지 않은 것은?

㉮ 질산암모늄 에멀션 폭약은 질산암모늄과 연료유의 단순한 혼합물이다.
㉯ 다이너마이트는 니트로글리세린을 각종 고체에 흡수시킨 폭약이다.
㉰ 니트로글리세린은 글리세린에 질산을 작용시켜 만든 것이다.
㉱ 칼릿은 다이너마이트보다 발화점이 낮다.

해설 칼릿은 다이너마이트보다 발화점이 높다.

답 07. ㉱ 08. ㉮ 09. ㉰ 10. ㉱ 11. ㉯ 12. ㉱

13 토목공사에 사용하는 폭약 중 폭발력이 가장 약한 것은?
  ㉮ 흑색화약   ㉯ TNT   ㉰ 다이너마이트   ㉱ 칼릿

14 다음은 slurry 폭약에 관한 사항이다. 옳지 않은 것은?
  ㉮ 저온에 강하다.
  ㉯ 충격감도가 둔하므로 제조, 운반, 취급이 쉽다.
  ㉰ 상향천공에는 부적당하다.
  ㉱ 용수공 또는 해수 중에 사용할 수 있다.

  [해설] 물을 함유하고 있어 저온에 약하다.

15 상온에서 액체인 폭약은?
  ㉮ 니트로글리세린   ㉯ 초안폭약
  ㉰ 질화연   ㉱ 칼릿

16 폭약으로 니트로글리세린의 함유량이 많고 아교질물로 폭발력이 강하고 수중공사에 많이 사용하는 것은?
  ㉮ 칼릿   ㉯ ANFO
  ㉰ 블라스팅 다이너마이트   ㉱ 젤라틴 다이너마이트

17 다음은 ANFO에 관한 사항이다. 옳지 않은 것은?
  ㉮ 대발파에 좋다.
  ㉯ 초안과 연료유의 혼합으로 만들어진다.
  ㉰ 다른 폭약에 비해 민감하며 접촉성 위험이 크다.
  ㉱ 다른 폭약에 비해 가격이 싸다.

  [해설] 다른 폭약에 비해 둔감하다.

18 보통뇌관을 사용할 경우 뇌관 및 도화선을 단 약포, 즉 전폭약포(傳爆藥包 : primer)를 만들고자 한다. 다음 중 틀린 설명은?
  ㉮ 도화선을 원하는 길이만큼 남기고 그 일단을 직각으로 평활하게 가위로 절단한다.
  ㉯ 이 절단구를 서서히 뇌관 속 기폭약면까지 밀어 넣는다.
  ㉰ 도화선을 뇌관에서 떼어 내어 도화선을 압착시킨다.
  ㉱ 뇌관정진용 나무막대로 뇌관의 지름과 같은 크기의 구멍을 뚫고 그 속에 뇌관을 삽입한다.

  [해설] 도화선을 뇌관에서 떼어 내서는 안 된다.

답 13. ㉮ 14. ㉮ 15. ㉮ 16. ㉱ 17. ㉰ 18. ㉰

19 흑색화약에 관한 설명 중에서 옳지 않은 것은?
- ㉮ 대리석이나 화강암 같은 큰 석재의 채취에 사용
- ㉯ 수분이 많으면 발화하지 않는다.
- ㉰ 취급이 안전하며 좁은 장소에서 많이 사용
- ㉱ 발열량이 많으며 폭발력이 매우 강한 화약이다.

해설 폭발력이 강하지 않다.

20 다음 폭약 중에서 동해를 입기에 가장 쉬운 것은?
- ㉮ TNT
- ㉯ 니트로글리세린
- ㉰ 초안폭약
- ㉱ 칼릿

21 폭파약 취급상의 주의할 점 중에서 틀린 것은 어느 것인가?
- ㉮ 운반 중 화기 및 충격에 대해서 세심한 주의를 한다.
- ㉯ 뇌관과 폭약은 동일 장소에 두어서 사용에 편리하게 한다.
- ㉰ 장기보존에 의한 흡습, 동결에 대하여 주의를 한다.
- ㉱ 다이너마이트는 일광의 직사와 화기가 있는 곳은 피한다.

해설 뇌관과 폭약은 동일 장소에 두고 사용하면 위험하다.

22 다음 중에서 화약류가 아닌 것은?
- ㉮ 초석
- ㉯ 뇌홍
- ㉰ 데토릴
- ㉱ 질화연

해설 초석은 흑색화약의 원료이다.

23 다음 중에서 폭발력이 가장 강하고 수중에서도 폭발할 수 있는 다이너마이트는 어느 것인가?
- ㉮ 스트레이트(straight) 다이너마이트
- ㉯ 분상 다이너마이트
- ㉰ 규조토 다이너마이트
- ㉱ 교질 다이너마이트

24 충격, 마찰, 화염 등에 대해 안전하고, 다이너마이트에 비하여 가스 및 연기가 월등하게 적은 폭약은 다음 중 어느 것인가?
- ㉮ 함수폭약(slurry)
- ㉯ 니트로글리세린(nitrogriserine)
- ㉰ 초안폭약(ANFO)
- ㉱ 티엔티(TNT)

25 다음의 다이너마이트 중 암석용 다이너마이트는 어느 것인가?
- ㉮ 교질 다이너마이트
- ㉯ 스트레이트 다이너마이트
- ㉰ 규조토 다이너마이트
- ㉱ 분상 다이너마이트

답 19. ㉱ 20. ㉯ 21. ㉯ 22. ㉮ 23. ㉱ 24. ㉮ 25. ㉮

제 7 장 금속재료

7-1 금속재료의 특징

① 금속광택이 있다.
② 전기, 열의 전도율이 크다.
③ 전성, 연성이 크다.
④ 가공성이 좋다.

7-2 강

7-2-1 제조방법에 따른 분류

① 평로(平爐)강
② 전로(轉爐)강
③ 전기로(電氣爐)강 : 양질의 강이나 특수강의 제조에 알맞다.
④ 도가니강 : 공구나 고급 특수강 제조에만 사용된다.

7-2-2 화학성분에 따른 분류

(1) 탄소강

① 탄소(C)를 0.04~1.7% 정도 철과 합금한다.
② 탄소 함유량이 많을수록 강도와 경도가 커지며 열처리하면 성질이 크게 달라진다.
③ 규소(Si), 망간(Mn), 인(P), 황(S) 등을 첨가한다.

(2) 합금강

① 탄소강에 특수한 성질을 주기 위해 여러 종류의 다른 원소를 가하여 합금한다.
② 탄소강에 비해 인장 강도와 경도가 크고 내마멸성이 크며 질량을 줄일 수 있다.
③ 구조용, 철도궤도용, 공구용 등을 제조한다.

7-3 강의 열처리

7-3-1 풀 림

① 일정한 시간 동안 가열한 후 로 안에서 서서히 냉각시키는 것
② 조직을 고르게 하고 내부응력이 제거되며 신도가 증가된다.

7-3-2 불 림

① 적당한 온도(800~1,000℃)로 가열한 후 공기 중에서 냉각시키는 것
② 강 속의 조직이 치밀하게 되고 변형이 제거된다.

7-3-3 담 금 질

① 강을 가열한 후 물 또는 기름 속에 급속히 냉각시키는 것
② 경도와 내마모성이 증대된다.
③ 인장강도 및 경도는 탄소량이 증가함에 따라 증가하고 신장률 및 단면수축률은 감소한다.

7-3-4 뜨 임

① 담금질한 강에 인성을 주기 위해 적당한 온도에서 가열한 다음 공기중에서 냉각시키는 것
② 변형이 줄고 강인한 강이 된다.

7-4 강의 일반적 성질

7-4-1 함유 원소에 따른 영향

(1) 탄소(C)

① 탄소 함유량이 많을수록 인장강도, 경도가 증가하고 인성, 충격치, 연신율, 단면 축소율이 작아진다.
② 탄소량이 0.9% 함유할 경우 경도는 최대가 되고 0.9% 이상은 경도가 일정하다.
③ 강에 탄소량을 증가시키면 밀도와 선팽창계수가 작아지며 전기에 대한 저항성 및 항복점 강도도 작아진다.

(2) 황(S)

황의 함유량이 많거나 망간(Mn)이 부족할 경우 취성이 크게 된다.

(3) 인(P)

① 인의 함유량을 2% 이상 첨가하면 강이 연해진다.
② 함유량이 많으면 취성이 커지나 내식성은 증가한다.

(4) 규소(Si)

함유량의 2%까지는 연성을 나쁘게 하지 않고 강도를 높이며 강에 내열성을 준다.

(5) 망간(Mn)

함유량이 1% 정도 첨가하면 경도와 강도가 커진다.

7-4-2 역학적 성질

(1) 인장강도 시험

① 항복점 $\qquad f_y = \dfrac{P_y}{A_o}$

② 인장강도 $\qquad f_t = \dfrac{P_{\max}}{A_o}$

③ 파단 연신율 $\qquad \delta = \dfrac{l - l_o}{l_o} \times 100$

④ 단면수축률 $\qquad \psi = \dfrac{A_o - A}{A_o} \times 100$

여기서, P_y : 항복하기 이전의 최대하중(kg)
A_o : 원단면적(mm^2)
$P_{\max}$: 최대 인장하중(kg)
l : 파단 후의 표점거리(mm)
l_o : 표점거리
A : 파단 후의 단면적(mm^2)

(2) 경도 시험

① 금속재료의 단단함 정도를 측정한다.
② 많이 쓰이는 브리넬 경도시험기와 로크웰, 쇼어, 비커스 경도시험기가 있다.

(3) 충격 시험

① 금속재료의 인성을 측정한다.
② 아이조드식, 샤르비 충격시험이 있다.

(4) 굽힘 시험

① 강재의 굽힘 가공성을 측정한다.

② 규정된 안쪽 지름으로 굽힘각도가 180° 될 때까지 굽혀서 굽혀진 부분의 바깥쪽 터짐 및 결점을 검사한다.
③ 눌러 굽히는 방법, 감아 굽히는 방법, V블록법이 있다.

7-5 금속 방식법

7-5-1 비금속 도포법

① 페인트 도포(녹막이 도료)
② 아스팔트 도포
③ 모르타르 도포

7-5-2 금속 피막법

① 도금법(아연도금)
② 확산 침투법
③ 가공법

7-5-3 전기 방식법

① 외부 전원법
② 유전 양극법

제7장 실전문제 — 금속재료

01 PC(Prestressed Concrete)에 쓰이는 피아노선의 소재로서 맞는 것은 어느 것인가?
㉮ 저탄소강
㉯ 고탄소강
㉰ 스테인리스강
㉱ 크롬강

02 철근 콘크리트용 철근의 굽힘시험시 시험편의 굴곡 각도는 몇 도인가?
㉮ 60°
㉯ 90°
㉰ 120°
㉱ 180°

03 다음은 강의 냉간 압연에 관한 설명이다. 틀린 것은?
㉮ 냉간 가공한 강은 일정 시간 600~650℃의 온도로 가열하면 내부응력이 제거된다.
㉯ 강을 냉간 가공하면 인장강도와 항복점이 커진다.
㉰ 강을 냉간 가공하면 밀도가 커진다.
㉱ 강을 저온에서 냉간 가공하면 경도가 높아진다.

해설 • 압연 : 강을 틀에 넣어 눌러서 모양을 만듦.
• 강을 냉간 가공하면 밀도가 작아진다.

04 강의 화학성분 중 인(P)이 많을 때 증가되는 것은 다음 중 어느 것인가?
㉮ 인성
㉯ 취성
㉰ 탄성
㉱ 휨성

05 다음 금속재료의 성질에 관한 설명 중 틀린 것은?
㉮ 탄성이 매우 크기 때문에 소성변형은 일어나지 않는다.
㉯ 열과 전기의 전도체이다.
㉰ 경도가 높지만 가공성은 좋다.
㉱ 일반적으로 인성은 크지만 취성은 적다.

해설 탄성한도를 넘으면 소성변형이 발생한다.

06 주철의 성분이 아닌 것은 어느 것인가?
㉮ 규소(Si)
㉯ 망간(Mn)
㉰ 인(P)
㉱ 질소(N)

답 01. ㉯ 02. ㉱ 03. ㉰ 04. ㉯ 05. ㉮ 06. ㉱

07 강의 열처리 방법 중에서 강의 조직을 미립화하고 강속의 변형을 제거, 성분을 평형상태로 하기 위해 변태점 이상의 온도로 가열해서 적당한 시간을 두고 서서히 냉각하는 방법은?

㉮ 풀림(annealing)   ㉯ 담금질(quenching)
㉰ 뜨임(tempering)   ㉱ 불림(normalizing)

08 강관, 형강, 봉강 등은 주로 무슨 제조법으로 제조되는가?

㉮ 단조   ㉯ 주조   ㉰ 압출   ㉱ 압연

09 다음 설명 중에서 틀린 것은?

㉮ 강의 경도와 강도를 지배하는 원소는 탄소이다.
㉯ 일반적으로 강이라 하면 탄소강을 의미한다.
㉰ 담금질을 하면 경도가 증가된다.
㉱ 강의 제조방법에서 선철을 로에 넣고 공기를 불어넣어 불순물을 산화시키는 방법은 도가니로법이다.

해설 강의 제조방법에서 선철을 로에 넣고 공기를 불어넣어 불순물을 산화시키는 방법은 전로법이다.

10 금속의 녹 방지법에 해당되지 않는 것은?

㉮ 페인팅   ㉯ 아연도금   ㉰ 콜타르 도포   ㉱ 염산도포

해설 염산도포는 부식의 원인을 더 해준다.

11 강철은 선철을 용융상태에서 정련한 것이다. 이 제조법에 속하지 않는 것은?

㉮ 평로 제강법   ㉯ 고로 제강법
㉰ 도가니 제강법   ㉱ 전로 제강법

해설 평로, 전로, 도가니, 전기로 법 등이 있고 주로 평로법과 전로법으로 제조한다.

12 PS 콘크리트와 프리텐션 방식에 사용할 수 없는 강재는?

㉮ PC 스트랜드   ㉯ 이형 PC 강선   ㉰ PC 강선   ㉱ PC 강봉

해설 PC 강봉은 포스트텐션 방식에 사용된다.

13 냉간 가공을 했을 때 강재의 특성으로 옳지 않은 것은?

㉮ 인장강도가 증가한다.   ㉯ 항복점 및 경도가 증가한다.
㉰ 밀도는 약간 감소한다.   ㉱ 신장률이 증가한다.

해설 신장률은 감소한다.

답 07. ㉱   08. ㉱   09. ㉱   10. ㉱   11. ㉯   12. ㉱   13. ㉱

14 다음과 같은 I 형강의 치수의 표시로 옳은 것은?

㉮ I-100×300×10
㉯ I-10×100×300
㉰ I-300×100×10
㉱ I-300×10×100

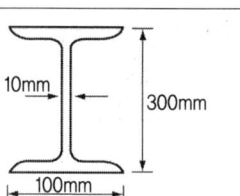

15 단면적이 80mm²인 강봉을 인장시험하는 항복점 하중 256N, 최대하중 368N을 얻었을 때 인장강도는 얼마인가?

㉮ 7MPa ㉯ 4.6MPa
㉰ 3.5MPa ㉱ 1.8MPa

해설 $f = \dfrac{P}{A} = \dfrac{368}{80} = 4.6\text{MPa}$

16 다음은 강의 제조법에 따른 분류이다. 잘못된 것은 어느 것인가?

㉮ 평로법 ㉯ 베셀(Bethel)법
㉰ 베세머(Bessemer)법 ㉱ 도가니법

해설
- 베셀법은 목재의 방부제 주입법이다.
- 베세머법은 전로법이라 한다.

17 금속재료에 관한 다음 설명 중에서 옳지 않은 것은 어느 것인가?

㉮ 다른 금속과 용해해서 합금하는 성질이 있다.
㉯ 밀도가 크고 질량이 크다.
㉰ 전기와 열의 전도율이 작고 독특한 광택을 가진다.
㉱ 상온에서는 대부분 결정에 의해서 고체로 구성되어 있다.

해설 전기, 열의 전도율이 크다.

18 강철의 지나친 취성과 경도를 조정하고 적당한 강인성을 주기 위하여 변태온도 이하로 다시 가열하여 서서히 냉각하는 열처리 방법을 무엇이라 하는가?

㉮ 불림 ㉯ 풀림
㉰ 뜨임 ㉱ 담금질

답 14. ㉰ 15. ㉯ 16. ㉯ 17. ㉰ 18. ㉰

제 8 장 합성수지

8-1 합성수지의 분류

8-1-1 열경화성 수지

① 한번 경화한 것은 다시 가열하여도 연화되지 않는 성질
② 페놀수지, 요소수지, 멜라민수지, 폴리에스테르수지, 실리콘수지, 에폭시수지, 우레탄수지, 규소수지, 프란수지 등이 있다.

8-1-2 열가소성 수지

① 가열하면 연화되어 소성을 나타내며 성형되어 상온에서 다시 경화되는 성질
② 아크릴 수지, 염화비닐 수지, 초산 비닐 수지, 폴리에틸렌 수지, 불소 수지 등이 있다.

8-2 플라스틱의 특징

8-2-1 장 점

① 가벼우며 강인하다.
② 착색이 아름답고 빛의 투과율이 좋다.
③ 내수성, 내습성 및 내식성이 양호하다.
④ 전기 및 열의 절연성이 우수하다.
⑤ 성형 및 가공이 쉽고 대량생산이 가능하다.

8-2-2 단 점

① 내마모성이 약하다.
② 탄성계수가 작고 변형이 크다.
③ 내열성, 내후성이 약하다.
④ 열에 의한 팽창 수축이 크다.
⑤ 압축강도는 크지만 다른 강도는 매우 작다.

제8장 실전문제 — 합성수지

01 다음 중 열경화성 수지인 것은?
㉮ 아크릴 수지 ㉯ 폴리에틸렌 수지
㉰ 요소 수지 ㉱ 불소 수지

해설 • 열경화성 수지: 페놀 수지, 요소 수지, 멜라민 수지, 실리콘 수지, 에폭시 수지, 우레탄 수지, 규소 수지, 폴리에스테르 수지 등이 있다.

02 플라스틱의 내식성에 대한 설명 중 옳지 않은 것은?
㉮ 내식성이 우수하다.
㉯ 일반적으로 비흡수성이다.
㉰ 약알칼리에 약하다.
㉱ 화학약품에 대한 저항성은 열경화성 수지와 열가소성 수지가 서로 다른 특성을 갖고 있다.

해설 플라스틱은 내알칼리성과 내산의 특징이 있다.

03 플라스틱의 열화(deterioration)란?
㉮ 플라스틱의 부식성 ㉯ 분말상태의 플라스틱을 성형하는 과정
㉰ 플라스틱의 열에 의한 용융 ㉱ 물리적인 성질의 영구적인 감소

해설 플라스틱은 내후성이 작아 부식하여 퇴화된다.

04 플라스틱 제품의 장점에 해당되지 않는 것은?
㉮ 유기재료에 비해 내수성, 내구성이 있다.
㉯ 밀도가 적고 가공이 쉽다.
㉰ 표면이 평활하고 아름답다.
㉱ 열에 의한 신축과 변형이 적다.

해설 열에 의한 신축과 변형이 크다.

05 다음 수지 중에서 열경화성 수지에 해당되지 않는 것은?
㉮ 아크릴(acryl) ㉯ 폴리에스테르(polyester)
㉰ 페놀(phinol) ㉱ 알키드(alkyd)

해설 • 열가소성 수지: 아크릴 수지, 염화비닐 수지, 초산 비닐 수지, 폴리에틸렌 수지, 불소 수지 등이 있다.

답 01. ㉰ 02. ㉰ 03. ㉮ 04. ㉱ 05. ㉮

제 9 장 도 료

9-1 도료의 주성분

① 보일류 : 도료의 건조를 촉진시키는 기름
② 용제 : 무색, 무독성으로 적당한 휘발성을 가지며 용해성이 커 유성 페인트, 유성 바니스, 에나멜 등의 혼합에 사용
③ 안료 : 착색을 내기 위한 분말로 물, 기름, 기타 용제에 녹지 않는다.
④ 희석제 : 휘발성을 증대시키는 역할을 하며 도료의 점도를 낮게 한다.

9-2 도료의 종류

9-2-1 페 인 트

(1) 유성 페인트

① 보일류에 안료를 혼합하여 만든다.
② 건조가 빠르고 도막에 팽창성이 있고 내구성이 크다.
③ 주로 옥외에 사용한다.

(2) 수성 페인트

① 안료에 기름을 쓰지 않고 물을 혼합하여 사용한다.
② 알칼리에 침식되지 않는다.
③ 무광택이며 내수성이 없다.
④ 내구성이 약하다.
⑤ 주로 실내에 사용한다.
⑥ 모르타르나 콘크리트 등의 표면을 도포하는 데 적당하다.

(3) 에나멜 페인트

① 오일 바니시에 안료를 혼합한 도료

② 도막이 두껍고 광택과 색채가 좋다.
③ 건조가 늦다.

(4) 에멀션 페인트
① 수성 페인트와 유성 페인트의 성질을 갖고 있다.
② 실내외에 모두 사용한다.
③ 콘크리트 바탕에 도장하기 쉽다.

9-2-2 바 니 시

(1) 유성 바니시
① 건성유에 수지를 용해하여 만든 것
② 투명하고 유성페인트보다 내후성이 적어 실내용으로 사용한다.

(2) 휘발성 바니시
① 용제에 수지를 용해하여 만든 것
② 건조가 아주 빠르나 유성 바니스보다 피막이 얇다.
③ 래크, 락카 등이 있다.

9-2-3 합성수지 도료

(1) 특 징
① 건조속도가 빠르다.
② 내산성, 내알칼리성으로 콘크리트에 사용 가능하다.
③ 방화성이 크다.

(2) 종 류
① 비닐 수지   ② 페놀 수지
③ 알키드 수지   ④ 아크릴 수지

9-2-4 기타 용도별 도료

(1) 방화도료
인화되지 않게 하거나 연소의 지연을 위한 도료로 소화성, 발포성 방화 도료가 있다.

(2) 방청도료
① 금속의 표면에 도장하여 금속의 산화를 방지한다.
② 단단한 도막을 형성하는 아연도료인 광명단 도료가 많이 쓰인다.

제9장 실전문제 — 도료

01 도료의 원료에 대한 다음 설명 중에서 잘못된 것은?
- ㉮ 착색을 위해 분말로 된 안료를 사용하며 투명하고 이는 물이나 기름, 물이나 기름, 기타 용제 등에 용해된다.
- ㉯ 바니시(varnish)와 에나멜(enamel)의 주요 원료로서 천연수지와 합성수지를 사용하며 이를 용제로 녹이면 투명하고 점성이 있는 액체가 된다.
- ㉰ 유성 페인트, 유성 바니시, 에나멜 등을 희석시키는 물질이 희석제이다.
- ㉱ 기름은 건성유를 사용하며 여기에 건조제를 섞은 후 공기를 흡입시켜 가열하여 보일드 오일(boild oil)로 만들어 사용한다.

해설 착색을 내기 위한 분말로 된 안료는 물, 기름, 기타 용제에 녹지 않는다.

02 철강교 등이 부식하는 것을 방지하기 위해 사용하는 도료로서 적당하지 않은 것은?
- ㉮ 징크로메트계 유성 페인트
- ㉯ 연단 보일류 조합 페인트
- ㉰ 연단 이산화연 페인트
- ㉱ 에멀션 페인트

해설 에멀션 페인트는 콘크리트 바탕에 사용하기 쉽고 실내·외에 모두 쓰인다.

03 다음 설명 중에서 틀린 것은?
- ㉮ 유성 페인트는 도막에 팽창성이 있고 내구성이 상당히 크다.
- ㉯ 안료란 색깔을 나타내는 원료를 말한다.
- ㉰ 수성 페인트는 분상 안료에 유용성 교착제를 혼합하여 습기가 없는 곳에 주로 사용한다.
- ㉱ 합성수지 도료에는 주로 비닐 수지계, 페놀 수지계, 알키드 수지계가 있다.

해설 수성 페인트는 안료에 기름을 쓰지 않고 물을 혼합하여 사용한다.

답 01. ㉮ 02. ㉱ 03. ㉰

제 10 장 역청재료

10-1 아스팔트의 종류

10-1-1 천연 아스팔트

(1) 레이크 아스팔트

지표의 낮은 곳에 괴어 생긴 것

(2) 록 아스팔트

다공질의 암석 사이에 스며들어 생긴 것

(3) 샌드 아스팔트

모래 속에 스며들어 생긴 것

(4) 아스팔타이트

천연 석유가 암석의 갈라진 틈에 스며들어 지열이나 공기 등의 작용으로 오랜 기간 동안 화학반응을 일으켜서 생긴 것

10-1-2 석유 아스팔트

(1) 스트레이트 아스팔트

① 신장성, 점착성, 방수성이 풍부하나 연화점이 낮고 감온비가 크며 내후성이 작다.
② 대부분이 도로 포장에 사용된다.

(2) 블론 아스팔트

① 감온성이 작고 탄력성이 크며 연화점이 높다.
② 방수재료, 접착제, 방식 도장용 등에 사용된다.

10-2 아스팔트의 성질

10-2-1 밀 도

① 25℃에서의 아스팔트 질량과 이와 같은 부피의 물의 질량과의 비
② 스트레이트 아스팔트가 블론 아스팔트보다 크다.
③ 1.01~1.05g/cm³ 정도
④ 아스팔트 혼합물의 배합설계에서 아스팔트의 부피 측정에 사용.
⑤ 침입도가 작을수록 밀도가 커진다.

10-2-2 침 입 도

① 아스팔트 굳기 정도를 측정
② 25℃에서 표준침(지름 1mm) 위에 100g 추를 올려놓고 고정쇠를 5초 동안 눌러 침이 시료 속에 들어간 깊이를 $\frac{1}{10}$mm 단위로 나타낸다.
③ 온도가 높으면 침입도가 커지며 침입도가 클수록 아스팔트는 연하다.
④ 도로 포장용 아스팔트를 침입도에 따라 분류하여(AC로 표시) 주로 AC 85~110을 사용.
⑤ 스트레이트 아스팔트가 블론 아스팔트보다 변화의 정도가 크다.
⑥ 침입도 시험은 같은 시료에 대해 3회 이상 실시하여 평균값을 정수로 한다.

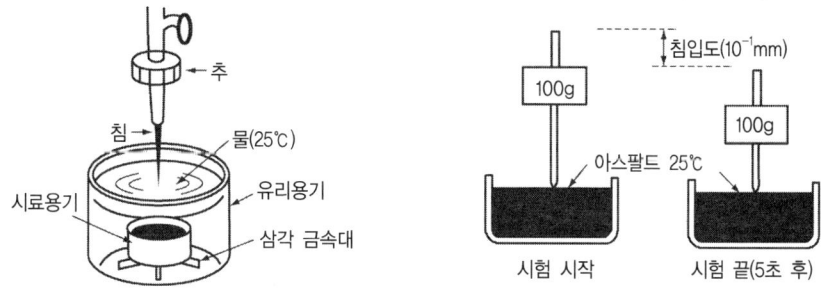

10-2-3 신 도

① 아스팔트의 늘어나는 연성을 측정
② 시험 시 온도는 25℃를 기준으로 하고 5±0.25 cm/분의 속도로 양단을 잡아당겨 시료가 끊어질 때까지 늘어난 길이를 cm 단위로 나타낸다.
③ 스트레이트 아스팔트는 블론 아스팔트보다 신도가 크다.

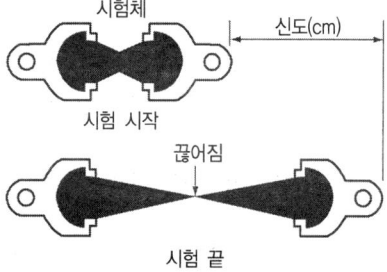

10-2-4 연화점

① 아스팔트가 온도가 올라감에 따라 연해질 때의 온도를 측정
② 환을 이용하여 시험할 때 강구와 함께 아스팔트가 25mm 떨어졌을 때의 온도
③ 침입도와 연화점은 반비례한다. 즉 침입도가 작을수록 연화점이 높아지며 연화점은 35~75℃ 정도이다.

10-2-5 감온성

① 온도에 따라 아스팔트의 컨시스턴시(반죽질기)가 변화하는 정도
② 감온성이 지나치게 크면 저온시에 취성이 발생하고 고온시에는 연해진다.
③ 스트레이트 아스팔트가 블론 아스팔트보다 감온성이 크다.

10-2-6 인화점 및 연소점

① 인화점은 아스팔트를 가열하여 인화할 때의 최저 온도를 말하고 계속 가열하여 불꽃이 5초 동안 계속될 때의 최저 온도를 연소점이라 한다.
② 아스팔트 인화점은 250~320℃이고 연소점은 인화점보다 25~60℃ 정도 높다.
③ 인화점을 알면 아스팔트를 가열하여 작업할 때 화재의 위험도를 알 수 있다.

10-2-7 증발감량

① 시료 50g의 아스팔트를 163℃ 건조기에서 5시간 건조시켰을 때 아스팔트가 증발되어 감량되는 양을 질량비(%)로 나타낸다.
② 아스팔트의 가열 전후의 질량이 크게 다르면 품질 변화 등을 예상할 수 있다.

10-2-8 점 도

① 온도에 따른 역청재료의 컨시스턴시와 부착력을 측정
② 세이볼트(Saybolt) 점도계는 스트레이트 아스팔트에 사용
③ 엥글러(Engler) 점도계는 아스팔트 유제에 사용
④ Redwood 점도계, Stomer 점도계 등이 있다.
⑤ 아스팔트의 점성을 나타내는 것으로 온도에 따라 크게 변화한다. 즉 온도가 올라감에 따라 점도가 작아진다.

10-2-9 침입도 지수(PI)

① 아스팔트의 온도에 대한 침입도의 변화를 나타내는 지수
② 침입도가 클수록, 침입도 지수가 클수록 강성이 작다.

10-3 각종 아스팔트

10-3-1 역청 유제(유화 아스팔트)

연질의 석유 아스팔트에 유화제나 안정제를 섞은 물을 혼합시켜 액체가 되게 하여 프라임 코트, 택 코트, 실 코트 등에 사용.

(1) 종 류

① 급속 응결(RS, Rapid Setting) : 침투 공법용
② 중속 응결(MS, Medium Setting) : 굵은골재 혼합용
③ 완속 응결(SS, Slow Setting) : 잔골재 혼합용

10-3-2 컷백 아스팔트

연질의 석유 아스팔트에 휘발성 유분을 용제로 넣고 섞어서 만든다.

(1) 종 류

① 급속 경화(RC, Rapid Curing) : 가솔린으로 컷백시킨 것으로 증발속도가 가장 빠르며 노상 혼합용, 겨울철 침투용, 표면 처리용에 사용
② 중속 경화(MC, Medium Curing) : 등유로 컷백시킨 것으로 프라임 코트에 많이 사용
③ 완속 경화(SC, Slow Curing) : 중유로 컷백시킨 것으로 표면 처리용에 사용

10-3-3 특수 아스팔트

(1) 고무화 아스팔트

① 스트레이트 아스팔트에 고무를 2.5~5% 정도 첨가하여 성질 개선한다.
② 감온성이 작고 응집력과 부착력이 크다.
③ 탄성 및 충격 저항성이 크고 내후성 및 마찰계수가 크다.
④ 추운 곳에서의 도로 포장에 사용

10-4 아스팔트 혼합물

10-4-1 아스팔트 혼합물의 성질

(1) 안정성

① 차량의 하중과 고온에 의해 변형이 발생하는데 이 변형에 대한 저항성

② 역청 재료가 너무 많이 함유되면 안정성이 작아진다.

(2) 가요성(처짐성)
① 혼합물이 노상이나 기층의 침하에 의해 균열이 발생하지 않도록 하는 성질
② 역청 재료량이 많을수록 가요성이 커지지만 골재의 입도에 영향을 받는다.

(3) 미끄럼 저항성
① 차량이 제동시 표면의 마찰 저항력
② 역청 재료량이 적을수록 좋다.

(4) 내구성
① 혼합물의 노화, 기상작용, 차량의 미끄럼 등에 대한 저항성
② 불투수성 혼합물 시공한다.
③ 골재의 닳음 저항성도 중요한 요인이다.

(5) 시공성
① 혼합물의 혼합, 포설, 다짐 및 표면 마무리 작업의 난이성
② 골재의 최대치수를 작게 하며 골재의 입도가 양호한 혼합물로 시공한다.

10-4-2 혼합물의 재료

(1) 골재의 요구조건
① 입도가 양호할 것
② 내구성, 내마모성, 미끄럼 저항성이 클 것
③ 입형이 원형에 가깝고 유해물이 함유하지 않을 것
④ 아스팔트와 부착력이 클 것

(2) 골재의 마모율
① 로스앤젤레스 마모시험 실시
② 마모율이 35% 이하

(3) 혼합골재
① 조골재 : 2.5mm 이상
② 세골재 : 2.5mm 이상, 0.08mm 이하
③ 석분 : 0.08mm 이하

(4) 채움재
석분, 필러(filler), 돌가루라 한다.

① 석회암을 분말(돌가루)상태로 사용
② 0.08mm체 70% 이상 통과
③ 골재의 빈틈(간극)을 채워 혼합물의 안정성, 시공성, 내구성 증대
④ 채움재(충전재)는 아스팔트 혼합물 중에서 질량으로 3~10% 정도 혼합
⑤ 아스팔트의 신장성, 점착성을 해치지 않으며 감온성을 적게 하고 저온시에 취성화와 노화를 방지

(5) 아스팔트

도로 포장용 아스팔트(스트레이트 아스팔트), 유화 아스팔트, 컷백 아스팔트 등을 사용한다.
① 점성과 감온성을 갖추고 있다.
② 점착성이 크고 방수성이 풍부
③ 부착성이 좋아 결합재로 이용

10-4-3 아스팔트 혼합물의 종류

아스팔트 혼합물은 조골재(굵은 골재), 세골재(잔골재), 석분(채움재), 아스팔트를 혼합하여 만든다.

(1) 포장용 아스팔트의 가열혼합물

골재는 120~170℃, 아스팔트는 130~160℃에서 가열하여 혼합한다.

(2) Sand mastic(모래 반죽)

아스팔트와 모래를 혼합하여 골재층에 주입하여 골재 속 공극을 충전하여 안정성을 높이는 방법

(3) 매스틱 아스팔트(mastic asphalt)

① 잔골재, 필러에 다량의 아스팔트를 가열하여 혼합제조
② 공극률이 대단히 작고 유동성이 풍부한 특징이 있어 주로 수리 구조물의 유입공법에 이용한다.

10-4-4 아스팔트 혼합물의 포장시 혼합방법

(1) 침투식 아스팔트 혼합물

골재를 깔고 다진 후에 아스팔트를 뿌려서 스며들게 하여 골재의 맞물림과 아스팔트의 결합력을 증진시키는 방법

(2) 상온 혼합식 아스팔트

굵은 골재, 잔골재, 채움재에 아스팔트를 넣고 상온에서 가열 혼합하여 사용하는 방법

(3) 가열 혼합식 아스팔트
플랜트에서 골재와 아스팔트를 가열하여 혼합하는 방법으로 가장 많이 사용한다.

10-4-5 아스팔트 혼합물의 시험

(1) 마샬 안정도 시험
① 혼합물의 골재 최대 지름은 25mm 이하
② 혼합물을 양면 각각 50회씩 다짐하여 공시체를 제작
③ 혼합물이 하중을 받을 때 변형에 대한 저항 정도 측정
④ 공시체를 제작하여 60±1℃의 항온수조에 30분간 담근 후 30초 이내에 재하
⑤ 안정도(N) = 다이얼 게이지 읽음값 × 푸루빙링계수 × 안정도 상관비
⑥ 기층 3500N 이상, 표층 5000N 이상

(2) 밀도 시험
① 밀도 $= \dfrac{A}{B-C}$

여기서, A : 공기중 시험체 질량
B : 표면건조 포화상태의 공기중 시험체 질량
C : 물속에서의 시험체 질량

(3) 아스팔트 함유량 시험
① 아스팔트 혼합물 속에 들어 있는 아스팔트의 양을 측정
② 대표적인 시료를 1,000g 이상 준비
③ 시료는 25mm체를 통과한 아스팔트 혼합물을 사용

(4) 아스팔트 혼합물의 배합설계
① 골재의 품질시험(입도, 밀도·흡수율, 유기불순물, 안정성, 마모)을 실시
② 도표법에 의해 골재의 배합비 결정
③ 공시체 제작 후 실측밀도, 이론 최대밀도, 아스팔트 용적률, 공극률, 포화도 측정
④ 마샬 안정도 및 흐름 시험
⑤ 설계 아스팔트의 양 결정

제10장 실전문제 — 역청재료

01 다음 중 천연 아스팔트가 아닌 것은?
- ㉮ 록 아스팔트(rock asphalt)
- ㉯ 샌드 아스팔트(sand asphalt)
- ㉰ 아스팔타이트(asphaltite)
- ㉱ 아스팔트 콤파운드(asphalt compound)

해설 레이크 아스팔트 등이 천연 아스팔트에 속한다.

02 다음 중 천연 석유가 지층의 갈라진 틈 사이에 침입(侵入)한 후 지열이나 공기 등의 작용으로 오랜 세월 사이에 그 내부에 중·축합 반응을 일으켜서 생긴 것은 어느 것인가?
- ㉮ 아스팔타이트
- ㉯ 레이크 아스팔트
- ㉰ 록 아스팔트
- ㉱ 샌드 아스팔트

해설 물리적인 성질에 영구변화가 생겨서 성질이 저하하는 것(deterioration)이다.

03 다음 중 아스팔타이트(asphaltite)에 속하지 않는 것은?
- ㉮ 그래하마이트(grahamite)
- ㉯ 파라핀기 원유(paraffinbase oil)
- ㉰ 그랜스 피치(grance pitch)
- ㉱ 길소나이트(gilsonite)

04 역청재료에 관한 설명 중 옳지 않은 것은?
- ㉮ 석유 아스팔트는 원유를 증류한 잔류물을 원료로 한 것이다.
- ㉯ 아스팔타이트의 성질과 용도는 스트레이트 아스팔트와 같이 취급한다.
- ㉰ 포장용 타르는 타르를 다시 증류 또는 건류하여 정제하여 만든 것이다.
- ㉱ 역청유제는 역청재료를 유화제 수용액 중에 미립자의 상태로 분산시킨 것이다.

해설 아스팔타이트는 블론 아스팔트와 성질이 비슷하다.

05 타르 에멀션(emulsion)에 대한 특징 중 옳지 않은 것은?
- ㉮ 젖은 골재에도 잘 부착한다.
- ㉯ 침투성이 강하여 점토질 흙에도 적당하다.
- ㉰ 타르 에멀션으로 처리한 도로에는 잡초가 생기지 못한다.
- ㉱ 내수성이 강하나 석유계의 유류에 대한 저항성이 없다.

해설 아스팔트는 석유계의 유류에 용해되고 타르는 용해되지 않는다.

답 01. ㉱ 02. ㉮ 03. ㉯ 04. ㉯ 05. ㉱

06 스트레이트(straight) 아스팔트에 대한 설명 중 옳지 않은 것은?

㉮ 석유질 원유를 증기 또는 진공으로 증류해서 만든 아스팔트이다.
㉯ 연화점이 비교적 낮고, 감온성이 비교적 크다.
㉰ 아스팔테인 함유량이 많고 페트로렌 함유량이 적다.
㉱ 충격에 강하여 도로포장에 많이 쓰인다.

해설
- 아스팔테인은 연화점이 높고 온도에 대한 변화가 적은 성질이 있다.
- 스트레이트 아스팔트는 공기나 열과 접촉하면 산화, 중·축합 반응이 생겨 점성이 없어지는 특성이 있다.

07 블론(blown) 아스팔트와 스트레이트(straight) 아스팔트의 성질에 관한 설명 중 옳지 않은 것은?

㉮ 스트레이트 아스팔트는 블론 아스팔트보다 연화점이 낮다.
㉯ 스트레이트 아스팔트는 블론 아스팔트보다 감온성이 작다.
㉰ 블론 아스팔트는 스트레이트 아스팔트보다 점착성이 작다.
㉱ 블론 아스팔트는 스트레이트 아스팔트보다 방수성이 작다.

해설
- 스트레이트 아스팔트는 신장성, 점착성, 방수성이 크며 감온성이 큰 것이 단점이다.
- 주로 블론 아스팔트는 방수용으로 사용한다.

08 다음 중 도로포장용으로 가장 많이 사용되는 재료는?

㉮ 콜타르(coal tar)
㉯ 블론 아스팔트(blown asphalt)
㉰ 샌드 매스틱(sand mastic)
㉱ 스트레이트 아스팔트(stright saphalt)

09 스트레이트 아스팔트의 특성에 관한 다음 설명 중 옳지 않은 것은?

㉮ 신장성이 좋다.   ㉯ 점착성이 좋다.
㉰ 방수성이 좋다.   ㉱ 내후성이 우수하다.

해설 스트레이트 아스팔트는 기후의 영향을 많이 받는다. 즉 감온성이 크다. 내후성이 좋지 않다.

10 블론(blown) 아스팔트의 성질에 관한 다음 설명 중 틀린 것은?

㉮ 융점이 높다.   ㉯ 감온비가 크다.
㉰ 내충격성이 크다.   ㉱ 점성이 적다.

해설 스트레이트 아스팔트가 감온성이 크다.

정답 06.㉰ 07.㉯ 08.㉱ 09.㉱ 10.㉯

11 역청재료의 물리적 성질에 관한 설명 중 옳지 않은 것은?
  ㉮ 직류 아스팔트는 침입도가 적을수록 밀도가 증가한다.
  ㉯ 블론 아스팔트는 신도가 크지만 직류 아스팔트의 신도는 적다.
  ㉰ 침입도는 플라스틱(plastic)한 역청재의 반죽질기를 물리적으로 표시하는 한 방법이다.
  ㉱ 감온성이 높은 재료는 저온에서 취약하고 고온에서는 연약하다.

> **해설** 블론 아스팔트는 신도가 적고 직류(스트레이트) 아스팔트는 신도가 크다.

12 다음은 아스팔트 콘크리트용 골재에 대한 설명이다. 이 중 틀린 것은?
  ㉮ 필러(filler) 재료는 석회암, 화성암류의 분말 또는 포틀랜드 시멘트 등이 사용된다.
  ㉯ 세골재란 강모래, 돌가루 등으로 2.5mm체를 통과하고 0.08mm체에 남는 골재
  ㉰ 조골재란 부순 돌에서 5mm체에 남는 골재
  ㉱ 혼합골재란 필러 또는 조·세골재를 일정 배합으로 혼합한 골재

> **해설** 아스팔트 혼합물에서 잔골재와 굵은 골재의 구분은 2.5mm체를 기준으로 한다.

13 역청 포장용 골재로서 지녀야 할 성질 중에서 틀린 것은?
  ㉮ 내마모성이 클 것
  ㉯ 역청재료와 부착성이 클 것
  ㉰ 내화성이 클 것
  ㉱ 평편하고 세장한 골재일 것

> **해설** 골재는 입도가 양호하고 둥근 것이 좋다.

14 역청재료에 대한 다음 설명 중 옳지 않은 것은?
  ㉮ 도로포장용 역청재는 고화점이 높고 인화점이 낮다.
  ㉯ 진공 증류된 아스팔트의 인화점은 매우 높다.
  ㉰ 플라스틱(plastic)한 역청재료의 반죽질기를 표시하는 것이 침입도이다.
  ㉱ 감온성이 너무 크면 저온에서 약해지고 고온에서 연해진다.

> **해설** 진공으로 증류해서 만든 스트레이트 아스팔트는 인화점이 낮다.

15 한국산업규격 KS M 2201에 규정된 도로포장용 아스팔트 AC 60∼70 및 AC 85∼100의 인화점은?
  ㉮ 100℃ 이상
  ㉯ 160℃ 이상
  ㉰ 180℃ 이상
  ㉱ 230℃ 이상

답 11. ㉯ 12. ㉰ 13. ㉱ 14. ㉯ 15. ㉱

16 다음 중 도로 포장용 스트레이트 아스팔트(straight saphalt) 재료의 품질검사에 필요한 시험항목이 아닌 것은?
- ㉮ 인화점 및 증류시험
- ㉯ 침입도 및 신도
- ㉰ 3염화에틸렌 가용분
- ㉱ 박막 가열 후 침입도비

해설 증류시험은 컷백 아스팔트의 시험 항목이다.

17 아스팔트의 물리적 성질을 구하는 방법이 아닌 것은?
- ㉮ 점착력
- ㉯ 신도
- ㉰ 연화점
- ㉱ 침입도

18 역청재료의 고화점(高火点)이란 무엇을 말하는가?
- ㉮ 시료가 고화되어 점착성을 잃었을 때의 최고 온도
- ㉯ 시료가 고화되어 점착성을 잃었을 때의 최저 온도
- ㉰ 시료가 고화되어 점착성을 얻었을 때의 최저 온도
- ㉱ 시료가 고화되어 점착성을 잃었을 때의 중간 온도

19 다음 중 역청재료의 연화점을 측정하기 위한 시험방법은 어느 것인가?
- ㉮ 환구법
- ㉯ 클리블랜드 개방식 시험
- ㉰ 치환법
- ㉱ 부유법

20 다음 중에서 역청재료의 신도에 가장 큰 영향을 끼치는 것은?
- ㉮ 역청재의 온도와 신장속도
- ㉯ 역청재의 연화점 온도
- ㉰ 역청재의 점도와 침입도
- ㉱ 역청재의 온도와 밀도

해설 25±0.5℃의 온도에서 5 cm/min 속도로 당긴다.

21 역청재료의 점도 표시법에 해당하지 않는 것은?
- ㉮ 세이볼트 유니버설(Saybolt universal)
- ㉯ 마샬(Marshall)
- ㉰ 레드우드(Redwood)
- ㉱ 엥글러(Engler)

22 다음 중에서 아스팔트의 점도(consistency)에 가장 큰 영향을 끼치는 것은?
- ㉮ 아스팔트의 밀도
- ㉯ 아스팔트의 온도
- ㉰ 아스팔트의 인화점
- ㉱ 아스팔트의 종류

해설 아스팔트의 온도가 높으면 묽어지고 낮으면 굳어진다.

답 16. ㉮ 17. ㉮ 18. ㉮ 19. ㉮ 20. ㉮ 21. ㉯ 22. ㉯

23 다음 중 역청재료의 컨시스턴시와 관계가 없는 시험은?
- ㉮ 인화점 시험
- ㉯ 침입도 시험
- ㉰ 신도 시험
- ㉱ 연화점 시험

해설 인화점 시험은 아스팔트가 인화되는 온도를 측정하는 시험이다.

24 아스팔트 밀도 시험시의 표준온도는 얼마인가?
- ㉮ 20℃
- ㉯ 23℃
- ㉰ 18℃
- ㉱ 25℃

25 아스팔트의 밀도는 제조법, 혼입법, 온도 등의 성질에 따라 다르나 대체로 얼마인가?
- ㉮ 1.5~1.60 g/cm³
- ㉯ 1.4~1.50 g/cm³
- ㉰ 1.2~1.30 g/cm³
- ㉱ 1.0~1.10 g/cm³

26 아스팔트 밀도에 대한 설명 중 옳지 않은 것은 어느 것인가?
- ㉮ 밀도 시험 방법에서 보통 온도에서 파쇄할 수 없는 아스팔트는 밀도병법을 사용한다.
- ㉯ 연화점이 같을 경우 블론 아스팔트는 직류 아스팔트에 비해 약간 밀도가 증가한다.
- ㉰ 밀도는 대략 1.0~1.1 g/cm³의 범위이며 밀도가 작을수록 연화점이 낮아진다.
- ㉱ 액체나 고체로 된 아스팔트의 밀도는 원유의 산지나 제조 방법, 온도, 혼합물 등에 따라 변화한다.

해설 블론 아스팔트는 스트레이트 아스팔트에 비해 밀도가 약간 작다.

27 역청재료의 침입도 시험에서 질량 100g의 표준침이 5초 동안에 5mm 관입했다면 이 재료의 침입도는 얼마인가?
- ㉮ 10
- ㉯ 25
- ㉰ 50
- ㉱ 100

해설
- 아스팔트 온도가 25℃ 상태에서 시험한다.
- 침입도 1은 $0.1\text{mm}\left(\frac{1}{10}\text{mm}\right)$ 관입한 값이다.
- $5 \times 10 = 50$

28 아스팔트의 컨시스턴시(consistency)는 침입도라고 하는 스케일로 나타낸다. 아스팔트의 침입도를 측정한 결과 81이었다. 이때, 표준침의 관입깊이는 몇 mm인가?
- ㉮ 0.81mm
- ㉯ 8.1mm
- ㉰ 19mm
- ㉱ 81mm

해설 침입도 1은 관입깊이가 0.1mm이므로 침입도 81은 관입깊이가 8.1mm이다.

답 23. ㉮ 24. ㉱ 25. ㉱ 26. ㉯ 27. ㉰ 28. ㉯

29 우리나라의 도로 포장용은 혼합물에 주로 사용하는 아스팔트의 침입도는?
　㉮ 100~120　　　㉯ 85~100
　㉰ 20~40　　　　㉱ 40~80

30 다음 역청재료의 침입도에 대한 설명 중 옳지 않은 것은?
　㉮ 침입도가 큰 아스팔트는 추운 지방에 사용하는 것이 좋다.
　㉯ 침입도가 적을수록 연화점이 높다.
　㉰ 침입도 지수(PI)는 침입도와 신도와의 관계식이다.
　㉱ 연한 아스팔트일수록 침입도가 크고 단단한 아스팔트일수록 침입도가 작다.

　해설　• 침입도 지수(PI)는 온도와 침입도 관계식이다.
　　　　• PI가 크면 감온성이 적다.

31 아스팔트의 신도 시험에서 신장속도는 얼마인가?
　㉮ 5±0.25 cm/min　　　㉯ 10±0.25 cm/min
　㉰ 15±0.25 cm/min　　　㉱ 20±0.25 cm/min

32 다음은 역청재료의 성질이다. 적당하지 않은 것은?
　㉮ 신도 : 아스팔트의 연성을 나타낸 값
　㉯ 점도 : 아스팔트가 유동하려 할 때 여기에 저항하는 성질
　㉰ 침입도 : 아스팔트의 굳기를 나타내는 것으로 20℃에서 표준침을 이용하여 10g의 침이 5초간 침입하는 것
　㉱ 감온성 : 역청재료의 반죽질기가 온도에 따라 변하는 성질

　해설　침입도 시험은 아스팔트가 25℃의 온도에서 추 100g이 5초 동안 침입했을 때 관입 깊이를 구한다.

33 도로 포장용 Asphalt에서 AC 85~100의 설명 중 옳지 않는 것은?
　㉮ 침입도 85~100이란 25℃에서 5초 동안의 침입량을 말한다.
　㉯ 인화점은 180℃ 이상이다.
　㉰ 신도는 100 이상이다.
　㉱ 사염화탄소 가용분은 99% 이상이다.

　해설　인화점은 230℃ 이상이다.

34 다음 시약들 중에서 주로 아스팔트 시험에 사용되지 않는 것은?
　㉮ 사염화탄소　　　㉯ 이황화탄소
　㉰ 크실렌(Xylene)　㉱ 수산화나트륨

답　29. ㉯　30. ㉰　31. ㉮　32. ㉰　33. ㉯　34. ㉱

35 다음 중 굵은 골재를 혼합하기 위한 유제는?
- ㉮ 완속경화유제
- ㉯ 중속경화유제
- ㉰ 완속응결유제
- ㉱ 중속응결유제

해설 중속 응결(MS : Medium Setting) 유제를 사용한다.

36 Cut back asphalt 중 건조가 가장 빠른 것은?
- ㉮ RC
- ㉯ MC
- ㉰ SC
- ㉱ LC

37 컷-백 아스팔트 중 중유(中油)나 중유(重油)로 용해한 것으로 경화속도가 느린 것은?
- ㉮ RC
- ㉯ MC
- ㉰ SC
- ㉱ SS

해설 • SC : Slow Curing

38 다음의 아스팔트 혼합재 중 아스팔트 콘크리트의 균열을 방지하고 아스팔트의 점성을 높이기 위하여 사용하는 것은?
- ㉮ 석분
- ㉯ 부순돌
- ㉰ 모래
- ㉱ 자갈

해설 석분(돌가루)으로 간극을 채워 점성, 탄성적 성질을 개선하므로 감온성이 적게 되고 혼합물의 안정성과 내구성이 커진다.

39 아스팔트 혼합재에서 필러(filler)는 무엇을 말하는가?
- ㉮ 모래
- ㉯ 자갈
- ㉰ 돌가루
- ㉱ 쇄석

40 Asphalt 혼합물에서 filler의 주목적은 다음 중 어느 것인가?
- ㉮ 혼합물의 밀도를 높이기 위하여 사용
- ㉯ 혼합물의 점도를 높이기 위해서 사용
- ㉰ 혼합물의 공극을 줄이기 위해서 사용
- ㉱ 혼합물의 내화성을 높이기 위해서 사용

41 포장용 아스팔트 콘크리트란 다음 것을 혼합한 것이다. 이 중 옳은 것은?
- ㉮ 아스팔트+세골재+조골재
- ㉯ 아스팔트+세골재
- ㉰ 아스팔트+필러+세골재+조골재
- ㉱ 아스팔트+필러+세골재

답 35. ㉱ 36. ㉮ 37. ㉰ 38. ㉮ 39. ㉰ 40. ㉰ 41. ㉰

42 다음은 아스팔트 혼합물의 구비 조건이다. 이 중 적당하지 않은 것은?
㉮ 안정성 및 내구성   ㉯ 가요성
㉰ 미끄럼 저항성   ㉱ 내화성

43 아스팔트 포장시 많고 가는 균열이 발생했다. 그 원인으로 틀린 것은?
㉮ 혼합물의 온도가 너무 낮다.   ㉯ 아스팔트가 부족하다.
㉰ 혼합물의 배합이 부적당하다.   ㉱ 혼합물 중 세립분이 너무 많다.

해설 혼합물 중 세립분이 많을수록 안정성이 증대된다.

44 아스팔트(asphalt) 혼합물의 특성에 영향을 주는 다음 설명 중 잘못된 것은?
㉮ 혼합물의 석분량이 증가하면 안정도는 증가한다.
㉯ 혼합물의 골재 간극률이 증가하면 시공성은 좋아진다.
㉰ 혼합물의 침입도가 증가하면 시공성이 좋아진다.
㉱ 혼합물의 세사량이 증가하면 간극률이 감소한다.

해설 • 혼합물의 골재 간극률이 증가하면 시공성이 나빠진다.
• 석분량을 증가시켜 간극률을 적게 하고 침입도가 큰 아스팔트를 사용하면 유동성이 증가되어 시공성이 좋아진다.

45 asphalt와 filler의 혼합물을 무엇이라 하는가?
㉮ asphalt mastic   ㉯ elastite
㉰ asphalt felt   ㉱ sheet asphalt

46 다음은 아스팔트의 시험들이다. 콘크리트의 압축강도와 원리가 비슷하다고 볼 수 있는 시험은 어느 것인가?
㉮ 침입도 시험   ㉯ 마샬 안정도 시험
㉰ 신도 시험   ㉱ 연화점 시험

47 도로의 표층 공사에서 사용되는 가열 아스팔트 혼합물의 안정도 시험은 다음의 어느 방법으로 판정해야 하는가?
㉮ 레드우드(Redwood) 시험
㉯ 엥글러(Engler) 시험
㉰ 클리블랜드 개방식(Cleveland open cup)
㉱ 마샬(Marshall) 시험

답 42. ㉱ 43. ㉱ 44. ㉯ 45. ㉮ 46. ㉯ 47. ㉱

48 아스팔트의 마샬 안정도 시험에서 공시체 제작 후 30분 정도를 수조에 넣어 둔다. 이때의 수조의 온도는?

㉮ 30℃ ㉯ 40℃ ㉰ 50℃ ㉱ 60℃

49 아스팔트 혼합물의 안정도 시험에 관한 다음 설명 중 틀린 것은?

㉮ 이 시험을 통하여 품질관리를 할 수 있다.
㉯ 마샬 시험은 골재의 최대 입경이 25mm 이하인 가열 혼합물에 적용한다.
㉰ 공시체를 수조에서 꺼낸 후 30초 이내에 최대 하중을 측정하여야 한다.
㉱ 잘 건조된 골재는 시험시에 가열할 필요가 없다.

해설 잘 건조된 골재는 공시체 제작시 160~180℃ 정도 가열하여 아스팔트와 혼합한다.

50 마샬 시험에 의한 아스팔트 콘크리트 배합설계시 물의 영향을 받기 쉽다고 생각되는 혼합물 또는 그와 같은 장소에 포설되는 혼합물에 대하여 잔류 안정도 시험을 실시한다. 다음 중 잔류 안정도(%)를 구하는 식으로 맞는 것은?

㉮ $\dfrac{60℃,\ 24시간\ 수침\ 후의\ 안정도(N)}{안정도(N)} \times 100$

㉯ $\dfrac{60℃,\ 48시간\ 수침\ 후의\ 안정도(N)}{안정도(N)} \times 100$

㉰ $\dfrac{21℃,\ 24시간\ 수침\ 후의\ 안정도(N)}{안정도(N)} \times 100$

㉱ $\dfrac{21℃,\ 48시간\ 수침\ 후의\ 안정도(N)}{안정도(N)} \times 100$

해설 포설되는 혼합물에 대하여 잔류 안정도는 75% 이상이 되어야 한다.

51 아스팔트 혼합물의 배합설계시 표층 안정도의 기준 범위는?

㉮ 850N 이상 ㉯ 2000N 이상 ㉰ 3000N 이상 ㉱ 5000N 이상

52 가열 아스팔트 안정 처리 혼합물은 마샬 시험 기준값을 기준할 때 기층 안정도 값은 얼마 이상이어야 하는가?

㉮ 1500N ㉯ 2000N ㉰ 3000N ㉱ 3500N

53 아스팔트 혼합물의 배합설계나 시공시에 품질관리를 고려하기 위해서 가열 아스팔트의 혼합물을 주로 마샬(Marshall) 시험기로 실시하는 시험을 무슨 시험이라 하는가?

㉮ 안정도 시험 ㉯ 점도 시험
㉰ 침입도 시험 ㉱ 혼합물 추출 시험

답 48. ㉱ 49. ㉱ 50. ㉯ 51. ㉱ 52. ㉱ 53. ㉮

54
다음은 마샬 시험시 공시체의 일반적인 양생조건을 설명한 것이다. 옳은 것은?
- ㉮ 50℃ 수중에서 30분 수침
- ㉯ 60℃ 수중에서 30분 수침
- ㉰ 50℃ 수중에서 50분 수침
- ㉱ 60℃ 수중에서 60분 수침

해설 공시체를 수조에서 꺼내 30초 이내에 마샬 안정도 시험을 끝낸다.

55
다음 중 아스팔트 혼합물의 배합설계시 필요하지 않은 것은?
- ㉮ 마샬 안정도 시험
- ㉯ 흐름(flow)값 측정
- ㉰ 응결시간 측정
- ㉱ 골재의 체가름

해설 응결시간 측정은 콘크리트에 관련된 시험이다.

56
아스팔트의 마샬 안정도 시험에서 공시체 제작시의 다짐횟수는 특별한 언급이 없는 한 한 단면에 몇 회인가?
- ㉮ 25회
- ㉯ 10회
- ㉰ 50회
- ㉱ 55회

해설 공시체 제작은 양면 각각 50회 또는 75회로 다져 만든다.

57
아스팔트 추출시험으로 얻어지는 시험결과는 다음 중 어느 것인가?
- ㉮ 밀도와 안정도
- ㉯ 골재입도와 밀도
- ㉰ 골재입도와 아스팔트 함량
- ㉱ 밀도와 아스팔트 함량

해설 원심 분리기를 이용하여 채취된 아스팔트 혼합물이나 공시체를 사염화탄소에 녹여 시험을 한다.

58
아스팔트 혼합물 추출시험에서 시료량은 최소한 얼마로 사용하는가?
- ㉮ 500g
- ㉯ 1,000g
- ㉰ 1,500g
- ㉱ 2,000g

59
아스팔트의 배합설계시의 배합온도는 무슨 시험으로 결정하는가?
- ㉮ 침입도 시험
- ㉯ 세이볼트후롤 점도시험
- ㉰ 인화점 시험
- ㉱ 연화점 시험

해설 세이볼트 점도계는 스트레이트 아스팔트에 사용되며 온도에 따른 역청재료의 컨시스턴시와 부착력을 측정한다.

60
아스팔트의 엥글러 점도시험은 다음 중에서 주로 어디에 사용하는가?
- ㉮ blown asphalt
- ㉯ straight asphalt
- ㉰ emulsion asphalt
- ㉱ cut-back asphalt

답 54. ㉯ 55. ㉰ 56. ㉰ 57. ㉰ 58. ㉯ 59. ㉯ 60. ㉰

61 다음 중에서 방수성이 가장 크고 지붕의 방수공사에 주로 사용하는 것은?
㉮ 아스팔트 펠트(asphalt felt)   ㉯ 아스팔트 루핑(asphalt roofing)
㉰ 아스팔트 타일(asphalt tile)   ㉱ 펠트 백 시트(felt back seat)

62 타르의 증류 과정에서 기름을 뺀 후에 남는 물질은?
㉮ 아스팔트 컷백   ㉯ 잔류 타르
㉰ 피치   ㉱ 인공 아스팔트

63 입도가 잘 맞추어진 골재와 적당한 경도의 아스팔트로 만들어 유동성이 상당히 큰 가열 혼합물을 무엇이라고 하는가?
㉮ Mastic asphalt   ㉯ Elastite
㉰ Asphalt felt   ㉱ Sheet asphalt

64 수지 혼합 아스팔트로서 비행장의 포장에 주로 이용되며 열이나 중하중에 잘 견디는 것은 다음 중 어느 것인가?
㉮ 폴리소프렌(polysoprene) 수지 아스팔트
㉯ 네오프렌(neoprene) 고무 아스팔트
㉰ 에폭시(epoxy) 아스팔트
㉱ 컷백(cut-back) 아스팔트

답 61. ㉯ 62. ㉰ 63. ㉮ 64. ㉰

제2편 건설재료시험

- 제1장 콘크리트
- 제2장 토질시험
- 제3장 아스팔트 시험
- 제4장 목재시험
- 제5장 석재시험

제1장 콘크리트

1-1 시멘트 시험

1-1-1 시멘트 밀도 시험

(1) 목 적

① 시멘트의 밀도는 콘크리트 단위 용적질량의 계산과 배합 설계 등에 필요하다.
② 시멘트의 밀도를 알게 되면, 클링커의 소성 상태, 풍화의 정도, 혼합재의 섞인 양, 시멘트의 품질 등을 대략 알 수 있다.
③ 시멘트는 종류에 따라 밀도가 다르므로, 밀도 시험으로 시멘트의 종류를 알 수 있다.

(2) 재 료

① 각종 시멘트
② 광유(20±1℃ 온도에서 밀도 $0.73g/cm^3$ 이상인 완전히 탈수된 등유나 나프타)
③ 마른 천 또는 탈지면

(3) 기계 및 기구

① 르 샤틀리에(Le Chatelier) 병
② 저울(용량 200g, 감도 0.1g)
③ 항온 수조(20±2℃의 온도를 일정하게 유지 가능한 것)
④ 온도계
⑤ 시료 숟가락
⑥ 솔 및 붓
⑦ 가는 철사

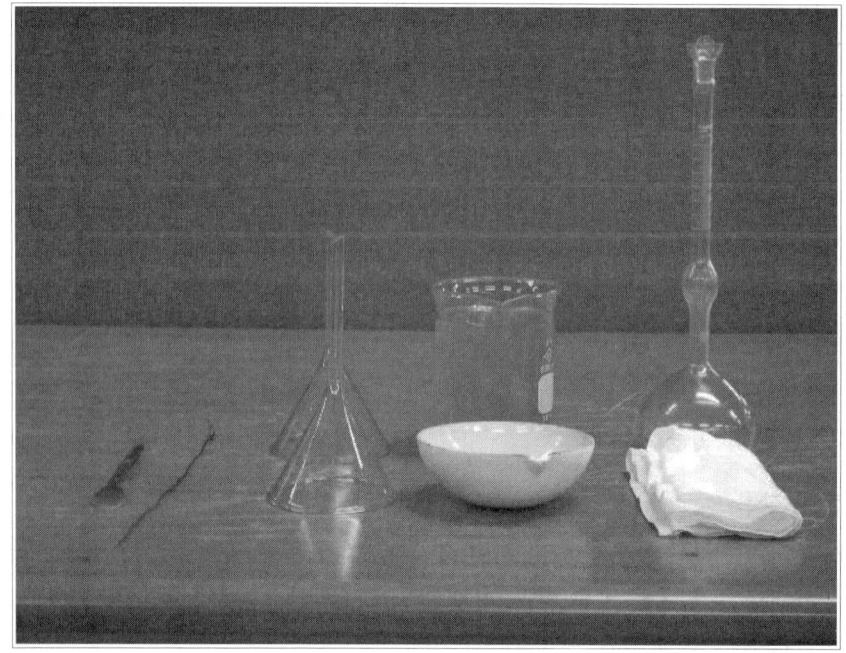

(4) 관련 지식

① 시멘트, 광유, 수조의 물, 르샤틀리에 병은 미리 실온과 같게 해 놓고 사용한다.
② 광유 표면의 눈금을 읽을 때, 액체면은 곡면(메니스커스)이 있으므로 가장 밑면의 눈금을 읽는다.
③ 광유의 온도가 1℃씩 변하면 부피가 약 0.1ml 변화하고, 밀도는 약 0.02 정도 차이가 생기므로, 시멘트를 넣기 전후의 병 속의 광유의 온도차는 0.2℃를 넘어서는 안 된다.
④ 시험이 끝나면 르샤틀리에 병에 완전히 탈수한 광유와 마른 모래를 넣고, 잘 흔들어 깨끗이 닦아 놓도록 한다. 이때, 물을 사용해서는 안 된다.

(5) 시험 순서 및 방법

1) 시료의 준비
   ① 시료를 채취한다.
   ② 시료 약 100g을 준비한다.

2) 밀도 시험
   ① 르샤틀리에 병의 눈금 0~1ml 사이에 광유를 넣고, 목 부분에 묻은 광유를 마른 천으로 닦아 낸다.
   ② 병을 수조 속에 가만히 넣어 두고, 광유의 온도차가 0.2℃ 이내로 되었을 때 광유 표면의 눈금을 읽는다.

③ 시멘트 약 64g을 0.05g의 감도로 단다.
④ 시멘트를 병의 목 부분에 묻지 않도록 조심하면서 넣는다.
⑤ 병을 알맞게 흔들어 시멘트 내부에 들어 있는 공기를 빼낸다. 이때, 광유가 휘발하지 않도록 병마개를 막아야 한다.

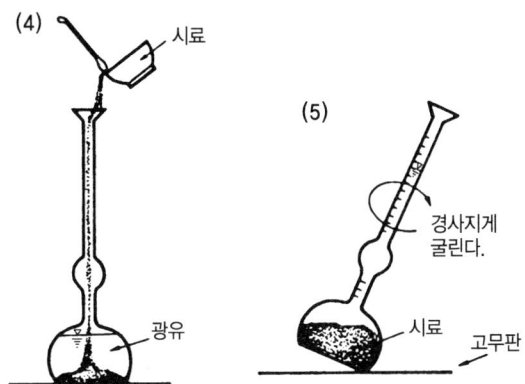

⑥ 병을 다시 수조에 가만히 넣은 다음, 광유의 온도차가 0.2℃ 되었을 때, 광유의 표면이 가리키는 눈금을 읽는다.

3) 결과의 계산

① 시멘트의 밀도는 다음 식에 따라 구한다. 이때, 계산 값은 소숫점 아래 셋째 자리를 반올림하여 구한다.

$$시멘트\ 밀도 = \frac{시멘트의\ 무게(g)}{병의\ 눈금의\ 차(ml)}$$

② 시험을 두 번 이상 하여, 측정값의 차이가 ±0.03g/cm³ 이내로 되면, 그 평균값을 취한다.

(6) 시멘트 밀도 시험의 예

측정번호	1	2	3	4
① 처음 광유의 눈금 읽음(ml)	0.2	0.4		
② 시료의 무게(g)	64.0	64.0		
③ 시료를 넣은 후 광유의 눈금 읽기(ml)	20.6	20.8		
④ 병의 눈금차 ③-①(ml)	20.4	20.4		
밀도 ②/④	3.137	3.137		
측정값의 차	0			
허용차	0.03			
평균값	3.14			

[비고] 2회 측정값의 차가 허용차 ±0.03g/cm³ 이내이므로, 이것을 밀도값으로 한다.

1-1-2 시멘트의 분말도 시험

(1) 목 적
① 시멘트 입자의 가는 정도를 알 수 있다.
② 시멘트의 입자가 가늘수록 분말도가 높다.
③ 분말도가 높으면 시멘트의 표면적이 커서 수화작용이 빠르고, 조기 강도가 커진다.

(2) 재 료
① 포틀랜드 시멘트
② 표준 시료
③ 수은
④ 거름종이
⑤ 유리판

(3) 기계 및 기구
① 브레인 공기투과장치
   ㈎ 투과 셀
   ㈏ 다공 금속판
   ㈐ 플런저
   ㈑ 마노미터액체
② 초시계
③ 저울(감도 0.001g의 정밀도)
④ 시료병
⑤ 시료 숟가락
⑥ 붓
⑦ 깔때기

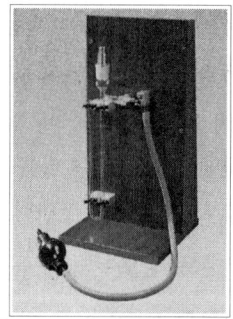

(4) 관련 지식
① 시멘트의 분말도는 비표면적으로 나타낸다.
② 시멘트의 비표면적(cm^2/g)이란, 1g의 시멘트가 가지고 있는 전체 입자의 총 표면적을 cm^2 단위로 나타낸 것이다.
③ 블레인(Blaine) 공기투과장치에 의한 시멘트 분말도의 시험은 시멘트의 분말로 만든 베드(bed)에 공기를 투과시켜 그 투과 속도로써 비표면적을 측정하는 것이다.
④ 시멘트는 그 풍화의 상태에 따라 측정 결과에 매우 예민한 영향을 끼치므로, 시료의 보존에 주의한다.
⑤ 시험할 때 시멘트와 장치는 미리 실온으로 맞추어 놓도록 하고, 표준 시료의 시험일

때와 시험 시료의 시험일 때의 온도차가 ±3℃ 이상이 되지 않도록 한다.
⑥ 마노미터의 제2표선과 제3표선을 읽을 때에는 정확한 눈금의 위치를 읽도록 한다.
⑦ 셀이 수은과 아말감 작용을 일으키는 재질로 되어 있으면, 수은을 넣기 전에 기름을 엷게 발라야 한다.
⑧ 셀 주위의 온도를 시험 전후에 기록한다.

(5) 시험 순서 및 방법

1) 시료의 준비
   ① 표준 시료 약 10g을 100ml의 시료병에 넣고 밀봉하여 약 2분 동안 흔들어 덩어리를 푼다.
   ② 시료 약 20g을 준비한다.

2) 분말도 시험
   ① 시멘트 베드의 부피 측정
      (가) 3투과 셀 안에 다공 금속판을 똑바로 놓고, 그 위에 거름종이 1장을 꺼낸다.
      (나) 셀 안에 수은을 가득 채우고, 셀 벽의 공기를 전부 없앤 다음 수은의 표면을 작은 유리판으로 눌러 수평이 되게 한다.
      (다) 셀 안의 수은의 질량(W_a)을 단다.
      (라) 수은을 모두 비운 다음 셀 안에 있는 거름종이 1장을 꺼낸다.
      (마) 시멘트 2.8g을 셀 안에 넣고, 셀의 측면을 가볍게 두들겨서 시료를 고르게 한다.
      (바) 시료 위에 거름종이 1장을 올려놓고, 플런저의 턱이 셀의 윗부분에 닿을 때까지 플런저를 가볍게 누른 다음 천천히 뺀다.
      (사) 셀 위에 남아 있는 공간에 수은을 가득 채우고 공기를 없앤 다음, 윗부분을 작은 유리판으로 눌러 수평이 되게 한다.
      (아) 수은을 쏟아 내어 질량(W_b)을 단다.
      (자) 시멘트 베드가 차지하는 부피를 다음 식에 따라 0.005cm³까지 계산한다.

      $$V = \frac{W_a - W_b}{D}$$

      V : 시멘트 베드의 부피(cm³)
      W_a : 셀 안을 전부 채운 수은의 질량(g)
      W_b : 셀 안에 시멘트 베드를 만들고 남은 공간을 채운 수은의 질량(g)
      D : 시험하는 온도에서의 수은의 밀도(g/cm³)

      (차) 시멘트 베드의 부피 측정은 2회 이상 한 다음, 계산값의 차이가 ±0.005cm³ 이내로 되는 것의 평균값을 취한다.
   ② 표준 시료의 투과 시험
      (가) 표준 시료의 질량을 다음 식에 따라 구하여 0.001g까지 정확하게 저울로 단다.

$$W = P_s V(1-e)$$

- W: 시료의 질량(g)
- P_s: 시료의 밀도(보통 포틀랜드 시멘트는 3.15를 사용한다.)
- V: 시멘트 베드의 부피(cm^3)
- e: 시멘트 베드의 기공률(보통 포틀랜드 시멘트의 경우 0.500 ± 0.005로 한다.)

(나) 투과 셀의 밑부분에 다공 금속판을 놓고, 그 위에 거름종이 1장을 바르게 놓는다.

(다) 투과 셀에 질량을 단 시료를 넣고, 다시 그 위에 거름종이를 덮는다.

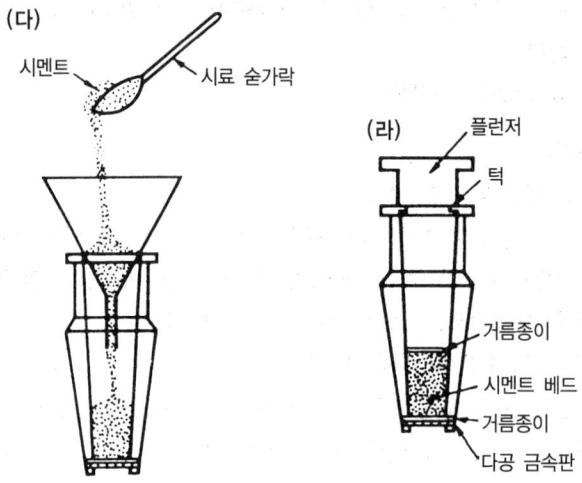

(라) 플런저의 턱이 셀의 윗부분에 닿을 때까지 플런저를 가볍게 누른 다음 천천히 뺀다.

(마) 투과 셀을 마노미터관에 밀착시켜 기밀하게 한다.

(바) 고무공으로 마노미터 U자관의 한쪽에 있는 공기를 빼내어 마노미터액을 제1 표선까지 올리고 콕을 닫는다.

(사) 마노미터액이 내려오기 시작하면, 제2표선으로부터 제3표선까지 내려오는 데 소요되는 시간을 초 단위로 측정하여 T_s로 한다.

③ 시험 시료의 투과 시험

(가) (1)의 (가)항과 같은 방법으로 시험 시료의 질량을 구한다.

(나) (2)의 (나)~(사)항과 같은 방법으로 시험한다.

(다) 마노미터액이 제2표선으로부터 제3표선까지 내려오는 데 소요되는 시간을 초 단위로 측정하여 T로 한다.

3) 결과의 계산

포틀랜드 시멘트의 비표면적은 다음 식으로 구한다.

$$S = S_s \sqrt{\frac{T}{T_s}}$$

여기서, S : 시험 시료의 비표면적(cm^2/g)
S_s : 표준 시료의 비표면적(cm^2/g)
T : 시험 시료에 대한 마노미터액의 제2표선에서 제3표선까지 내려오는 시간(초)
T_s : 표준 시료에 대한 마노미터액의 제2표선에서 제3표선까지 내려오는 시간(초)

1-1-3 시멘트의 응결 시험

(1) 목 적

콘크리트 타설 공사에 영향을 주는 응결시간을 알기 위해 실시한다.

(2) 재 료

① 각종 시멘트
② 젖은 천
③ 유리판(10×10×0.5cm)

● 비카침 시험장치

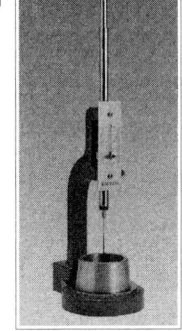

(3) 기계 및 기구

① 비카 장치
  ㈎ 표준봉(무게 300±0.5g, 지름 10±0.05mm)
  ㈏ 표준침(지름 1±0.05mm)
  ㈐ 링(아랫부분 안지름 70±3mm, 윗부분 60±3mm, 높이 40±1mm)
  ㈑ 눈금자(전체의 길이에 50mm의 눈금이 매겨진 것)
② 길모어 장치
  ㈎ 초결침(무게 113.4±0.5g, 지름 2.12±0.05mm)
  ㈏ 종결침(무게 453.6±0.5g 지름 1.06±0.05mm)

③ 시료용 칼
④ 저울(용량 1kg, 감량 1g)
⑤ 메스실린더(용량 200ml)
⑥ 시계
⑦ 고무 스크레이퍼
⑧ 흙 손
⑨ 습기함
⑩ 온도계
⑪ 혼합기

○ 길모어침 시험장치

(4) 관련 지식

① 시멘트는 습도가 높고, 수량이 많고, 풍화하면 응결시간이 늦어지며, 온도가 높고, 분말도가 높으면 응결시간이 빨라진다.
② 시멘트의 응결시간 측정 방법에는 비카(Vicat) 침에 의한 방법과 길모어(Gillmore) 침에 의한 방법이 있으며, 응결시간은 일정한 규격의 시멘트 반죽이 규정된 하중을 지지하는 시간으로 나타낸다.
③ 비카 침에 의한 방법은 표준 반죽 질기 시험과 초결 시간 측정에 사용하고, 길모어 침에 의한 방법은 초결 시간과 종결 시간 측정에 사용한다.
④ 시험 시료 및 시험 기기의 주위 온도는 20~27.5℃를 유지한다.
⑤ 혼합하는 물의 온도는 23±1.7℃의 범위에 있게 한다.
⑥ 실험실의 상대습도는 50% 이상이 되게 한다.
⑦ 습기함이나 습기실의 상대습도는 90% 이상이 되게 한다.
⑧ 시험할 때, 침은 정확히 일직선이 되게 한다.
⑨ 표준 반죽 질기를 얻기 위하여 실시한 시멘트 반죽은 다시 사용해서는 안 되며 반드시 새로운 시멘트 반죽으로 한다.
⑩ 응결시간을 측정할 때에는 모든 장치를 움직여서는 안 된다.
⑪ 비카 침에 의한 시험은 이미 시험한 점으로부터 6mm, 링의 안쪽 면에서 9mm 이상 떨어진 점에서 한다.
⑫ 표준 반죽 질기를 만들 때의 알맞은 수량은 시멘트의 종류와 풍화의 정도에 따라 다르나, 보통 시멘트에 대한 물의 양은 25~28% 정도이다.

(5) 시험 순서 및 방법

1) 시료의 준비
① 시료를 채취한다.
② 시료 약 2,000g을 준비한다.

2) 응결시간 측정

① 표준 반죽 질기 시험

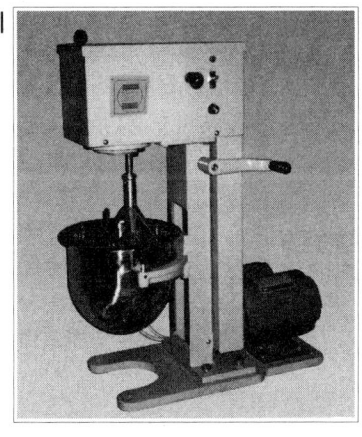
○ 모르타르 혼합기

⑺ 시멘트 500g을 단다.

⑷ 표준 반죽 질기를 얻기에 알맞은 물의 양을 메스실린더로 재어 혼합 용기에 넣는다.

⑸ 시멘트를 물에 넣고 흡수하도록 30초 동안 둔다.

⑹ 혼합기를 제1 속도로 시동하여 30초 동안 혼합한다.

⑺ 혼합기를 정지하고 15초 동안에 반죽 전부를 긁어내려 모아 놓는다.

⑻ 혼합기를 제 2속도로 시동하여 60초 동안 혼합한다.

⑼ 혼합한 시멘트 반죽을 고무장갑을 낀 손으로 공 모양으로 만든 다음, 두 손을 약 150mm 간격으로 벌리고 오른손과 왼손에 6번 정도 엇바꾸어 던진다.

⑽ 공 모양의 시멘트 반죽을 링의 넓은 쪽으로 밀어 넣어 채운다.

⑾ 링의 넓은 쪽을 밑으로 하여 유리판 위에 놓고, 좁은 쪽에 있는 시멘트 반죽의 표면을 편평하게 고른다.

⑿ 유리판 위에 올려놓은 링의 반죽을 미끄럼 막대 밑에 중심을 맞추고, 표준봉의 끝을 반죽 표면에 접촉시켜 멈춤나사를 죈다.

⒀ 가동 지침을 눈금자의 0에 맞춘다.

⒁ 혼합이 끝난 30초 후에 미끄럼 막대를 풀어 놓는다.

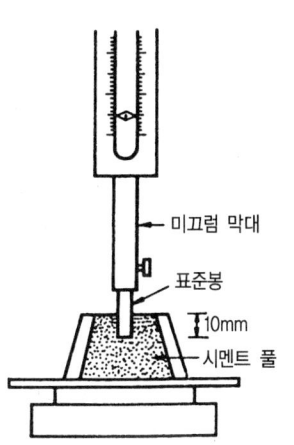

⒂ 미끄럼 막대를 풀어 놓은 30초 뒤에 처음 면에서 표준봉이 10±1mm 들어갔을 때의 반죽상태를 표준 반죽 질기로 삼는다.

⒃ 위와 같은 방법으로 표준 반죽 질기를 얻을 때까지 물의 양을 바꾸어 시험 반죽을 만든다.

② 비카 침에 의한 응결시간 측정

⑴ 시멘트 500g을 단다.

⑵ 표준 반죽 질기를 얻는 데 필요한 물의 양(ml)을 계량한다.

⑶ (1)의 ㈐~㈚항과 같은 방법으로 시험체를 만든다.

⑷ 시험체를 습기함에 넣어 둔다.

⑸ 비카 장치에 지름 1mm의 표준 침을 끼운다.

⑹ 시험체를 습기함에서 꺼내어 시험기에 놓는다.

(사) 미끄럼 막대의 아래에 있는 표준침의 끝을 시멘트 반죽의 표면에 접촉시키고 멈춤나사를 죈다.

(아) 가동 지침을 눈금자의 0에 맞춘다.

(자) 멈춤나사를 풀어 미끄럼 막대를 풀어놓고, 30초 동안 표준침이 내려가도록 한다.

(차) 지름 1mm의 표준침이 25mm 들어갔을 때의 시간을 초결 시간으로 한다.

(카) 표준침이 25mm 깊이 이상 들어갈 때에는 습기함에 넣어 두고, 15분마다 꺼내어 위의 (바)~(차)항과 같은 방법으로 시험한다.

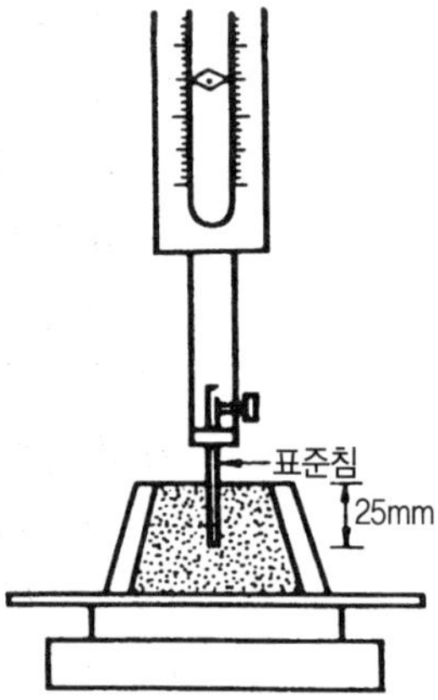

[비카 침에 의한 응결시간 측정]

③ 길모어 침에 의한 응결시간 시험

(가) 시멘트 500g을 단다.

(나) 표준 반죽 질기를 얻는 데 필요한 물의 양(ml)을 계량한다.

(다) 시멘트를 (1)의 (다)~(바)항과 같은 방법으로 혼합한다.

(라) 위에서 만든 시멘트 반죽을 한 변이 약 10cm 되는 정사각형의 유리판 위에 놓고, 밑면의 지름이 약 7.5cm, 윗면의 지름이 약 5cm, 가운데의 높이가 약 1.3cm인 시험체를 만든다.

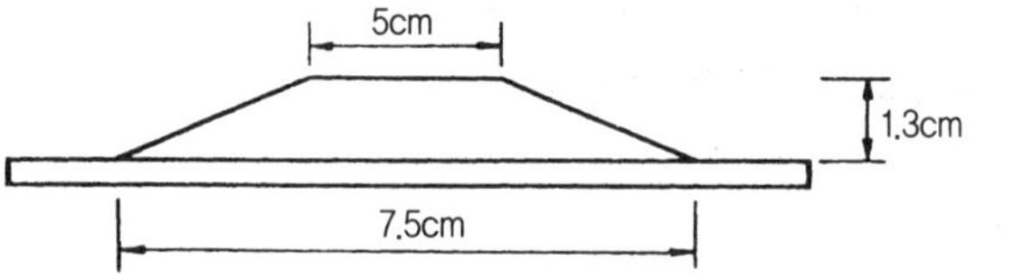

(마) 시험체를 습기함에 넣어 둔다.

(바) 초결침을 시험체 가운데 부분의 위치에 수직으로 놓고, 시험체의 표면에 자국이 나지 않도록 가볍게 댄다.

(사) 시험체가 흔적을 내지 않고 초결침을 받치고 있을 때, 이때의 시간을 초결 시간으로 한다.

(아) 종결침을 초결침과 같은 방법으로 시험체의 표면에 놓는다.

(자) 시험체가 흔적을 내지 않고 종결침을 받치고 있을 때, 이때의 시간을 종결 시간으로 한다.

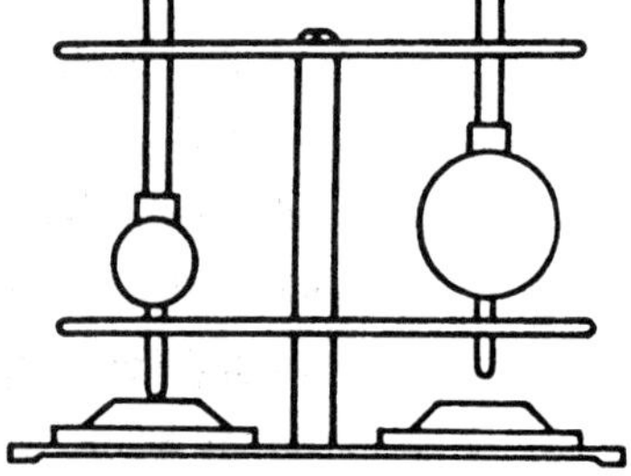
[길모어 침에 의한 응결시간 측정]

3) 결과의 판정
    ① 비카 침에 의한 초결 시간은 시멘트를 물과 혼합한 후부터 30초 동안에 표준침이 시험체에 25mm 들어갔을 때의 시간으로 한다.
    ② 길모어 침에 의한 응결시간은 시멘트를 물과 혼합한 후부터, 초결은 초결침, 종결은 종결침을 시험체가 표면에 흔적을 내지 않고 받치고 있을 때까지의 시간으로 한다.

1-1-4 시멘트의 오토클레이브 팽창도 시험

(1) 목 적
시멘트의 안정성을 알기 위해서 시험을 한다.

(2) 재 료
① 각종 시멘트
② 광유
③ 고무장갑

(3) 기계 및 기구
① 오토클레이브(사용압력 $21 \pm 1\,kg/cm^2$)
② 몰드(단면 25.4×25.4mm, 표점거리 254mm의 시험체를 만들 수 있는 것)
③ 콤퍼레이터(길이 측정용)
④ 시험체 길이
⑤ 저울(용량 1,000g, 감도 0.1g)
⑥ 메스실린더(150~200ml)
⑦ 혼합기
⑧ 습기함
⑨ 온도계
⑩ 흙 손

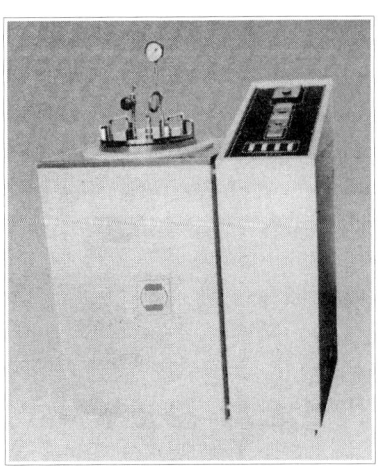
◐ 프로그램 오토클레이브

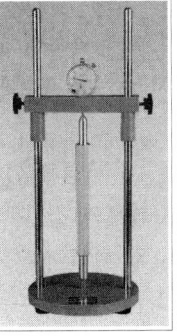
◐ 시멘트 길이 변화 측정기

◐ 시멘트 길이 측정용 몰드

(4) 관련 지식

① 시멘트가 불안정하면 굳는 도중에 부피가 팽창하여, 균열과 뒤틀림의 변형이 생겨 구조물의 내구성을 해치는 원인이 된다.
② 시멘트가 불안정하게 되는 원인은 시멘트 입자 안에 산화칼슘(CaO), 산화마그네슘(MgO), 삼산화황(SO_3) 등이 어느 정도 한도 이상으로 포함되어 있기 때문이다.
③ 오토클레이브는 고온 고압 용기이므로 주의하여 다룬다.
④ 실험실 내부와 건조 재료의 온도는 20~27.5℃로 유지한다.
⑤ 혼합수와 습기함 또는 습기실의 온도는 23±1.7℃의 범위 안에 있게 한다.
⑥ 실험실의 상대 습도는 50% 이상 유지한다.
⑦ 습기함이나 습기실의 상대습도는 90% 이상 유지한다.
⑧ 실험하는 동안 오토클레이브는 언제나 포화 수증기로 차 있도록 부피의 7~10%의 물을 넣어 둔다.

(5) 시험 순서 및 방법

1) 시료의 준비
① 시료를 채취한다.
② 시료 500g을 준비한다.

2) 팽창도 시험
① 시험체의 만들기
  (가) 몰드에 광유를 엷게 바른다.
  (나) 표점이 광유가 묻지 않도록 하여 몰드에 끼운다.
  (다) 시멘트 500g을 단다.
  (라) '시멘트 응결 시험의 표준 반죽 질기 시험' 방법에 따라 물의 양(%)을 정한다.
  (마) 표준 반죽 질기에 필요한 물의 양(ml)을 계량한다.
  (바) 시멘트를 물에 넣고 '시멘트 응결 시험의 표준 반죽 질기 시험'과 같은 방법으로 혼합한다.
  (사) 합이 끝난 시멘트 반죽을 즉시 몰드에 2층으로 나누어 넣고, 각 층을 고무장갑을 낀 엄지손가락으로 고르게 다진다.
  (아) 몰드의 윗면을 흙손으로 편평하게 고른다.
  (자) 시험체를 몰드와 함께 습기함 또는 습기실에 20시간 이상 넣어 둔다.

② 팽창도 시험
  (가) 성형 후 24시간±30분에 시험체를 습기실에서 꺼내서 몰드를 떼어 낸다.
  (나) 즉시 콤퍼레이터로 시험체의 길이(l_1)를 측정한다.
  (다) 시험체를 시험체 걸이에 끼워 실온 상태에서 오토클레이브에 넣는다.

㈑ 오토클레이브를 가열한다. 이때, 배기 밸브는 수증기가 나올 때까지 열어 놓는다.

㈒ 수증기가 나오면 밸브를 닫고 45~75분 동안에 증기압이 $21\pm1\,kgf/cm^2$가 되도록 하고, 압력을 3시간 동안 유지한다.

㈓ 3시간이 지나면 가열을 멈추고 냉각시켜 1시간 30분 후에 압력이 $1\,kgf/cm^2$ 이하가 되도록 한다.

㈔ 배기 밸브를 열어 압력을 천천히 낮추고 대기압과 같게 한다.

㈕ 오토클레이브를 열고 시험체를 꺼내어 90℃의 물속에 넣는다.

[시험체 걸이]

㈖ 시험체 주위의 물에 골고루 찬물을 부어 15분 동안에 23℃가 되도록 냉각시킨다.

㈗ 시험체를 23℃의 물속에 15분 동안 더 넣어 둔다.

㈘ 시험체를 꺼내어 표면이 건조하면, 다시 콤퍼레이터로 길이(l_2)를 측정한다.

3) 결과의 계산

① 시험체의 팽창도는 다음 식에 따라 구한다. 이때, 수축인 경우는 (−) 부호를 붙인다.

$$팽창도(\%) = \frac{l_2 - l_1}{l_1} \times 100$$

$\begin{bmatrix} l_1 : 시험\ 전의\ 길이(0.001mm까지\ 측정) \\ l_2 : 시험\ 후의\ 길이(0.001mm까지\ 측정) \end{bmatrix}$

② 길이의 차는 유표 표점 길이의 0.01%까지 계산하여 팽창도로 한다.
③ 보통 포틀랜드 시멘트는 팽칭도가 0.8% 이하이다.

1-1-5 시멘트 모르타르의 강도 시험

(1) 목 적

콘크리트 강도에 직접적인 관계가 있고 시멘트의 여러 성질 중에 가장 중요하여 시험을 실시한다.

(2) 재 료

① 각종 시멘트   ② 표준모래
③ 그리스   ④ 유리판
⑤ 고무장갑   ⑥ 마른 천

(3) 기계 및 기구

① 강도 시험기
② 혼합기
③ 시험체 몰드 및 다짐대
④ 흐름 시험기
 ㈎ 흐름판(지름 254±2mm)
 ㈏ 흐름 몰드(밑지름 102±1mm, 윗지름 70±1mm, 높이 50±1mm)

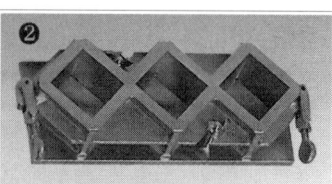

❶ 모르타르 압축시험기
❷ 모르타르 강도 몰드
❸ 모르타르 흐름 측정기

 ㈐ 다짐대(지름 20mm, 길이 200mm의 원형강 막대)
 ㈑ 캘리퍼스(300mm 정도)
⑤ 저울(용량 2kg, 감도 1g)
⑥ 메스실린더(250ml, 500ml)
⑦ 표준체(2, 1.6, 1, 0.5, 0.16, 0.08mm)
⑧ 흙손
⑨ 온도계
⑩ 습도계
⑪ 고무 스크레이퍼
⑫ 나무망치
⑬ 시료용 칼
⑭ 양생 수조
⑮ 습기함

(4) 관련 지식

① 모르타르의 압축강도에 영향을 주는 요인은 다음과 같다.
  ㈎ 수량이 많으면 강도는 작아진다.
  ㈏ 시멘트의 분말도가 높으면 강도가 커진다.
  ㈐ 시멘트가 풍화하면 강도가 작아진다.
  ㈑ 양생온도 30℃까지는 온도가 높을수록 강도가 커진다.
  ㈒ 재령 및 시험 방법에 따라 강도가 달라진다.
② 모르타르의 압축강도 시험체를 만들 때, 모래알의 차이에 따른 영향을 없애고, 시험 조건을 일정하게 하기 위하여 표준모래를 사용한다.
③ 시멘트 압축강도용 모르타르 시험체의 배합비는 시멘트 1, W/C=0.5, 표준모래 3의 질량비로 한다.
④ 시험실의 상대습도는 50% 이상이 되게 한다.
⑤ 습기함이나 습기실의 상대습도는 90% 이상이 되게 한다.
⑥ 공시체를 성형하는 시험실은 20℃±2℃가 되게 한다.
⑦ 혼합수, 습기함, 습기실 및 저장 수조 물의 온도는 20℃±1℃가 되게 한다.
⑧ 압축강도 시험을 할 때, 편심이 일어나지 않도록 한다.

(5) 시험 순서 및 방법

1) 시료의 준비
① 시료를 채취한다.
② 표준모래(압축강도 시험용)를 준비한다.

2) 압축강도 시험
① 모르타르의 만들기
  ㈎ 시멘트와 표준모래를 섞어 질량비가 1 : 3이 되게 한다. 이때 한 배치로 한 번에 반죽할 시험체 9개의 양인 시멘트 450g, 표준모래 1350g, 물 225g을 단다.
  ㈏ 혼합수의 양(mℓ)을 계량한다. 이때, 포틀랜트 시멘트의 경우에는 혼합수의 양을 시멘트 무게의 0.5로 하며, 이 밖의 시멘트에 대해서는 (2)의 '흐름 시험'을 하여 흐름값이 110±5가 될 만한 양으로 한다.
  ㈐ 혼합수 전량을 혼합용 그릇에 넣는다.
  ㈑ 시멘트를 물속에 넣고, 혼합기를 시동하여 제1 속도로 30초 동안 혼합하면서 표준모래 전량을 천천히 넣는다.
  ㈒ 혼합기를 정지하고, 제2 속도로 바꾸어 30초 동안 혼합한다.
  ㈓ 혼합기를 정지하고 모르타르를 90초 동안 그냥 놓아둔다. 이때 15초 동안에 반죽을 긁어내린다.

(사) 제2 속도로 다시 1분 동안 혼합하여 모든 혼합을 끝낸다.
　② 흐름 시험
　　　(가) 마른 헝겊으로 흐름 시험기의 흐름판을 깨끗이 닦고, 흐름 몰드를 가운데에 놓는다.
　　　(나) 흐름 몰드에 모르타르를 약 2.5cm 두께의 깊이로 채워 넣고, 다짐대로 20번 다진다.
　　　(다) 몰드의 나머지 빈 부분에 모르타르를 채우고, 다짐대로 20번 다진다.
　　　(라) 모르타르의 표면이 몰드의 윗면과 같도록 흙손으로 편평하게 고른다.
　　　(마) 반죽을 끝마친 다음 1분 후에 몰드를 모르타르로부터 천천히 들어 올린다.
　　　(바) 즉시 흐름판을 1.3cm의 높이로 15초 동안에 25번 낙하시킨다.
　　　(사) 흐름값은 모르타르 평균 밑지름의 증가를 거의 같은 간격으로 4개를 측정하여 합한 값으로 한다.

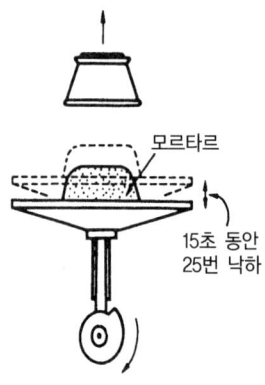

[흐름 시험]

　③ 공시체 제작(40×40×160mm 각주)
　　　(가) 모르타르의 조제가 끝난 직후 즉시 시험체를 제작한다.
　　　(나) 모르타르의 층은 2층(1층 각각 300g)이 되도록 한다.
　④ 공시체의 양생
　　　(가) 재령 24시간 시험을 위해서는 시험 20분 전까지는 탈형하고 재령 24시간 이후의 시험을 위해서는 제조 후 20~24시간 사이에 탈형한다.
　　　(나) 24시간 시험을 실시할 탈형 시험체는 시험이 실시될 때까지 습기가 있는 천으로 덮은 상태를 유지한다.
　　　(다) 수온이 20℃±1℃로 유지된 양생 수조에 침수시킨다. 양생하는 동안 시험체 사이와 시험체 표면의 물 깊이 5mm 이상이 되도록 한다.

3) 결과의 계산
　① 시멘트의 압축강도는 다음 식에 따라 구한다.

$$압축강도(MPa) = \frac{최대하중(N)}{단면적(mm^2)} \qquad 여기서, 단면적 = 40 \times 40 = 1600mm^2$$

　② 시멘트의 압축강도는 3개를 한 조로 하여 측정하는 6개를 평균값으로 한다. 6개의 측정값 중에서 1개 결과가 평균값보다 ±10% 이상 벗어나면 그 결과는 버리고 5개 평균으로 계산한다. 이들 5개 측정값 중 또 다시 하나의 결과가 그 평균값보다 ±10% 이상 벗어나면 결과값 전체를 버린다.
　③ 측정된 압축강도 평균을 계산하고 0.1 N/mm² 까지 계산한다.
　④ 시멘트의 휨강도는 다음 식에 따라 구한다.

$$휨강도(MPa) = \frac{1.5F_f \cdot l}{b^3}$$

여기서, F_f : 파괴시에 각주의 중앙에 가한 하중(N)
l : 지지물 사이의 거리(mm)
b : 각 기둥의 직각을 이루는 절개면의 변(mm)

⑤ 휨강도 시험기

50N/S±10N/S의 속도로, 상한 하중의 1/5에서부터 상한까지의 범위에 있어서 ±1%의 정밀도를 갖고 10kN까지 하중을 걸 수 있을 것

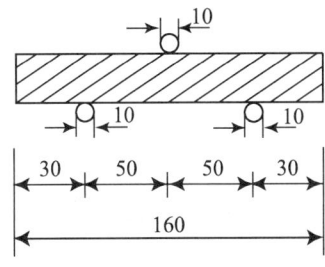
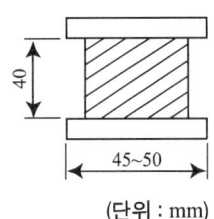

(단위 : mm)

⑥ 압축강도 시험기

선택하는 최대하중의 1/5에서부터 최대하중 범위에 있어서 ±1%의 정밀도를 갖고 2400N/S±200N/S의 재하가 가능한 것

1-1-6 시멘트 모르타르의 인장강도 시험

(1) 목 적

시멘트 인장강도로 콘크리트의 인장강도를 추정할 수 있다.

(2) 재 료

① 각종 시멘트
② 표준모래
③ 그리스
④ 유리판
⑤ 고무장갑
⑥ 마른 천

(3) 기계 및 기구

① 인장 시험기
② 시험용 클립
③ 인장 시험용 몰드
④ 저울(용량 1000g, 감도 0.1g)

○ 전동 브리켓 인장 시험기

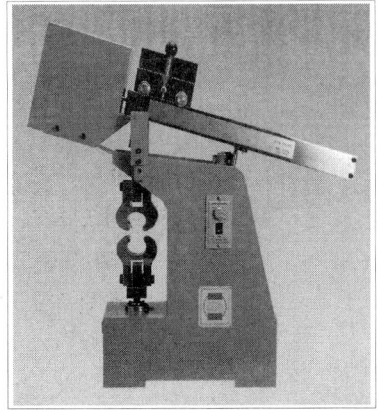

⑤ 표준체(0.8mm, 0.6mm, 0.3mm)
⑥ 메스실린더(150~200ml)
⑦ 혼합기
⑧ 온도계
⑨ 습도계
⑩ 고무 스크레이퍼
⑪ 나무망치
⑫ 습기함
⑬ 양생 수조
⑭ 흙손

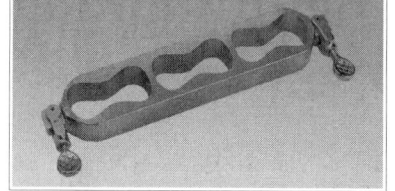

◐ 브리켓 몰드

(4) 관련 지식

① 콘크리트와 모르타르의 인장강도는 시멘트의 인장강도에 어느 정도 비례하므로, 시멘트 인장강도로 콘크리트의 인장강도를 추정할 수 있다.
② 시멘트의 인장강도는 시멘트의 성분, 분말도, 사용수량, 풍화상태, 양생 조건, 재령 및 시험 방법 등에 따라 달라진다.
③ 시멘트 인장강도용 시험체를 만들 때에는 모래알의 차이에 의한 영향을 없애고, 시험 조건을 일정하게 하기 위하여 표준모래를 사용한다.
④ 시멘트 인장강도용 모르타르 시험체의 배합비는 시멘트 1 : 표준모래 2.7의 질량비로 한다.
⑤ 실험실의 상대습도는 50% 이상이 되게 한다.
⑥ 혼합수, 습기함, 습기실 및 수조의 온도는 23±2℃가 되게 한다.
⑦ 반죽판, 건조재료, 몰드 밑판 및 혼합용 용기 주위의 공기온도는 20~27.5℃로 유지한다.
⑧ 습기함, 습기실의 상대습도는 95% 이상 되게 한다.

(5) 시험 순서 및 방법

1) 시료의 준비
    ① 시료를 채취한다.
    ② 표준모래(인장강도 시험용)를 준비한다.

2) 인장강도 시험
    ① 모르타르의 만들기
        ㈎ 시멘트와 표준모래를 섞어 질량비가 1 : 2.7이 되게 한다. 이 때, 한 배치로 한 번에 반죽할 시험체 9개의 양은 1,500~1,800g(6개의 양은 1,000~1,200g)이다.

㈏ 표준 반죽 질기를 얻는 데 필요한 물의 양(%)을 정하고, [표 1]에 따라 모르타르에 대한 물의 양(%)을 구한다.
㈐ 혼합수의 양(ml)을 계량한다.
㈑ 혼합수를 혼합한 재료에 넣고 30초 동안 흡수시킨다.
㈒ 고무장갑을 낀 손으로 90초 동안 반죽한다.

② 시험체 만들기
㈎ 몰드에 광유를 엷게 바른다.
㈏ 반죽이 끝난 직후 유리판 위에 몰드를 놓고 모르타르를 채운다.
㈐ 두 손의 엄지손가락으로 78.4~98N의 힘으로 12번씩 다진다.
㈑ 흙손으로 모르타르의 표면을 19.6N 정도의 힘을 주어 고른다.
㈒ 몰드 위에 광유를 바른 유리판을 놓고, 몰드를 뒤집는다.
㈓ 위판을 떼고 다시 모르타르를 쌓아 올린 다음 다지고, 흙손으로 표면 고르기를 반복한다.

○ [표 1] 표준 모르타르에 대한 물의 양(%)

표준 주도의 순 시멘트 반죽에 대한 물의 양	시멘트 1, 표준 모래 2.7의 모르타르에 대한 물의 양
15	9.2
16	9.4
17	9.6
18	9.7
19	9.9
20	10.1
21	10.3
22	10.5
23	10.6
24	10.8
25	11.0
26	11.2
27	11.4
28	11.5
29	11.7
30	11.9

③ 시험체의 양생
㈎ 몰드를 습기함에 20~24시간 동안 넣어 둔다.
㈏ 시험체에서 몰드를 떼어 내고, 23±2℃의 양생 수조에 넣어둔다.

④ 인장강도 시험
㈎ 시험체를 꺼내어 표면이 건조 상태가 되도록 물기를 닦는다.
㈏ 시험기의 클립과 접촉할 시험체의 면에 붙어 있는 모래알이나 다른 부착물을 없앤다.
㈐ 시험체를 클립의 중심에 오도록 넣은 다음, 2,700±100N/min의 속도로 계속 하중을 가한다.

3) 결과의 계산
① 인장강도(MPa) = $\dfrac{\text{최대 하중(N)}}{\text{시험체의 단면적}(mm^2)}$
② 평균보다 15% 이상의 강도차가 있는 시험체는 인장강도에 넣지 않는다. 단, 2개 이상이 있을 때는 재시험을 한다.
③ 시멘트와 모래의 비율이 1 : 2.7이 아닐 때의 혼합수 양은 다음 식에 따라 계산한다. [표 1]의 값은 이 식에 따라서 계산한 값이다.

$$Y = \frac{2}{3} \times \frac{P}{N+1} + K$$

- Y : 모르타르에 필요한 물의 양(%)
- P : 표준 반죽 질기의 순 시멘트에 필요한 물의 양(%)
- N : 시멘트 1에 대한 모래의 무게비(%)
- K : 표준모래에 대한 상수로서 6.5

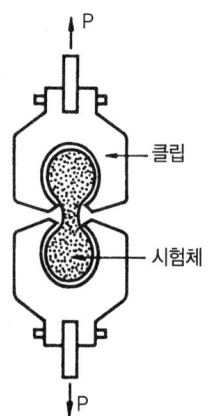

(6) 시멘트 모르타르의 인장강도 시험 예

1) 시험용 모르타르의 만들기

표준 반죽 질기의 순 시멘트 반죽에 필요한 물의 양(%)			$P = 24$
시멘트와 표준 모래의 질량비(1 : N)			$N = 2.7$
표준모래의 상수			$K = 6.5$
표준 반죽 질기의 모르타르에 필요한 물의 양(%)			$Y = 10.8$
1. 배치 시료의 질량(g)	시멘트	표준모래	물
	450	1,215	179.8

[비고] $Y = \frac{2}{3} \frac{P}{N+1} + K = \frac{2}{3} \times \frac{24}{2.7+1} + 6.5 = 10.8(\%)$

물의 질량 $= (450 + 1215) \times 0.108 = 179.8(g)$

2) 인장강도 시험

재 령(일)	3			7			28		
측정 번호	1	2	3	1	2	3	1	2	3
최대 하중 P(N)	845	826	858	1464	1484	1464	1819	1890	1896
단면적 A (mm²)	645	645	645	645	645	645	645	645	645
인장강도 $= \frac{P}{A}$ (N/mm²)	1.31	1.28	1.33	2.27	2.30	2.27	2.82	2.93	2.94
평균값(MPa)	3.92			2.28			2.90		

1-2　골재시험

1-2-1　골재의 체가름 시험

(1) 목　적

골재의 입도분포 상태를 알기 위해서 시험을 한다.

(2) 재　료

① 잔골재
② 굵은골재

(3) 기계 및 기구

① 표준체
　㈎ 잔골재용(0.15mm, 0.3mm, 0.6mm, 1.2mm, 2.5mm, 5mm, 10mm)
　㈏ 굵은골재용(1.2mm, 2.5mm, 5mm, 10mm, 15mm, 20mm, 25mm, 30mm, 40mm, 50mm, 65mm, 75mm, 100mm)
② 체 접시
③ 체 뚜껑
④ 체 진동기
⑤ 저울(시료 질량의 0.1%까지 잴 수 있는 감도를 가진 것)
⑥ 건조기(105±5℃의 온도를 고르게 유지할 수 있는 것)
⑦ 시료 분취기
⑧ 시료 용기
⑨ 시료 삽

○ 로탑 체가름 시험기

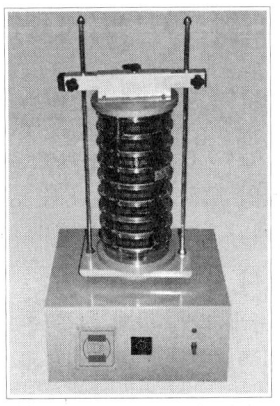
○ 다이나믹 체가름 시험기

○ 전동식 체가름 시험기

○ 잔골재용 표준체

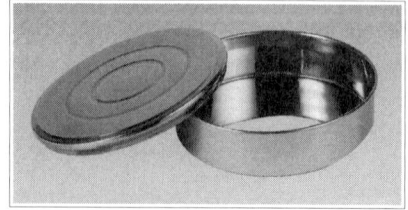
○ 팬 커버

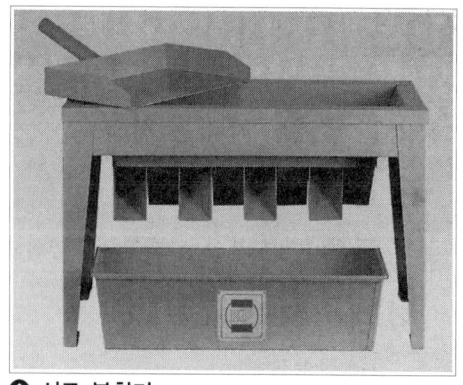
○ 시료 분취기

(4) 관련 지식

① 골재는 알의 크기에 따라 잔골재와 굵은골재로 나뉜다.
  ㈎ 잔골재는 10mm체를 전부 통과하고 5mm체를 거의 다 통과하며, 0.08mm체에 거의 다 남는 골재, 또는 5mm체를 다 통과하고 0.08mm체에 다 남는 골재이다.
  ㈏ 굵은골재는 5mm체에 거의 다 남는 골재, 또는 5mm체에 다 남는 골재이다.
② 굵은골재 최대 치수는 질량비로 90% 이상을 통과하는 체들 중에서 가장 작은 치수의 체눈을 체의 호칭 치수로 나타낸 굵은골재의 치수이다.
③ 골재의 입도란 골재의 크고 작은 알이 섞여 있는 정도를 말한다.
④ 골재의 입도가 알맞으면 콘크리트의 단위 용적질량의 시멘트 풀이 줄어들어 경제적인 콘크리트를 만들 수 있다.
⑤ 조립률이라 함은 0.15mm, 0.3mm, 0.6mm, 1.2mm, 2.5mm, 5mm, 10mm, 20mm, 40mm, 75mm의 10개의 체를 따로따로 사용하여 체가름 시험을 하였을 때, 각 체에 남는 골재의 전체질량에 대한 질량비(%)의 합을 100으로 나눈 값을 말한다.
⑥ 골재의 조립률은 골재 알의 지름이 클수록 크며, 잔골재는 2.0~3.3, 굵은골재는 6~8 정도가 좋다.
⑦ 체가름 시험의 결과가 입도 표준에 맞지 않으면, 골재의 입도를 조정하여 사용하여야 한다.
⑧ 체눈에 골재의 알이 끼어 있지 않도록 공기로 불어 낸다.
⑨ 잔골재와 굵은골재가 섞여 섞을 때에는 5mm체로 쳐서, 잔골재와 굵은골재의 시료를 따로따로 나눈다.
⑩ 체가름할 때, 체눈에 끼인 골재 알을 손으로 눌러 통과시켜서는 안 된다.
⑪ 체눈에 끼인 골재 알은 부서지지 않도록 빼내고, 체에 남는 시료로 간주한다.
⑫ 체 진동기를 사용하여 체가름하는 경우에는 수동식 체가름 방법을 써서 체가름 작업의 정밀도로 시험하도록 한다.

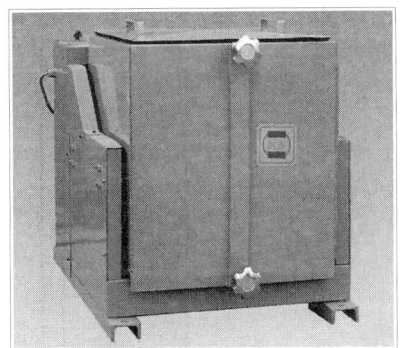

◐ 굵은골재 체가름 시험기   ◐ 굵은골재 시험기용 체

(5) 시험 순서 및 방법

1) 시료의 준비

① 필요한 시료를 4분법 또는 시료 분취기로 채취한다.
② 시료를 건조기 안에 넣고, 105±5℃의 온도로 질량이 일정하게 될 때까지 건조시킨다.
③ 시료의 양은 시료의 표준량

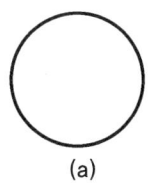 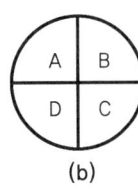 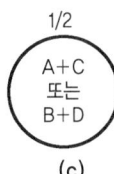  

(a) (b) (c) (d) (e)

(a) 고루 편다.
(b) 4등분한다.
(c) 앞의 (b) 중에서 대각선 쪽 2개를 합쳐 고루 편다.
(d) 4등분한다.
(e) 앞의 (d) 중에서 대각선 쪽의 2개를 합쳐 고루 펴고, 분량이 많으면 앞과 같이 되풀이한다.

[4분법]

◐ 체가름 시험 시료의 표준량

골재의 종류	골재 알의 크기	시료의 최소 질량(g)
잔골재	1.18mm체를 95%(질량비) 이상 통과하는 것	100
	1.18mm체에 5%(질량비) 이상 남는 것	500
굵은골재	최대 치수 9.5mm 정도인 것	2,000
	최대 치수 16mm 정도인 것	3,000
	최대 치수 19mm 정도인 것	4,000
	최대 치수 26.5mm 정도인 것	5,000
	최대 치수 37.5mm 정도인 것	8,000
	최대 치수 53mm 정도인 것	10,000
	최대 치수 63mm 정도인 것	12,000
	최대 치수 75mm 정도인 것	16,000
	최대 치수 106mm 정도인 것	20,000

2) 체가름 시험

① 체 밑판 위에 체가름용 표준체 한 벌을 체눈이 작은 것을 밑으로 하여 체 진동기에 건다.
② 시료를 체에 넣고 체 뚜껑을 닫는다.
③ 체를 위 아래 및 수평으로 고루 흔들어 시료가 연속적으로 움직이도록 체질을 한다.
④ 1분간 각 체를 통과하는 것이 전 시료질량의 0.1% 이하가 될 때까지 작업을 계속한다.
⑤ 체 진동기에 체를 들어내어 각 체에 남는 시료의 질량을 단다.

체 뚜껑	체 뚜껑
10mm	75mm
5mm	40mm
2.5mm	20mm
1.2mm	10mm
0.6mm	5mm
0.3mm	2.5mm
0.15mm	1.2mm
접시	접시
잔골재용	굵은골재용

○ 체가름 시험용 표준체

3) 결과의 계산

① 각 체에 남는 시료의 질량을 전체 질량에 대한 질량비(%)로 나타낸다. 질량비의 표시는 이것에 가까운 정수로 구한다.
② 골재의 최대 치수와 조립률을 구한다.
③ 가로축에 체눈의 크기를 나타내고, 세로축에 각 체에 남은 시료의 질량비(%)를 나타내어 입도 곡선을 그린다.
④ 잔골재의 조립률

체의 호칭(mm)	잔골재		
	체에 남는 양(%)	체에 남는 양의 누계(%)	통과율(%)
* 75			
65			
50			
* 40			
30			
25			
* 20			
15			
* 10	0	0	100
* 5	4	4	96
* 2.5	8	12	88
* 1.2	15	27	73
* 0.6	43	70	30
* 0.3	20	90	10
* 0.15	9	99	1
접시	1	100	
조립률(FM)	3.02		

$$\text{잔골재의 조립률(FM)} = \frac{4+12+27+70+90+99}{100} = 3.02$$

⑤ 굵은골재의 조립률 및 최대치수

체의 호칭(mm)	굵은골재		
	체에 남는 양(%)	체에 남는 양의 누계(%)	통과율(%)
50	0	0	
* 40	4	4	96
30	22	26	74
25	13	39	61
* 20	19	58	42
15	12	70	30
* 10	11	81	19
* 5	16	97	3
* 2.5	3	100	0
* 1.2	0	100	
* 0.6	0	100	
* 0.3	0	100	
* 0.15	0	100	
조립률(FM)	7.40		

㈎ 골재의 조립률은 * 표가 있는 곳에서만 계산한다.

㈏ 굵은골재의 조립률

$$FM = \frac{4+58+81+97+100+100+100+100+100}{100} = 7.40$$

㈐ 굵은골재의 최대 치수=40mm (90% 이상 통과하는 체들 중에서 가장 작은 치수)

⑥ 잔골재의 입도 표준 및 467호 골재의 입도 표준

㈎ 굵은골재의 입도(467호)

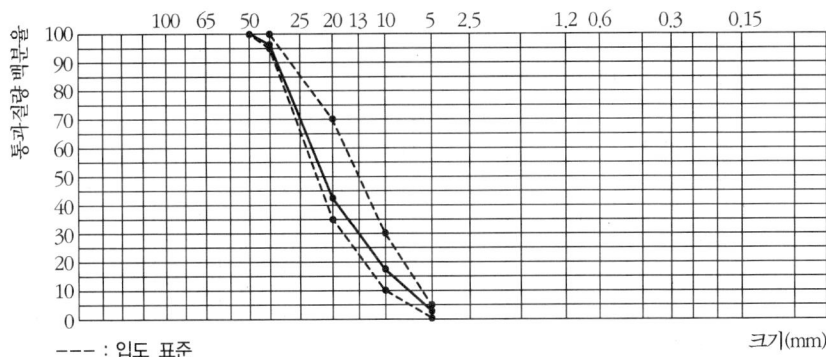

(나) 잔골재의 입도

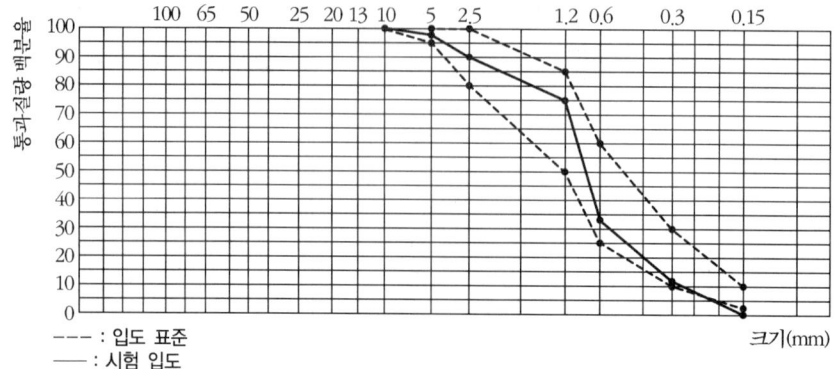

--- : 입도 표준
── : 시험 입도

⑦ 잔골재의 입도 표준(일반 콘크리트, 포장 콘크리트) (콘크리트 표준 시방서)

체의 호칭(mm)	체를 통과하는 것의 질량(%)
10	100
5	95~100
2.5	80~100
1.2	50~85
0.6	25~60
0.3	10~30
0.15	2~10

⑧ 굵은골재의 입도 표준(일반 콘크리트, 포장 콘크리트, 콘크리트 표준 시방서)

골재 번호	체의 호칭 / 골재의 크기(mm)	각 체를 통과하는 것의 질량비(%)											
		100	90	75	65	50	40	25	20	13	10	5	2.5	1.2
1	90~40	100	90~100	–	20~60	–	0~15	–	0~5	–	–	–	–	–
2	65~40	–	–	100	90~10	35~70	0~15	–	0~5	–	–	–	–	–
3	50~25	–	–	–	100	90~100	35~70	0~15	–	0~5	–	–	–	–
357	50~5	–	–	–	100	95~100	–	35~70	–	10~30	–	0~5	–	–
4	40~20	–	–	–	–	100	90~100	20~25	0~15	–	0~5	–	–	–
467	40~5	–	–	–	–	100	95~100	–	35~70	–	10~30	0~5	–	–
57	25~5	–	–	–	–	–	100	95~100	–	25~60	–	0~10	0~5	–
67	20~5	–	–	–	–	–	–	100	90~100	–	20~55	0~10	0~5	–
7	13~5	–	–	–	–	–	–	–	100	90~100	40~70	0~15	0~5	0~5
8	10~25	–	–	–	–	–	–	–	–	100	80~100	10~30	0~10	–

(6) 체가름 시험 예

① 잔골재의 체가름 시험

체의 호칭(mm)	각 체에 남는 양의 누계		각 체에 남는 양		통과량
	(g)	(%)	(g)	(%)	(%)
10	0	0	0	0	0
5	15	2.6	15	2.6	97.4
2.5	57	9.8	42	7.2	90.2
1.2	146	25.0	89	15.2	75.0
0.6	396	67.7	250	42.7	32.3
0.3	516	88.2	120	20.5	11.8
0.15	580	99.1	64	10.9	0.9
접시	585	100	5	0.9	0
계			585		
조립률	2.92				

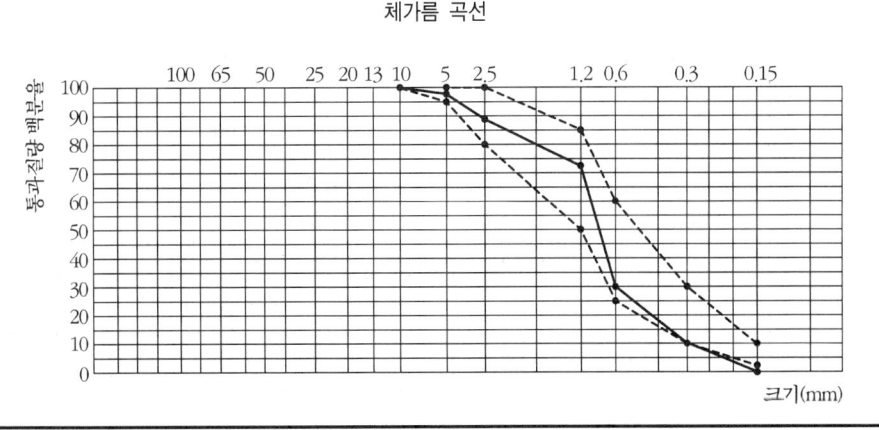

체가름 곡선

[비고] (1) FM=(2.6+9.8+25.0+67.7+88.2+99.1)÷100=2.92
(2) 잔골재의 입도가 입도 범위(FM=2.0~3.3) 안에 들므로, 콘크리트용 잔골재로서 알맞다.

② 굵은골재의 체가름 시험

체의 호칭(mm)	각 체에 남는 양의 누계 (g)	(%)	각 체에 남는 양 (g)	(%)	통과량 (%)
100					
* 75					
65					
50	0	0	0	0	100
* 40	637	4.2	637	4.2	95.8
30	3882	25.7	3245	21.5	74.3
25	5835	38.6	1953	12.9	61.4
* 20	8725	57.7	2890	19.1	42.3
13	10589	70.0	1864	12.3	30.0
* 10	12289	81.3	1700	11.3	18.7
* 5	14654	97.0	2365	15.7	3.0
* 2.5	15104	100	450	3.0	0
접 시					
계			15104	100	
조 립 률	7.40		최대 치수 (mm)	40	

체가름 곡선

[비고] (1) FM=(4.2+57.7+81.3+97+100+100+100+100+100)÷100=7.40
(2) 굵은골재의 입도가 입도 범위(FM=6~8) 안에 들므로, 콘크리트용 굵은골재로서 알맞다.
(3) 굵은골재의 입도 표준은 467호를 사용하였다.

1-2-2 굵은골재 밀도 및 흡수율 시험

(1) 목 적
콘크리트의 배합 설계를 할 때 골재의 부피와 빈틈 등의 계산을 하기 위해서 시험을 한다.

(2) 재 료
① 굵은골재
② 마른 천(흡수성)

(3) 기계 및 기구
① 시료 분취기
② 표준체(5mm, 13mm, 20mm, 25mm, 40mm, 50mm, 65mm, 80mm, 90mm, 100mm, 150mm)
③ 저울(용량 5kg 이상, 감도 0.5g 이상)
④ 철망태(골재의 최대치수가 40mm 이하일 경우에는 지름 약 200mm, 높이 약 200mm)
⑤ 건조기(105±5℃의 온도를 고르게 유지 가능한 것)
⑥ 물통(철망태를 담글 수 있는 크기)
⑦ 데시케이터
⑧ 시료 용기
⑨ 시료 삽

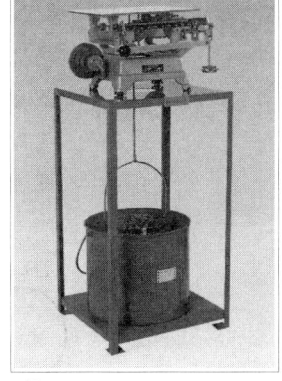
◐ 굵은골재 밀도 측정 장치

◐ 건조기

◐ 밀도 측정 망태

(4) 관계 지식

① 굵은골재의 밀도는 일반적으로 표면건조 포화상태에 있는 골재 알의 밀도를 말한다.
② 굵은골재의 밀도는 $2.55 \sim 2.70 \, \text{g/cm}^3$ 정도이다.
③ 골재의 밀도가 클수록 조직이 치밀하여 강도가 크다.
④ 골재의 밀도는 시료의 질량을 그 시료와 같은 부피의 물의 질량으로 나누어 구한다.
⑤ 콘크리트의 배합 설계는 표면건조 포화상태의 골재를 기준으로 하므로, 시방 배합을 현장 배합으로 고칠 때에는 현장 골재의 함수 상태에 따라 혼합 수량을 조정하여야 한다.
⑥ 흡수율이란 표면건조 포화상태일 때의 골재 알에 들어 있는 모든 함수율을 말한다.
⑦ 굵은골재의 흡수율은 보통 0.5~4% 정도이다.
⑧ 밀도가 큰 골재는 조직이 치밀하여 흡수율이 적다.
⑨ 골재의 함수 상태는 다음과 같이 네 가지로 나눌 수 있다.
　㈎ 절대건조상태 : 노건조(절건) 상태라고도 하며, 건조로에서 105±5℃의 온도로 무게가 일정하게 될 때까지 건조시킨 것으로서, 물기가 전혀 없는 상태이다.
　㈏ 공기 중 건조상태 : 기건 상태라고도 하며, 습기가 없는 실내에서 건조시킨 것으로서, 골재 알 속의 일부에만 물기가 있는 상태이다.
　㈐ 표면건조 포화상태 : 표건 상태라고도 하며, 골재 알의 표면에는 물기가 없고, 골재 알 속의 빈틈만 물로 차 있는 상태이다.
　㈑ 습윤상태 : 골재 알의 속이 물로 차 있고, 표면에도 물기가 있는 상태이다.

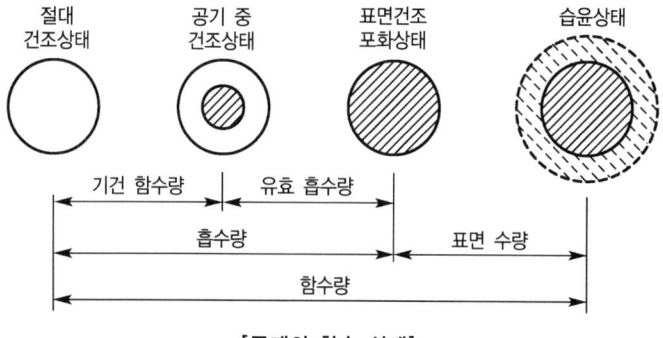

[골재의 함수 상태]

　㈒ 골재의 함수상태 시험 표준량

◯ 시료의 종류와 채취량(2회 시험의 표준량)

시료의 종류		시료의 채취량	저울의 눈금량
잔 골 재		1kg	0.1g
굵은골재 최대치수(mm)	10~15	4kg	0.4g
	20~25	10kg	1g
	40~60	20kg	2g
	65 이상	40kg	4g

⑩ 시료는 5mm체를 통과하는 것은 모두 버리고 물로 깨끗이 씻어야 한다. 그렇지 않으면 시험 중에 철망태에서 빠져 오차가 생기기 쉽다.
⑪ 시료의 표면건조 포화상태의 작업을 하고 있는 동안에는 골재 알 속의 빈틈에서 물이 마르지 않게 한다.
⑫ 표면건조 포화상태의 작업을 할 때, 시료의 알이 굵은 것은 한 개씩 닦는다.
⑬ 물속에서 질량을 달기에 앞서 철망태를 흔들어 갇힌 공기를 빼낸다.
⑭ 물속에서 질량을 달 때에는 물통의 수위를 일정하게 한다.
⑮ 흡수율은 흡수시간과 시료의 온도에 따라 달라지므로, 흡수율을 계산할 때 흡수시간과 시료의 온도를 알아 둔다.
⑯ 일반적인 경우 굵은골재를 여러 개의 무더기로 나누어 시험하는 것이 좋으며, 시료가 40mm체에 15% 이상 남을 때에는 40mm의 무더기 또는 그보다 작은 무더기에 합하여 시험한다.

(5) 시험 순서 및 방법

1) 시료의 준비

① 시료를 시료 분취기 또는 4분법에 따라 채취한다.
② 시료를 여러 개의 무더기로 나누어 시험할 때, 시료의 최대 치수에 따라 표와 같이 시료의 최소 질량을 단다. 여기서, 시료의 최소 질량은 굵은골재 최대치수(mm 표시)의 0.1배를 kg으로 나타낸 양으로 한다.
③ 시료를 물에 깨끗이 씻는다.
④ 시료를 철망태에 넣고 수중에 진동을 주고 입자 표면과 입자간의 부착 공기를 제거한 후 20±5℃의 물속에 24시간 담근다.

2) 밀도 및 흡수율 시험

① 20±5℃의 물속에서 시료의 수중질량(C)과 수온을 측정한다.

◐ 표면건조 포화상태 작업

② 철망태와 시료를 수중에서 꺼내고 물기를 제거한 후 시료를 흡수천 위에 올리고 눈에 보이는 수막을 제거하여 표면 건조 포화상태의 질량(B)을 측정한다.
③ 105±5℃에서 일정 질량이 될 때까지 건조시키고 실온까지 냉각하여 절대 건조상태의 질량(A)을 측정한다.

3) 결과의 계산

① 밀도는 다음 식에 따라 구한다.

$$절대건조상태의\ 밀도 = \frac{A}{B-C} \times \rho_w$$

여기서, A : 절대건조상태 시료의 질량(g)
B : 공기 중에서의 표면건조 포화상태 시료의 질량(g)
C : 시료의 수중질량(g)
ρ_w : 시험 온도에서의 물의 밀도(g/cm³)

참고
- 순수한 물의 밀도는 15℃에서 0.9991 g/cm³, 20℃에서 0.9982 g/cm³, 25℃에서 0.9970 g/cm³이다.

$$표면건조\ 포화상태의\ 밀도(표건\ 밀도) = \frac{B}{B-C} \times \rho_w$$

$$겉보기\ 밀도 = \frac{A}{A-C} \times \rho_w$$

② 흡수량을 나타내는 흡수율은 다음 식에 따라 계산한다.

$$흡수율(\%) = \frac{B-A}{A} \times 100$$

③ 정밀도는 시험을 두 번 하여, 그 측정값의 평균값과 차가 밀도 시험의 경우에는 그 값의 0.01 g/cm³ 이하, 흡수율 시험의 경우에는 0.03% 이하이어야 한다.

④ 시료를 여러 개의 무더기로 나누어 시험하였을 때 밀도, 표면건조 포화상태의 밀도, 겉보기 밀도, 흡수율의 평균값은 각각 다음 식에 따라 구한다.

$$G = \frac{1}{\frac{P_1}{100 G_1} + \frac{P_2}{100 G_2} + \cdots\cdots + \frac{P_n}{100 G_n}}$$

여기서, G : 평균 밀도
$G_1, G_2, \cdots, G_n$: 각 무더기의 밀도
$P_1, P_2, \cdots, P_n$: 원시료에 대한 각 무더기의 질량비(%)

⑤ 흡수율의 평균값

$$A = \frac{P_1 A_1}{100} + \frac{P_2 A_2}{100} + \cdots\cdots + \frac{P_n A_n}{100}$$

여기서, A : 평균 흡수율(%)
$A_1, A_2, \cdots, A_n$: 각 무더기의 흡수율(%)
$P_1, P_2, \cdots, P_n$: 원시료에 대한 각 무더기의 질량비(%)

⑥ 평균 밀도 및 흡수율 계산

무더기의 크기 (mm)	원시료에 대한 질량비 (%)	시료의 질량 (g)	밀도 (g/cm³)	흡수율 (%)
5~13	44	2213.0	2.72	0.4
13~40	35	5462.5	2.56	2.5
40~65	21	12593.0	2.54	3.0

평균 밀도 $G = \dfrac{2.72 \times 44 + 2.56 \times 35 + 2.54 \times 21}{100} = 2.62 \text{g/cm}^3$

평균 흡수율 $A = 0.44 \times 0.4 + 0.35 \times 2.5 + 0.21 \times 3.0 = 1.7\%$

(6) 굵은골재의 밀도 및 흡수율 시험 예

측 정 번 호	1	2
① 공기 중의 표건시료의 질량 B(g)	6755	6530
② 물속에서의 철망태와 표건 시료의 질량(g)	4841	4699
③ 물속에서의 철망태의 질량(g)	632	632
④ 물속에서의 표건 시료의 질량 C=②-③(g)	4209	4067
표면건조 포화상태의 밀도 $\dfrac{①}{①-④} \times \rho_w$	2.648	2.646
측정값의 차	0.002	
허용차	0.01	
평균값(g/cm³)	2.65	
⑤ 노 건조 시료의 질량 A(g)	6658	6437
흡수율 $\dfrac{①-⑤}{⑤} \times 100$(%)	1.457	1.445
측정값의 차(%)	0.012	
허용값(%)	0.03	
평균값(%)	1.45	

[비고] (1) 2회의 밀도 평균값과 차가 허용차 0.01 g/cm³ 이하이므로 2.65 g/cm³를 밀도값으로 한다.
(2) 2회의 흡수율 평균값과 차가 허용차 0.03% 이내이므로 1.45%를 흡수율로 한다.
(3) ρ_w : 사용물의 온도가 20℃이므로 ρ_w=0.9982 g/cm³을 적용한다.

1-2-3 잔골재의 밀도 및 흡수율 시험

(1) 목 적

콘크리트의 배합 설계를 할 때 잔골재의 부피 계산을 하기 위해서 시험을 한다.

(2) 재 료

① 잔골재　　　　　　　　② 마른 천(흡수성)

(3) 기계 및 기구

① 시료 분취기
② 원뿔형 몰드
③ 다짐대
④ 저울(칭량 1kg 이상, 감도 0.1g 이상)
⑤ 플라스크(용량 500ml)
⑥ 건조기(105±5℃의 온도를 고르게 유지 가능한 것)
⑦ 항온 수조
⑧ 데시케이터
⑨ 피펫
⑩ 시료 용기
⑪ 시료 삽

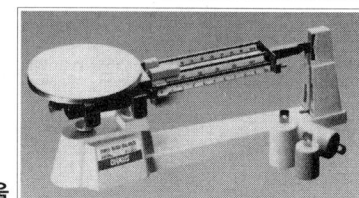
◐ 원뿔형 몰드 및 다짐대

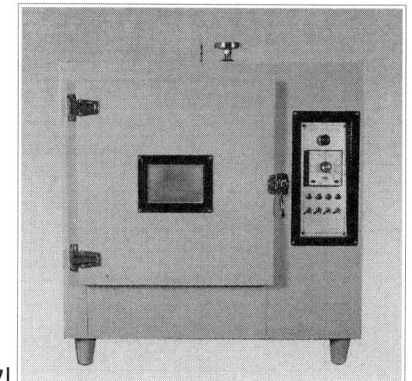
◐ 저울

◐ 플라스크

◐ 건조기

(4) 관련 지식

① 잔골재의 밀도는 표면건조 포화상태의 골재 알의 밀도를 말한다.
② 잔골재의 밀도는 보통 2.50~2.65 g/cm^3 정도이다.
③ 밀도가 큰 골재는 빈틈이 적어서 흡수율이 적고, 강도와 내구성이 크다.
④ 잔골재의 흡수율은 골재 알 속의 빈틈이 많고 적음을 나타낸다.
⑤ 잔골재의 흡수율은 콘크리트를 배합할 때, 혼합 수량을 조정하는 데 쓰인다.
⑥ 잔골재의 흡수율은 1~6% 정도이다.
⑦ 시험에 사용하는 유리 제품은 깨어지기 쉬우므로 조심스럽게 다룬다.
⑧ 플라스크는 반드시 용량을 검정한 후에 사용한다.
⑨ 시료를 표면건조 포화상태로 만들 때, 너무 빨리 건조시키면 시료의 일부가 공기 중 건조상태나 절대건조상태가 되기 쉬우므로 주의해야 한다.

⑩ 흡수율 시험을 할 때, 건조 작업 중에 작은 낱알이 날리지 않도록 한다.
⑪ 시험의 정밀도는 각 골재의 표면건조 포화상태를 정확하게 측정하는 데에 달려 있다.

(5) 시험 순서 및 방법

1) 시료의 준비

① 시료를 시료 분취기 또는 4분법에 따라 채취한다.
② 시료를 약 1,000g을 준비한다.
③ 시료를 시료 용기에 담아 질량이 일정하게 될 때까지 105±5℃의 온도로 건조시킨다.
④ 시료를 24±4시간 동안 물속에 담근다. 수온은 20±5℃에서 최소한 20시간 이상 유지하도록 한다.
⑤ 시료를 편평한 그릇에 펴 놓고 따뜻한 공기로 천천히 건조시킨다.
⑥ 시료의 표면에 물기가 거의 없을 때, 시료를 원뿔형 몰드에 느슨하게 채워 넣는다.
⑦ 다짐대로 시료의 표면을 가볍게 25번 다진다.
⑧ 원뿔형 몰드를 수직으로 빼 올린다. 이때, 원뿔 모양이 흘러내리지 않고 그 상태를 그대로 유지하면 잔골재에 표면수가 있는 것이다.

⑨ 다시 잔골재를 펴서 건조시키고, 앞의 (6)~(8)항의 방법을 되풀이한다.
⑩ 원뿔형 몰드를 빼 올렸을 때, 잔골재의 원뿔 모양이 흘러내리기 시작하면 이것을 잔골재의 표면건조 포화상태로 한다.

2) 밀도 및 흡수율 시험
   ① 표면건조 포화상태의 시료 500g 이상을 채취하고 그 질량(m)을 0.1g까지 측정한다.
   ② 플라스크에 물을 일부 넣고 500g 이상의 표면건조 포화상태 시료를 넣는다.
   ③ 플라스크를 편평한 면에 굴리어 뒤흔들어서 공기를 모두 없앤다.
   ④ 플라스크, 시료, 물의 질량(C)을 0.1g까지 측정한다.
   ⑤ 플라스크에서 꺼낸 시료로부터 상부의 물을 천천히 따라 버리고 일정한 온도가 될 때까지 약 24시간 동안 105±5℃에서 건조시켜 그 질량(A)을 0.1g까지 측정한다.
   ⑥ 플라스크 속에 물을 검정 용량까지 다시 채워 그 질량(B)을 측정한다.

3) 결과의 계산
   ① 밀도는 다음 식에 따라 구한다.

   $$절대건조밀도 = \frac{A}{B+m-C} \times \rho_w$$

   $$표면건조 포화상태의 밀도(표건 밀도) = \frac{m}{B+m-C} \times \rho_w$$

   $$상대 겉보기 밀도 = \frac{A}{B+A-C} \times \rho_w$$

   - A : 공기 중에서의 노 건조 시료의 질량(g)
   - B : 물의 검정선까지 채운 플라스크의 질량(g)
   - C : 시료와 물을 검정선까지 채운 플라스크의 질량(g)
   - ρ_w : 사용한 물의 온도에 따른 물의 밀도(g/cm^3)

   ② 다음 식에 따라 흡수율을 계산한다.

   $$흡수율(\%) = \frac{m-A}{A} \times 100$$

   ③ 시험 두 번 실시하여, 그 측정값의 평균값과 차가 밀도 시험의 경우 0.01g/cm^3 이하, 흡수율 시험의 경우에는 0.05% 이하이어야 한다.
   ④ 흡수율이 3% 이상 되는 잔골재는 콘크리트의 강도나 내구성에 나쁜 영향을 끼친다.
   ⑤ 잔골재의 밀도와 흡수율의 관계

밀도(g/cm^3)	흡수율(%)
2.50 이하	3.5 이상
2.50~2.65	1.5~3.5
2.65 이상	1.5 이하

(6) 잔골재의 밀도 및 흡수율 시험 예

측정번호	1	2
① 빈 플라스크의 질량(g)	177.5	177.5
② (플라스크+물)의 질량 B(g)	677.5	677.5
③ 표건 시료의 질량 m(g)	520	540
④ (플라스크+물+시료)의 질량 C(g)	999.3	1011
표면건조 포화상태의 밀도 $\dfrac{③}{②+③-④} \times \rho_w$	2.623	2.615
측정값의 차	0.008	
허 용 차	0.01	
평 균 값	2.62	
⑤ 노 건조 시료의 질량 A(g)	513.1	532.9
흡수율 $\dfrac{③-⑤}{⑤} \times 100(\%)$	1.345	1.332
측정값의 차(%)	0.013	
허 용 차(%)	0.05	
평 균 값(%)	1.34	

[비고] (1) 2회의 밀도 평균값과 차가 허용차 $0.01\,\text{g/cm}^3$ 이내이므로 $2.62\,\text{g/cm}^3$을 밀도값으로 한다.
(2) 2회의 흡수율 평균값과 차가 허용차 0.05% 이내이므로 1.34%를 흡수율로 한다.
(3) ρ_w : 물의 온도가 15℃에서 시험하여 $0.9991\,\text{g/cm}^3$을 적용한다.

1-2-4 잔골재의 표면수 시험

(1) 목 적

콘크리트 배합 실계시 골재는 표면 진조 포화상대를 기준한 것으로 골제에 표면수가 있으면 물-시멘트비가 달라지므로 혼합수량을 조정하기 위해서 시험을 한다.

(2) 재 료

잔골재

(3) 기계 및 기구

① 저울(칭량 2kg 이상, 감도 0.1g)
② 플라스크(용량 500ml)
③ 메스실린더(1000ml)
④ 피펫
⑤ 뷰렛
⑥ 비커

⑦ 시료 용기
⑧ 시료 숟가락

(4) 관계 지식

① 잔골재의 표면수는 잔골재 알의 표면에 묻어 있는 물이며, 잔골재가 가지고 있는 물에서 잔골재 알 속에 들어 있는 물을 뺀 것이다.
② 잔골재의 표면수율은 일반적으로 표면건조 포화상태의 골재에 대한 질량비(%)로 나타낸다.
③ 잔골재의 표면수 측정 방법에는 질량에 의한 측정법과 부피에 의한 측정법이 있으며, 또 현장에서 사용하는 메스실린더에 의한 간이 측정법이 있다.
④ 시험에 사용하는 유리 제품은 깨어지지 않도록 조심하여 다룬다.
⑤ 표면수는 시료의 채취 장소에 따라 달라지므로, 여러 곳에 있는 골재에 대해서 시험하여야 한다.
⑥ 시험은 18~29℃의 온도 범위 안에서 하여야 한다.
⑦ 시료는 채취 방법이나 계량 방법의 부정확 등에 따른 오차를 적게 하기 위해서는 주어진 시간 안에 취급할 수 있는 범위 내에서 될 수 있는 대로 많이 채취한다.
⑧ 시험의 정밀도는 잔골재의 표면건조 포화상태의 밀도를 정확하게 측정하는 데 달려 있다.

(5) 시험 순서 및 방법

1) 시료의 준비
  ① 표면수율을 측정할 잔골재를 대표할 수 있는 시료를 채취한다.
  ② 표면수가 있는 시료 400g 이상 준비한다.

2) 표면수 측정
  ① 질량에 의한 측정법
    ㈎ 시료 200g 이상을 단다.
    ㈏ 플라스크에 표시선까지의 물을 채우고 질량을 단다.
    ㈐ 플라스크를 비운 다음, 다시 플라스크에 시료가 충분히 잠길 수 있도록 물을 넣는다.

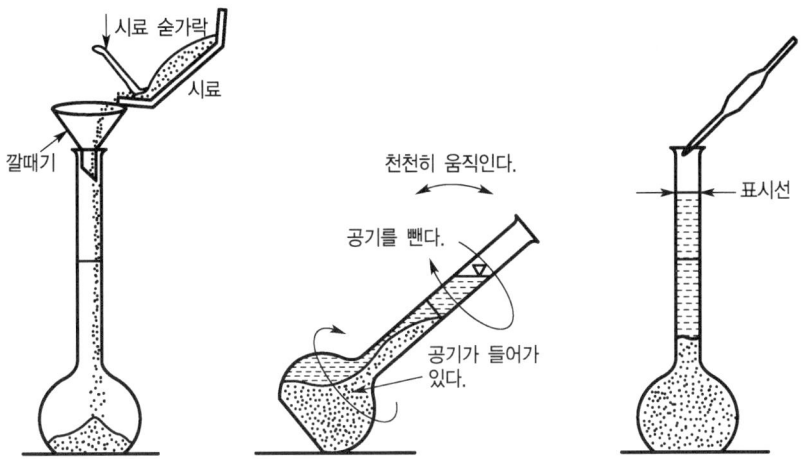

(라) 플라스크 속에 시료를 넣고, 흔들어서 공기를 없앤다.(그림 참조)
(마) 플라스크에 표시선까지 물을 채우고, 플라스크, 시료, 물의 질량을 단다.
(바) 시료가 밀어낸 물의 질량을 다음 식에 따라 구한다.

$m = m_1 + m_2 - m_3$

여기서, m : 시료가 밀어낸 물의 양(g)
m_2 : 표시선까지 물이 들어 있는 플라스크의 질량(g)
m_1 : 시료의 질량(g)
m_3 : 시료를 넣고 표시선까지 물을 채웠을 때의 플라스크의 질량(g)

② 용적에 의한 측정법

(가) 시료 200g 이상을 단다.
(나) 메스실린더에 시료가 충분히 잠길 수 있도록 물을 넣고, 물의 양을 ml로 측정한다.
(다) 시료를 메스실린더 속에 넣고, 흔들어서 공기를 없앤다.
(라) 시료와 물이 섞인 양을 눈금으로 읽는다.
(마) 시료가 밀어낸 물의 양을 다음 식에 따라 구한다.

$V = V_2 - V_1$

여기서, V : 시료가 밀어낸 물의 양(ml)
V_2 : 시료와 물이 섞인 양(ml)
V_1 : 시료가 완전히 잠기는 데 필요한 물의 양(ml)

3) 결과의 계산

① 표면수율은 다음 식에 따라 구한다.

$$H = \frac{m - m_s}{m_1 - m} \times 100$$

여기서, H : 표면건조 포화상태의 잔골재를 기준으로 한 표면
수율(%)
m : 시료가 밀어낸 물의 질량(g)
m_s : 시료의 질량(m_1의 값)을 잔골재의 밀도 및 흡수율
시험의 방법에 따라 측정한 표면건조 포화상태일
때의 밀도로 나눈 값 $\left(m_s = \dfrac{m_1}{\text{밀도}}\right)$
m_1 : 시료의 질량(g)

② 시험은 같은 시료에 대하여 계속 두 번 시험하였을 때의 평균값과 각 시험차가 0.3% 이하이어야 한다.

③ 모래 표면수의 간이 측정법(메스실린더법)은 다음과 같다.

㈎ 표면 수량 측정도의 만들기
- 표면건조 포화상태의 모래를 400g을 취하여 물 400ml가 들어 있는 1,000ml의 메스실린더 속에 넣는다.

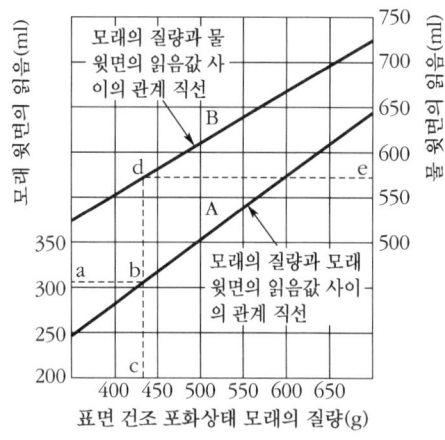
(a) 표면수율의 측정도

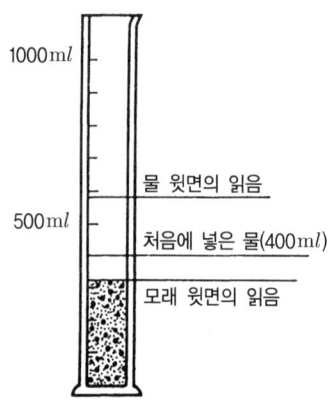
(b) 물 윗면 및 모래 윗면의 읽음

- 모래가 충분히 가라앉은 뒤 모래의 윗면의 읽음(ml)과 물 윗면의 읽음(ml)을 기록한다.
- 표면건조 포화상태의 모래 450g, 500g, ……을 취하여 위와 같은 방법으로 하여 모래 윗면과 물 윗면의 읽음(ml)을 기록한다.
- 이와 같이 얻은 값으로 그림 (a)와 같이 A선과 B선을 그어서 표면수율 측정도를 만든다.

(나) 표면수율 측정의 보기

- 표면수율을 알고자 하는 임의의 양의 젖은 모래를 취하여, 물 400ml를 넣은 1,000ml의 메스실린더에 이 모래를 넣는다.
- 이때, 모래 윗면의 읽음값이 307ml, 물 윗면의 읽음값이 583ml라고 하면, 그림 (a)의 왼쪽 세로축상에 307ml에 해당하는 a점을 취하여 화살표와 같이 a→b→c를 따라가면, 임의의 양을 취한 이 모래의 양은 c점의 위치에 의하여 표면건조 포화상태로서 430g이라는 것을 알 수 있다.
- 한편, a→b→c→d→e 따라 e점의 읽음값 570ml를 얻는다.
- 그러면, 표면건조 포화상태의 모래 430g에 대한 표면수량과 표면수율은 다음과 같이 된다.

  표면수량 = 583 − 570 = 13ml

  표면수율 = $\dfrac{13}{430} \times 100 = 3\%$

④ 골재의 표면수율의 대략의 값

골재의 상태	표면수율(%)
젖은 자갈 또는 부순 돌	1.5~2
조금 젖은 모래 (손에 쥐면 모양이 바로 무너지고, 손바닥이 약간 젖은 것을 느낄 수 있다)	0.5~2
보통 젖은 모래 (손에 쥐면 모양이 쥐어지고, 손바닥에 물이 약간 묻는다)	2~4
아주 젖은 모래 (손에 쥐면 손바닥이 젖는다)	5~8

(6) 잔골재의 표면수 시험 예

1) 질량에 의한 측정법

측정번호	1	2
① (용기+표시선까지의 물)의 질량 m_2(g)	952.5	952.7
② 시료의 질량 m_1(g)	500.0	500.0
③ (용기+표시선까지의 물+시료)의 질량 m_3(g)	1250.7	1251.4
④ 시료가 밀어낸 물의 양 $m = ① + ② − ③$(g)	201.8	201.3
⑤ $m_s = \dfrac{②}{밀도}$	192.3	192.3
표면수율 $H = \dfrac{④ − ⑤}{② − ④} \times 100$(%)	3.2	3.0
측정값의 차(%)	0.2	
허용 차(%)	0.3	
평균 값(%)	3.1	

2) 부피에 의한 측정법

측정번호	1	2
⑥ 시료가 완전히 잠기는 데 필요한 물의 양 V_1 (ml)	200.0	200.0
⑦ (시료+물)의 양 V_2 (ml)	401.7	401.2
⑧ 시료가 밀어낸 물의 양 $V = ⑦ - ⑥$ (ml)	201.7	201.2
표면수율 $H = \dfrac{⑧ - ⑤}{② - ⑧} \times 100(\%)$	3.2	3.0
측정값의 차(%)	0.2	
허용 차(%)	0.3	
평균 값(%)	3.1	

※ 이 시료의 표면 건조 포화상태의 밀도는 2.60 g/cm³이다.

1-2-5 골재의 용적질량 및 실적률 시험

(1) 목 적

골재의 빈틈률을 계산하거나 콘크리트 배합에서 골재의 부피를 나타낼 때 필요하기 때문에 시험한다.

(2) 재 료

① 잔골재
② 굵은골재

(3) 기계 및 기구

① 측정 용기(금속제의 원통으로서, 그 용량은 골재의 최대 치수에 따라 사용한다)
② 다짐대(지름 16mm, 길이 600mm 원형강 막대)
③ 저울(시료 무게의 0.1%까지 잴 수 있는 감도를 가진 것)
④ 표준체(13mm, 25mm, 40mm, 100mm체)
⑤ 건조기(105±5℃의 온도를 고르게 유지할 것)
⑥ 시료 분취기
⑦ 큰 삽
⑧ 곧은 날
⑨ 유리판

◐ 단위 용적기

(4) 관련 지식

① 골재의 단위용적질량은 공기 중 건조상태에 있어서 1m³의 골재의 질량을 말한다.
② 골재의 단위용적질량은 다음과 같은 요인에 따라 달라진다.

⑦ 골재의 밀도가 크면 단위용적질량이 커진다.
㉯ 잔골재는 표면수가 있으면, 부풀음이 생겨, 건조상태에 비해 최대 부피가 15~30% 정도 커진다.
㉰ 잔골재의 부풀음 현상은 골재 알이 작을수록 커지며, 함수량 4~6%에서 최대가 된다.
㉱ 골재 알의 모양과 입도, 용기의 모양과 크기 및 채우는 방법에 따라 달라진다.
③ 골재의 단위용적질량 시험 방법에는 다음과 같은 종류가 있다.
  ㉮ 다짐대를 사용하는 방법 : 골재의 최대 치수가 40mm 이상 80mm 이하인 것에 적용된다. 이 방법으로 구한 값은 다져진 골재의 단위용적질량이며, 골재의 빈틈률을 계산할 때 사용한다.
  ㉯ 충격을 이용하는 방법 : 골재의 최대 치수가 40mm 이상 80mm 이하인 것에 적용한다. 이 방법으로 구한 값은 다져진 골재의 단위용적질량이며, 골재의 빈틈률을 계산할 때 사용한다.
④ 골재의 최대 치수에 따라 시험 용기의 용량과 시험 방법이 달라진다.
⑤ 용기에 시료를 채울 때, 굵은 알과 잔알이 분리되지 않도록 한다.
⑥ 다짐대를 사용할 때에는 다짐대가 용기의 밑바닥에 닿지 않도록 한다.
⑦ 용기의 다짐횟수

굵은골재의 최대 치수(mm)	용량(l)	층별 다짐횟수
5 이하(잔골재)	1~2	20
10 이하	2~3	20
10 초과 40 이하	10	30
40 초과 80 이하	30	50

(5) 시험 순서 및 방법

1) 시료의 준비 및 용기의 검정
① 시료의 준비
  ㉮ 대표적인 시료를 4분법 또는 시료 분취기로 채취한다.
  ㉯ 시료는 시험용기 용량의 2배 이상 준비한다.
  ㉰ 시료를 질량이 일정하게 될 때까지 105±5℃의 온도로 건조로에서 건조시킨 후, 충분히 섞어서 공기 중 건조상태로 만든다. 다만, 굵은골재의 경우는 기건 상태이어도 좋다.

2) 단위용적질량 시험
① 다짐대를 사용하는 방법
  ㉮ 시료를 용기의 $\frac{1}{3}$ 정도 채우고 손가락으로 윗면을 고른다.
  ㉯ 시료를 다짐대로 고르게 다진다.

(다) 시료를 용기의 $\frac{2}{3}$까지 채우고, (나)항과 같은 방법으로 다진다. 이때, 다짐대가 아래층을 뚫고 들어갈 수 있는 힘만 준다.

(라) 용기의 시료를 넘치도록 채우고, (나)항과 같은 방법으로 다진다.

(마) 용기의 윗면에서 골재의 튀어 나온 부분이 빈틈과 거의 같도록 손가락이나 곧은 날로 고른다.

(바) 용기와 시료의 질량을 달고, 시료의 질량을 0.1%까지 기록한다.

② 충격을 이용하는 방법

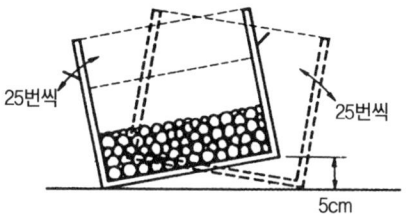

(가) 용기를 콘크리트 슬래브와 같은 단단한 기초 위에 놓고, 용기의 $\frac{1}{3}$까지 시료를 채운다.

(나) 용기의 한쪽을 약 5cm 가량 들어올렸다 떨어뜨리고, 반대쪽을 5cm 정도 들어올렸다 떨어뜨려 한쪽을 25번씩 모두 50번 떨어뜨려 다진다.

(다) 용기의 $\frac{2}{3}$까지 시료를 채우고, (나)항과 같은 방법으로 다진다.

(라) 용기에 넘치도록 시료를 채우고, (나)항과 같은 방법으로 다진다.

(마) 용기의 윗면에서 골재의 튀어 나온 부분이 빈틈과 거의 같도록 손가락이나 곧은 날로 고른다.

(바) 용기와 시료의 질량을 달고, 시료의 질량을 0.1%까지 기록한다.

3) 결과의 계산

① 골재의 단위용적질량은 다음 식에 의해 구한다.

$$\text{골재의 단위용적질량}(\text{kg/m}^3) = \frac{\text{용기 안의 시료의 질량}}{\text{용기의 용적}}$$

② 같은 시료를 사용하여 같은 방법으로 시험한 결과의 차이는 평균값 $0.01\,\text{kg/m}^3$ 이하이어야 한다.

③ 골재 단위용적질량의 대략값

골재의 종류	단위용적질량(kg/m³)	
	다지지 않은 경우	다진 경우
잔골재 (건조)	1,450~1,600	1,500~1,850
(습윤)	1,350~1,500	
굵은골재 (5~20mm)	1,450~1,550	1,550~1,700
(10~20mm)	1,450~1,500	1,500~1,600

④ 골재의 실적률(G)

$$G = \frac{T}{d_D} \times 100$$

여기서, T: 단위용적질량(kg/l)
d_D: 골재의 절건 밀도(kg/l)

1-2-6 골재 중의 함유되는 점토 덩어리 양의 시험

(1) 목 적

콘크리트나 모르타르에 사용되는 골재 속의 점토 함유량이 어느 정도인지를 알기 위해 시험한다.

(2) 재 료

① 잔골재
② 굵은골재

(3) 기계 및 기구

① 표준체(0.6mm, 1.2mm, 2.5mm, 5mm, 및 10mm, 15mm, 20mm, 25mm, 30mm, 40mm체)
② 저울(시료 무게의 0.1%까지 잴 수 있는 감도를 가진 것)
③ 용기
④ 시료 분취기
⑤ 건조기(105±5℃의 온도를 고르게 유지 가능한 것)

(4) 관련 지식

① 콘크리트나 모르타르에 사용하는 골재는 깨끗하고 점토 덩어리가 들어 있지 않아야 한다.
② 점토가 골재의 표면에 붙어 있으면, 시멘트풀과 골재의 표면과의 부착력이 약해져서 콘크리트의 강도가 작아진다.
③ 골재 속에 점토 덩어리가 많이 들어 있으면, 콘크리트나 모르타르를 비빌 때 혼합수 량이 많아져서 콘크리트의 강도와 내구성이 작아진다.
④ 골재 속에 들어 있는 점토가 덩어리로 되어 있으면, 습윤과 건조, 동결과 융해로 인하여 점토 덩어리 자신이 부서지거나 콘크리트의 표면을 손상시킨다.
⑤ 점토 덩어리량은 점토 덩어리를 제거한 시료의 원시료에 대한 질량비(%)로 나타낸다.
⑥ 시료에 들어 있는 점토 덩어리는 부서지지 않도록 다루어야 한다.
⑦ 시료에 잔골재와 굵은골재가 섞여 있는 경우에는 5mm체로 체가름하여 사용한다.
⑧ 손가락으로 눌러서 부스러지는 것은 모두 점토 덩어리로 취급한다.

(5) 시험 순서 및 방법

1) 시료의 준비
① 대표적인 시료를 4분법 또는 시료 분취기로 채취한다.
② 시료를 상온에서 천천히 건조하여 공기 중 건조상태로 한다.
③ 잔골재의 시료는 1.2mm 체에 남는 것으로 1,000g 이상으로 하고, 이것을 2등분하여 각각 [표 1] 굵은골재의 시료 질량 1회의 시험 시료로 한다.
④ 굵은골재의 시료는 5mm 체에 남는 것으로 최대 치수에 따라 각각 [표 1]에 나타낸 양 이상으로 하고, 이것을 2등분하여 각각 1회의 시험 시료로 한다.

○ [표 1] 굵은골재의 시료 질량

굵은골재의 최대치수(mm)	시료의 질량(kg)
10 또는 15	2
20 또는 25	6
30 또는 40	10
40 이상	20

2) 점토 덩어리량 시험
① 시료를 용기에 넣고 105±5℃에서 질량이 일정하게 될 때까지 건조한다.
② 건조한 시료의 질량을 0.1%까지 정확히 단다.
③ 시료를 용기의 밑면에 얇게 펴서 깐다.
④ 시료가 잠길 때까지 용기에 물을 붓는다.
⑤ 24시간 흡수시킨 후 남은 물을 버린다.
⑥ 시료를 손가락으로 누르면서 점토 덩어리를 조사한다. 이때 손가락으로 눌러서 잘게 부서질 수 있는 것을 점토 덩어리로 한다.
⑦ 모든 점토 덩어리를 부수고 나서, 잔골재와 굵은골재를 각각 [표 2]의 체 위에서 물로 씻는다.
⑧ 체에 걸린 골재 알을 105±5℃에서 질량이 일정하게 될 때까지 건조한다.
⑨ 건조한 골재 알의 질량을 0.1%까지 정확히 단다.

○ [표 2] 씻기 체의 크기

골재의 종류	체의 크기(mm)
잔골재	0.6
굵은골재	2.5

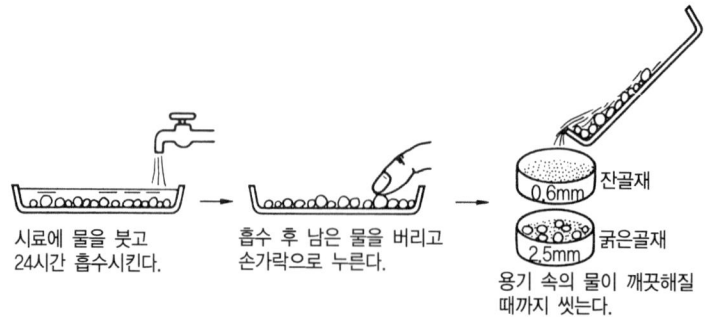

시료에 물을 붓고 24시간 흡수시킨다. → 흡수 후 남은 물을 버리고 손가락으로 누른다. → 용기 속의 물이 깨끗해질 때까지 씻는다. (잔골재 0.6mm, 굵은골재 2.5mm)

3) 결과의 계산

① 점토 덩어리량을 다음 식에 따라 계산하고, 소수점 아래 첫째 자리까지 구한다.

$$L(\%) = \frac{W - W_o}{W} \times 100$$

여기서, L : 점토 덩어리량의 질량비(%)
W : 시험 전의 건조 시료의 질량(g)
W_o : 시험 후의 건조 시료의 질량(g)

② 시험은 두 번 하여 그 평균값으로 하며, 평균값과의 차는 0.2% 이하이어야 한다.
③ 콘크리트용 골재의 점토 덩어리 함유량의 한도

골재의 종류	최대값[질량비(%)]
잔골재	1.0
굵은골재	0.25

(6) 골재 중의 점토 덩어리량의 시험 예

측 정 번 호	잔골재		굵은골재	
	1	2	1	2
① 시험전의 건조 시료의 질량 W (g)	600	620	6350	6420
② 점토 덩어리를 없앤 뒤의 건조시료의 질량 W_o(g)	595.6	615.4	6337.3	6406
③ 점토 덩어리량(%) = $\frac{①-②}{①} \times 100$	0.73	0.74	0.20	0.22
측정값의 차(%)	0.1		0.02	
허 용 차(%)	0.2		0.2	
평 균 값(%)	0.84		0.21	

[비고] (1) 잔골재
  ㈎ 2회 측정값의 차가 0.01%로시, 0.2% 이내이므로 평균값 0.74%를 점토 덩어리량(%)으로 한다.
  ㈏ 이 값은 점토 덩어리 함유량의 한도 1.0% 이내이므로 콘크리트용 잔골재로서 알맞다.
(2) 굵은골재
  ㈎ 2회 측정값의 차가 0.02%로서 허용차 0.2% 이내이므로 평균값 0.21%를 점토 덩어리량(%)으로 한다.
  ㈏ 이 값은 점토 덩어리 함유량의 한도 0.25% 이내이므로 콘크리트용 굵은골재로서 알맞다.

(7) 잔골재의 유해물 함유량의 한도(질량백분율)

종 류	최 대 치
점토 덩어리	1.0
0.08mm체 통과량 1) 콘크리트의 표면이 마모작용을 받는 경우 2) 기타의 경우	3.0 5.0
석탄, 갈탄 등으로 밀도 2.0 g/cm^3의 액체에 뜨는 것 1) 콘크리트의 외관이 중요한 경우 2) 기타의 경우	0.5 1.0
염화물 이온량	0.02

1-2-7 골재에 포함된 잔입자(0.08mm체 통과하는) 시험

(1) 목 적

골재 속에 잔입자가 많이 들어 있으면 콘크리트의 혼합 수량이 많아지고 건조 수축에 의해 콘크리트가 균열이 생기기 쉬우므로 잔입자의 함유량을 알아보기 위해 시험한다.

(2) 재 료

① 잔골재
② 굵은골재
③ 거름종이

(3) 기계 및 기구

① 표준체(0.08mm, 1.2mm, 2.5mm, 5mm 및 10mm, 20mm, 40mm체)
② 저울(시료 무게의 0.1%까지 잴 수 있는 감도를 가진 것)
③ 건조기(105±5℃의 온도 유지 가능한 것)
④ 씻기용 용기
⑤ 데시케이터
⑥ 시료 분취기
⑦ 시료 삽

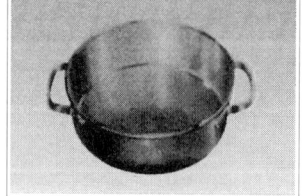

◐ 골재 씻기 시험용 체   ◐ 골재 씻기 용기

(4) 관련 지식

① 골재에 들어 있는 잔입자는 점토, 실트, 운모질 등이다.
② 골재에 잔입자가 들어 있으면, 블리딩 현상으로 인하여 레이턴스(laitance)가 많이 생기게 된다.
③ 골재 알의 표면에 점토, 실트 등이 붙어 있으면, 시멘트풀과 골재와의 부착력이

약해져서 콘크리트의 강도와 내구성이 작아진다.
④ 운모질이 많이 들어 있는 골재는 표면이 닳음 작용을 받는 콘크리트에 사용해서는 안 된다.
⑤ 잔입자의 시험은 골재를 물로 씻어서 0.08mm체를 통과하는 것을 잔입자로 본다.
⑥ 시료는 잘 혼입되게 한다.
⑦ 시료는 재료가 분리되지 않을 정도로 충분히 물기가 있게 한다.
⑧ 시료는 물속에서 잘 휘저어야 하고, 시료 속의 굵은 알은 될 수 있는 대로 씻은 물과 함께 흘러나가지 않게 한다.
⑨ 물에 뜨게 한 잔입자는 씻은 물과 함께 흘러가게 한다.
⑩ 골재를 씻은 물을 체에 부어 넣을 때나 시료를 다른 용기에 옮길 때 시료가 없어지지 않게 한다.
⑪ 시료의 질량

골재의 최대 치수(mm)	시료의 최소 질량의 근사값(g)
2.5	100
5	500
10	1,000
20	2,500
40 및 그 이상	5,000

(5) 시험 방법 및 순서

1) 시료의 준비
   ① 대표적인 시료를 4분법 또는 시료 분취기로 채취한다.
   ② 시료의 질량은 건조하였을 때 골재의 최대치수에 따라 최소 질량값 이상으로 한다.

2) 잔입자 시험
   ① 시료를 105±5℃의 온도에서 질량이 일정하게 될 때까지 건조시킨다.
   ② 시료를 실온까지 식힌 다음, 그 질량을 0.1%의 정밀도로 정확하게 단다.
   ③ 시료를 용기에 넣고, 시료가 완전히 잠기도록 물을 넣는다.
   ④ 시료를 휘저어 잔입자와 굵은 입자를 분리시키고, 잔입자를 물에 뜨게 한다.
   ⑤ 시료를 씻은 물을 0.08mm체 위에 1.2mm체를 얹은 한 벌로 된 체에 붓는다.

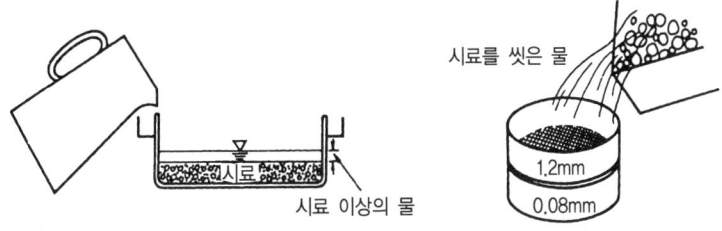

⑥ 한 벌의 체 위에 남은 모든 재료를 씻은 시료 속에 다시 넣는다.
⑦ 씻은 물이 맑아질 때까지 위의 작업을 계속한다.
⑧ 씻은 시료를 105±5℃의 온도에서 질량이 일정하게 될 때까지 건조시킨다.
⑨ 건조된 시료의 질량을 0.1%의 정밀도로 정확하게 단다.

3) 결과의 계산

① 시험 결과는 다음 식으로 계산한다.

$$S(\%) = \frac{A-B}{A} \times 100$$

여기서, S : 0.08mm체를 통과하는 잔입자량의 질량비(%)
A : 씻기 전의 시료의 건조 질량(g)
B : 씻은 후의 시료의 건조 질량(g)

② 시험 결과에 대한 검산이 필요할 때에는 씻은 물을 증발시키거나 또는 거름종이로 거른뒤, 찌꺼기를 충분히 건조시켜 질량을 달아서 다음 식으로 그 질량비를 계산한다.

$$S(\%) = \frac{R}{A} \times 100$$

여기서, R : 찌꺼기의 질량(g)

③ 0.08mm체를 통과하는 골재의 잔입자 함유량의 한도

항 목	최대값(질량비%)	
	잔골재	굵은골재
콘크리트의 표면이 마모작용을 받는 경우	3.0	1.0
기타의 경우	5.0	

(6) 골재에 포함된 잔입자(0.08mm체 통과) 시험 예

측정 번호	잔골재		굵은골재	
	1	2	1	2
① 씻기 전의 시료의 건조 질량 A(g)	585		5,365	
② 씻은 후의 시료의 건조 질량 B(g)	571.5		5,332.8	
③ 남은 찌꺼기의 질량 R(g)	13.5		32.2	
0.08mm체를 통과하는 잔입자의 질량비 $\frac{①-②}{①} \times 100(\%)$	2.31		0.6	
검산 $\frac{③}{①} \times 100(\%)$	2.31		0.6	

[비고] (1) 잔골재 : 잔입자의 양이 질량비로 2.31%로서, 허용 함유량의 한도 이내이므로 콘크리트용 잔골재로서 적합하다.
(2) 굵은골재(최대 치수 40mm) : 잔입자의 양이 질량비로 0.6%로서, 허용 함유량의 한도 이내이므로 콘크리트용 굵은골재로서 적합하다.

(7) 굵은골재의 유해물 함유량의 한도(질량 백분율)

종 류	최대치
점토 덩어리	0.25
연한 석편	5.0
0.08mm체 통과량	1.0
석탄, 갈탄 등으로 밀도 2.0 g/cm³의 액체에 뜨는 것 1) 콘크리트의 외관이 중요한 경우 2) 기타의 경우	 0.5 1.0

1-2-8 콘크리트용 모래에 포함되어 있는 유기 불순물 시험

(1) 목 적

모래에 포함되어 있는 유기 불순물이 있으면 콘크리트의 경화에 영향을 끼치며 콘크리트의 강도, 내구성 및 안정을 해치므로 모래 속의 유기 불순물 여부를 판정하기 위하여 시험한다.

(2) 재 료

① 모 래
② 수산화나트륨
③ 타닌산
④ 알코올

(3) 기계 및 기구

① 시험용 용기(마개가 있고, 눈금이 있는 용량 400ml의 무색 유리병 2개)
② 비커(용량 200ml의 것 2개, 400ml의 것 1개)
③ 피펫(10ml 정도의 것)
④ 화학 저울
⑤ 저울(무게 1kg, 감량 0.1g 이상의 것)
⑥ 메스실린더
⑦ 칭량병
⑧ 시료 숟가락
⑨ 시료 분취기

(4) 관련 지식

① 천연 모래 속에는 보통 부식된 형태로 유기 불순물이 들어 있다.

② 모래의 유기 불순물 시험은 유기 불순물이 수산화나트륨에 의하여 갈색을 나타내므로, 타닌산으로 만든 표준색 용액과 색깔을 비교하여 판정한다.
③ 시험 시약은 손이나 옷에 묻지 않도록 주의하여 다룬다.
④ 시험 시약은 화학 저울로 정확하게 측정한다.
⑤ 수산화나트륨을 질량으로 달 때, 칭량병을 사용하지 않고 공기 중에서 달면, 흡습성 때문에 오차가 크게 생기므로 주의한다.
⑥ 표준색 용액은 시간이 경과함에 따라 색깔이 변하므로, 시험할 때마다 만들어 사용한다.
⑦ 시료의 용액을 24시간 가만히 둘 때, 손을 대거나 흔들면 안 된다.

(5) 시험 순서 및 방법

1) 시료 및 표준색 용액의 준비
   ① 시료의 준비
      (가) 대표적인 시료를 4분법 또는 시료 분취기로 채취한다.
      (나) 공기 중 건조상태에 시료 450ml을 준비한다.
   ② 표준색 용액 만들기
      (가) 알코올 10g에 물 90g을 타서 10%의 알코올 용액을 만든다.

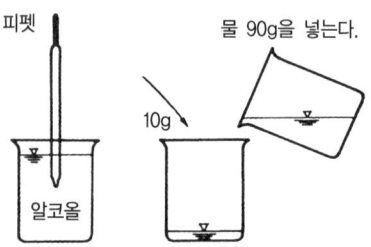

      (나) 10%의 알코올 용액 9.8g에 타닌산 가루 0.2g을 넣어서 2% 타닌산 용액을 만든다.

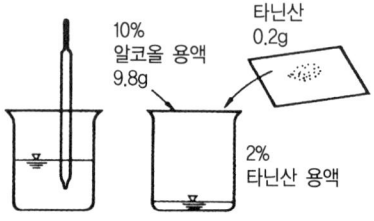

      (다) 물 291g에 수산화나트륨 9g(무게비 97 : 3)을 섞어서 3%의 수산화나트륨 용액을 만든다.

㈑ 2%의 타닌산 용액 2.5ml를 3%의 수산화나트륨 용액 97.5ml에 타서 식별용 표준색 용액을 만든다.
㈒ 식별용 표준색 용액을 400ml의 시험용 무색 유리병에 넣어 마개를 막고 잘 흔든 다음, 24시간 동안 가만히 놓아둔다.

2) 유기 불순물 시험
① 시험 용액의 만들기
㈎ 시료를 용량 400ml의 무색 유리병에 130ml의 눈금까지 넣는다.
㈏ 이 유리병에 3%의 수산화나트륨 용액을 200ml의 눈금까지 넣는다.
㈐ 병마개를 닫고 잘 흔든 다음, 24시간 동안 가만히 놓아둔다.

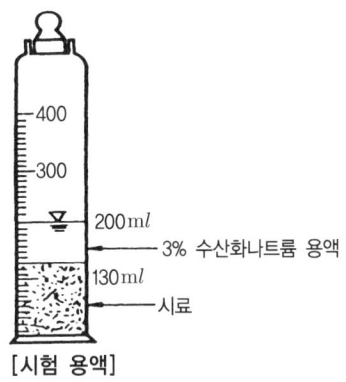
[시험 용액]

② 색도의 측정
㈎ 같은 색의 배경에서 두 병을 가까이 대고, 시료 윗부분의 투명한 용액의 색을 표준색 용액의 색과 비교한다.
㈏ 시료 윗부분의 용액이 표준색 용액보다 연한지 진한지, 또는 같은지를 기록한다.

3) 결과의 판정
① 시험 용액의 색깔이 표준색 용액보다 연할 때에는 그 모래는 합격으로 한다.
② 시험 용액의 색깔이 표준색 용액보다 진할 때에는 모르타르의 강도에 있어서 잔골재의 유기 불순물의 영향 시험 방법에 따라 시험할 필요가 있다
③ 이 시험에 불합격한 모래는 콘크리트 또는 모르타르에 사용해서는 안 된다. 단정할 정도로 결정적인 결과를 주는 것은 아니지만, 이러한 모래를 사용할 때에는 강도, 그 밖의 시험을 할 필요가 있다는 것을 나타낸다.
④ 이 시험에 불합격한 모래라도 모르타르 강도에 있어서 잔골재의 유기 불순물의 영향시험 방법에 의한 강도 시험에 합격하면 사용해도 된다.

1-2-9 골재의 안정성 시험

(1) 목 적

골재의 내구성을 알기 위해서 황산나트륨 포화용액으로 인한 골재의 부서짐 작용에 대한 저항성을 시험한다.

(2) 재 료

① 잔골재
② 굵은골재
③ 황산나트륨
④ 염화바륨

(3) 기계 및 기구

① 시험용 용기
② 철망태
③ 저울
   (가) 잔골재용(용량 500g 이상, 감도 0.1g 이하)
   (나) 굵은골재용(용량의 5000g 이상, 감도 1g 이하)
④ 표준체
   (가) 가는체(0.15mm, 0.3mm, 0.6mm, 1.2mm, 2.5mm, 5mm)
   (나) 굵은체(10mm, 15mm, 20mm, 25mm, 30mm, 40mm, 50mm, 65mm, 75mm)
⑤ 온도조절장치(용액 중에 담근 시료를 소정의 온도로 유지할 것)
⑥ 건조기(105±5℃의 온도로 가열 조정 가능한 것)
⑦ 시료 용기

○ 골재 안정성 시험 용기

○ 건조기

(4) 관련 지식

① 콘크리트의 내구성은 구조물이 오랜 기간 동안 기상작용에 저항하기 위한 것으로서, 대단히 중요한 성질이다.
② 내구성이 좋은 콘크리트를 만들려면 내구성이 있는 골재를 사용한다.
③ 골재의 내구성은 그 골재를 사용한 과거의 경험으로부터 판단하는 것이 좋으나, 과거의 경험이 없는 경우에는 골재의 안정성 시험 또는 그 골재를 사용한 콘크리트로 동결 융해 시험 또는 그 골재를 사용한 콘크리트로 동결 융해 시험 등의 촉진 내구성 시험을 하여 그 결과로 판단한다.
④ 시험에 사용하는 시약은 손이나 옷에 묻지 않도록 주의한다.
⑤ 용액을 시험에 사용할 때 용액을 밑바닥에 결정이 생겨야 한다.
⑥ 용액 속의 시료의 온도는 21±1℃를 유지한다.
⑦ 시험에 사용하여 더러워진 용액은 거른 뒤에 비중검사를 해 보아 규정 범위 안에 들 때 다시 사용할 수 있으나, 10번 이상 되풀이하여 시험에 사용해서는 안 된다.
⑧ 시료를 체가름할 때 체눈에 걸린 골재 알을 시료에 넣어서는 안 된다.

(5) 시험 순서 및 방법

1) 시료 및 시험 용액의 준비

① 시료의 준비

㈎ 잔골재의 시료는 다음과 같이 준비한다.
- 대표적인 시료 약 2kg을 채취한다.
- 시료의 일부를 사용하여 [표 1]에 나타낸 골재 알 크기에 따른 무더기로 체가름하여 각 무더기의 질량비(%)를 구하고, 질량비가 5% 이상이 된 모래에 대해서만 안정성 시험을 한다.
- 시료를 0.3mm체에 담은 뒤 물로 깨끗이 씻는다.

○ [표 1] 각 무더기의 골재 알 크기의 범위

통과체(mm)	남는체(mm)
0.6	0.3
1.2	0.6
2.5	1.2
5	2.5
10	5

- 건조기에서 시료의 질량이 일정하게 될 때까지 105±5℃의 온도로 건조시킨다.
- 시료를 [표 1]에 나타낸 무더기로 체가름한다.
- 각 무더기에 따라 시료 100g을 달아서 따로따로 다른 시료 용기에 담아 둔다.

㈏ 굵은골재의 시료는 다음과 같이 준비한다.
- 대표적인 시료를 채취한다.
- 골재의 최대 치수에 따라 [표 2]에 나타낸 시료의 질량을 단다.
- 시료를 5mm 체로 [표 3]에 나타낸 골재 알의 크기에 따른 무더기로 나누어 각 무더기의 질량비(%)를 구하고, 질량비가 5% 이상이 된 무더기에 대해서만 안정성 시험을 한다.

- 시료를 물로 깨끗이 씻는다.
- 시료의 질량이 일정하게 될 때까지 105±5℃의 온도로 건조시킨다.
- [표 3]에 나타낸 무더기로 체가름을 한다.
- 각 무더기의 시료를 [표 3]에 나타낸 양만큼 달아서 따로따로 다른 시료 용기에 담아 둔다.

◎ [표 2] 채취 시료의 질량

골재의 최대치수 (mm)	채취하는 시료의 질량(kg)
10	1
15	2.5
20	5
25	10
40	15
65	25
80	30

◎ [표 3] 각 무더기의 시료 질량

각 무더기의 골재 알 크기의 범위		최소의 질량(g)
통과 체 (mm)	남는 체 (mm)	
10	5	300
15	10	500
20	15	750
25	20	100
40	25	1,500
65	40	3,000
80	65	3,000

2) 안정성 시험
  ① 시료의 담그기 및 건조
    ㈎ 시료를 철망태 속에 담는다.
    ㈏ 시료가 든 철망태를 황산나트륨 용액 속에 16~18시간 동안 담가 둔다. 이때, 용액이 시료의 표면보다 15mm 이상 올라오게 한다.
    ㈐ 시료를 용액에서 꺼내어 용액이 빠지게 한다.
    ㈑ 시료를 105±5℃의 건조기에서 4~6시간 동안 건조시킨다.
    ㈒ 일정한 질량이 된 시료를 실내 온도까지 식힌다.

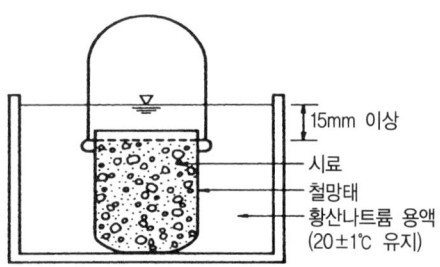

[용액 속에 시료 담그기]

    ㈓ 위와 같은 시험을 정해진 횟수(보통 5회)만큼 되풀이한다.
    ※ 용액은 10회 이상 반복하여 사용해서는 안 된다.

② 정량 시험
  ㈎ 정해진 횟수로 시험한 시료를 깨끗한 물로 씻는다.
  ㈏ 씻은 물에 염화바륨($BaCl_2$) 용액을 넣어 흰색으로 탁해지지 않게 될 때까지 씻는다.
  ㈐ 완전히 씻은 시료를 105±5℃의 온도로 건조기에서 질량이 일정하게 될 때까지 건조한다.
  ㈑ 잔골재는 각 무더기의 시료를 시험하기 전의 남는 체 [표 1]로 체가름하고, 체에 남는 시료의 질량을 단다.
  ㈒ 굵은골재는 각 무더기의 시료를 시험하기 전의 남는 체 [표 2]로 체가름하고, 각 체에 남는 시료의 질량을 단다.

3) 결과의 계산
  ① 골재의 손실 질량비는 다음 식에 따라 구한다.
  각 무더기의 시료 손실 질량비(%)
  $= 1 - \dfrac{\text{시험 전에 시료가 남는 체에 남은 시험 후의 시료 질량(g)}}{\text{시험 전의 시료 질량(g)}} \times 100$

  골재의 손실 질량비(g)
  $= \dfrac{\left(\begin{array}{c}\text{각 무더기의}\\ \text{질량비(\%)}\end{array}\right) \times \left(\begin{array}{c}\text{각 무더기의}\\ \text{손실 질량비(\%)}\end{array}\right)}{100}$

  ② 0.3mm체를 통과하는 골재 알의 손실 질량비는 0%로 가정하여 계산한다.
  ③ 질량비가 5% 미만인 골재 알의 무더기의 손실 질량비는 그 앞 뒤 무더기의 평균값으로 취하되, 어느 한쪽이 빠져 있을 때에는 나머지 한쪽의 시험 결과로 한다.
  ④ 시험 전 20mm보다 큰 골재일 경우에는 시험 전의 각 골재 알의 수 및 부서짐, 쪼개짐, 벗겨짐, 터짐 등으로 나눈 낱알의 수를 구한다.
  ⑤ 안전성 시험을 5회 하였을 때 골재의 손실 질량비(%)의 한도

시험 용액	손실 질량비(%)	
	잔골재	굵은골재
황산나트륨	10 이하	12 이하

  ⑥ 굵은골재의 경우, 황산나트륨에 의한 안정성 시험의 손실 질량이 12~40% 정도라도 흡수율이 3% 이하이며, 급속 동결 융해에 대한 콘크리트 저항 시험 방법에 의한 동결 융해 시험 결과에서 내구성 지수(300 사이클)가 60 이상으로 될 때에는 안정성 있는 골재로 판단되므로 사용해도 좋다.

(6) 골재의 안정성 시험 예

1) 잔골재의 안정성 시험

체의 호칭(mm)		각 무더기의 질량(g)	① 각 무더기의 질량비(%)	② 시험 전의 각 무더기의 질량(g)	③ 시험 후의 각 무더기의 질량(g)	④ 각 무더기의 손실질량비 $\left(1-\dfrac{③}{②}\right)\times 100(\%)$	⑤ 골재의 손실질량비 $\dfrac{①\times④}{100}(\%)$
통과체	남는 체						
0.15	−	28.7	5.0	−	−	*	−
0.3	0.15	64.9	11.3	−	−	−	−
0.6	0.3	145.4	25.3	100	95.3	4.7	1.2
1.2	0.6	150.0	26.1	100	95.6	4.4	1.1
2.5	1.2	94.3	16.4	100	97.2	2.8	0.5
5	2.5	65.0	11.3	100	88.5	11.5	1.3
10	5	28.7	4.6	−	−	11.5 **	0.5
합 계		577	100.0	400	−	−	4.1

[비고] * 0.3mm보다 작은 골재 알에서는 손실 질량비를 0으로 한다.
　　　** 다음으로 작은 골재 알 무더기의 손실 질량비를 취한 것이다.

2) 굵은골재의 안정성 시험

체의 호칭(mm)		각 무더기의 질량(g)	① 각 무더기의 질량비(%)	② 시험 전의 각 무더기의 질량(g)	③ 시험 후의 각 무더기의 질량(g)	④ 각 무더기의 손실 질량비 $\left(1-\dfrac{③}{②}\right)\times 100(\%)$	⑤ 골재의 손실 질량비 $\dfrac{①\times④}{100}(\%)$
통과체	남는 체						
10	5	2,580	21.5	300	267	11.0	2.4
15	10	2,844	23.7	500	451	9.8	2.3
20	15	4,368	36.4	750	688	8.3	3.0
25	20	2,208	18.4	1,000	949	5.1	0.9
40	25	−	−	−	−	−	−
65	40	−	−	−	−	−	−
80	65	−	−	−	−	−	−
합 계		12,000	100	2,550	−	−	8.6
관찰(20mm 이상의 골재 알)	시험 전 개수	115	파괴 상황	부서짐 7　쪼개짐 40　벗겨짐 5 터짐 3　그 밖의 것			
	이상을 나타낸 개수	37					

[비고] (1) 잔골재의 손실 질량비는 4.1%로서, 허용 한도 10% 이내에 있다.
　　　(2) 굵은골재의 손실 질량비는 8.6%로서, 허용 한도 12% 이내에 있다.

1-2-10 로스앤젤레스 시험기에 의한 굵은골재의 마모시험

(1) 목 적
콘크리트용 굵은골재의 닳음 저항성을 측정한다.

(2) 재 료
굵은골재

(3) 기계 및 기구
① 로스앤젤레스 시험기
② 철구
③ 표준체(1.7mm, 2.5mm, 5mm, 10mm, 15mm, 20mm, 25mm, 40mm, 50mm, 65mm, 80mm체)
④ 저울(칭량 10kg 이상)
⑤ 건조기(105±5℃의 온도를 유지 가능한 것)
⑥ 시료 용기

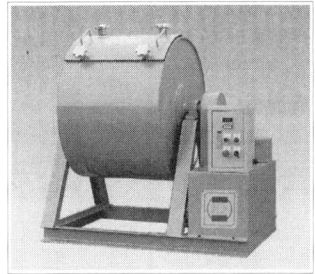

◐ 로스앤젤레스 마모 시험기

(4) 관련 지식
① 굵은골재의 닳음율이 작을수록 콘크리트의 닳음 감량이 적다.
② 도로 포장 콘크리트용, 댐 콘크리트용 굵은골재는 닳음에 대한 저항성이 커야 한다.
③ 특히, 슬래브용 콘크리트는 심한 닳음 작용을 받고 있으며, 경우에 따라서는 닳음 감량에 의해 주행성을 나쁘게 할 염려도 있다.
④ 로스앤젤레스 시험기에 의한 닳음 시험은 철구를 사용하여 굵은골재의 닳음에 대한 저항을 측정하는 것이다.
⑤ 시험기는 전동기에 의하여 큰 힘으로 회전하므로, 조심해서 다룬다.
⑥ 시험기가 일정한 속도로 회전하도록 원통의 질량이 균일하게 한다.
⑦ 시험기는 시료와 철구를 넣어 회전시키면, 소음이 많이 나므로, 방음이 잘된 곳에 설치하는 것이 좋다.

(5) 시험 순서 및 방법

1) 시료의 준비
① 시료를 [표 1]에 나타낸 각 체로 체가름한다.
② 시료를 체가름한 다음 [표 1]에 나타낸 입도의 구분 가운데서 가장 가까운 것을 고른다.
③ 시료를 깨끗이 씻는다.
④ 시료를 105±5℃의 온도로 질량이 일정하게 될 때까지 건조시킨다.
⑤ 건조한 시료를 선택한 입도에 맞도록 취하여 질량을 단다.

○ [표 1] 시료의 질량

입도 구분	체의 호칭 치수로 나눈 골재 알의 지름의 범위(mm)	시료의 질량(g)	시료의 전체 질량(g)
A	40~25 25~20 20~15 15~10	1,250±10 1,250±10 1,250±10 1,250±10	5,000±10
B	25~20 20~15	2,500±10 2,500±10	5,000±10
C	15~10 10~5	2,500±10 2,500±10	5,000±10
D	5~2.5	5,000±10	5,000±10
E	80~65 65~50 50~40	5,000±50 2,500±50 2,500±50	10,000±100
F	50~40 40~25	5,000±25 5,000±50	10,000±75
G	40~25 25~20	5,000±25 5,000±25	10,000±50
H	20~10	5,000±10	5,000±10

2) 닳음 시험
   ① 시료의 입도 구분에 따라 [표 2]에서 필요한 철구 수를 사용한다.
   ② 시료를 철구와 함께 원통 속에 넣고 뚜껑을 닫은 다음, 볼트로 죈다.
   ③ 시험기를 매 분 30~33회의 회전수로 A, B, C, D, H의 입도인 경우는 500번 회전시키고 E, F, G의 입도인 경우는 1,000번 회전시킨다.

○ [표 2] 사용 철구의 수 및 전체 질량

입도 구분	철구의 수	철구의 전체 질량(g)
A	12	5,000±25
B	11	4,580±25
C	8	3,330±20
D	6	2,500±15
E	12	5,000±25
F	12	5,000±25
G	12	5,000±25
H	10	4,160±25

   ④ 시료를 시험기에서 꺼내어 1.7mm체로 체가름한다.
   ⑤ 체에 남는 시료를 물로 씻는다.

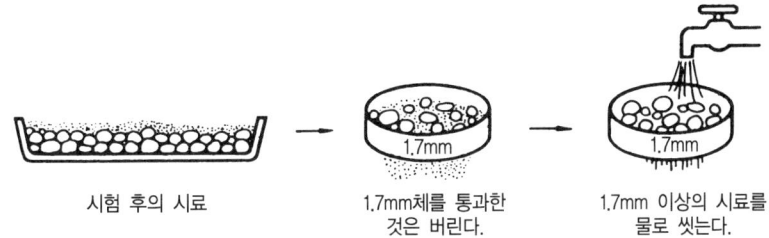

[시료의 체가름 및 씻기]

⑥ 시료를 105±5℃의 온도로 건조시킨다.
⑦ 시료의 질량을 1g까지 단다.

3) 결과의 계산

① 골재의 닳음 감량은 다음 식에 따라 구한다.

$$닳음 감량(\%) = \frac{\left(\begin{array}{c}\text{시험 전의}\\\text{시료의 질량(g)}\end{array}\right) - \left(\begin{array}{c}\text{시험 후 1.7mm체에 남는}\\\text{시료의 질량(g)}\end{array}\right)}{\text{시험 전의 시료의 질량(g)}} \times 100$$

② 콘크리트용 굵은골재의 닳음 감량의 한도

골재의 종류	닳음 감량의 한도(%)
보통 콘크리트용 골재	40
포장 콘크리트용 골재	35
댐 콘크리트용 골재	40

(6) 굵은골재의 마모시험 예

체의 호칭		각 무더기의 질량(g)	각 무더기의 질량비(%)	입도 구분	철구의 수 (개)	회전수 (회)	① 시험 전의 시료의 질량(g)
남는체(mm)	통과체(mm)						
	2.5						
2.5	5						
5	10						
10	15						
15	20	4,826	38		11	500	2,500
20	25	7,874	62				2,500
25	40						
40	50						
50	65						
65	80						
합 계		12,700	100				5,000
② 시험 후 1.7mm체에 남는 시료의 질량(g)							4,250
③ 닳음 감량의 질량 ①-②(g)							750
④ 닳음 감량 = $\frac{③}{①} \times 100(\%)$							15%

[비고] 이 골재의 닳음 감량은 15%로서, 닳음 감량의 한도 이내이므로 콘크리트 골재로서 사용 가능하다.

1-3 　콘크리트 시험

1-3-1 굳지 않은 콘크리트의 슬럼프 시험

(1) 목　적

굳지 않은 콘크리트의 반죽질기를 측정하는 것으로 워커빌리티를 판단하기 위해 시험한다.

(2) 재　료

굳지 않은 콘크리트(시멘트, 잔골재, 굵은골재, 혼화재료, 물)

(3) 기계 및 기구

① 슬럼프 시험 기구
　㉮ 슬럼프 콘(밑면의 안지름 200mm, 윗면의 안지름 100mm, 높이 300mm 및 두께 1.5mm 이상인 금속제)
　㉯ 다짐대(지름 16mm, 길이 500~600mm인 둥근강)
　㉰ 수밀한 평판
　㉱ 슬럼프 측정자
　㉲ 작은 삽
② 혼합기
③ 흙 손

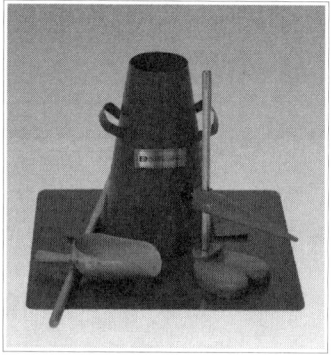

○ 슬럼프 시험기 세트

(4) 관련 지식

① 콘크리트의 슬럼프 시험은 굳지 않은 콘크리트의 반죽 질기를 측정하는 것으로, 워커빌리티를 판단하는 하나의 수단으로 사용된다.
② 굳지 않은 콘크리트의 성질을 나타내는 데는 다음과 같은 용어를 사용한다.
　㉮ 반죽 질기(consistency) : 주로 물의 양이 많고 적음에 따르는 반죽이 되고 진 정도를 나타내는 굳지 않은 콘크리트의 성질을 말하며, 콘크리트의 유동성을 나타내는 것이다.
　㉯ 워커빌리티(workability) : 반죽 질기가 어떤가에 따르는 작업의 어렵고 쉬운 정도 및 재료의 분리에 저항하는 정도를 나타내는 굳지 않은 콘크리트의 성질을 말한다.
　㉰ 성형성(plasticity) : 거푸집에 쉽게 다져 넣을 수 있고, 거푸집을 떼어내면 천천히 모양이 변하기는 하지만 허물어지거나 재료의 분리가 일어나는 일이 없는 굳지 않은 콘크리트의 성질을 말한다.

㈑ 피니셔빌리티(finishability) : 굵은골재의 최대 치수, 잔골재율, 잔골재의 입도, 반죽질기 등에 따르는 표면 마무리하기 쉬운 정도를 나타내는 굳지 않은 콘크리트의 성질을 말한다.

③ 슬럼프 시험에 의하여 콘크리트의 반죽 질기를 측정한 후, 콘크리트의 측면을 가볍게 두들겨서 그 변형을 관찰하면 성형성을 대체로 판단할 수 있다.

④ 슬럼프 시험은 비소성이나 비점성인 콘크리트에는 적합하지 않으며, 굵은골재 최대 치수가 40mm를 넘는 콘크리트의 경우에는 40mm를 넘는 굵은골재를 제거한다.

⑤ 시험체를 만들 콘크리트의 시료는 그 배치를 대표할 수 있는 것이어야 한다.

⑥ 시료를 슬럼프 콘에 넣고 다질 때, 같은 구멍을 다지는 것은 다짐횟수에 넣지 않는다.

⑦ 슬럼프 콘에 콘크리트를 채우기 시작하고 나서 슬럼프 콘의 들어올리기를 종료할 때까지의 시간은 3분 이내로 한다.

⑧ 슬럼프 콘을 들어올리는 시간은 높이 30cm에서 2~5초로 한다.

(5) 시험 순서 및 방법

1) 시료의 준비

① 비비기가 끝난 콘크리트에서 바로 시료를 채취한다.

② 시료의 양은 필요한 양보다 $5l$ 이상으로 한다.

2) 슬럼프 시험

① 슬럼프 콘의 속을 젖은 걸레로 닦아 수밀한 평판 위에 놓는다.

② 시료를 슬럼프 콘 부피의 약 $\frac{1}{3}$ 되게 넣고 다짐대로 전체 면에 걸쳐 25번 고르게 다진다.

③ 시료를 슬럼프 콘 부피의 $\frac{2}{3}$ 까지 넣고 다짐대로 25번 다진다. 이때, 다짐대가 콘크리트 속으로 들어가는 깊이는 그 앞 층에 거의 도달할 정도로 한다.

④ 마지막으로, 슬럼프 콘에 시료를 넘칠 정도로 넣고 다짐대로 25번 고르게 다진다.

⑤ 시료의 표면을 슬럼프 콘의 윗면에 맞추어 편평하게 한다.

⑥ 슬럼프 콘을 위로 가만히 빼어 올린다.

⑦ 콘크리트의 중앙부에서 공시체 높이와의 차를 5mm 단위로 측정한다.

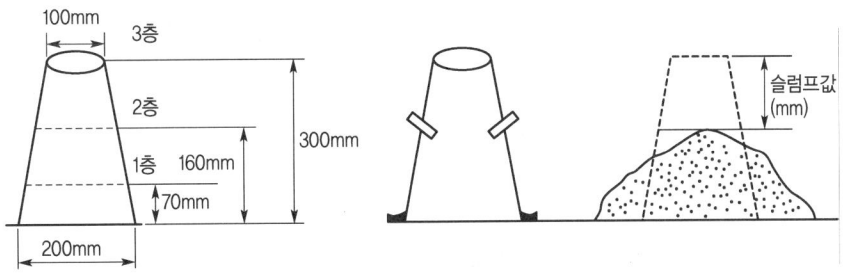

3) 결과의 계산
   ① 콘크리트가 내려앉은 길이를 슬럼프값(mm)으로 한다.
   ② 슬럼프 시험 결과 허용치를 벗어난 경우 1회에 한하여 재시험을 할 수 있다.
   ③ 일반 콘크리트의 슬럼프 표준

종 류		슬럼프 값(mm)
철근 콘크리트	일반적인 경우	80 ~ 150
	단면이 큰 경우	60 ~ 120
무근 콘크리트	일반적인 경우	50 ~ 150
	단면이 큰 경우	50 ~ 100

   ④ 슬럼프 시험을 끝낸 즉시 다짐대로 콘크리트 옆면을 가볍게 두들겨 그 모양을 보는 것은 워커빌리티를 판단하는 데 참고가 된다.
   ⑤ 비비는 시간은 시험에 의해 정하는 것을 원칙으로 하고 비비는 시간에 대한 시험을 하지 않은 경우에 가경식 믹서는 1분 30초 이상, 강제식 믹서는 1분 이상 하는 것이 좋다.

1-3-2 압력법에 의한 굳지 않은 콘크리트의 공기량 시험

(1) 목 적

콘크리트의 워커빌리티, 강도, 내구성, 수밀성 및 단위용적질량 등에 공기량이 영향을 미치므로 콘크리트의 품질 관리 및 적절한 배합설계에 이용하기 위해 시험한다.

(2) 재 료

① 굳지 않은 콘크리트(시멘트, 잔골재, 굵은골재, 혼화 재료, 물)
② 그리스

(3) 기계 및 기구

① 공기량 측정기(워싱턴형)
   ㈎ 용기(용량은 표와 같다)

   ◎ 용기의 최소 용량

시험방법	그릇의 최소 치수(L)
주수법	5
무주수법	7

   ㈏ 뚜껑
   ㈐ 공기실(뚜껑의 윗부분에 용기의 약 5%의 공기실이 있어야 한다)
   ㈑ 압력계(용량 약 100kPa, 강도 1kPa 정도의 것)
   ㈒ 검정용 기구

② 목재 정규(크기 4.5cm×30cm, 두께 1.2cm)
③ 다짐대(지름 16mm, 길이 약 600mm의 둥근강)
④ 저울
⑤ 메스실린더
⑥ 혼합기
⑦ 고무망치
⑧ 작은 삽

○ 워싱턴형 공기량 시험기
○ 고무망치

(4) 관련 지식

① 콘크리트 속의 공기에는 갇힌 공기와 AE 공기가 있다.
　(가) 갇힌 공기는 혼화제를 쓰지 않아도 콘크리트 속에 자연적으로 생기는 기포이다.
　(나) AE 공기는 AE제나 AE 감수제 등의 사용으로 콘크리트 속에 생긴 기포이며, 콘크리트 부피의 4~7% 정도일 때, 워커빌리티와 내구성이 좋은 콘크리트가 된다.
② 공기량은 콘크리트의 워커빌리티, 강도, 내구성, 수밀성 및 단위질량 등에 큰 영향을 끼치므로 콘크리트의 품질 관리 및 적절한 배합설계를 하기 위해 공기량을 알아야 한다.
③ 공기량의 측정법에는 공기실 압력법, 질량법, 부피법 등이 있다.
④ 장치의 검정은 규격에 맞추어 정기적으로 실시해야 한다.
⑤ 용기의 뚜껑을 죌 때에는 반드시 대각선상으로 조금씩 죈다.
⑥ 압력계는 고장이 나기 쉬우므로 주의하여야 한다.
⑦ 압력계를 읽을 때에는 항상 압력계를 손가락으로 가볍게 두들긴 다음에 읽어야 한다.
⑧ 최대 치수 40mm 이하의 보통골재를 사용한 콘크리트에 적당하다.

(5) 시험 순서 및 방법

1) 시료의 준비
　① 비비기가 끝난 콘크리트에서 바로 시료를 채취한다.
　② 시료의 양은 필요한 양보다 $5l$ 이상으로 한다.

2) 공기량 시험
　① 용기의 결정
　　(가) 용기에 물을 채우고 그릇 위에 유리판을 얹어 남는 물을 없앤다.
　　(나) 용기와 물의 질량을 0.1% 이하의 감도로 측정한다.
　② 초압력의 검정
　　(가) 용기에 물을 채우고 뚜껑을 덮는다. 이때, 뚜껑의 안쪽과 수면 사이에 공간이 있는 경우에는 공기가 다 빠질 때까지 물을 채운다.
　　(나) 모든 밸브를 잠그고, 공기 펌프로 공기실의 압력을 초압력보다 약간 높게 한다.
　　(다) 약 5초 후에 조정 밸브를 천천히 열어서 압력계의 바늘을 초압력의 눈금과 일치시킨다.

(라) 공기실의 주밸브를 충분히 열어 공기실의 기압과 그릇 윗부분의 기압을 평형시킨다.
(마) 압력계를 읽고 그 값이 공기량의 0%의 눈금과 일치하는가를 조사한다.
(바) 위의 조작을 두세 번 되풀이한다. 이 때, 압력계의 지침이 같은 점을 가리키거나 0점과 일치하지 않은 때에는 초압력 눈금의 위치를 바늘이 0점에 멈추도록 이동시킨다.
(사) 위의 조작을 되풀이하여 초압력 눈금의 위치 이동이 적당하였는지를 확인한다.

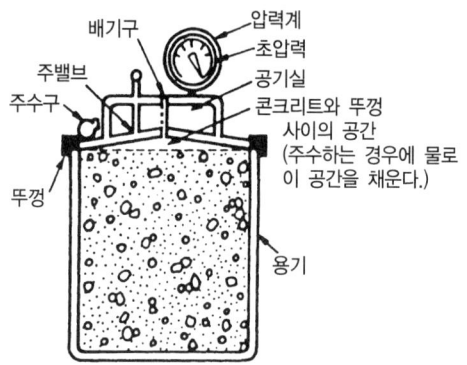

[공기량 측정기의 구조]

③ 공기량 눈금판의 검정
(가) 용기에 물을 채운다.
(나) 검정용 기구를 사용하여 알맞은 양의 물을 용기 속에서 빼내어 메스실린더에 넣고 용기의 용량에 대한 비로 나타낸다.
(다) 용기 내의 압력을 대기압과 같게 하고 공기실 내의 기압을 초압력까지 높인다.
(라) 주밸브를 열어 공기를 용기 속으로 넣는다.
(마) 압력계의 지침이 안정되었을 때 공기량의 눈금을 읽는다.

[압력계의 눈금판]

(바) 다시 (2)와 같은 방법으로 용기 속의 물을 빼내어, 빼낸 물의 중량을 용기의 부피에 대한 비로 나타낸다.
(사) 위의 (다)~(마) 같은 조작을 하여 공기량의 눈금을 읽는다.
(아) 위와 같은 방법을 여러 번 되풀이하여 빼낸 물의 비율로 공기량의 눈금을 비교한다. 이들의 값이 각각 일치되면 공기량의 눈금판은 정확하다.
(자) 일치되지 않을 때에는 그 관계를 그래프로 나타내어 이 그래프를 공기량 검정에 이용한다.

④ 겉보기 공기량의 측정
  ㈎ 대표적인 시료를 용기에 3층으로 나눠 넣고 각 층을 다짐대로 25번씩 고르게 다진다.
  ㈏ 용기의 옆면을 고무망치로 가볍게 두들겨 빈틈을 없앤다.
  ㈐ 용기 윗부분의 남는 콘크리트를 목재 정규로 깎아 내고, 뚜껑을 얹어 공기가 새지 않도록 잘 잠근다. 이때, 공기실의 주밸브는 잠그고, 배기구 밸브와 주수구 밸브를 열어 놓는다.
  ㈑ 물을 넣을 경우에는 배기구에서 물이 나올 때까지 주수구에 물을 넣고, 배기구에서 기포가 나오지 않을 때까지 압력계를 두들긴 다음, 배기구와 주수구를 잠근다.
  ㈒ 공기실 내의 압력을 초압력까지 올리고 약 5초 지난 뒤에 주밸브를 충분히 연다.(누름 손잡이를 손바닥으로 누른다.)
  ㈓ 콘크리트의 각 부분에 압력이 잘 전달되도록 용기의 옆면을 고무망치로 두들긴 후 다시 주밸브를 연다.
  ㈔ 지침이 안정되었을 때 압력계를 읽어 겉보기 공기량(A_1)을 구한다.

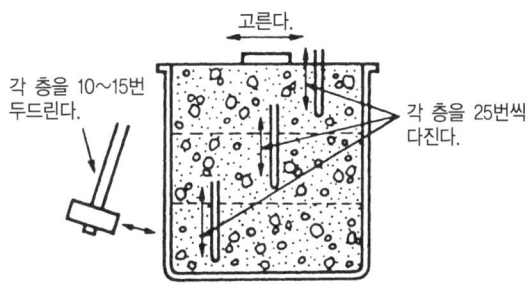

[시료의 넣기]

⑤ 골재 수정 계수의 결정
  ㈎ 사용하는 잔골재와 굵은골재의 질량은 다음 식으로 구한다.

$$F_s = \frac{S}{B} \times F_b \qquad C_s = \frac{S}{B} \times C_b$$

여기서, F_s : 사용하는 잔골재의 질량(kg)
C_s : 사용하는 굵은골재의 질량(kg)
S : 콘크리트 시료의 부피(l)(용기의 부피와 같다)
B : 1배치의 콘크리트의 부피(l)
F_b : 1배치에 사용하는 잔골재의 질량(kg)
C_b : 1배치에 사용하는 굵은골재의 질량(kg)

  ㈏ 잔골재 및 굵은골재의 시료를 각각 ㈎항에서 구한 양만큼 채취한다.
  ㈐ 시료를 따로따로 약 5분간 물에 담가 둔다.
  ㈑ 용기에 물을 1/3 정도 채운다.

㈜ 용기에 잔골재를 한 삽 넣고, 다짐대로 10번 정도 다진다.
㈝ 용기에 굵은골재를 두 삽 넣고, 골재가 완전히 물에 잠기도록 한다.
㈞ 용기의 옆면을 고무망치로 두들겨 공기를 뺀다.
㈟ 위의 ㈜~㈞항과 같은 방법으로 골재를 모두 넣은 다음 수면의 거품을 모두 없애고 용기에 뚜껑을 얹고 잠근다.
㈠ (4)의 ㈣~㈞항과 같은 조작을 하여 압력계의 공기량 눈금을 읽고 이것을 골재의 수정 계수(G)로 한다.

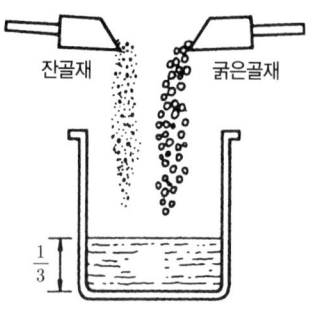

3) 결과의 계산

① 콘크리트의 공기량은 다음 식에 따라 계산한다.

$$A(\%) = A_1 - G$$

여기서, A : 콘크리트의 공기량[콘크리트 부피에 대한 비(%)]
A_1 : 겉보기 공기량[콘크리트 부피에 대한 비(%)]
G : 골재의 수정 계수[콘크리트 부피에 대한 비(%)]

② 공기량 시험 결과 허용치를 벗어난 경우 1회에 한하여 재시험을 할 수 있다.

1-3-3 굳지 않은 콘크리트의 블리딩 시험

(1) 목 적
콘크리트의 재료 분리 경향을 알기 위해서 시험을 한다.

(2) 재 료
굳지 않은 콘크리트(시멘트, 잔골재, 굵은골재, 혼화 재료, 물)

(3) 기계 및 기구

① 용기(안지름 25cm, 안높이 28.5cm)
② 저울(감도 10g)
③ 다짐대(지름 16mm, 길이 약 600mm의 둥근강)
④ 메스실린더(10ml, 50ml, 100ml)
⑤ 피펫
⑥ 시계
⑦ 고무망치
⑧ 온도계

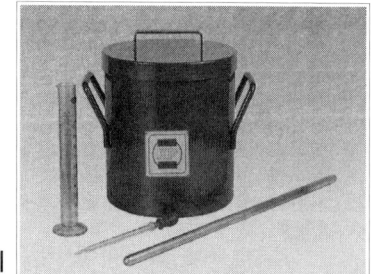

○ 콘크리트 블리딩 측정 용기

⑨ 흙손
⑩ 작은 삽

(4) 관계 지식

① 블리딩(bleeding)이란, 굳지 않은 콘크리트 또는 모르타르에서 물이 분리되어 위로 올라오는 현상을 말한다.
② 블리딩에 의하여 콘크리트의 표면에 떠올라서 가라앉은 미세한 물질을 레이턴스(laitance)라 한다.
③ 블리딩이 심하면 콘크리트의 윗부분이 다공질이 되며, 강도, 수밀성, 내구성 등이 작아진다.
④ 블리딩이 크면 굵은골재가 모르타르로부터 분리되는 경향이 커진다.
⑤ 블리딩 현상을 줄이려면 분말도가 높은 시멘트, 혼화재료, 응결 촉진제 등을 사용하고, 단위수량을 적게 해야 한다.
⑥ 이 시험 방법은 굵은골재 최대 치수가 40mm 이하인 경우에 적용한다.
⑦ 물의 증발을 막도록 항상 뚜껑을 덮어 놓고, 물을 빨아낼 때만 연다.
⑧ 블리딩 물을 쉽게 빨아내기 위해서는 물을 모으기 위해 물을 빨아내기 약 2분 전에 50mm 두께의 나무받침으로 용기 한쪽을 괴어서 용기를 조심스럽게 기울인다.
⑨ 일반적으로 블리딩은 콘크리트를 친 후 처음 15~30분에 대부분 생기며 2~4시간에 거의 끝난다.

(5) 시험 순서 및 방법

1) 시료의 준비
콘크리트의 온도 및 시험 중에 실온은 (20±3)℃로 유지한다.

2) 블리딩 시험
① 콘크리트를 용기에 3층으로 나누어 넣고, 각 층을 다짐대로 25번씩 고르게 다진다.
② 용기 옆면을 고무망치를 10~15번 정도 두들긴다.
③ 콘크리트의 표면이 용기의 가장자리에서 (30±3)mm 낮아지도록 윗부분을 흙손으로 편평하게 고르고, 시간을 기록한다.
④ 용기와 콘크리트의 질량을 단다.
⑤ 시료와 용기를 수평한 시험대 위에 놓고 뚜껑을 덮는다.

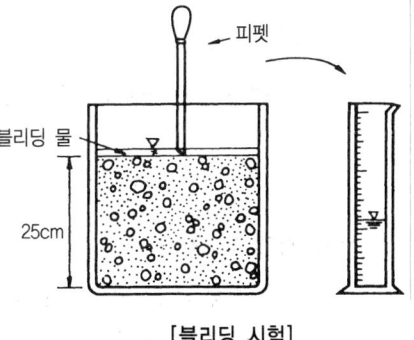

[블리딩 시험]

⑥ 처음 60분 동안은 10분 간격으로, 그 후는 블리딩이 멈출 때까지 30분 간격으로 표면에 생긴 블리딩 물을 피펫으로 빨아낸다.
⑦ 각각 빨아낸 물을 메스실린더에 옮긴 후 물의 양(ml)을 기록한다.

3) 결과의 계산

① 단위 표면적의 블리딩 양

$$블리딩\ 양(ml/cm^2) = \frac{V}{A}$$

여기서, V : 규정된 측정 시간 동안에 생긴 블리딩 물의 양(ml)
A : 콘크리트의 윗면적(cm^2)

② 시료에 함유된 물의 총 질량에 대한 블리딩 물의 비를 나타내는 블리딩률

$$블리딩률(\%) = \frac{B}{C \times 1,000} \times 100$$

다만, C는 다음과 같이 구할 수 있다.

$$C = \frac{w}{W} \times S$$

여기서, B : 시료의 블리딩 물의 총량(ml)
C : 시료에 들어 있는 물의 총 질량(kg)
W : 콘크리트 $1m^3$에 사용된 재료의 총 질량(kg)
w : 콘크리트 $1m^3$에 사용된 물의 총 질량(kg)
S : 시료의 질량(kg)

1-3-4 콘크리트의 압축강도 시험

(1) 목 적

① 필요한 성질을 가진 콘크리트를 가장 경제적으로 만들기 위한 재료를 선정한다.
② 공사 현장의 콘크리트가 필요한 성질을 가진 콘크리트인지 확인한다.
③ 압축강도로 휨강도, 인장강도, 탄성계수 등의 대략 값을 추정한다.
④ 콘크리트 품질관리를 한다.

(2) 재 료

① 콘크리트(시멘트, 잔골재, 굵은골재, 혼화 재료, 물)
② 그리스
③ 캐핑용 유리판 또는 캐핑용 자

(3) 기계 및 기구

① 시험체 몰드(지름 150mm, 높이 300mm 또는 지름 100mm, 높이 200mm의 원주형)
② 다짐대(지름 150mm, 길이 600mm의 둥근 강)
③ 내부 진동기 또는 다짐대

④ 콘크리트 혼합기(드럼 믹서, 가경식 믹서 또는 팬 믹서)
⑤ 압축강도 시험기(용량 100t)
⑥ 저울(계량할 질량의 0.3% 이내의 정밀도를 가진 것)
⑦ 양생장치(20 ± 2℃의 온도에서 습윤 상태로 유지할 수 있는 것)
⑧ 캘리퍼스
⑨ 흙손
⑩ 비빔 용기
⑪ 작은 삽

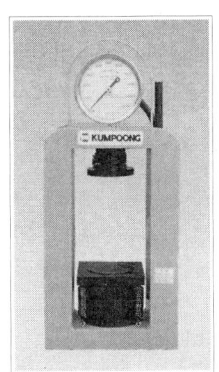

○ 압축강도 시험기(수동식)

○ 디지털 전동식 압축강도 시험기

○ 콘크리트 공시체 몰드

(4) 관련 지식

① 콘크리트의 강도는 보통 압축강도를 말하며, 콘크리트의 품질을 나타내는 기준으로 널리 쓰이고 있다.
② 콘크리트의 압축강도 시험 목적은 다음과 같다.
　(개) 필요한 성질을 가진 콘크리트를 가장 경제적으로 만들기 위한 재료를 선정한다.
　(내) 재료 및 배합한 콘크리트의 압축강도를 구한다.
　(대) 공사 현장의 콘크리트가 필요한 성질을 가진 콘크리트인지 확인한다.
　(래) 구조물에 대한 콘크리트의 압축강도를 구한다.

㈐ 압축강도 시험값으로부터 다른 여러 가지 성질(휨강도, 인장강도 및 탄성계수 등)의 대략 값을 추정한다.
㈑ 콘크리트의 품질 관리에 이용한다.
③ 콘크리트 비비기의 온도는 20±3℃, 실험실의 습도는 60% 이상으로 해야 한다.
④ 지름의 2배 높이를 가진 원기둥형으로 지름은 굵은골재 최대 치수의 3배 이상이며, 또한 100mm 이상이어야 한다.
⑤ 압축강도용 표준 시험체의 치수는 굵은골재 최대치수가 40mm를 넘는 경우는 40mm의 망체로 쳐서 지름 150mm의 공시체를 사용하여도 좋다.
⑥ 몰드에 콘크리트를 채울 때에는 골재가 분리하지 않도록 해야 한다.
⑦ 강도는 시험체의 건조 상태에 따라 달라지므로, 양생이 끝난 다음 바로 시험한다.
⑧ 시험체의 가압면에는 0.05mm 이상의 홈이 있어서는 안 된다.
⑨ 압축강도는 가압속도에 따라 달라지므로 규정대로 하중을 가해야 한다.

(5) 시험순서 및 방법

1) 시료 및 시험체의 준비
　① 시료의 준비
　　㈎ 비비기가 끝난 콘크리트에서 바로 시료를 재취한다.
　　㈏ 시료의 양은 20l 이상으로 한다.
　② 시험체의 만들기(다짐봉을 사용하는 경우)
　　㈎ 몰드의 이음매에 그리스를 엷게 바르고 조립한다.
　　㈏ 콘크리트를 몰드에 2층 이상의 거의 같은 층으로 나누어 채운다.
　　㈐ 각 층의 두께는 75~100mm로 한다.
　　㈑ 각 층은 적어도 1000mm^{2}에 1회의 비율로 다지고 아래층까지 다짐봉이 닿도록 한다.
　　㈒ 흙손으로 콘크리트의 표면을 고르고 유리판으로 덮는다.
　　㈓ 2~4시간 지나서 된반죽의 시멘트 풀($\frac{W}{C}$=27~30%)로 시험체의 표면을 캐핑한다.

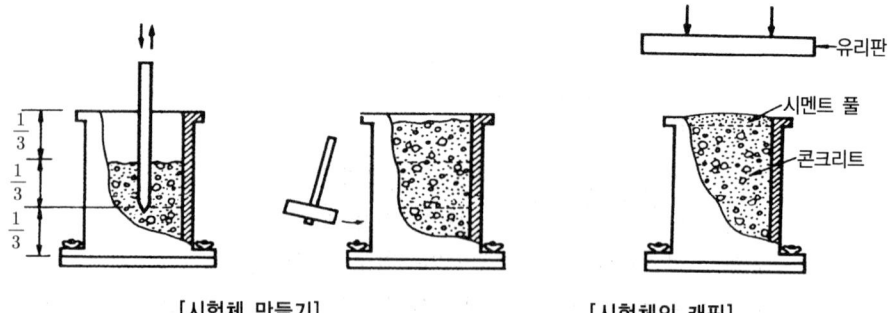

[시험체 만들기]　　　　[시험체의 캐핑]

③ 시험체의 양생
  (가) 시험체를 만든 뒤 16시간 이상 3일 이내에 몰드를 떼어 낸다.
  (나) 시험체를 20±2℃에서 습윤 상태로 양생한다.

2) 압축 강도 시험
  ① 시험체를 시험하기 직전에 양생실에서 꺼낸다.

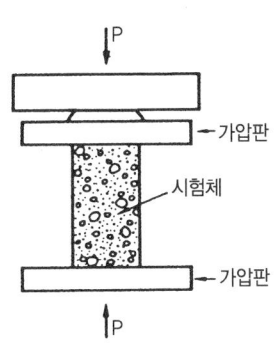

◯ 공시체(ϕ150mm×300mm, ϕ100mm×200mm)

② 시험체의 지름을 0.1mm까지 잰다. 높이는 1mm까지 측정한다.
③ 습윤 상태의 시험체를 시험기의 가운데에 놓는다.
④ 시험체에 충격을 주지 않고 일정한 속도(매초 0.6±0.2 MPa)로 하중을 가한다.
⑤ 시험체가 파괴될 때의 최대 하중을 기록한다.

◯ 공시체 파괴 샘플

◯ 공시체 파괴 장면

3) 결과의 계산

① 압축강도는 다음 식에 따라 계산한다.

$$압축강도(MPa) = \frac{최대\ 하중(N)}{시험체의\ 단면적(mm^2)}$$

② 콘크리트의 압축강도는 3개 이상의 시험체의 평균값으로 나타낸다.

(6) 콘크리트 압축강도 시험 예

시험체의 번호	1	2	3
재령(일)	28	28	28
평균 지름 d (mm)	151	150	152
단면적 A (mm²)	17,898.7	17,662.5	18,136.6
평균 높이 h (mm)	300	301	301
파괴 하중 P (N)	458,000	457,800	457,000
압축강도 $f_{cu} = \frac{P}{A}$ (N/mm²)	25.5	25.9	25.1
평균 압축강도(MPa)	25.5		
양생 방법	수중 양생		
양생 온도(℃)	20±2		
시험체의 파괴 양상	3개의 시험체가 모두 원뿔형으로 파괴되었음		

1-3-5 콘크리트의 인장강도 시험

(1) 목 적

콘크리트 포장 슬래브, 물탱크 등과 같이 인장력을 받는 구조물에서 인장강도가 중요하므로 시험을 한다.

(2) 재 료

① 콘크리트(시멘트, 잔골재, 굵은골재, 혼화 재료, 물)
② 그리스
③ 유리판(두께 6mm 이상인 것)

(3) 기계 및 기구

① 시험체 몰드(지름 150mm, 높이 300mm 또는 지름 100mm, 높이 200mm의 원주형)
② 다짐대(지름 16mm, 길이 600mm의 둥근 강)
③ 가압판
④ 지지판(시험기의 가압면이나 지지 블록의 크기가 시험체보다 작을 경우에 사용)
⑤ 저울(계량할 질량의 3% 이내의 정밀도를 가진 것)

⑥ 콘크리트 혼합기(드럼 믹서, 가경식 믹서 또는 팬 믹서)
⑦ 진동기(내부 진동기, 외부 진동기)
⑧ 양생 장치(20±2℃의 온도에서 습윤 상태로 유지할 수 있는 것)
⑨ 압축강도 시험기(용량 20~30t)
⑩ 캘리퍼스
⑪ 비빔 용기
⑫ 흙손
⑬ 작은 삽

(4) 관련 지식

① 콘크리트의 인장강도는 콘크리트 포장 슬래브, 물탱크 등과 같이 인장력을 받는 구조물에서 중요하다.
② 콘크리트의 인장강도 시험 방법에는 직접 인장 시험 방법과 할렬 시험 방법이 있는데, 직접 인장 시험 방법은 시험체의 모양, 시험 장치 등에 어려움이 있어 할렬 시험 방법을 표준으로 한다.
③ 할렬 시험은 콘크리트의 압축강도용 원주형 시험체를 옆으로 뉘어 놓고, 위아래 방향으로 압력을 가해서 파괴된 때의 하중으로 계산하여 얻으며, 보통 인장강도 시험과 같은 값으로 본다.
④ 콘크리트 비비기의 온도는 20±3℃, 실험실의 습도는 60% 이상으로 한다.
⑤ 시험체의 지름은 골재 최대치수의 4배 이상이어야 하며, 또한 150mm 이상으로 한다.
⑥ 시험하기 전의 재료 온도는 20~25℃로 일정하게 유지한다.
⑦ 몰드에 콘크리트를 채울 때, 골재가 분리하지 않도록 한다.
⑧ 시험체는 양생이 끝난 뒤, 즉시 젖은 상태에서 시험한다.
⑨ 시험기 위아래의 가입판은 평행이 되게 한다.
⑩ 지지막대 또는 지지판을 사용할 때에는 시험체의 중심과 구면좌 블록의 중심과 일치시킨다.
⑪ 하중을 가하는 속도는 인장응력도의 증가율이 매초 0.06±0.04 MPa로 유지한다.

(5) 시험순서 및 방법

1) 시료 및 시험체의 준비
   ① 시료의 준비
      ㈎ 비비기가 끝난 콘크리트에서 바로 시료를 채취한다.
      ㈏ 시료의 양은 20l 이상으로 한다.
   ② 시험체 만들기
      ㈎ 몰드의 이음매에 그리스를 얇게 바르고 조립한다.
      ㈏ 콘크리트를 몰드에 2층 이상의 거의 같은 층으로 나누어 채운다.

(다) 각 층의 두께는 75~100mm로 한다.
(라) 각 층은 적어도 1,000mm²에 1회의 비율로 다지고 아래층까지 다짐봉이 닿도록 한다.
(마) 흙손으로 콘크리트의 표면을 고르고 유리판으로 덮는다.
③ 시험체의 양생
(가) 시험체를 만든 뒤 16시간 이상 3일 이내에 몰드를 떼어 낸다.
(나) 시험체를 20±2℃에서 습윤 상태로 양생한다.

2) 인장강도 시험
① 시험체를 정해진 일수까지 양생한 뒤, 시험하기 직전에 양생실에서 꺼낸다.
② 시험체의 지름을 0.1mm까지 2개소 이상을 재어서 평균값을 구한다.
③ 시험체의 길이를 1mm까지 2개소 이상을 재어서 평균값을 구한다.
④ 시험체를 시험기의 가압판 위에 중심선과 일치되도록 옆으로 뉘어 놓는다.
⑤ 시험체에 인장강도가 매초 0.06±0.04 MPa의 일정한 비율로 증가하도록 하중을 가한다.
⑥ 시험체가 파괴될 때, 시험기에 나타난 최대 하중을 기록한다.

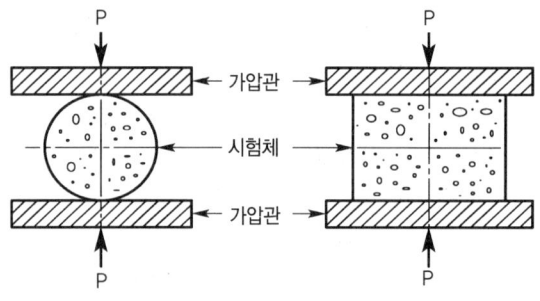

[인장강도 시험]

3) 결과의 계산
① 인장강도(f_{sp}, MPa)$= \dfrac{2P}{\pi dl}$

여기서, P : 공시체가 파괴될 때 최대 하중(N)
d : 공시체의 지름(mm)
l : 공시체의 길이(mm)

② 3개 이상의 공시체의 평균값으로 나타낸다.

1-3-6 콘크리트의 휨강도 시험

(1) 목 적

① 도로, 공항 등 콘크리트 포장 두께의 설계나 배합설계를 위한 자료로 이용한다.
② 콘크리트 포장 슬래브, 콘크리트 관, 콘크리트 말뚝 등의 품질관리를 한다.

③ 콘크리트 휨에 의해 균열이 생기는 것을 미리 알아낼 수 있다.

(2) 재 료

① 콘크리트(시멘트, 잔골재, 굵은골재, 혼화재료, 물)
② 그리스
③ 비흡수성 판(유리판 또는 플라스틱판)

(3) 기계 및 기구

① 시험체 몰드[150×150×530mm(550mm)의 각주형과 100×100×380mm의 각주형]
② 콘크리트 혼합기(드럼 믹서, 가경식 믹서 또는 팬 믹서)
③ 휨 강도 시험 장치
④ 다짐대(지름 16mm, 길이 600mm인 둥근강)
⑤ 진동기(내부 진동기, 외부 진동기)
⑥ 양생 장치(20±2℃의 온도에서 습윤 상태로 유지할 수 있는 것)
⑦ 저울(계량할 질량의 3% 이내의 정밀도를 가진 것)
⑧ 압축강도 시험기(용량 10t)
⑨ 캘리퍼스
⑩ 비빔 용기
⑪ 흙손
⑫ 작은 삽

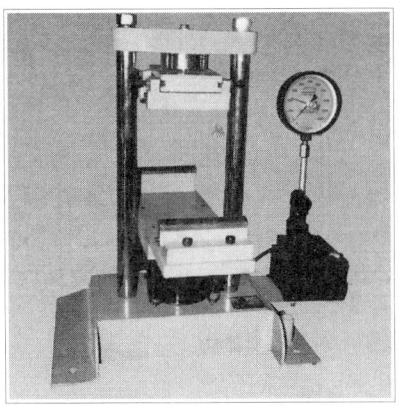
○ 콘크리트 휨강도 시험기(벤딩용)

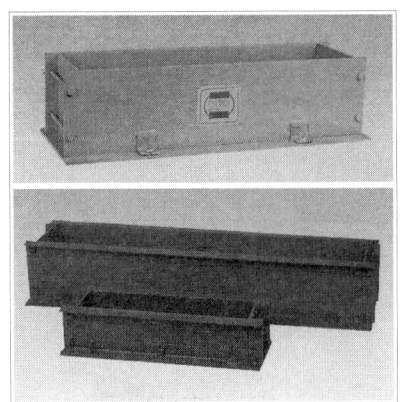
○ 휨강도 몰드

(4) 관련 지식

① 콘크리트 비비기의 온도는 20±3℃, 실험실의 습도는 60% 이상으로 한다.
② 시험체의 한 변의 길이는 골재 최대치수의 4배 이상이며 100mm 이상으로 한다.
③ 시험체의 길이는 단면 한 변 길이의 3배보다 80mm 더 커야 한다.

④ 굵은골재의 최대치수가 40mm인 경우 한 변의 길이는 150mm로 한다.
⑤ 시험하기 전의 재료 온도는 20~25℃로 고르게 유지한다.
⑥ 시험체는 양생이 끝난 뒤 즉시 젖은 상태에서 시험한다.
⑦ 시험체의 표면이 블록에 충분히 닿지 않을 때에는 캐핑을 한다.
⑧ 휨강도는 가압속도에 따라 달라지므로, 규정된 하중속도로 시험한다.
⑨ 지간은 공시체 높이의 3배로 한다.

(5) 시험순서 및 방법

1) 시료 및 시험체의 준비

① 시료의 준비

㈎ 비비기가 끝난 콘크리트에서 바로 시료를 채취한다.

㈏ 시료의 양은 20ℓ 이상으로 한다.

② 시험체의 만들기

㈎ 몰드의 이음매에 그리스를 엷게 바르고 조립한다.

㈏ 콘크리트를 몰드의 $\frac{1}{2}$까지 채우고 윗면을 고른다.

㈐ 몰드 속의 콘크리트를 다짐대로 윗면적 약 1,000mm^{2}에 대하여 1회 비율로 다진다. (150×150×530mm의 시험체일 경우에는 80번, 100×100×380mm의 시험체일 경우에는 38번 다진다.)

㈑ 몰드의 윗면까지 콘크리트를 채우고, 위의 (3)항과 같은 방법으로 다진다.

㈒ 표면에 남은 콘크리트를 곧은 막대로 밀어내고 표면을 흙손으로 고른다.

㈓ 콘크리트의 표면을 유리판이나 플라스틱으로 덮는다.

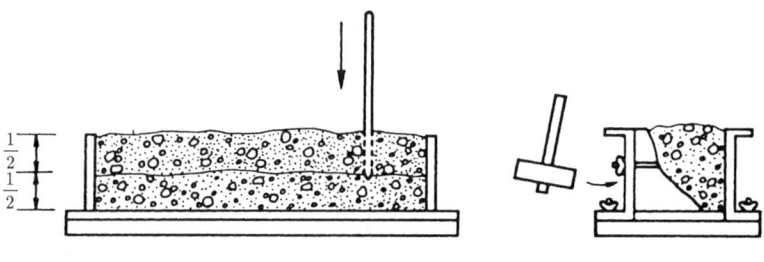

[휨강도 시험체 만들기]

③ 시험체의 양생

㈎ 시험체를 만든 뒤 16시간 이상 3일 이내에 몰드를 떼어낸다.

㈏ 시험체를 20±2℃에서 습윤 상태로 양생한다.

2) 휨강도 시험

① 시험체를 정해진 일수까지 양생한 뒤, 시험하기 직전에 양생실에서 꺼낸다.

제1장 콘크리트

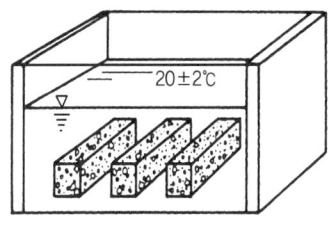

◯ 휨강도 시험체

② 시험기의 위와 아래에 지지 블록과 가압 블록을 장치한다.
③ 시험체를 콘크리트 몰드에 넣었을 때의 옆면을 위, 아래의 면으로 하여 지지 블록의 중심에 시험체의 중심이 오도록 놓는다.
④ 하중을 줄 때 블록이 두 지지 블록의 3등분점에서 시험체의 위쪽과 닿도록 한다.

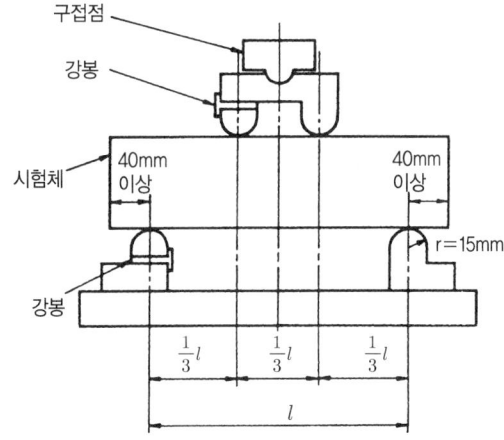

⑤ 하중을 가하는 속도는 가장자리 응력도의 증가율이 매초 0.06 ± 0.04 MPa이 되도록 조정하고 최대 하중이 될 때까지 그 증가율을 유지하도록 한다.
⑥ 시험체가 파괴되었을 때의 최대 하중을 기록한다.
⑦ 파괴 단면에서의 평균 너비와 두께를 0.1mm 정도까지 측정한다.

3) 결과의 계산
① 공시체가 인장쪽 표면 지간 방향 중심선의 4점 사이에서 파괴되었을 때

$$휨강도(f_b, \text{ MPa}) = \frac{Pl}{bd^2}$$

여기서, P : 시험기에 나타난 최대 하중(N)
l : 지간의 길이(mm)
b : 평균 너비(mm)
d : 평균 두께(mm)

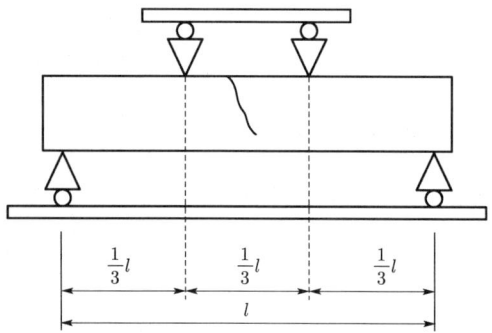

② 공시체가 인장쪽 표면의 지간 방향 중심선의 4점의 바깥쪽에서 파괴된 경우는 그 시험 결과를 무효로 한다.

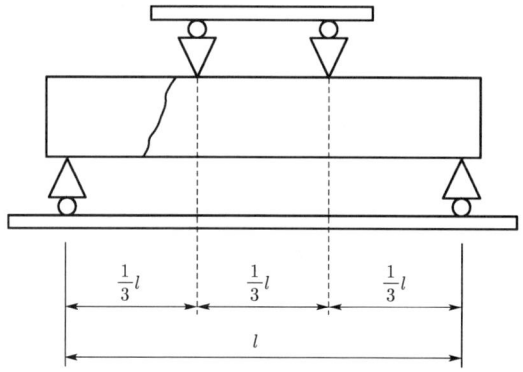

1-3-7 슈미트 해머에 의한 콘크리트 강도의 비파괴 시험

(1) 목 적
구조물을 파괴하지 않고 슈미트 해머로 콘크리트 표면을 타격하여 해머의 반발 정도로 콘크리트 압축강도를 추정하여 콘크리트 품질관리를 한다.

(2) 재 료
① 콘크리트 시험체
② 콘크리트 구조물

(3) 기계 및 기구
① 슈미트 해머(Schmidt hammer)
② 거리 측정자
③ 연삭 숫돌
④ 분필

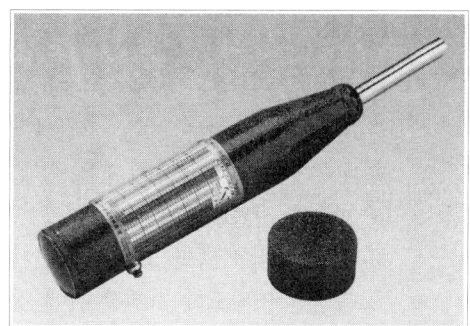
○ 콘크리트 테스트 해머(일반식)

○ 디지털 콘크리트 테스트 해머

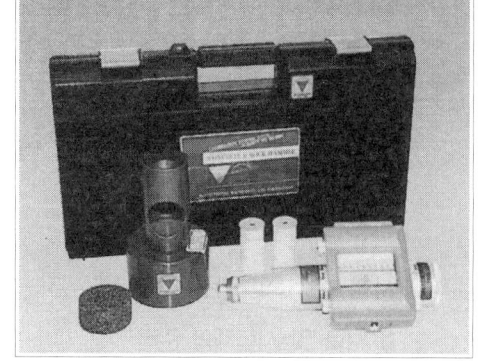
○ 콘크리트 테스트 해머

(4) 관련 지식
① 콘크리트 강도의 비파괴 시험은 구조물을 파괴하지 않고, 원래의 모양 그대로에서 간단하게 그 강도를 구할 수 있다.
② 콘크리트 강도의 비파괴 시험에는 다음과 같은 방법이 있다.
  ㈎ 표면 경도법
   • 반발 경도에 의한 방법(테스트 해머)
   • 오목 부분 지름 측정에 의한 방법(수동식 해머, 낙하식 해머, 회전식 해머)

(나) 음향적 방법
- 공진법(진동수 측정)
- 파동법(종파의 속도 측정)
- 초음파법(음파의 속도 측정)

(다) 슈미트 해머의 종류
- N형(보통 콘크리트용)
- M형(매스 콘크리트용)
- L형(경량 콘크리트용)
- P형(저강도 콘크리트용)

③ 슈미트 해머는 스프링의 힘으로 타격봉이 콘크리트 표면을 때렸을 때, 그 반발 거리로 콘크리트 표면의 경도를 측정하여 압축강도를 추정하는 것이다.

④ 반발도의 측정은 두께 100mm 이하의 슬래브나 벽체, 한 변이 150mm 이하인 단면의 기둥 등 작은 치수, 지간이 긴 부재를 피한다.

⑤ 배후에 지지하지 않은 얇은 슬래브 및 벽체에는 되도록 고정변이나 지지변에 가까운 개소를 선정한다.

⑥ 보에서는 그 측면 또는 바닥면에서 한다.

⑦ 측정면은 되도록 거푸집 판에 접해 있었던 면으로서 표면 조직이 균일하고 평활한 평면부를 선정한다.

⑧ 측정면에 있는 곰보, 공극, 노출되어 있는 자갈 등의 부분은 피한다.

⑨ 측정면에 있는 요철이나 부착물은 숫돌 등으로 평활하게 갈아내고 분말이나 그 밖의 부착물을 닦아낸다.

⑩ 마무리 층이나 도장을 한 경우는 이것을 제거하여 콘크리트 면을 노출시킨 후 평활하게 갈아내고 실시한다.

⑪ 타격은 늘 측정면에 수직방향으로 실시한다.

(5) 시험 순서 및 방법

1) 시료 및 시험체의 준비
   ① 측정할 콘크리트 구조물의 표면을 연삭재로 갈아서 기포나 부착물을 없앤다.
   ② 측정할 곳을 그림과 같이 3cm의 간격으로 표시한다.

2) 반발 경도의 측정
   ① 해머의 타격봉 끝을 콘크리트 표면의 측점에 대고 눌러 타격한다.
   ② 멈춤 단추를 눌러 눈금 지침을 멈추게 한다.

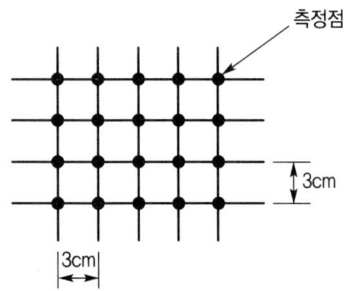

③ 지침이 가리키는 눈금을 읽는다.
④ 위와 같은 방법으로 20점 이상 측정하여 평균한 값을 그 곳의 반발경도 R로 한다. 이때, 차이가 평균값의 20% 이상이 되는 값이 있으면, 계산에서 빼 버린다.
⑤ 범위를 벗어나는 시험 값이 4개 이상인 경우에는 전체 시험값군을 버리고 새로운 위치에서 20개의 반발경도를 측정한다.

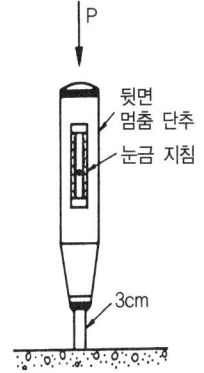

3) 결과의 계산
  ① 반발 경도는 다음 식에 따라 보정한다.
  $$R_o = R + \Delta R$$

  여기서, R_o : 수정 반발 경도
  R : 측정 반발 경도
  ΔR : 보정값

  위의 식에서 보정값 ΔR는 다음과 같이 구한다.
  (개) 타격 방향이 수평이 아닐 경우에는 그 경사각에 따라 ΔR을 구한다.
  (내) 콘크리트가 타격 방향에 직각으로 압축응력을 받을 때에는 그 압축응력에 따라 ΔR을 구한다.
  (대) 수중 양생을 한 콘크리트를 건조시키지 않고 측정한 때에는 $\Delta R = +5$로 한다.

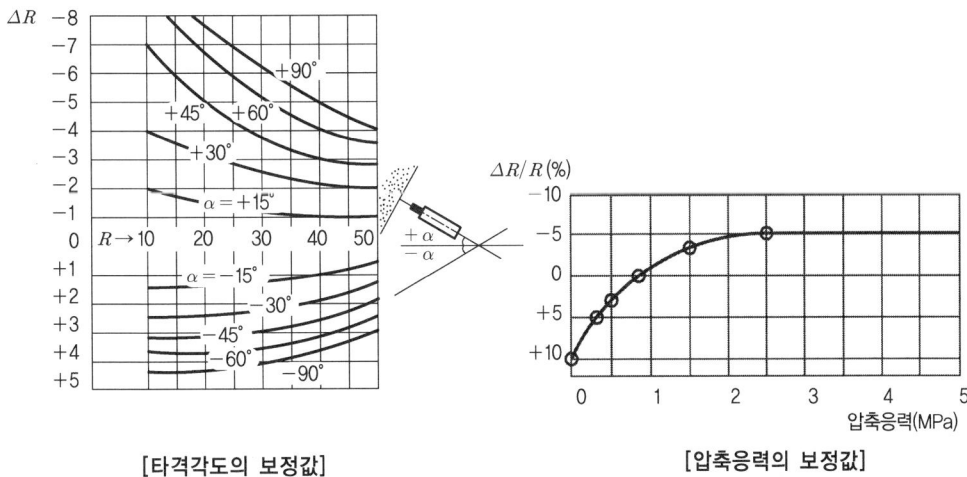

[타격각도의 보정값]　　　　　　　　　[압축응력의 보정값]

② 수정 반발 경도로부터 표준 원추 시험체의 압축강도는 다음 식으로 추정한다.
$$F(\text{MPa}) = 1.3R_o - 18.4$$

여기서, F : 압축강도(MPa)
R_o : 수정 반발 경도

(6) 콘크리트 강도의 비파괴 시험 예

측정	측정치					측정 경도 R	보정치 ΔR	보정 경도 R_o	압축강도 추정치 F	비 고
1	37	35	36	40	32	35.95	0	35.95	28.34MPa	타격 방향이 수평인 경우
	36	41	38	31	40					
	38	36	34	39	41					
	30	36	33	30	36					

1-3-8 콘크리트 배합 설계

(1) 목 적

소요의 강도, 내구성, 균일성, 수밀성, 작업에 알맞은 워커빌리티 등을 가진 콘크리트가 가장 경제적으로 얻어지도록 시멘트, 잔골재, 굵은골재 및 혼화 재료의 비율을 정한다.

(2) 재 료

① 시멘트　　② 잔골재
③ 굵은골재　④ 혼화 재료
⑤ 물

(3) 기계 및 기구

① 표준체　　　　　② 저울
③ 메스실린더　　　④ 콘크리트 혼합기
⑤ 슬럼프 시험 기구　⑥ 공기량 측정 기구
⑦ 시험체 몰드 및 다짐대　⑧ 원뿔형 몰드 및 다짐대
⑨ 양생 장치　　　⑩ 강도 시험 장치
⑪ 강도 시험기　　⑫ 그 밖의 시험 기구

○ 콘크리트 믹서기

○ 압축강도 몰드

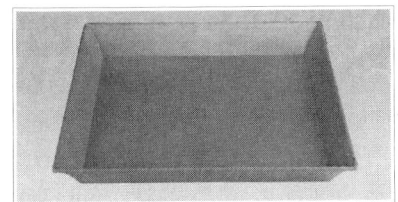
○ 시료 팬(철강재)

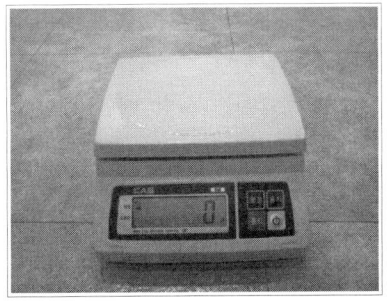
○ 저울

(4) 관련 지식

① 콘크리트의 배합 설계란 콘크리트를 만들 때에 필요한 시멘트, 골재, 혼화 재료, 물의 혼합 비율을 정하는 것을 말한다.
② 콘크리트의 배합은 필요한 강도, 내구성, 수밀성 및 작업에 알맞은 워커빌리티를 가지는 범위 안에서 단위수량이 적게 되도록 정해야 한다.
③ 콘크리트의 배합 설계 방법에는 배합표에 의한 방법, 계산에 의한 방법, 시험배합에 의한 방법 등이 있으나, 공사 재료를 사용해서 시험을 하여 정하는 시험 배합에 의한 방법이 가장 합리적이다.
④ 설계 시공상 허용되는 범위 안에서 굵은골재 최대치수가 큰 것을 사용한다.
⑤ 배합은 충분한 내구성과 강도를 가지도록 해야 한다.
⑥ 시방 배합에서 사용하는 골재는 표면 건조 포화상태의 것으로 한다.
⑦ 혼화 재료의 사용량에 대해서는 기존 자료를 참고로 하여 구한다.
⑧ 재료 계량의 허용 오차는 물과 시멘트에서는 1%, 혼화재에서는 2%, 골재 및 혼화제 용액에서는 3% 이하라야 한다.
⑨ 콘크리트 배합 설계에 사용되는 용어는 다음과 같다.
  ㈎ 물-시멘트비(W/C) : 콘크리트 또는 모르타르에서 골재가 표면건조 포화상태에 있을 때, 시멘트풀 속에 있는 물과 시멘트의 질량비를 말하며, 이것의 역수를 시멘트-물비(C/W)라 한다.
  ㈏ 설계기준강도(f_{ck}) : 콘크리트 부재의 설계에서 기준으로 한 압축강도를 말하며, 일반적으로 재령 28일의 압축강도를 기준으로 한다. 포장 콘크리트에서는 재령 28일의 휨강도를 기준으로 한다.
  ㈐ 배합강도(f_{cr}) : 콘크리트 배합을 정하는 경우에 목표로 하는 압축강도를 말하며, 일반적으로 재령 28일의 압축강도를 기준으로 한다. 포장 콘크리트에서는 재령 28일의 휨강도를 기준으로 한다.
  ㈑ 단위량(kg/m^3) : 콘크리트 1m^{3}를 만드는 데 쓰이는 각 재료량을 말한다.
  ㈒ 잔골재율(S/a) : 골재에서 5mm체를 통과한 것을 잔골재, 5mm체에 남는 것을 굵은골재로 하여 구한 잔골재량의 전체 골재에 대한 절대부피비(%)를 말한다.

(ㅂ) 단위 굵은골재의 부피(m^3) : 단위 굵은골재량을 그 굵은골재의 단위용적질량으로 나눈 값을 말한다.

⑩ 콘크리트의 배합에는 시방 배합과 현장 배합이 있다.
  (가) 시방 배합 : 시방서 또는 책임 기술자가 지시한 배합으로서, 이때 골재는 표면 건조 포화상태에 있고, 잔골재는 5mm체를 통과하고, 굵은골재는 5mm체에 다 남는 것으로 한다.
  (나) 현장 배합 : 현장에서 사용하는 골재의 함수 상태와 잔골재 속의 5mm체에 남는 양, 굵은골재 속의 5mm체를 통과하는 양을 고려하여 현장에서 시방배합을 고친 것이다.

⑪ 콘크리트 시험배합을 정하는 순서는 다음과 같다.
  (가) 사용 재료를 시험한다.
  (나) 배합강도를 정한다.
  (다) 물-결합재비를 정한다.
  (라) 굵은골재 최대 치수를 정한다.
  (마) 슬럼프 값을 정한다.
  (바) AE제에 의해 공기량을 정한다.
  (사) 단위 수량을 정한다.
  (아) 단위 시멘트량을 정한다.
  (자) 단위 잔골재량을 구한다.
  (카) 단위 굵은골재량을 구한다.
  (타) 단위 혼화재량을 구한다.
  (파) 시험 배치에 사용할 필요한 재료량을 구한다.
  (하) 시방배합을 현장배합으로 보정한다.

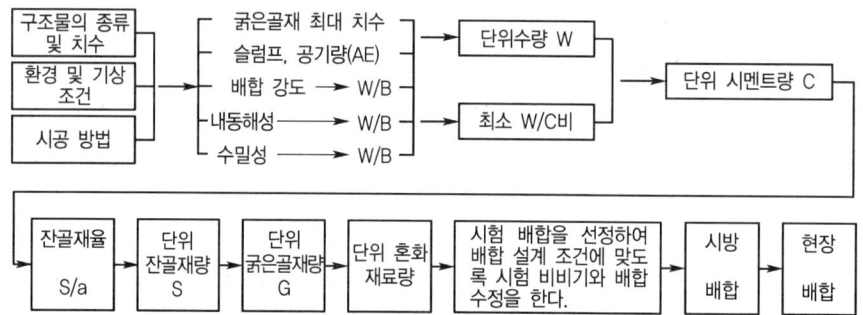

(5) 시험 순서 및 방법

1) 시료의 준비
  ① 시멘트의 밀도 시험을 한다.

② 잔골재의 시료는 다음과 같이 준비한다.
  ㈎ 체가름 시험, 밀도 및 흡수율 시험, 표면수율 시험, 단위용적질량 시험을 한다.
  ㈏ 5mm체에 남는 것을 버리고, 표면수를 1% 정도 건조시킨다.
③ 굵은골재의 시료는 다음과 같이 준비한다.
  ㈎ 체가름 시험, 밀도 및 흡수율 시험, 단위용적질량 시험을 한다.
  ㈏ 골재를 물로 씻으면서 체가름하고 충분히 흡수시킨 다음, 마른 걸레로 닦아서 표면건조 포화상태로 한다.
④ AE제 및 감수제는 각각 1% 및 10%의 수용액으로 하여 사용한다.

2) 콘크리트의 배합 설계

① 시험 배합 설계
  ㈎ 물-결합재비를 정한다.
    • 콘크리트의 압축강도(포장 콘크리트일 경우에는 휨강도)를 기준으로 하여 물-결합재비를 정할 경우에는 다음과 같이 한다.
      시험에 의하여 정하는 경우 : 알맞은 3종류 이상의 서로 다른 물-결합재비를 가진 콘크리트 시험체를 2개 이상 만들고 28일 압축강도(f_{28}) 시험을 하여 시멘트-물비(C/W)와 f_{28}과의 선도를 만든다. 이것으로부터 필요한 배합 강도(f_{cr})에 해당하는 C/W를 구하고, 그 역수로 W/C를 구한다. 이때, 배합강도(f_{cr})는 $f_{cq} \leq 35\text{MPa}$인 경우 보통 콘크리트에서 다음 두 식에 의한 값 중에서 큰 값을 적용한다.(여기서, 품질기준강도 f_{cq} 값은 기온보정강도값을 더하여 구한다.)

· $f_{cr} = f_{cq} + 1.34s (\text{MPa})$
· $f_{cr} = (f_{cq} - 3.5) + 2.33s (\text{MPa})$
· $f_{cq} > 35\text{MPa}$인 경우에는 $f_{cr} = f_{cq} + 1.34s$ ································ ①
  $f_{cr} = 0.9f_{cq} + 2.33s$ ································ ②

계산된 두 값 중 큰 값을 적용한다. 여기서, s =압축강도의 표준편차(MPa)
    • 콘크리트 압축강도의 표준편차
      - 실제 사용한 콘크리트의 30회 이상의 시험 실적으로부터 결정하는 것을 원칙으로 한다.
      - 압축강도의 시험횟수가 29회 이하이고, 15회 이상인 경우는 계산한 표준편차에 보정계수를 곱한 값을 표준편차로 사용한다.

◎ 시험횟수가 29회 이하일 때 표준편차의 보정계수

시험횟수	표준편차의 보정계수
15	1.16
20	1.08
25	1.03
30 이상	1.00

· 콘크리트 압축강도의 표준편차를 알지 못할 때 또는 압축강도의 시험횟수가 14회 이하인 경우 콘크리트 배합강도

호칭강도(MPa)	배합강도(MPa)
21 미만	$f_{cn}+7$
21 이상 35 이하	$f_{cn}+8.5$
35 초과	$1.1f_{cn}+5.0$

일반적으로, 시멘트-물비와 콘크리트의 28일 압축강도는 다음 식으로 나타낸다.

$$f_{28}=a+b\cdot\left(\frac{C}{W}\right)$$

여기서, f_{28} : 재령 28일 콘크리트의 압축강도(N)
a, b : 시험에 의하여 정하는 상수
$\frac{C}{W}$: 시멘트-물비

- 노출범주가 일반인 경우(등급 : E0)
  · 물리적, 화학적 작용에 의한 콘크리트 손상의 우려가 없는 경우
  · 철근이나 내부 금속의 부식 위험이 없는 경우
  · 내구성 기준 압축강도 : 21MPa

- 노출범주가 EC(탄산화)에 의한 철근 부식이 우려되는 노출환경
  · EC1 등급 : 건조하거나 수분으로부터 보호되는 또는 영구적으로 습윤한 콘크리트
    - 공기 중 습도가 낮은 건물 내부의 콘크리트
    - 물에 계속 침지되어 있는 콘크리트
    - 내구성 기준 압축강도 : 21MPa
    - 최대 물-결합재비 : 0.60
  · EC2 등급 : 습윤하고 드물게 건조되는 콘크리트로 탄산화의 위험이 보통인 경우
    - 장기간 물과 접하는 콘크리트 표면

- 기초
  - 내구성 기준 압축강도 : 24MPa
  - 최대 물-결합재비 : 0.55
- EC3 등급 : 보통 정도의 습도에 노출되는 콘크리트로 탄산화 위험이 비교적 높은 경우
  - 공기 중 습도가 보통 이상으로 높은 건물 내부의 콘크리트
  - 비를 맞지 않는 외부 콘크리트
  - 내구성 기준 압축강도 : 27MPa
  - 최대 물-결합재비 : 0.50
- EC4 등급 : 건습이 반복되는 콘크리트로 매우 높은 탄산화 위험에 노출되는 경우
  - EC2 등급에 해당하지 않고, 물과 접하는 콘크리트
    (예를 들어 비를 맞는 콘크리트 외벽, 난간 등)
  - 내구성 기준 압축강도 : 30MPa
  - 최대 물-결합재비 : 0.45

• 노출범주가 ES(해양환경, 제설염 등 염화물)로 염화물에 의한 철근 부식을 방지하기 위해 추가적인 방식이 요구되는 철근 콘크리트와 프리스트레스트 콘크리트
  - ES1 등급 : 보통 정도의 습도에서 대기 중의 염화물에 노출되지만 해수 또는 염화물을 함유한 물에 직접 접하지 않는 콘크리트
    - 해안가 또는 해안 근처에 있는 구조물
    - 도로 주변에 위치하여 공기 중의 제빙화학제에 노출되는 콘크리트
    - 내구성 기준 압축강도 : 30MPa
    - 최대 물-결합재비 : 0.45
  - ES2 등급 : 습윤하고 드물게 건조되며 염화물에 노출되는 콘크리트
    - 수영장
    - 염화물을 함유한 공업용수에 노출되는 콘크리트
    - 내구성 기준 압축강도 : 30MPa
    - 최대 물-결합재비 : 0.45
  - ES3 등급 : 항상 해수에 침지되는 콘크리트
    - 해상 교각의 해수 중에 침지되는 부분
    - 내구성 기준 압축강도 : 35MPa
    - 최대 물-결합재비 : 0.40

- ES4 등급 : 건습이 반복되면서 해수 또는 염화물에 노출되는 콘크리트
  - 해상 환경의 물보라 지역(비말대) 및 간만대에 위치한 콘크리트
  - 염화물을 함유한 물보라에 직접 노출되는 교량 부위
  - 도로 포장
  - 주차장
  - 내구성 기준 압축강도 : 35MPa
  - 최대 물-결합재비 : 0.40

• 노출범주가 EF(동결융해)에 의한 경우로 제빙화학제가 사용되거나 혹은 사용되지 않으며 수분에 접촉되면서 동결융해의 반복작용에 노출된 외부 콘크리트
  - EF1 등급 : 간혹 수분과 접촉하나 염화물에 노출되지 않고 동결융해의 반복작용에 노출되는 콘크리트
    - 비와 동결에 노출되는 수직 콘크리트 표면
    - 내구성 기준 압축강도 : 24MPa
    - 최대 물-결합재비 : 0.55
  - EF2 등급 : 간혹 수분과 접촉하고 염화물에 노출되며 동결융해의 반복작용에 노출되는 콘크리트
    - 공기 중 제빙화학제와 동결에 노출되는 도로 구조물의 수직 콘크리트 표면
    - 내구성 기준 압축강도 : 27MPa
    - 최대 물-결합재비 : 0.50
  - EF3 등급 : 지속적으로 수분과 접촉하나 염화물에 노출되지 않고 동결융해의 반복작용에 노출되는 콘크리트
    - 비와 동결에 노출되는 수평 콘크리트 표면
    - 내구성 기준 압축강도 : 30MPa
    - 최대 물-결합재비 : 0.45
  - EF4 등급 : 지속적으로 수분과 접촉하고 염화물에 노출되며 동결융해의 반복작용에 노출되는 콘크리트
    - 제빙화학제에 노출되는 도로와 교량 바닥판
    - 제빙화학제가 포함된 물과 동결에 노출되는 콘크리트 표면
    - 동결에 노출되는 물보라 지역(비말대) 및 간만대에 위치한 해양 콘크리트
    - 내구성 기준 압축강도 : 30MPa
    - 최대 물-결합재비 : 0.45

- 노출범주가 EA(황산염)로 수용성 황산염 이온을 유해한 정도로 포함한 물 또는 흙과 접촉하고 있는 콘크리트
  · EA1 등급 : 보통 수준의 황산염 이온에 노출되는 콘크리트
    - 토양과 지하수에 노출되는 콘크리트
    - 해수에 노출되는 콘크리트
    - 내구성 기준 압축강도 : 27MPa
    - 최대 물-결합재비 : 0.50
  · EA2 등급 : 유해한 수준의 황산염 이온에 노출되는 콘크리트
    - 토양과 지하수에 노출되는 콘크리트
    - 내구성 기준 압축강도 : 30MPa
    - 최대 물-결합재비 : 0.45
  · EA3 등급 : 매우 유해한 수준의 황산염 이온에 노출되는 콘크리트
    - 토양과 지하수에 노출되는 콘크리트
    - 하수, 오폐수에 노출되는 콘크리트
    - 내구성 기준 압축강도 : 30MPa
    - 최대 물-결합재비 : 0.45

(나) 굵은골재 최대치수를 정한다.
- 부재 최소치수의 1/5, 철근피복 및 철근의 최소 순간격의 3/4을 초과해서는 안 된다.
- 굵은골재의 최대치수 표준

구조물의 종류	굵은골재의 최대치수(mm)
일반적인 경우	20 또는 25
단면이 큰 경우	40
무근 콘크리트	40 부재 최소 치수의 1/4 이하

(다) 슬럼프 값을 정한다.
- 운반, 타설, 다지기 등의 작업에 알맞은 범위 내에서 될 수 있는 대로 작은 값으로 정한다.
- 슬럼프의 표준값

종 류		슬럼프 값(mm)
철근 콘크리트	일반적인 경우	80~150
	단면이 큰 경우	60~120
무근 콘크리트	일반적인 경우	50~150
	단면이 큰 경우	50~100

㈜ AE제에 의해 공기량을 정한다.
- 공기연행 콘크리트 공기량의 표준

굵은골재의 최대치수 (mm)	공기량(%)	
	심한 노출	일반 노출
10	7.5	6.0
15	7.0	5.5
20	6.0	5.0
25	6.0	4.5
40	5.5	4.5

- 운반 후 공기량은 공기연행 콘크리트 공기량의 표준값에서 ±1.5% 이내이어야 한다.

㈛ 잔골재율을 정한다.
- 소요의 워커빌리티를 얻을 수 있는 범위 내에서 단위수량이 최소가 되도록 시험에 의해 정한다.
- 콘크리트 배합을 정할 때 가정한 잔골재의 조립률에 비하여 조립률이 ±0.2 이상의 변화를 나타내었을 때는 배합을 변경하여야 한다.
- 콘크리트 펌프 시공의 경우에는 콘크리트 펌프의 성능, 배관, 압송거리에 따라 결정한다.
- 유동화 콘크리트의 경우 유동화 후 콘크리트의 워커빌리티를 고려하여 잔골재율을 결정할 필요가 있다.
- 고성능 AE 감수제를 사용한 콘크리트의 경우로서 물−결합재비 및 슬럼프가 같으면 일반적인 AE 감수제를 사용한 콘크리트와 비교하여 잔골재율을 1~2% 정도 크게 하는 것이 좋다.
- 공기량이 3% 이상이고 단위 시멘트량이 $250\,kg/m^3$ 이상인 공기연행 콘크리트나 단위 시멘트량이 $300\,kg/m^3$ 이상인 콘크리트 또는 0.3mm체와 0.15mm체를 통과한 골재의 부족량을 양질의 광물질 미분말로 보충한 콘크리트에서는 0.3mm체와 0.15mm체 질량 백분의 최소량을 각각 5% 및 0%로 감소시켜도 좋다.

콘크리트의 단위골재용적, 잔골재율 및 단위수량의 대략값

굵은골재의 최대치수 (mm)	단위 굵은골재 용적(%)	AE제를 사용하지 않은 콘크리트			공기연행 콘크리트				
		갇힌 공기 (%)	잔골재율 S/a(%)	단위수량 W(kg)	공기량 (%)	양질의 AE제를 사용한 경우		양질의 AE 감수제를 사용한 경우	
						잔골재율 S/a(%)	단위수량 W(kg)	잔골재율 S/a(%)	단위수량 W(%)
13	58	2.5	53	202	7.0	47	180	48	170
20	62	2.0	49	197	6.0	44	175	45	165
25	67	1.5	45	187	5.0	42	170	43	160
40	72	1.2	41	177	4.5	39	165	40	155

※ 1) 이 표의 값은 보통의 입도를 가진 천연 잔골재(조립률 2.8 정도)와 부순 굵은골재를 사용한 물-결합재비 55% 정도, 슬럼프 80mm 정도의 콘크리트에 대한 것이다.
  2) 사용재료 또는 콘크리트의 품질이 1)의 조건과 다를 경우에는 위의 표에 따라 보정한다.

단위수량 및 잔골재율 보정 방법

구 분	S/a의 보정 (%)	W의 보정
잔골재의 조립률이 0.1만큼 클(작을) 때마다	0.5만큼 크게(작게) 한다.	보정하지 않는다.
슬럼프값이 10mm만큼 클(작을) 때마다	보정하지 않는다.	1.2%만큼 크게(작게) 한다.
공기량이 1%만큼 클(작을) 때마다	0.5~1.0만큼 작게(크게) 한다.	3%만큼 작게(크게) 한다.
물-결합재비가 0.05 클(작을) 때마다	1만큼 크게(작게) 한다.	보정하지 않는다.
S/a가 1% 클(작을) 때마다	보정하지 않는다.	1.5kg만큼 크게(작게) 한다.
천연 굵은골재를 사용할 경우	3~5만큼 작게 한다.	9~15kg만큼 작게 한다.
부순 잔골재를 사용할 경우	2~3만큼 크게 한다.	6~9kg만큼 크게 한다.

※ 단위 굵은골재 용적에 의하는 경우에는 잔골재의 조립률이 0.1만큼 커질(작아질) 때마다 단위 굵은골재 용적을 1%만큼 작게(크게) 한다.

㈐ 단위 수량을 정한다.
  • 단위 수량은 작업할 수 있는 범위 안에서 될 수 있는 대로 적게 되도록 시험을 해서 정한다.
  • 포장 콘크리트에서는 150kg, 댐 콘크리트에서는 120kg 이하로 하고 있다.
㈑ 단위 시멘트량을 정한다.
  단위 시멘트량은 단위 수량과 물-결합재비로부터 다음 식에 따라 구한다.
  • 단위 시멘트량(kg) = $\dfrac{단위\ 수량}{물-결합재비}$

일반적으로 철근 콘크리트에서는 300kg 이상, 포장 콘크리트에서는 280~350kg, 콘크리트 댐의 내부에서는 최소 140kg으로 하고 있다.

(아) 단위 잔골재량 및 단위 굵은골재량은 다음 식에 따라 구한다.

$$\text{단위 골재량의 절대부피}(m^3) = 1 - \left(\frac{\text{단위 수량}}{\text{물의 밀도} \times 1,000} + \frac{\text{단위 시멘트량}}{\text{시멘트 밀도} \times 1,000} + \frac{\text{단위 혼화재량}}{\text{혼화재의 밀도} \times 1,000} + \frac{\text{공기량}}{100} \right)$$

단위 잔골재량의 절대부피(m^3) = (단위 골재량의 절대부피) × (잔골재율)

단위 잔골재량(kg) = (단위 잔골재량의 절대부피) × (잔골재의 밀도) × 1,000

단위 굵은골재량의 절대부피(m^3)
 = (단위 골재량의 절대부피) − (단위 잔골재량의 절대부피)

단위 굵은골재량(kg) = (단위 굵은골재량의 절대부피) × (굵은골재의 밀도) × 1,000

② 시험 비비기
  (가) 1배치의 양을 정하여 각 재료를 계량한다. AE제 또는 감수제를 사용한 때에는 수용액 속의 수량을 비비기에 사용하는 수량에서 뺀다.
  (나) 모든 재료를 콘크리트 혼합기에 넣고 비빈다.
  (다) 비비기를 한 콘크리트의 슬럼프와 공기량을 측정한다.
  (라) 슬럼프와 공기량이 정해져 있지 않을 경우 일반 콘크리트에서는 보정해서 다시 시험 비비기를 하여 필요한 슬럼프와 공기량의 콘크리트를 만든다.
  (마) 슬럼프와 공기량을 일정하게 하고 잔골재율을 조금씩 변화시켜, 정해진 워커빌리티가 얻어지는 범위 안에서 단위 수량이 적게 되는 배합을 정하여 이 배합을 시방 배합으로 한다.

③ 배합의 결정
  (가) 압축강도 시험을 하여 물-결합재비와 압축강도의 관계를 다음과 같은 식으로 나타낸다.

$$f_{28} = a + b \cdot \left(\frac{C}{W} \right)$$

  (나) (C/W)−f_{28}의 관계식에서 배합강도(f_{cr})를 얻기 위한 W/C를 결정한다.
  (다) 단위수량, 잔골재율은 시험한 3종류 이상의 W/C를 콘크리트 배합에서 정하고, 콘크리트 재료의 단위량을 결정한다.

④ 현장 배합
  (가) 골재의 입도에 대한 조정은 다음 식에 따라 한다.

$$x = \frac{100S - b(S+G)}{100 - (a+b)} \qquad y = \frac{100G - a(S+G)}{100 - (a+b)}$$

여기서, x : 계량해야 할 현장의 잔골재량(kg)
   y : 계량해야 할 현장의 굵은골재량(kg)
   S : 시방 배합의 잔골재량(kg)
   G : 시방 배합의 굵은골재량(kg)
   a : 잔골재 속의 5mm체에 남는 양(%)
   b : 굵은골재 속의 5mm체를 통과하는 양(%)

(나) 골재의 표면수율에 대한 조정은 다음 식에 따라 한다.

$$S' = x\left(1 + \frac{c}{100}\right) \qquad G' = y\left(1 + \frac{d}{100}\right)$$

$$W' = W - x \cdot \frac{c}{100} - y \cdot \frac{d}{100}$$

여기서, S' : 계량해야 할 현장의 잔골재량(kg)
G' : 계량해야 할 현장의 굵은골재량(kg)
W' : 계량해야 할 현장의 물의 양(kg)
c : 현장의 잔골재의 표면수율(%)
d : 현장의 굵은골재의 표면수율(%)
W : 시방 배합의 물의 양(kg)

3) 배합 결과 표시

굵은골재의 최대치수 (mm)	슬럼프 범위 (mm)	공기량 범위 (%)	물-결합재비 W/B(%)	잔골재율 S/a(%)	단 위 량(kg/m³)					
					물 W	시멘트 C	잔골재 S	굵은골재 G		혼화재료	
								mm~mm	mm~mm	혼화재	혼화제

(6) 콘크리트 배합 설계 예

1) 설계 조건 및 재료 시험의 결과는 다음과 같다.

① 설계 조건

품질 기준 강도 : $f_{cq} = 27\text{MPa}$(기온보정강도값을 더한 값)
슬럼프값 : 75mm
공기량 : 5.5%
압축강도의 표준 편차 : $S = 3.6\text{MPa}$

② 재료 시험 결과

시멘트 : 보통 포틀랜드 시멘트, 밀도 3.15g/cm³
잔골재 : 밀도 2.60 g/cm³, 조립률(FM) 3.02인 모래
굵은골재 : 밀도 2.65 g/cm³, 최대치수 25mm인 자갈
혼화제 : 양질 AE제, 사용량은 시멘트 질량의 0.04%

2) 배합의 계산은 다음과 같이 된다.

① 배합강도

다음 두 식으로 구한 값 중에서 큰 것을 적용한다.

$f_{cr} = f_{cq} + 1.34S = 27 + 1.34 \times 3.6 = 31.8\text{MPa}$
$f_{cr} = (f_{cq} - 3.5) + 2.33S = (27 - 3.5) + 2.33 \times 3.6 = 31.9\text{MPa}$
$\therefore f_{cr} = 31.9\text{MPa}$

② 물-결합재비

　필요한 강도와 내구성으로부터 구한다.

　㈎ 강도를 기준으로 하여 정하는 경우 : 위의 재료를 사용하여 3종류의 다른 물-결합재비로 압축강도 시험을 한 결과 다음과 같은 실험식을 얻었다.

$$f_{28} = -13.8 + 21.6\,C/W$$

따라서 위의 식을 사용하여 $f_{cr} = 31.9$MPa에 해당하는 W/C를 구하면 다음과 같이 된다.

$$f_{cr} = f_{28} = 31.9 = -13.8 + 21.6\,C/W$$

$$\therefore \frac{W}{C} = \frac{21.6}{31.9 + 13.8} = 47\%$$

　㈏ 내동해성을 기준으로 하여 정하는 경우 : 물에 노출되었을 때 낮은 투수성이 요구되는 콘크리트라고 생각하여 50%로 한다. 따라서, 물-결합재비는 작은 값을 택하여 압축강도로부터 정한 47%로 한다.

　㈐ 슬럼프값 : 주어진 75mm로 한다.

　㈑ 굵은골재의 최대 치수 : 주어진 굵은골재의 최대치수 25mm를 사용한다.

　㈒ 잔골재율 및 단위 수량 : 굵은골재의 최대치수 25mm에 대하여 기준을 참고로 하여 계산한다.

○ 단위수량 및 잔골재율 계산

보정항목	기준 조건	배합 조건	S/a=42% 잔골재율(S/a)의 보정	W=170 사용 수량(W)의 보정
잔골재의 조립률(FM)	2.80	3.02	$\frac{3.02 - 2.80}{0.1} \times 0.5 = 1.1(\%)$	보정하지 않는다.
슬럼프(mm)	80	75	보정하지 않는다.	$170 \times \left[1 - \left(\frac{80-75}{10}\right) \times 0.012\right]$ $= 169(\text{kg})$
공기량(%)	5.0	5.5	$\frac{5.0 - 5.5}{1} \times 0.75 = -0.375(\%)$	$169 \times \left[1 - \left(\frac{5.5-5.0}{1}\right) \times 0.03\right]$ $= 166(\text{kg})$
물-결합재비(%)	55	47	$\frac{0.47 - 0.55}{0.05} \times 1 = -1.6(\%)$	보정하지 않는다.
보 정 값			$S/a = 42 + (1.1 - 0.375 - 1.6)$ $= 41.1(\%)$	$W = 166(\text{kg})$

　㈓ 각 재료의 단위량

　　단위 시멘트량, 단위 잔골재량, 단위 굵은골재량, 단위 AE제량을 구한다.

- 단위 시멘트량 = $166 \div 0.47 = 353(\text{kg})$
- 단위 골재량의 절대부피 = $1 - \left(\frac{166}{1 \times 1000} + \frac{353}{3.15 \times 1000} + \frac{5.5}{100}\right) = 0.667(\text{m}^3)$
- 단위 잔골재량의 절대부피 = $0.667 \times 0.411 = 0.274(\text{m}^3)$

- 단위 굵은골재량의 절대부피 = 0.667 − 0.274 = 0.393(m³)
- 단위 잔골재량 = 0.274 × 2.60 × 1000 = 712(kg)
- 단위 굵은골재량 = 0.393 × 2.65 × 1000 = 1041(kg)
- 단위 AE제량 = 353 × 0.0004 = 0.1412(kg)

(사) 시방 배합

위에서 계산한 값을 시험 비비기에 사용하는 시방 배합으로 한다.

③ 시험 비비기를 하면 다음과 같다.

(가) 시험의 준비

잔골재와 굵은골재를 표면 건조 포화상태로 만든다.

(나) 시험 배치의 양

1배치의 양을 30l로 하면 각 재료의 양은 다음과 같이 된다.

- 물의 양 = $166 \times \dfrac{30}{1000} = 4.98$(kg)

- 시멘트 양 = $353 \times \dfrac{30}{1000} = 10.59$(kg)

- 잔골재량 = $712 \times \dfrac{30}{1000} = 21.36$(kg)

- 굵은골재량 = $1041 \times \dfrac{30}{1,000} = 31.23$(kg)

- AE제량 = $0.1412 \times \dfrac{30}{1,000} = 0.0042$(kg)

(다) 제 1 배치

시험 비비기를 한 결과 슬럼프 값은 80mm, 공기량은 6%가 되었다. 주어진 슬럼프값 75mm, 공기량 5.5%가 되기 위해서는 기준에 따라 보정한다. 물의 양은 슬럼프에 대한 보정과 공기량에 대한 보정을 하면 다음과 같다.

- 슬럼프의 보정 = $166 \times \left[1 - \left(\dfrac{80-75}{10}\right) \times 0.012\right] = 165$(kg)

- 공기량의 보정 = $165 \times \left[1 + \left(\dfrac{6-5.5}{1}\right) \times 0.03\right] = 167$(kg)

그러므로, 물의 양(W) = 167(kg)으로 한다.

잔골재율을 공기량에 대한 보정을 하면 다음과 같다.

- 공기량의 보정 = $\dfrac{6-5.5}{1} \times 0.75 = 0.375$(%)

- 잔골재율(S/a) = 41.1 + 0.375 = 41.5(%)

공기량 5.5%에 대해서는 AE제량을 비례 조정하여 단위 시멘트량의 0.037% $\left(=\dfrac{5 \times 0.04}{5.5}\right)$로 한다.

위의 값을 사용하여 각 재료의 단위량을 구한다.

- 단위 시멘트량 $= 167 \div 0.47 = 355(\mathrm{kg})$
- 단위 골재량의 절대부피 $= 1 - \left(\dfrac{167}{1 \times 1000} + \dfrac{355}{3.15 \times 1000} + \dfrac{5.5}{100} \right) = 0.665(\mathrm{m}^3)$
- 단위 잔골재량의 절대부피 $= 0.665 \times 0.415 = 0.276(\mathrm{m}^3)$
- 단위 굵은골재량의 절대부피 $= 0.665 - 0.276 = 0.389(\mathrm{m}^3)$
- 단위 잔골재량 $= 0.276 \times 2.60 \times 1,000 = 718(\mathrm{kg})$
- 단위 굵은골재량 $= 0.389 \times 2.65 \times 1,000 = 1,031(\mathrm{kg})$
- 단위 AE제량 $= 355 \times 0.00037 = 0.1314(\mathrm{kg})$

◎ 시방 배합표

굵은골재의 최대치수 (mm)	슬럼프의 범위 (mm)	공기량의 범위 (%)	물-결합재 비(%)	잔 골재율 (%)	단위량(kg/m³)				
					물	시멘트	잔골재	굵은 골재	혼화제
25	75	5.5	47	41.5	167	355	718	1031	0.1314

(라) 제 2 배치

제 1 배치의 시방 배합표의 단위 재료량 30l를 사용하여 다시 시험 비비기를 한 결과, 슬럼프값 75mm, 공기량 5.5%가 되어 설계 조건을 만족하고 워커빌리티도 좋았다. 따라서, 제 1배치의 값을 시방 배합으로 결정한다.

④ 제 1배치에 나타낸 시방 배합을 현장 배합으로 고치면 다음과 같다.

(가) 현장 골재의 상태
- 잔골재 속의 5mm체에 남는 양(a) : 5%
- 굵은골재 속의 5mm체를 통과하는 양(b) : 3%
- 잔골재의 표면수율(c) : 3.1%
- 굵은골재의 표면수율(d) : 1%

(나) 입도에 대한 조정

입도 조정된 잔골재량을 x(kg), 입도 조정된 굵은골재량을 y(kg)라 하면 다음 식이 성립된다.

- $x + y = 718 + 1,031$, $0.05x + (1 - 0.03)y = 1,031$

  $\therefore x = 723(\mathrm{kg})$, $y = 1026(\mathrm{kg})$

또, 식으로 풀면 다음과 같다.

- $x = \dfrac{100S - b(S+G)}{100 - (a+b)} = \dfrac{100 \times 718 - 3(718 + 1031)}{100 - (5+3)} = 723(\mathrm{kg})$
- $y = \dfrac{100G - a(S+G)}{100 - (a+b)} = \dfrac{100 \times 1031 - 5(718 + 1031)}{100 - (5+3)} = 1026(\mathrm{kg})$

따라서, 표면건조 포화상태의 잔골재량 $x = 723(\mathrm{kg})$

표면건조 포화상태의 굵은골재량 $y = 1026(\mathrm{kg})$

(다) 표면 수량에 대한 조정
- 잔골재의 표면 수량 = 723 × 0.031 = 22(kg)
- 굵은골재의 표면 수량 = 1026 × 0.01 = 10(kg)

따라서, 표면 수량에 대해서 조정한 각 재료의 양은 아래 현장 배합표와 같게 된다. 또 식으로 풀면 다음과 같이 된다.

- 계량할 잔골재량$(S') = x\left(1 + \dfrac{c}{100}\right) = 723\left(1 + \dfrac{3.1}{100}\right) = 745(\text{kg})$

- 계량할 굵은골재량$(G') = y\left(1 + \dfrac{d}{100}\right) = 1026\left(1 + \dfrac{1}{100}\right) = 1,036(\text{kg})$

- 계량할 물의 양$(W') = W - x \cdot \dfrac{c}{100} - y \cdot \dfrac{d}{100}$

$$= 167 - 723 \times \dfrac{3.1}{100} - 1026 \times \dfrac{1}{100} = 135(\text{kg})$$

현장배합표

재료	시방 배합 (kg)	입도에 의한 조정(kg)	표면수에 의한 조정(kg)	현장 배합 (kg)
물	167	–	–(22+10)	135
시멘트	355	–	–	355
잔골재	718	723	+22	745
굵은골재	1031	1026	+10	1036

제1장 실전문제 — 콘크리트

01 다음 중 골재의 흡수율에 대한 설명으로 옳은 것은?
  ㉮ 골재알의 표면에 붙어 있는 수량
  ㉯ 표면건조 포화상태에서 습윤 상태가 될 때까지 흡수되는 수량
  ㉰ 절대건조상태에서 표면건조 포화상태가 될 때까지 흡수되는 수량
  ㉱ 공기중 건조상태에서 표면건조 포화상태가 될 때까지 흡수되는 수량

해설 ㉮ 표면수율 ㉯ 표면수율 ㉱ 유효 흡수율

02 콘크리트 재료의 계량에 있어 혼화제의 계량오차의 범위는 몇 % 이내인가?
  ㉮ ±1%   ㉯ ±2%   ㉰ ±3%   ㉱ ±4%

해설
 • 물 : −2%, +1% • 시멘트 : −1%, +2%
 • 혼화재 : ±2%   • 골재, 혼화제액 : ±3%

03 콘크리트의 배합설계시 단위수량을 줄이는 방법으로 잘못된 것은?
  ㉮ 슬럼프값은 될 수 있는 한 작게 한다.
  ㉯ 적당한 공기를 함유하는 공기연행 콘크리트로 한다.
  ㉰ 적당한 입도와 형상의 골재를 사용한다.
  ㉱ 가능한 한 최대치수가 작은 골재를 사용한다.

해설 최대치수가 큰 굵은골재를 사용한다.

04 시방배합결과 물 180 kg/m³, 잔골재 650 kg/m³, 굵은골재 1,000 kg/m³을 얻었다. 잔골재의 표면수율이 3%, 굵은골재의 표면수율이 0%라고 하면 현장배합상의 단위수량은?
  ㉮ 160.5 kg/m³   ㉯ 170.5 kg/m³
  ㉰ 189.5 kg/m³   ㉱ 199.5 kg/m³

해설 • 단위수량(W) : $180 - (650 \times 0.03 + 1000 \times 0) = 160.5$ kgf/m³

05 다음 중에서 콘크리트 공사 중에 수행하는 시험이 아닌 것은?
  ㉮ 압축강도시험   ㉯ 공기량 시험
  ㉰ 비파괴시험   ㉱ 단위용적질량시험

해설 콘크리트 압축강도시험은 공시체 제작 후 28일, 7일 경과 후에 시험한다.

답 01. ㉰ 02. ㉰ 03. ㉱ 04. ㉮ 05. ㉮

06 다음 중 시방배합표에 기재되는 사항이 아닌 것은?

㉮ 굵은골재의 최대치수 ㉯ 물-결합재비
㉰ 조립률 ㉱ 잔골재율

해설 단위수량, 단위 잔골재량, 단위 굵은골재량, 슬럼프 등을 기록한다.

07 염화칼슘을 사용한 콘크리트의 성질로서 틀린 것은?

㉮ 적당량의 염화칼슘을 가하면 마모저항성이 커진다.
㉯ 염화칼슘은 시멘트량의 4~6%가 적당하다.
㉰ 황산염에 대한 저항성이 적어진다.
㉱ 알칼리 골재 반응을 촉진시킨다.

해설 염화칼슘은 시멘트량의 1~2%가 적당하다.

08 굵은골재의 밀도와 흡수율을 알기 위한 실험결과가 다음과 같은 경우 표면건조 포화상태의 밀도와 흡수율은?

- 건조로에서 건조시킨 시료의 공기중 질량 6581g
- 표면건조상태의 질량 6750g
- 시료의 수중 질량 4222g, $\rho_w = 1 \text{g/cm}^3$

㉮ 밀도 2.65 g/cm³, 흡수율 5.6% ㉯ 밀도 2.6 g/cm³, 흡수율 5.6%
㉰ 밀도 2.79 g/cm³, 흡수율 2.6% ㉱ 밀도 2.67 g/cm³, 흡수율 2.56%

해설
- 표면건조 포화상태 밀도 $= \dfrac{6,750}{6,750-4,222} \times 1 = 2.67 \text{g/cm}^3$
- 흡수율 $= \dfrac{6,750-6,581}{6,581} \times 100 = 2.56\%$

09 르샤틀리에 병에 0.5cc 눈금까지 광유를 주입한 다음 시멘트 64g을 첨가하여 눈금이 22.0cc로 증가되었다면 이 시멘트의 밀도는?

㉮ 2.94g/cm³ ㉯ 2.98g/cm³ ㉰ 3.05g/cm³ ㉱ 3.15g/cm³

해설 시멘트의 밀도 $= \dfrac{64}{22-0.5} = 2.98 \text{g/cm}^3$

10 AE제의 특성 설명 중 틀린 것은?

㉮ 단위수량이 적고, 동결융해에 대한 저항성이 크다.
㉯ 콘크리트 내부에 공극이 많기 때문에 콘크리트의 투수계수를 증대시키므로 수밀성 콘크리트에는 사용할 수 없다.
㉰ 단위 시멘트량이 같은 콘크리트에서 빈배합의 경우 공기연행 콘크리트가 압축강도가 높다.
㉱ 알칼리 골재 반응의 영향이 적고, 응결경화에 있어서 발열량이 적다.

답 06. ㉰ 07. ㉯ 08. ㉱ 09. ㉯ 10. ㉯

해설 적당량의 AE제를 혼합하면 수밀성을 증대시킬 수 있다.

11 골재의 단위용적질량 시험 중 봉다짐 시험에 관한 설명으로 틀린 것은?
㉮ 골재의 최대치수가 80mm 이하인 경우에 적용한다.
㉯ 골재를 용기에 가득 채운 후에 25회씩 두 번 다진다.
㉰ 시료는 기건상태로 건조시킨 후에 충분히 혼합한다.
㉱ 동일 시료에 대해서 같은 방법으로 행한 시험의 오차는 1% 이내여야 한다.

해설 골재의 크기에 따라 다짐횟수를 다르게 다진다.

12 시멘트 모르타르의 압축강도 시험에서 시멘트량이 450gf일 때 표준사의 질량은?
㉮ 1,250g   ㉯ 756g   ㉰ 1,350g   ㉱ 510g

해설 1 : 3 비율로 계량한다.
450×3 = 1,350g

13 다음의 혼화재료 중에서 콘크리트의 워커빌리티를 개선하는 효과가 없는 것은?
㉮ 포졸란   ㉯ AE제
㉰ 응결 경화촉진제   ㉱ 시멘트 분산제

해설 응결 경화 촉진제는 워커빌리티를 개선시키지 않고 한중 콘크리트 시공시 응결을 촉진시킨다.

14 잔골재의 절대용적 290l, 굵은골재의 절대용적 510l인 콘크리트의 잔골재율은 얼마인가?
㉮ 29.0%   ㉯ 30.46%
㉰ 36.25%   ㉱ 56.86%

해설 $S/a = \dfrac{290}{290+510} \times 100 = 36.25\%$

15 시멘트 원료인 점토중의 산화철을 제거하거나 대용원료를 사용하여 제조하며, 또한 소성연료로 석탄 대신 중유를 사용하여 제조하는 시멘트는?
㉮ 고로 시멘트   ㉯ 백색 포틀랜드 시멘트
㉰ 조강 포틀랜드 시멘트   ㉱ 중용열 포틀랜드 시멘트

16 콘크리트 재료를 계량할 때의 허용오차가 틀린 것은?
㉮ 물 : -2%, +1%   ㉯ 혼화재 : ±2%
㉰ 골재 : ±3%   ㉱ 혼화제 용액 : ±1%

해설 • 혼화제 용액 : ±3%

답 11. ㉯ 12. ㉰ 13. ㉰ 14. ㉰ 15. ㉯ 16. ㉱

17 다음 중 함유비율이 가장 많고 시멘트의 수화반응에 가장 큰 영향을 미치는 시멘트 조성광물은?

㉮ 알민산3석회($3CaO \cdot Al_2O_3$)
㉯ 규산3석회($3CaO \cdot SiO_2$)
㉰ 규산2석쇠($2CaO \cdot SiO_2$)
㉱ 알민산철4석회($4CaO \cdot Al_2O_3 \cdot Fe_2O_3$)

18 다음은 풍화한 시멘트의 특성을 열거한 것이다. 맞지 않는 것은?

㉮ 강열감량이 증가한다.   ㉯ 밀도가 증가한다.
㉰ 응결이 지연된다.   ㉱ 강도가 감소한다.

해설 밀도가 작아진다.

19 콘크리트 압축강도 시험방법에 대한 설명 중 틀린 것은?

㉮ 몰드 높이가 300mm의 경우 3층으로 나누어 채우고 각 층을 다짐막대로 25회씩 다져 만든다.
㉯ 공시체의 수는 재령에 따라 3개 이상씩 만든다.
㉰ 공시체의 지름을 최소 0.1mm까지 측정한다.
㉱ 공시체의 지름은 굵은골재 최대치수의 2배 이상이어야 한다.

해설
• 시험체의 지름은 굵은골재 최대치수의 3배 이상이어야 한다.
• 시험체의 높이는 지름의 2배인 원주형 몰드를 표준한다.

20 콘크리트의 워커빌리티(workability)를 측정하는 방법 중 옳지 않은 것은?

㉮ 흐름 시험   ㉯ 켈리볼 시험
㉰ 리몰딩 시험   ㉱ 봉다짐 시험

해설 봉다짐 시험은 골재의 단위용적질량 시험에 속한다.

21 콘크리트 구조물의 압축강도 측정을 슈미트 해머로 시험한 결과 측정치를 환산하는 데 관련없는 것은?

㉮ 타격 방향에 따른 보정   ㉯ 재령에 따른 보정
㉰ 콘크리트 종류에 따른 보정   ㉱ 콘크리트 표면 상태에 따른 보정

22 콘크리트 블리딩 시험에서 단위 표면적의 블리딩량 계산식은? [단, 콘크리트의 노출 면적(A) 규정된 측정시간 동안에 생긴 블리딩 물의 총량(V)이다.]

㉮ $B=\dfrac{A}{V}$ ㉯ $B=A+V$ ㉰ $B=A-V$ ㉱ $B=\dfrac{V}{A}$

답 17. ㉯ 18. ㉯ 19. ㉱ 20. ㉱ 21. ㉰ 22. ㉱

해설 블리딩 물을 처음 60분 동안은 10분 간격으로, 그 후는 30분 간격으로 피펫을 이용하여 채취한다.

23 구조체가 경량 콘크리트인 경우 비파괴 압축강도 시험에 사용되는 슈미트 해머는?

㉮ N형 ㉯ L형
㉰ P형 ㉱ M형

해설
- N형 : 보통 콘크리트
- P형 : 저강도 콘크리트
- M형 : 매스 콘크리트

24 콘크리트 비파괴 시험인 슈미트 해머에 의한 표면 경도 측정 방법에 대한 설명 중 틀린 것은?

㉮ 1개소의 측정은 가로, 세로 3cm 간격으로 20점 이상 실시한다.
㉯ 측정은 거푸집에 접한 콘크리트면에 직각 방향으로 실시한다.
㉰ 슬래브에서는 가능한 한 지지변에 가까운 곳을 선정하여 측정한다.
㉱ 보에서는 그 아랫면에 실시하는 것을 원칙으로 한다.

해설
- 보에서는 단부, 중앙부 등의 양쪽면을 측정한다.
- 기둥의 경우 두부, 중앙부, 각부 등을 측정한다.
- 벽의 경우 기둥, 보, 슬래브 부근과 중앙부 등에서 측정한다.

25 콘크리트의 압축강도 시험 결과 최대하중이 195,000N에서 공시체가 파괴되었다. 이 공시체의 압축강도는 얼마인가? (단, 공시체 지름은 100mm이다.)

㉮ 19.5MPa ㉯ 22.5MPa
㉰ 24.8MPa ㉱ 34.8MPa

해설 $f_{cu} = \dfrac{P}{A} = \dfrac{195,000}{3.14 \times \dfrac{100^2}{4}} = 24.8\text{MPa}$

26 콘크리트 수중양생을 한 콘크리트를 건조시키지 않고 슈미트 해머에 의한 콘크리트 강도의 비파괴 시험 결과 반발경도 값이 32이다. 수정반발경도를 구하여 압축강도를 구하면 얼마인가?

㉮ 29MPa ㉯ 30MPa
㉰ 31MPa ㉱ 32MPa

해설 $R_o = R + \Delta R = 32 + 5 = 37$
∴ $F = -18.0 + 1.27 R_o = -18.0 + 1.27 \times 37 = 29\text{MPa}$

답 23. ㉯ 24. ㉱ 25. ㉰ 26. ㉮

27 굳지 않은 콘크리트의 슬럼프 시험에 관한 설명 중 틀린 것은?
- ㉮ 전 작업시간을 3분 이내에 끝낸다.
- ㉯ 슬럼프 콘 규격은 윗면의 안지름 100mm, 밑면의 안지름은 200mm, 높이는 300mm이다.
- ㉰ 슬럼프 측정은 콘의 높이에서 주저앉은 높이를 5mm 정밀도로 측정한다.
- ㉱ 철근 콘크리트에서 단면이 큰 경우 슬럼프 표준값은 60~180mm이다.

해설 철근 콘크리트에서 일반적인 경우 80~150mm, 단면이 큰 경우는 60~120mm이다.

28 다음 중 콘크리트 비파괴 시험 방법이 아닌 것은?
- ㉮ 반발 경도법
- ㉯ 충격 공진법
- ㉰ 초음파 탐사법
- ㉱ 리몰딩 시험

해설 리몰딩 시험은 굳지 않은 콘크리트의 워커빌리티 측정 시험이다.

29 워싱턴형 에어미터를 사용해 공기량을 측정하는 방법은?
- ㉮ 진동 방법
- ㉯ 질량 방법
- ㉰ 압력 방법
- ㉱ 체적 방법

30 콘크리트 강도 시험용 공시체의 양생에 적합한 온도는?
- ㉮ 10~15℃
- ㉯ 18~22℃
- ㉰ 26~28℃
- ㉱ 30~32℃

해설 • 수중양생(표준양생) : 20±2℃

31 콘크리트 압축강도 시험용 공시체 제작시 캐핑(capping)이란 무엇을 말하는가?
- ㉮ 공시체 표면의 레이턴스를 제거하는 것
- ㉯ 공시체 표면을 긁어내는 것
- ㉰ 공시체 표면을 수평이 되게 다듬는 것
- ㉱ 공시체 표면을 물로 씻어 내는 것

해설 공시체 표면을 바르게 캐핑하므로 압축강도 시험시 편심을 방지하기 위해 시멘트 등을 이용하여 실시한다.

32 콘크리트의 슬럼프 시험은 배합 후 얼마 이내에 완료하여야 하는가?
- ㉮ 1분
- ㉯ 2분
- ㉰ 3분
- ㉱ 4분

해설 콘 벗기는 시간 2~5초를 포함하여 전 과정을 3분 이내에 할 것

33 콘크리트 인장강도 시험 결과 최대 파괴하중이 152,000N이었다면 이 공시체의 인장강도는 얼마인가? (단, 공시체의 지름 : 150mm, 높이 : 300mm)
  ㉮ 1.08 MPa ㉯ 2.15 MPa
  ㉰ 4.3 MPa ㉱ 8.6 MPa

해설 인장강도 = $\dfrac{2P}{\pi dl} = \dfrac{2 \times 152000}{3.14 \times 150 \times 300} = 2.15 \text{MPa}$

34 다음 중 콘크리트 압축강도 시험시 공시체 캐핑 재료로 사용하지 않는 것은?
  ㉮ 석회 ㉯ 캐핑 콤파운드
  ㉰ 시멘트 페이스트 ㉱ 합성고무재

35 콘크리트 압축강도 시험용 공시체 파괴 시험에서 공시체에 하중을 가하는 속도는 매 초 얼마를 표준하는가?
  ㉮ 0.6±0.2 MPa ㉯ 0.8±0.2 MPa
  ㉰ 0.05±0.01 MPa ㉱ 1±0.05 MPa

36 공시체를 4점 재하법에 의해 휨강도 시험을 하였더니 최대 하중이 30,000N이었다. 지간의 가운데 부분에서 파괴되었다. 이때 휨강도는 얼마인가?
  ㉮ 4 MPa ㉯ 4.4 MPa ㉰ 4.6 MPa ㉱ 4.7 MPa

해설 휨강도 = $\dfrac{Pl}{bd^2} = \dfrac{30000 \times 450}{150 \times 150^2} = 4\text{MPa}$
휨강도 시험용 공시체의 치수는 150×150×530mm이다.

37 콘크리트 압축강도 시험시 고려할 사항 중 틀린 것은?
  ㉮ 공시체의 지름에 따라 다짐횟수가 달라진다.
  ㉯ 시험체는 양생이 끝난 뒤 건조 상태에서 시험한다.
  ㉰ 시험체의 가압면에 0.05mm 이상 흠집이 있어서는 안 된다.
  ㉱ 시험체의 크기에 따라 다짐대의 선택과 다짐층수는 다르다.

해설
  • 강도 시험은 시험체의 양생이 끝난 뒤 특히 젖은 상태에서 시험한다.
  • 캐핑은 가능한 얇게 하고 완성된 면의 평면도는 0.05mm 이내이어야 한다.
  • 시험체의 지름은 굵은골재 최대치수의 3배 이상이어야 한다.

38 콘크리트의 유동성을 측정하기 위하여 흐름 시험을 한 결과 시험 후의 지름이 53cm가 되었다. 흐름값은 몇 %인가?
  ㉮ 100.5% ㉯ 108.7% ㉰ 110.0% ㉱ 112.5%

해설 흐름값(%) = $\dfrac{\text{시험후 지름} - 25.4}{25.4} \times 100 = \dfrac{53 - 25.4}{25.4} \times 100 = 108.7\%$

답 33. ㉯ 34. ㉱ 35. ㉮ 36. ㉮ 37. ㉯ 38. ㉯

39 휨강도 공시체 150mm×150mm×530mm의 몰드를 제작할 때 각 층은 몇 회씩 다지는가?
- ㉮ 25회
- ㉯ 50회
- ㉰ 80회
- ㉱ 92회

해설 2층 80회씩 다진다. (150×530)÷1000≒80회

40 공시체 규격이 150mm×150mm×530mm로 지간길이가 450mm인 경우 휨강도 시험을 한 결과 중심선의 4점 사이에서 최대 하중이 24,500N일 때 파괴가 되었다. 이 공시체의 휨강도는?
- ㉮ 2.5 MPa
- ㉯ 3.3 MPa
- ㉰ 5.5 MPa
- ㉱ 5.9 MPa

해설 휨강도 = $\dfrac{Pl}{bd^2} = \dfrac{24{,}500 \times 450}{150 \times 150^2} = 3.3\text{MPa}$

41 다음 중 슬럼프 테스트(slump test)의 목적은?
- ㉮ 콘크리트의 압축 시험
- ㉯ 콘크리트의 공기량 측정
- ㉰ 콘크리트의 시공연도(施工軟度)
- ㉱ 모르타르의 팽창시험

해설 굳지 않은 콘크리트의 반죽질기를 측정하여 워커빌리티를 판단할 수 있다.

42 콘크리트 슬럼프 시험할 경우 시료를 두 번째로 콘 부피의 2/3까지 넣고 다짐대로 25회 다지는데 이때 다짐대가 콘크리트 속에 들어가는 깊이는?
- ㉮ 50mm
- ㉯ 70mm
- ㉰ 90mm
- ㉱ 100mm

해설 콘크리트 슬럼프 시험시 시료를 1/3 넣을 때 콘에 넣은 시료의 높이는 바닥에서 70mm이다.

43 콘크리트 압축강도 시험용 공시체의 탈형 시간은?
- ㉮ 5~10시간
- ㉯ 10~20시간
- ㉰ 16~72시간
- ㉱ 48~72시간

44 콘크리트 압축강도 시험용 공시체의 표면을 캐핑하기 위한 시멘트 풀의 물-시멘트비는 어느 정도가 적합한가?
- ㉮ 17~26%
- ㉯ 27~30%
- ㉰ 31~36%
- ㉱ 37~40%

해설 공시체가 압축강도 시험시 편심을 받지 않도록 캐핑을 하는데 콘크리트를 채운 뒤 2~4시간 지나서 실시한다.

답 39. ㉰ 40. ㉯ 41. ㉰ 42. ㉯ 43. ㉰ 44. ㉯

45 콘크리트 구관입 시험을 할 때 먼저 시험한 곳에서 몇 cm 이상 떨어진 곳에서 시험을 하는가?

㉮ 10cm ㉯ 20cm
㉰ 30cm ㉱ 50cm

해설 구관입 깊이는 cm 단위로 나타내며 30cm 이상 떨어진 곳에서 세 번 시험한다.

46 슈미트 해머에 의한 콘크리트 강도의 비파괴 시험 결과 반발경도 값이 30이다. 타격방향이 수평일 때 수정반발경도를 구하여 압축강도를 구하면 얼마인가?

㉮ 20.6 MPa ㉯ 23.2 MPa
㉰ 24.5 MPa ㉱ 25.8 MPa

해설
- $F(\text{MPa}) = 1.3 R_0 - 18.4 = 1.3 \times 30 - 18.4 = 20.6 \text{MPa}$
- 수정반발경도 $R_0 = R + \Delta R = 30 + 0 = 30$

47 콘크리트의 슬럼프 시험의 슬럼프 값과 Kelly ball의 관입 값과의 관계는?

㉮ 관입 값의 1.5~3.0배가 슬럼프 값이 된다.
㉯ 관입 값의 $\frac{3}{10} \sim \frac{1}{4}$ 배가 슬럼프 값이 된다.
㉰ 관입 값의 1.5~2.0배가 슬럼프 값이 된다.
㉱ 관입 값과 슬럼프 값은 같다.

48 굵은골재의 최대 치수란 질량으로 전체 골재 질량의 몇 % 이상을 통과시키는 체 눈의 최소 공칭치수를 의미하는가?

㉮ 75% ㉯ 85%
㉰ 80% ㉱ 90%

49 보기와 같은 골재 체가름 성과표에 의하면 굵은골재 최대 치수는 어느 것으로 보아야 가장 적당한가?

[보기]

체 크기	40mm	25mm	19mm	10mm	5mm	2.5mm
가적통과율	100%	100%	91%	80%	30%	10%

㉮ 40mm ㉯ 25mm ㉰ 19mm ㉱ 10mm

해설 통과율 90% 이상 중 체 눈의 최소 공칭치수를 선택한다.

답 45. ㉰ 46. ㉮ 47. ㉰ 48. ㉱ 49. ㉯

50 다음은 골재의 입도(粒度)에 대한 설명이다. 적당하지 못한 것은 어느 것인가?
- ㉮ 입도시험을 위한 골재는 4분법이나 시료분취기에 의하여 필요한 양을 채취한다.
- ㉯ 입도란 크고 작은 골재알이 혼합되어 있는 정도를 말하며 체가름 시험에 의하여 구할 수 있다.
- ㉰ 입도가 좋은 골재를 사용한 콘크리트는 간극이 커지기 때문에 강도가 저하된다.
- ㉱ 입도곡선이란 골재의 체가름시험 결과를 곡선으로 표시한 것이며, 입도곡선이 표준 입도곡선 내에 들어가야 한다.

해설 입도가 좋은 골재를 사용한 콘크리트는 간극이 적어 시멘트가 적게 소요되므로 경제적이며 강도가 증대된다.

51 다음 골재의 입도에 대한 설명 중 옳지 않은 것은?
- ㉮ 골재의 입도는 콘크리트를 경제적으로 만드는 데 중요한 성질로서 시멘트, 물의 양과 관계가 있다.
- ㉯ 골재의 입도시험 결과는 보통 입도곡선이나 표로서 나타낸다.
- ㉰ 골재의 입경이 클수록 조립률은 작아진다.
- ㉱ 굵은 골재의 조립률은 6~8의 범위에 들면 양호하다.

해설
- 골재의 입경이 클수록 조립률이 커진다.
- 잔골재의 조립률은 2.0~3.3 범위이다.

52 굵은골재의 입도시험에서 저울의 감도로 맞는 것은?
- ㉮ 시료질량의 0.001% 이상의 정도를 가져야 한다.
- ㉯ 시료질량의 0.01% 이상의 정도를 가져야 한다.
- ㉰ 시료질량의 0.1% 이상의 정도를 가져야 한다.
- ㉱ 시료질량의 1% 이상의 정도를 가져야 한다.

53 콘크리트용 굵은골재의 마모율을 구할 때 사용하는 체로 맞는 것은?
- ㉮ 2.0mm
- ㉯ 5mm
- ㉰ 1.7mm
- ㉱ 0.6mm

54 로스앤젤레스 마모시험기에 의한 골재의 마모저항시험에서 사용시료의 등급 A에 의한 사용 철구수와 철구의 총 질량(g)의 조합이 맞는 것은?
- ㉮ 8개, 5000±25(g)
- ㉯ 12개, 5000±25(g)
- ㉰ 15개, 10000±25(g)
- ㉱ 12개, 10000±25(g)

답 50. ㉰ 51. ㉰ 52. ㉰ 53. ㉯ 54. ㉯

55 다음은 아래 조건시의 굵은골재의 마모시험 결과 값이다. 이 중 맞는 것은?

[조건] (1) 시험 전 시료질량 : 10,000g
(2) 시험 후 1.7mm 체에 남은 질량 : 6,700g

㉮ 마모율 : 33% ㉯ 마모율 : 49%
㉰ 마모율 : 25% ㉱ 마모율 : 32%

해설 $\dfrac{10,000-6,700}{10,000}\times 100 = 33\%$

56 일반 무근 및 철근 콘크리트용 굵은골재가 몇 mm 이상인 경우에는 두 종류로 분리 저장하는가?

㉮ 55mm ㉯ 65mm ㉰ 75mm ㉱ 85mm

57 밀도가 큰 골재를 사용했을 때의 일반적인 특성과 관계가 없는 것은 다음 어느 것인가?

㉮ 내구성이 좋아진다. ㉯ 흡수성이 증대된다.
㉰ 동결에 의한 손실이 줄어든다. ㉱ 강도가 증가한다.

해설 밀도가 큰 골재는 흡수율이 적다.

58 굵은골재의 밀도 및 흡수율 시험에 사용되는 철망태의 규격은?

㉮ 5mm 체눈으로 된 지름 약 20cm, 높이 약 20cm
㉯ 5mm 체눈으로 된 지름 약 30cm, 높이 약 30cm
㉰ 2.5mm 체눈으로 된 지름 약 20cm, 높이 약 20cm
㉱ 2.5mm 체눈으로 된 지름 약 30cm, 높이 약 30cm

59 골재의 표면건조 포화상태에 관한 설명 중 옳은 것은?

㉮ 건조로(oven) 내에서 일정 중량이 될 때까지 완전히 건조시킨 상태
㉯ 골재의 표면은 건조하고 골재 내부에는 포화하는 데 필요한 수량보다 적은 양의 물을 포화한 상태
㉰ 골재 내부는 물로 포화하고 표면이 건조된 상태
㉱ 골재 내부가 완전히 수분으로 포화되고 표면에 여분의 물을 포함하고 있는 상태

60 단위용적질량이 1.65 kg/L인 골재의 밀도가 2.65 kg/L일 때 이 골재의 간극률은 얼마인가?

㉮ 37.7% ㉯ 34.3% ㉰ 37.1% ㉱ 33.1%

해설 간극률 $= \left(1-\dfrac{\omega}{\rho}\right)\times 100 = \left(1-\dfrac{1.65}{2.65}\right)\times 100 = 37.7\%$

답 55. ㉮ 56. ㉯ 57. ㉯ 58. ㉮ 59. ㉰ 60. ㉮

61 골재의 단위용적질량이 1.6 t/m³이고 밀도가 2.60 g/cm³일 때 이 골재의 실적률은 얼마인가?
㉮ 51.6% ㉯ 61.5% ㉰ 72.3% ㉱ 82.9%

해설 실적률 $= \frac{\omega}{\rho} \times 100 = \frac{1.6}{2.60} \times 100 = 61.5\%$

62 다음 중 골재시험과 관계 없는 것은?
㉮ 팽창도 시험 ㉯ 로스앤젤레스 마모시험
㉰ 0.08mm체 통과량 시험 ㉱ 유기 불순물 시험

해설 팽창도 시험은 시멘트의 안정성 시험에 해당된다.

63 굵은골재의 체가름 시험시 골재의 최대 공칭치수가 25mm일 때 시료의 최소 질량은?
㉮ 1,000g ㉯ 2,500g ㉰ 5,000g ㉱ 10,000g

해설 40mm의 경우 8,000g 이다.

64 모래 및 자갈을 각각 체가름하여 잔류량(%)에 대한 누계를 구한 값은 250% 및 750%이었다. 이 모래와 자갈을 1 : 1.5의 비율로 혼합한 혼합골재의 조립률은? (단, 조립률을 구하는 표준 10개의 체를 사용한 결과임)
㉮ 5.5 ㉯ 5.0 ㉰ 4.0 ㉱ 3.0

해설
• 모래의 조립률 2.5, 자갈의 조립률 7.5
• 혼합골재의 조립률 $= \frac{2.5 \times 1 + 7.5 \times 1.5}{1 + 1.5} = 5.5$

65 골재의 체분석시험에 사용되는 10개의 체에 해당되지 않는 것은?
㉮ 75mm ㉯ 10mm ㉰ 5mm ㉱ 0.42mm

해설 조립률에 이용되는 체는 75mm, 40mm, 20mm, 10mm, 5mm, 2.5mm, 1.2mm, 0.6mm, 0.3mm, 0.15mm 10개를 이용한다.

66 잔골재에 대한 체가름 시험을 실시한 결과 각 체의 잔류량은 다음과 같다. 조립률은 얼마인가? (단, 10mm 이상 체의 잔류량은 0이다.)

체 구분	5mm	2.5mm	1.2mm	0.6mm	0.3mm	0.15mm	PAN
각 체의 잔류율(%)	2	11	20	22	24	16	5

㉮ 2.60 ㉯ 2.75 ㉰ 2.77 ㉱ 3.77

해설
• 각 체의 가적 잔유율 : 2%, 13%, 33%, 55%, 79%, 95%
• 조립률 $= \frac{2 + 13 + 33 + 55 + 79 + 95}{100} = 2.77$

답 61. ㉯ 62. ㉮ 63. ㉰ 64. ㉮ 65. ㉱ 66. ㉰

67 잔골재의 밀도시험시 저울의 감도는 얼마 이상이면 되는가?
㉮ 1g   ㉯ 0.01g   ㉰ 0.1g   ㉱ 0.001g

해설 저울의 감도는 0.1g 이상으로 시료 중량의 0.1% 이내의 정밀도가 요구된다.

68 굵은골재의 밀도시험 결과 2회 평균한 값의 측정범위의 한계는 얼마인가?
㉮ $0.2\,g/cm^3$ ㉯ $0.01\,g/cm^3$
㉰ $0.5\,g/cm^3$ ㉱ $0.05\,g/cm^3$

해설 밀도값은 $0.01\,g/cm^3$, 흡수율은 0.03% 이하일 것

69 다음 시험용 기구 중 잔골재의 밀도 및 흡수율 시험과 관계 없는 것은?
㉮ 플라스크   ㉯ 철망태
㉰ 원추형 몰드와 다짐막대   ㉱ 데시케이터

해설 철망태는 굵은골재 밀도 및 흡수율 시험에 이용된다.

70 잔골재의 밀도 및 흡수율 시험에서 끝이 잘린 원뿔형의 몰드(mold)를 빼올렸을 때에 잔골재가 흘러내리기 시작하면 어떤 상태라고 보는가?
㉮ 포화상태   ㉯ 표면건조 포화상태
㉰ 건조상태   ㉱ 습윤상태

71 다음 설명 중 골재의 내구성이 가장 뛰어난 것은?
㉮ 밀도가 크고 흡수율이 큰 골재   ㉯ 밀도가 크고 흡수율이 작은 골재
㉰ 밀도가 작고 흡수율이 큰 골재   ㉱ 밀도가 작고 흡수율이 작은 골재

해설 밀도가 크고 흡수율이 작은 골재는 골재 속의 조직이 치밀하다는 뜻이다.

72 다음은 굵은골재 밀도 및 흡수율 시험의 결과이다. 겉보기 밀도와 흡수율은?

A. 공기 중에서의 노 건조 시료의 질량 : 5,432g
B. 공기 중에서의 표면건조 포화상태 시료의 질량 : 5,625g
C. 물 속에서의 표면건조 포화상태 시료의 질량 : 3,465g
단, $\rho_w = 1\,g/cm^3$

㉮ 겉보기 밀도 $2.51\,g/cm^3$, 흡수율 3.43%
㉯ 겉보기 밀도 $2.56\,g/cm^3$, 흡수율 3.43%
㉰ 겉보기 밀도 $2.60\,g/cm^3$, 흡수율 3.55%
㉱ 겉보기 밀도 $2.76\,g/cm^3$, 흡수율 3.55%

답 67. ㉰ 68. ㉯ 69. ㉯ 70. ㉯ 71. ㉯ 72. ㉱

해설
- 겉보기 밀도 = $\dfrac{A}{A-C} \times \rho_w = \dfrac{5,432}{5,432-3,465} \times 1 = 2.76 \text{ g/cm}^3$
- 흡수율(%) = $\dfrac{B-A}{A} \times 100 = \dfrac{5,625-5,432}{5,432} \times 100 = 3.55\%$
- 표면건조 포화상태의 밀도 = $\dfrac{B}{B-C} \times \rho_w = \dfrac{5,625}{5,625-3,465} \times 1 = 2.60 \text{ g/cm}^3$

73 다음은 잔골재의 조립률에 대한 사항이다. 설명 중에서 틀린 것은?
㉮ 조립률은 10을 넘을 수 없다.
㉯ 골재의 크기가 클수록 조립률은 크다.
㉰ 혼합골재의 조립률은 가중평균을 이용하여 구한다.
㉱ 0.08mm체에 상당한 양이 남아 있을 경우에는 그 값도 고려해야 한다.

해설
- 조립률은 10개 체를 이용하여 각 체의 잔류율을 누계로 하여 100으로 나눠 10을 넘을 수 없다.
- 0.08mm체는 조립률 구하는 체와 관계없다.

74 콘크리트용 골재에 요구되는 성질 중 옳지 않은 것은?
㉮ 물리적으로 안정하고 내구성이 클 것
㉯ 화학적으로 안정할 것
㉰ 시멘트 풀과의 부착력이 큰 표면조직을 가질 것
㉱ 낱알의 크기가 균일할 것

해설 크고 작은 낱알이 골고루 분포되어야 좋다.

75 골재의 취급 저장에 대한 설명 중 옳지 않은 것은?
㉮ 표면수가 균등하게 되도록 저장하여야 한다.
㉯ 굵은골재를 취급할 때에는 대·소 알을 분리하여 저장한다.
㉰ 여름철에는 직사광선을 피할 수 있는 시설을 갖춘다.
㉱ 각종 골재는 따로따로 저장하여야 한다.

해설 굵은골재의 크기가 65mm 이상인 경우 대·소 알을 분리하여 저장한다.

76 다음은 골재의 함수 상태를 설명한 것이다. 이 중 틀린 설명은?
㉮ 노건조상태 : 골재를 건조로에 넣어 105±5℃의 온도로 건조기 내에서 항량이 될 때까지 건조한 상태
㉯ 기건상태 : 공기 중에서 질량이 일정할 때까지 건조시킨 상태로 골재알의 표면은 물론 내부도 일부 건조한 상태
㉰ 표면건조 포화상태 : 골재알의 표면은 수분이 부착하고 내부의 공극이 수분으로 포화되어 있는 상태
㉱ 습윤상태 : 골재 내부의 공극은 수분으로 포화되고 표면에도 수분이 부착하고 있는 상태

해설
- 표면건조 포화상태 : 골재의 표면에는 물이 없고 내부는 물로 포화된 상태

답 73. ㉱ 74. ㉱ 75. ㉯ 76. ㉰

77 다음은 알칼리 골재 반응에 대한 말이다. 잘못된 것은 어느 것인가?
㉮ 알칼리 골재 반응이 일어날 경우 콘크리트는 서서히 수축하고 약 1년 경과 후 방향성이 없는 균열이 생기게 된다.
㉯ 알칼리 골재 반응이 생겼을 때 콘크리트를 절단해 보면 특수한 골재는 겔상태의 물질로 덮여져 있다.
㉰ 알칼리 골재 반응은 포틀랜드 시멘트 중의 알칼리 성분과 골재 중의 어떤 종류의 광물이 유해한 반응작용을 일으키는 것이다.
㉱ 알칼리분이 많은 시멘트와 특수한 골재를 사용했을 때에 콘크리트에 생기는 팽창으로 인한 균열 붕괴를 알칼리 골재 반응이라 한다.

해설 콘크리트 타설 후 1년 이내에 불규칙한 팽창성 균열이 생긴다.

78 알칼리 골재 반응에 대한 설명 중 잘못된 것은?
㉮ 포틀랜드 시멘트 속의 알칼리 성분이 골재 속의 실리카질 광물과 화학반응을 일으키는 것을 말한다.
㉯ 알칼리 골재 반응을 일으키는 시멘트는 팽창하므로 콘크리트 표면에 많은 균열이 발생하게 한다.
㉰ 알칼리 골재 반응을 일으키는 골재로는 이백석, 규산질, 또는 고로질 석회암, 응회암 등을 모암으로 하는 골재로 알려져 있다.
㉱ 우리나라 골재는 알칼리 골재 반응이 자주 발생하므로 시멘트 내의 알칼리량을 0.6g 이하로 하는 것이 좋다.

해설 알칼리 골재 반응을 억제하기 위해 알칼리량을 0.6% 이하로 하는 것이 좋다.

79 굵은골재의 특성을 시험할 시료를 채취할 때 고려할 사항은 다음 중 어느 것인가?
㉮ 골재의 밀도　　　　　　　　㉯ 골재의 최대 입경
㉰ 조립률　　　　　　　　　　　㉱ 골재의 단위용적질량

해설 골재의 최대 치수를 고려하여 적정한 골재를 채취한다.

80 골재의 봉다짐 시험방법 중 옳은 것은?
㉮ 골재의 최대 치수가 100mm 이하인 것에 사용한다.
㉯ 용기에 굵은골재 최대 치수가 10mm 초과 40mm 이하 시료를 3층으로 나누어 넣고 각 층을 다짐대로 30회 다진다.
㉰ 골재의 최대 치수가 50mm 이상 100mm 이하인 것에 사용한다.
㉱ 시료를 용기에 3층으로 나누어 넣고 각 층을 용기의 한쪽을 5cm 가량 들어올려 한쪽에 25번씩 양쪽 50번을 교대로 단단한 바닥에 떨어뜨려 다진다.

해설 봉다짐 시험 방법은 골재의 최대 치수가 40~80mm 이하의 것을 사용한다.

답 77. ㉮　78. ㉱　79. ㉯　80. ㉯

81. 골재가 필요로 하는 성질 중 틀린 것은?

㉮ 물리적으로 안정하고 내구성이 클 것
㉯ 모양이 입방체 또는 공모양에 가깝고 시멘트 풀과의 부착력이 큰 약간 거친 표면을 가질 것
㉰ 크고 작은 낱알의 크기가 차이 없이 균등할 것
㉱ 소요의 중량을 가질 것

해설 크고 작은 낱알이 골고루 분포한 입도가 양호할 것

82. 25~30℃의 깨끗한 물 1ℓ당, 순도 99.5%의 무수황산나트륨(Na_2SO_4)을 350g의 비율로 가하여 잘 휘저으면서 용해시킨 후 21℃의 온도로 48시간 이상 보존한 후 시험골재를 16~18시간 담궈 손실량을 계량하는 시험은?

㉮ 골재의 유기 불순물 시험
㉯ 골재의 마모 시험
㉰ 골재의 안정성 시험
㉱ 골재의 수밀성 시험

83. 잔골재의 안정성 시험에서 황산나트륨을 사용할 경우 손실 질량 백분율은 몇 % 이하이어야 하는가?

㉮ 8%   ㉯ 10%   ㉰ 12%   ㉱ 15%

해설 잔골재는 10% 이하, 굵은골재는 12% 이하이다.

84. 기상작용에 대한 골재의 저항성을 평가하기 위한 시험은 다음 중 어느 것인가?

㉮ 유해물 함량시험
㉯ 안정성 시험
㉰ 밀도 및 흡수율 시험
㉱ 로스앤젤레스 마모시험

85. 습윤상태의 굵은골재 5035g이 있다. 굵은골재의 함수 상태별 질량을 측정한 결과 표면건조 포화상태일 때 4956g, 절대건조상태(노건조 상태)일 때 4885g이었다. 이때 표면수율과 흡수율은 얼마인가?

㉮ 표면수율 : 3.1%, 흡수율 : 1.4%
㉯ 표면수율 : 3.1%, 흡수량 : 1.5%
㉰ 표면수율 : 1.6%, 흡수율 : 1.5%
㉱ 표면수율 : 1.6%, 흡수율 : 1.4%

해설 • 표면수율 = $\frac{5035-4956}{4956} \times 100 \fallingdotseq 1.6\%$ • 흡수율 = $\frac{4956-4885}{4885} \times 100 \fallingdotseq 1.5\%$

86. 습윤상태의 질량이 625g인 모래를 절건시킨 결과 598g이 되었다. 전함수율은 얼마인가?

㉮ 4.5%   ㉯ 4.3%   ㉰ 3.5%   ㉱ 3.4%

해설 • 전함수율 = $\frac{625-598}{598} \times 100 = 4.5\%$

답 81. ㉰ 82. ㉰ 83. ㉯ 84. ㉯ 85. ㉰ 86. ㉮

87 골재의 유효흡수율에 대한 다음 설명 중 옳은 것은?

㉮ 골재의 표면에 묻어 있는 물의 양
㉯ 골재의 안과 바깥에 들어 있는 물의 양
㉰ 공기 중 건조상태에서 골재의 알이 표면건조 포화상태로 되기까지 흡수된 물의 양
㉱ 노건조상태에서 표면건조 포화상태로 되기까지 흡수된 물의 양

88 습윤상태의 모래 1,000g을 노건조할 때 절대건조질량이 950g으로 되었다. 이 모래의 흡수율이 2.0%이라면, 표면건조 포화상태를 기준으로 한 표면수율의 값은?

㉮ 2.3%   ㉯ 3.2%   ㉰ 4.3%   ㉱ 5.3%

해설
- 흡수율 = $\dfrac{\text{표건상태} - \text{노건상태}}{\text{노건상태}} \times 100$

  $2 = \dfrac{x - 950}{950} \times 100$ ∴ $x = 969g$

- 표면수율 = $\dfrac{\text{습윤상태} - \text{표건상태}}{\text{표건상태}} \times 100 = \dfrac{1000 - 969}{969} \times 100 ≒ 3.2\%$

89 모래 A의 조립률이 3.43이고, 모래 B의 조립률이 2.36인 모래를 혼합하여 조립률 2.80의 모래 C를 만들려면 모래 A와 B는 얼마를 섞어야 하는가? (단, A : B의 질량비)

	A	B		A	B
㉮	41(%)	59(%)	㉯	59(%)	41(%)
㉰	38(%)	62(%)	㉱	62(%)	38(%)

해설 $A + B = 100$ ················ ①식

$\dfrac{3.43A + 2.36B}{A + B} = 2.80$ ················ ②식

$(A + B)2.80 = 3.43A + 2.36B$
$2.8A + 2.8B = 3.43A + 2.36B$
$(2.8 - 2.36)B = (3.43 - 2.8)A$
$0.44B = 0.63A$
$A = 0.698B$

∴ $A = \dfrac{0.698}{1.698} \times 100 = 41.1\% ≒ 41\%$ $B = \dfrac{1}{1.698} \times 100 = 58.9\% ≒ 59\%$

90 잔골재의 밀도 및 흡수량 시험 결과 표면건조 포화시료의 질량 500g, 시료의 노건조질량 490g, 플라스크에 물을 채운 질량은 660g, 플라스크에 시료와 물을 채운 질량은 970g이었다. 표면건조 포화상태 밀도 및 흡수율은 얼마인가? (단, $\rho_w = 1g/cm^3$)

㉮ $2.58g/cm^3$, 2.0%   ㉯ $2.63g/cm^3$, 2.04%
㉰ $2.65g/cm^3$, 2.0%   ㉱ $2.72g/cm^3$, 2.04%

해설
- 표면건조 포화상태 밀도 = $\dfrac{500}{660 + 500 - 970} \times 1 = 2.63g/cm^3$
- 흡수율 = $\dfrac{500 - 490}{490} \times 100 = 2.04\%$

답 87. ㉱ 88. ㉯ 89. ㉮ 90. ㉯

91 다음 중 잔골재의 밀도는 얼마인가?

㉮ 2.0~2.50 g/cm³   ㉯ 2.50~2.65 g/cm³
㉰ 2.55~2.70 g/cm³   ㉱ 2.0~3.0 g/cm³

해설 굵은골재의 밀도는 2.55~2.70 g/cm³ 범위이다.

92 콘크리트용 굵은골재 마모율의 한도는 보통 콘크리트 경우 몇 % 이하인가?

㉮ 35%   ㉯ 40%   ㉰ 50%   ㉱ 60%

해설
- 포장 콘크리트 : 35% 이하
- 댐 콘크리트 : 40% 이하

93 다음 중 모래의 유기 불순물 시험에 사용되는 시약은?

㉮ 염화나트륨   ㉯ 규산나트륨
㉰ 수산화나트륨   ㉱ 황산나트륨

해설 유기 불순물 시험에는 알코올, 타닌산, 수산화나트륨이 사용된다.

94 굵은골재의 유해물 함유량 한도는 0.08mm체 통과량 시험의 경우 몇 % 이하인가?

㉮ 0.25%   ㉯ 1.0%
㉰ 3.0%   ㉱ 5.0%

해설
- 잔골재의 유해물 함유량의 한도
  1) 점토 덩어리 : 1.0%
  2) 0.08mm체 통과
     ① 콘크리트의 표면이 마모작용을 받는 경우 : 3.0%
     ② 기타의 경우 : 5.0%
  3) 석탄, 갈탄 등으로 밀도 2.0의 액체에 뜨는 것
     ① 콘크리트의 외관이 중요한 경우 : 0.5%
     ② 기타의 경우 : 1.0%
  4) 염화물(염화물 이온량) : 0.02%
- 굵은골재의 유해물 함유량의 한도
  1) 점토 덩어리 : 0.25%
  2) 연한 석편 : 5.0%
  3) 0.08mm체 통과량 : 1.0%
  4) 석탄, 갈탄 등으로 밀도 2.0의 액체에 뜨는 것
     ① 콘크리트의 외관이 중요한 경우 : 0.5%
     ② 기타의 경우 : 1.0%

95 콘크리트에 사용되는 잔골재의 조립률로서 적합한 것은?

㉮ 2.0~3.3   ㉯ 3.3~4.1
㉰ 6~8   ㉱ 8~9

해설
- 굵은골재의 조립률 : 6~8

답 91. ㉰ 92. ㉯ 93. ㉰ 94. ㉯ 95. ㉮

96 잔골재 밀도 시험시 표면건조 포화상태의 시료의 양은 얼마인가?
- ㉮ 250g 이상
- ㉯ 350g 이상
- ㉰ 500g 이상
- ㉱ 650g 이상

97 골재의 안정성 시험에 대한 설명 중 옳은 것은?
- ㉮ 시료를 금속제 망태에 넣고 시험용 용액에 24시간 담가둔다.
- ㉯ 백분율이 10% 이상인 무더기에 대해서만 시험을 한다.
- ㉰ 용액은 자주 휘저으면서 21±1.0℃의 온도로 24시간 이상 보존 후 시험에 사용한다.
- ㉱ 황산나트륨 포화 용액의 붕괴 작용에 대한 골재의 저항성을 알기 위해서 시험한다.

해설 시험 골재를 16~18시간 정도 황산나트륨 수침 후 꺼내 24시간 노건조시키는 반복을 5회 실시하여 손실량을 구한다.

98 골재의 안정성 시험을 할 경우 사용하지 않는 것은?
- ㉮ 황산나트륨
- ㉯ 염화바륨
- ㉰ 물 1ℓ
- ㉱ 수산화나트륨

해설 수산화나트륨은 유기 불순물 시험시 이용된다.

99 골재의 단위용적질량 시험을 할 때 시료의 상태는?
- ㉮ 노건조 상태
- ㉯ 표면건조 포화상태
- ㉰ 공기중건조상태
- ㉱ 습윤상태

해설 골재의 단위용적질량은 기건상태의 $1m^3$당 질량이다.

100 다음 중 골재의 체가름 시험시 필요하지 않은 것은?
- ㉮ 시료 분취기
- ㉯ 건조기
- ㉰ 체 진동기
- ㉱ 곧은날

해설 곧은날은 주로 캐핑 및 흙의 다짐 시험시 이용된다.

101 골재의 안정성 시험을 할 경우 황산나트륨 용액을 이용하여 실시한 후 흰 앙금이 없도록 물로 씻는데 어떤 용액으로 확인하는가?
- ㉮ 알코올
- ㉯ 타닌산
- ㉰ 염화바륨
- ㉱ 수산화나트륨

답 96. ㉰ 97. ㉱ 98. ㉱ 99. ㉰ 100. ㉱ 101. ㉰

102 굵은골재 중의 점토 덩어리 함유량의 최대값은 얼마인가?
- ㉮ 0.25%
- ㉯ 1%
- ㉰ 3%
- ㉱ 5%

해설 잔골재 중의 점토 덩어리 함유량의 최대값은 1% 이다.

103 콘크리트용 굵은골재의 마모율을 구할 때 마모시험 후 몇 mm체로 치는가?
- ㉮ 10mm
- ㉯ 5mm
- ㉰ 1.7mm
- ㉱ 0.6mm

해설 마모시험 후 1.7mm체를 사용하여 체를 친다.

104 콘크리트용 골재 시험과 관계없는 것은?
- ㉮ 0.08mm체 통과량, 굵은골재의 밀도
- ㉯ 잔골재의 밀도, 마모감량
- ㉰ 체가름, 유기불순물
- ㉱ 단위용적질량, 마샬 안정도

해설 마샬 안정도 시험은 아스팔트 시험이다.

답 102. ㉮ 103. ㉰ 104. ㉱

제 2 장 토질시험

2-1 흙 입자 밀도시험(KSF 2308)

① 흙 입자 밀도 : 어떤 온도에서 흙입자만의 공기 중 무게와 이와 같은 부피의 증류수의 공기 중 무게와의 비를 밀도라 한다.(9.5mm체 통과한 흙입자)
② 점토질흙은 10분 이상 끓인다.(기포를 완전히 제거하기 위하여 가끔 피크노미터를 흔들어 기포가 빠져 나오게 한다.)
③ 피크노미터 100ml 병을 사용할 경우 : 시료 25g 정도
④ 피크노미터 사용 : 10g 이상(노건조질량)

$$\rho_s = \frac{m_s}{m_s + (m_a - m_b)} \times \rho_w(T)$$

여기서, ρ_s : 흙입자의 밀도
m_s : 건조시료질량
m_a : 병+물 질량
m_b : 병+물+시료 질량
$\rho_w(T)$: m_b 측정시 내용물 온도

⑤ 흙 입자 밀도는 보통 2.65~2.75g/cm³ 범위이다.

2-2 흙의 액성한계시험(KSF 2303)

① 액성한계 : 흙이 액성을 나타내는 최소의 함수비
② 시료 : 0.425mm(425μm)체로 쳐서 통과한 시료 200g을 사용한다.
③ 액성한계시험 : 시료두께 1cm
④ 1초 동안 2회전의 속도로 접시를 낙하한다.(황동접시 낙하 높이 1cm)

⑤ 흠이 13mm 접촉할 때까지 낙하(2등분하고 시험 후 접하는 길이)한다.
⑥ 유동곡선의 직선에서 낙하횟수 25회에 상당하는 함수비를 액성한계라고 한다.
⑦ NP(비소성) : 점성이 없는 사질, 시료가 2등분되지 않는다.

2-3 흙의 소성한계시험(KSF 2303)

① 0.425mm(425μm)체로 쳐서 30g 정도의 시료를 사용한다.
② 흙이 국수 모양으로 되지 않을 때 비소성(NP)이라고 한다.
③ 국수 모양의 흙의 지름 3mm 정도에서 조각조각 부서질 때의 함수비를 소성한계라 한다.
④ 소성지수

$$I_p = w_L - w_p$$

$$I_c = \frac{w_L - w_n}{w_L - w_p} = \frac{w_L - w_n}{I_p}, \quad I_L = \frac{w_n - w_p}{w_L - w_p} = \frac{w_n - w_p}{I_p}$$

$$I_c + I_L = 1$$

⑤ $I_c \leq 0$: 흙의 상태가 불안정한 상태
   $I_c \geq 1$: 흙의 상태가 안정한 상태
⑥ 활성도 $\left(A = \dfrac{I_p}{0.002\text{mm 이하의 점토함유율}(\%)}\right)$
   ㉮ 비활성 흙 : 0.75 이하(A < 0.75)
   ㉯ 보통의 흙 : 0.75~1.25(0.75 < A < 1.25)
   ㉰ 고활성 흙 : 1.25 이상(1.25 < A)
⑦ 모래질흙 : 소성지수가 점토보다 작다.
⑧ NP(Non Plastic)로 판정하는 경우
   ㉮ 액성한계를 구할 수 없을 때
   ㉯ 소성한계를 구할 수 없을 때
   ㉰ 액성한계 - 소성한계 = 0
   ㉱ 소성한계가 액성한계보다 클 때

2-4 흙의 수축정수(한계)시험(KSF 2305)

① 수축한계시험의 결과 이용
   ㉮ 부피변화
   ㉯ 선수축

㉰ 흙 입자 밀도의 근사값
㉱ 수축비
㉲ 동상성의 판정
② 건조한 시료 0.425mm체를 통과한 시료 30g(30g×3≒100g), 수은 55ml
③ 수은 : 건조흙의 부피를 구하기 위해 사용
④ 수축한계 : 함수량은 계속 줄어도 부피감소의 변화가 없는 한계의 함수비
⑤ 수축한계시험으로 수축비, 체적 변화계수, 선수축, 흙 입자 밀도, 동상성의 판정이 가능하다.

2-5 흙의 분류

① 소성지수(I_p), 액성한계(%)

$$I_p = 0.73(w_L - 20)$$

② 흙의 분류기호
  ㉮ 조립토 : No.200체 통과율 50% 이하
  ㉯ 세립토 : No.200체 통과율 50% 이상
  ㉰ 종류 : GW, GP, GM, GC, SW, SP, SM, SC, ML, CL, OL, MH, CH, OH, P_t 등 15종류

    W : 입도분포가 좋음, P : 입도분포가 나쁨, C : 점토, M : 실트,
    H : 압축성이 높음, L : 압축성이 낮음

③ AASHTO 분류방법(7가지)
  ■ 흙의 분류
    ㉮ 조립토(A-1, A-2, A-3)
    ㉯ 실트질토(A-4, A-5)
    ㉰ 점토질토(A-6, A-7)

④ 군지수(군지수 값은 작을수록 좋고 모래질이다.)

$$GI = 0.2a + 0.005ac + 0.01bd$$

  a : No.200체 통과량에서 35%를 뺀 값(범위 : 0~40)
  b : No.200체 통과량에서 15%를 뺀 값(범위 : 0~40)
  c : 액성한계에서 40%를 뺀 값(범위 : 0~20)
  d : 소성지수에서 10%를 뺀 값(범위 : 0~20)

※ - 값이 나오면 0을 취한다.
※ 군지수를 구할 때 범위를 벗어나면 최대값 40 또는 최대값 20의 값을 취한다.

2-6 흙의 다짐(KSF 2312)

 가장 다지기 쉬운 함수비(최적함수비 OMC)와 이때 얻어지는 건조밀도를 구하여 현장의 도로나 제방 등 토질구조물을 성토할 때 응용하여 다짐시공한다.

(1) 다짐시험의 종류

다짐 몰드의 지름, 래머의 무게, 낙하고, 층수, 낙하횟수, 사용시료에 따라 다짐시험방법은 A, B, C, D, E의 5종류가 있다.

시험방법	래머의 무게 (kg)	몰드의 지름 (mm)	낙하고 (cm)	다짐층수	매 층 다짐횟수	최대 입경 (mm)
A	2.5	100	30	3	25	19
B	2.5	150	30	3	55	37.5
C	4.5	100	45	5	25	19
D	4.5	150	45	5	55	19
E	4.5	150	45	3	92	37.5

※ 몰드 지름이 100mm인 다짐 몰드의 체적 : 1,000cm^3
※ 몰드 지름이 150mm인 다짐 몰드의 체적 : 2,209cm^3

(2) 다짐곡선

① 습윤밀도

$$\gamma_t = \frac{W}{V}$$

② 건조밀도

$$\gamma_d = \frac{100 \cdot \gamma_t}{100 + w} = \frac{\gamma_t}{1 + \frac{w}{100}}$$

③ 영공극곡선의 식

$$\gamma_d = \frac{G_s}{1+e} \cdot \gamma_w = \frac{G_s}{1 + \frac{w \cdot G_s}{S}} \cdot \gamma_w = \frac{\gamma_w}{\frac{1}{G_s} + \frac{w}{S}}$$

이때, 완전히 포화되었다면 S=100%이므로

$$\gamma_{d\ sat} = \frac{\gamma_w}{\frac{1}{G_s} + \frac{w}{100}}$$

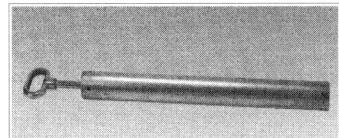

(3) 다짐의 특성(성질)

① 함수비가 증가함에 따라 처음에는 건조밀도가 증가하지만 함수비가 어느 정도를 넘으면 건조밀도가 감소하게 된다. 이때, 건조밀도·함수비곡선의 정점을 나타내는 밀도를 최대건조밀도($\gamma_{d\max}$)라 하고 이때 함수비를 최적함수비(OMC)라 한다.
② 다짐횟수가 많을수록 최대 건조밀도는 크고 최적함수비는 작아진다.
③ 점토질은 액성 및 점성이 크므로 최적함수비는 크고, 최대 건조밀도는 작아서 다짐곡선의 모양이 완만하다.
④ 사질토는 액성 및 점성이 작으므로, 최적함수비는 크고, 최대 건조밀도는 커서 다짐곡선의 모양이 급경사를 이룬다.
⑤ 다짐 에너지가 커지면 최대 건조밀도는 커지고, 최적함수비는 작아진다.
⑥ 양입도는 최대 건조밀도가 크고 빈입도는 작다.
⑦ 다짐 에너지가 너무 크면 다짐상태가 오히려 나빠지는데 이를 과도전압이라 한다.
⑧ 현장함수비가 최적함수비의 관계
   ㉮ 현장함수비와 OMC가 같으면 그대로 시공
   ㉯ 현장함수비가 OMC보다 크면 말려가며 시공
   ㉰ 현장함수비가 OMC보다 작으면 살수하면서 시공
⑨ 다짐곡선의 습윤측 곡선과 영공극곡선은 거의 평행이 된다.
⑩ 다짐을 한 경우 그 효과를 나열하면 다음과 같다.
   ㉮ 흡수성 감소
   ㉯ 밀도 증가(즉, 강도 증가)
   ㉰ 압축성 저하
   ㉱ 부착성 향상
   ㉲ 투수성 감소

2-7 현장밀도(들밀도)시험

① 적용범위 : 현장에서 최대 입경이 5cm 이하인 흙의 단위 중량을 모래치환법에 의해 결정하는 방법에 대하여 규정한 것이다.
② 시험실에서 표준사 단위 무게와 깔때기 속의 모래 무게를 측정한다.
③ 다짐도를 알고자 하는 현장의 위치에서 시험을 실시한다.
④ 시험공의 크기와 함수량 시료량은 다음과 같다.

흙의 최대 입경	No.4	13mm	25mm	50mm
시험공의 최소 체적(cm³)	700	1,400	2,100	2,800
함수량 시료량(g)	100	250	500	1,000

⑤ 현장밀도시험의 종류
  ㉮ 모래치환방법 : 일반적인 사용방법
  ㉯ 물치환방법
  ㉰ 기름치환방법
  ㉱ γ선 산란형 밀도계에 의한 방법
⑥ 계산방법
  ㉮ 표준사의 단위중량을 구하여 굴착한 구멍의 체적을 구한다.
  $$\gamma_{모래} = \frac{W_{모래}}{V}$$
  $$\therefore V = \frac{W_{모래}}{\gamma_{모래}}$$
  ㉯ 굴착한 흙의 습윤밀도를 구한다.
  $$\gamma_t = \frac{W}{V}$$
  ㉰ 건조밀도를 구한다. (급속함수량기로 함수비 측정)
  $$\gamma_d = \frac{\gamma_t}{1+\frac{w}{100}}$$
  ㉱ 다짐도를 구한다.
  $$다짐도 = \frac{현장의\ \gamma_d}{시험실에서의\ \gamma_{d\max}} \times 100$$
  ※ 현장에서 다진 흙의 γ_d가 시험실에서 다진 $\gamma_{d\max}$의 95% 이상 되어야 한다.

2-8 흙의 입도시험 및 물리시험용 시료조제(KSF 2301)

① 대표적인 시료채취(4분법)

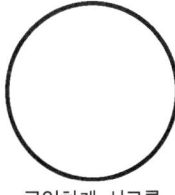
균일하게 시료를 바닥에 놓는다.

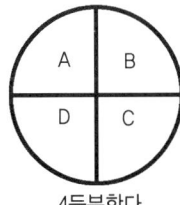
4등분한다.

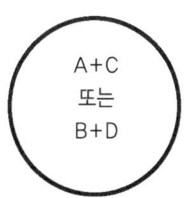
시료를 채취한다.

② 시험 1회당 필요한 시료의 최소량

시험방법	시료의 최대 입자 지름(mm)						
	0.425	2	4.75	9.5	19	37.5	75
흙 입자의 밀도시험	20g(피크노미터 용량 100ml 미만) 40g(피크노미터 용량 100ml 이상)						
흙의 함수비시험	10~30g		30~100g		150~300g	1kg	2kg
흙의 입자정도시험	200g		500g		1.5kg	4.5kg	6kg
흙의 액성한계시험	200g	—					
흙의 소성한계시험	30g						
흙의 원심함수당량시험	5g	—					
흙의 수축정수시험	30g	—					

2-9 흙의 입도분석시험(KSF 2302)

① 흙의 입도란 크고 작은 알갱이가 고루 섞여 있는 정도를 말한다.
② 입도는 흙의 판별, 분류 및 공학적 성질을 판별하는 데 이용된다.
③ 입도분포를 알기 위한 입도분석시험에는 조립분 체가름 시험, 비중계 시험, 세립분 체가름 시험 등이 있다.
④ 비중계는 메니스커스가 변하지 않도록 알코올로 씻어낸다.
⑤ 증류수, 과산화수소수, 규산나트륨 용액 등이 필요하다.
⑥ 조립분 체가름 시험 : 표준체 $75\mu m$, $106\mu m$, $250\mu m$, $425\mu m$, $850\mu m$, 2mm, 4.75mm, 9.5mm, 19mm, 26.5mm, 37.5mm, 53mm 및 75mm체를 조립하여 체가름시험을 한다.
⑦ 비중계 시험($75\mu m$, 즉 0.075mm체 통과입자 적용)

㉮ 시료의 양은 2mm체 통과시료 중 사질토인 경우 115g, 실트 및 점토는 65g을 사용한다.
㉯ 소성지수가 20보다 클 경우(시료에 과산화수소 6% 용액 100ml 넣고, 건조기에 1시간 방치 후 증류수 100ml를 첨가하여 18시간 이상 방치)
㉰ 소성지수가 20보다 작을 경우(시료에 증류수 200ml를 넣고 18시간 이상 방치)
㉱ 메스실린더를 수조에 넣어둔 채로 위 시각으로부터 1, 2, 5, 15, 30, 60, 120, 1440분(25시간)의 각 시간이 될 때마다 비중계의 눈금과 온도를 읽는다.

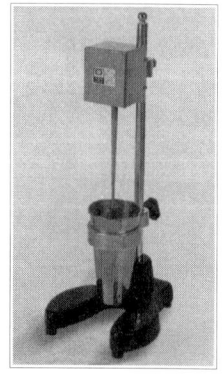

⑧ 세립분 체가름 시험
  ㉮ 비중계 시험이 끝난 메스실린더 안의 내용물을 75μm(0.0075mm)체에 붓고 물로 세척한다.
  ㉯ 체에 남은 흙만을 증발접시에 옮겨 노건조시킨다.
  ㉰ 표준체 850μm(No.20), 425μm(No.40), 250μm(No.60), 106μm(No.140), 75μm(No.200)체를 조립하여 체가름한다.
  ㉱ 잔류율, 가적잔류율, 가적통과율 및 보정가적통과율을 구한다.
  ㉲ 0.074~0.005mm : 실트분(%) - 동상, 동해에 걸리기 쉽다.
  ㉳ 0.005~0.001mm : 점토분(%)
  ㉴ 0.001mm 이하 : 콜로이드
  ㉵ 그래프에서 다음을 읽어낸다.
    ㉠ 60%의 지름(D_{60}) : 입경가적곡선에서 통과백분율 60%에 해당하는 입자
    ㉡ 30%의 지름(D_{30}) : 입경가적곡선에서 통과백분율 30%에 해당하는 입자
    ㉢ 10%의 지름(D_{10}) : 입경가적곡선에서 통과백분율 10%에 해당하는 입자
  ㉶ 균등계수(C_u) 및 곡률계수(C_g)를 다음 식에 의해서 구한다.
    $$C_u = \frac{D_{60}}{D_{10}}, \quad C_g = \frac{(D_{30})^2}{(D_{10} \times D_{60})}$$
    ※ $1 < C_g < 3$: 입도 양호, $10 < C_u$: 입도 양호, $C_u < 4\sim5$: 입도 불량

2-10 흙의 함수량 시험(KSF 2306)

① 염화칼슘, 실리카겔 : 건조기에서 꺼내 식힐 때 사용한다.(공기 중 수분을 흡수하는 걸 막는다.)
② 저울
  ㉮ 10 이상 100g 미만 : 0.01g 감량
  ㉯ 100g 이상 1,000g 미만 : 0.1g 감량
③ 함수비를 구하는 방법
  ㉮ 알코올 연소법
  ㉯ 적외선 건조법
  ㉰ 고주파를 이용한 건조법
④ 함수비(w)
  함수비 $w = \dfrac{W_w}{W_s} \times 100$

⑤ 시료의 최소 무게

최대 입자 지름 (mm)	시료의 최소 무게
75	5~30kg
37.5	1~5kg
19	150~300g
4.75	30~100g
2	10~30g
0.425	5~10g

[예제] 시료 25g을 건조하여 무게를 측정한 결과 20g이 되었다. 함수비는 얼마인가?

해설 $\frac{5}{20} \times 100 = 25\%$

⑥ 건조기에 110±5℃에서 18~24시간 노건조한다.

2-11 신속(급속) 함수량 시험

① 함수비 측정범위는 20%까지 측정 가능하다.
② 실내 또는 현장에서 건조기를 사용하지 않고 함수비를 측정한다.
③ MC-330형의 시험기구 사용시 시료 200g, 철구 2개, 카바이드 30g 정도를 넣고 3분 이내 함수비를 측정한다.

2-12 노상토 지지력비(CBR) 시험(KSF 2320)

다짐시험 결과 최대건조밀도값에 대응하는 최적함수비의 상태대로 55회, 25회, 10회 다진 3개의 공시체를 물속에 96시간(4일) 수침 후 하중강도와 관입량 관계곡선을 작성하고 관입량 2.5mm, 5.0mm에 대한 표준하중강도(혹은 표준하중)의 비를 CBR이라 하며 포장의 두께와 지반의 지지력을 판별하는 데 이용한다.

$$CBR = \frac{하중강도(혹은 \ 하중)}{표준하중강도(혹은 표준하중)} \times 100$$

여기서 표준하중강도는 2.5 mm 관입량에서 6.9 MN/m²(표준하중 13.4 KN), 5.0 mm 관입량에 대하여 10.3 MN/m²(표준하중 19.9 KN)이다.

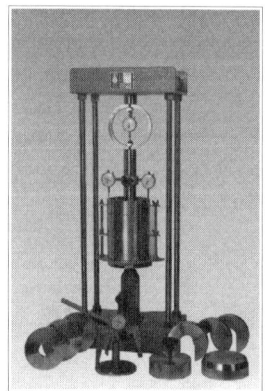

$CBR_{5.0} < CBR_{2.5}$인 경우 $CBR_{2.5}$값을 C.B.R로 한다.

$CBR_{5.0} > CBR_{2.5}$인 경우 시험을 다시 한다.

다시 한 결과 또 $CBR_{5.0} > CBR_{2.5}$이면 $CBR_{5.0}$값을 CBR로 한다.

관입량(mm)	표준 하중강도(MN/m²)	표준 하중(KN)
2.5	6.9	13.4
5.0	10.3	19.9

① 관입시험시 속도는 1mm/min로 유지한다.

② 팽창비 $\gamma_e = \dfrac{d_2 - d_1}{h} \times 100$

여기서, h : 125mm(시료 최초 높이), $d_2 - d_1$: 수침 종료시 팽창량(mm)

③ 수침 후 꺼내 15분간 정치하여 물을 제거한다.

2-13 도로의 평판재하시험(KSF 2310)

① 침하량 측정장치를 재하판 및 지지력 장치의 지지점에서 1m 이상 떨어져 배치한다.

② 하중을 35 kN/m²씩 증가시키면서 하중을 올릴 때마다 그 하중으로 인한 침하의 진행이 정지함을 기다려 하중이 크기와 침하량을 읽는다.

③ 1분 동안의 침하량이 그 단계에서의 침하량 1% 이하가 되면 침하가 정지된 것으로 본다.

④ 침하량이 15mm에 달하거나 하중강도가 현장에서 예상되는 가장 큰 접지압 또는 그 지반의 항복점을 넘으면 시험을 끝낸다.

⑤ 지지력계수 : 어느 침하량에서 그때의 하중강도를 침하량으로 나눈 값

$$K = \dfrac{q}{y}$$

여기서, K : 지지력계수(kN/m^3)
q : 하중강도(kN/m^2)
y : 침하량(mm)

⑥ 일반적으로 침하량은 도로 포장에서 평판재하시험의 결과를 이용하여 설계하며 지름 30cm의 원형 재하판을 쓰고 침하량 1.25mm일 때의 값을 사용한다.

⑦ 재하판의 크기에 따른 지지력계수의 관계

$$K_{75} = \dfrac{1}{2.2} K_{30}, \quad K_{40} = \dfrac{1}{1.3} K_{30}$$

⑧ K_{75}, K_{40}, K_{30} : 두께가 22 mm 이상의 강재원판이며 지름이 75 cm, 40 cm, 30 cm의 재하판을 사용하여 구해진 지지력계수(kN/m^3)

2-14 표준관입시험

① 점성토와 사질토 지반에서 보링 구멍을 이용하여 바깥지름 5.1cm, 안지름 3.5cm, 길이 81cm의 표준관입시험용 시료를 보링 선단 끝에 붙여 75cm의 높이에서 63.5kg 해머를 자유낙하시켜 교반되지 않는 토층을 30cm 관입하는 데 필요한 타격횟수 N값을 측정하는 시험
② N값으로 지층의 지지력을 판정한다.
③ 모래층 지반은 신뢰성이 크나 점토층은 부정확하다.
④ 사질토 지반의 N값과 상대밀도의 관계

N값	10~30	30~50	50 이상
상대밀도	보통	조밀	매우 조밀

⑤ 점토질 지반의 N값과 지반상태의 관계

N값	4 이하	4~8	8~15	15~30	30 이상
지반상태	연하다	보통	단단하다	아주 단단하다	단단하고 굳다

제 2 장 실전문제 — 토질시험

01 흙을 비중계법으로 입도 분석시 현탁액의 용적은 얼마인 것을 사용하는가?
㉮ 1,000cc ㉯ 1,500cc ㉰ 500cc ㉱ 400cc

해설 • 비중계 분석 시험: 흙입자의 직경이 0.075mm(0.08mm)체 이하 부분 적용

02 비중계법에 의한 입도 분석에서 시료를 분산하는 방법의 결정에 있어 소성지수값은 몇 %를 기준치로 하는가?
㉮ 10% ㉯ 20% ㉰ 30% ㉱ 40%

해설 소성지수 = 액성한계 − 소성한계

03 흙의 지름 3mm 정도에서 부스러질 때의 함수비는 어느 것인가?
㉮ 액성한계 ㉯ 수축한계
㉰ 소성한계 ㉱ 애터버그 한계

해설
① 소성한계: 흙이 소성을 나타내는 최소의 함수비, 즉 소성상태에서 반고체상태로 변하는 경계의 함수비
② 액성한계: 흙이 액성을 나타내는 최소의 함수비
③ 수축한계: 함수비의 감소에 따라 부피가 감소하는데 함수량을 줄여도 부피감소의 변화가 없는 한계의 함수비
④ 애터버그 한계: 각 상태에서 변화하는 순간의 함수비

04 수축한계시험시 수은을 사용하는 목적으로 옳은 것은?
㉮ 수축한 흙의 부피를 알기 위하여
㉯ 수축한 흙의 함수비를 알기 위하여
㉰ 수축한 흙의 중량을 알기 위하여
㉱ 수축한 흙의 양을 알기 위하여

해설 수은을 사용하는 목적은 건조기에서 건조시킨 흙의 부피, 즉 수축한 흙의 부피를 알기 위해서이다.

05 흙의 입도시험시 필요한 시험기구가 아닌 것은?
㉮ 비중계 ㉯ 분산장치
㉰ 교반기 ㉱ 피크노미터

해설 피크노미터는 흙 입자 밀도시험기구이다.

답 01. ㉮ 02. ㉯ 03. ㉰ 04. ㉮ 05. ㉱

06 흙 입자 밀도시험 시 표준온도는 몇 ℃인가?
   ㉮ 25℃   ㉯ 15℃   ㉰ 10℃   ㉱ 4℃

   해설
   • 25℃ : 아스팔트 비중, 침입도 시험
   • 4℃ : 물의 단위무게 측정 표준온도

07 액성한계시험은 낙하횟수 25회 때 함수비를 측정하는 시험인데 이때 쓰이는 시료는 몇 번 체를 통과한 시료이며, 또 채취시료의 양은 몇 g인가?
   ㉮ 0.425 mm체, 200g   ㉯ 0.08 mm체, 100g
   ㉰ 0.425 mm체, 80g   ㉱ 0.08 mm체, 100g

   해설 • 액성한계시험 : 낙하횟수와 함수비 관계

08 흙의 소성한계시험을 할 때 필요하지 않은 시험기구는 어느 것인가?
   ㉮ 유리판   ㉯ 증발접시   ㉰ 건조기   ㉱ 홈파기날

   해설 홈파기날은 액성한계시험에 사용한다.

09 흙 입자 밀도시험을 할 때 기포를 제거하기 위해 어느 정도 끓여야 하는가?
   ㉮ 약 5분   ㉯ 약 10분   ㉰ 약 15분   ㉱ 약 30분

   해설 흙 입자 밀도 오차가 가장 큰 원인은 기포 제거 때문이다. 기포 제거를 위해 전열기로 끓이면 넘치지 않도록 하고 점토질흙은 10분 이상 끓인다.

10 흙 입자 밀도 시험 시 필요하지 않은 기구는 어느 것인가?
   ㉮ 알코올 램프   ㉯ 석면망
   ㉰ 온도계   ㉱ 유리판

   해설 유리판은 소성한계시험시에 필요하다.

11 시험시 일반적인 항온건조기는 몇 ℃로 건조시키는가?
   ㉮ 60℃   ㉯ 80±10℃   ㉰ 110±5℃   ㉱ 150±5℃

   해설 건조시간은 18~24시간 정도이다.

12 건조된 흙에 수분이 흡수되는 것을 방지하기 위해 데시케이터 안에 흡습제를 사용하는데 주로 쓰는 약품은?
   ㉮ 수산화나트륨   ㉯ 증유
   ㉰ 실리카겔   ㉱ 황산나트륨

   해설 • 수산화나트륨 : 유기불순물시험에서 표준색 용액을 만들 때 사용한다.

답 06. ㉯ 07. ㉮ 08. ㉱ 09. ㉯ 10. ㉱ 11. ㉰ 12. ㉰

13 흙의 최대 입경 4.75(5)mm체일 때 함수량 시험용 시료의 최소무게는 얼마인가?
㉮ 10g 이상 ㉯ 50g 이상
㉰ 100g 이상 ㉱ 120g 이상

해설 • 0.425mm : 5~10g   • 4.75mm : 30~100g

14 다음 중 상호 관계없는 것은?
㉮ 액성한계시험 – 홈파기날 ㉯ 수축한계시험 – 수은
㉰ 소성한계시험 – 서리유리판 ㉱ 흙다짐시험 – 진동기

해설 • 진동기 : 체가름 시험용

15 다음 중 액성한계시험시 활동접시의 낙하속도는 어느 것인가?
㉮ 1회/초 ㉯ 2회/초
㉰ 3회/초 ㉱ 4회/초

해설 2회/초의 속도로 낙하시켜 홈이 패인 밑부분의 흙이 접촉하는 길이가 13mm가 될 때까지 계속한다.

16 다음 중 No.4체, No.10체의 눈금크기는 몇 mm인가?
㉮ 2.0, 0.25 ㉯ 2.0, 0.45
㉰ 4.76, 2.0 ㉱ 4.76, 0.45

해설 No.40체 : 0.425mm, No.200체 : 0.075mm, No.10체 : 2mm

17 19mm체 통과시료를 150mm 지름 몰드로 다짐할 때 사용되는 시험방법은?
㉮ A다짐 ㉯ B다짐
㉰ C다짐 ㉱ D다짐

해설

시험방법	래머 무게	몰드 직경	낙하고	다짐층수	다짐횟수	최대 입경
A	2.5kg	100mm	30cm	3	25회	19mm
B	2.5kg	150mm	30cm	3	55회	37.5mm
C	4.5kg	100mm	45cm	5	25회	19mm
D	4.5kg	150mm	45cm	5	55회	19mm
E	4.5kg	150mm	45cm	3	92회	37.5mm

• 다짐 몰드의 직경 100mm : 체적 1,000cm^3
• 다짐 몰드의 직경 150mm : 체적 2,209cm^3

답 13. ㉰ 14. ㉱ 15. ㉯ 16. ㉰ 17. ㉱

18 실내 CBR 시험시 최종 관입시험을 하는데 시료가 든 몰드를 몇 시간 동안 물속에 넣은 후 꺼내어 실시하는가?
  ㉮ 24시간 ㉯ 48시간 ㉰ 72시간 ㉱ 96시간

  해설 즉, 4일 수침 후의 팽창비와 최종관입시험을 한다.

19 A다짐시험시 사용되는 시료는 다음 중 어느 것인가?
  ㉮ 5mm체 통과한 흙
  ㉯ 19mm체 통과한 흙
  ㉰ 0.425mm체 통과한 흙
  ㉱ 37.5mm체 통과한 흙

  해설 다짐 종류는 A, B, C, D, E 다짐으로 분류한다.

20 평판재하시험시 재하장치는 재하판 및 지지력 장치의 지지점에서 몇 m 이상 떨어져 배치하는가?
  ㉮ 5m ㉯ 10m ㉰ 7m ㉱ 1m

  해설 평판재하시험시 하중을 35 kN/m² 씩 증가시킨다.

21 다짐시험시 시료에 함수비를 몇 %씩 변화시켜 최적함수비를 구하는가?
  ㉮ 2% ㉯ 3% ㉰ 4% ㉱ 5%

  해설 최적함수비(OMC) 때의 밀도=최대건조밀도($\gamma_{d\max}$)
  다짐이 끝난 후 몰드의 무게, 흙의 무게 및 함수비를 측정하고, 함수비를 1~2%씩 증가해가면서 4~8회 같은 시험을 반복하여 다짐곡선을 그린다.

22 수축한계시험에서 수은을 사용하는 이유는 무엇인가?
  ㉮ 비중이 크므로
  ㉯ 응집력이 강하므로
  ㉰ 깨끗하므로
  ㉱ 미끄러지므로

  해설 젖은 흙의 부피, 건조시료의 부피를 구하기 위해 사용한다.

23 원심함수당량이란 물로 포화된 흙이 중력의 몇 배와 같은 원심력을 1시간 동안 받았을 때의 함수비를 말하는가?
  ㉮ 1,000배 ㉯ 2,000배 ㉰ 3,000배 ㉱ 4,000배

  해설 원심함수당량(CME)≥12% : 불투수성이다.
  투수성 흙의 원심함수당량은 모래의 함유량이 늘면 감소한다.
  • CME : 3~4%(모래)
  • CME : 5~12%(사질 롬)
  • CME : 50% 내외(순점토)

답 18. ㉱ 19. ㉯ 20. ㉰ 21. ㉮ 22. ㉮ 23. ㉮

24
실내 CBR 시험시 재하시험기의 재하속도는 얼마인가?
㉮ 4 mm/분 ㉯ 3 mm/분 ㉰ 2 mm/분 ㉱ 1 mm/분

해설 CBR이란 포장두께 설계나 지반이 지지력을 판정하는 데 이용한다.

25
흙의 입도분석시 사용하지 않는 체는 어느 것인가?
㉮ 5mm ㉯ 2mm ㉰ 0.15mm ㉱ 0.08mm

해설 75μm, 106μm, 250μm, 425μm, 850μm, 2mm, 4.75mm, 9.5mm, 19mm, 26.5mm, 37.5mm, 53mm, 75mm체

26
다음 중 흙 입자 밀도시험 기구가 아닌 것은?
㉮ 피크노미터 ㉯ 데시케이터
㉰ 건조기 ㉱ 다이얼 게이지

해설 • 다이얼 게이지 : 평판재하시험, 마찰 안정도 시험에 사용한다.

27
CBR 시험시 보통 2.5mm 관입할 때 값을 취하지만 재시험을 해도 5.0mm 관입할 때 값이 큰 경우는 관입량이 얼마일 때 값을 취하는가?
㉮ 2.5mm ㉯ 5.0mm ㉰ 7.5mm ㉱ 12.5mm

해설 ① 2.5mm 관입 : 표준단위하중(6.9 MN/m²), 표준하중(13.4 KN)
② 5.0mm 관입 : 표준단위하중(10.3 MN/m²), 표준하중(19.9 KN)

28
압밀시험시 평균지름(δ_t)을 구하는 식은?

δ_a : 공시체 윗면지름, δ_b : 공시체 아랫지름, δ_d : 공시체 중앙지름

㉮ $\delta_t = \dfrac{\delta_a + \delta_b}{2}$ ㉯ $\delta_t = \dfrac{\delta_a + 2\delta_d + \delta_b}{4}$

㉰ $\delta_t = \dfrac{2\delta_a + \delta_b}{4}$ ㉱ $\delta_t = \dfrac{2\delta_a + \delta_d + 2\delta_b}{2}$

해설 공시체가 단단한 경우라도 깨끗이 가공되지 않았을 때는
$\delta_t = \dfrac{\delta_a + 4\delta_d + \delta_b}{6}$

29
흙의 입도분석시험에서 비중계 시험법에 이용되는 규산나트륨 결정용액의 비중은 비중계로 15℃에서 얼마가 되어야 하는가?
㉮ 0.995 ㉯ 1 ㉰ 1.023 ㉱ 4

해설 비중계 시험용 시료의 양은 2mm체 통과시료 중에서 사질토인 경우 115g, 실트 및 점토인 경우 65g 이상을 취한다.

답 24. ㉱ 25. ㉰ 26. ㉱ 27. ㉯ 28. ㉯ 29. ㉰

30 흙의 입도분석시 사용되는 비중계는 메니스커스가 변하지 않도록 어떤 용액으로 씻는가?

㉮ 물   ㉯ 알코올   ㉰ 벤젠   ㉱ 염화나트륨

해설 흙의 입도시험시 비중계 읽음은 메니스커스의 윗면에서 0.0005까지를 읽는다.
비중계를 넣고 꺼낼 때에는 현탁액을 흐뜨리지 않도록 조용히 행하여 넣고 꺼내는 시간은 10초 이내로 한다.

31 모래치환법에 의한 흙의 현장단위체적중량시험은 최대 입경 얼마 이하인 흙에 적용되는가?

㉮ 7cm   ㉯ 5cm   ㉰ 3cm   ㉱ 1cm

해설 다짐도를 측정하기 위하여 모래치환법을 이용하여 밀도를 측정한다.

32 액성한계시험시 양분된 흙 사이의 홈이 몇 cm 접촉할 때 함수비를 취하는가?

㉮ 1.3cm   ㉯ 1.0cm   ㉰ 1.5cm   ㉱ 2.0cm

해설 낙하횟수 25회에 홈이 1.3cm 붙을 때의 함수비를 취한다.

33 액성한계시험시 황동접시의 낙하높이는 몇 cm인가?

㉮ 3cm   ㉯ 2cm   ㉰ 1.5cm   ㉱ 1cm

해설 접시를 1cm 높이에서 매초 2회의 속도로 낙하시킨다.

34 흙을 비중계법으로 분석한 뒤 현탁액을 넣고 난 후 몇 시간이 지나면 시간이 종료되는가?

㉮ 12시간   ㉯ 18시간   ㉰ 24시간   ㉱ 48시간

해설 1분, 2분, 5분, 15분, 30분, 60분, 240분, 1,440분의 시간이 될 때마다 눈금과 온도를 읽는다.

35 흙을 비중계법으로 분석한 뒤 현탁액을 몇 번 체로 걸러서 씻어내는가?

㉮ 5mm   ㉯ 0.15mm   ㉰ 0.08mm   ㉱ 0.425mm

해설 0.08mm체로 씻어내고 잔류흙을 노건조하여 세립분 체가름 시험을 한다.

36 임의의 흙을 체가름한 결과 No.4체까지의 잔류율이 1.35%였다. 이때 가적통과율은 몇 %인가?

㉮ 98.65%   ㉯ 101.35%   ㉰ 97.3%   ㉱ 100%

해설 가적통과율 = 100 − 잔류율 = 100 − 1.35 = 98.65%

답 30. ㉯   31. ㉰   32. ㉮   33. ㉱   34. ㉰   35. ㉰   36. ㉮

37 흙의 다짐에 있어서 최대 건조밀도는 어느 단계의 최적함수비 부분에서 일어나는가?
㉮ 수화단계　㉯ 윤활단계　㉰ 팽창단계　㉱ 포화단계

해설 최대 건조밀도($\gamma_{d\max}$)는 다짐곡선에서 정점의 건조단위 무게이며 최적함수비 부분은 윤활단계이다.

38 비중계법에 의한 입도시험 및 흙 입자 밀도시험을 할 때 몇 번째 통과시료를 사용하는가?
㉮ 5mm　㉯ 2mm　㉰ 0.425mm　㉱ 0.08mm

해설 2mm(No.10)체로 체질하여 통과시료와 잔류시료의 무게로 구분하여 구한다.

39 액성한계 · 소성한계 · 수축한계시험시 사용하는 시료는 몇 번 체를 통과한 시료를 사용하는가?
㉮ 5mm　㉯ 2mm　㉰ 0.425mm　㉱ 0.15mm

해설 시험시 시료량은 액성한계 200g, 소성한계 30g, 수축한계 30g이다.

40 흙의 0.08mm체 통과량 시험시 0.08mm체 위에 몇 번 체를 조립하여 시료를 붓고 물로 씻는가?
㉮ 5mm　㉯ 2mm　㉰ 0.425mm　㉱ 0.15mm

해설 모래, 자갈의 0.08mm체 통과량시험시 사용되는 체는 0.08mm, 1.2mm체이다.

41 흙의 입도분석시험에서 비중계 시험은 몇 번 체를 통과한 입도분포를 알기 위한 것인가?
㉮ 2mm　㉯ 0.425mm　㉰ 0.15mm　㉱ 0.08mm

해설 비중계 시험용 시료의 양은 2mm(No.10)체를 통과시료 중 사질토 115g, 실트 · 점토는 65g 정도를 채취하여 정확한 무게를 계량한다.

42 실내 CBR 시험시 시료 몰드를 5층으로 나누어 3개의 몰드를 만드는데 옳은 것은?
㉮ 50회, 20회, 10회　㉯ 55회, 20회, 10회
㉰ 55회, 25회, 10회　㉱ 50회, 25회, 10회

해설 $CBR_{2.5} > CBR_{5.0}$의 값으로 결정한다. 그러나 이러한 결과가 나오지 않으면 다시 시험을 실시하는데 다시 한 시험이 또 $CBR_{5.0}$값이 더 크면 $CBR_{5.0}$값으로 결정한다.

43 모래치환 밀도시험에서 구할 수 없는 것은?
㉮ 습윤밀도　㉯ 건조밀도　㉰ 함수비　㉱ 투수계수

해설 투수시험으로 투수계수를 구한다.

답 37. ㉯　38. ㉯　39. ㉰　40. ㉰　41. ㉮　42. ㉰　43. ㉱

44 평판재하시험에서 평판의 크기는?
- ㉮ 10, 20, 30
- ㉯ 20, 30, 40
- ㉰ 30, 40, 75
- ㉱ 40, 50, 75

해설 K_{75}, K_{40}, K_{30} : 두께가 22 mm 이상의 강재원판이며 지름이 75 cm, 40 cm, 30 cm의 재하판을 사용하여 구한 지지력계수(kg/cm³)

45 유기 불순물 시험에서 마개가 있고 눈금이 있는 용량 400ml의 무색 유리병은 몇 개가 필요한가?
- ㉮ 1개
- ㉯ 2개
- ㉰ 3개
- ㉱ 4개

해설 표준액 용액과 시험용액 2개가 필요하다.

46 0.08mm체의 통과량 시험에서 통과시료는 몇 ℃에서 건조하는가?
- ㉮ 90±5℃
- ㉯ 100±5℃
- ㉰ 105±5℃
- ㉱ 110±5℃

해설 105±5℃에서 흙을 노건조시킨 후 무게를 측정한다.

47 노상토 단위 지지력을 측정하는 시험방법은?
- ㉮ 표준관입시험
- ㉯ VANE
- ㉰ CBR
- ㉱ 일축압축시험

해설 포장의 두께와 지반이 지지력을 판별하는 데 이용한다.

48 다음 그림은 어느 것을 측정하는 시험기구인가?
- ㉮ 액성한계
- ㉯ 소성한계
- ㉰ 수축한계
- ㉱ 다이얼 게이지

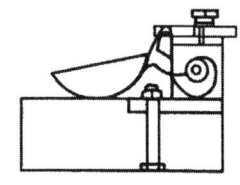

해설 • 액성한계시험 : 200g의 시료를 이용하며 25회 낙하하였을 때 V형 홈이 1.3cm 붙을 때의 함수비

49 흙 입자 밀도시험에 사용되는 시험기구가 아닌 것은?
- ㉮ 피크노미터
- ㉯ 데시케이터
- ㉰ 항온수조
- ㉱ 다이얼 게이지

해설 • 흙 입자 밀도시험 시 온도는 15℃를 표준한다.
• 다이얼 게이지는 평판재하시험, 마샬 안정도 시험에 사용

답 44. ㉰ 45. ㉯ 46. ㉰ 47. ㉰ 48. ㉮ 49. ㉱

50. 흙의 입도시험에서 비중계의 유효깊이 계산식에서 값이 변하는 것은?

$$L = L_1 + \frac{1}{2}\left(L_2 - \frac{V_B}{A}\right)$$

㉮ L_1　　㉯ L_2　　㉰ V_B　　㉱ A

해설 • 입도시험

유효깊이 $L = L_1 + \frac{1}{2} \times \left(L_2 - \frac{V_B}{A}\right)$

L_1 : t시간 경과 후 비중계 구부 상단부터 수면 눈금읽음까지의 거리(cm)
L_2 : 비중계 구부 길이(cm)
V_B : 비중계 구부 부피(cm³)
A : 메스실린더의 단면적(cm²)

51. 통일분류법에서 조립토란?

㉮ 0.08mm체를 30% 이상 통과한 것
㉯ 0.08mm체를 30% 이하 통과한 것
㉰ 0.08mm체를 50% 이상 통과한 것
㉱ 0.08mm체를 50% 이하 통과한 것

해설 통일분류법
• 조립토 : 도로, 활주로, 흙댐 및 기초지반 등에 사용, 0.08mm체 통과량이 50% 이하인 경우에 적용
• 세립토 : 0.08mm체 통과량이 50% 이상인 흙

52. 흙의 함수량 시험시 사용기구가 아닌 것은?

㉮ 저울　　㉯ 건조기
㉰ 데시케이터　　㉱ 피크노미터

해설 피크노미터는 흙 입자 밀도시험에 사용되는 병이다.

53. 흙의 시험시 유기토를 항온 건조기에서 몇 ℃로 건조시키는가?

㉮ 120℃　　㉯ 100℃
㉰ 80℃　　㉱ 50℃

해설 흙의 시험시 유기토의 경우는 80℃에서 건조시킨다.

답 50. ㉮　51. ㉱　52. ㉱　53. ㉰

제 3 장 아스팔트 시험

3-1 역청재료의 침입도시험(KSM 2252)

① 침입도 시험 : 아스팔트의 굳기 정도 측정
② 침입도 1 : 0.1mm(1/10mm) 침입량
③ 매번 시험시 침에 붙어 있는 시료를 사염화탄소로 닦아낸다.
④ 침입도는 온도가 높아지면 커진다.
⑤ 같은 시료에서 측정위치는 측정한 곳에서 10mm 이상 떨어진 곳에서 측정한다.
⑥ 시험온도는 25℃, 추의 무게는 100g이다.
⑦ 고정쇠를 5초 동안 눌러 시료 속으로 들어가게 한다.(표준침의 굵기는 1.0mm)
⑧ 시험은 3회 이상 하여 평균값을 취한다. 각 측정위치는 시료용기의 내벽에서 항상 10mm 이상 떨어진 곳에서 한다.

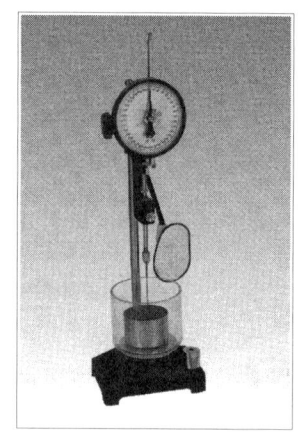

[예제] 침입도가 50일 때 침입량은 얼마인가?

해설 침입도가 1일 때 침입량이 0.1mm이므로 침입량은 5mm이다.

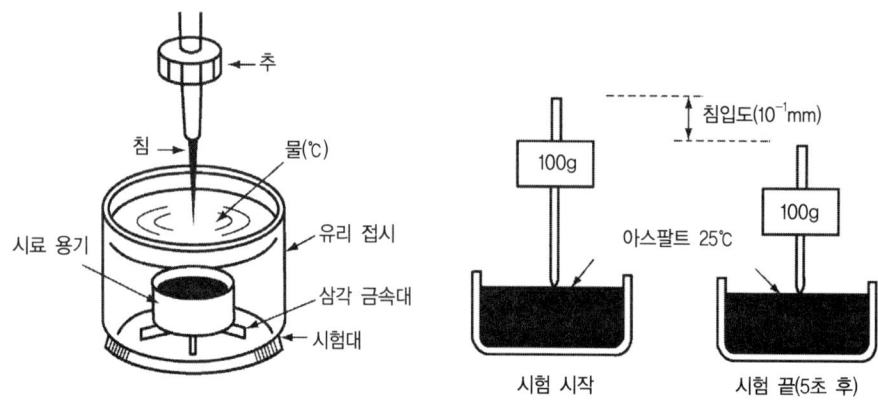

3-2 역청재료의 신도시험(KSM 2254)

① 신도 : 아스팔트의 늘어나는 성질(연성의 기준)
② 이동장치 : 매분 5±0.25cm의 속도로 전동식 장치(저온시에는 1cm/min 적용)
③ 표준체 : 300μm(No.50)체
④ 시료가 끊어질 때까지 늘어난 길이를 cm단위로 나타낸다.
⑤ 시험온도 : 25℃
⑥ 물의 온도 : 25±0.5℃
⑦ 눈금의 단위 : 0.5cm 단위로 읽고 기록한다.

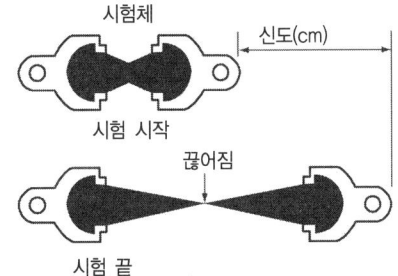
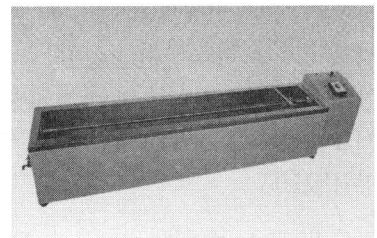

3-3 원유 및 석유제품 인화점시험(KSM 2010)

① 인화점 : 시료의 증기에 불이 붙는 최저온도(아스팔트 가열시 화재의 위험도 측정)
② 연소점 : 인화점 측정 후 시료가 5초 동안 연소를 계속한 최저온도
③ 인화점 이하 55℃가 되면 매분 5.5±5℃ 비율로 온도가 올라가게 조절해 준다.
④ 인화점 이하 28℃가 되면 온도계의 눈금 2℃ 때마다 시험불꽃을 1초 동안 움직인다.
⑤ 연소점은 인화점보다 높으며 그 차는 25~60℃ 정도이다.
⑥ 연소점의 측정은 클리블랜드 개방식 인화점 시험방법에 따라 한다.
⑦ 인화점 측정방식에는 밀폐식과 개방식이 있는데 개방식이 밀폐식보다 높은 값을 나타낸다.
⑧ 클리블랜드 개방식은 인화점이 80℃ 이상인 시료에 사용된다. 단, 원유 및 연료유는 제외한다.

3-4 역청재료의 연화점시험(환구법)(KSM 2250)

① 연화점 : 아스팔트의 점도가 어느 값에 도달하였을 때의 온도
② 시료가 강구와 함께 25mm 떨어진 밑판에 닿을 때의 온도를 연화점으로 한다.

③ 연화점 시험 결과 80℃ 이하 1℃, 80℃ 이상 2℃의 허용차를 넘어서는 안 된다.

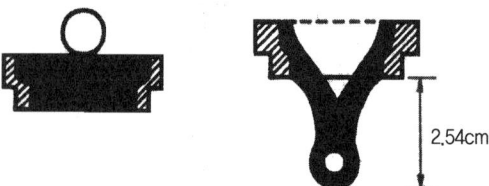

3-5 아스팔트 혼합물의 마샬안정도 및 흐름값시험(KSF 2337)

① 안정도 시험 : 변형에 대하여 저항하는 정도를 알기 위해
② 골재의 최대 지름 : 25mm 이하
③ 시험체를 60±1℃의 항온수조에 30분 동안 담근 후 즉시 꺼내 30초 이내에 시험을 실시한다.
④ 시험체 몰드를 제작할 때는 양면 각각 50회 또는 75회씩 다진다.
⑤ 안정도(N)

$$안정도(N) = R \times P \times d$$

여기서, R : 프루빙 링 안의 다이얼 게이지 읽음 값(mm)
P : 프루빙 링 계수(N/mm)
d : 안정도 상관비

※ 몰드 1개 제작시 1,200g 필요(몰드 1조가 3개 필요하므로 3,600g 필요)
⑥ 흐름값 : 1/100cm 단위로 환산
⑦ 아스팔트 표층 : 5,000N 이상, 아스팔트 기층(안정처리층) : 3,500N 이상

   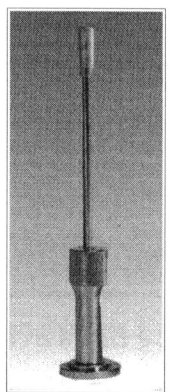

3-6 다져진 아스팔트 혼합물의 겉보기 비중 및 밀도시험(KSF 2353)

① 아스팔트 혼합물 시험체의 표면조직이 거칠어 파라핀을 피복하여 시험한다.
② 25℃ 공기 중에서 무게를 측정하고, 25℃ 물속에서도 4시간 이상 담가두었다가 물속에서의 무게를 측정한다.
③ 파라핀의 비중은 $0.95\ g/cm^3$이다.
④ 아스팔트의 원액의 비중은 1.01~1.10이다.
⑤ 아스팔트의 혼합물의 밀도는 $2.32 g/cm^3$ 정도이다.
⑥ 공시체의 크기는 원통형 시료의 지름 또는 시료의 측면길이는 골재 최대 크기의 4배 이상, 그 두께는 골재 최대 크기의 1.5배 이상이어야 한다.
⑦ 도로 포장용 아스팔트 혼합물이 필요한 다짐률을 가지고 있는지를 알기 위해서 시험을 한다.
⑧ 2회의 시험한 겉보기 밀도 결과는 $0.02g/cm^3$ 이내이어야 한다.
⑨ 겉보기 밀도 $= \dfrac{A}{D-E-\dfrac{D-A}{F}}$

여기서, A : 25±3℃ 실내온도에서 피복하지 않은 공시체 질량
D : 피복한 공시체를 25±3℃ 실내온도에서 30분간 냉각시킨 건조질량
E : 피복한 공시체를 25℃의 수조에 30분간 침수시킨 후 수중질량
F : 파라핀의 겉보기 밀도

⑩ 공시체 밀도(g/cm^3) = 겉보기 밀도 × 0.997

여기서, 0.997 : 25℃에서의 물의 밀도

3-7 아스팔트 포장용 혼합물의 아스팔트 함유량시험(KSF 2354)

① 25mm체를 통과하는 골재로 포장용 아스팔트 혼합물 시험에 적용한다.
② 아스팔트를 벤젠 또는 이황화탄소로 분해시킨다. (사염화탄소 사용)
③ 원심분리기의 속도는 1분 동안에 3,600회 회전한다.
④ 추출에는 보통 1,000g의 시료가 사용되며 일반적인 시험에서는 최대 입자 지름이 13mm 이하가 되는 작은 입자가 사용된다. (25mm 골재의 경우 3,000g 이상)

3-8 기름 및 아스팔트질 혼합물의 증발감량시험(KSM 2255)

① 일정 온도에서 아스팔트가 증발하여 감량되는 양을 측정한다.
② 50g의 아스팔트를 건조로에서 163±1℃로 5시간 건조시킨 후 감량을 처음 양에 대한 백분율로 구한다.
③ 증발 무게 변화율

$$V = \frac{W - W_s}{W_s} \times 100$$

여기서, V : 증발 무게 변화율(%)
W_s : 시료 채취량(g)
W : 증발 후의 시료의 무게(g)

제 3 장 실전문제 — 아스팔트 시험

01 다음 중 아스팔트 혼합물의 안정도 및 흐름값의 단위는 어느 것인가?
  ㉮ N, 1/100cm   ㉯ N, 1/10cm
  ㉰ g, 1/100cm   ㉱ g, 1/10cm

  해설 흐름값은 흐름 미터의 읽음값을 1/100cm 단위로 환산한다.

02 인화점은 규정된 방법으로 가열하여 인화점 근처에 달하면 시료의 온도 상승 2℃마다 규정의 시험불꽃을 기름단지 위를 통과시켜 시료의 휘발성분에 인화하는 최저온도를 말하는데 주로 컷백 아스팔트의 인화점은 몇 ℃ 이상인가?
  ㉮ 120℃   ㉯ 150℃   ㉰ 170℃   ㉱ 200℃

  해설 인화점 측정시 허용차는 8℃이다.

03 연화점 시험에서 시료를 환에 넣고 몇 시간 내에 끝내야 하는가?
  ㉮ 1시간   ㉯ 4시간   ㉰ 2시간   ㉱ 3시간

  해설 연화점 80° 미만인 경우에는 5℃ 증류수에서, 연화점 80℃ 이상인 경우에는 약 32℃의 글리세린에서 10분 이상 식힌다.

04 신도시험을 한 결과 3회 측정치를 평균하는데 시료가 늘어나 끊어진 길이는 다음 중 어떻게 표시하는가?
  ㉮ 0.5cm   ㉯ m   ㉰ 1/10cm   ㉱ 1/10m

  해설 시료가 늘어나 끊어진 길이를 신도로 한다. 3회 측정값의 평균값을 0.5cm 단위로 측정한다.

05 아스팔트 표층 배합설계시 아스팔트 함량별 5%, 5.5%, 6%, 7%이 5배치를 만드는데 각 배치당 3개의 몰드가 소요되어 총 15개가 필요하다. 여기서 한 개의 몰드에 혼합물이 몇 g 필요한가?
  ㉮ 1,200g   ㉯ 2,400g   ㉰ 3,600g   ㉱ 4,800g

  해설 1조는 몰드가 3개이므로 3,600g이다.

06 아스팔트 혼합물의 단위 밀도 측정시 사용되는 파라핀의 비중은 몇 g/cm³인가?
  ㉮ 1.0   ㉯ 2.0   ㉰ 0.95   ㉱ 0.72

  해설 아스팔트의 비중은 1.01~1.10 g/cm³
  아스팔트 혼합물이 밀도는 2.3~2.4 g/cm³

답 01. ㉮ 02. ㉱ 03. ㉯ 04. ㉮ 05. ㉮ 06. ㉰

07
연소점은 인화점 측정 후 다시 가열을 계속하여 시료가 적어도 몇 초 동안 연소를 계속한 최저 온도를 말하는가?

㉮ 10초 ㉯ 5초 ㉰ 15초 ㉱ 20초

해설 연소점은 인화점보다 높으며 그 차이는 25~60℃ 정도이다.

08
아스팔트 신도시험에서 시료가 든 몰드를 실온에서 약 몇 분 정도 냉각하는가?

㉮ 3~5분 ㉯ 10~15분 ㉰ 30~40분 ㉱ 60분

해설
① 신도시험시 300μm(No.50)체를 사용. 분당 5±0.25cm의 속도로 잡아당긴다.
② 시료가 든 몰드와 금속판을 25±0.1℃의 항온수조에 30분 가량 담근다.

09
역청재료시 2회 시험결과의 차이가 인화점과 연소점에 있어 각각 몇 ℃를 넘지 않아야 하는가?

㉮ 2℃, 2℃ ㉯ 3℃, 4℃ ㉰ 5℃, 6℃ ㉱ 8℃, 6℃

해설 인화점을 측정한 후, 다시 매분 5.5±0.5℃의 비율로 계속 가열하여 온도가 2℃ 올라갈 때마다 시험불꽃을 움직여 시료가 적어도 5초 동안 계속 연소하는 최초의 온도를 연소점으로 한다.

10
다음 중 아스팔트 시험이 아닌 것은?

㉮ 신도 시험 ㉯ 인화점 시험
㉰ 침입도 시험 ㉱ 응결시간 측정

해설 응결시간 측정은 시멘트 시험으로 비카 장치, 길모어 장치 등이 있다.

11
아스팔트의 비중은 무엇의 변화에 따라 부피 또는 상태가 달라지는가?

㉮ 습도 ㉯ 온도 ㉰ 밀도 ㉱ 재료

해설 아스팔트 혼합물은 온도에 민감하므로 혼합 및 다짐온도를 잘 지켜야 한다.

12
아스팔트 혼합물의 배합설계 및 시공시 품질관리를 주로 마샬 시험기로 실시하는 시험은?

㉮ 점도 시험 ㉯ 침입도 시험
㉰ 안정도 시험 ㉱ 혼합물 추출시험

해설
① **점도 시험** : 아스팔트의 점성을 측정하는 시험. 세이볼트 점도 시험, 앵글러 점도 시험 등이 있다.
② **침입도 시험** : 아스팔트의 굳기 정도 측정
③ **혼합물 추출시험** : 포장용 아스팔트 혼합물 속에 들어 있는 아스팔트의 양을 시험. 원심분리에 의한 포장용 혼합물의 역청 함유량 시험
④ **안정도의 단위** : kg(N)

답 07. ㉯ 08. ㉰ 09. ㉱ 10. ㉱ 11. ㉯ 12. ㉰

13 역청재료의 성질로서 틀린 것은?

㉮ 점도 : 아스팔트가 유동할 때 저항하는 성질
㉯ 침입도 : 아스팔트의 굳기를 나타내는 것으로서 20℃에서 표준침에 100g 추 무게를 5초 동안 시료 속에 침입한 정도
㉰ 신도 : 아스팔트의 연성을 나타낸 값
㉱ 감온성 : 역청재의 반죽질기가 온도에 의해 변하는 성질

해설 • 침입도
온도 25℃에서 표준침에 100g의 하중을 5초 동안 주었을 때 표준침이 시료 속으로 들어간 길이의 1/10mm의 단위. 침입도의 값이 클수록 아스팔트는 연하며, 온도가 높아지면 침입도가 커진다.

14 아스팔트 침입도 시험을 2회 할 경우 먼저 시험한 위치에서 몇 mm 이상 떨어진 곳에서 하는가?

㉮ 10mm ㉯ 20mm ㉰ 30mm ㉱ 40mm

해설 같은 시료의 측정위치는 먼저 측정한 곳으로부터 10mm 이상 떨어진 곳이어야 한다.

15 아스팔트 신도시험을 할 때 시료를 몇 번 체로 걸러 몰드에 부어넣는가?

㉮ No.20 ㉯ No.30 ㉰ No.40 ㉱ No.50

해설 시료를 No.50체로 걸러서 몰드에 약간 넘치도록 부어넣는다.

16 연화점 시험시 수온이 매분 몇 ℃의 비율로 올라가도록 하는가?

㉮ 10±0.5℃ ㉯ 5±0.5℃
㉰ 20±0.5℃ ㉱ 15±0.5℃

해설 수온이 매 분 5±0.5℃의 비율로 올리기도록 기열한다.

17 마샬 안정도 시험이란 마샬 시험기로 포장용 역청 혼합물의 공시체 측면에 마샬 시험기로 하중을 가하였을 때 소성변형에 대한 저항력을 측정하는데 이 방법에 사용되는 혼합물의 골재 최대 치수는?

㉮ 100mm 이하 ㉯ 50mm 이하
㉰ 40mm 이하 ㉱ 25mm 이하

해설 안정도 시험 결과는 아스팔트 배합설계에서 아스팔트의 양을 결정할 때 참고가 된다.

18 다음 중 아스팔트 비중시험 온도는 몇 ℃인가?

㉮ 4℃ ㉯ 15℃ ㉰ 25℃ ㉱ 30℃

해설 • 4℃ : 골재의 단위무게 측정시의 기준 온도

답 13. ㉯ 14. ㉮ 15. ㉱ 16. ㉯ 17. ㉱ 18. ㉰

19 아스팔트 배합시 아스팔트가 차지하는 부피를 측정하는 데 필요한 시험은 어느 것인가?
㉮ 침입도 시험 ㉯ 신도 시험
㉰ 비중 시험 ㉱ 인화점 시험

해설 ① 침입도 시험 : 아스팔트의 굳기 정도 측정
② 신도 시험 : 아스팔트의 늘어나는 정도 측정
③ 인화점 시험 : 아스팔트 가열시 화재의 위험도 측정

20 연화점 시험시 온도가열로 시료가 얼마만큼 처졌을 때의 온도를 말하는가?
㉮ 25.4mm ㉯ 34.5mm ㉰ 44.5mm ㉱ 54.5mm

해설 연화점 시험은 80℃를 기준으로 시험한다.

21 다음 중 아스팔트 신도시험시의 신장속도는 얼마인가?
㉮ 20±0.25 cm/min ㉯ 15±0.25 cm/min
㉰ 10±0.25 cm/min ㉱ 5±0.25 cm/min

해설 • 신도 : 아스팔트의 늘어나는 성질

22 아스팔트의 침입도 시험시 5mm 관입하였다. 이때의 침입도는 얼마이며, 그 단위는 무엇인가?
㉮ 10, 0.1mm ㉯ 25, 1mm
㉰ 100, 1mm ㉱ 50, 0.1mm

해설 • 침입도가 1일 때의 침입량 : 0.1mm
• 침입도가 50일 때의 침입량 : 5mm

23 아스팔트의 침입도 시험시 표준온도 및 표준하중 그리고 표준시간으로 맞는 것은?
㉮ 25℃, 100g, 5초 ㉯ 25℃, 100g, 10초
㉰ 20℃, 200g, 10초 ㉱ 20℃, 200g, 5초

해설 시험온도 25℃, 100g 무게의 추를 준 침이 끝을 시료의 표면에 닿게 한다. 고정쇠를 눌러 침이 5초 동안 시료 속으로 들어가게 한다.

24 아스팔트의 침입도 및 신도 시험시 몇 회 실시하여 그 평균값을 취하는가?
㉮ 5회 ㉯ 4회
㉰ 3회 ㉱ 1회

해설 • 침입도 : 아스팔트의 굳기 정도 측정

답 19. ㉯ 20. ㉮ 21. ㉱ 22. ㉱ 23. ㉮ 24. ㉰

25. 역청재료의 컨시스턴시와 관계없는 것은?

㉮ 인화점 시험   ㉯ 연화점 시험
㉰ 침입도 시험   ㉱ 신도 시험

해설 • 인화점 시험 : 시료의 증기에 불이 붙는 최저 온도

26. 역청재료의 신도에 가장 큰 영향을 미치는 것은?

㉮ 비중과 온도   ㉯ 신장속도와 온도
㉰ 연화점 온도   ㉱ 침입도와 온도

해설 신도란 늘어나는 성질로서 시간과 온도에 영향을 받는다.
① 연화점 온도 : 아스팔트의 점도가 어느 값에 도달하였을 때의 온도
② 침입도 : 아스팔트의 굳기 정도
③ 점도 : 아스팔트의 점성 정도
스트레이트 아스팔트가 신도가 가장 크다.

27. 아스팔트 배합설계시 필요하지 않는 것은?

㉮ 체가름 시험   ㉯ 마샬 안정도 시험
㉰ 흐름값 측정   ㉱ 잔골재 유기 불순물 시험

해설 아스팔트 배합설계시 골재밀도시험도 필요하다.

28. 마샬 안정도 시험시 공시체를 만드는데 몰드를 몇 회 다지는가?

㉮ 양쪽면 25회씩   ㉯ 양쪽면 50회씩
㉰ 한쪽면 25회씩   ㉱ 한쪽면 50회씩

해설 혼합물을 120℃로 가열한 후 다짐 해머로 양면 50회 또는 75회씩 다진다.

29. 마샬 안정도 시험은 공시체 제작 후 (   )℃ 수조에 (   )분 정도 넣었다가 (   )초 이내에 마샬 안정도 시험을 실시한다. 다음 괄호 안에 알맞은 것은?

㉮ 60±1℃, 30분, 30초   ㉯ 60±2℃, 40분, 25초
㉰ 60±2℃, 60분, 30초   ㉱ 60±1℃, 45분, 30초

해설 마샬 안정도 시험은 역청 혼합물이 소성흐름에 대한 저항력 시험이다.

30. 아스팔트 혼합물 배합설계시 기층공 및 표층공의 마샬 안정도 기준치는 얼마인가?

㉮ 1000N, 2000N   ㉯ 2500N, 3500N
㉰ 3500N, 5000N   ㉱ 4500N, 5500N

해설 • 기층공 플로 값 : 10~40   기층공 : 3,500N
• 표층공 플로 값 : 20~40   표층공 : 5,000N
• 플로값 단위 : 1/100cm

답 25. ㉮ 26. ㉯ 27. ㉱ 28. ㉯ 29. ㉮ 30. ㉰

31. 역청재료의 물리적 성질에 관한 다음 설명 중 옳지 않은 것은?

㉮ 직류 아스팔트는 침입도가 적을수록 비중이 증가한다.
㉯ 블론 아스팔트는 신도가 크지만 직류 아스팔트의 신도는 적다.
㉰ 침입도는 플라스틱(plastic)한 역청재의 반죽질기를 물리적으로 표시한 방법이다.
㉱ 감온성이 높은 재료는 저온에서 취약하고 고온에서는 연약하다.

해설 • 블론 아스팔트
스트레이트 아스팔트에 고온의 미세기포를 불어넣어 산화시킨 것으로 가볍고 화학적으로 안정되며 탄력성이 풍부하여 내충격성이 크고 감온성이 적고 융점이 높으며 주로 방수용으로 사용된다.
※ 고화점 : 완전히 고체가 되어 접착력을 상실하는 최고의 온도로서 도로 포장용인 스트레이트 아스팔트는 고화점이 낮아야 한다.

32. 역청재료에서 인화점, 연소점은 역청재의 가열작업에서 무엇을 측정하는 데 도움이 되는가?

㉮ 온도　　㉯ 신도　　㉰ 안정성　　㉱ 위험도

해설 아스팔트를 가열하여 작업을 할 때 화재의 위험도를 예측할 수 있다.
① 신도 : 늘어나는 성질
② 안정성 : 변형에 대하여 저항하는 정도

33. 연소점은 항상 인화점보다 높으나 그 차이는 얼마 정도인가?

㉮ 10~15℃　　㉯ 25~60℃
㉰ 15~20℃　　㉱ 45~75℃

해설 ① 인화점 : 시료의 증기에 불이 붙는 최저 온도
② 연소점 : 인화점을 측정한 다음 시료가 적어도 5초 동안 연소를 계속한 최저 온도, 연소점은 인화점보다 25~60℃ 정도 높다.

34. 다음 역청재료의 침입도에 대한 설명 중 옳지 않은 것은?

㉮ 침입도가 큰 아스팔트는 추운 지방에 사용하는 것이 좋다.
㉯ 침입도가 적을수록 연화점이 높다.
㉰ 침입도의 지수(PI)는 침입도와 신도와의 관계식이다.
㉱ 연한 아스팔트일수록 침입도가 크고 단단한 아스팔트일수록 침입도가 작다.

해설 PI (Penetration Index)는 온도와 침입도의 관계직선으로 이 값이 크면 감온성이 적으므로 우리나라와 같이 사계절이 분명한 기후에는 PI가 큰 아스팔트를 사용하는 것이 좋다.

정답 31. ㉯　32. ㉱　33. ㉯　34. ㉰

제 4 장 목재시험

4-1 목재의 함수율 시험(KSF 2199)

① 시험편을 103±2℃로 유지되는 건조기 내에서 건조시킨 후 질량 감소분을 측정하고 이 질량 감소분을 시험편의 건조 후 질량으로 나누어 백분율로 계산한다.
② 시험편의 길이가 20mm 이상인 사각형 횡단면에 섬유방향 길이가 25±5mm인 직육면체이다.
③ 함수율 $= \dfrac{m_1 - m_2}{m_2} \times 100$

여기서, m_1 : 시험편의 건조 전 질량(g)
m_2 : 시험편의 건조 후 질량(g)

4-2 목재의 압축시험(KSF 2206)

① 시험편은 횡단면이 한 변의 길이가 20mm인 정사각형이며 섬유방향의 길이가 30~60mm인 직육면체의 형태로 제작되어야 한다. 시험편의 수는 최소한 10개 이상이 되어야 한다.
② 시험편이 1.5~2분 이내에 파괴되도록 균일한 속도로 하중을 가한다.
③ 목재의 압축강도는 비중이 클수록, 함수율이 작을수록 높으며, 섬유방향에 나란하게 힘을 줄 때 가장 높다.
④ 섬유방향 압축강도

$$\sigma_{c\max} = \dfrac{P_{\max}}{A} (\text{N/mm}^2)$$

4-3 목재의 경도시험(B형 경도시험)(KSF 2212)

① 시험편 : 한 변의 길이가 40mm인 정사각형이며 또는 한 변의 길이가 30mm인 정사각형에 두께가 15mm 이상인 직육면체

② 시험편의 수 : 최소한 10개 이상
③ 시험방법 : 하중은 매분 약 0.5mm의 속도로 $1/\pi$ mm(약 0.32mm)의 깊이까지 쇠구슬을 압입시키고 이때의 하중을 측정한다.
④ 경도시험은 각각의 시험편에 대하여 3군데 이상을 실시한다.
⑤ 경도 $= \dfrac{P}{10}$ (N/mm^2)

제 4 장 실전문제 — 목재시험

01 일반적으로 목재의 비중은 어느 상태의 비중을 말하는가?
  ㉮ 생목비중   ㉯ 기건비중
  ㉰ 절대건조비중   ㉱ 포수비중

해설
① 진비중 : 수목의 종류에 상관없이 1.54~1.56 정도로서 목재가 완전히 물에 침수되었을 때의 비중
② 생목비중 : 수목을 벌채한 직후의 비중. 수분이 목재 절대중량의 30~100% 정도
③ 기건비중 : 보통 목재의 비중이란 공기중 건조상태의 비중을 말하며 대기의 습도와 평균상태가 되도록 수목을 건조시켰을 때의 비중. 보통 수분을 목재 중량의 15% 정도로 함유하여 비중이 0.3~0.9 정도
④ 절대건조비중 : 수목을 110℃ 이하의 온도로 건조, 수분을 완전히 제거했을 때의 비중
⑤ 포수비중 : 수목이 수중에서 포화될 때까지 함수시킨 목재의 비중

02 다음의 목재에 관한 여러 가지 설명 중 옳지 않은 것은?
  ㉮ 목재의 비중은 보통 기건비중을 말하고 함수율은 15% 전후이다.
  ㉯ 목재의 수분이 감소하면 압축강도는 적어진다.
  ㉰ 목재의 인장강도는 압축강도에 비해서 크다.
  ㉱ 목질은 건조중량의 60%가 셀룰로오스이다.

해설 • 목재의 성질
목재의 압축강도는 비중이 클수록 함수율이 작을수록 높으며 또 섬유방향에 나란하게 힘을 줄 때 가장 높다. 일반적으로 목재의 함수율은 15%를 기준으로 한다.

03 어떤 목재의 시험편의 건조 전 무게(W_1)가 490g이었는데 건조 후의 무게(W_2)가 440g이었다. 함수율은 얼마인가?
  ㉮ 11.4%   ㉯ 12%
  ㉰ 13.6%   ㉱ 18.2%

해설 • 함수율
수목이 함유된 수분의 중량과 목재의 절대건조중량과의 백분율(%)을 말한다.

함수율 $w(\%) = \dfrac{W_1 - W_2}{W_2} \times 100$

W_1 : 건조하기 전의 시험편 중량
W_2 : 절대건조시의 시험편 중량

$w = \dfrac{490 - 440}{440} \times 100 = 11.4\%$

답 01. ㉯   02. ㉰   03. ㉮

04 목재의 강도에 관한 다음 설명 중 틀린 것은?

㉮ 비중이 크면 압축강도도 크다.
㉯ 휨강도는 전단강도보다 크다.
㉰ 목재의 세로인장강도는 압축강도보다 작다.
㉱ 목재의 수분이 증가하면 압축강도는 감소한다.

해설 ① 휨강도 : 일반적으로 휨재로 많이 사용하며, 세로압축강도의 1.5배이다.
② 인장강도 : 세로방향의 강도는 압축강도보다 크지만 옹이 등의 재료결함으로 인해 잘 사용하지 않는다.
③ 압축강도 : 세로인장강도의 90%이며 가로압축강도는 세로압축강도의 10~20% 정도이다.

05 목재의 강도에 관한 다음 기술 중 옳지 않은 것은?

㉮ 목재는 인장강도가 압축강도보다 크다.
㉯ 목재는 건조할수록 강도가 증가한다.
㉰ 목재는 콘크리트보다 인장강도가 작다.
㉱ 목재의 인장강도는 섬유방향이 직각방향보다 크다.

해설 ① 압축강도시험
 • 비중이 클수록, 함수량이 작을수록, 섬유방향에 나란하게 힘을 줄 때 가장 높다.
 • 압축강도를 비교할 때는 같은 함수율의 값으로 하며, 일반적으로 15% 정도를 기준으로 한다.
 • 목재의 압축강도시험은 세로 · 가로 부분 시험이 있다.
② 인장강도시험
 • 압축강도와 마찬가지로 목재의 비중, 함수율, 힘의 방향에 따라 달라진다.
 • 세로인장시험과 가로인장시험이 있다.
③ 휨강도 시험
 • 다른 강도와 마찬가지로 비중, 흡수율, 힘을 주는 방향에 따라서 달라진다.
 • 시험편의 축이 섬유방향과 나란하고 하중방향과 수직인 경우에 실시한다.
④ 목재의 휨강도 : 세로압축강도의 1.5배
⑤ 섬유방향의 강도 크기 순서 : 인장강도＞휨강도＞압축강도＞전단강도

06 다음 중 목재에 관한 설명으로 옳지 않은 것은?

㉮ 목재의 강도는 절대조건일 때 최대가 된다.
㉯ 목재는 세포막 중에 스며든 결합수가 감소하면 수축변형한다.
㉰ 목재의 벌채 시기는 가을 또는 겨울이 좋다.
㉱ 심재는 변재보다 썩기 쉽다.

답 04. ㉰ 05. ㉱ 06. ㉱

해설 ① 강도는 조직의 조밀, 함수량의 다소에 따라 차이가 많으며 나이테, 밀도가 클수록 강도가 크고 함수량과는 역비례한다.
② 생목이 품고 있는 수분은 세포의 내부 및 공극에 고여 있는 유리수와 세포벽에 침투한 세포수로 되어 있다. 목재가 건조할 때는 우선 유리수가 증발하고 그 후에 세포수가 증발하기 시작한다. 이 한계에서의 함수율의 상태를 섬유포화점이라 한다. 목재의 섬유포화점에서의 함수율은 대개 절대건조중량의 25~30%이다. 세포의 수축이나 팽창 등 재질의 변동은 전부 함수율이 섬유포화점 이하의 상태가 되었을 때 생긴다.
③ 벌목에 가장 적당한 시기는 가을에서 겨울에 걸친 기간으로서 이 기간에는 수목의 생장작용이 중지하고 수액의 농도가 높고 균류가 만연할 위험도 적기 때문에 충해·균해를 입는 일이 적다. 이에 반해서 수목의 성장이 가장 왕성한 봄철에는 변재부에 녹말, 당분 등의 용액을 많이 품어서 부패하기 쉽고 충류·균류의 번식이 왕성하므로 피해를 입기 쉽다.
④ 수목 줄기의 횡단면에서 수심과 변재 사이의 암색을 나타내는 부분을 심재라 한다. 이것은 원래 변재였던 것이 수목이 성장함에 따라 차츰 심재로 변화한 것인데 원형질을 잃고 그 반면에 고무질수지, 색소류가 세포 내에 침적하여 짙은 색을 나타내며 수분이 적고 중량이 크므로 강도 및 인성이 크다. 변재와 심재의 비율 및 빛깔의 차이의 정도는 수목의 종류, 나이에 따라 다르다. 일반적으로 변재는 노목일수록 좁고 고목일수록 넓다. 또 변재는 수목의 줄기 밑에서 가장 넓다. 그러나 심재에 대한 변재의 비율은 수목의 줄기 위로 올라갈수록 크다. 심재는 변재보다 강도가 크고 내구성이 많을 뿐 아니라 빛깔이 다르기 때문에 목재로서의 활용가치는 변재보다 많다.

07 목재의 강도로 맞는 것은?

㉮ 비중이 크면 압축이 작다.
㉯ 함수율이 작으면 강도는 크다.
㉰ 온도가 높으면 강도도 크다.
㉱ 목재의 홈이 있으면 강도가 크다.

해설 • 목재
목재의 비중은 겉보기 비중으로 나타낸다.
인축강도는 세로 인장강도의 90%, 기로 압축강도는 세로 압축강도의 10~20% 정도

답 07. ㉯

제 5 장 석재시험

5-1 석재의 압축강도시험(KSF 2519)

① 시험편의 규격은 5cm×5cm×5cm 이상이며, 석재 종류마다 5개 이상 만든다.
② 시험편을 습윤 및 건조 상태에서 결에 대하여 수직방향으로 시험할 경우에는 10개 이상, 수직 및 수평의 두 방향으로 시험할 경우에는 20개 이상 준비한다.
③ 건조상태에서 시험할 시험편은 60±2℃의 온도에서 48시간 건조시킨다.
④ 습윤상태에서 시험할 시험편은 20±5℃의 수중에서 48시간 담가두었다가 수조에서 꺼낸 즉시 시험을 한다.
⑤ 하중의 재하는 매분 약 1mm의 속도로 매초 약 1 MPa(N/mm^2)의 하중을 가한다.
⑥ 석재의 밀도가 클수록 강도가 크고 가공방향에 따라 결의 수직방향에 가압한 것이 평행방향에 가압한 것보다 강하다.
⑦ 석재의 물리적 성질에 의한 분류를 경석, 준경석, 연석으로 구분한다.
⑧ 보통 석재의 압축강도는 50 MPa 이상이고 화강암인 경우 100 MPa 이상이다.

5-2 석재의 밀도 및 흡수율시험(KSF 2518)

① 공시체의 치수 : 50mm~80mm의 육면체
② 시료마다 3개 이상의 공시체를 준비한다.
③ 105±5℃의 건조기에서 24시간 건조한다.
④ 30분 이상 식힌 후 질량을 단다.(A)
⑤ 공시체를 20±5℃ 수중에 48시간 수침 후 꺼내 표면물기를 제거하고 질량을 단다.(B)
⑥ 공시체를 물속에서의 질량을 단다.(C)
⑦ 흡수율(%) = $\dfrac{B-A}{A} \times 100$
⑧ 표면 건조 포화상태의 밀도 = $\dfrac{A}{B-C} \times \rho_w$ 여기서, ρ_w : 물의 밀도(g/cm^3)

제 5 장 실전문제 — 석재시험

01 석재의 내구성에 대한 다음 설명 중 옳은 것은?

㉮ 조성된 광물의 입자가 크면 입자의 분포상태에 관계없이 내구성이 크다.
㉯ 빈틈률이 크고 흡수율이 큰 다공질일수록 내구성이 크다.
㉰ 풍화하기 쉬운 성분이 많을수록 내구성이 크다.
㉱ 밀도가 클수록 내구성이 크다.

해설
- 석재의 내구성은 조직, 조암광물의 종류에 따라 또 그 사용장소의 풍토, 기후·노출상태에 따라 내수연한이 변화한다.
- 빈틈률이 크고 흡수율이 큰 다공질일수록 내구성이 작다.
- 풍화하기 쉬운 성분이 많을수록 내구성이 작다.

02 석재의 성질과 시험법에 대한 설명 중 옳지 않은 것은?

㉮ 석재의 밀도는 $2.65\,g/cm^3$ 정도이고 밀도가 클수록 강도가 크다.
㉯ 석재의 흡수율은 풍화, 파괴, 내구성 등과 관계가 있고 흡수량으로 빈틈률을 알 수 있다.
㉰ 석재의 강도는 압축강도가 크고, 인장강도는 압축강도의 1/10~1/20에 불과하다.
㉱ 석재의 마모시험시 LA시험기는 10,000번 회전시키고, 데발시험기는 1,000번 회전시킨다.

해설 로스앤젤레스 마모시험시 A, B, C, D, H 입도는 5kg, 500회 그리고 E, F, G 입도는 10kg, 1,000회 회전시킨다.

03 석재를 압축강도에 의해 분류했을 때 다음 중 연석에 해당하는 강도는 얼마인가?

㉮ 50 MPa 이상
㉯ 50 MPa 미만
㉰ 10~50 MPa
㉱ 10 MPa 미만

해설

종 류	압축강도(MPa)
경 석	50 이상
준경석	50 미만~10 이상
연 석	10 미만

04 다음 석재 중 강도가 가장 적은 것은?

㉮ 화강암 ㉯ 대리석 ㉰ 응회암 ㉱ 안산암

해설 ① 연석 : 연질사암, 응회암, 압축강도가 20 MPa 이하
② 경석 : 화강암, 대리석, 안산암, 압축강도가 60 MPa 이상

답 01. ㉱ 02. ㉱ 03. ㉱ 04. ㉰

05. 다음 중 석재의 내구성을 지배하는 원인과 관계없는 내용은 어느 것인가?

㉮ 풍화의 정도에 따라 내구성이 달라진다.
㉯ 공극률이 작고 흡수율이 작아 다공질인 것일수록 동해를 받기 쉽고 내구성이 작다.
㉰ 같은 석재라도 풍토·기후·노출 상태에 따라서 풍화속도가 다르다.
㉱ 조성된 광물이 조밀하고 크기가 고를수록 내구성이 크다.

해설 내구성을 지배하는 요인
① 조직 : 조암광물이 미립·등립일수록 내구성이 크며, 흡수율이 큰 유공질일수록 적다.
② 조암광물 : 알루미나 화합물, 규산염류 등은 저항성이 크다.
③ 노출상태 : 풍토, 기후, 노출상태에 따라 다르다.

06. 석재의 마모시험시 석재의 잔류량을 분석하기 위해 사용하는 체는?

㉮ 5mm   ㉯ 1.7mm   ㉰ 0.6mm   ㉱ 0.3mm

해설
• 닳음(마모)시험
LA시험기와 데발시험기가 사용되며, LA시험기는 1분에 30~33회의 회전수로 1,000번 회전시킨다.
데발시험기는 회전축에 대해 30° 경사진 철제 원통 속에 약 5kg의 시료를 넣고 매 분 30~33회의 회전수로 10,000번 돌린 후 시험체를 1.7mm체로 체가름하여 물로 씻고 완전 건조시켜 무게를 잰 후 다음 식으로 닳음률을 구한다.

• 닳음률 $= \dfrac{W_1 - W_2}{W_1} \times 100\%$

W_1 : 시험 전의 절대건조중량(g)
W_2 : 닳음시험 후 1.7mm체에 남은 것의 절대건조중량(g)

07. 절대건조한 석재의 무게(W_1)가 4,000g이었고 이것을 48시간 물속에 침수시킨 후 무게(W_3)가 4,110g이었을 때 이 석재의 흡수율은 얼마인가?

㉮ 2%   ㉯ 3%   ㉰ 4%   ㉱ 5%

해설 석재의 흡수율은 풍화, 파괴, 내구성과 크게 관계된다. 일반적으로 흡수율이 클수록 강도가 작고, 내구성도 작아지며 또한 흡수율이 크다는 것은 다공성이라는 것이므로 동해를 받기 쉽다.

• 흡수율(%) $= \dfrac{B-A}{A} \times 100 = \dfrac{4,110-4,000}{4,000} = \dfrac{110}{4,000} \times 100 = 22.7\% ≒ 3\%$

A : 건조시험체의 무게(g)
B : 침수 후의 시험체의 무게(g)

08. 석재의 함수율 시험에서 석재 침수시간은?

㉮ 12시간   ㉯ 24시간
㉰ 48시간   ㉱ 96시간

해설 48시간을 침수시킨다.

답 05. ㉯ 06. ㉯ 07. ㉯ 08. ㉰

제3편 토질

제 1 장　흙의 기본적 성질
제 2 장　흙의 분류
제 3 장　흙의 다짐
제 4 장　흙의 투수성
제 5 장　흙의 압밀
제 6 장　흙의 전단강도
제 7 장　기초공

제1장 흙의 기본적 성질

1-1 흙의 구성

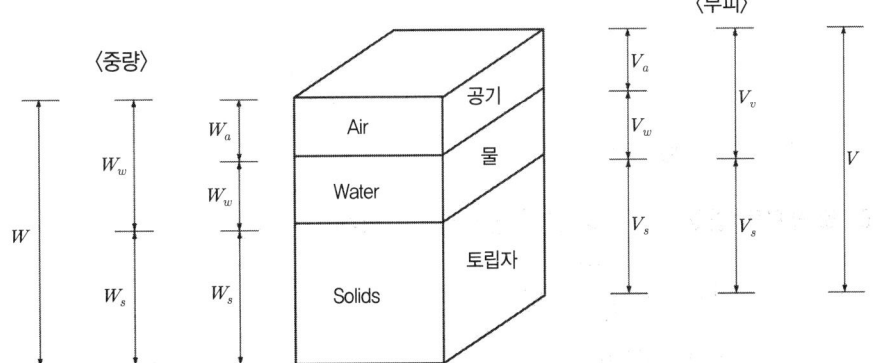

- 부피(체적) : Volume $\quad V = V_a + V_w + V_s = V_v + V_s$
- 중량(무게) : Weight $\quad W = W_a + W_w + W_s = W_w + W_s$

(1) 공극비(간극비) $\quad e = \dfrac{V_v}{V_s}$

(2) 공극률(간극률) $\quad n = \dfrac{V_v}{V} \times 100$

(3) 공극비와 공극률 관계

$$e = \frac{V_v}{V_s} = \frac{V_v}{V - V_v} = \frac{\dfrac{V_v}{V}}{\dfrac{V}{V} - \dfrac{V_v}{V}} = \frac{\dfrac{n}{100}}{1 - \dfrac{n}{100}} = \frac{n}{100 - n}$$

$$n = \frac{V_v}{V} \times 100 = \frac{V_v}{V_s + V_v} \times 100 = \frac{\dfrac{V_v}{V_s}}{\dfrac{V_s}{V_s} + \dfrac{V_v}{V_s}} \times 100 = \frac{e}{1 + e} \times 100$$

(4) 포화도(S)

$$S = \frac{V_w}{V_v} \times 100$$

$S = 100\%$(토립자+물) : 공극 속에 물이 가득찬 흙

$S = 0\%$(토립자+공기) : 노건조한 흙

(5) 함수비(w)

① $w = \dfrac{W_w}{W_s} \times 100$

② $w = \dfrac{WW - DW}{DW - TW} \times 100$

여기서, WW : 젖은 흙무게+용기무게
DW : 건조 흙무게+용기무게
TW : 용기무게

③ 유기질토 : 200% 이상

(6) 토립자의 중량(W_s) 및 물의 중량(W_w) 관계

$$W = \frac{W_w}{W_s} \times 100 = \frac{W - W_s}{W_s} \times 100$$

$W \cdot W_s = 100W - 100W_s$

$100W_s + w \cdot W_s = 100W$

$W_s(100 + w) = 100W$

$\therefore W_s = \dfrac{100W}{100 + w} = \dfrac{W}{1 + \dfrac{w}{100}}$

$w = \dfrac{W_w}{W_s} \times 100 = \dfrac{W_w}{W - W_w} \times 100$

$100W_w = w \cdot W - w \cdot W_w$

$100W_w + w \cdot W_w = w \cdot W$

$W_w(100 + w) = w \cdot W$

$\therefore W_w = \dfrac{w \cdot W}{100 + w}$

(7) 단위중량(밀도)

① 습윤밀도(γ_t) $\quad \gamma_t = \dfrac{W}{V}$

② 건조밀도(γ_d) $\quad \gamma_d = \dfrac{W_s}{V}$

③ 습윤밀도와 건조밀도 관계

$$\gamma_d = \frac{W_s}{V} = \frac{W_s}{\dfrac{W}{\gamma_t}} = \frac{\gamma_t \cdot W_s}{W} = \frac{\gamma_t \cdot W_s}{W_s + W_w} = \frac{\dfrac{\gamma_t \cdot W_s}{W_s}}{\dfrac{W_s}{W_s} + \dfrac{W_w}{W_s}} = \frac{\gamma_t}{1 + \dfrac{w}{100}}$$

(8) 흙 입자 밀도

① $\rho_s = \dfrac{\gamma_s}{\gamma_w} = \dfrac{\dfrac{W_s}{V_s}}{\gamma_w} = \dfrac{W_s}{V_s \cdot \gamma_w}$

② $\rho_s = \dfrac{m_s}{m_s + (m_a - m_b)} \times \dfrac{\rho_w(T\,℃)}{\rho_w(15\,℃)}$

여기서, m_s : 건조시료의 질량
m_a : 병에 물 채운 질량
m_b : 병에 물과 시료를 넣은 질량
ρ_w : 물의 밀도

1-2 흙의 밀도 관계

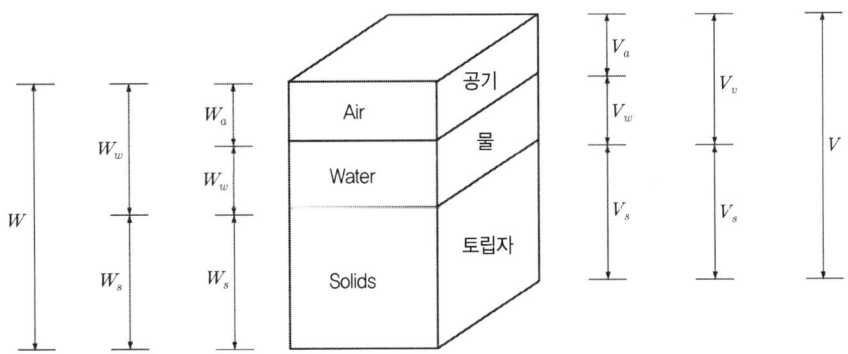

- $e = \dfrac{V_v}{V_s} = \dfrac{V_v}{1}$ ∴ $e = V_v$

- $S = \dfrac{V_w}{V_v} \times 100$ ∴ $V_w = \dfrac{S \times V_v}{100} = \dfrac{S \cdot e}{100}$

- $G_s = \dfrac{\gamma_s}{\gamma_w} = \dfrac{\dfrac{W_s}{V_s}}{\gamma_w} = \dfrac{W_s}{V_s \cdot \gamma_w}$ ∴ $W_s = G_s \cdot V_s \cdot \gamma_w = G_s \times 1 \times \gamma_w = G_s \cdot \gamma_w$

- $\gamma_w = \dfrac{W_w}{V_w}$ ∴ $W_w = V_w \cdot \gamma_w = \dfrac{S \cdot e}{100} \cdot \gamma_w$

(1) 습윤밀도

$$\gamma_t = \frac{W}{V} = \frac{W_s + W_w}{V_s + V_v} = \frac{G_s \cdot \gamma_w + \frac{S \cdot e}{100} \cdot \gamma_w}{1+e} = \frac{G_s + \frac{S \cdot e}{100}}{1+e} \cdot \gamma_w$$

(2) 포화밀도

$S=100\%$인 경우 $\gamma_{sat} = \dfrac{G_s + e}{1+e} \cdot \gamma_w$

(3) 건조밀도

$S=0\%$인 경우 $\gamma_d = \dfrac{G_s}{1+e} \cdot \gamma_w$

(4) 수중밀도

$$\gamma_{sub} = \gamma_{sat} - \gamma_w = \gamma_{sat} - 1 = \frac{G_s + e}{1+e} \cdot \gamma_w - \frac{1+e}{1+e} \cdot \gamma_w = \frac{G_s - 1}{1+e} \gamma_w$$

(5) 포화도, 공극비, 흙 입자 밀도, 함수비 관계

$$w = \frac{W_w}{W_s} \times 100$$

$$w = \frac{\frac{S \cdot e}{100}}{G_s \cdot \gamma_w} \times 100 = \frac{S \cdot e}{G_s}$$

$$\therefore \ S \cdot e = G_s \cdot w$$

(6) 단위중량(밀도)의 대소 관계

$\gamma_{sat} > \gamma_t > \gamma_d > \gamma_{sub}$

1-3 상대밀도

• 사질토 지반이 느슨한지 조밀한지를 판정할 수 있다.

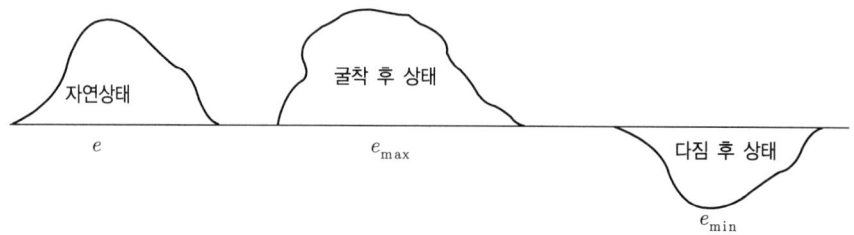

- $D_r = \dfrac{e_{\max} - e}{e_{\max} - e_{\min}} \times 100$

  여기서, $e = \dfrac{\gamma_w}{\gamma_d} G_s - 1$, $e_{\max} = \dfrac{\gamma_w}{\gamma_{d\min}} G_s - 1, e_{\min} = \dfrac{\gamma_w}{\gamma_{d\max}} G_s - 1$를 대입하면

- $D_r = \dfrac{\gamma_d - \gamma_{d\min}}{\gamma_{d\max} - \gamma_{d\min}} \times \dfrac{\gamma_{d\max}}{\gamma_d} \times 100$

- 공극비 e 가 $e_{\min}$ 이면 $D_r = 1(100\%)$: 조밀하다.
- 공극비 e 가 $e_{\max}$ 이면 $D_r = 0(0\%)$: 느슨하다.
- 상대밀도 $D_r < \dfrac{1}{3}$: 느슨하다.

  $\dfrac{1}{3} < D_r < \dfrac{2}{3}$: 보통

  $\dfrac{2}{3} < D_r$: 조밀하다.

1-4 흙의 연경도(컨시스턴시)

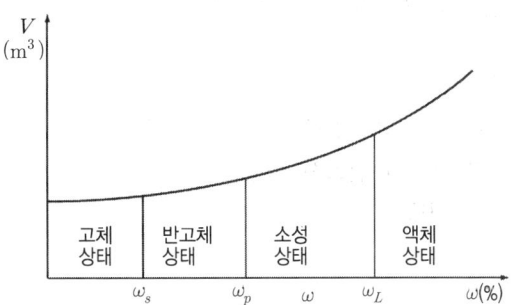

○ 함수비의 변화에 따른 흙의 체적 변화

(1) 액성한계(w_L, LL)

① No.40(0.42mm)체 통과 흙 200g 정도를 준비하고 액성한계 시험기구의 황동접시 높이를 1cm로 조절한다.

② 흙 시료에 물을 점차적으로 첨가하여 황동접시에 1cm 두께로 깔고 2등분하여 손잡이를 2회/sec 속도로 회전시켜 2등분된 상태의 시료가 13mm 붙을 때까지 타격횟수를 기록하고 이때 함수비를 구한다.

③ 시험을 타격횟수 25회 전후 2회씩 하며 유동곡선을 그리고 이때 유동곡선상에서 25회 때 함수비를 구하면 된다.

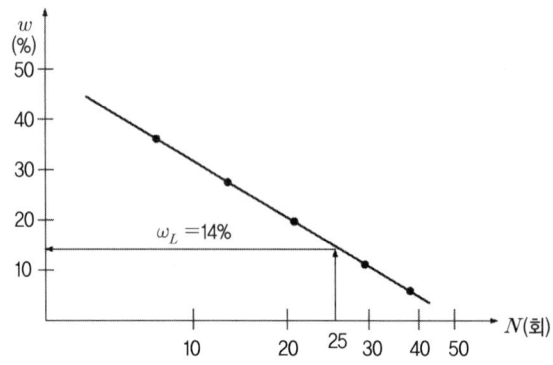

[예]

타격횟수(회)	37	29	19	13	9
함수비(%)	8.2	12.5	20.2	28.4	35.6

(2) 소성한계(w_p, PL)

① No.40(0.42mm)체 통과 흙 30g 정도를 준비하고 유리판에 놓아 물을 가하여 손바닥으로 밀면서 굴린다.

② 굵기가 3mm 정도이면서 부슬부슬 끊어질 때 시료를 모아 함수비를 구하면 된다.

(3) 수축한계(w_s, SL)

① 수은을 이용하여 젖은 흙이 건조하여 체적의 변화되는 부피를 구할 수 있다.

② 젖은 흙의 중량과 부피와 건조시 중량과 부피를 이용하여 수축한계를 구한다.

③ 수축비 $R = \dfrac{\gamma_o}{\gamma_w} = \dfrac{W_o}{V_o \cdot \gamma_w}$

④ $w_s = \left(\dfrac{1}{R} - \dfrac{1}{G_s} \right) \times 100$

⑤ 선수축, 동상 판정, 흙 입자 밀도, 용적의 변화 등을 알 수 있다.

(4) 각종 지수 관계

① 소성지수(I_p)

- $I_p = w_L - w_p$
- 액성한계와 소성지수가 크면 점토 함유율이 크다.

② 액성지수(I_L)

- $I_L = \dfrac{w - w_p}{I_p} = \dfrac{w - w_p}{w_L - w_p}$

여기서, w : 자연함수비

- $I_L = 0$일 경우 안정하다.

③ 연경도 지수(I_c)

- $I_c = \dfrac{w_L - w}{I_p} = \dfrac{w_L - w}{w_L - w_p}$
- $I_c = 1$일 경우 안정하다.

④ 액성지수(I_L)와 연경도 지수(I_c)의 관계

- $I_L + I_c = \dfrac{w - w_p}{w_L - w_p} + \dfrac{w_L - w}{w_L - w_p} = \dfrac{w_L - w_p}{w_L - w_p} = 1$
- $\therefore\ I_L + I_c = 1$

⑤ 유동지수(I_f)

- $I_f = \dfrac{w_1 - w_2}{\log_{10} N_2 - \log_{10} N_1} = \dfrac{w_1 - w_2}{\log_{10} \dfrac{N_2}{N_1}}$

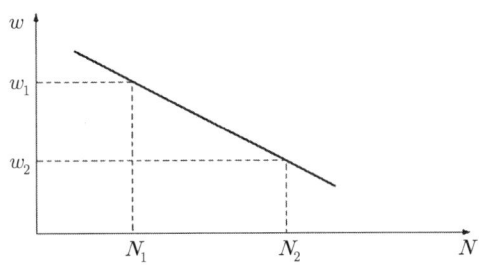

- 타격횟수 4회 때 w_1, 타격횟수 40회 때 w_2이면

$$I_f = \dfrac{w_1 - w_2}{\log_{10} \dfrac{40}{4}} = \dfrac{w_1 - w_2}{\log_{10} 10} = w_1 - w_2$$

- 급할수록 사질토에 가깝고 유동곡선이 완만할수록 점토질에 가깝다.

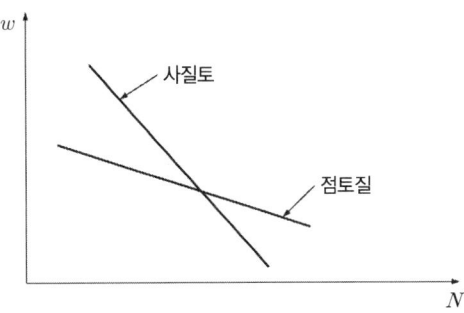

- 유동지수는 함수비의 변화에 따른 전단강도의 변화를 알 수 있다.

⑥ 인성지수(I_t)

- $I_t = \dfrac{I_p}{I_f}$
- 터프니스지수(Toughness index, I_t)가 클수록 콜로이드(Colloid) 함유율이 높다.

(5) 활성도(Activity)

- $A = \dfrac{I_p}{0.002\text{mm 이하의 점토 함유율}(\%)}$
- 활성도는 소성지수가 큰 흙일수록 크다.
- $A < 0.75$: 비활성 점토(kaolinite)
- $0.75 < A < 1.25$: 보통 점토(illite)
- $1.25 < A$: 활성 점토(Montmorillonite)

제1장 실전문제 — 흙의 기본적 성질

01 공극비가 0.25인 모래의 공극률은?

㉮ 10% ㉯ 15% ㉰ 20% ㉱ 25%

해설 $n = \dfrac{e}{1+e} \times 100 = \dfrac{0.25}{1+0.25} \times 100 = 20\%$

02 포화상태에 있는 흙의 함수비가 40%이고, 비중이 2.6이다. 이 흙의 공극비는 얼마인가?

㉮ 0.85 ㉯ 0.065 ㉰ 1.04 ㉱ 1.40

해설 포화상태이므로 $S = 100\%$, $S \cdot e = G_s \cdot w$

$\therefore e = \dfrac{G_s \cdot w}{S} = \dfrac{2.6 \times 40}{100} = 1.04$

03 건조밀도가 15kN/m³인 흙의 공극비(e)와 공극률(n)은? (단, $\gamma_w = 9.81\text{kN/m}^3$, 비중은 2.60이다.)

㉮ $e = 0.70$, $n = 41.20\%$
㉯ $e = 0.44$, $n = 50.00\%$
㉰ $e = 0.51$, $n = 27.00\%$
㉱ $e = 0.69$, $n = 41.00\%$

해설 $e = \dfrac{\gamma_w}{\gamma_d} G_s - 1 = \dfrac{9.81}{15} \times 2.6 - 1 = 0.7$

$n = \dfrac{e}{1+e} \times 100 = \dfrac{0.7}{1+0.7} \times 100 = 41.2\%$

04 간극률이 37%인 모래의 비중이 2.65이었다. 이 모래가 완전히 포화되어 있다면 그 단위중량은? (단, $\gamma_w = 9.81\text{kN/m}^3$이다.)

㉮ 10.4 kN/m³ ㉯ 20 kN/m³ ㉰ 17.6 kN/m³ ㉱ 26.5 kN/m³

해설 $e = \dfrac{n}{100-n} = \dfrac{37}{100-37} = 0.59$

$\gamma_{sat} = \dfrac{G_s + e}{1+e} \cdot \gamma_w = \dfrac{2.65 + 0.59}{1+0.59} \times 9.81 = 20\,\text{kN/m}^3$

05 건조단위중량이 13.5 kN/m³이고, 공극비가 0.95인 시료가 90% 포화되었을 때의 단위중량은? (단, $\gamma_w = 9.81\text{kN/m}^3$이다.)

㉮ 19.2 kN/m³ ㉯ 17.78 kN/m³ ㉰ 16.9 kN/m³ ㉱ 16.2 kN/m³

답 01. ㉰ 02. ㉰ 03. ㉮ 04. ㉯ 05. ㉯

해설 $\gamma_d = \dfrac{G_s}{1+e} \cdot \gamma_w$ $13.5 = \dfrac{G_s}{1+0.95} \times 9.81$ 여기서, $G_s = \dfrac{13.5 \times (1+0.95)}{9.81} = 2.68$

∴ $\gamma_t = \dfrac{G_s + \dfrac{S \cdot e}{100}}{1+e} \cdot \gamma_w = \dfrac{2.68 + \dfrac{90 \times 0.95}{100}}{1+0.95} \times 9.81 = 17.78 \text{kN/m}^3$

06 노건조한 시료의 중량 46.5g, 15℃의 물을 채운 병의 중량이 62.5g, 온도 15℃의 물과 흙을 채운 비중병의 중량 92.5g일 때 밀도는?

㉮ 1.608g/cm^3 ㉯ 1.488g/cm^3
㉰ 1.550g/cm^3 ㉱ 2.818g/cm^3

해설 $\rho_s = \dfrac{m_s}{m_s + (m_a - m_b)} \times \rho_w = \dfrac{46.5}{46.5 + (62.5 - 92.5)} \times 1 = 2.818 \text{g/cm}^3$

07 다음 관계식 중 옳지 않은 것은?

㉮ $\gamma_t = \dfrac{G_s + \dfrac{S \cdot e}{100}}{1+e} \cdot \gamma_w$ ㉯ $\gamma_d = \dfrac{G_s}{1+e} \cdot \gamma_w$

㉰ $\gamma_{sat} = \dfrac{G_s + e}{1+e} \cdot \gamma_w$ ㉱ $\gamma_{sub} = \dfrac{1 - G_s}{1+e} \cdot \gamma_w$

해설 $\gamma_{sub} = \gamma_{sat} - \gamma_w = \dfrac{G_s + e}{1+e} \cdot \gamma_w - \dfrac{1+e}{1+e} \cdot \gamma_w = \dfrac{G_s - 1}{1+e} \cdot \gamma_w$

08 단위중량이 16.8 kN/m³이고, 비중이 2.7인 건조한 모래를 빗속에 두었다. 비를 맞은 후 포화도가 40%로 되었으나 부피는 일정하다. 비를 맞은 후 이 흙의 단위중량은? (단, $\gamma_w = 9.81 \text{kN/m}^3$)

㉮ 18.81 kN/m^3 ㉯ 13.81 kN/m^3
㉰ 18.23 kN/m^3 ㉱ 13.18 kN/m^3

해설 $e = \dfrac{\gamma_w}{\gamma_d} \cdot G_s - 1 = \dfrac{9.81}{16.8} \times 2.7 - 1 = 0.577$

$\gamma_t = \dfrac{G_s + \dfrac{S \cdot e}{100}}{1+e} \cdot \gamma_w = \dfrac{2.7 + \dfrac{40 \times 0.577}{100}}{1+0.577} \times 9.81 = 18.23 \text{kN/m}^3$

09 수축한계 시험에서 얻어진 값이 이용되지 않는 것은 다음 중 어느 것인가?

㉮ 동상성의 판정   ㉯ 군지수 계산
㉰ 비중의 근사치   ㉱ 수축비 계산

해설 군지수는 흙의 분류에 이용된다.

답 06. ㉱ 07. ㉱ 08. ㉰ 09. ㉯

10 어떤 흙에 있어서 자연함수비 40%, 액성한계 60%, 소성한계 20%일 때 이 흙의 액성지수는?

㉮ 200% ㉯ 150% ㉰ 100% ㉱ 50%

해설 $I_L = \dfrac{w-w_p}{I_p} = \dfrac{w-w_p}{w_L-w_p} = \dfrac{40-20}{60-20} = 0.5$

11 현장에서 모래의 건조밀도를 측정한 결과 15.2 kN/m³이고, 실험실에서 이 모래의 최대 및 최소 건조밀도를 구하면 각각 16.8 kN/m³ 및 14.7 kN/m³였다고 하면 이 모래의 상대밀도는?

㉮ 0.58 ㉯ 0.31 ㉰ 0.26 ㉱ 0.13

해설 $D_r = \dfrac{\gamma_d - \gamma_{d\min}}{\gamma_{d\max} - \gamma_{d\min}} \times \dfrac{\gamma_{d\max}}{\gamma_d} \times 100 = \dfrac{15.2-14.7}{16.8-14.7} \times \dfrac{16.8}{15.2} \times 100 = 26.3\%$

12 노건조된 점토시료의 중량이 12.38g, 수은을 사용하여 수축한계에 도달한 시료의 용적을 측정한 결과 5.98 cm³이었다. 이때의 수축한계는? (단, $\gamma_w = 1$g/cm³, 비중은 2.65이다.)

㉮ 10.57% ㉯ 12.5% ㉰ 14.7% ㉱ 15.5%

해설 $R = \dfrac{\gamma_s}{\gamma_w} = \dfrac{W_s}{V_s \cdot \gamma_w} = \dfrac{12.38}{5.98 \times 1} = 2.07$

$w_s = \left(\dfrac{1}{R} - \dfrac{1}{G_s}\right) \times 100 = \left(\dfrac{1}{2.07} - \dfrac{1}{2.65}\right) \times 100 = 10.57\%$

13 흙의 컨시스턴시에 대한 다음 설명 중 잘못된 것은? (단, LL : 액성한계, PL : 소성한계, SL : 수축한계)

㉮ LL이란 흙이 이동할 때의 최소 함수비이다.
㉯ PL이란 흙이 소성을 띨 때의 최소 함수비이다.
㉰ SL이란 흙이 반고체상을 이룰 때의 최대 함수비이다.
㉱ 아터버그한계에는 액성한계, 소성한계 및 수축한계의 3가지가 있다.

해설 수축한계(SL, w_s)는 반고체상을 이룰 때의 최소 함수비이다.

답 10. ㉱ 11. ㉰ 12. ㉮ 13. ㉰

제 2 장 흙의 분류

2-1 입도 분석

(1) 입 도

① 입도 : 크고 작은 입자의 비율
② 양호한 입도 : 크고 작은 입자가 골고루 광범위하게 분포된 것
③ 균등한 입도(불량한 입도, 빈 입도) : 크기가 비슷한 입자가 분포된 것

(2) 조립토와 세립토

① 조립토(자갈, 모래) : 0.08mm(No.200)체 50% 이상 남는 경우
② 세립토 : 0.08mm(No.200)체 50% 이상 통과되는 경우
③ 자 갈 : 5mm(No.4)체에 50% 이상 남는 경우
④ 모 래 : 5mm(No.4)체에 50% 이상 통과되는 경우

(3) 입도시험

① 체가름시험

- 잔류율(남는율) = $\dfrac{\text{어떤 체에 남는 무게}}{\text{전체 무게}} \times 100$
- 가적 잔류율(가적 남는율) = 각 체의 잔류율을 누계한 값
- 가적 통과율 = 100 − 가적 잔류율
- No.10, No.20, No.40, No.60, No.140, No.200체를 사용

② 비중계 분석

- No.10(2mm)체 통과 시료를 가지고 0.08mm 이하의 입도 분포를 알 수 있다.
- 소성지수(I_p) 20을 기준하여 분산제를 사용한다.
- 분산시킨 시료와 증류수를 1,000cc가 되게 하여 메스실린더에 넣고 시간에 따라 비중계의 눈금을 읽어 유효길이(L)를 구한다.

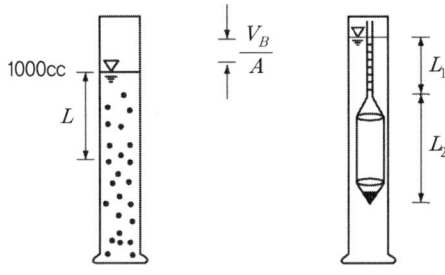

$$L = L_1 + \frac{L_2}{2} - \frac{V_B}{2A} = L_1 + \frac{1}{2}\left(L_2 - \frac{V_B}{A}\right)$$

여기서, L : 유효 길이
L_1 : 비중계 구부의 상단으로부터 눈금을 읽는 점까지의 거리(cm)
L_2 : 비중계 구부의 길이(cm)
V_B : 비중계 구부의 용적(cm³)
A : 메스실린더의 단면적(cm²)

- 시간(t)에 따른 유효깊이(L) 값을 이용하여 흙의 입경을 구한다.
- 비중계는 시간에 따라 아래로 내려간다.(비중계 눈금이 작아진다.)
- 비중계 눈금은 0.995~1.050의 범위이다.
- 현탁액의 비중은 비중계 구부 중심의 위치값이다.

(4) 입경가적곡선

① 체분석과 비중계 분석의 조합이다.
② 가로선이 대수눈금(log 눈금)이며 입경을 표시한다.
③ 세로선은 통과 백분율 산술 눈금으로 표시한다.
④ 곡선의 구배가 완만할수록 입도가 양호한 흙이다.
⑤ 곡선의 중간에서 요철이 있을 수 없다.
⑥ 곡선이 일정 구간 수평이면 그 구간 사이의 흙은 없다.
⑦ 곡선의 구배가 계단이면 두 개 또는 그 이상의 흙이 섞인 경우로 빈 입도이다.
⑧ 균등계수

- $C_u = \dfrac{D_{60}}{D_{10}}$

- $10 < C_u$: 입도가 양호하다. $C_u < 4$: 입도가 불량하다.

- D_{10}은 통과율 10%에 해당하는 입경

⑨ 곡률계수

- $C_g = \dfrac{(D_{30})^2}{D_{10} \times D_{60}}$

- $1 < C_g < 3$: 입도가 양호하다.

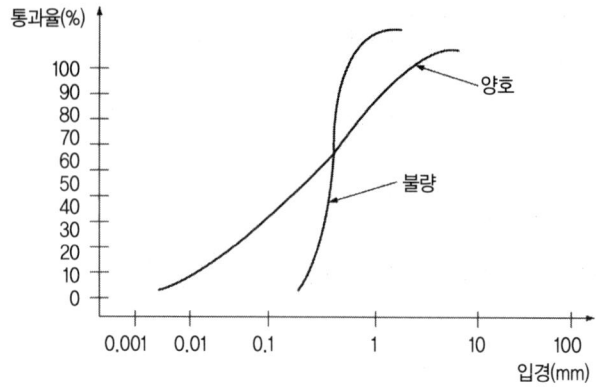

2-2 공학적 분류

(1) 삼각좌표에 의한 분류

① 모래, 실트, 점토의 세 성분의 중량 백분율로 좌표를 이용하여 분류한다.(10종류)
② 자갈이 제외되어 공학적인 성질을 잘 나타내지 못하고 있다.(흙의 컨시스턴시를 정확히 파악하기 곤란하다.)

(2) 통일분류법

① Casagrande의 소성도

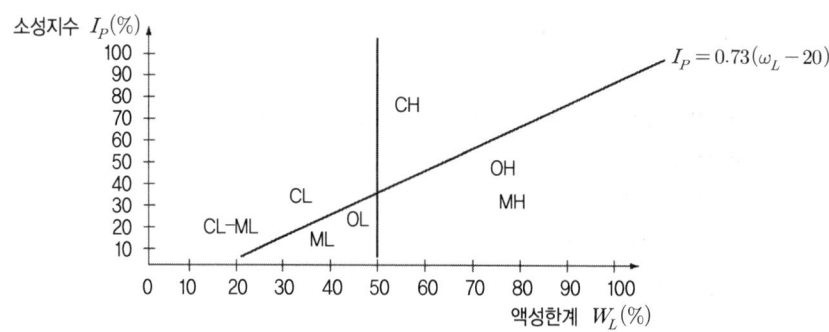

② 조립토 및 세립토 기호(15종류)
- GW : 입도분포가 양호한 자갈
- GM : 실트질의 자갈
- SW : 입도분포가 양호한 모래
- SM : 실트질의 모래
- MH : 압축성이 높은 실트
- CH : 압축성이 높은 점토(소성이 큰 점토)
- GP : 입도분포가 불량한 자갈
- GC : 점토질의 자갈
- SP : 입도분포가 불량한 모래
- SC : 점토질의 모래
- ML : 압축성이 낮은 실트
- CL : 압축성이 낮은 점토

- OH : 압축성이 높은 유기질토
- OL : 압축성이 낮은 유기질토
- P_t : 이탄

③ 이중 기호
- 0.08mm(No.200)체 통과 백분율이 5~12% 범위일 때 GM-GC, SM-SC, CL-ML, GW-GM, GP-GM, GP-GC, SW-SM, SP-SC로 구분한다.

(3) AASHTO 분류법(개정 PR법, A분류법)

① 입도, 액성한계, 소성한계, 소성지수, 군지수 등을 요소로 분류한다.
② 군지수(Group Index)
- $GI = 0.2a + 0.005ac + 0.01bd$

여기서, a : 0.08mm체 통과 백분율-35(0~40)
b : 0.08mm체 통과 백분율-15(0~40)
c : 액성한계-40(0~20)
d : 소성지수-10(0~20)

- 군지수의 범위는 0~20로 군지수가 크면 흙입자가 작으며 팽창수축이 커져 노상토 재료로 부적합하다.

제 2 장 실전문제 — 흙의 분류

01 통일분류법에서 CH로 표시되는 흙은 다음 중 어느 것인가?
- ㉮ 자갈질 점토
- ㉯ 모래질 점토
- ㉰ 실트질 점토
- ㉱ 소성이 큰 점토

해설 CH : 압축성이 큰 점토

02 흙을 분류하는 데 쓰이는 소성도표에서 A선을 나타내는 수식은? (단, PI : 소성지수, w_L : 액성한계)
- ㉮ $PI = 0.073(w_L - 20)$
- ㉯ $PI = 0.009(w_L - 20)$
- ㉰ $PI = 0.07(w_L - 20)$
- ㉱ $PI = 0.73(w_L - 20)$

해설 소성도표는 액성한계, 소성한계, 소성지수와 관련 있다.

03 #200체 통과량이 38%, 액성한계가 21%, 소성지수 8%일 때 군지수는?
- ㉮ 0.6
- ㉯ 0.7
- ㉰ 12.6
- ㉱ 20.0

해설 $GI = 0.2a + 0.005ac + 0.01bd$
$a = 38 - 35 = 3$ $b = 38 - 15 = 23$
$c = 21 - 40 = 0$ $d = 8 - 10 = 0$
∴ $GI = 0.2 \times 3 = 0.6$

04 통일분류법으로 흙을 분류하는데 직접 사용되지 않는 요소는?
- ㉮ No.200체 통과율
- ㉯ No.4체 통과율
- ㉰ 소성지수
- ㉱ 군지수

해설 군지수는 AASHTO 분류법에 사용된다.

05 그림과 같은 3가지 흙에 대한 입도곡선이 있다. 다음 설명 중 틀린 것은?
- ㉮ A흙이 B흙에 비해 균등계수가 크다.
- ㉯ A흙이 B흙에 비해 곡률계수가 크다.
- ㉰ A, B, C흙 중 A흙의 입도가 가장 양호하다.
- ㉱ C흙은 2종류의 흙을 합친 경우에 나타날 수 있다.

해설 A흙이 B흙에 비해 곡률계수가 작다.

답 01. ㉱ 02. ㉰ 03. ㉮ 04. ㉱ 05. ㉯

06 입도시험결과 #4체 통과백분율이 65%, #10체 통과백분율이 40%, #200체 통과백분율이 8%이었다. 이 흙의 입도 분포가 비교적 양호할 때 통일분류법에 의한 흙의 분류는?

㉮ GP
㉯ GP-GM
㉰ SW
㉱ SW-SM

해설 5mm(#4)체를 50% 이상 통과하므로 모래질이며 0.08mm(#200)체 통과율이 5~12% 범위 안에 있으므로 이중 기호로 표시한다.

07 통일분류법에 의해 그 흙이 MH로 분류되었다면, 이 흙의 대략적인 공학적 성질은?

㉮ 액성한계가 50% 이상인 실트이다.
㉯ 액성한계가 50% 이하인 점토이다.
㉰ 소성한계가 50% 이상인 점토이다.
㉱ 소성한계가 50% 이하인 실트이다.

해설
- 제2문자 H : 액성한계가 50% 이상
- 제1문자 M : 실트

08 그림과 같은 입도곡선에서 다음 설명 중 틀린 것은?

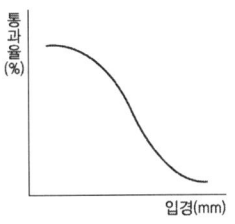

㉮ 횡축은 입경의 크기를 log좌표로 잡는다.
㉯ 횡축의 오른편으로 갈수록 입경의 크기는 작다.
㉰ 입도곡선이 오른편에 있을수록 입경이 작다.
㉱ 입도곡선의 중간에서 요철(凹凸) 부분이 있을 수 있다.

해설 입도곡선의 중간에서 요철 부분이 있을 수 없다.

09 다음은 흙의 분류에 관한 사항들이다. 틀린 것은?

㉮ 입경가적곡선에서 곡선의 모양이 일정 구간 수평인 것은 그 구간 사이의 흙이 존재하지 않는다.
㉯ 성토 재료로서 가장 좋은 것은 이탄(Peat)으로 분류되어진다.
㉰ AASHTO 분류법에서 군지수는 어떤 분류 내에서 가치 평가의 기준일 뿐이다.
㉱ 군지수의 값이 클수록 노상토로서 부적당함을 뜻한다.

해설 성토 재료로 이탄을 사용해서는 안 된다.

답 06. ㉱ 07. ㉮ 08. ㉱ 09. ㉯

10 A, B, C 및 팬(pan)으로 이루어진 한 조의 체로 체분석 시험한 결과 각 체의 잔유량이 표와 같다. B체의 가적 통과율은?

㉮ 30%
㉯ 70%
㉰ 60%
㉱ 40%

체	잔류량(g)
A	20
B	120
C	50
pan	10

해설
- B체의 가적 잔류율 = $\dfrac{140}{200} \times 100 = 70\%$
- B체의 가적 통과율 = $100 - 70 = 30\%$

11 삼각좌표에 의한 흙의 분류는 일반적으로 공학적 성질을 잘 나타내지 못한다고 한다. 그 이유 중 가장 타당한 것은?

㉮ 분류시에 자갈은 제외시키기 때문이다.
㉯ 삼각 좌표 눈금을 읽을 때 많은 오차가 발생한다.
㉰ 일반적인 흙의 성질은 컨시스턴시에 영향을 받는다.
㉱ 분류시에 군지수를 이용하지 않는다.

해설 삼각좌표에 의한 흙의 분류는 입자의 크기만 고려하므로 공학적인 성질이 잘 나타내지 못한다.

답 10. ㉮ 11. ㉰

제 3 장 흙의 다짐

3-1 다짐시험

(1) 목 적
① 공사용 재료의 최적함수비와 최대건조밀도를 구하여 흙의 밀도를 증대시킨다.
② 지지력 증가, 접착력(부착력) 증대, 압축 투수성 감소, 팽창 수축 미소화, 동상 방지

(2) 다짐시험 방법 및 성과
① A다짐시험(표준다짐)
- 공기 중 건조한 시료를 3.5~5kg 정도 준비한다.
- 몰드 및 밑판을 결합하여 무게를 측정한다.
- 칼라를 조립하고 준비된 시료를 1/3 넣어 25회 타격하고 또 2/3 넣고 25회, 가득 넣고 25회 타격한다.
- 칼라를 벗겨내고 곧은 날로 몰드 윗부분을 깎아내고 무게를 측정한다.
- 밑판을 분리하고 추출기를 이용하여 시료를 빼내고 이등분하여 약간의 시료를 채취하여 함수비를 구한다.
- 위와 같은 과정으로 함수비를 시료량의 1~2% 정도 점차적으로 첨가하여 다짐시험을 5~6회 정도 실시한 후 습윤밀도(γ_t)와 건조밀도(γ_d)를 구한다.
- 다짐곡선을 완성하고 $\gamma_{d\max}$(최대건조밀도), OMC(최적함수비)를 구한다.

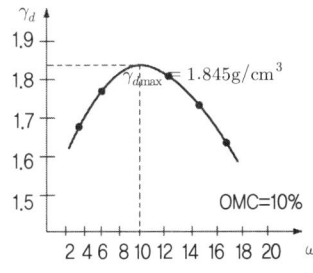

② 다짐시험의 종류

다짐 방법	래머중량 (kg)	몰드 안지름 (cm)	용 적 (cm³)	낙하고 (cm)	다짐횟수 (회)	1층당 다짐횟수 (회)	최대입자 지름 (mm)
A	2.5	10	1,000	30	3	25	19
B	2.5	15	2,209	30	3	55	37.5
C	4.5	10	1,000	45	5	25	19
D	4.5	15	2,209	45	5	55	19
E	4.5	15	2,209	45	3	92	37.5

③ 다짐곡선의 성질

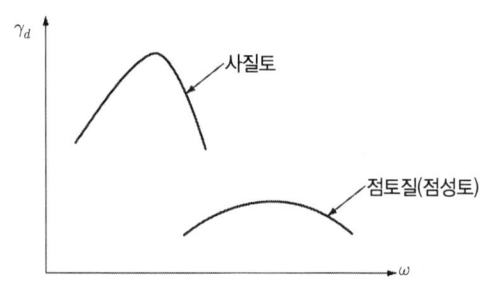

- 조립토(사질토)는 최대건조밀도가 높고 최적함수비는 낮다.
- 세립토(점토질)는 최대건조밀도가 낮고 최적함수비는 크다.
- 조립토는 다짐곡선이 급하고, 세립토는 완만하다.
- 최적함수비는 보통 사질토에서는 10~15%, 점성토에서는 20~40% 범위이다.
- 최대 전단강도는 최적함수비보다 약간 건조측에서 나타난다.
- 최소 투수계수는 최적함수비보다 약간 습윤측에서 나타난다.

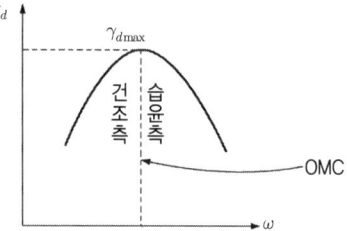

④ 영공기 공극곡선(포화곡선)

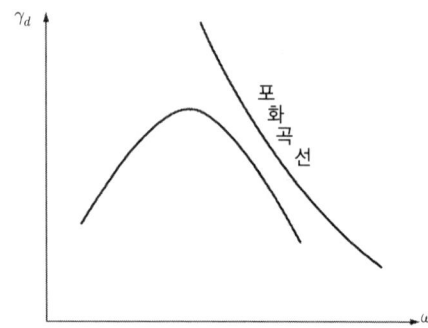

- $\gamma_d = \dfrac{G_s}{1+e} \cdot \gamma_w = \dfrac{G_s}{1+\dfrac{G_s \cdot w}{S}} \cdot \gamma_w = \dfrac{1}{\dfrac{1}{G_s}+\dfrac{w}{S}} \cdot \gamma_w$

$S \cdot e = G_s \cdot w \qquad \therefore e = \dfrac{G_s \cdot w}{S}$

- $S = 100\%$일 경우

$\gamma_{dsat} = \dfrac{1}{\dfrac{1}{G_s}+\dfrac{w}{100}} \cdot \gamma_w$

함수비 w 의 변화에 따른 γ_{dsat} 값을 구하여 영공기 공극곡선을 그린다.

즉, $w - \gamma_{dsat}$ 관계 곡선이다.

- 포화곡선은 습윤측과 약간 떨어져서 평행하게 나타난다.

⑤ 다짐에너지

- $E_c = \dfrac{W_R \cdot H \cdot N_B \cdot N_L}{V}$

  여기서, W_R : 래머의 중량(kg)
  H : 래머의 낙하고(cm)
  N_B : 층에 대한 다짐횟수
  N_L : 층수
  V : 몰드의 체적(cm^3)

- 다짐에너지가 증가하면 밀도는 높아지고 함수비는 감소한다.

⑥ 함수비에 따른 변화 단계

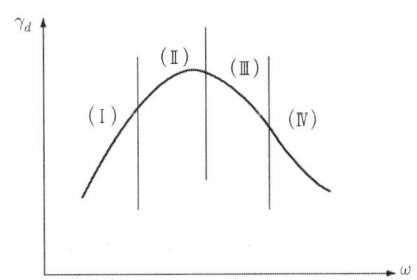

- 수화 단계(Ⅰ) : 함수량이 적어 입자간 결합이 떨어진다.
- 윤활 단계(Ⅱ) : 적절한 함수량으로 입자간 상호 결합이 원활($\gamma_{d\max}$, OMC)
- 팽창 단계(Ⅲ) : 함수량이 다소 많아 입자 상호간 밀리는 현상
- 포화 단계(Ⅳ) : 과다한 함수량으로 입자상호간 결합에 필요 이상의 물이 있는 상태

3-2 현장밀도 시험(들밀도 시험)

(1) 목 적
① 시공 다짐 후 다짐 상태(현장 건조밀도)를 검사하여 다짐도를 구한다.

② 다짐도(%) = $\dfrac{\gamma_d}{\gamma_{d\max}} \times 100$

여기서, γ_d : 현장 다짐 후 시험한 건조밀도 $\left(\gamma_d = \dfrac{\gamma_t}{1 + \dfrac{w}{100}}\right)$

$\gamma_{d\max}$: 공사 전에 시험실에서 다짐시험시 구한 최대건조밀도

(2) 들밀도 시험
① 표준사의 단위중량 시험을 시험실에서 미리하여 깔때기 속 표준사 무게와 단위중량 값을 구한다.(표준사의 입도는 No.10~No.200 범위 사용)
② 현장위치에 밑판을 밀착시키고 밑판 모서리에 못을 박아 고정시키고 밑판 중앙부위를 끌과 망치를 이용하여 흙을 파서 구멍속 흙 무게를 측정한다.
③ 급속함수량 시험기로 함수비를 측정한다.
④ 들밀도시험기에 표준사를 가득 채우고 무게를 측정한 후 밑판에 세워 밸브를 내린다.
⑤ 들밀도시험기 속 표준사가 더 이상 내려가지 않으면 밸브를 잠그고 무게를 측정한다.
⑥ 성과표를 작성하여 γ_t와 γ_d를 구한다.
⑦ 다짐도 계산 및 분석(보통 공종별 90~95% 이상)

3-3 노상 및 노반의 지지력

(1) 도로의 평판재하시험(Plate Bearing Test : PBT)
① 목적
- 강성 포장(콘크리트 포장)의 설계 자료로 이용
- 지지력 계수(K)를 구해 지반 지지력을 측정

② 평판재하시험
- 하중을 35 kN/m^2씩 증가시키면서 침하량을 구한다.
- 침하량이 15mm에 도달하거나 하중강도가 현장에서 예상되는 최대 접지압 또는 항복점을 넘을 때까지 시험을 한다.

- 침하량($y=1.25$mm)일 때 하중강도(q)을 이용하여 지지력 계수(K)를 구한다.

  $K = \dfrac{q}{y}$

- $K_{75} = \dfrac{1}{2.2} K_{30}$, $K_{40} = \dfrac{1}{1.3} K_{30}$

- $K_{75} < K_{40} < K_{30}$

  여기서, K_{75}, K_{40}, K_{30}은 재하판의 지름이 75cm, 40cm, 30cm를 사용하여 구한 지지력 계수

③ 평판 재하판의 영향
- 지반이 포화된 곳에 시험하면 흙의 유효밀도는 50% 정도 저하되고 강도(지지력)도 1/2로 감소한다.
- 점토지반의 지지력은 재하판(폭)의 크기에 무관하다.
- 사질토 지반의 지지력은 재하판의 폭에 비례한다.
- 침하량은 점토지반에서 재하판의 폭에 비례한다.
- 침하량은 사질토 지반에서 재하판의 폭이 커지면 약간 커지기는 하지만 비례하지는 않는다.

(2) 노상토 지지력비(CBR 시험)

① 목적

가요성(휨성) 포장, 즉 아스팔트 포장의 두께를 결정하거나 흙의 지지력을 판정한다.

② CBR 시험
- D다짐 시험을 실시하여 $\gamma_{d\max}$, OMC를 구한다.
- 최적함수비(OMC)로 흙에 물을 가하여 CBR 몰드에 5층으로 각각 55회, 25회, 10회 다져 만든다.
- 3개의 공시체를 4일간(96시간) 수침한다.
- 수침할 때 팽창비 측정을 위해 삼발이와 다이얼 게이지를 칼라 윗부분에 설치한다.
- 4일 수침 후 팽창비를 구한다.

  $\gamma_e (\%) = \dfrac{d_2 - d_1}{h} \times 100$

  여기서, d_2 : 종료시 판독 눈금(mm)
  d_1 : 처음 수침시 판독 눈금(mm)
  h : 공시체 처음 높이(125mm)

- 관입시험을 하여 하중값을 구한다.
- CBR 값을 결정한다.

③ CBR값 결정

- $CBR_{2.5} = \dfrac{\text{시험단위하중}}{\text{표준단위하중}} \times 100 = \dfrac{2.5\text{mm 관입 시 단위하중}(\text{MN/m}^2)}{6.9(\text{MN/m}^2)} \times 100$

- $CBR_{2.5} = \dfrac{\text{시험하중}}{\text{표준하중}} \times 100 = \dfrac{2.5\text{mm 관입 시 시험하중}(\text{kN})}{13.4(\text{kN})} \times 100$

- $CBR_{5.0} = \dfrac{\text{시험단위하중}}{\text{표준단위하중}} \times 100 = \dfrac{5.0\text{mm 관입 시 단위하중}(\text{MN/m}^2)}{10.3(\text{MN/m}^2)} \times 100$

- $CBR_{5.0} = \dfrac{\text{시험하중}}{\text{표준하중}} \times 100 = \dfrac{5.0\text{mm 관입 시 시험하중}(\text{kN})}{19.9(\text{kN})} \times 100$

- 원칙은 $CBR_{5.0} < CBR_{2.5}$ 일 경우 : $CBR_{2.5}$ 값을 CBR로 한다.
  그러나 $CBR_{5.0} > CBR_{2.5}$ 일 경우 : 시험을 다시 한다.
  다시 시험한 결과 또 $CBR_{5.0} > CBR_{2.5}$ 일 경우 : $CBR_{5.0}$ 값을 CBR로 한다.

- 55회, 25회, 10회 때 CBR을 구하고 $\gamma_{d\max}$의 95%에 해당하는 밀도로 선을 그어 CBR 값을 최종적으로 결정한다.

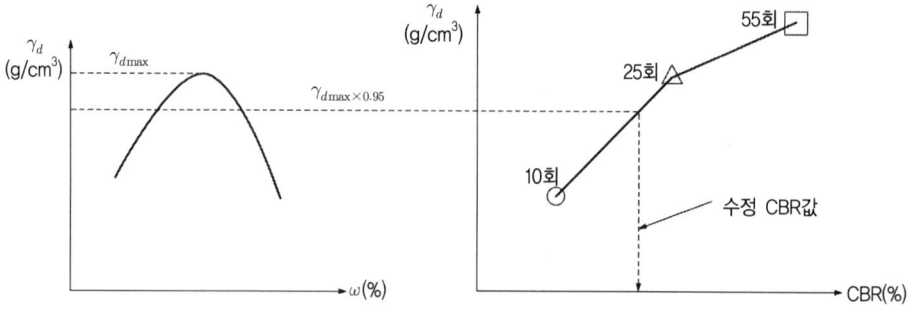

제 3 장 실전문제 — 흙의 다짐

01 다음은 다짐에 관한 설명이다. 옳지 않은 것은?
  ㉮ 다짐에너지가 커지면 최대 건조단위중량은 커지고, 최적함수비는 작아진다.
  ㉯ 양입도일수록 최대 건조단위중량은 커지고, 빈입도일수록 최대 건조단위중량은 작아진다.
  ㉰ 조립토일수록 최대 건조단위중량은 크며, 최적함수비도 크다.
  ㉱ 점성토는 다짐곡선이 완만하고 조립토는 급경사를 이룬다.

  해설 조립토일수록 최대 건조단위중량은 크며 최적함수비는 작다.

02 들밀도 시험 중 모래 치환법에서 모래는 무엇을 구하려고 이용하는가?
  ㉮ 시험구멍에서 파낸 흙의 중량   ㉯ 시험구멍의 체적
  ㉰ 흙의 함수비   ㉱ 지반의 지지력

  해설 구멍의 체적을 구하여 습윤 단위중량을 구하는 데 이용된다.

03 CBR은 보통 관입량이 2.5mm일 때의 값을 취한다. 만약 관입량 5.0mm일 때의 CBR이 2.5mm일 때의 값보다도 클 때에는 시험을 다시 하여야 한다. 이때에도 관입량 5mm일 때의 값이 2.5mm일 때의 값보다도 클 때에는 CBR로서는 관입량 및 mm일 때의 값을 취하는가?
  ㉮ 2.5mm   ㉯ 5.0mm
  ㉰ $\dfrac{2.5+5.0}{2}$ mm   ㉱ $2.5+5.0$ mm

  해설 시험을 다시 했는데도 $CBR_{5.0}$이 $CBR_{2.5}$보다 또 크면 $CBR_{5.0}$의 값으로 결정한다.

04 도로의 평판재하 시험이 끝나는 다음 조건 중 옳지 않은 것은?
  ㉮ 완전히 침하가 멈출 때
  ㉯ 침하량이 15mm에 달할 때
  ㉰ 하중강도가 그 지반의 항복점을 넘을 때
  ㉱ 하중강도가 현장에서 예상되는 최대 접지압력을 초과할 때

  해설 완전히 침하가 멈추거나 1분 동안에 침하량이 그 단계 하중의 총 침하량 1% 이하가 될 때 다음 단계 하중을 가하게 된다.

답 01. ㉰ 02. ㉯ 03. ㉯ 04. ㉮

05 CBR 시험에서 관입깊이 2.5mm일 때, 피스톤에 작용하는 하중에 8.8kN이다. 이 재료의 $CBR_{2.5}$의 값은?

㉮ 90.0% ㉯ 65.7% ㉰ 63.3% ㉱ 60.5%

해설 $CBR_{2.5} = \dfrac{8.8}{13.4} \times 100 = 65.7\%$

06 흙의 다짐은 최적함수비에서 최대 건조밀도를 얻으려는 데 있다. 이때, 최적함수비 상태는 다음 중 어느 상태에 있겠는가?

㉮ 수축 단계 ㉯ 윤활 단계 ㉰ 팽창 단계 ㉱ 포화 단계

해설 물과 흙입자가 윤활 단계에서 결합력이 좋다.

07 다짐에너지에 관한 설명 중 옳지 않은 것은?

㉮ 다짐에너지는 래머 중량에 비례한다.
㉯ 다짐에너지는 시료의 체적에 비례한다.
㉰ 다짐에너지는 래머의 낙하고에 비례한다.
㉱ 다짐에너지는 타격수에 비례한다.

해설
- $E_c = \dfrac{W_R \cdot H \cdot N_B \cdot N_L}{V}$
- 다짐에너지는 몰드의 체적에 반비례한다.

08 평판재하 시험에서 침하량 1.25 mm에 해당하는 하중강도가 2.35 kN/m²일 때 지지력계수는?

㉮ 1550 kN/m³ ㉯ 1880 kN/m³ ㉰ 780 kN/m³ ㉱ 550 kN/m³

해설 $K = \dfrac{q}{y} = \dfrac{2.35}{0.00125} = 1880\,kN/m^3$

09 현장 도로 토공에서 들밀도 시험을 했다. 파낸 구멍의 체적이 V=1,980 cm³이었고, 이 구멍에서 파낸 흙무게가 3,420g이었다. 이 흙의 토질시험 결과 함수비가 10%, 비중이 2.7, 최대건조밀도 1.65 g/cm³이었을 때 이 현장의 다짐도는?

㉮ 85% ㉯ 87% ㉰ 91% ㉱ 95%

해설 다짐도(%) $= \dfrac{\gamma_d}{\gamma_{dmax}} \times 100 = \dfrac{1.57}{1.65} \times 100 = 95.15\%$

$\gamma_d = \dfrac{\gamma_t}{1 + \dfrac{w}{100}} = \dfrac{\dfrac{3420}{1980}}{1 + \dfrac{10}{100}} = 1.57\,g/cm^3$

답 05. ㉯ 06. ㉯ 07. ㉯ 08. ㉯ 09. ㉱

10 평판재하 시험결과를 이용할 때 고려해야 할 사항들 중 틀린 것은?

㉮ Scale effect를 고려할 때 모래의 경우 침하량은 기초의 폭에 비례한다.
㉯ Scale effect를 고려할 때 점토의 경우 지지력은 기초의 크기와는 무관하다.
㉰ 지하수위가 상승하면 흙의 유효밀도는 대략 50% 정도 저하하며, 강도는 1/2로 준다.
㉱ 시험한 지점의 토질종단을 알아야 예기치 못한 침하와 기초지반 파괴에 대비한다.

해설 모래지반의 경우 침하량이 재하판 크기(폭)에 비례한다고 볼 수 없다. 점토지반의 경우가 비례한다.

11 그림과 같은 다짐곡선을 보고 다음 설명 중 틀린 것은?

㉮ A는 일반적으로 사질토이다.
㉯ B는 일반적으로 점토에서 나타난다.
㉰ C는 과잉공극수압 곡선이다.
㉱ D는 최적함수비를 나타낸다.

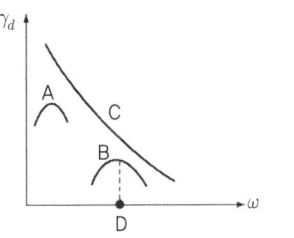

해설 C는 영공기 공극곡선(포화곡선)이다.

12 모래치환법에 의한 들밀도 시험 결과가 아래와 같다. 현장 흙의 건조 밀도는?

- 시험구멍에서 파낸 흙의 무게 1,600g
- 시험구멍에서 파낸 흙의 함수비 20%
- 시험구멍에 채운 표준모래의 무게 1,350g
- 시험구멍에 채운 표준모래의 단위중량 1.35 g/cm³

㉮ 0.93 g/cm³ ㉯ 1.13 g/cm³ ㉰ 1.33 g/cm³ ㉱ 1.53 g/cm³

해설
- 표준모래의 단위중량 $1.35 = \dfrac{1350}{V}$

  $\therefore V = \dfrac{1350}{1.35} = 1000\,\text{cm}^3$

- $\gamma_t = \dfrac{W}{V} = \dfrac{1600}{1000} = 1.6\,\text{g/cm}^3$

- $\gamma_d = \dfrac{\gamma_t}{1+\dfrac{w}{100}} = \dfrac{1.6}{1+\dfrac{20}{100}} = 1.33\,\text{g/cm}^3$

답 10. ㉮ 11. ㉰ 12. ㉰

제 4 장 흙의 투수성

4-1 흙 속의 물의 흐름

(1) 투수계수(k)

① 경사가 급할수록 유속이 빠르다.
② 수온이 높을수록 투수계수가 크다.
③ 투수계수는 속도의 차원이다.

$$V = k \cdot i$$

여기서, $i = $ 동수경사 $= \dfrac{h}{L}$

(2) Darcy 법칙

| $Q \rightarrow$ | 흙 | $\rightarrow Q$ |

$$Q = A \cdot V = A_v \cdot V_s$$

$$\therefore V_s = \dfrac{A}{A_v} \cdot V = \dfrac{V}{n} = \dfrac{k \cdot i}{\dfrac{e}{1+e} \times 100}$$

$n < 1.0$ 이므로 $V < V_s$

여기서, A_v : 실제 통수 단면적
V : Darcy의 평균 유속
V_s : 실제 침투 유속

(3) 투수계수와 관계되는 요소

$$k = D_s^2 \cdot \dfrac{\gamma_w}{\mu} \cdot \dfrac{e^3}{1+e} \cdot C$$

① 물의 성질, 토립자의 성상(토립자의 형상과 배열, C) 물의 점성(μ), 흙의 공극비(e), 흙의 입경(D_s) 등이 관계되며 투수계수 측정은 포화상태에서 실시하므로 포화도도 관계있다.

② $K = C \cdot D_{10}^2 = 100 \cdot D_{10}^2$ (둥근 입자의 경우 $C = 100$)

③ $k_{15} : \dfrac{1}{\mu_{15}} = k_t : \dfrac{1}{\mu_T}$

- 투수계수는 점성계수에 반비례한다.
- 수온이 상승하면 점성계수가 작아지므로 투수계수가 커진다.

④ $k_1 : e_1^2 = k_2 : e_2^2$ (모래의 실험 결과 약식)

4-2 투수계수 시험

(1) 정수위 투수시험

① 사질토(자갈, 모래질)의 투수계수를 측정한다. ($k > 10^{-3}$ cm/sec)

② $Q_t = A \cdot V \cdot t = A \cdot k \cdot i \cdot t = A \cdot k \cdot \dfrac{h}{L} \cdot t$

$\therefore k = \dfrac{Q_t \cdot L}{A \cdot h \cdot t}$

여기서, Q_t : t시간의 투수량(cm³)
A : 시료의 단면적(cm²)
h : 수위차(cm)
L : 시료의 길이(cm)

(2) 변수위 투수시험

① 실트질의 투수계수를 측정한다. ($k = 10^{-3} \sim 10^{-6}$ cm/sec)

② $k = 2.3 \dfrac{aL}{A \cdot t} \log \dfrac{h_1}{h_2}$

여기서, A : 시료의 단면적(cm²)
a : Stand pipe의 단면적(cm²)
L : 시료의 길이(cm)
t : 수위가 h_1에서 h_2까지 내려오는 데 걸린 시간(sec)
h_1 : 시험 개시시의 수위(cm)
h_2 : 시험 종료시의 수위(cm)

(3) 압밀시험

① 점토의 투수계수를 측정한다. ($k < 10^{-7}$ cm/sec)

② $k = C_v \cdot m_v \cdot \gamma_w$

4-3 성층토의 투수계수

(1) 수평방향의 투수계수(k_h)

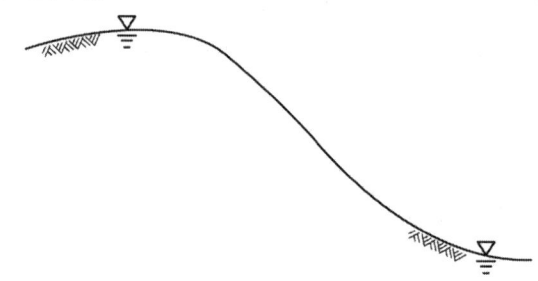

$Q = Q_1 + Q_2 + Q_3$
$A \cdot V = A_1 \cdot V_1 + A_2 \cdot V_2 + A_3 \cdot V_3$
$B \cdot H_o \cdot k_h \cdot i = B \cdot H_1 \cdot k_1 \cdot i + B \cdot H_2 \cdot k_2 \cdot i + B \cdot H_3 \cdot k_3 \cdot i$
$\therefore k_h = \dfrac{1}{H_o}(k_1 \cdot H_1 + k_2 \cdot H_2 + k_3 \cdot H_3)$

(2) 연직방향의 투수계수(k_v)

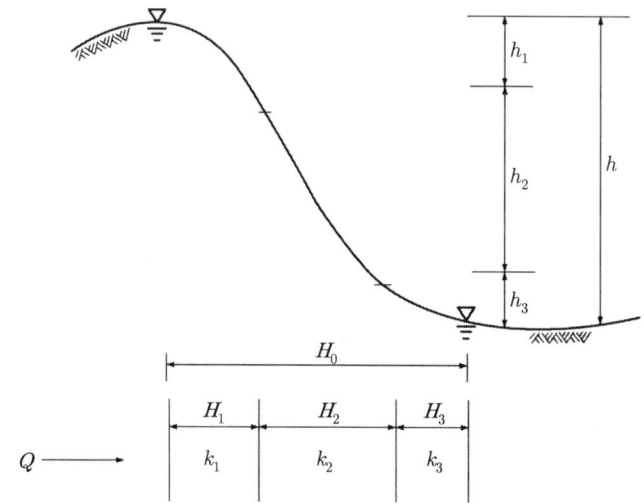

$$V = V_1, \quad k_v \cdot \frac{h}{H_o} = k_1 \cdot \frac{h_1}{H_1} \quad h_1 = \frac{k_v \cdot h \cdot H_1}{k_1 \cdot H_o}$$

$$V = V_2, \quad k_v \cdot \frac{h}{H_o} = k_2 \cdot \frac{h_2}{H_2} \quad h_2 = \frac{k_v \cdot h \cdot H_2}{k_2 \cdot H_o}$$

$$V = V_3, \quad k_v \cdot \frac{h}{H_o} = k_3 \cdot \frac{h_3}{H_3} \quad h_3 = \frac{k_v \cdot h \cdot H_3}{k_3 \cdot H_o}$$

$$h = h_1 + h_2 + h_3$$

$$h = \frac{k_v \cdot h}{H_o}\left(\frac{H_1}{k_1} + \frac{H_2}{k_2} + \frac{H_3}{k_3}\right)$$

$$\therefore k_v = \frac{H_o}{\dfrac{H_1}{k_1} + \dfrac{H_2}{k_2} + \dfrac{H_3}{k_3}}$$

(3) 물의 흐름 방향에 따른 대소 관계

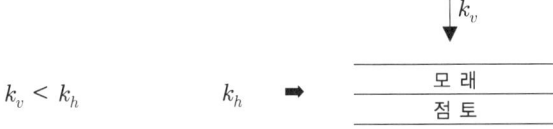

$k_v < k_h$

4-4 유선망

(1) 유선망의 작성 목적

① 침투수량을 구한다.
② 등수두선간의 공극수압을 측정한다.

(2) 유선망의 용어 정의

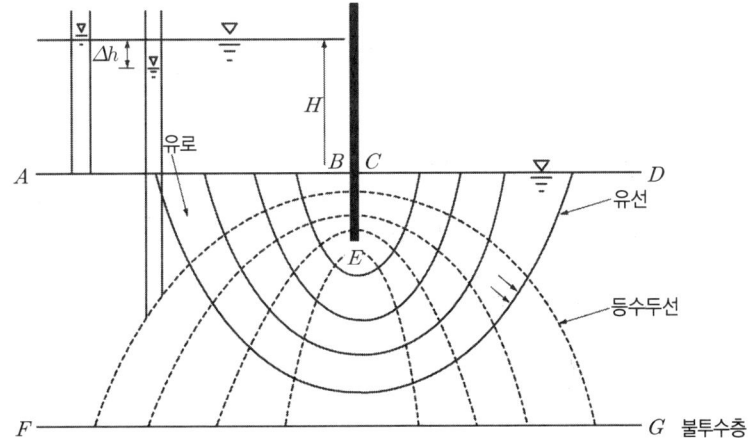

$\overline{AB}$: 등수두선   유로의 수 N_f =5개
$\overline{CD}$: 등수두선   등수두면의 수(등압면의 수) N_d =9개
$\overline{FG}$: 유선   유선 : 6개
$\overline{BEC}$: 유선   등수두선 : 10개

(3) 유선망의 성질

① 각 유로의 침투량은 같다.

② 서로 인접한 등수두선의 수압 강하량(수두손실 $\Delta h = \dfrac{H}{N_d}$)은 항상 같다.

③ 유선은 등수두선(등포텐셜선)은 직교한다.

④ 유선망으로 이루어진 사변형은 이론상 정사각형이다.

⑤ 침투속도 및 동수구배는 유선망의 폭에 반비례한다.

여기서, $Q = A \cdot V$

$$\therefore V = \frac{Q}{A} = \frac{Q}{B \cdot H}$$

$$Q = A \cdot V = A \cdot k \cdot i$$

$$\therefore i = \frac{Q}{A \cdot k} = \frac{Q}{B \cdot H \cdot k}$$

(4) 침투유량

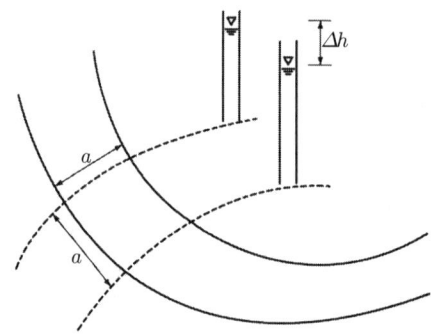

① 유로 한 개의 침투량(단위폭 1m당)

$$\Delta Q = A \cdot V = A \cdot k \cdot i = A \cdot k \cdot \frac{h}{L} = (1 \times a) k \cdot \frac{\Delta h}{a} = k \cdot \Delta h = k \cdot \frac{H}{N_d}$$

② 전체 유로의 침투량

$$Q = k \cdot H \cdot \frac{N_f}{N_d}$$

③ 이방성 지반(투수계수가 방향에 따라 다른 경우)의 경우 침투량

$$Q = \sqrt{k_v \cdot k_h} \cdot H \cdot \frac{N_f}{N_d}$$

(5) 유선망에 의한 수두 및 압력

① 수두

- 전수두(h_t) $h_t = \dfrac{N_d'}{N_d} \cdot H$
- 위치수두(h_e) $h_e = (-)\Delta H$
- 압력수두(h_p) $h_t = h_e + h_p$

$$\therefore h_p = h_t - h_e = \frac{N_d'}{N_d} \cdot H + \Delta H$$

여기서, N_d : 등수두면의 수
N_d' : 하류측에서부터 등수두면의 수
ΔH : 지중속의 위치

② 압력

- 전압력(P) $P = \gamma_w \cdot h_t$
- 위치압력 $u_e = \gamma_w \cdot (-)\Delta H$
- 공극수압 $H_p = P - u_e$

4-5 제체의 침투

(1) 침윤선

① 성 질
- 제체내 흐름의 최외측, 즉 대기압과 접하는 자유수면을 의미한다.
- 유선으로 그 형상은 포물선으로 가정한다.
- 침윤선은 자유수면으로 압력수두는 0이다.
  즉 위치수두가 곧 전수두가 된다.(침윤선에서의 수두는 위치수두뿐이다.)

② 침윤선 보정
- 기본 포물선을 $GE = 0.3l$ 위치에서 그린다.
- 상류측 경사면 AE는 하나의 등수두선이므로 침윤선은 이면에 직교한다.

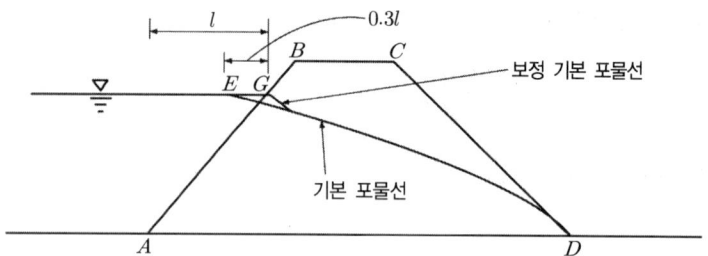

4-6 유효응력

(1) 응력의 개념
① 전응력(P, σ)
흙 전체에 작용하는 압력
② 간극수압(중립응력, 공극수압 u)
간극 속에 있는 물이 받는 압력
③ 유효응력($\overline{P}$, $\overline{\sigma}$)
흙 입자 상호간에 작용하는 압력

(2) 임의 지반의 유효응력
① 지반의 유효응력

$P = \overline{P} + u$

$\gamma_t \cdot h + \gamma_{sat} \cdot Z = \overline{P} + \gamma_w \cdot Z$

$\therefore \overline{P} = \gamma_t \cdot h + \gamma_{sat} \cdot Z - \gamma_w \cdot Z$
$\qquad = \gamma_t \cdot h + (\gamma_{sat} - \gamma_w) Z$
$\qquad = \gamma_t \cdot h + \gamma_{sub} \cdot Z$

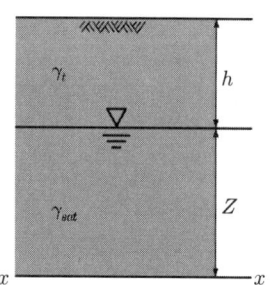

② 포화된 지반의 유효응력

$P = \overline{P} + u$

$\gamma_w \cdot h + \gamma_{sat} \cdot Z = \overline{P} + \gamma_w (h + Z)$

$\therefore \overline{P} = \gamma_w \cdot h + \gamma_{sat} \cdot Z - \gamma_w \cdot h - \gamma_w \cdot Z$
$\qquad = (\gamma_{sat} - \gamma_w) Z$
$\qquad = \gamma_{sub} \cdot Z$

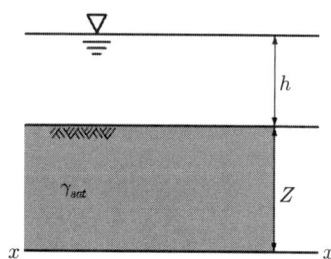

③ 공극수압계의 압력차에 따른 유효응력
- 물이 위로 흐르는 경우

$$P = \overline{P} + u$$
$$\gamma_w \cdot h + \gamma_{sat} \cdot Z = \overline{P} + \gamma_w \cdot (\Delta h + h + Z)$$
$$\therefore \overline{P} = \gamma_w \cdot h + \gamma_{sat} \cdot Z - \gamma_w \cdot \Delta h - \gamma_w \cdot Z$$
$$= \gamma_{sat} \cdot Z - \gamma_w \cdot Z - \gamma_w \cdot \Delta h$$
$$= (\gamma_{sat} - \gamma_w) Z - \gamma_w \cdot \Delta h$$
$$= \gamma_{sub} \cdot Z - \gamma_w \cdot \Delta h$$

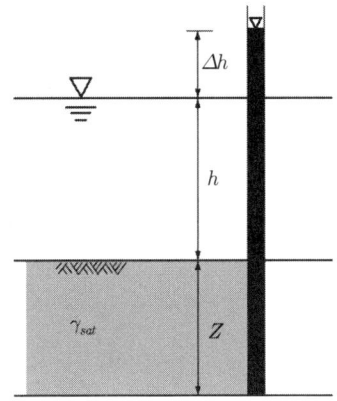

- 물이 아래로 흐르는 경우

$$P = \overline{P} + u$$
$$\gamma_w \cdot h + \gamma_{sat} \cdot Z = \overline{P} + \gamma_w (h + Z - \Delta h)$$
$$\therefore \overline{P} = \gamma_w \cdot h + \gamma_{sat} \cdot Z - \gamma_w \cdot h - \gamma_w \cdot Z + \gamma_w \cdot \Delta h$$
$$= \gamma_{sat} Z - \gamma_w \cdot Z + \gamma_w \cdot \Delta h$$
$$= (\gamma_{sat} - \gamma_w) Z + \gamma_w \cdot \Delta h$$
$$= \gamma_{sub} \cdot Z + \gamma_w \cdot \Delta h$$

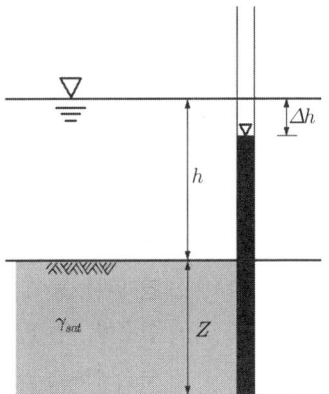

(3) 모관현상이 발생시 유효응력

① 모관현상 및 성질
- 표면장력에 의해 물이 표면으로 상승하는 현상
- 모관상승 부분은 (−)간극수압이 생겨 유효응력이 증가한다.
- 지하수면에서의 공극수압 $u = 0$이다.
- 모관상승으로 지표면이 포화된 경우
- 지표면의 전응력은 0이며 유효응력은 0이 아니다.
- 모관현상이 있을 때 지하수위란 공극수압이 0인 면이다.

② 흙의 모관성

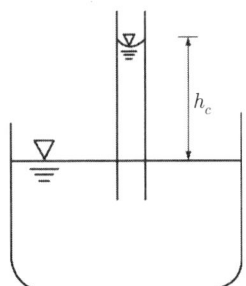 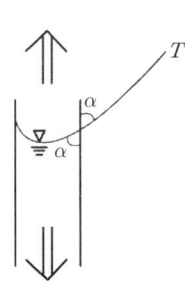

- $\pi \cdot D \cdot T\cos\alpha = \dfrac{\pi D^2}{4} \cdot h_c \cdot \gamma_w$

  $\therefore h_c = \dfrac{4T\cos\alpha}{\gamma_w \cdot D}$

- $\alpha = 0°$, 수온 15℃일 때 $T = 0.075\text{g/cm}$ 이므로

  $\therefore h_c = \dfrac{0.3}{D}(\text{cm})$

  여기서, h_c : 모관상승고(cm)
  α : 접촉각
  T : 표면장력
  D : 모세관 직경

- $h_c = \dfrac{C}{e \cdot D_{10}}$

  여기서, e : 공극비
  D_{10} : 유효입경
  C : 흙 입자의 모양과 표면상태 정수

③ 흙의 성질에 따른 모관성
- 모관상승고는 점토, 실트, 모래, 자갈 순으로 높다.
- 모관상승 속도는 모래가 점토보다 빠르다.
- 모관 포텐셜(표면에서 당기는 힘, 에너지)은 흙의 함수량, 입경, 온도, 물에 함유된 염분 등에 영향을 받는다.
- 함수량, 입경, 공극비가 작을수록 염류가 많을수록 온도가 낮을수록 저포텐셜이 생긴다.
- 모관 포텐셜은 항상 고포텐셜에서 저포텐셜로 물이 유동한다.

④ 모관수에 의해 완전히 포화되었을 때 유효응력
- h_2까지 모관 상승시 $X-X$ 단면의 유효응력

  $P = \overline{P} + u$

  $\gamma_t \times h_1 + \gamma_{sat} \times (h_2 + h_3) = \overline{P} + \gamma_w \times (h_2 + h_3) - \gamma_w \times h_2$

  $\therefore \overline{P} = \gamma_t \cdot h_1 + \gamma_{sat} \cdot h_2 + \gamma_{sat} \cdot h_3 - \gamma_w \cdot h_2 - \gamma_w \cdot h_3 + \gamma_w \cdot h_2$
  $\quad = \gamma_t \cdot h_1 + \gamma_{sub} \cdot h_3 + \gamma_{sat} \cdot h_2$

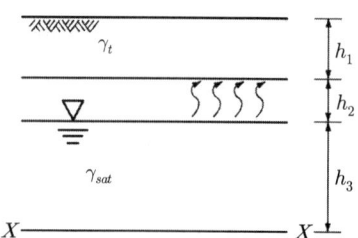

- 모관수가 지표면까지 상승시 $X-X$ 단면의 유효응력

  $P = \overline{P} + u$

  $\gamma_{sat} \cdot h = \overline{P} + \gamma_w \cdot h - \gamma_w \cdot h$

  $\therefore \overline{P} = \gamma_{sat} \cdot h$

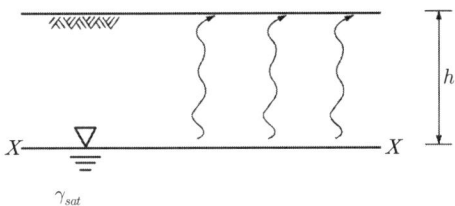

- 모관수가 h_2 높이까지 상승시 $X-X$ 단면의 유효응력

  $P = \overline{P} + u$

  $\gamma_t \cdot h_1 + \gamma_{sat} \cdot h_2 = \overline{P} + \gamma_w \cdot h_2 - \gamma_w \cdot h_2$

  $\therefore \overline{P} = \gamma_t \cdot h_1 + \gamma_{sat} \cdot h_2$

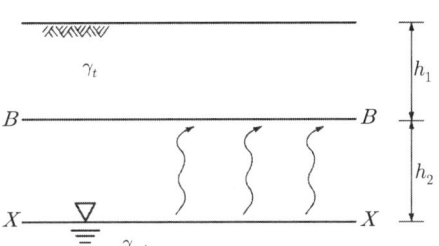

- 모관수가 h_2 높이까지 상승시 $B-B$ 단면의 유효응력

  $P = \overline{P} + u$

  $\gamma_t \cdot h_1 = \overline{P} + (-\gamma_w \cdot h_2)$

  $\therefore \overline{P} = \gamma_t \cdot h_1 + \gamma_w \cdot h_2$

⑤ 모관수에 의해 부분적으로 포화되었을 때 유효응력

- 모관수가 h_2 높이까지 $S\%$만큼 포화된 경우 $B-B$ 단면의 유효응력

  $P = \overline{P} + u$

  $\gamma_t \cdot h_1 = \overline{P} + \left(-\gamma_w \cdot h_2 \cdot \dfrac{S}{100}\right)$

  $\therefore \overline{P} = \gamma_t \cdot h_1 + \gamma_w \cdot h_2 \cdot \dfrac{S}{100}$

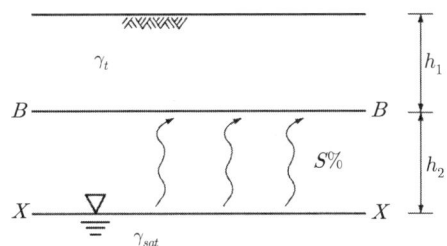

4-7 분사현상(quick sand)

- 모래지반의 굴착저면이 수압에 의해 토립자가 혼탁하여 분출하는 현상
- 동수구배(동수경사) $i = \dfrac{h}{L}$
- 한계동수경사 $i_c = \dfrac{\gamma_{sub}}{\gamma_w} = \dfrac{\gamma_{sat} - \gamma_w}{\gamma_w} = \dfrac{G_s - 1}{1 + e}$

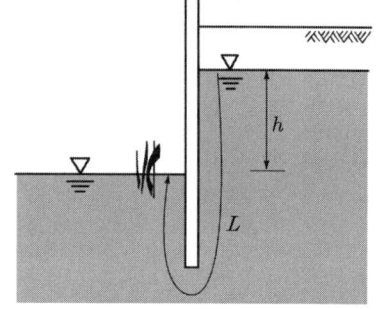

(1) 분사현상이 안 일어나는 조건

$i < i_c$

$1 < F$

(2) 안전율(F)

$$F = \dfrac{i_c}{i} = \dfrac{\dfrac{G_s - 1}{1 + e}}{\dfrac{h}{L}}$$

4-8 흙의 동해(동상)

(1) 동상의 개념

① 지표면이 부풀어 오르는 현상
② 동결은 지표면에서 아래쪽을 향하여 진행한다.
③ 실트는 모관상승고가 높아 동상현상이 크게 일어난다.
 (실트질은 모관수두가 크고 투수성이 크다.)

(2) 연화현상(융해현상)

① 얼음이 녹아 흙 속의 과잉수분에 의해 연약화된 현상
② 동결된 지반이 봄철에 녹아 증가된 함수비 때문에 지반이 연약하고 강도가 떨어지게 되는 현상
③ 지표수의 침입, 지하수의 상승, 융해수가 배수되지 않고 저류될 때 발생한다.

(3) 동상이 일어나는 조건

① 동상을 받기 쉬운 실트 흙이 존재할 경우
② 0℃ 이하의 온도가 계속 지속되는 경우

③ 하층으로부터 물의 공급이 충분할 경우
④ 동결심도 하단에서 지하수면까지 거리가 모관상승고보다 낮을 때

(4) 동상의 방지 대책

① 양질의 조립토로 치환한다.
② 배수구의 설치로 지하수위로 저하시킨다.

(5) 동결 깊이(동결 심도)

$Z = C\sqrt{F}$

여기서, Z : 동결 깊이
C : 정수(3~5)
F : 동결지수＝기온×일수

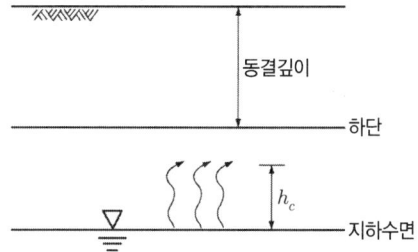

제4장 실전문제 — 흙의 투수성

01 지름 2mm의 유리관을 15℃의 정수 중에 세웠을 때 모관상승고는 얼마인가? (단, 물과 유리관의 접촉각은 9°, 표면장력은 0.075 g/cm이다.)

㉮ 0.15cm ㉯ 1.48cm ㉰ 1.58cm ㉱ 1.68cm

해설 $h_c = \dfrac{4T\cos\alpha}{\gamma_w \cdot D} = \dfrac{4\times 0.075 \times \cos 9°}{1\times 0.2} = 1.48\text{cm}$

02 흙의 투수성에 관한 Darcy의 법칙 $Q = K \cdot \dfrac{\Delta h}{l} \cdot A$을 설명한 것 중 옳지 않은 것은?

㉮ 투수계수 K의 차원은 속도의 차원(cm/sec)과 같다.
㉯ A는 실제로 물이 통하는 공극부분의 단면적이다.
㉰ Δh는 수두차이다.
㉱ 물의 흐름이 난류인 경우에는 Darcy의 법칙이 성립하지 않는다.

해설 A는 시료의 단면적이다.

03 투수시험을 할 때의 온도가 17℃이었다. 이것을 15℃의 투수계수로 환산할 때 옳은 것은? (단, μ : 보정계수)

㉮ $K_{15} = K_{17} \cdot \dfrac{\mu_{17}}{\mu_{15}}$
㉯ $K_{15} = K_{17} \cdot \dfrac{\mu_{15}}{\mu_{17}}$
㉰ $K_{15} = \dfrac{1}{K_{17}} \cdot \dfrac{\mu_{17}}{\mu_{15}}$
㉱ $K_{15} = \dfrac{1}{K_{17}} \cdot \dfrac{\mu_{15}}{u_{17}}$

해설 $K_{15} : \dfrac{1}{\mu_{15}} = K_{17} : \dfrac{1}{\mu_{17}}$ ∴ $K_{15} = K_{17} \cdot \dfrac{\mu_{17}}{\mu_{15}}$

04 정수위 투수시험을 단면적 30cm², 길이 25cm의 시료에 대하여 하였다. 이때 40cm의 수두에서 116초 동안에 200cc가 유출하였다. 이 시료의 투수계수는?

㉮ 2.49×10^{-2}cm/sec
㉯ 3.59×10^{-2}cm/sec
㉰ 4.25×10^{-2}cm/sec
㉱ 5.25×10^{-2}cm/sec

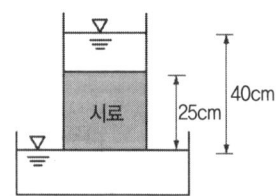

해설 $Q_t = A \cdot V \cdot t = A \cdot k \cdot \dfrac{h}{L} \cdot t$

∴ $k = \dfrac{Q_t \cdot L}{A \cdot h \cdot t} = \dfrac{200 \times 25}{30 \times 40 \times 116} = 3.59\times 10^{-2}\text{cm/sec}$

답 01. ㉯ 02. ㉯ 03. ㉮ 04. ㉯

05 그림과 같이 3층으로 된 토층의 수평방향과 수직방향의 평균 투수계수는 몇 cm/sec 인가?

수평방향 투수계수	수직방향 투수계수
㉮ 1.372×10^{-3}	3.129×10^{-4}
㉯ 3.129×10^{-4}	1.372×10^{-3}
㉰ 1.372×10^{-5}	3.129×10^{-6}
㉱ 3.129×10^{-6}	1.372×10^{-5}

2.8m $k_1 = 4 \times 10^{-4}$ cm/sec
3.6m $k_2 = 2 \times 10^{-4}$ cm/sec
1.5m $k_3 = 6 \times 10^{-3}$ cm/sec
7.9m

해설
$$K_h = \frac{1}{H_o}(k_1 \cdot H_1 + k_2 \cdot H_2 + k_3 \cdot H_3)$$
$$= \frac{1}{790}(4 \times 10^{-4} \times 280 + 2 \times 10^{-4} \times 360 + 6 \times 10^{-3} \times 150)$$
$$= 1.372 \times 10^{-3} \text{cm/sec}$$
$$K_v = \frac{H_o}{\frac{H_1}{k_1} + \frac{H_2}{k_2} + \frac{H_3}{k_3}} = \frac{790}{\frac{280}{4 \times 10^{-4}} + \frac{360}{2 \times 10^{-4}} + \frac{150}{6 \times 10^{-3}}}$$
$$= 3.129 \times 10^{-4} \text{cm/sec}$$

06 유선망(flow net)의 특징 중 옳지 않은 것은?
㉮ 두 개의 등수두선의 수압 강하량은 다른 두 개의 등수두선에 대해서도 같다.
㉯ 유선망으로 되는 사각형은 이론상으로 직각사각형이다.
㉰ 유선과 등수두선은 서로 직교한다.
㉱ 침투속도 및 동수경사는 유선망의 폭에 반비례한다.

해설 유선망으로 되는 사각형은 이론상 정사각형이다.

07 흙 댐의 침윤선을 설명한 것 중 옳지 않은 것은?
㉮ 침윤선상의 수두는 위치수두뿐이다.
㉯ 침윤선상의 수두는 압력수두뿐이다.
㉰ 침윤선은 유선 중의 하나이다.
㉱ 침윤선의 형상은 포물선으로 가정한다.

해설 침윤선은 자유수면이므로 압력수두는 0이다. 그러므로 위치수두만 존재한다.

08 다음의 흙 댐에서 유선망을 작도하는 데 있어 경계조건이 틀린 것은?
㉮ AB는 등수두선이다.
㉯ BC는 등수두선이다.
㉰ CD는 등수두선이다.
㉱ AD는 유선이다.

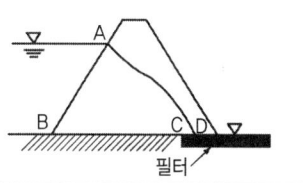

해설 BC는 유선이다.

답 05. ㉮ 06. ㉯ 07. ㉯ 08. ㉯

09 흙의 동상에 관한 다음 설명 중 옳지 않은 것은?
㉮ 토층의 동결은 보통 지표면에서 아래쪽을 향하여 진행된다.
㉯ 모래나 자갈은 투수성이 크지만 모관현상은 낮으므로 동상은 그다지 크게 일어나지 않는다.
㉰ 점토는 모관상승고가 높으므로 실트질 흙보다 동상현상이 크게 일어난다.
㉱ 흙의 모관성이 클 때 동상현상이 현저하게 일어난다.

해설 점토는 모관상승고가 높지만 투수성이 작아 실트질 흙보다 동상현상이 작게 일어난다.

10 다음 중 투수계수를 좌우하는 요인이 아닌 것은?
㉮ 토립자의 크기   ㉯ 공극의 형상과 배열
㉰ 흙 입자의 밀도   ㉱ 포화도

해설 흙 입자의 밀도는 관계가 없고 점성계수, 공극비 등이 관계있다.

11 그림의 유선망에 대한 것 중 틀린 것은? (단, 흙의 투수계수는 2.5×10^{-3}cm/s이다.)
㉮ 유선의 수 = 6
㉯ 등수두선의 수 = 6
㉰ 유로의 수 = 5
㉱ 전침투유량 $Q = 0.278$cm^3/s

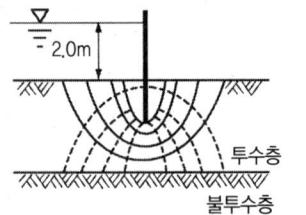

해설
- 등수두선의 수 : 10개
- 등수두면의 수 : 9개
- $Q = k \cdot h \cdot \dfrac{N_f}{N_d} = 2.5\times10^{-3}\times200\times\dfrac{5}{9} = 0.278$cm^3/sec

12 그림을 보고 점토 중앙 단면에 작용하는 유효압력은 얼마인가?
(단, $\gamma_w = 9.81$kN/m^3)
㉮ 12.50 kN/m^2
㉯ 23.75 kN/m^2
㉰ 32.55 kN/m^2
㉱ 40.46 kN/m^2

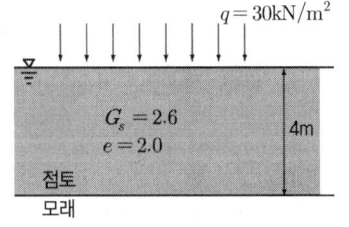

해설 $\gamma_{sub} = \dfrac{G_s-1}{1+e} \cdot \gamma_w = \dfrac{2.6-1}{1+2}\times9.81 = 5.23$kN/m^3
$\overline{P} = q + \gamma_{sub} \cdot Z = 30 + 5.23\times2 = 40.46$kN/m^2

13 다음 그림에서 흙 속 6m 깊이에서의 중립응력은? (단, $\gamma_w = 9.81 \text{kN/m}^3$, 포화된 흙의 단위체적중량은 19 kN/m³이다.)

㉮ 104 kN/m²
㉯ 158 kN/m²
㉰ 107.91 kN/m²
㉱ 54.75 kN/m²

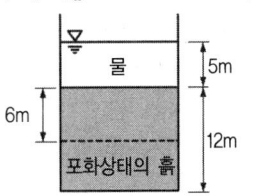

해설 $u = \gamma_w \cdot Z = 9.81 \times 11 = 107.91 \text{kN/m}^2$

14 그림에서 모관수에 의해 A-A면까지 완전히 포화되었다고 가정하면 B-B면에서의 유효응력은 얼마인가? (단, $\gamma_w = 9.81 \text{kN/m}^3$)

㉮ 63.51 kN/m²
㉯ 72.42 kN/m²
㉰ 82.57 kN/m²
㉱ 122.46 kN/m²

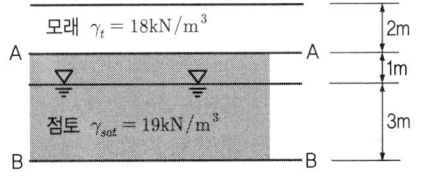

해설 $\overline{P} = P - u = 112 - 29.43 = 82.57 \text{kN/m}^2$
$P\,(\text{전응력}) = 18 \times 2 + 19 \times 4 = 112 \text{kN/m}^2$
$u\,(\text{중립응력}) = 9.81 \times 3 = 29.43 \text{kN/m}^2$

15 그림과 같은 경우 a-a에서의 유효응력은 얼마인가? (단, $\gamma_w = 9.81 \text{kN/m}^3$, 흙의 수중단위중량은 10 kN/m³이다.)

㉮ 18 kN/m²
㉯ 12 kN/m²
㉰ 8 kN/m²
㉱ 2 kN/m²

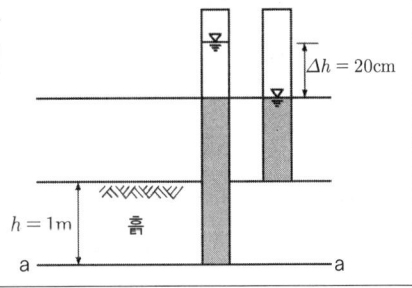

해설 $\overline{P} = 10 \times 1 - 9.81 \times 0.2 = 8.04 \text{kN/m}^2$

16 그림에서 A-A면에 작용하는 유효수직응력은? (단, $\gamma_w = 1 \text{g/cm}^3$, 흙의 포화단위중량은 1.8 g/cm³이다.)

㉮ 2.0 g/cm²
㉯ 4.0 g/cm²
㉰ 8.0 g/cm²
㉱ 28.0 g/cm²

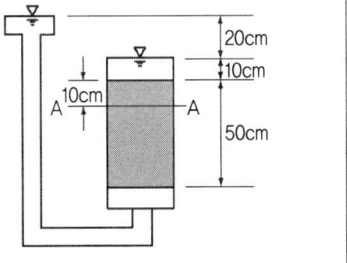

해설 $\overline{P} = \gamma_{sub} \cdot Z - \gamma_w \cdot Z \cdot i = 0.8 \times 10 - 1 \times 10 \times \dfrac{20}{50} = 4 \text{g/cm}^2$

답 13. ㉰ 14. ㉰ 15. ㉰ 16. ㉯

17 그림과 같은 모래시료가 분사현상에 대한 안전율 3을 가지려면 h를 얼마 이하로 하여야 하는가?

㉮ 8.25cm
㉯ 16.50cm
㉰ 24.75cm
㉱ 33.00cm

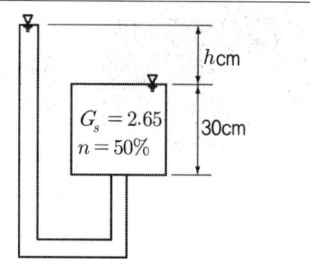

해설 $e = \dfrac{n}{100-n} = \dfrac{50}{100-50} = 1$

$F = \dfrac{i_c}{i} = \dfrac{\dfrac{G_s-1}{1+e}}{\dfrac{h}{L}}$ $3 = \dfrac{\dfrac{2.65-1}{1+1}}{\dfrac{h}{30}}$

∴ $h = 8.25$ cm

18 그림에서 흙의 요소에 작용하는 유효연직응력은? (단, $\gamma_w = 9.81$kN/m³, 모관수에 의하여 지표면까지 포화되었다고 가정한다.)

㉮ 17.7 kN/m²
㉯ 28 kN/m²
㉰ 8 kN/m²
㉱ 0 kN/m²

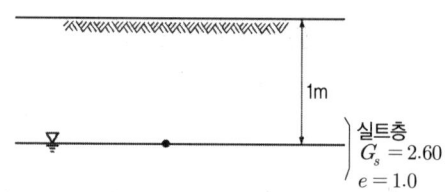

해설 $\overline{P} = P - u = \gamma_{sat} \cdot h - \gamma_w \cdot h = 17.7 \times 1 - 9.81 \times 0 = 17.7$ kN/m²

$\gamma_{sat} = \dfrac{G_s + e}{1+e} \cdot \gamma_w = \dfrac{2.6+1}{1+1} \times 9.81 = 17.7$ kN/m³

19 그림에서 A점의 유효응력 σ'를 구하면?
(단, $\gamma_w = 9.81$kN/m³)

㉮ $\sigma' = 40$ kN/m²
㉯ $\sigma' = 46$ kN/m²
㉰ $\sigma' = 42.5$ kN/m²
㉱ $\sigma' = 57.8$ kN/m²

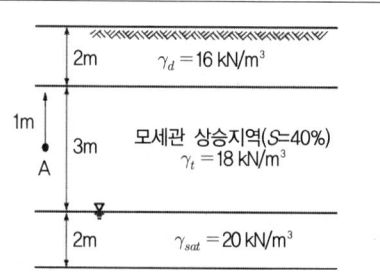

해설 $\overline{P} = P - u = 16 \times 2 + 18 \times 1 - \left(-\dfrac{40}{100} \times 9.81 \times 2\right) = 57.8$ kN/m²

답 17. ㉮ 18. ㉮ 19. ㉱

제 5 장 흙의 압밀

5-1 압 밀

(1) 압밀의 정의
지반에 외부의 하중이 작용할 경우 흙 속의 물과 공기가 배제되어 흙이 압축되는 현상

(2) 1차 압밀
흙 속의 과잉공극수압이 천천히 감소되며 압밀이 일어난다.(과잉공극수압이 0보다 클 때 발생)

(3) 2차 압밀
① 흙 속의 과잉공극수압이 완전히 배제된 후 압밀이 일어난다. 즉, 압밀도 $U=100\%$ 이후 발생하는 압밀을 뜻한다.(과잉공극수압이 0이 된 후에도 계속 침하되는 압밀)
② 1차 압밀 이후 압축되는 것으로 해성점토, 유기질 소성이 큰 흙일수록 크게 발생하지만 2차 압밀은 거의 고려하지 않는다.

5-2 공극수압과 유효응력과의 관계

- $P = \overline{P} + u$
- 지반에 하중이 재하하는 순간 전응력

    $P = u$

여기서, P : 전응력
$\overline{P}$: 유효응력
u : 공극수압

5-3 과잉공극수압

완전 포화 또는 부분 포화된 지반에 하중을 가하면 그 하중으로 공극수압이 발생한다.

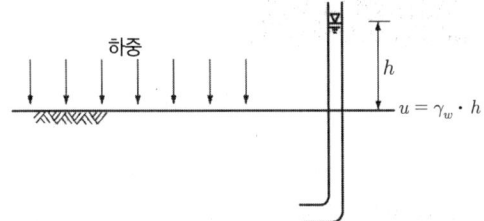

5-4 Terzaghi의 1차 압밀

(1) Terzaghi의 가정
① 흙은 균질이다.
② 토립자의 공극은 항상 물로 포화되어 있다.
③ 흙 입자와 물의 압축성은 무시한다.
④ 흙 속의 물은 Darcy 법칙에 따르며 투수계수는 일정하다.
⑤ 흙의 압축은 일축(1차원)으로 진행된다.
⑥ 공극비와 압력의 관계는 이상적인 직선이다.
⑦ 어떤 압력이 작용해도 토립자의 성질은 변하지 않는다.

(2) 압축계수(a_v)
① $P-e$ 곡선의 기울기

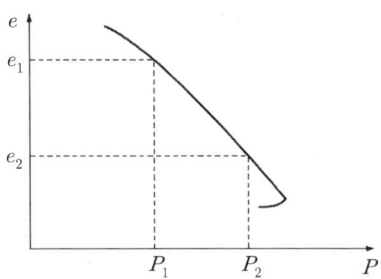

② $a_v = \dfrac{e_1 - e_2}{P_2 - P_1}$

(3) 체적의 변화계수(m_v)

① $m_v = \dfrac{\dfrac{\Delta V}{V}}{\Delta P} = \dfrac{1}{V} \cdot \dfrac{\Delta V}{\Delta P} = \dfrac{1}{1+e} \cdot \dfrac{e_1 - e_2}{P_2 - P_1} = \dfrac{a_v}{1+e}$

② $m_v = \dfrac{\dfrac{\Delta V}{V}}{\Delta P} = \dfrac{\dfrac{A \cdot \Delta H}{A \cdot H}}{\Delta P} = \dfrac{\Delta H}{H \cdot \Delta P}$

∴ $\Delta H = m_v \cdot \Delta P \cdot H = m_v \cdot (P_2 - P_1) \cdot H$

여기서, ΔH : 최종 침하량
ΔP : 하중의 변화치
ΔV : 체적의 변화치

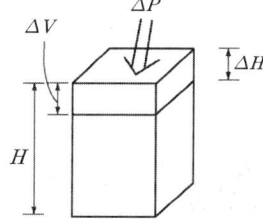

(4) 압축지수(C_c)

① $\log P - e$ 곡선의 기울기

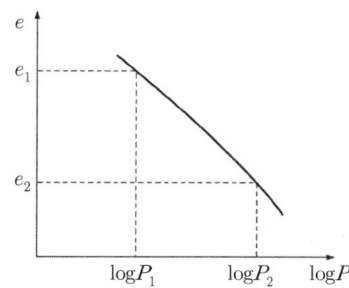

② $C_c = \dfrac{e_1 - e_2}{\log P_2 - \log P_1} = \dfrac{e_1 - e_2}{\log \dfrac{P_2}{P_1}}$

③ 압축지수는 흙의 압밀침하량을 알기 위해 구한다.

$C_c = \dfrac{e_1 - e_2}{\log \dfrac{P_2}{P_1}}$

$e_1 - e_2 = C_c \cdot \log \dfrac{P_2}{P_1}$

$a_v = \dfrac{e_1 - e_2}{P_2 - P_1} = \dfrac{C_c}{P_2 - P_1} \log \dfrac{P_2}{P_1}$

$m_v = \dfrac{a_v}{1+e} = \dfrac{C_c}{(1+e)(P_2 - P_1)} \log \dfrac{P_2}{P_1}$

• $\Delta H = m_v \cdot \Delta P \cdot H = \dfrac{C_c}{(1+e)(P_2 - P_1)} \log \dfrac{P_2}{P_1} \cdot (P_2 - P_1) \cdot H$

$= \dfrac{C_c}{1+e} \log \dfrac{P_2}{P_1} \cdot H$

- $\Delta H = m_v \cdot \Delta P \cdot H = \dfrac{a_v}{1+e} \cdot \Delta P \cdot H = \dfrac{\dfrac{e_1-e_2}{P_2-P_1}}{1+e} \cdot (P_2-P_1) \cdot H$

  $= \dfrac{e_1-e_2}{1+e} \cdot H$ (여기서, $e=e_1$ 대입하여 계산)

- 흐트러지지 않은 시료의 압축지수(C_c)

  $C_c = 0.009(w_L - 10)$

5-5 압밀 기본 방정식

(1) 압밀 기본식

$k = C_v \cdot m_v \cdot \gamma_w$

여기서, C_v : 압밀계수(cm^2/sec)

(2) 압밀도(U)

$U = \dfrac{\overline{P}}{P} = \dfrac{P-u}{P} = 1 - \dfrac{u}{P}$

(3) 압밀도와 시간계수와의 관계

$U = f(T_v) = \dfrac{C_v \cdot t}{H^2}$

여기서, T_v : 시간계수(무차원)
H : 배수거리
t : 침하시 소요되는 시간

- 압밀도 90%시 시간계수 0.848
- 압밀도 50%시 시간계수 0.197

5-6 압밀시험

(1) 시험 과정

① 하중을 단계적으로 가한다.

  0.1, 0.2, 0.4, 0.8, 1.6, 3.2, 6.4, 12.8(kg/cm^2)

② 각 하중 단계별 시간에 변화량을 24시간까지 측정한다.

③ 압밀링은 안지름 60mm, 높이 20mm를 사용한다.

④ 시간과 침하량 곡선, 하중과 공극비 곡선을 구한다.

(2) 선행 압축력

① 선행압밀하중 : 현재 지반이 과거에 최대로 받았던 압축력
② 정규압밀점토 : 현재 지반에 가하는 압축력과 과거에 이 지반이 받았던 최대 압축력이 같은 경우
③ 과압밀점토 : 과거에 받았던 압축력이 현재 받는 압축력보다 큰 경우
④ 과압밀비(OCR)

- $OCR = \dfrac{\text{선행 압밀하중}}{\text{현재 받고 있는 연직하중}}$
- 정규압밀하중의 경우 OCR=1
- 과압밀하중의 경우 OCR>1

(3) 시간-침하곡선

① 압밀계수(C_v)

- $\sqrt{t}$ 법 $\qquad C_v = \dfrac{T_v \cdot H^2}{t_{90}} = \dfrac{0.848 H^2}{t_{90}}$

- $\log t$ 법 $\qquad C_v = \dfrac{T_v \cdot H^2}{t_{50}} = \dfrac{0.197 H^2}{t_{50}}$

여기서, H : 배수거리(양면 배수인 경우 $\dfrac{H}{2}$, 일면 배수인 경우 H를 대입)

② 압밀시간과 압밀층 두께 관계

$$C_v = \dfrac{T_v \cdot H^2}{t}$$

∴ $t = \dfrac{T_v \cdot H^2}{C_v}$ 에서 압밀시간과 배수거리 제곱과 비례관계가 성립한다.

$t_1 : H_1^2 = t_2 : H_2^2$

제 5 장 실전문제 — 흙의 압밀

01 점토의 압밀에 관한 다음 설명 중 틀린 것은?
㉮ 재하된 순간($t=0$)에서의 과잉공극수압은 재하량과 같다.
㉯ 과잉공극수압은 재하시간이 경과함에 따라 감소해서 시간이 ∞가 될 때 0이 된다.
㉰ 과잉공극수압이 0이 될 때를 1차 압밀이 100% 진행되었다고 한다.
㉱ 유효응력은 재하된 순간에 최대치가 된다.

해설 하중이 재하하는 순간 유효응력은 0이다.

02 그림에서 지하 3m 지점의 현재 압밀도는?
(단, $\gamma_w = 9.81 \text{kN/m}^3$)
㉮ 0.39
㉯ 0.4
㉰ 0.51
㉱ 0.71

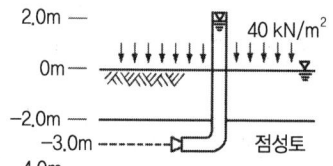

해설 $U = 1 - \dfrac{u}{P} = 1 - \dfrac{19.62}{40} = 0.51$
$u = \gamma_w \cdot \Delta h = 9.81 \times 2 = 19.62 \text{kN/m}^2$

03 다음 압밀도에 관한 설명 중 틀린 것은?
㉮ 압밀도는 압밀계수에 비례한다.
㉯ 압밀도는 압밀을 일으키는 데 요하는 시간에 비례한다.
㉰ 압밀도는 배수거리에 비례한다.
㉱ 압밀도는 배수거리의 제곱에 반비례한다.

해설 • $U = f(T_v) = \dfrac{C_v \cdot t}{H^2}$
• 압밀도는 시간계수에 비례한다.

04 압밀시험결과 $e - \log P$ 곡선으로부터 구할 수 없는 것은?
㉮ 선행압축력   ㉯ 지중공극비
㉰ 압축지수   ㉱ 압밀계수

해설 압밀계수(C_v)는 하중−침하 곡선에 의해 구한다.

답 01. ㉱ 02. ㉰ 03. ㉰ 04. ㉱

05 공극비가 3.2인 점토시료를 압밀하여 압밀응력이 640 kN/m²에 이르렀다. 그 후 압밀응력을 제거하여 현재 320 kN/m²에 이르고 있으며, 이때 공극비는 2.0으로 변했다. 다음 중 옳지 않은 것은?

㉮ 현재 이 점토의 과압밀비(OCR)는 2이다.
㉯ 현재 이 점토의 공극비의 변화는 1.2이다.
㉰ 이 점토의 선행압밀하중은 320 kN/m²이다.
㉱ 이 흙은 현재 과압밀점토이다.

해설
- 선행압밀하중은 640 kN/m²이다.
- $OCR = \frac{640}{320} = 2$
- $OCR > 1$: 과압밀점토
- 공극비의 변화 : $3.2 - 2.0 = 1.2$

06 두께가 5m인 점토층에서 시료를 채취하여 압밀시험을 한 결과 하중강도가 200 kN/m²에서 400 kN/m²으로 증가될 때 간극비는 2.0에서 1.8로 감소하였다. 이 5m 점토층에서 최종 압밀침하량의 50% 압밀에 해당하는 침하량은?

㉮ 16.5cm ㉯ 33cm ㉰ 36.5cm ㉱ 41cm

해설
$$C_c = \frac{e_1 - e_2}{\log P_2 - \log P_1} = \frac{2 - 1.8}{\log 400 - \log 200} = 0.664$$
$$\Delta H = \frac{C_c}{1+e} \log \frac{P_2}{P_1} \cdot H = \frac{0.664}{1+2} \cdot \log \frac{400}{200} \times 5 = 0.33 \text{m} = 33 \text{cm}$$
$$\therefore \Delta H_t = \Delta H \cdot U = 33 \times 0.5 = 16.5 \text{cm}$$

07 그림과 같은 점토층의 압밀속도를 계산한 결과 90% 압밀에 소요되는 시간은 5년이었다. 만일, 암반층 대신 모래층이 존재한다면 압밀소요시간은?

㉮ 1.25년
㉯ 2.5년
㉰ 5년
㉱ 10년

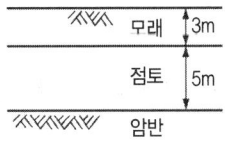

해설
$t_1 : H_1^2 = t_2 : H_2^2$ $5년 : (5\text{m})^2 = x년 : \left(\frac{5}{2}\text{m}\right)^2$
$\therefore x = 1.25$ 년

08 다음 중 Terzaghi의 1차원 압밀이론에 대한 가정과 관계가 먼 것은?

㉮ 흙은 균질하다.
㉯ 흙은 완전 포화되어 있다.
㉰ 압축과 흐름은 1차원적이다.
㉱ 압밀이 진행되면 투수계수는 감소한다.

해설 압력에 관계없이 투수계수는 일정하다.

답 05. ㉰ 06. ㉮ 07. ㉮ 08. ㉱

09 다음과 같은 포화점토층의 최종압밀침하량이 50%의 침하를 일으킬 때까지의 걸리는 일수 t_{50}은? (단, 압밀계수는 $C_v = 1 \times 10^{-5} \text{cm}^2/\text{sec}$이다.)

㉮ 약 5,800일
㉯ 약 2×10^8 일
㉰ 약 928일
㉱ 약 2,280일

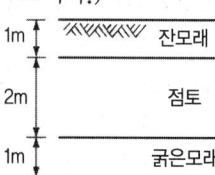

해설 $C_v = \dfrac{0.197 H^2}{t}$에서 양면배수이므로 $C_v = \dfrac{0.197 \left(\dfrac{H}{2}\right)^2}{t_{50}}$

$t_{50} = \dfrac{0.197 \left(\dfrac{200}{2}\right)^2}{1 \times 10^{-5}} = 197,000,000 \text{sec} ≒ 2280$ 일

10 지층의 두께가 3m인 모래와 점토가 있다. 임의의 시간에 있어서 모래의 압축성은 점토의 1/5배이고, 모래의 투수계수는 점토의 10,000배라고 할 때 점토의 압밀시간은 모래의 압밀시간의 몇 배인가? (단, 압밀계수는 $C_v = 1 \times 10^{-5} \text{cm/sec}$이다.)

㉮ 50,000배 ㉯ 10,000배
㉰ 6,000배 ㉱ 2,000배

해설
- 점토의 체적의 변화계수 $m_v = 5$
- 점토의 투수계수 $k = \dfrac{1}{10,000}$

점토의 압밀시간 $t = \dfrac{T_v \cdot H^2}{C_v}$에서 $C_v = \dfrac{k}{m_v \cdot \gamma_w} = \dfrac{\dfrac{1}{10,000}}{5} = \dfrac{1}{50,000}$

∴ $t = \dfrac{1}{C_v} = 50,000$ 배

11 그림에서 50% 압밀이 되었을 때 A, B, C 점에서의 압밀도(U)는 다음 중 어느 것이 맞는가?

㉮ $U_A = U_B = U_C$
㉯ $U_A > U_B > U_C$
㉰ $U_A < U_B < U_C$
㉱ $U_A = U_C < U_C$

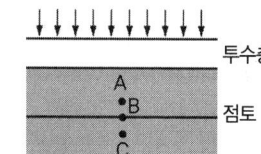

해설 투수층에 가까운 지점이 압밀도가 커진다.

답 09. ㉱ 10. ㉮ 11. ㉯

12 어느 점토의 압밀계수 $C_v = 1.640 \times 10^{-8}$ m²/sec, 압축계수 $a_v = 2.820 \times 10^{-6}$ m²/kN이다. 이 점토의 투수계수는? (단, $\gamma_w = 9.81$ kN/m³, 간극비 $e = 1.0$)

㉮ 2.014×10^{-6} m/sec
㉯ 3.646×10^{-6} m/sec
㉰ 3.114×10^{-9} m/sec
㉱ 2.268×10^{-13} m/sec

해설
$$m_v = \frac{a_v}{1+e} = \frac{2.82 \times 10^{-6}}{1+1} = 1.41 \times 10^{-6} \text{m}^2/\text{kN}$$
$$k = C_v \cdot m_v \cdot \gamma_w = 1.64 \times 10^{-8} \times 1.41 \times 10^{-6} \times 9.81 = 2.268 \times 10^{-13} \text{m/sec}$$

13 압밀을 일으키는 토층의 두께가 3m이다. 이 토층의 시료가 구조물 축조 전의 공극비는 0.80이고, 축조 후의 공극비는 0.50이다. 이 흙의 전 압밀침하량은 몇 cm인가?

㉮ 35cm
㉯ 40cm
㉰ 50cm
㉱ 65cm

해설
$$\Delta H = \frac{e_1 - e_2}{1+e} \cdot H = \frac{0.8 - 0.5}{1 + 0.8} \times 300 = 50 \text{cm}$$

답 12. ㉱ 13. ㉰

제 6 장 흙의 전단강도

6-1 흙의 전단

(1) 전단저항
외부의 힘에 의해 활동하려는 것에 대해 저항하려는 힘

(2) 전단강도
흙 내부의 활동에 대한 저항하려는 단위면적당 내부 저항

6-2 직접전단시험

(1) 1면 전단시험
$$\tau = \frac{S}{A}$$

(2) 2면 전단시험
$$\tau = \frac{S}{2A}$$

$$\sigma_1,\ \sigma_2,\ \sigma_3 = \frac{P}{A}$$

$$\tau_1,\ \tau_2,\ \tau_3 = \frac{S}{A}$$

(3) σ와 τ 관계에서 c, ϕ를 구한다.

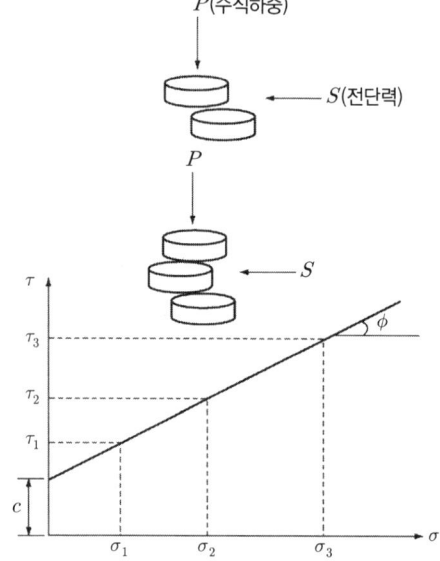

6-3 삼축압축시험

(1) Mohr-Coulomb 파괴 이론

① 삼축압축시험의 특성
- 거의 일치하여 신뢰성이 높다.
- 모든 토질에 적용 가능하다.
- c, ϕ, u 값을 구할 수 있다.
- UU, CU, CD, $\overline{CU}$ 시험을 할 수 있다.

② 수직응력(σ)과 전단응력(τ)
- $\sigma = \dfrac{\sigma_1 + \sigma_3}{2} + \dfrac{\sigma_1 - \sigma_3}{2}\cos 2\theta$
- $\tau = \dfrac{\sigma_1 - \sigma_3}{2}\sin 2\theta$

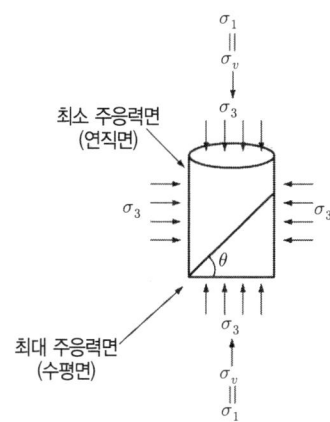
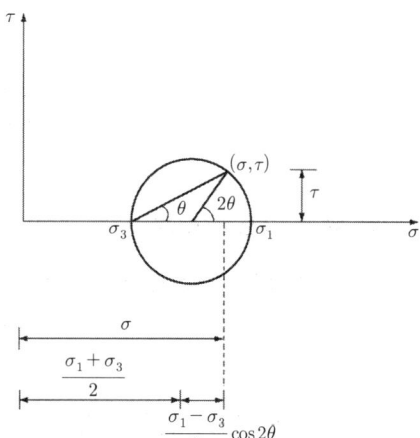

- 극점(평면기점)
  최소 주응력(σ_3)에서 최소 주응력면에 평행하게 선을 그어 Mohr 원과 교점
  최대 주응력(σ_1)에서 최대 주응력면에 평행하게 선을 그어 Mohr 원과 교점
- 구하는 점의 좌표(σ, τ) 극점에서 파괴각(θ)으로 선을 그어 Mohr 원과 교점

여기서, σ_3 : 측압, 액압, 최소 주응력
σ_1 : 최대 주응력
$\left(\sigma_1 = \sigma_3 + \sigma_v,\ \sigma_v = \dfrac{P}{A},\ A = \dfrac{A_o}{1-\varepsilon},\ \varepsilon = \dfrac{\Delta l}{l}\right)$
θ : 파괴각

③ 파괴포락선
여러 개의 Mohr 원을 그렸을 때 이 원에 접하는 공통되는 선

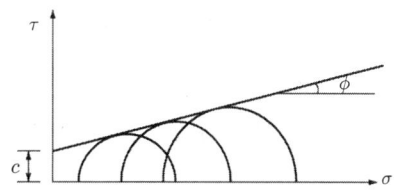

④ 흙의 종류별 전단응력
- 일반 흙($c \neq 0$, $\phi \neq 0$)

  $\tau = c + \sigma \tan \phi$

- 모래($c = 0$, $\phi \neq 0$)

  $\tau = \sigma \tan \phi = (p - u) \tan \phi$

  여기서, p : 전압력
  u : 공극수압

- 점토($c \neq 0$, $\phi = 0$)

  $\tau = c$

  여기서, τ : 흙의 전단강도
  ϕ : 흙의 내부마찰각
  c : 점착력
  σ : 유효응력
  (전압력−공극수압)

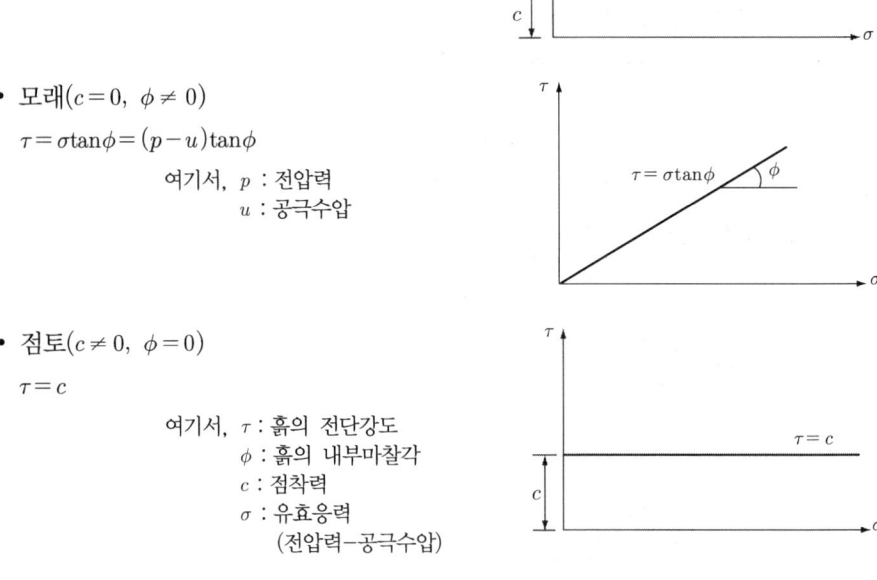

(2) 배수 방법에 따른 시험 조건

① 비압밀 비배수 전단시험(UU)
- 성토 직후 갑자기 파괴되는 경우
- 단기간 안정 검토할 경우

② 압밀 비배수 전단시험(CU)
- 어느 정도 압밀 후 갑자기 파괴되는 경우(pre-loading)
- 수위가 급하강시 흙댐의 안정문제 검토시
- 가장 일반적인 방법으로 지반이 완전히 하중을 받기 전에 압밀로 인해 함수비 변화가 상당히 크다고 예상되는 경우

③ 압밀 배수 전단시험(CD)
- 압밀이 진행되어 파괴가 천천히 일어나는 경우
- 사질지반의 안정, 점토지반의 장기 안정 검토시
- 시간이 오래 걸려 중요한 공사에 대해 시험

④ $\overline{CU}$ 시험

CU시험으로 간극수압을 측정하여 유효응력으로 환산하면 CD시험의 효과를 얻을 수 있다.

(3) 배수 조건에 따른 전단 특성

① 비압밀 비배수 시험(UU-test)

- 포화 점토($S=100\%$)

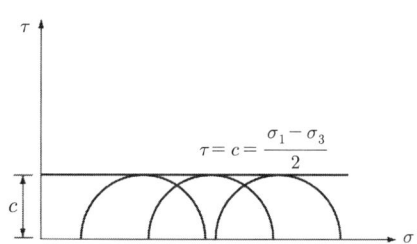

- 불포화 점토($S<100\%$)

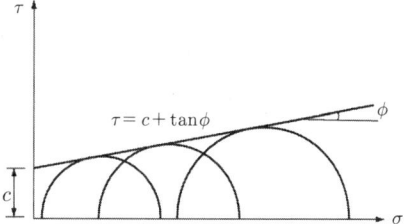

② 압밀 비배수 시험(CU-test)

- 정규 압밀 점토

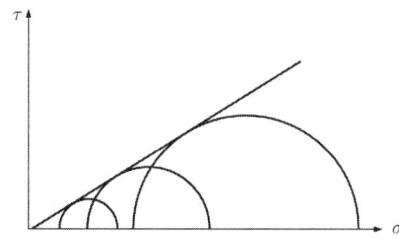

- 과압밀 점토

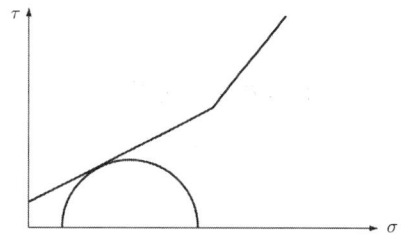

③ 압밀 배수 시험(CD-test)

- 정규 압밀 점토

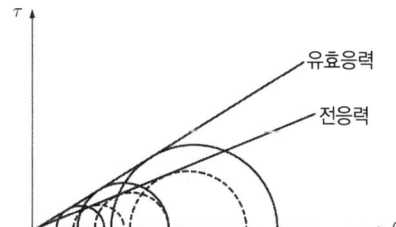

- 과압밀 점토

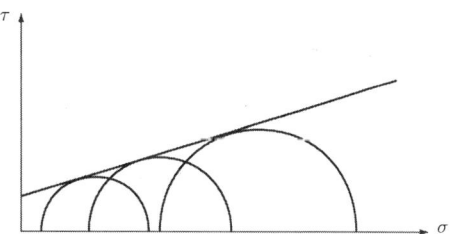

6-4 일축압축시험

(1) 적용 범위

① $\sigma_3 = 0$일 때
② 점성토에만 이용 가능하다.
③ UU시험 조건에만 가능하다.

(2) 점착력(c)

① $c = \dfrac{q_u}{2\tan\left(45° + \dfrac{\phi}{2}\right)}$

② $\phi = 0$인 점토의 경우 $c = \dfrac{q_u}{2}$

③ ϕ값이 극히 작은 점토의 Mohr 원

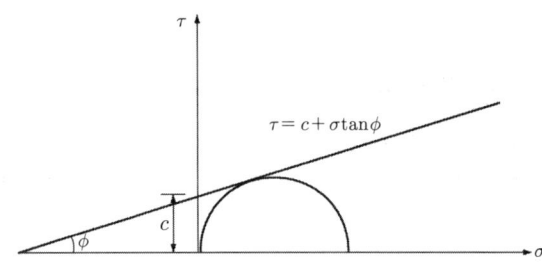

(3) 파괴면과 주응력면과의 각

① 파괴면과 최대 주응력면(수평면)의 각

$\theta = 45° + \dfrac{\phi}{2}$

② 파괴면과 최소 주응력면(연직면)의 각

$\theta' = 45° - \dfrac{\phi}{2}$

(4) 예민비

① $S_t = \dfrac{q_u}{q_{ur}}$

② 예민비가 크면 불안정한 흙이므로 안전율을 크게 고려해야 한다.

여기서, q_u : 불교란시료의 일축압축강도
q_{ur} : 교란시료를 다시 성형시켜 일축압축강도 시험한 값

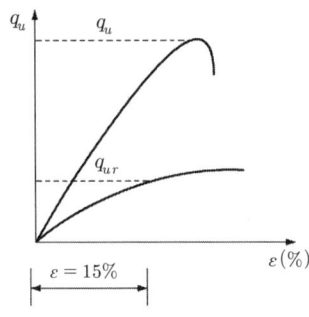

③ 재성형하여 일축강도시험한 결과 peak의 값이 나오지 않아 $\varepsilon=15\%$ 값을 적용한다.
④ 틱소트로피(thixotrophy)
  교란된 흙이 시간의 경과함에 따라 강도의 일부가 회복하는 현상
⑤ 예민상태 판정
  - $S_t < 2$: 비예민
  - $2 < S_t < 4$: 보통
  - $4 < S_t < 8$: 예민
  - $8 < S_t$: 초예민

6-5 현장의 전단강도

(1) 베인전단 시험(Vane test)
① 대단히 예민한 점토나 연약한 점토지반
② 현장에서 직접 시행
③ 점착력(c)

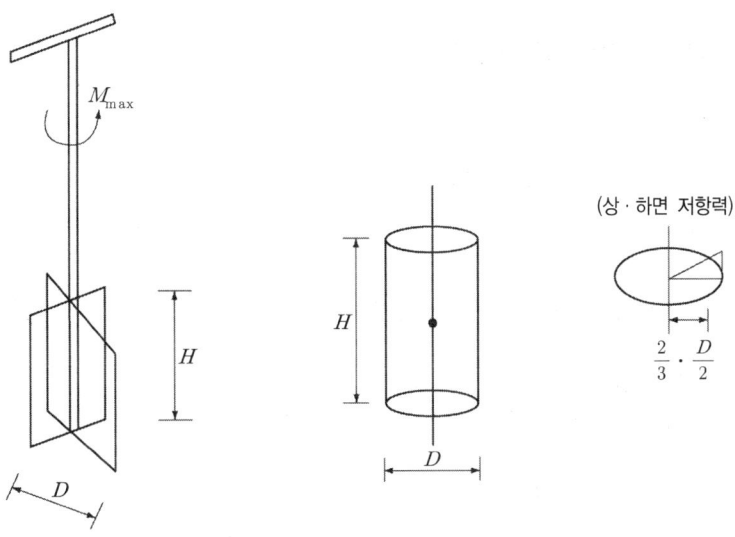

$$M_{\max} = (\pi \cdot D \cdot H \cdot c)\frac{D}{2} + 2\left(\frac{\pi D^2}{4} \cdot c\right)\frac{2}{3} \cdot \frac{D}{2}$$

$$\therefore c = \frac{M_{\max}}{\pi D^2 \left(\dfrac{H}{2} + \dfrac{D}{6}\right)}$$

여기서, c : 점착력
$M_{\max}$: 최대 모멘트
D : Vane 날개 폭(5cm)
H : Vane 날개 높이(10cm)

(2) 표준관입시험

① 정의
중공(中空)의 샘플러를 보링한 구멍에 63.5kg 해머로 75cm 높이에서 자유낙하시켜 샘플러가 30cm 관입시키는데 타격횟수를 N치로 한다.

② 지반 강도 추정
- 점토 지반 : $N < 4$ (연약), $N > 30$ (단단)
- 사질토 지반 : $N < 10$ (느슨), $N > 30$ (조밀)

③ 모래의 내부마찰각(ϕ)와 N치 관계
- 둥글고 균일한 입경(입도분포 불량)
  $\phi = \sqrt{12N} + 15$
- 둥글고 입도분포가 양호하거나 토립자가 모나고 균일한 입경
  $\phi = \sqrt{12N} + 20$
- 모나고 입도분포가 양호
  $\phi = \sqrt{12N} + 25$

④ 점토의 일축압축강도(q_u)와 N치 관계
$q_u = \dfrac{N}{8}$

⑤ 점토지반의 C와 N치 관계
$C = \dfrac{N}{16}$

($\because C = \dfrac{q_u}{2} \quad q_u = 2C, \ q_u = \dfrac{N}{8}$ 에서 $2C = \dfrac{N}{8} \qquad \therefore C = \dfrac{N}{16}$)

⑥ N치 수정
- Rod 길이에 대한 수정
  $N_R = N'\left(1 - \dfrac{x}{200}\right)$

  여기서, N' : 실측 N치
  x : Rod의 길이(m)

- 토질에 의한 수정
  $N = 15 + \dfrac{1}{2}(N_R - 15)$

  단, $N_R \geq 15$ 일 때 수정한다.

- 상재압에 의한 수정
  $N = N'\left(\dfrac{5}{1.4P + 1}\right)$

  여기서, P : 유효상재하중 $\leq 2.8 \text{ kg/cm}^2$

6-6 모래지반의 전단 특성

(1) 전단강도

$\tau = \sigma \cdot \tan\phi = (P-u)\tan\phi$

여기서, σ : 유효응력
P : 전압력
u : 간극수압

(2) 다이러턴시(dilatancy) 현상

① 개념

지반에 전단이 발생하면 부피가 증가하거나 감소하는 현상을 말한다.

② 흙 종류별 특성

흙의 종류	체적 변화	다이러턴시	간극수압
조밀한 모래 과압밀 점토	팽창 (부피 증가)	(+) 다이러턴시	(−) 간극수압
느슨한 모래 정규압밀 점토	수축 (부피 감소)	(−) 다이러턴시	(+) 간극수압

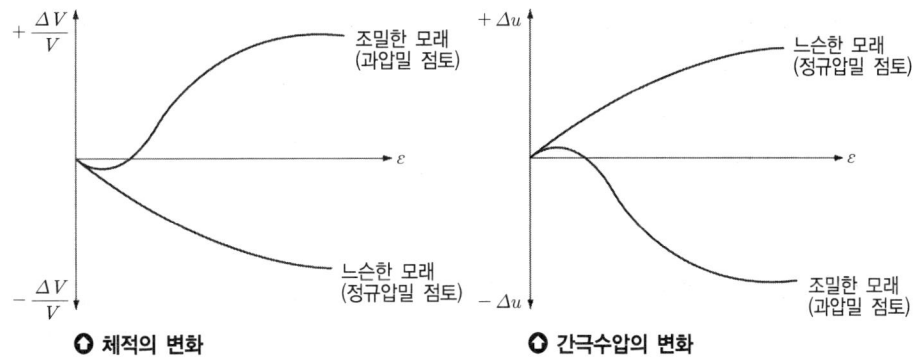

◯ 체적의 변화   **◯ 간극수압의 변화**

(3) 액화현상

① 개념

느슨하게 쌓인 포화된 가는 모래에 충격을 주면 약간 수축하여 정(+)의 공극수압이 발생하여 유효응력이 감소되어 전단강도가 작아지는 현상

② $\tau = \sigma \cdot \tan\phi = (P-u)\tan\phi$

공극수압 u가 커지므로 전단강도 τ가 작아진다.

제6장 실전문제 — 흙의 전단강도

01 다음은 정규압밀점토의 삼축압축 시험결과를 나타낸 것이다. 파괴시 전단응력 τ와 수직응력 σ를 구하면?

㉮ $\tau = 17.3\,\text{kN/m}^2,\ \sigma = 25\,\text{kN/m}^2$
㉯ $\tau = 14.1\,\text{kN/m}^2,\ \sigma = 30\,\text{kN/m}^2$
㉰ $\tau = 15.2\,\text{kN/m}^2,\ \sigma = 25\,\text{kN/m}^2$
㉱ $\tau = 17.3\,\text{kN/m}^2,\ \sigma = 30\,\text{kN/m}^2$

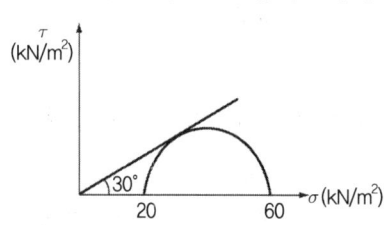

해설
$$\sigma = \frac{\sigma_1 + \sigma_3}{2} + \frac{\sigma_1 - \sigma_3}{2}\cos 2\theta$$
여기서, $\theta = 45° + \frac{\phi}{2} = 45° + \frac{30°}{2} = 60°$
$\therefore\ \sigma = \frac{60+20}{2} + \frac{60-20}{2}\cos 2\times 60° = 30\,\text{kN/m}^2$
$\tau = \frac{\sigma_1 - \sigma_3}{2}\sin 2\theta = \frac{60-20}{2}\sin 2\times 60° = 17.3\,\text{kN/m}^2$

02 포화된 점토지반에서 압밀이 진행됨에 따라 전단응력은 어떻게 되는가?

㉮ 증가한다.   ㉯ 감소한다.
㉰ 일정하다.   ㉱ 증가할 때도 있고 감소할 때도 있다.

해설 공극수압이 감소되므로 전단강도가 증가한다.
$\tau = c + (\sigma - u)\tan\phi$

03 아래 그림에서 A점 흙의 강도정수가 $c = 30\,\text{kN/m}^2,\ \phi = 30°$일 때 A점의 전단강도는?

㉮ $69.3\,\text{kN/m}^2$
㉯ $73.9\,\text{kN/m}^2$
㉰ $99.3\,\text{kN/m}^2$
㉱ $103.9\,\text{kN/m}^2$

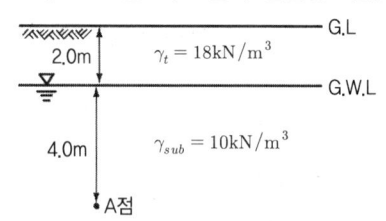

해설 $\tau = c + \sigma \cdot \tan\phi$
유효응력 $\overline{P} = 18\times 2 + 10\times 4 = 76\,\text{kN/m}^2$
$\therefore\ \tau = 30 + 76\tan 30° = 73.9\,\text{kN/m}^2$

답 01. ㉱ 02. ㉮ 03. ㉯

04 어떤 흙의 공시체에 대한 일축압축시험을 하였더니 일축압축강도가 $q_u = 300\,\text{kN/m}^2$, 파괴면의 각도 $\theta = 50°$였다. 이 흙의 점착력과 내부마찰은 얼마인가?

㉮ $c = 150\,\text{kN/m}^2$, $\phi = 10°$
㉯ $c = 150\,\text{kN/m}^2$, $\phi = 5°$
㉰ $c = 125.9\,\text{kN/m}^2$, $\phi = 10°$
㉱ $c = 125.9\,\text{kN/m}^2$, $\phi = 5°$

해설
$$\theta = 45° + \frac{\phi}{2} \qquad 50° = 45° + \frac{\phi}{2}$$
$$\therefore \phi = 10°$$
$$c = \frac{q_u}{2\tan\left(45° + \frac{\phi}{2}\right)} = \frac{300}{2\tan\left(45° + \frac{10°}{2}\right)} = 125.9\,\text{kN/m}^2$$

05 점토층 지반 위에 성토를 급속히 하려 한다. 성토직후에 있어서 이 점토의 안정성을 검토하는데 필요한 강도정수를 구하는 합리적인 시험은?

㉮ 비압밀 비배수 시험
㉯ 압밀 비배수 시험
㉰ 압밀 배수 시험
㉱ 투수 시험

해설 UU시험으로 점토의 단기 안정 검토에 이용한다.

06 흐트러지지 않은 연약한 점토 시료를 채취하여 일축압축 시험을 행하였다. 공시체의 직경이 35mm, 높이가 80mm이고, 파괴시의 하중계를 읽은 값이 150N, 축방향의 변형량이 10mm일 때 이 시료의 전단강도는 얼마인가?

㉮ $14.5\,\text{kN/m}^2$
㉯ $68.4\,\text{kN/m}^2$
㉰ $160\,\text{kN/m}^2$
㉱ $180\,\text{kN/m}^2$

해설
$$A = \frac{\pi \cdot d^2}{4} = \frac{3.14 \times 0.035^2}{4} = 9.6 \times 10^{-4}\,\text{m}^2$$
$$A_o = \frac{A}{1-\varepsilon} = \frac{9.6 \times 10^{-4}}{1 - \frac{10}{80}} = 1.09 \times 10^{-3}\,\text{m}^2$$
$$q_u(\sigma_1) = \frac{P}{A_o} = \frac{150 \times 10^{-3}}{1.09 \times 10^{-3}} = 136.7\,\text{kN/m}^2$$
$$\therefore \tau = \frac{q_u}{2} = \frac{136.7}{2} = 68.4\,\text{kN/m}^2$$

07 점토의 자연 시료에 대한 일축압축강도가 $360\,\text{kN/m}^2$이고, 이 흙을 되비볐을 때의 파괴압축 응력이 $120\,\text{kN/m}^2$이었다. 이 흙의 점착력(c)과 예민비(S_t)는 얼마인가?

㉮ $c = 180\,\text{kN/m}^2$, $S_t = 3$
㉯ $c = 180\,\text{kN/m}^2$, $S_t = 2$
㉰ $c = 240\,\text{kN/m}^2$, $S_t = 3$
㉱ $c = 240\,\text{kN/m}^2$, $S_t = 2$

해설
$$c = \frac{q_u}{2} = \frac{360}{2} = 180\,\text{kN/m}^2$$
$$S_t = \frac{q_u}{q_{ur}} = \frac{360}{120} = 3$$

답 04. ㉰ 05. ㉮ 06. ㉯ 07. ㉮

08 모래나 점토 같은 입상재료를 전단하면 dilatancy 현상이 발생하며 이는 공극수압과 밀접한 관계가 있다. 다음에 기술한 이들의 관계 중 옳지 않은 것은?

㉮ 과압밀 점토에서는 (+)Dilatancy에 부(−)의 공극수압이 발생한다.
㉯ 정규 압밀 점토에서는 (−)Dilatancy는 정(+)의 공극수압이 발생한다.
㉰ 밀도가 큰 모래에서는 (+)Dilatancy가 일어난다.
㉱ 느슨한 모래에서도 (+)Dilatancy가 일어난다.

해설 느슨한 모래에서는 (−)Dilatancy가 일어난다.

09 토립자가 둥글고 입도분포가 나쁜 모래지반에서 N치를 측정한 결과 $N=20$이 되었을 경우 Dunham의 공식에 의한 이 모래의 내부마찰각 ϕ는?

㉮ 10　　㉯ 20　　㉰ 30　　㉱ 40

해설 $\phi = \sqrt{12N} + 15 = \sqrt{12 \times 20} + 15 = 30$

10 물로 포화된 실트질 세사의 N값을 측정한 결과 $N=33$이 되었다고 할 때 수정 N값은? (단, 측정지점까지의 로드(Rod)의 길이는 35m라고 한다.)

㉮ 43　　㉯ 35　　㉰ 21　　㉱ 18

해설
- $N_R = N\left(1 - \dfrac{x}{200}\right) = 33\left(1 - \dfrac{35}{200}\right) = 27$
- 토질에 의한 수정
  $N = 15 + \dfrac{1}{2}(N_R - 15) = 15 + \dfrac{1}{2}(27 - 15) = 21$ 회

11 다음은 3축압축시험에 있어서 공극수압을 측정하여 공극수압계수 A를 계산하는 식이다. 여기에 대한 물음 가운데 틀린 것은?

$$u = B[\Delta\sigma_3 + A(\Delta\sigma_1 - \Delta\sigma_3)]$$

㉮ 포화된 흙에서는 윗 식에서 $B=1$로 보아도 좋다.
㉯ 정규 압밀 점토에서는 A값이 파괴시에는 1 내외의 값을 나타낸다.
㉰ 포화점토에서는 간극수압의 측정값과 축차응력을 알면 된다.
㉱ 심히 과압밀된 점토의 A값은 언제나 +값을 갖는다.

해설 과압밀된 점토 A값은 −0.5∼0이다.

답 08. ㉱　09. ㉰　10. ㉰　11. ㉱

12 다음은 응력경로를 설명한 것이다. 이 가운데 틀린 것은? (단, 여기서 Mohr 원의 중심위치는 $p=\dfrac{\sigma_1+\sigma_3}{2}$, 반경의 크기 $q=\dfrac{\sigma_1-\sigma_3}{2}$ 이다.)

㉮ 응력경로는 각 Mohr 원의 중심위치 p와 반경의 크기 q를 연결하는 선을 말한다.
㉯ 응력경로는 시료가 받는 응력의 변화과정을 연속적으로 살필 수 있는 표현 방법이다.
㉰ 액압 σ_3를 고정하고 축압 σ_1을 연속적으로 증가시키는 경우의 응력경로는 σ_3와 각 Mohr 원의 꼭지점을 연결하는 직선이다.
㉱ 응력경로는 그 성격상 전응력에 대해서만 그릴 수 있다.

해설 응력의 경로는 전응력 및 유효응력의 경로가 있다.

13 다음 흙의 전단강도에 관한 설명 중 옳지 않은 것은?
㉮ 최대 주응력면과 최소 주응력면은 직교한다.
㉯ 주응력면에서는 전단응력(tangential stress)은 0이다.
㉰ 최소 주응력면은 전단응력축과 직교한다.
㉱ 최대 주응력과 최소 주응력의 차를 deviator stress라고 한다.

해설 최소 주응력면과 최대 주응력면이 직교한다.

14 다음의 stress path(응력경로)는 어떤 시험일 때인가?
㉮ 직접 전단압축일 때
㉯ 표준 삼축압축일 때
㉰ 압밀 시험일 때
㉱ 등방압축 시험일 때

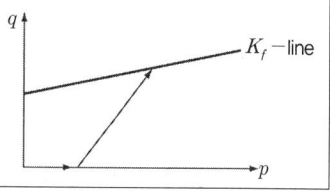

해설 최소 주응력(σ_3)이 일정한 상태에서 최대 주응력(σ_1)이 점차 증가하여 파괴되는 표준 삼축압축의 응력경로이다.

15 응력을 받는 흙 중의 한 점에 있어서의 최대 및 최소 주응력이 각각 $100\,\text{kN/m}^2$ 및 $50\,\text{kN/m}^2$일 때, 이 점을 지나 최대 주응력면과 $30°$를 이루는 면상의 전단응력을 구한 값은?

㉮ $13.5\,\text{kN/m}^2$　　㉯ $21.7\,\text{kN/m}^2$
㉰ $87.5\,\text{kN/m}^2$　　㉱ $91.6\,\text{kN/m}^2$

해설 $\tau=\dfrac{\sigma_1-\sigma_3}{2}\sin 2\theta=\dfrac{100-50}{2}\sin 2\times 30°=21.7\,\text{kN/m}^2$

16 다음 그림의 파괴포락선 중에서 완전 포화된 모래를 UU(비압밀 비배수) 시험했을 때 생기는 파괴포락선은 어느 것인가?

㉮ ①
㉯ ②
㉰ ③
㉱ ④

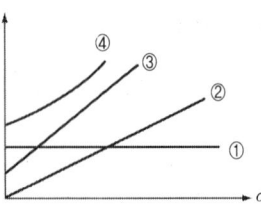

해설 포화된 경우 $\phi = 0°$ 이므로 전단강도는 Mohr 원의 반경과 같아 파괴포락선은 수평이다.

17 어떤 점토지반의 표준관입 시험치 N이 8이다. 이 점토의 일축압축강도 q_u는 얼마로 추정되는가?

㉮ 0.5 kg/cm^2 ㉯ 1 kg/cm^2 ㉰ 1.5 kg/cm^2 ㉱ 2 kg/cm^2

해설 $q_u = \dfrac{N}{8} = \dfrac{8}{8} = 1 \text{kg/cm}^2$

$C = \dfrac{N}{16} = \dfrac{8}{16} = 0.5 \text{kg/cm}^2$

18 다음 그림 중 정규압밀점토의 유효응력에 의한 파괴포락선은?

㉮ ①
㉯ ②
㉰ ③
㉱ ④

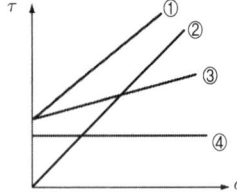

해설 정규압밀점토의 유효응력은 원점을 지난다.

19 전단에 소요되는 시간이 너무 길고 그 결과가 $\overline{CU}$-test와 거의 같으므로 간극수압의 측정이 어려울 때 또는, 중요한 공사 외에는 잘 사용하지 않는 시험은 다음 중 어느 것인가?

㉮ 비압밀 비배수 시험   ㉯ 압밀 비배수 시험
㉰ 압밀 배수 시험   ㉱ 비압밀 배수 시험

해설 CD시험으로 장기 안정 해석에 사용한다.

답 16. ㉮ 17. ㉯ 18. ㉯ 19. ㉰

20 조밀한 흙과 느슨한 흙을 비교한 다음 그림 중 틀린 것은 어느 것인가?

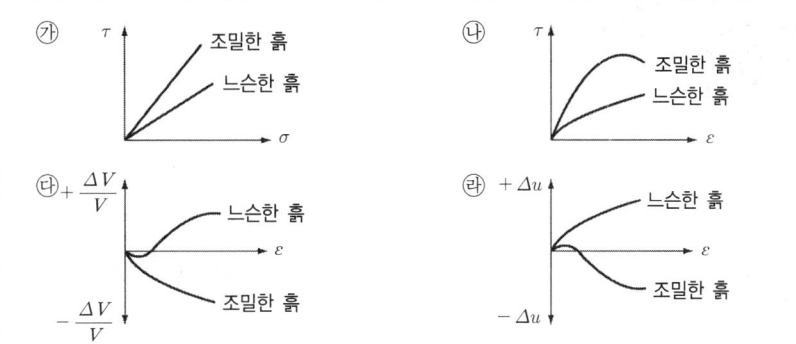

21 점성토의 예민비에 대한 설명 중 옳지 않은 것은?
  ㉮ 예민비는 불교란 시료와 교란 시료와의 강도 차이를 알 수 있는 재성형 효과를 말한다.
  ㉯ 예민비의 측정은 보통 일축압축시험으로 한다.
  ㉰ 예민비가 크다는 것은 점토가 교란의 영향을 크게 받지 않는 양호한 점토지반을 말한다.
  ㉱ Tschebotarioff는 예민비를 등변형 상태에 있어서의 강도비로 정의하였다.

해설 예민비가 크면 공학적 성질이 나빠 안전율을 크게 고려해야 한다.

답 20. ㉯ 21. ㉰

제 7 장 기초공

7-1 토질조사

(1) 목 적
① 기초의 설계, 시공에 필요한 자료를 얻는다.
② 구조물의 형식을 선정하는 자료를 얻는다.
③ 안전하고 경제적인 설계 자료를 얻는다.

(2) 토질조사 방법
① 예비조사(기초의 형식을 결정한다)
- 자료조사(지형도, 지반도, 토성도, 토질조사도서, 항공사진 등 사진류)
- 현지답사(지형, 지질, 지표수, 지하수, 하천상태, 우물조사, 가설구조물의 현황조사 등)
- 본 조사의 계획(개략조사로 소수의 보링 및 사운딩의 실시)

② 본조사(정밀자료를 얻기 위해 실시한다)
- 흙의 종류, 암반 깊이, 지하수위, 암반 종류, 지층의 경사, 단층 유무, 지지력 등을 조사한다.
- 기초 설계 및 시공에 필요한 보링, 사운딩, 원위치시험, 실내시험 등을 한다.

(3) 보링(boring)
① 목 적
- 지반의 구성과 지하수위를 파악한다.
- 불교란 시료를 채취한다.
- 보링 구멍을 이용하여 표준관입시험을 한다.

② 종 류
- 오거 보링(auger boring) : 현장에서 인력으로 간단히 조사하는 방법으로 점성토 지반의 경우는 심도 10m까지 가능하고 사질토 지반은 3~4m 정도 조사가 가능하다.
- 충격식 보링(percussion boring) : 자원 조사, 우물 조사 등을 할 경우 이용하며 굴진속도가 빠르고 비용도 싸지만 분말상의 교란된 시료만 얻는다.

- 회전식 보링(rotary boring) : 보링 방법 중 가장 많이 이용하며 확실한 암석 코어를 채취할 수 있다. 즉, 불교란 시료 채취 및 표준관입시험의 N치를 측정한다.

③ 보링간격 및 심도
- 보링은 지반 내의 대표점을 정하여 하며 넓은 면적의 경우 연약한 지점에서 실시한다.
- 보링 심도는 기초 슬래브 단변장 B의 2배, 또는 구조물 폭의 1.5~2배 정도로 한다.

④ 시료의 채취(sampling)
- 교란 시료 채취로 가능한 시험은 입도 분석, 흙 입자 밀도, 액터버그 한계시험(액성한계, 소성한계, 수축한계) 등이 있다.
- 불교란 시료 채취로 가능한 시험은 전단강도 및 압밀시험 등이 있다.
- 샘플러 튜브의 두께를 얇게 하여 즉, 면적비 A_r을 10% 이하가 되게 하여 여잉토 혼입을 방지하게 한다.

$$A_r = \frac{D_w^2 - D_e^2}{D_e^2} \times 100$$

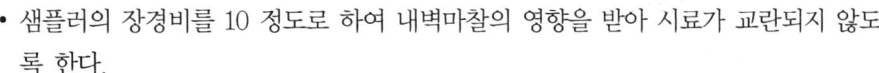

- 샘플러의 장경비를 10 정도로 하여 내벽마찰의 영향을 받아 시료가 교란되지 않도록 한다.
- 샘플러를 소정의 위치까지 압입시킨 후 빼올릴 때 시료를 180° 비틀어 끊어 교란되지 않게 한다.

(4) 사운딩(sounding)

① 정의 : 로드(rod)의 끝에 설치한 저항체를 땅 속에 삽입하여 관입, 회전, 인발 등의 저항에서 토층의 성상을 탐사하는 것이다.

② 사운딩의 종류
- 정적인 것(점성토 지반에 사용한다) : 휴대용 원추 관입시험기, 화란식 원추 관입시험기, 스웨덴식 관입시험기, 이스키미터, 베인시험기 등이 있다.
- 동적인 것(사질토 지반에 사용한다) : 동적원추 관입시험기, 표준관입 시험기 등이 있다.

(5) 암석 코어의 채취

① 회수율 : $\dfrac{회수(채취)된\ 코어의\ 길이}{보링\ 길이} \times 100$

② RQD(암질지수) : $\dfrac{10\text{cm 이상 된 코어의 길이 합}}{\text{보링 길이}} \times 100$

◎ 현장 암질과 RQD 관계

RQD	암질
0~0.25	매우 불량
0.25~0.50	불량
0.50~0.75	보통
0.75~0.90	양호
0.90~1.0	아주 양호

③ **RMR 분류시 고려할 사항**
- 암의 압축강도
- RQD 값
- 절리 간격
- 절리 특성(상태)
- 지하수 상태

7-2 기 초

(1) 기초가 구비해야 할 조건
① 구조물을 안전하게 지지할 것
② 침하가 허용치 이내일 것
③ 부등침하가 없을 것
④ 내구성이고 경제적일 것
⑤ 기초 깊이는 동결깊이 이상일 것
⑥ 기초의 시공이 가능하고 최소 기초깊이를 보유할 것

(2) 얕은 기초

① $\dfrac{D_f}{B} < 1$ 이면 얕은 기초이다.
② **독립기초** : 1개 기둥을 지지하는 기초
③ **복합기초** : 2개 기둥을 지지하는 기초
④ **캔틸레버 기초** : 복합기초의 일종으로 스트랩(strap)으로 연결한 기초
⑤ **연속기초** : 지지력이 가장 작은 지반에 설치하면 경제적 기초로 띠모양의 긴 기초
⑥ **전면기초** : 기초의 밑면적이 구조물 밑면적의 2/3 이상일 경우의 전체를 기초

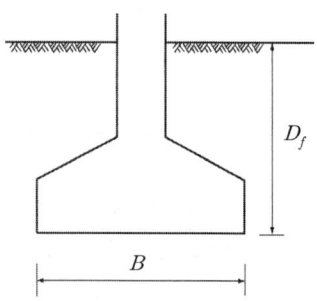

(3) 얕은 기초의 지지력

① 얕은 기초의 파괴 영역

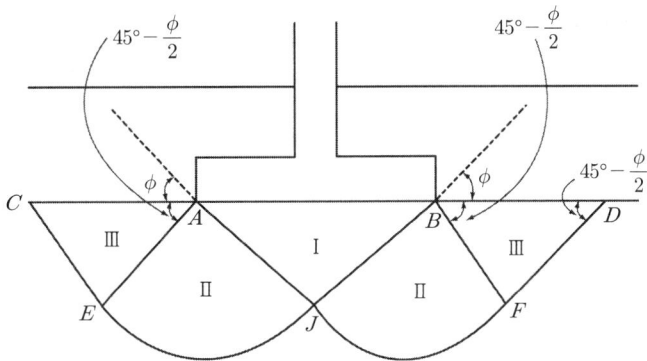

- 영역 Ⅰ은 탄성영역, Ⅱ는 급진적 영역, Ⅲ은 Rankine의 수동영역이다.
- AJ와 BJ 둘 다 수평선과 ϕ의 각도를 이룬다.
- 영역 Ⅲ에서 수평선과 $45° - \dfrac{\phi}{2}$의 각을 이룬다.
- 파괴순서는 Ⅰ→Ⅱ→Ⅲ으로 된다.
- 원호 JE, JF는 대수 나선 원호이다.

② Terzaghi의 극한 지지력

- $q_d = \alpha\, CN_c + \beta\gamma_1 BN_r + \gamma_2 D_f N_q$

  여기서, α, β : 기초의 형상계수
  C : 기초 하중면 아래의 지반 점착력
  B : 기초의 폭
  D_f : 기초의 근입깊이
  γ_1 : 기초 하중면 아래의 지반 단위중량
  γ_2 : 기초 하중면 위의 지반 단위중량
  N_c, N_r, N_q : 지지력 계수

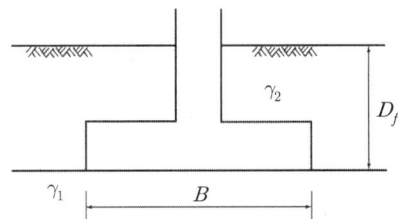

- 기초의 형상계수

구 분	연 속	정사각형	원 형	직사각형
α	1.0	1.3	1.3	$1 + 0.3\dfrac{B}{L}$
β	0.5	0.4	0.3	$0.5 - 0.1\dfrac{B}{L}$

- 지지력계수(N_c, N_r, N_q)는 내부마찰각(ϕ)에 의해 결정된다.
- 내부마찰각이 10°까지는 지지력계수 $N_r = 0$이다.

③ Terzaghi의 허용 지지력

$q_a = \dfrac{q_d}{3}$

④ 순허용 지지력

$$q_{d(net)} = q_d - q$$

$$q_{a(net)} = \frac{q_d - q}{F}$$

여기서, $q_{d(net)}$: 순극한 지지력
$q_{a(net)}$: 순허용 지지력
q_d : 극한 지지력
q : 유효연직응력($q = \gamma_2 D_f$)

⑤ Meyerhof의 공식

$$q_d = 3NB\left(1 + \frac{D_f}{B}\right)$$

여기서, N : 표준관입시험의 N치

⑥ 얕은 기초의 침하량

$$S_E = I_p \frac{1-\mu^2}{E} qB$$

여기서, I_p : 탄성침하계수
E : 지반의 탄성계수(흙의 변형계수)
q : 평균 하중강도(허용지지력)
μ : 지반의 푸아송 비
B : 기초 폭
S_E : 즉시 침하량(탄성 침하량)

⑦ 얕은 기초(직접기초)의 굴착 공법
- 오픈 컷(open cut) 공법 : 토질이 좋고 부지의 여유가 있을 경우 이용
- 아일랜드(island) 공법 : 굴착저면 중앙부를 섬과 같이 기초부를 먼저 굴착하고 주변부를 시공하는 방법
- 트랜치 컷(trench cut) 공법 : 주변부를 먼저 굴착 축조한 후 중앙부위를 시공하는 방법

⑧ 지하수위 저하 공법
- Deep well(깊은 우물) : 점토지반의 지하수위를 중력배수시켜 지하수위를 낮추는 공법
- Well point : 모래질 지반의 지하수위를 강제 배수시켜 지하수위를 낮추는 방법

(4) 평판재하시험

① 시험지점의 토질 종단을 알고 지하 수위면과 변동을 파악한다.
② 지하수위가 상승하면 유효밀도가 50% 정도 감소해 지반의 극한지지력도 1/2 정도 감소한다.
③ 침하량이 15mm에 달할 때, 하중강도가 그 지반의 항복점을 넘을 때, 하중강도가 현장의 예상되는 최대 접지압력을 초과할 때, 지반이 균열이 발생하고 부풀어 오를 때 등은 극한지지력에 도달한 것으로 보아 시험을 멈춘다.

④ 재하시험에 의한 항복하중의 1/2 또는 극한강도의 1/3 중 작은 값을 허용지지력으로 택한다.
⑤ 시험의 결과 시간-침하곡선, 하중-침하곡선, 하중-시간곡선으로 나타낸다.
⑥ 침하량은 점토지반에서 재하판의 크기에 비례한다.
⑦ 지지력은 점토지반에서 재하판의 크기에 관련 없다.
⑧ 지지력은 모래지반에서 재하판의 크기에 비례한다.

(5) 깊은 기초

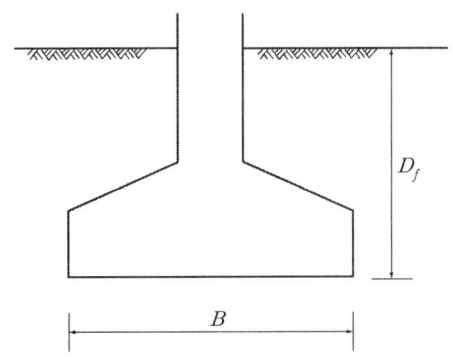

- $\dfrac{D_f}{B} > 1$ 경우 깊은 기초라 한다.
- 깊은 기초는 말뚝 기초, 피어 기초, 케이슨 기초 등이 있다.

① 말뚝 기초
- 말뚝 박기 순서는 중앙에서 외측으로, 기존 말뚝(구조물)에서 밖으로, 육지에서 하천 쪽으로 박으며 성토부분에는 항타하지 않는다.
- 철근 콘크리트 말뚝은 재질이 균일하고 강도가 커 지지말뚝에 적합하고 말뚝길이가 15m 이하에서는 경제적이지만 $N=30$ 이상 지반에는 관입이 곤란하고 균열이 생기는 단점이 있다.
- PC 말뚝은 이음이 쉽고 신뢰성이 크며 타입시 인장파괴(균열)가 일어나지 않는다.
- 강말뚝은 단항으로 1개당 100t 이상의 하중을 취할 수 있고 강성이 크며 이음이 확실하다.
- 지지말뚝의 간격은 2~3d 정도가 경제적이다.
  마찰말뚝의 간격은 3~5d 정도가 경제적이다.
- 철근 콘크리트 말뚝 및 PC 말뚝의 경제적 길이는 15m 이하이다.
- 강말뚝의 부식 방지 대책은 두께 증가, 콘크리트 피복, 전기 방식법 등으로 처리한다.
- H강 말뚝은 강관 말뚝(pipe pile)보다 가격이 20~30% 싸다.
- 이음말뚝은 이음 1개소마다 재하시험에 의한 값에 대해 20%씩 감소한다.
- 타입저항은 H강말뚝, 강관말뚝, PC말뚝, RC말뚝 순으로 적다.

- 현장 타설 콘크리트 말뚝은 franky, pedestal, raymond 말뚝이 있다.

② 말뚝의 허용지지력

- Sander의 공식 : $R_a = \dfrac{W \cdot H}{8\delta}$

- Engineering news 공식

  $R_a = \dfrac{W \cdot H}{6(\delta + 2.54)}$ ·········· 드롭 해머

  $R_a = \dfrac{W \cdot H}{6(\delta + 0.254)}$ ·········· 단동식 증기 해머

  여기서, R_a : 말뚝의 허용지지력
  W : 해머의 중량
  H : 해머의 낙하고
  δ : 1회 타격당 관입량

③ 군항(群杭)의 지지력

- 말뚝의 간격이 $1.5\sqrt{r \cdot l}$ 이하로 지반응력이 중복되는 말뚝을 군항이라 한다.

  여기서, r : 말뚝의 반지름
  l : 관입 깊이

- 군항의 마찰말뚝은 단항의 70~80% 정도의 지지력밖에 가지지 않는다.
- 군항의 허용지지력 $R_{ag} = ENR_a$

  여기서, N : 말뚝총수
  R_a : 단항으로서 허용지지력
  E : 효율 $\left(E = 1 - \dfrac{\phi}{90} \left[\dfrac{(n-1)m + (m-1)n}{mn} \right] \right)$

④ 부(-)의 주면마찰력

- 연약지반에 말뚝을 박고 그 위에 성토한 경우, 연약지반을 통해 견고한 지층까지 말뚝을 박은 경우, 지하수위가 저하가 있을 때, 압밀침하가 일어나는 곳, 점성토가 사질토 위에 놓일 때, 연약지반 표면에 재하중이 있을 때, 점착력이 있는 압축성 지반에서 시간에 따라 지지력이 감소하는 현상으로 마찰력이 아래쪽으로 작용하는 것을 부의 주면마찰력이라 한다.
- 부마찰력 $R_{NF} = f_s \pi D l$

  여기서, f_s : 단위면적당 마찰력 $\left(f_s = \dfrac{q_u}{2} \right)$
  D : 말뚝 지름
  l : 말뚝 관입 깊이

⑤ 피어(pier) 기초

- 인력 굴착 공법은 chicago, gow 공법이 있다.
- Benoto 공법은 케이싱 튜브를 지중에 관입시키고 해머 그래브를 이용하여 굴착하는 공법으로 케이싱 튜브 인발시 철근이 따라 뽑히는 현상에 주의를 해야 한다.

- Calwelde(earth drill) 공법은 Bentonite 안정액을 이용하여 벽체 붕괴를 방지하며 케이싱 튜브를 원칙적으로 사용하지 않는다. 굴착시 회전식 버킷(나선식 오거)을 이용한다.
- Reverse Circulation(역순환) 공법은 로터리식 특수비트를 이용하여 연약한 지반이나 수중굴착 등을 하는데 흙과 물을 굴착한 후 주벽의 붕괴를 방지하기 위해 물을 다시 순환시켜 물의 정수압으로 주벽을 유지시킨다.

⑥ 케이슨 기초
- 우물통(정통)은 침하 깊이에 제한을 받지 않으며 기계설비가 간단하고 공사비가 싸다.
- 우물통 기초를 축도법으로 수중에 설치시킬 경우 수심은 5m 이하가 적합하다.
- 우물통 기초의 침하 조건

  $W > F + B$

  여기서, W : 우물통 수직하중
  F : 총주면 마찰력
  B : 우물통 선단부 지지력

- 공기 케이슨은 공정이 빠르며 공기 예정이 가능하고 장애물 제거가 용이하며 이동 경사가 적고 토층 토질 확인이 가능하며 신뢰성 있는 시공이 가능하다.
- 공기 케이슨은 굴착깊이가 35~40m까지 가능(작업기압 $3.5\,kg/cm^2$)하여 굴착깊이에 제한을 받으며 기계설비 및 노임이 비싸며 케이슨 직업병이 발생하는 단점이 있다.
- 공기 케이슨과 비교했을 때 우물통 기초의 단점은 부등침하시 수정이 곤란, 공정이 길고 예측이 어려우며 인접지반 침하(boiling, heaving) 우려, 토층 및 토질 확인이 불확실하다.
- 우물통(정통) 기초는 수면 이하 10m, 공기 케이슨 기초는 15~20m가 경제적이나.

제7장 실전문제 — 기초공

01 보링의 목적이 아닌 것은?
㉮ 흐트러지지 않은 시료의 채취
㉯ 지반의 토질구성 파악
㉰ 지하수위 파악
㉱ 평판재하시험을 위한 재하면의 형성

해설 표준관입시험시 보링 구멍을 이용한다.

02 다음 그림과 같은 Sampler에서 면적비는 얼마인가?
㉮ 5.97%
㉯ 14.72%
㉰ 5.81%
㉱ 14.79%

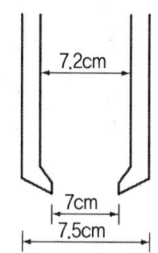

해설 $A_r = \dfrac{7.5^2 - 7^2}{7^2} \times 100 = 14.79\%$

03 토질조사의 주요 목적 중 가장 거리가 먼 것은?
㉮ 확실한 공사 계획을 세우는 자료를 얻는다.
㉯ 안전하고 경제적인 설계자료를 얻는다.
㉰ 구조물 위치 선정에 필요한 자료를 얻는다.
㉱ 구조물의 형식을 선정하는 자료를 얻는다.

해설 구조물 위치 선정에 필요한 자료를 예비조사에서 얻는다.

04 Rod의 끝에 설치한 저항체를 땅 속에 삽입하여 관입, 회전, 인발 등의 저항에서 토층의 성질을 탐사하는 것을 무엇이라 하는지 다음 중 어느 것인가?
㉮ Boring
㉯ Sounding
㉰ Sampling
㉱ Wash boring

해설 사운딩은 주로 원위치 시험으로서 의의가 있고 예비조사에 사용하는 경우가 많다.

05 시료채취기의 관입깊이가 100cm이고 채취된 시료의 길이가 90cm이었다. 길이가 10cm 이상인 시료의 합이 60cm, 길이가 9cm 이상인 시료의 합이 80cm이었다. 회수율과 RQD를 구하면?
㉮ 회수율=0.8, RQD=0.6
㉯ 회수율=0.9, RQD=0.8
㉰ 회수율=0.8, RQD=0.75
㉱ 회수율=0.9, RQD=0.6

답 01. ㉱ 02. ㉱ 03. ㉰ 04. ㉯ 05. ㉱

해설
• 회수율 = $\frac{90}{100} \times 100 = 90\%$

• 암질지수(RQD) = $\frac{60}{100} \times 100 = 60\%$

06 토질조사방법 중 사운딩에 대한 설명 중 옳지 않은 것은?
㉮ 표준관입 시험은 정적인 사운딩이다.
㉯ 정적인 사운딩은 주로 점성토에 쓰인다.
㉰ 사운딩은 주로 현장시험으로서의 의의가 중요하다.
㉱ 사운딩은 보링이나 시굴보다도 지반구성을 파악하기가 곤란하다.

해설 표준관입 시험은 동적인 사운딩이다.

07 다음과 같은 연약 지반 개량공법 중에서 영구적인 공법은?
㉮ Well point 공법 ㉯ 대기압 공법
㉰ 치환 공법 ㉱ 동결 공법

해설 연약한 지반을 굴착하여 양질의 사질토를 치환하므로 영구적이다.

08 다음 기술 중 틀린 것은 어느 것인가?
㉮ 보링에는 회전식과 충격식이 있다.
㉯ 충격식은 굴진속도가 빠르고 비용도 싸지만 분말상의 교란된 시료만 얻어진다.
㉰ 회전식은 시간과 공사비가 많이 들 뿐만 아니라 확실한 core도 얻을 수 없다.
㉱ 보링은 기초의 상황을 판단하기 위해 실시한다.

해설 회전식은 시간과 공사비가 많이 드나 확실한 코어를 얻을 수 있다.

09 토질조사에서 보링의 깊이는 지반상태에 따라 다르나, 일반적으로 최대 기초 슬래브의 단변장이 몇 배이어야 하는가?
㉮ 1배 이상 ㉯ 2배 이상
㉰ 3배 이상 ㉱ 4배 이상

해설 보링깊이는 최대 기초 슬래브 단변장 B의 2배 이상, 또는 구조물 폭의 1.5~2배로 한다.

10 Sand drain 공법에서 Sand pile을 정삼각형으로 배치할 때 모래 기둥의 간격은?
(단, Pile의 유효지름은 40cm이다.)
㉮ 38cm ㉯ 40cm
㉰ 42cm ㉱ 44cm

해설 $d_e = 1.05d$ $40 = 1.05d$
∴ $d = \frac{40}{1.05} = 38$cm

답 06. ㉮ 07. ㉰ 08. ㉰ 09. ㉯ 10. ㉮

11 그림에서 정사각형 독립기초 2.5m×2.5m가 실트질 모래 위에 시공되었다. 이때 근입깊이가 1.50m인 경우 허용지지력은?
(단, $N_c = 35$, $N_r = N_q = 20$)

㉮ 250 kN/m²
㉯ 300 kN/m²
㉰ 350 kN/m²
㉱ 450 kN/m²

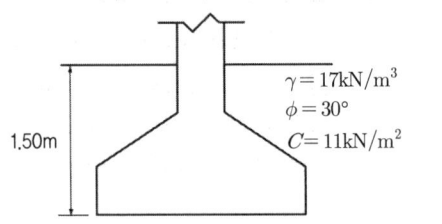

$\gamma = 17 \text{kN/m}^3$
$\phi = 30°$
$C = 11 \text{kN/m}^2$

해설
$q_d = \alpha C N_c + \beta \gamma_1 B N_r + \gamma_2 D_f N_q$
$= 1.3 \times 11 \times 35 + 0.4 \times 17 \times 2.5 \times 20 + 17 \times 1.5 \times 20$
$= 1350.5 \text{kN/m}^2$

$\therefore q_a = \dfrac{q_d}{3} = \dfrac{1350.5}{3} \fallingdotseq 450 \text{kN/m}^2$

12 말뚝이 20개인 군항 기초에 있어서 효율이 0.75, 단항으로 계산된 말뚝 1개의 허용지지력이 150kN일 때 군항의 허용지지력은 얼마인가?

㉮ 1125kN
㉯ 2250kN
㉰ 3000kN
㉱ 4000kN

해설 $R_{ag} = E \cdot N \cdot R_a = 0.75 \times 20 \times 150 = 2250 \text{kN}$

13 선단에 요동(搖動) 장치가 부착된 케이싱 튜브를 압입시켜 관입하고 케이싱(casing) 내부의 흙을 해머 그래브(hammer grab)로 굴착하여 소정의 지지 지반까지 구멍을 판 후 이수를 펌핑하고 철근을 조립하여 콘크리트를 치면서 케이싱 튜브를 빼내 원형의 주상(柱狀) 기초를 만드는 공법을 무엇이라 하는가?

㉮ 베노토(Benoto) 공법
㉯ 역순환(RCD) 공법
㉰ ICOS 공법
㉱ 시카고(chicago) 공법

해설 피어 공법의 일종으로 베노토 장비가 케이싱 튜브와 해머 그래브로 굴착한다.

14 다음은 뉴매틱 케이슨 기초의 장점을 열거한 것이다. 옳지 않은 것은?

㉮ 내부 공기를 이용하여 시공하므로 굴착깊이에 제한이 적은 기초공사에 경제적이다.
㉯ 토질을 확인할 수 있기 때문에 비교적 정확한 지지력을 측정할 수 있다.
㉰ 수중콘크리트를 하지 않으므로 신뢰성이 큰 저부 콘크리트 slab의 시공을 할 수 있다.
㉱ 기초 지반의 boiling과 팽창을 방지할 수 있으므로 인접 구조물에 피해를 주지 않는다.

해설 굴착 깊이가 35m 정도까지 제한을 받는다.

답 11. ㉱ 12. ㉯ 13. ㉮ 14. ㉮

15 모래질 지반에 30cm×30cm 크기로 재하시험을 한 결과 150 kN/m²의 극한지지력을 얻었다. 2m×2m의 기초를 설계할 때 기대되는 극한지지력은?

㉮ 1000 kN/m² ㉯ 500 kN/m² ㉰ 300 kN/m² ㉱ 225 kN/m²

해설
- 모래 지반의 경우 지지력은 재하판의 크기에 비례한다.
- $0.3 : 150 = 2 : x$

  $x = \dfrac{150 \times 2}{0.3} = 1000 \text{kN/m}^2$

16 다음은 말뚝 기초 시공에 대한 설명이다. 다음 중 옳지 않은 것은?

㉮ 말뚝 군(groups)은 대개 안쪽에서 바깥쪽으로 박아 나간다.
㉯ 말뚝은 대개 인접 구조물이 있는 곳에서 바깥쪽으로 박아 나간다.
㉰ 항타선을 사용할 경우 대개 해안 쪽에서 육지 쪽으로 박아 나간다.
㉱ 말뚝은 정확한 위치에 똑바로 박아야 한다.

해설 항타선을 사용할 경우 육지 쪽에서 해안 쪽으로 항타한다.

17 무게 3200N인 드롭 해머(drop hammer)로 2m의 높이에서 말뚝을 때려 박았더니 침하량이 2cm였다. Sander의 공식을 사용할 때 이 말뚝의 허용지지력은?

㉮ 10kN ㉯ 20kN
㉰ 30kN ㉱ 40kN

해설 $R_a = \dfrac{W \cdot H}{8\delta} = \dfrac{3200 \times 200}{8 \times 2} = 40000\text{N} = 40\text{kN}$

18 다음 무리 말뚝으로 취급하는 경우의 공식으로 옳은 것은? (단, r : 말뚝의 평균 반경, l : 말뚝이 흙 속에 묻힌 부분의 길이, d : 실제 말뚝의 중심간격)

㉮ $1.5\sqrt{r \cdot l} < d$ ㉯ $1.5\sqrt{r \cdot l} > d$
㉰ $1.5\sqrt{\dfrac{r}{l}} < d$ ㉱ $1.5\sqrt{\dfrac{r}{l}} > d$

해설 말뚝 간격이 $1.5\sqrt{r \cdot l}$ 이하이면 군항으로 취급한다.

19 부마찰력(negative skin friction)에 대한 다음 설명 중 옳지 않은 것은?

㉮ 연약지반을 통해 견고지층까지 말뚝을 박았을 때 생긴다.
㉯ 연약지반에 말뚝을 박고 그 위에 성토를 하였을 때 생긴다.
㉰ 수중에 강말뚝을 박았을 때 생긴다.
㉱ 극한지지력의 계산치와 설계치가 다른 이유는 부마찰력 때문일 수 있다.

해설 수중에 항타한다고 부마찰력이 생긴다는 것은 잘못이다. 수저의 지반 상태에 관련이 된다.

답 15. ㉮ 16. ㉰ 17. ㉱ 18. ㉯ 19. ㉰

20 어느 지반에 30cm×30cm 재하판을 이용하여 평판재하시험을 한 결과 항복하중이 70kN, 극한하중이 150kN이었다. 이 지반의 허용지지력은 다음 중 어느 것인가?
㉮ 259 kN/m² ㉯ 389 kN/m² ㉰ 556 kN/m² ㉱ 834 kN/m²

해설 항복강도의 $\frac{1}{2}$, 극한강도의 $\frac{1}{3}$ 중 작은 값
- 항복강도 $= \frac{70}{0.3 \times 0.3} = 777.8 \text{kN/m}^2$
- 극한강도 $= \frac{150}{0.3 \times 0.3} = 1666.7 \text{kN/m}^2$

∴ $777.8 \times \frac{1}{2} = 389 \text{kN/m}^2$, $1666.7 \times \frac{1}{3} = 556 \text{kN/m}^2$ 중 작은 값

21 Terzaghi의 극한지지력 공식에 관한 설명이다. 옳지 않은 것은?
㉮ 극한지지력은 footing의 근입깊이가 크면 클수록 커진다.
㉯ 점성토($\phi = 0°$)의 극한지지력은 footing의 크기와 무관하다.
㉰ 사질토($c = 0$)의 극한지지력은 footing의 크기에 정비례한다.
㉱ 국부전단 파괴시의 극한지지력은 전반전단파괴의 극한지지력보다 크다.

해설 국부전단 파괴시의 극한지지력은 전반전단파괴의 극한지지력보다 작다.

22 Terzaghi의 지반 지지력 공식을 모래지반에 적용하고자 한다. 기초폭은 B이고 지표면에 기초를 설치하고자 한다. 흙의 단위 체적중량을 γ_1 이라고 할 때, 다음 중 적당한 것은?
㉮ $q_u = \alpha c N_c$
㉯ $q_u = \beta \gamma_1 B N_r$
㉰ $q_u = \alpha c N_c + \gamma_2 D_f N_q$
㉱ $q_u = \alpha c N_c + \beta \gamma_1 B N_r + \gamma_2 D_f N_q$

해설 모래지반이므로 $c = 0$, 지표면에 기초를 설치하므로 $D_f = 0$
∴ $q_u = \beta \gamma_1 B N_r$

23 직접 기초의 굴착 공법이 아닌 것은?
㉮ 오픈 컷(open cut) 공법
㉯ 트랜치 컷(trench cut) 공법
㉰ 아일랜드(island) 공법
㉱ 디프 웰(deep well) 공법

해설 Deep well 공법은 지하수위 저하 공법이다.

24 다음 직접 기초 중에서 지지력이 가장 작은 지반에 설치하기에 경제적인 기초는?
㉮ 독립 footing 기초
㉯ Cantilevers footing 기초
㉰ 복합 footing 기초
㉱ 연속 footing 기초

해설 전면기초, 연속기초, 복합기초, 독립기초 순서대로 이용한다.

답 20. ㉰ 21. ㉱ 22. ㉯ 23. ㉱ 24. ㉱

25 Terzaghi의 극한지지력 공식 $q_u = \alpha \cdot c \cdot N_c + \beta \cdot \gamma_1 \cdot B \cdot N_r + \gamma_2 \cdot D_f \cdot N_q$ 에서 옳지 못하게 설명된 것은 어느 것인가?

㉮ 식 중 α, β는 형상계수이며 기초모양에 따라 결정된다.
㉯ N_c, N_r, N_q는 지지력계수로서 흙의 점착력과 내부마찰각을 알아야 구할 수 있다.
㉰ B는 기초폭이고, D_f는 근입깊이를 뜻한다.
㉱ 제 1항은 점착력, 제 2항은 내부마찰력, 제 3항은 덮개토압에 의한 것이다.

해설
- N_c, N_r, N_q는 내부마찰각과 관련 있다.
- $\phi = 10°$까지는 $N_r = 0$이다.

26 단위체적중량 18 kN/m³, 점착력 20 kN/m², 내부마찰각 0°인 점토 지반에 폭 2m, 근입깊이 3m의 연속기초를 설치하였다. 이 기초의 극한지지력을 Terzaghi 식으로 구한 값은? (단, 지지력 계수 $N_c = 5.7$, $N_r = 0$, $N_q = 1$이다.)

㉮ 232 kN/m²　㉯ 168 kN/m²　㉰ 127 kN/m²　㉱ 84 kN/m²

해설 $\phi = 0$이므로 $q_d = \alpha c N_c + \gamma_2 \cdot D_f \cdot N_q = 1 \times 20 \times 5.7 + 18 \times 3 \times 1 = 168 \text{kN/m}^2$

27 어떤 굳은 사질지반의 기초폭 4m, 근입깊이 2m의 구조물을 축조하기 전에 표준관입시험을 하였더니 $N = 30$이었다. 이때 Meyerhof의 공식에 의한 극한지지력은?

㉮ 630 t/m²　㉯ 630 kg/cm²　㉰ 540 t/m²　㉱ 540 kg/cm²

해설 $q_d = 3NB\left(1 + \dfrac{D_f}{B}\right) = 3 \times 30 \times 4 \times \left(1 + \dfrac{2}{4}\right) = 540 \text{t/m}^2$

답 25. ㉯　26. ㉯　27. ㉰

제4편 기출문제

효율적으로 정답을 선택합시다!
(정답을 모르는 문제는 이렇게 골라보심이 어떨까요?)

1. 우선 본인이 공부를 하시고 50% 정답을 맞힐 수 있는 능력을 갖도록 해야 합니다.
2. 60점(36문항)이 안 되시는 분을 위해 적용하는 것입니다.
3. 확실히 아는 문제의 답만 답안지에 표시합니다.
4. 확실히 정답을 모르는 문제 중 정답이 아닌 지문 2개를 선택합니다.

   예) 가, 나, ~~다~~, ~~라~~

5. 다시 모르는 문제의 지문 2개를 연구하여 선택합니다. 이때 확신이 없으면 정답으로 선택해서는 안 됩니다.(절대 추측은 금물입니다.)
6. 답안지에 확실히 정답을 표시한 문제 10개의 정답 분포를 나열합니다.

   예) 가   나   다   라
        3   0   2   5

7. 나머지 정답을 모르는 문제 10개를 나열해 봅니다.

1번 가 나 ~~다~~ ~~라~~		14번 ~~가~~ ~~나~~ 다 라
5번 가 ~~나~~ ~~다~~ 라		15번 가 나 ~~다~~ ~~라~~
7번 ~~가~~ 나 다 ~~라~~		17번 ~~가~~ 나 ~~다~~ 라
10번 ~~가~~ ~~나~~ 다 라		19번 가 ~~나~~ ~~다~~ 라
12번 가 ~~나~~ 다 ~~라~~		20번 ~~가~~ 나 ~~다~~ 라

8. 위와 같이 정답을 모르는 문제들 중에 2개 지문이 정답이 아닌 것을 사전에 알 정도로 공부가 되어 있어야 합니다.
9. 이제 정답을 모르는 문제의 답을 확실한 정답 분포와 비교하여 선택해 봅니다.

   1번 나, 5번 가, 7번 나, 10번 다, 12번 다, 14번 다, 15번 나, 17번 나, 19번 가, 20번 나

10. 공부를 하시고 이 방법으로 적용하여야 합니다.

건설재료시험 기능사 / 2012년 2월 12일 (제1회)

문제 01 다음 중 석유 아스팔트에 포함되지 않는 것은?
㉮ 블론 아스팔트
㉯ 레이크 아스팔트
㉰ 스트레이트 아스팔트
㉱ 용제추출 아스팔트

해설 레이크 아스팔트, 록 아스팔트, 샌드 아스팔트, 아스팔타이트는 천연 아스팔트에 속한다.

문제 02 일반적으로 기건상태에서 목재의 함수율은?
㉮ 5% 내외
㉯ 15% 내외
㉰ 25% 내외
㉱ 35% 내외

해설 기건상태 목재의 함수율은 13~18% 정도이다.

문제 03 다음 중 기폭제가 아닌 것은?
㉮ 뇌산수은
㉯ 칼릿
㉰ 질화납
㉱ DDNP

해설 칼릿은 과염소산암모늄을 주성분으로 채석장에 주로 사용되는 폭약이다.

문제 04 시멘트의 저장에 관한 다음 내용 중에서 틀린 것은?
㉮ 포대 시멘트를 장기간 저장할 때에는 15포대 이하로 쌓아야 한다.
㉯ 시멘트는 방습적인 구조로 된 사일로 또는 창고에 품종별로 구분하여 저장하여야 한다.
㉰ 포대 시멘트를 현장에서 목조창고에 저장하고자 할 때 창고의 마룻바닥과 지면 사이에 0.3m 정도의 거리를 두는 것이 좋다.
㉱ 저장 중에 약간이라도 굳은 시멘트는 공사에 사용하지 않아야 한다.

해설 포대 시멘트를 장기간 저장할 때에는 7포 이상 쌓지 않아야 한다.

문제 05 다이너마이트(dynamite)의 종류 중 파괴력이 가장 강하고 수중에서도 폭발하는 것은?
㉮ 교질 다이너마이트
㉯ 분말상 다이너마이트
㉰ 규조토 다이너마이트
㉱ 스트레이트 다이너마이트

해설 다이너마이트의 주원료로 니트로글리세린을 사용한다.

정답 01.㉯ 02.㉯ 03.㉯ 04.㉮ 05.㉮

문제 06 목재의 강도 중 가장 큰 것은?
㉮ 섬유에 평행방향의 압축강도 ㉯ 섬유에 직각방향의 압축강도
㉰ 섬유에 평행방향의 전단강도 ㉱ 섬유에 평행방향의 인장강도

해설 인장강도 > 휨강도 > 압축강도 > 전단강도

문제 07 굳지 않은 콘크리트나 모르타르 표면에 떠올라 가라앉은 물질은?
㉮ 레이턴스 ㉯ 블리딩 ㉰ 반죽질기 ㉱ 성형성

해설 블리딩 현상으로 표면에 백색 침전물이 발생하는 것을 레이턴스라 한다.

문제 08 다음 중 콘크리트용 골재로서의 모양이 적당한 것은?
㉮ 편평한 것 ㉯ 세장한 것
㉰ 둥근형 또는 육면체 ㉱ 모난 것

해설 골재는 둥글고 입도가 양호할 것

문제 09 공기연행(AE) 콘크리트의 공기량에 영향을 미치는 요인에 대한 설명으로 틀린 것은?
㉮ 시멘트의 분말도가 높을수록 공기량은 감소한다.
㉯ 잔골재 속에 0.4~0.6mm의 세립분이 증가하면 공기량은 증가한다.
㉰ 콘크리트의 온도가 높을수록 공기량은 증가한다.
㉱ 진동 다짐시간이 길면 공기량은 감소한다.

해설 콘크리트의 온도가 낮을수록 공기량은 증가한다.

문제 10 컷백 아스팔트(cut back asphalt)에서 RC, MC 및 SC로 나누는 기준이 되는 것은?
㉮ 신도의 크기 ㉯ 건조경화의 속도
㉰ 침입도의 크기 ㉱ 비중의 크기

해설 급속경화(RC), 중속경화(MC), 완속경화(SC)

문제 11 시멘트의 분말도에 대한 설명으로 옳은 것은?
㉮ 시멘트의 입자가 굵을수록 분말도가 높다.
㉯ 분말도가 높으면 수화작용이 빠르다.
㉰ 분말도가 높으면 조기강도가 작다.
㉱ 분말도가 낮으면 수화열이 많다.

해설 시멘트의 입자가 가늘수록 분말도가 높고 분말도가 높으면 조기강도가 크다.

정답 06.㉱ 07.㉮ 08.㉰ 09.㉰ 10.㉯ 11.㉯

문제 12 콘크리트가 굳어 가는 도중에 부피를 늘어나게 하여 콘크리트의 건조수축에 의한 균열을 막아주는 혼화재는?
㉮ 포졸란 ㉯ 플라이 애시
㉰ 팽창재 ㉱ 고로 슬래그 분말

해설 팽창재는 콘크리트 부재의 건조수축을 줄여 균열의 발생을 방지할 목적으로 사용한다.

문제 13 재료가 외력을 받을 때 조금만 변형되어도 파괴되는 성질을 무엇이라 하는가?
㉮ 취성 ㉯ 연성 ㉰ 전성 ㉱ 인성

해설 취성은 작은 변형에도 파괴되며 인성은 변형이 크면서 저항성도 큰 성질을 갖는다.

문제 14 콘크리트용 혼화재료 중에서 워커빌리티(workability)를 개선하는 데 영향을 미치지 않는 것은?
㉮ AE제 ㉯ 응결경화촉진제
㉰ 감수제 ㉱ 시멘트 분산제

해설 응결경화촉진제는 시멘트의 수화작용을 촉진하는 혼화제로서 염화칼슘과 규산나트륨이 사용된다.

문제 15 다음의 암석 중 퇴적암에 속하지 않는 것은?
㉮ 사암 ㉯ 혈암 ㉰ 응회암 ㉱ 안산암

해설 화성암에는 화강암, 안산암, 섬록암, 휘록암, 현무암 등이 있다.

문제 16 흙의 액성한계는 유동곡선을 그려서, 낙하횟수 몇 회의 함수비에 해당하는가?
㉮ 20회 ㉯ 25회 ㉰ 30회 ㉱ 35회

해설 유동곡선에서 낙하횟수 25회 때 함수비를 액성한계라 한다.

문제 17 강재의 굽힘시험에서 일반적인 시험온도로 가장 적합한 것은?
㉮ 10~35℃ ㉯ 15~45℃
㉰ 20~55℃ ㉱ 30~65℃

해설 강재의 균열에 대한 저항성을 알기 위해 강재의 굽힘시험을 실시한다.

정답 12.㉰ 13.㉮ 14.㉯ 15.㉱ 16.㉯ 17.㉮

문제 18 콘크리트의 배합설계에 관련된 시멘트 시험은?
   ㉮ 시멘트 밀도 시험
   ㉯ 시멘트의 응결 시험
   ㉰ 시멘트의 분말도 시험
   ㉱ 시멘트의 팽창도 시험

   해설 콘크리트 배합계산에 시멘트량의 부피를 알기 위해 시멘트 밀도 시험을 해야 한다.

문제 19 블레인 공기투과장치를 이용하여 시멘트의 분말도 시험을 할 때에 시멘트 베드의 부피를 구하기 위하여 사용되는 재료는?
   ㉮ 과산화수소
   ㉯ 수은
   ㉰ 수산화나트륨
   ㉱ 탄닌산

   해설 시멘트의 분말도는 비표면적으로 나타낸다.

문제 20 어느 흙을 체가름 시험한 입경가적곡선에서 $D_{10}=0.095mm$, $D_{30}=0.14mm$, $D_{60}=0.16mm$를 얻었다. 이 흙의 균등계수는 얼마인가?
   ㉮ 0.59   ㉯ 1.68   ㉰ 2.69   ㉱ 3.68

   해설 $C_u = \dfrac{D_{60}}{D_{10}} = \dfrac{0.16}{0.095} = 1.68$

문제 21 흙의 액성한계 시험에 사용되는 흙은 몇 μm체를 통과한 것을 시료로 사용하는가?
   ㉮ 850 μm 체   ㉯ 425 μm 체   ㉰ 250 μm 체   ㉱ 75 μm 체

   해설 0.425mm를 통과한 시료를 사용한다.

문제 22 콘크리트 휨강도의 시험에서 공시체의 크기 150mm×150mm×530mm일 때 각 층은 몇 회씩 다지는가?
   ㉮ 약 50회   ㉯ 약 57회   ㉰ 약 75회   ㉱ 약 80회

   해설 다짐 횟수 $= \dfrac{150 \times 530}{1000} = 80$회

문제 23 콘크리트의 인장강도를 측정하기 위한 간접시험 방법으로 적당한 것은?
   ㉮ 비파괴 시험
   ㉯ 할열 시험
   ㉰ 탄성종파 시험
   ㉱ 직접전단 시험

   해설 인장강도 $= \dfrac{2P}{\pi dl}$

정답 18.㉮ 19.㉯ 20.㉯ 21.㉯ 22.㉱ 23.㉯

문제 24 아스팔트의 신도 시험에 대한 설명으로 옳은 것은?
- ㉮ 아스팔트의 녹는 온도를 알기 위해서 시험한다.
- ㉯ 아스팔트의 늘어나는 능력을 알기 위해서 시험한다.
- ㉰ 다져진 아스팔트 혼합물의 비중을 알기 위해서 시험한다.
- ㉱ 아스팔트 시료를 가열하여 휘발 성분에 불이 붙을 때의 최저 온도를 알기 위해서 시험한다.

해설 아스팔트 신도 시험은 늘어나는 길이를 cm로 측정한다.

문제 25 콘크리트용 모래에 포함되어 있는 유기 불순물 시험에서 시약으로 사용되는 것은?
- ㉮ 황산
- ㉯ 질산
- ㉰ 메틸알코올
- ㉱ 생석회

해설 유기 불순물 시험에 사용되는 시약은 수산화나트륨, 탄닌산, 알코올이다.

문제 26 콘크리트의 강도시험용 공시체를 제작할 경우 공시체의 양생 중의 온도는 어느 정도로 유지해야 하는가?
- ㉮ 5±2℃
- ㉯ 10±2℃
- ㉰ 20±2℃
- ㉱ 27±2℃

해설 시험체를 20±2℃에서 습윤상태로 양생하며 공시체를 꺼내 강도시험을 할 경우에도 습윤상태에서 실시한다.

문제 27 골재 알의 표면에는 물기가 없고 골재 알 속의 빈틈만 물로 차 있는 상태를 무엇이라 하는가?
- ㉮ 공기중 건조상태
- ㉯ 표면건조 포화상태
- ㉰ 절대 건조상태
- ㉱ 습윤상태

해설 시방배합에서는 표면건조 포화상태의 골재를 기준한다.

문제 28 소성한계 시험은 흙덩이를 유리판 위에 굴려서 지름이 어느 정도로 해서 끊어질 때의 함수비를 말하는가?
- ㉮ 1mm
- ㉯ 2mm
- ㉰ 3mm
- ㉱ 4mm

해설 굵기가 3mm 정도이면서 부슬부슬 끊어질 때 시료를 모아 함수비를 구한 것을 소성한계라 한다.

문제 29 골재의 절대부피가 0.70m³이고 잔골재율이 40%일 때 굵은골재의 절대부피는?
- ㉮ 0.28m³
- ㉯ 0.32m³
- ㉰ 0.38m³
- ㉱ 0.42m³

해설 $0.7 \times (1 - 0.4) = 0.42 m^3$

정답 24.㉯ 25.㉰ 26.㉰ 27.㉯ 28.㉰ 29.㉱

문제 30
압력법에 의한 굳지 않은 콘크리트의 공기량 시험 결과 콘크리트의 겉보기 공기량은 6.80%, 골재의 수정계수는 1.2%일 때 콘크리트의 공기량은?

㉮ 1.20% ㉯ 5.60% ㉰ 6.80% ㉱ 8.16%

해설 공기량 = 겉보기 공기량 − 골재의 수정계수 = 6.8−1.2 = 5.6%

문제 31
어떤 흙의 함수비 시험결과 물의 무게가 10g, 흙 입자만의 무게가 20g이었다. 이 시료의 함수비는 얼마인가?

㉮ 20% ㉯ 30% ㉰ 40% ㉱ 50%

해설 함수비 $= \dfrac{10}{20} \times 100 = 50\%$

문제 32
콘크리트의 압축강도 시험 결과 공시체의 평균 지름은 151.0mm, 파괴하중이 450 kN이었을 때 이 콘크리트의 압축강도는?

㉮ 23.7 MPa ㉯ 25.1 MPa ㉰ 26.4 MPa ㉱ 27.8 MPa

해설 압축강도 $= \dfrac{파괴하중}{단면적} = \dfrac{450,000}{17,899} = 25.1 \text{MPa}$

여기서, 단면적 $= \dfrac{\pi d^2}{4} = \dfrac{3.14 \times 151^2}{4} = 17,899 \text{mm}^2$

문제 33
흙의 함수량 시험에 사용되는 시험기구가 아닌 것은?

㉮ 데시케이터 ㉯ 저울 ㉰ 항온건조로 ㉱ 르샤틀리에 병

해설 르샤틀리에 병은 시멘트 밀도 시험에 사용된다.

문제 34
질량 방법에 의한 굳지 않은 콘크리트의 공기함유량 시험에 사용하는 다짐봉의 지름으로 가장 적합한 것은?

㉮ 24mm ㉯ 22mm ㉰ 20mm ㉱ 16mm

해설 지름 16mm, 길이가 약 600mm 둥근 강의 다짐대를 사용한다.

문제 35
대기 중 표면건조 포화상태의 시료의 질량 4,000g이고, 물속에서의 철망태 질량이 870g, 물속에서 시료의 질량이 2,492g, 대기 중 노건조 시료의 질량이 3,890g일 때 흡수율은?

㉮ 2.83% ㉯ 35.36% ㉰ 1.24% ㉱ 2.58%

정답 30.㉯ 31.㉱ 32.㉯ 33.㉱ 34.㉱ 35.㉮

해설 흡수율 = $\frac{4000-3890}{3890}\times100 = 2.83\%$

문제 36 흙의 액성한계 시험에서 낙하 장치에 의해 1초 동안에 2회의 비율로 황동접시를 들어 올렸다가 떨어뜨리고, 홈의 바닥부의 흙이 길이 약 몇 cm 합류할 때까지 계속하는가?

㉮ 0.5cm   ㉯ 1.3cm   ㉰ 2.5cm   ㉱ 3.5cm

해설 1cm 높이에 놓인 황동접시를 2회/초 비율로 타격하여 붙는 길이 13mm 접촉할 때의 타격횟수와 함수비를 측정한다.

문제 37 시멘트 밀도 시험에서 광유의 표면 눈금을 읽을 때 액체면은 곡면이다. 다음 중 어느 면을 읽어야 하는가?

㉮ 병 안에 곡면의 가장 위 면을 읽는다.
㉯ 병 안에 곡면의 가장 중간 면을 읽는다.
㉰ 병 안에 곡면의 가장 아래 면을 읽는다.
㉱ 병은 지름이 너무 작으므로 어느 면을 읽든 관계없다.

해설 액체면은 곡면(메니스커스)이 있으므로 가장 밑면의 눈금을 읽는다.

문제 38 굳지 않은 콘크리트의 블리딩에 관한 설명으로 틀린 것은?

㉮ 블리딩이란 굳지 않은 콘크리트 또는 모르타르에서 물이 분리되어 위로 올라오는 현상을 말한다.
㉯ 블리딩이 심하면 레이턴스도 크고, 콘크리트의 강도, 수밀성, 내구성 등이 작아진다.
㉰ 블리딩이 크면 굵은골재가 모르타르로부터 분리되는 경향이 커진다.
㉱ 블리딩 현상을 줄이려면 응결 촉진제를 사용하고 단위수량을 늘려야 한다.

해설 블리딩 현상을 줄이려면 단위수량을 적게 사용한다.

문제 39 슬럼프 시험에 대한 설명으로 틀린 것은?

㉮ 굵은골재의 최대치수가 40mm를 넘는 콘크리트의 경우에는 40mm를 넘는 굵은골재를 제거한다.
㉯ 슬럼프 콘을 채우고 벗길 때까지의 전 작업은 3분 이내로 한다.
㉰ 콘크리트의 중앙부에서 공시체 높이와의 차를 1mm 단위로 측정하여 이것을 슬럼프 값으로 한다.
㉱ 슬럼프 콘을 벗기는 작업은 2~5초 이내로 끝내야 한다.

해설 콘크리트의 중앙부에서 공시체 높이와의 차를 5mm 단위로 측정한다.

정답 36.㉯ 37.㉰ 38.㉱ 39.㉰

문제 40
아스팔트 연화점에 대한 설명으로 틀린 것은?
- ㉮ 시료가 연화되기 시작하여 규정거리 25.4mm로 처졌을 때의 온도를 말한다.
- ㉯ 아스팔트의 종류에 따라 연화점은 다르다.
- ㉰ 온도가 높아지면 연화되고 반고체에서 액체로 변한다.
- ㉱ 시료를 환에 넣고 10시간 안에 시험을 끝내야 한다.

해설 시료를 환에 넣고 4시간 안에 시험을 끝내야 한다.

문제 41
콘크리트에 상하운동을 주어서 변형저항을 측정하는 방법으로 시험 후에 콘크리트의 분리가 일어나는 결점이 있는 굳지 않은 콘크리트의 워커빌리티 측정방법은?
- ㉮ 슬럼프 시험
- ㉯ 공기량 시험
- ㉰ 흐름시험
- ㉱ 로스앤젤레스 시험

해설 상하운동의 낙하로 퍼진 지름을 측정하여 처음 지름의 백분율로 흐름 값을 나타낸다.

문제 42
굵은골재의 체가름 시험은 무엇을 구하기 위하여 실시하는가?
- ㉮ 굵은골재의 안정성
- ㉯ 굵은골재의 단위중량
- ㉰ 굵은골재의 밀도 및 흡수량
- ㉱ 굵은골재의 입도 및 최대치수

해설 골재의 체가름 시험으로 입도 분포와 굵은골재의 최대치수를 알 수 있다.

문제 43
흙의 침강 분석시험에서 사용하는 분산제가 아닌 것은?
- ㉮ 과산화수소의 포화용액
- ㉯ 피로인산 나트륨의 포화용액
- ㉰ 헥사메타인산 나트륨의 포화용액
- ㉱ 트리폴리인산 나트륨의 포화용액

해설 흙의 침강 분석(비중계 분석)시험으로 0.08mm 이하의 입도 분포를 알 수 있다.

문제 44
흙의 액성 및 소성한계 시험용(KS F 2303)으로 사용되는 시료의 양은?
- ㉮ 액성한계 시험용 : 약 100g, 소성한계 시험용 : 약 20g
- ㉯ 액성한계 시험용 : 약 200g, 소성한계 시험용 : 약 30g
- ㉰ 액성한계 시험용 : 약 300g, 소성한계 시험용 : 약 40g
- ㉱ 액성한계 시험용 : 약 400g, 소성한계 시험용 : 약 50g

해설 액성 및 소성, 수축한계는 %로 표시한다.

정답 40.㉱ 41.㉰ 42.㉱ 43.㉮ 44.㉯

문제 45 아스팔트 침입도 시험에서 침이 시료 속으로 0.1mm 들어갔을 때 침입도는?
㉮ 0.1　　㉯ 1　　㉰ 10　　㉱ 100

해설　침입도는 아스팔트의 굳기를 측정한다.

문제 46 실험실에서 측정된 최대건조 단위무게가 16.4 kN/m³이었다. 현장 다짐도를 95%로 하는 경우 현장 건조 단위무게의 최소치는 약 얼마인가?
㉮ 17.3 kN/m³　　㉯ 16.2 kN/m³
㉰ 15.6 kN/m³　　㉱ 14.5 kN/m³

해설　다짐도 $= \dfrac{\gamma_d}{\gamma_{d\max}} \times 100$

∴ $\gamma_d = 0.95 \times 16.4 = 15.6 \text{kN/m}^3$

문제 47 도로 지반의 평판재하시험에서 1.25mm가 침하될 때 하중강도는 3.5 kN/m²이었다. 지지력 계수는?
㉮ 515 kN/m³　　㉯ 1000 kN/m³
㉰ 2500 kN/m³　　㉱ 2800 kN/m³

해설　$K = \dfrac{q}{y} = \dfrac{3.5}{0.00125} = 2800 \text{kN/m}^3$

문제 48 모래가 느슨한 상태에 있는가 조밀한 상태에 있는가를 판별하는 데 사용되는 것은?
㉮ 간극률　　㉯ 간극비　　㉰ 포화도　　㉱ 상대밀도

해설　상대밀도가 1/3 이하이면 느슨하고 2/3 이상이면 조밀하다.

문제 49 동해(凍害) 현상이 가장 크게 일어나는 흙은?
㉮ 굵은 모래　　㉯ 점토　　㉰ 가는 모래　　㉱ 실트

해설　동상작용은 물, 영하의 온도, 지속기간, 실트질 흙과 관련이 있다.

문제 50 군지수(GI)를 결정하는데 다음 중 필요 없는 것은?
㉮ 0.425mm(No.40)체 통과량　　㉯ 소성지수
㉰ 액성한계　　㉱ 0.075mm(No.200)체 통과량

해설　군지수가 크면 흙 입자가 작으며 팽창수축이 커진다.

정답　45.㉯　46.㉰　47.㉱　48.㉱　49.㉱　50.㉮

문제 51 63.5kg의 해머로 76cm의 높이에서 타격을 가해서 샘플러가 30cm 관입할 때 요구되는 타격횟수를 무엇이라고 하는가?
㉮ CBR 값이라 한다.　　㉯ 베인 값이라 한다.
㉰ N값이라 한다.　　㉱ 노상토 지지력 계수라 한다.

해설 표준관입시험의 N치는 사질토에 더 적합하며 점토에도 적용한다.

문제 52 흙의 다짐 특성에 대한 설명으로 틀린 것은?
㉮ 최적함수비가 낮은 흙일수록 최대 건조단위무게는 크다.
㉯ 입도가 좋은 모래질 흙에서는 최대 건조단위무게가 크다.
㉰ 다짐에너지가 커지면 최적함수비도 커진다.
㉱ 동일한 흙에서 다짐횟수를 증가시키면 다짐곡선은 위로 이동한다.

해설 다짐에너지가 커지면 최적함수비가 작아진다.

문제 53 흙의 직접전단시험에서 수직응력이 1000 kN/m²일 때 전단저항이 500 kN/m²이었고, 수직응력을 2000 kN/m²로 증가시켰더니 전단저항이 800 kN/m²이었다. 이 흙의 점착력은?
㉮ 200 kN/m²　　㉯ 300 kN/m²　　㉰ 800 kN/m²　　㉱ 1000 kN/m²

해설
- $\tau = c + \sigma \tan\phi$ 관련 식에서
  $500 = c + 1000 \tan\phi$ ……………… ①식
  $800 = c + 2000 \tan\phi$ ……………… ②식
  ∴ (①식×2)−(②식), $c = 200$이다.

문제 54 흙의 통일분류법에서 입도 분포가 양호한 자갈을 표시한 것은?
㉮ GP　　㉯ SM　　㉰ P_t　　㉱ GW

해설
- GP : 입도 분포가 불량한 자갈
- SM : 실트질이 섞인 모래
- P_t : 이탄

문제 55 기초의 구비 조건에 대한 설명 중 옳지 않은 것은?
㉮ 기초는 최소 근입깊이를 확보하여야 한다.
㉯ 하중을 안전하게 지지해야 한다.
㉰ 기초는 침하가 전혀 없어야 한다.
㉱ 기초는 시공 가능한 것이라야 한다.

해설 기초는 허용 침하량 이내이어야 한다.

정답 51.㉰　52.㉰　53.㉮　54.㉱　55.㉰

문제 56 연약한 점토 지반에서 전단강도를 구하기 위해 실시하는 현장 시험방법은?
㉮ 베인(Vane) 전단시험 ㉯ 직접전단시험
㉰ 일축압축시험 ㉱ 삼축압축시험

해설 $C = \dfrac{M_{max}}{\pi D^2 \left(\dfrac{H}{2} + \dfrac{D}{6}\right)}$

문제 57 기초의 종류를 구분할 때 근입깊이와 기초의 폭과의 비로 얕은 기초와 깊은 기초로 구분한다. 다음 중 깊은 기초에 해당하지 않는 것은?
㉮ 말뚝기초 ㉯ 피어 기초
㉰ 우물통(케이슨) 기초 ㉱ 전면기초(매트 기초)

해설 • 얕은 기초 : 푸팅 기초, 전면 기초

문제 58 어떤 지반의 최종 침하량이 200cm이고 현재 침하량이 140cm이다. 이때 압밀도는?
㉮ 50% ㉯ 60% ㉰ 70% ㉱ 80%

해설 압밀도 = $\dfrac{140}{200} \times 100 = 70\%$

문제 59 점토와 모래가 섞여 있는 지반의 극한 지지력이 600 kN/m²이라면 이 지반의 허용 지지력은? (단, 안전율은 3이다.)
㉮ 200 kN/m² ㉯ 300 kN/m² ㉰ 400 kN/m² ㉱ 600 kN/m²

해설 허용 지지력 = $\dfrac{600}{3} = 200 \text{kN/m}^2$

문제 60 어떤 흙의 함수비가 20%, 비중이 2.60, 간극비가 1.3이었을 때 포화도는?
㉮ 20% ㉯ 30% ㉰ 40% ㉱ 50%

해설 $S \cdot e = G_s \cdot \omega$
∴ $S = \dfrac{G_s \cdot \omega}{e} = \dfrac{2.6 \times 20}{1.3} = 40\%$

정답 56.㉮ 57.㉱ 58.㉰ 59.㉮ 60.㉰

건설재료시험 기능사 — 2012년 4월 8일 (제2회)

문제 01 외력을 받아서 변형된 재료가 외력을 제거해도 원형으로 되돌아가지 않고 변형된 그대로 있는 성질을 무엇이라고 하는가?

㉮ 탄성 ㉯ 소성 ㉰ 응력 ㉱ 강도

해설 외력을 받아서 변형된 재료가 외력을 제거하면 원형으로 되돌아가는 성질은 탄성이다.

문제 02 석재를 모양에 따라 분류할 때 두께가 15cm 미만이고 나비가 두께의 3배 이상인 것은?

㉮ 각석 ㉯ 판석 ㉰ 견치석 ㉱ 사고석

해설 폭이 두께의 3배 미만이고 폭보다 길이가 긴 직육면체를 각석이라 한다.

문제 03 콘크리트의 워커빌리티(workability)에 영향을 주는 요소에 대한 설명으로 틀린 것은?

㉮ 단위수량이 많아지면 콘크리트가 묽어지며 재료분리가 일어나기 쉽다.
㉯ 온도가 높으면 슬럼프 값이 작아진다.
㉰ 적당한 입도를 갖는 둥근모양의 자갈을 사용하면 워커빌리티가 좋아진다.
㉱ 비표면적이 작은 시멘트를 사용하면 워커빌리티가 좋아진다.

해설 비표면적이 큰 시멘트를 사용하면 워커빌리티가 좋아진다. 즉, 분말도가 큰 시멘트를 사용하면 워커빌리티가 좋아진다는 의미이다.

문제 04 포졸란의 종류 중 인공산에 속하는 것은?

㉮ 규조토 ㉯ 규산 백토 ㉰ 플라이 애시 ㉱ 화산재

해설
- 천연 포졸란 : 화산재, 규산 백토, 규조토, 응회암 등
- 인공 포졸란 : 플라이 애시, 고로 슬래그, 점토나 혈암을 열처리한 것 등

문제 05 골재의 체가름 시험으로 결정할 수 없는 것은?

㉮ 입도 ㉯ 조립률
㉰ 굵은골재의 최대치수 ㉱ 실적률

해설 실적률은 골재의 밀도와 단위용적 질량의 시험으로 결정할 수 있다.

정답 01.㉯ 02.㉮ 03.㉱ 04.㉰ 05.㉱

문제 06
아스팔트에 대한 설명으로 틀린 것은?

㉮ 일반적으로 아스팔트의 밀도는 25℃에서 1.6~2.1g/cm³ 정도이다.
㉯ 아스팔트는 온도에 의한 반죽질기가 현저하게 변화하며, 이러한 변화가 일어나기 쉬운 정도를 감온성이라 한다.
㉰ 아스팔트는 연성을 가지며, 이 연성을 나타내는 값을 신도라고 한다.
㉱ 아스팔트의 반죽질기를 물리적으로 나타내는 것을 침입도라고 한다.

해설 일반적으로 아스팔트의 밀도는 25℃에서 1.01~1.10g/cm³ 정도이다.

문제 07
다음 중 혼합 시멘트에 속하지 않는 것은?

㉮ 고로 시멘트
㉯ 포틀랜드 포졸란 시멘트
㉰ 알루미나 시멘트
㉱ 플라이 애시 시멘트

해설 • 특수 시멘트 : 알루미나 시멘트, 초속경 시멘트, 팽창성 시멘트 등

문제 08
다음 중 경화 촉진제로 사용되는 것은?

㉮ 염화칼슘
㉯ AE(공기연행)제
㉰ 알루미늄
㉱ 플라이 애시

해설 시멘트의 수화작용을 촉진하는 경화 촉진제는 시멘트 중량(질량)의 1~2% 정도를 사용한다.

문제 09
굵은골재의 최대치수에 대한 정의로서 옳은 것은?

㉮ 부피비로 90% 이상을 통과시키는 체 중에서 최소 치수인 체의 호칭치수로 나타낸 굵은골재의 치수
㉯ 질량비로 90% 이상을 통과시키는 체 중에서 최소 치수인 체의 호칭치수로 나타낸 굵은골재의 치수
㉰ 부피비로 85% 이상을 통과시키는 체 중에서 최소 치수인 체의 호칭치수로 나타낸 굵은골재의 치수
㉱ 질량비로 85% 이상을 통과시키는 체 중에서 최소 치수인 체의 호칭치수로 나타낸 굵은골재의 치수

해설
• 굵은골재 최대치수는 허용하는 범위 내에서 큰 것을 사용 할수록 간극률이 적어서 단위수량과 단위시멘트량이 적어지고 잔골재율이 적어져서 경제적인 콘크리트가 된다.
• 굵은골재 최대치수가 클수록 워커빌리티가 나빠지고 재료분리가 발생한다.

정답 06.㉮ 07.㉰ 08.㉮ 09.㉯

문제 10 댐과 같은 큰 토목구조물에 주로 사용하며 조기 강도는 적으나 장기 강도가 큰 시멘트는?
㉮ 중용열 포틀랜드 시멘트　　㉯ 보통 포틀랜드 시멘트
㉰ 조강 포틀랜드 시멘트　　㉱ 백색 포틀랜드 시멘트

해설 중용열 포틀랜드 시멘트는 수화열이 적어 댐, 매스 콘크리트, 방사선 차폐용 등에 적합하다.

문제 11 블론 아스팔트와 비교하였을 경우 스트레이트 아스팔트의 특성에 관한 설명으로 옳지 않은 것은?
㉮ 방수성이 좋다.　　㉯ 신도가 크다.
㉰ 감온성이 크다.　　㉱ 내후성이 우수하다.

해설 내후성(기상작용에 견디는 성질)이 떨어진다.

문제 12 콘크리트의 블리딩(bleeding)에 관한 설명으로 틀린 것은?
㉮ 콘크리트 타설 후 시멘트와 골재알이 가라앉으면서 물이 위로 올라오는 현상이다.
㉯ 블리딩을 적게 하기 위해서는 단위수량을 적게 하는 것이 좋다.
㉰ 블리딩이 커지면 수밀성이 작아진다.
㉱ 블리딩이 커지면 콘크리트 윗부분의 강도가 커진다.

해설 블리딩으로 인한 영향
- 강도, 수밀성 및 내구성이 감소된다.
- 시멘트 풀과의 부착이 저하된다.
- 재료분리의 원인이 된다.

문제 13 콘크리트의 크리프에 대한 설명으로 틀린 것은?
㉮ 콘크리트에 일정한 하중을 지속적으로 재하하면 응력의 변화가 없어도 변형은 시간에 따라 증가하는데, 이와 같은 현상을 크리프라고 한다.
㉯ 하중을 재하할 때 콘크리트의 재령이 작을수록 크리프가 크게 나타난다.
㉰ 콘크리트 부재의 치수가 작을수록 크리프가 작게 나타난다.
㉱ 조강 시멘트를 사용한 콘크리트는 보통 시멘트를 사용한 콘크리트보다 크리프가 작다.

해설 콘크리트 부재의 치수가 작을수록 크리프가 크게 나타난다.

정답 10.㉮　11.㉱　12.㉱　13.㉰

문제 14
콘크리트의 압축강도에 대한 설명으로 틀린 것은?
㉮ 콘크리트의 강도에 영향을 미치는 요인 중에서 가장 큰 영향을 미치는 것은 물-시멘트비 이다.
㉯ 골재의 입도가 크고 작은 것이 알맞게 섞여 있는 콘크리트는 강도가 크다.
㉰ 물-시멘트비가 일정할 때 공기량이 많이 포함된 콘크리트일수록 압축강도가 크다.
㉱ 초기재령에서 습윤양생을 실시한 콘크리트는 양생을 실시하지 않은 콘크리트보다 강도가 크다.

해설
- 물-시멘트비가 일정할 때 공기량이 많이 포함된 콘크리트일수록 압축강도가 작다.
- 공기량 1% 증가에 따라 압축강도는 4~6% 감소한다.

문제 15
목재의 강도에 대한 설명으로 옳지 않은 것은?
㉮ 밀도가 클수록 강도가 크다.
㉯ 섬유포화점 이하에서는 함수율이 작을수록 강도가 크다.
㉰ 섬유방향의 인장강도는 목재의 모든 강도 중에서 가장 크다.
㉱ 목재의 압축강도는 섬유에 직각방향으로 하중이 작용할 때 가장 크다.

해설 목재의 압축강도는 섬유에 직각방향으로 하중이 작용할 때 가장 작다.

문제 16
역청재료의 연화점을 알기 위하여 일반적으로 사용하는 방법은?
㉮ 환구법   ㉯ 공기투과법
㉰ 표준체에 의한 방법   ㉱ 전극법

해설 환을 이용하여 시험할 때 강구와 함께 아스팔트가 25.4mm 떨어졌을 때의 온도를 연화점이라 한다.

문제 17
잔골재의 밀도 시험에 사용되는 플라스크의 용량으로 가장 적당한 것은?
㉮ 250ml ㉯ 500ml ㉰ 1000ml ㉱ 15000ml

해설 밀도가 큰 골재는 빈틈이 적어서 흡수율이 적고, 강도와 내구성이 크다.

문제 18
1.18mm체에 질량비로 5% 이상 남는 잔골재를 사용하여 체가름 시험을 할 때 사용할 시료의 최소 건조질량으로 옳은 것은?
㉮ 100g   ㉯ 500g   ㉰ 1000g   ㉱ 1500g

해설 1.18mm체에 질량비로 95% 이상 통과하는 잔골재를 사용하여 체가름 시험을 할 때 사용할 시료의 최소 건조질량은 100g이다.

정답 14.㉰ 15.㉱ 16.㉮ 17.㉯ 18.㉯

문제 19 골재의 입도란 무엇인가?

㉮ 굵은골재가 섞여 있는 정도
㉯ 잔골재가 섞여 있는 정도
㉰ 골재의 크고 작은 알이 섞여 있는 정도
㉱ 골재가 가지고 있는 성질

해설 골재의 입도가 알맞으면 콘크리트의 단위용적질량의 시멘트 풀이 줄어들어 경제적인 콘크리트를 만들 수 있다.

문제 20 다음 중 수은을 사용하는 시험은?

㉮ 흙의 액성한계 시험
㉯ 흙의 소성한계 시험
㉰ 흙의 수축한계 시험
㉱ 흙의 입도 시험

해설 수은은 건조 흙의 부피를 구하기 위해 사용한다.

문제 21 시멘트의 응결시간 측정시험에 사용하는 기구는 다음 중 어느 것인가?

㉮ 다이얼 게이지
㉯ 압력계
㉰ 길모어 침
㉱ 표준체

해설 시멘트는 습도가 높고, 수량이 많고, 풍화하면 응결시간이 늦어지며, 온도가 높고, 분말도가 높으면 응결시간이 빨라진다.

문제 22 잔골재의 밀도 및 흡수율 시험의 1회 시험을 위한 시료량으로 옳은 것은?

㉮ 원뿔형 몰드를 이용하여 제작한 표면건조 포화상태의 잔골재를 100g 이상 채취하고, 그 질량을 1g까지 측정한 시료
㉯ 원뿔형 몰드를 이용하여 제작한 표면건조 포화상태의 잔골재를 200g 이상 채취하고, 그 질량을 0.1g까지 측정한 시료
㉰ 원뿔형 몰드를 이용하여 제작한 표면건조 포화상태의 잔골재를 200g 이상 채취하고, 그 질량을 1g까지 측정한 시료
㉱ 원뿔형 몰드를 이용하여 제작한 표면건조 포화상태의 잔골재를 500g 이상 채취하고, 그 질량을 0.1g까지 측정한 시료

해설 원뿔형 몰드에 시료를 느슨하게 채워 다짐대로 25회 다짐 후 몰드를 빼 올렸을 때 잔골재의 원뿔 모양이 흘러내리기 시작하면 잔골재의 표면건조 포화상태로 한다.

정답 19.㉰ 20.㉰ 21.㉰ 22.㉱

문제 23 콘크리트의 슬럼프 시험에 사용되는 다짐대의 크기로서 옳은 것은?

㉮ 지름 16mm, 길이 500~600mm ㉯ 지름 19mm, 길이 700~800mm
㉰ 지름 22mm, 길이 500~600mm ㉱ 지름 25mm, 길이 700~800mm

해설 슬럼프 값은 5mm 단위로 측정한다.

문제 24 굳지 않은 콘크리트의 공기 함유량 시험에서 공기량, 겉보기 공기량, 골재 수정계수는 각각 콘크리트 용적에 대한 백분율을 %로 나타낸 것이다. 압력계의 공기량 눈금 측정 결과 겉보기 공기량이 6.70, 골재의 수정계수가 1.20이었을 때 콘크리트의 공기량은 얼마인가?

㉮ 1.2% ㉯ 5.5% ㉰ 6.7% ㉱ 7.9%

해설 공기량=겉보기 공기량-골재 수정계수=6.70-1.20=5.5%

문제 25 콘크리트 압축강도 시험에 대한 설명으로 옳은 것은?

㉮ 시험체의 지름은 굵은골재 최대치수의 5배 이상이어야 한다.
㉯ 시험체 몰드를 떼기 전에 캐핑을 하는 경우 된반죽 콘크리트에서는 콘크리트를 채운 뒤 2~6시간 정도 이후에 캐핑을 실시한다.
㉰ 시험체를 만든 뒤 5~15시간 안에 몰드를 떼어낸다.
㉱ 시험체에 하중을 가하는 속도는 완급을 규칙적으로 하여 시험체에 충격을 가하여야 한다.

해설
- 시험체의 지름은 굵은골재 최대치수의 3배 이상이며 또한 100mm 이상이어야 한다.
- 시험체를 만든 뒤 16시간 이상 3일 이내에 몰드를 떼어낸다.
- 시험체에 하중을 가하는 속도는 매초 0.6±0.4MPa로 한다.

문제 26 로스앤젤레스 시험기에 의한 굵은골재의 마모시험에서 시료를 시험기에서 꺼내어 체가름할 때 사용하는 체로 옳은 것은?

㉮ 10mm체 ㉯ 5.4mm체 ㉰ 2.4mm체 ㉱ 1.7mm체

해설 마모감량 = $\dfrac{\text{시험 전 질량} - \text{시험 후 질량}}{\text{시험 전 질량}} \times 100$

여기서, 시험 후 질량은 1.7mm체에 남는 시료의 질량이다.

문제 27 흙의 액성한계 시험에서 구할 수 있는 유동곡선에서 낙하횟수 몇 회에 상당하는 함수비를 액성한계라고 하는가?

㉮ 23회 ㉯ 24회 ㉰ 25회 ㉱ 26회

해설 소성지수=액성한계-소성한계

정답 23.㉮ 24.㉯ 25.㉯ 26.㉱ 27.㉰

문제 28
흙의 액성한계 시험에서 사용하는 시료는 어느 것인가?
- ㉮ 4.76mm체 통과시료
- ㉯ 0.15mm체 통과시료
- ㉰ 19mm체 통과시료
- ㉱ 0.425mm체 통과시료

해설 0.425mm체 통과시료 200g 정도를 준비하여 액성한계 시험을 한다.

문제 29
콘크리트 표면을 때려 그 반발로 콘크리트의 경도를 측정하여 압축강도를 추정할 때 사용되는 시험기는?
- ㉮ 워싱턴형 시험기
- ㉯ 슈미트 해머
- ㉰ 로스앤젤레스 시험기
- ㉱ 블레인 시험기

해설 반발경도법(슈미트 해머)으로 가로, 세로 3cm 간격으로 20점 이상을 타격하여 압축 강도를 추정한다.

문제 30
시멘트 입자의 가는 정도를 알기 위한 시험으로 옳은 것은?
- ㉮ 시멘트 밀도 시험
- ㉯ 시멘트 응결 시험
- ㉰ 시멘트 분말도 시험
- ㉱ 시멘트 팽창성 시험

해설
- 분말도는 비표면적(cm^2/g)으로 나타낸다.
- 분말도는 브레인 공기투과장치, 표준체에 의한 방법으로 측정한다.
- 분말도가 높으면 시멘트의 표면적이 커서 수화작용이 빠르고, 조기강도가 커진다.

문제 31
흙의 함수비 시험에 사용되는 시험 기구가 아닌 것은?
- ㉮ 데시케이터
- ㉯ 저울
- ㉰ 항온 건조로
- ㉱ 피크노미터

해설 피크노미터는 흙 입자 밀도 시험에 사용되는 병이다.

문제 32
흙의 함수비 시험에서 시료를 몇 ℃에서 일정 무게가 될 때까지 건조시키는가?
- ㉮ 20±3℃
- ㉯ 270±10℃
- ㉰ 23±2℃
- ㉱ 110±5℃

해설 흙의 함수비 $\omega = \dfrac{W_w}{W_S} \times 100 = \dfrac{물의\ 무게}{건조한\ 흙의\ 무게} \times 100$

문제 33
골재의 잔입자 시험에서 몇 mm체를 통과하는 것을 잔입자로 하는가?
- ㉮ 1.7mm
- ㉯ 1.0mm
- ㉰ 0.15mm
- ㉱ 0.08mm

정답 28.㉱ 29.㉯ 30.㉰ 31.㉱ 32.㉱ 33.㉱

해설
- 골재에 잔입자가 들어 있으면 블리딩 현상으로 인하여 레이턴스가 많이 생기게 된다.
- 골재 알의 표면에 점토, 실트 등이 붙어 있으면 시멘트 풀과 골재와의 부착력이 약해져서 콘크리트의 강도와 내구성이 적어진다.
- 잔입자 함유량의 한도는 잔골재의 경우 30% 이하, 굵은 골재의 경우 1.0% 이하이다.

문제 34
아스팔트(asphalt) 침입도 시험을 시행하는 목적은?
㉮ 아스팔트 굳기 정도 측정
㉯ 아스팔트 신도 측정
㉰ 아스팔트 밀도 측정
㉱ 아스팔트 입도 측정

해설 침입도 1이란 침이 0.1mm(1/10mm) 침입한 값을 말한다.

문제 35
아스팔트 침입도 시험에서 표준침의 관입시간으로 옳은 것은?
㉮ 1초   ㉯ 3초   ㉰ 5초   ㉱ 7초

해설
- 침입도 시험
  시료의 시험온도가 25℃인 상태에서 100g의 추가 5초 동안 침입했을 때 관입량을 측정한다.

문제 36
흙의 입도분석 시험에서 입자 지름이 고른 흙의 균등계수(C_u)의 값에 관한 설명으로 옳은 것은?
㉮ 0에 가깝다.
㉯ 1에 가깝다.
㉰ 0.5에 가깝다.
㉱ 10에 가깝다.

해설
- 입자 지름이 고른 의미는 크기가 같다, 비슷하다는 뜻으로 1에 가깝게 된다.
- 균등계수 $C_u = \dfrac{D_{60}}{D_{10}}$
- 균등계수가 10 이상이면 양호한 입도를 의미한다.

문제 37
콘크리트의 배합설계에서 단위수량이 150kg/m³, 단위시멘트량이 300kg/m³일 때 물-시멘트비는?
㉮ 40%   ㉯ 45%   ㉰ 50%   ㉱ 55%

해설 $\dfrac{W}{C} = \dfrac{150}{300} = 50\%$

문제 38
워싱턴형 공기량 측정기를 사용하여 굳지 않은 콘크리트의 공기 함유량을 구하는 경우에 응용되는 법칙은?
㉮ 스토크스(Stokes)의 법칙
㉯ 보일(Boyle)의 법칙
㉰ 다르시(Darcy)의 법칙
㉱ 뉴턴(Newton)의 법칙

정답 34.㉮ 35.㉰ 36.㉯ 37.㉰ 38.㉯

해설
- 보일의 법칙은 압력이 증가하거나 감소하면, 기체의 부피는 그에 반비례하여 감소, 증가한다는 원리를 이용한 워싱턴형 공기량 측정기를 사용하여 콘크리트 속의 공기량을 구한다.
- 공기량의 측정법에는 공기실 압력법, 질량법, 부피법 등이 있다.

문제 39 시멘트 밀도시험에 대한 주의사항으로 틀린 것은?
㉮ 광유 표면의 눈금을 읽을 때에는 가장 윗면의 눈금을 읽도록 한다.
㉯ 르샤틀리에(Le Chatelier) 병은 목부분이 부러지기 쉬우므로 조심하여 다루도록 한다.
㉰ 광유는 휘발성 물질이므로 불에 조심하여야 한다.
㉱ 시멘트, 광유, 수조의 물, 병은 미리 실온과 일치시켜 놓고 사용하도록 한다.

해설 광유 표면의 눈금을 읽을 때에는 가장 아랫면의 눈금을 읽도록 한다.

문제 40 어느 흙의 시험 결과 소성한계 42%, 수축한계 24%일 때 수축지수는 얼마인가?
㉮ 18% ㉯ 24% ㉰ 42% ㉱ 66%

해설 수축지수＝소성한계－수축한계＝42－24＝18%

문제 41 아래 그림과 같은 4점 재하장치에 의한 휨강도 시험용 공시체에서 지지 롤러 사이의 거리(지간 L)의 크기로 옳은 것은?
㉮ 2d
㉯ 3d
㉰ 4d
㉱ 5d

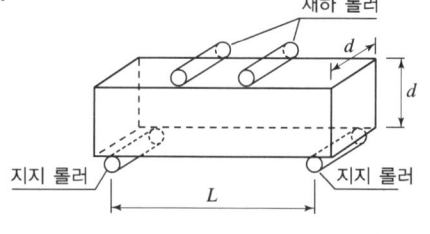

해설
- 지간은 공시체 높이의 3배로 한다.
- 공시체의 길이는 단면 한 변 길이의 3배보다 80mm 더 커야 한다.

문제 42 흙 입자 밀도시험에서 병에 흙을 넣고 전열기로 끓이는 이유는?
㉮ 병 속의 물의 온도를 일정하게 하기 위하여
㉯ 병 속의 흙의 온도를 일정하게 하기 위하여
㉰ 병 속의 흙 시료에 내포한 공기를 제거하기 위하여
㉱ 병 속에 있는 흙을 물에 속히 침투시키기 위하여

해설 흙 속의 기포를 완전히 제거하기 위해 10분 이상 끓인다.

정답 39.㉮ 40.㉮ 41.㉯ 42.㉰

문제 43 아직 굳지 않은 콘크리트의 슬럼프 시험기구의 슬럼프 콘의 크기로 옳은 것은?

㉮ 밑면의 안지름 100mm, 윗면의 안지름 200mm, 높이 300mm
㉯ 밑면의 안지름 200mm, 윗면의 안지름 100mm, 높이 300mm
㉰ 밑면의 안지름 300mm, 윗면의 안지름 200mm, 높이 100mm
㉱ 밑면의 안지름 100mm, 윗면의 안지름 300mm, 높이 200mm

해설 슬럼프 시험을 할 때 굵은골재 최대치수가 40mm를 넘는 콘크리트의 경우에는 40mm를 넘는 굵은골재를 제거하고 시험한다.

문제 44 굳지 않은 콘크리트의 슬럼프 시험에 대한 설명으로 틀린 것은?

㉮ 슬럼프 콘을 들어 올리는 시간은 2~5초로 한다.
㉯ 시료를 슬럼프 콘 부피의 약 1/3 되게 3층으로 나누어 넣고 각각 25회씩 고르게 다진다.
㉰ 슬럼프 콘에 시료를 채우고 벗길 때까지의 전 작업시간은 3분 이내로 한다.
㉱ 콘크리트가 내려앉은 길이를 제외한 콘크리트의 남은 높이를 0.5mm의 정밀도로 측정하여 슬럼프 값으로 한다.

해설 콘크리트가 내려앉은 길이를 5mm의 정밀도로 측정하여 슬럼프 값으로 한다.

문제 45 액성한계시험에서 공기 건조한 시료에 증류수를 가하여 반죽한 후 흙과 증류수가 잘 혼합되도록 방치하는 적당한 시간은?

㉮ 1시간 정도 ㉯ 2시간 정도 ㉰ 5시간 정도 ㉱ 10시간 정도

해설 액성한계시험시 황동접시의 낙하높이는 1cm 높이에서 매초 2회 속도로 낙하시킨다.

문제 46 흙의 다짐특성 및 효과에 대한 설명으로 틀린 것은?

㉮ 최적함수비가 낮은 흙일수록 최대 건조단위무게는 크다.
㉯ 입도가 좋은 모래질에서는 최대 건조단위무게는 작고 다짐곡선은 예민하다.
㉰ 느슨한 흙에 다짐을 하면 흙의 투수성과 압축성이 감소한다.
㉱ 세립토에서 최대 건조단위무게는 작고 다짐곡선도 완만하다.

해설 입도가 좋은 모래질에서는 최대 건조단위무게는 크고 다짐곡선은 예민하다

문제 47 투수계수가 비교적 큰 조립토(자갈, 모래)에 가장 적합한 실내 투수시험 방법은?

㉮ 압밀시험 ㉯ 변수위 투수시험
㉰ 정수위 투수시험 ㉱ 다짐시험

해설
- 변수위 투수시험 : 실트질
- 압밀시험 : 점토질

정답 43.㉯ 44.㉱ 45.㉱ 46.㉯ 47.㉰

문제 48
다음 중 얕은 기초에 속하는 것은?
- ㉮ 푸팅 기초
- ㉯ 말뚝 기초
- ㉰ 피어 기초
- ㉱ 우물통 기초

해설 • 깊은 기초: 말뚝 기초, 피어 기초, 케이슨 기초

문제 49
압밀 시험에 있어서 공시체의 높이가 2cm이고 배수가 양면 배수일 때 배수거리는?
- ㉮ 0.2cm
- ㉯ 1cm
- ㉰ 2cm
- ㉱ 4cm

해설
- 일면 배수(H): 2cm
- 양면 배수: $\frac{H}{2} = \frac{2}{2} = 1\text{cm}$

문제 50
도로의 평판 재하시험에서 사용하는 시험장치에 대한 아래표의 설명에서 ( ) 안에 들어갈 숫자로 옳은 것은?

> 지지력 장치는 자동차 또는 트레일러와 같은 소요 지지력을 얻을 수 있는 장치로, 그 지지점을 재하판의 바깥쪽 끝에서 ( )m 이상 떨어져 설치할 수 있는 것으로 한다.

- ㉮ 1
- ㉯ 2
- ㉰ 3
- ㉱ 4

해설 평판 재하시험시 침하량이 15mm에 도달하거나 하중강도가 현장에서 예상되는 가장 큰 접지압 또는 그 지반의 항복점을 넘으면 시험을 끝낸다.

문제 51
통일분류법에 사용되는 기호 중 실트를 나타내는 제1문자는?
- ㉮ G
- ㉯ S
- ㉰ M
- ㉱ C

해설
- G: 자갈
- S: 모래
- C: 점토

문제 52
간극률 37%, 비중 2.66의 모래가 있다. 간극비는 얼마인가?
- ㉮ 1.68
- ㉯ 0.59
- ㉰ 0.38
- ㉱ 0.27

해설 $e = \dfrac{n}{100-n} = \dfrac{37}{100-37} = 0.59$

정답 48.㉮ 49.㉯ 50.㉮ 51.㉰ 52.㉯

문제 53
모래의 내부마찰각이 30°, 수직응력이 100kN/m²인 경우 전단강도는 얼마인가? (단, 점착력은 0이다.)

㉮ 26.5kN/m² ㉯ 37.7kN/m² ㉰ 45.6kN/m² ㉱ 57.7kN/m²

해설 $\tau = c + \sigma \tan\phi = 0 + 100 \tan 30° = 57.7 \text{kN/m}^2$

문제 54
흙의 다짐에서 영공기 간극곡선에 대한 설명으로 틀린 것은?

㉮ 다짐곡선보다 위쪽에 위치하며 다짐곡선과 교차할 경우가 많다.
㉯ 공기가 차지하는 간극이 0일 때 얻어지는 이론상의 최대 단위무게를 나타내는 곡선이다.
㉰ 포화도가 100%일 때 나타나는 포화건조 단위무게 곡선이다.
㉱ 다짐곡선의 하향곡선과 거의 나란하다.

해설 다짐곡선보다 위쪽에 위치하며 다짐곡선과 교차하지 않는다.

문제 55
모래 치환법에 의한 현장 흙의 단위무게 시험에서 시험구멍의 부피는 2,000cm³이며, 구멍에서 파낸 흙의 무게는 3,000g이었다. 이때 파낸 흙의 함수비가 10%라면 건조단위무게는 얼마인가?

㉮ 1.36g/cm³ ㉯ 2.04g/cm³ ㉰ 2.54g/cm³ ㉱ 2.68g/cm³

해설
- 습윤밀도 $\gamma_t = \dfrac{W}{V} = \dfrac{3000}{2000} = 1.5 \text{g/cm}^3$
- 건조밀도 $\gamma_d = \dfrac{\gamma_t}{1 + \dfrac{\omega}{100}} = \dfrac{1.5}{1 + \dfrac{10}{100}} = 1.36 \text{g/cm}^3$

문제 56
연약한 점성토 지반의 원위치 전단강도를 현장에서 측정하는 시험은?

㉮ 직접전단시험 ㉯ 일축압축시험
㉰ 베인전단시험 ㉱ 삼축압축시험

해설 연약한 점토의 점착력 $C = \dfrac{M_{\max}}{\pi D^2 \left(\dfrac{H}{2} + \dfrac{D}{6}\right)}$

문제 57
건조단위무게가 16.6kN/m³이고 간극비가 0.5인 흙의 비중은 얼마인가? (단, $\gamma_w = 9.81 \text{kN/m}^3$)

㉮ 2.43 ㉯ 2.46 ㉰ 2.49 ㉱ 2.54

해설
$\gamma_d = \dfrac{G_s}{1+e} \gamma_\omega$

$\therefore G_s = \dfrac{(1+e)}{\gamma_\omega} \gamma_d = \dfrac{(1+0.5)}{9.81} \times 16.6 = 2.54$

정답 53.㉱ 54.㉮ 55.㉮ 56.㉰ 57.㉱

문제 58 다음 토질조사 시험에서 지지력 조사를 위한 시험이라고 볼 수 없는 것은?
㉮ 표준관입시험(SPT) ㉯ 전단시험
㉰ 콘관입시험 ㉱ 투수시험

해설
- 정수위 투수시험 : 자갈, 모래에 적용
- 변수위 투수시험 : 실트질에 적용

문제 59 아래의 식은 극한 지지력 산정 방법 중 테르자기에 의해 제안된 공식이다. 여기서 D_f에 해당하는 것은?

$$q_u = \alpha c N_c + \gamma_1 D_f N_q + \beta \gamma_2 B N_r$$

㉮ 기초의 근입깊이 ㉯ 기초의 폭
㉰ 지지력 계수 ㉱ 지반의 극한 지지력

해설
- 기초의 폭 : B
- 지지력 계수 : N_c, N_r, N_q
- 기초의 형상계수 : α, β
- 점토지반의 점착력 : c

문제 60 스켐톤(Skempton)에 의한 압축지수의 추정식을 이용하여 흐트러지지 않은 시료의 액성한계값이 35%일 때 압축지수(C_c)의 값을 구하면?
㉮ 0.14 ㉯ 0.18 ㉰ 0.23 ㉱ 0.32

해설 $C_c = 0.009(\omega_L - 10) = 0.009(35 - 10) = 0.23$

정답 58.㉱ 59.㉮ 60.㉰

건설재료시험 기능사

2012년 10월 20일 (제5회)

문제 01
조립률 2.55의 모래와 5.85의 자갈을 중량비 1 : 2의 비율로 혼합했을 때 조립률은?
- ㉮ 4.75
- ㉯ 4.93
- ㉰ 5.75
- ㉱ 6.93

해설 $FM = \dfrac{2.55 \times 1 + 5.85 \times 2}{1+2} = 4.75$

문제 02
실적률이 큰 골재를 사용한 콘크리트에 대한 설명으로 틀린 것은?
- ㉮ 시멘트 페이스트의 양이 적어도 경제적으로 소요의 강도를 얻을 수 있다.
- ㉯ 콘크리트의 밀도가 증가한다.
- ㉰ 단위 시멘트량이 적어지므로 균열 발생의 위험이 증가한다.
- ㉱ 콘크리트의 수밀성이 증가한다.

해설 실적률이 클수록 골재의 모양이 좋고 입도분포가 적당하여 시멘트풀의 양이 적게 든다. 또한 건조수축, 수화열을 줄일 수 있어 경제적으로 소요의 강도를 얻을 수 있다.

문제 03
콘크리트 속에 많은 거품을 일으켜, 부재의 경량화나 단열성을 목적으로 사용하는 혼화제는?
- ㉮ 지연제
- ㉯ 기포제
- ㉰ 급결제
- ㉱ 감수제

해설 기포제는 주로 콘크리트의 중량을 가볍게 하기 위하여 사용되는 혼화제이다.

문제 04
컷백 아스팔트에 대한 설명으로 옳지 않은 것은?
- ㉮ 천연 아스팔트에 적당한 휘발성 용제를 가하여 유동성을 좋게 만든 아스팔트다.
- ㉯ 휘발성 용제로는 주로 석유 유출물이 사용되고 그 양은 컷백 아스팔트 무게의 10~45% 정도를 차지한다.
- ㉰ 컷백 아스팔트는 사용한 휘발성 용제의 증발속도의 차이에 따라 완속경화, 중속경화, 급속경화의 세 종류가 있다.
- ㉱ 컷백 아스팔트는 아스팔트 유제와 마찬가지로 상온에서 시공되는 장점이 있다.

해설 컷백 아스팔트는 석유 아스팔트에 적당한 휘발성 용제를 가하여 유동성을 좋게 만든 아스팔트다.

정답 01.㉮ 02.㉰ 03.㉯ 04.㉮

문제 05
굳지 않은 콘크리트의 공기량에 대한 설명으로 틀린 것은?
- ㉮ 일반적으로 AE제의 사용량이 증가하면 공기량도 증가한다.
- ㉯ 시멘트의 분말도가 높을수록 공기량은 감소하는 경향이 있다.
- ㉰ 콘크리트의 온도가 낮을수록 공기량은 증가한다.
- ㉱ 단위 시멘트량이 많을수록 공기량은 증가하는 경향이 있다.

해설 단위 시멘트량이 많을수록 공기량은 감소하는 경향이 있다.

문제 06
콘크리트의 크리프(creep)에 대한 설명으로 틀린 것은?
- ㉮ 콘크리트의 재령이 짧을수록 크게 일어난다.
- ㉯ 부재의 치수가 작을수록 크게 일어난다.
- ㉰ 물-시멘트비가 작을수록 크게 일어난다.
- ㉱ 작용하는 응력이 클수록 크게 일어난다.

해설 물-시멘트비가 클수록 크리프는 크게 일어난다.

문제 07
시멘트의 수화열을 적게 하고 조기강도는 작으나 장기강도가 크고 체적의 변화가 적어 댐 축조 등에 사용되는 시멘트는?
- ㉮ 알루미나 시멘트
- ㉯ 조강 포틀랜드 시멘트
- ㉰ 중용열 포틀랜드 시멘트
- ㉱ 팽창시멘트

해설 중용열 포틀랜드 시멘트는 화학저항성이 크고 내산성이 우수하며 건조수축은 포틀랜드 시멘트 중에서 가장 작다.

문제 08
재료가 외력을 받아서 변형을 일으킨 뒤 외력을 제거하면 다시 원형으로 돌아가는 성질은?
- ㉮ 탄성
- ㉯ 소성
- ㉰ 연성
- ㉱ 강성

해설 재료가 외력을 받아서 변형을 일으킨 뒤 외력을 제거해도 다시 원형으로 돌아가지 않는 성질을 소성이라 하며 탄성한도는 하중과 변형률이 아주 미세하게 곡선으로 변하나 외력을 제거하면 원상태로 회복된다.

문제 09
계면 활성작용에 의하여 워커빌리티와 동결융해 작용에 대한 내구성을 개선시키는 혼화제는?
- ㉮ AE(공기연행)제, 감수제
- ㉯ 촉진제, 지연제
- ㉰ 기포제, 발포제
- ㉱ 보수제, 접착제

해설 워커빌리티와 내동해성을 개선시키는 혼화제는 AE(공기연행)제, 감수제이다.

정답 05.㉱ 06.㉰ 07.㉰ 08.㉮ 09.㉮

문제 10
굳지 않은 콘크리트의 워커빌리티(workability)에 관한 다음 설명 중에서 옳은 것은?
- ㉮ 거푸집에 쉽게 다져 넣을 수 있고 거푸집을 제거하면 천천히 그 형상이 변하기는 하지만 허물어지거나 재료분리가 없는 성질
- ㉯ 굵은골재의 최대치수, 잔골재율, 잔골재의 입도, 반죽질기 등에 따른 콘크리트 표면의 마무리하기 쉬운 정도를 나타내는 성질
- ㉰ 반죽질기 여하에 따른 작업의 난이도 및 재료의 분리에 저항하는 정도를 나타내는 굳지 않은 콘크리트의 성질
- ㉱ 주로 수량의 다소에 따른 반죽의 되고 진 정도를 나타내는 것으로 콘크리트 반죽의 유연성을 나타내는 성질

해설
- ㉮ : 성형성
- ㉯ : 피니셔빌리티
- ㉱ : 반죽질기

문제 11
목재의 특징에 대한 설명으로 틀린 것은?
- ㉮ 비중에 비하여 강도가 크다.
- ㉯ 열팽창계수가 작고 온도에 대한 신축이 작다.
- ㉰ 가볍고 취급 및 가공이 쉽다.
- ㉱ 함수율의 변화에 의한 변형과 팽창, 수축이 작다.

해설 함수율의 변화에 의한 변형과 팽창, 수축이 크다.

문제 12
1g의 시멘트가 가지고 있는 전체 입자의 총 표면적을 무엇이라고 하는가?
- ㉮ 비표면적
- ㉯ 단위 표면적
- ㉰ 단위당 표면적
- ㉱ 비단위 표면적

해설 시멘트의 수화속도는 시멘트 입자와 물과의 접촉 면적에 따라 좌우되며 비표면적으로 나타낸다. 분말도(비표면적, cm^2/g)가 큰 시멘트는 골재와 균일하게 혼합되어 골재간 결합을 강하게 하기 때문에 강도가 증대한다.

문제 13
콘크리트는 인장강도가 작으므로 콘크리트 속에 미리 강재를 긴장시켜 콘크리트에 압축응력을 주어 하중으로 생기는 인장응력을 비기게 하거나 줄이도록 만든 콘크리트는?
- ㉮ 프리스트레스트 콘크리트
- ㉯ 레디믹스트 콘크리트
- ㉰ 섬유 보강 콘크리트
- ㉱ 폴리머 시멘트 콘크리트

해설 외력에 의하여 발생되는 인장응력을 상쇄시키기 위하여 미리 압축응력을 도입한 콘크리트 부재를 프리스트레스트 콘크리트라 하며 인장응력에 의한 균열을 방지하고 콘크리트 전 단면을 유효하게 이용할 수 있는 장점이 있다.

정답 10.㉰ 11.㉱ 12.㉮ 13.㉮

문제 14

천연 아스팔트로서 토사 같은 것을 함유하지 않고, 성질과 용도가 블론 아스팔트와 같이 취급되는 것은?

㉮ 레이크 아스팔트 ㉯ 아스팔타이트
㉰ 샌드 아스팔트 ㉱ 컷백 아스팔트

해설 아스팔타이트는 지층의 갈라진 틈 사이로 삽입한 후 지열이나 공기 등의 작용으로 생성된 천연 아스팔트에 속한다.

문제 15

암석을 성인(지질학적)에 의해 분류할 때 화성암에 속하는 것은?

㉮ 안산암 ㉯ 응회암
㉰ 대리석 ㉱ 점판암

해설
- 수성암 : 퇴적암, 사암, 응회암, 석회암, 점판암, 혈암 등
- 변성암 : 편암, 편마암, 대리석, 사문석 등

문제 16

잔골재 시험의 결과가 아래 표와 같을 때 잔골재의 흡수율은?

- 표면건조포화상태의 시료 질량 : 500g
- 습윤상태의 시료 질량 : 542g
- 절대건조상태의 시료 질량 : 485g

㉮ 2.1% ㉯ 3.1% ㉰ 8.4% ㉱ 11.8%

해설
- 흡수율 = $\dfrac{500-485}{485} \times 100 = 3.1\%$
- 표면수율 = $\dfrac{542-500}{500} \times 100 = 8.4\%$
- 함수율 = $\dfrac{542-485}{485} \times 100 = 11.8\%$

문제 17

르샤틀리에 병에 광유를 넣고 읽음이 0.8mL, 시멘트 64g을 넣고 기포를 제거한 후 눈금 읽기가 21.8mL일 때 시멘트의 밀도는?

㉮ 2.95g/cm³ ㉯ 3.05g/cm³
㉰ 3.08g/cm³ ㉱ 3.15g/cm³

해설 시멘트 밀도 = $\dfrac{64}{눈금의 차} = \dfrac{64}{21.8-0.8} = 3.05 \text{g/cm}^3$

정답 14.㉯ 15.㉮ 16.㉯ 17.㉯

문제 18 콘크리트 슬럼프 시험(KS F 2402)의 적용범위에 대한 아래 표의 ( )에 공통으로 들어갈 알맞은 수치는?

> 굵은골재의 최대치수가 ( )mm를 넘는 콘크리트의 경우에는 ( )mm를 넘는 굵은골재를 제거 한다.

㉮ 30 ㉯ 40 ㉰ 50 ㉱ 60

해설 슬럼프 시험은 3분 이내에 끝내야 하며 5mm 단위로 측정한다.

문제 19 유동곡선에서 타격횟수 몇 회에 해당하는 함수비를 액성한계로 하는가?

㉮ 15회 ㉯ 25회 ㉰ 35회 ㉱ 45회

해설 유동곡선에서 다짐횟수 25회 때 함수비를 액성한계로 한다.

문제 20 시멘트의 강도시험(KS L ISO 679)에서 시험용 모르타르를 제작할 때 시멘트 450g을 사용한 경우 표준사의 양으로 옳은 것은?

㉮ 1,155g ㉯ 1,215g ㉰ 1,280g ㉱ 1,350g

해설 1 : 3의 비율이므로 $450 \times 3 = 1,350g$이다.

문제 21 도로 포장설계에 있어서 아스팔트 포장 두께를 결정하는 시험은?

㉮ 노상토 지지력비시험 ㉯ 아스팔트의 침입도시험
㉰ 일축압축시험 ㉱ 직접전단시험

해설 CBR 시험(노상토 지지력비시험)으로 아스팔트 포장 두께를 결정한다.

문제 22 콘크리트 입축강도 시험의 기록이 없는 현장에서 호칭강도가 40MPa인 경우 배합강도는?

㉮ 49MPa ㉯ 48.5MPa ㉰ 47MPa ㉱ 43.5MPa

해설 $f_{cr} = 1.1 f_{cn} + 5.0 = 1.1 \times 40 + 5.0 = 49\text{MPa}$

문제 23 자연상태 함수비가 42%인 점토에 대해 애터버그 한계시험을 실시하여 액성한계가 70.6%, 소성한계가 29.4%이었다면 액성지수는?

㉮ 0.99 ㉯ 0.69 ㉰ 0.41 ㉱ 0.31

해설 $I_L = \dfrac{\omega - \omega_p}{I_p} = \dfrac{42 - 29.4}{70.6 - 29.4} = 0.31$

정답 18.㉯ 19.㉯ 20.㉱ 21.㉮ 22.㉮ 23.㉱

문제 24
흙의 침강 분석시험(입도 분석시험)에 대한 내용 중 옳지 않은 것은?

㉮ Stokes의 법칙을 적용한다.
㉯ 시험 후 메스실린더의 내용물은 0.075mm체에 붓고 물로 세척한다.
㉰ 침강 측정시 메스실린더 내에 비중계를 띄우고 소수 부분의 눈금을 메니스커스 위 끝에서 0.0005까지 읽는다.
㉱ 침강 분석시험에 사용되는 메스실린더의 용량은 500mL를 사용한다.

해설 침강 분석시험에 사용되는 메스실린더의 용량은 1,000mL를 사용한다.

문제 25
로스앤젤레스 시험기를 사용하여 굵은골재의 마모시험을 할 때, 매분 몇 회의 회전수로 시험기를 회전시키는가?

㉮ 20~22회   ㉯ 30~33회   ㉰ 40~44회   ㉱ 50~55회

해설 보통 콘크리트용 골재의 마모율은 40% 이하이다.

문제 26
콘크리트의 워커빌리티를 측정하는 시험으로 적당하지 않은 것은?

㉮ 구관입시험   ㉯ 비비시험   ㉰ 흐름시험   ㉱ 압밀시험

해설 압밀시험은 토질시험에 속한다.

문제 27
흙의 공학적 분류를 위한 물리적 성질 시험이 아닌 것은?

㉮ 투수 시험
㉯ 흙 입자 밀도 시험
㉰ 애터버그 한계 시험
㉱ 입도 시험

해설 투수 시험에는 정수위 투수시험, 변수위 투수시험 등이 있다.

문제 28
흙 입자 밀도시험시 시료를 끓이는 이유로서 가장 적합한 것은?

㉮ 기포 제거를 위하여
㉯ 함수비를 구하기 위하여
㉰ 흙과 물이 잘 혼합하기 위하여
㉱ 깨끗하게 만들기 위하여

해설 흙 속의 기포를 제거하기 위하여 10분 정도 끓인다.

문제 29
콘크리트 압축강도 시험을 위한 공시체에 대한 설명으로 틀린 것은?

㉮ 공시체는 지름의 2배의 높이를 가진 원기둥형으로 한다.
㉯ 공시체의 지름은 굵은골재의 최대치수의 3배 이상, 100mm 이상으로 한다.
㉰ 공시체의 몰드를 떼는 시기는 콘크리트 채우기가 끝나고 나서 3일 이상 28일 이내로 한다.
㉱ 공시체의 양생온도는 (20±2)℃로 한다.

정답 24.㉱ 25.㉯ 26.㉱ 27.㉮ 28.㉮ 29.㉰

해설 공시체의 몰드를 떼는 시기는 콘크리트 채우기가 끝나고 나서 16시간 이상 3일 이내로 한다.

문제 30
흙 입자 밀도시험시 사용되는 시료로 적당한 것은?
㉮ 9.5mm체 통과 시료 ㉯ 19mm체 통과 시료
㉰ 37.5mm체 통과 시료 ㉱ 53mm체 통과 시료

해설 19mm, 37.5mm체 통과 시료로 흙의 다짐시험에 사용된다.

문제 31
흙을 지름 3mm의 줄 모양으로 늘여 토막토막 끊어지려고 할 때의 함수비를 무엇이라 하는가?
㉮ 수축한계 ㉯ 액성한계 ㉰ 소성한계 ㉱ 액성지수

해설 흙의 지름이 3mm 부슬부슬 끊어질 때 함수비를 소성한계라 한다.

문제 32
골재의 입도를 알기 위해 실시하는 시험은?
㉮ 다짐시험 ㉯ 밀도시험
㉰ 체가름 시험 ㉱ 빈틈율 시험

해설 체가름 시험으로 골재의 입도 분포를 알 수 있다.

문제 33
아스팔트 침입도 시험의 측정조건에 대한 설명으로 옳은 것은?
㉮ 시료의 온도 25℃에서 100g의 하중을 5초 동안 가하는 것을 표준으로 한다.
㉯ 시료의 온도 25℃에서 100g의 하중을 10초 동안 가하는 것을 표준으로 한다.
㉰ 시료의 온도 25℃에서 200g의 하중을 5초 동안 가하는 것을 표준으로 한다.
㉱ 시료의 온도 25℃에서 200g의 하중을 10초 동안 가하는 것을 표준으로 한다.

해설 침입도 1은 1/10mm 관입량에 해당된다.

문제 34
콘크리트의 휨 강도 시험용 공시체를 제작하는 경우 몰드의 규격이 150×150×530mm일 때 층당 다짐횟수는?
㉮ 15회 ㉯ 25회 ㉰ 80회 ㉱ 64회

해설 다짐횟수 = $\dfrac{150 \times 530}{1,000}$ = 80회

문제 35
흙의 함수비 시험에서 데시케이터 안에 넣는 제습제은?
㉮ 염화나트륨 ㉯ 염화칼슘 ㉰ 황산나트륨 ㉱ 황산칼슘

해설 실리케이트나 염화칼슘을 이용한다.

정답 30.㉮ 31.㉰ 32.㉰ 33.㉮ 34.㉰ 35.㉯

문제 36 굳지 않은 콘크리트의 슬럼프 시험에서 콘크리트가 내려앉은 길이를 측정하는 정밀도는?
㉮ 1mm ㉯ 2mm ㉰ 5mm ㉱ 10mm

해설 슬럼프 시험은 3분 이내에 종료한다.

문제 37 다음 중 시멘트 분말도 시험에 사용되는 재료 또는 기계기구가 아닌 것은?
㉮ 다이얼 게이지 ㉯ 수은
㉰ 거름종이 ㉱ 다공 금속판

해설 다이얼 게이지는 흙의 CBR 시험 때 이용된다.

문제 38 흙의 함수비 시험에서 항온 건조로의 온도는?
㉮ 100±5℃ ㉯ 110±5℃ ㉰ 125±5℃ ㉱ 135±5℃

해설 함수비 $w = \dfrac{W_\omega}{W_s} \times 100$

문제 39 잔골재의 밀도 시험을 할 때 시료의 준비 및 시험방법을 설명한 것으로 틀린 것은?
㉮ 시료는 시료분취기 또는 4분법에 따라 채취한다.
㉯ 시료를 용기에 담아 105±5℃의 온도로 일정한 양이 될 때까지 건조시킨다.
㉰ 일정한 양이 될 때까지 건조시킨 다음, 시료를 24±4시간 동안 물속에 담근다.
㉱ 시료를 원뿔형 몰드에 넣은 다음 다짐대로 시료의 표면을 가볍게 55회 다진다.

해설 시료를 원뿔형 몰드에 넣은 다음 다짐대로 시료의 표면을 가볍게 25회 다진다.

문제 40 강재의 인장시험 결과로부터 구할 수 없는 것은?
㉮ 비례한도 ㉯ 극한강도
㉰ 상대 동탄성계수 ㉱ 파단 연신율

해설 상대 동탄성계수 관련 시험은 콘크리트 시험에 해당된다.

문제 41 환구법으로 역청재료의 연화점을 측정할 때, 시료를 환에 넣고 몇 시간 안에 시험을 종료해야 하는가?
㉮ 1시간 ㉯ 2시간 ㉰ 3시간 ㉱ 4시간

해설 연화점은 환구법으로 25.4mm 침강시 온도를 측정한다.

정답 36.㉰ 37.㉮ 38.㉯ 39.㉱ 40.㉰ 41.㉱

문제 42
콘크리트 슬럼프 시험을 할 때 콘크리트를 처음 넣는 양은 슬럼프 시험용 콘 부피의 얼마까지 넣는가?
- ㉮ 1/2
- ㉯ 1/3
- ㉰ 1/4
- ㉱ 1/5

해설 슬럼프 콘 용적의 1/3, 2/3, 가득 넣고 각각 25회 다짐을 하고 들어 올린다.

문제 43
콘크리트의 블리딩 시험에서 처음 60분 동안은 몇 분 간격으로 표면에 생긴 블리딩 물을 피펫으로 빨아내는가?
- ㉮ 1분
- ㉯ 5분
- ㉰ 10분
- ㉱ 30분

해설 처음 60분 동안은 10분 간격으로 그 후는 블리딩이 멈출 때까지 30분 간격으로 표면에 생긴 블리딩 물을 피펫으로 빨아낸다.

문제 44
다음 중 굵은골재의 밀도 및 흡수율 시험용 기구가 아닌 것은?
- ㉮ 저울
- ㉯ 철망태
- ㉰ 건조기
- ㉱ 다짐대

해설 다짐대는 골재의 단위용적질량시험에 이용된다.

문제 45
다음 중 아스팔트 혼합물의 배합설계시 필요하지 않은 시험은?
- ㉮ 흐름값 측정
- ㉯ 골재의 체가름 시험
- ㉰ 응결시간 측정
- ㉱ 마샬 안정도 시험

해설 응결시간 측정은 콘크리트 관련 시험이다.

문제 46
통일 분류법에서 유기질이 극히 많은 흙을 나타내는 것은?
- ㉮ Pt
- ㉯ GC
- ㉰ GM
- ㉱ CL

해설
- GC : 점토가 섞인 자갈
- GM : 실트가 섞인 자갈
- CL : 압축성이 낮은 점토

문제 47
입경가적 곡선에서 유효 입경이라 함은 가적 통과율 몇 %에 해당하는 입경을 말하는가?
- ㉮ 50%
- ㉯ 40%
- ㉰ 20%
- ㉱ 10%

해설 균등계수 $= \dfrac{D_{60}}{D_{10}}$

정답 42.㉯ 43.㉰ 44.㉱ 45.㉰ 46.㉮ 47.㉱

문제 48
옹벽의 안정을 위해 검토하는 안정 조건으로 가장 거리가 먼 내용은?
㉮ 전도에 대한 안정
㉯ 기초 지반의 지지력에 대한 안정
㉰ 활동에 대한 안정
㉱ 벽체 강도에 대한 안정

해설
- 전도에 대한 안전율 : 2.0 이상
- 활동에 대한 안전율 : 1.5 이상
- 침하(기초 지반의 지지력)에 대한 안전율 : 1.0 이상

문제 49
흙의 다짐시험을 할 때 다짐에너지에 대한 설명으로 틀린 것은?
㉮ 다짐횟수에 비례한다.
㉯ 다짐에너지는 래머의 무게와 높이에 반비례한다.
㉰ 몰드의 부피에 반비례하며 다짐층수에 비례한다.
㉱ 다짐에너지가 커지면 공극률은 작아지는 것이 일반적이다.

해설 다짐에너지는 래머의 무게와 높이에 비례한다.

문제 50
흙의 최적 함수비(OMC)와 관계가 깊은 시험은?
㉮ 전단시험
㉯ 일축압축시험
㉰ 압밀시험
㉱ 다짐시험

해설 다짐시험으로 흙의 최대건조밀도와 최적 함수비를 구한다.

문제 51
도로나 활주로 등의 포장 두께를 결정하기 위하여 주로 실시하는 토질시험은?
㉮ 일축압축시험
㉯ CBR 시험
㉰ 표준관입시험
㉱ 현장 단위무게시험

해설 $CBR(\%) = \dfrac{\text{시험하중(하중강도)}}{\text{표준시험하중(하중강도)}} \times 100$

문제 52
$e - \log P$ (간극비-하중) 곡선은 어느 시험에서 얻어지는가?
㉮ 압밀시험
㉯ 일축압축시험
㉰ 정수위 투수시험
㉱ 직접전단시험

해설 $e-P$, $e-\log P$ 곡선은 압밀시험에서 얻어진다.

정답 48.㉱ 49.㉯ 50.㉱ 51.㉯ 52.㉮

문제 53 투수계수가 낮은 미세한 모래나 실트질 흙에 적합한 실내 투수시험 방법은?
㉮ 정수위 투수시험 ㉯ 변수위 투수시험
㉰ 다짐시험 ㉱ 주입법

해설 정수위 투수시험은 자갈, 모래질에 적합한 실내 투수시험 방법이다.

문제 54 기초의 종류 중 얕은 기초는?
㉮ 전면기초 ㉯ 말뚝기초 ㉰ 케이슨 기초 ㉱ 피어 기초

해설 • 깊은 기초 : 말뚝기초, 케이슨 기초, 피어 기초

문제 55 내부 마찰각 0°인 점토에 대하여 일축압축시험을 하여 일축압축강도 360kN/m²을 얻었다. 이 흙의 점착력은?
㉮ 180 kN/m² ㉯ 240 kN/m²
㉰ 300 kN/m² ㉱ 360 kN/m²

해설 $C = \dfrac{q_u}{2} = \dfrac{360}{2} = 180 \text{kN/m}^2$

문제 56 흙의 통일분류법에서 조립토와 세립토로 구분하기 위한 체의 규격으로 옳은 것은?
㉮ 4.75mm ㉯ 0.3mm
㉰ 0.15mm ㉱ 0.075mm

해설
• 조립토 : 0.08mm체에 50% 이상 남는 경우
• 세립토 : 0.08mm체에 50% 이상 통과되는 경우

문제 57 평판재하시험에서 1.25mm 침하량에 해당하는 하중강도가 17.5kN/m²일 때 지지력계수는?
㉮ 710 kN/m³ ㉯ 12500 kN/m³
㉰ 14000 kN/m³ ㉱ 17500 kN/m³

해설 $K = \dfrac{q}{y} = \dfrac{17.5}{0.00125} = 14000 \text{kN/m}^3$

문제 58 흙의 간극률(n)이 40%일 때 간극비(e)는?
㉮ 0.4 ㉯ 0.67
㉰ 1.50 ㉱ 1.67

정답 53.㉯ 54.㉮ 55.㉮ 56.㉱ 57.㉰ 58.㉯

해설
- $e = \dfrac{n}{100-n} = \dfrac{40}{100-40} = 0.67$
- $n = \dfrac{e}{1+e} \times 100$

문제 59
말뚝의 지지력 계산시 Engineering news 공식의 안전율은 얼마를 사용하는가?
- ㉮ 10
- ㉯ 8
- ㉰ 6
- ㉱ 2

해설 Sander 공식의 안전율은 8이다.

문제 60
강성포장의 구조나 치수를 설계하기 위하여 지반 지지력계수 K를 결정하는 시험방법은?
- ㉮ 다짐시험
- ㉯ CBR 시험
- ㉰ 평판재하시험
- ㉱ 전단시험

해설
- $K_{75} = \dfrac{1}{2.2} K_{30}$
- $K_{75} < K_{40} < K_{30}$

정답 59.㉯ 60.㉰

건설재료시험 기능사 — 2013년 1월 27일 (제1회)

문제 01
목재의 특성에 대한 설명으로 틀린 것은?
- ㉮ 비중에 비하여 강도가 크다.
- ㉯ 함수율의 변화에도 팽창, 수축이 작다.
- ㉰ 충격, 진동 등을 잘 흡수한다.
- ㉱ 열팽창계수가 작고 온도에 대한 신축이 작다.

해설 함수율의 변화에 팽창, 수축이 크다.

문제 02
잔골재의 실적률이 75%이고 표건밀도가 2.65g/cm³일 때 공극률은?
- ㉮ 28%
- ㉯ 25%
- ㉰ 66%
- ㉱ 3%

해설 공극률 = 100 − 실적률 = 100 − 75 = 25%

문제 03
포졸란의 종류 중 인공산에 속하는 것은?
- ㉮ 플라이애시
- ㉯ 규산백토
- ㉰ 규조토
- ㉱ 화산재

해설 포졸란을 사용한 콘크리트는 워커빌리티가 좋고, 수밀성이 크며, 발열량이 적다.

문제 04
굳지 않은 콘크리트의 공기량에 대한 설명으로 틀린 것은?
- ㉮ 콘크리트의 온도가 높을수록 공기량은 줄어든다.
- ㉯ 시멘트의 분말도가 높을수록 공기량은 많아진다.
- ㉰ 단위 시멘트량이 많을수록 공기량은 줄어든다.
- ㉱ 잔골재량이 많을수록 공기량은 많아진다.

해설 시멘트의 분말도가 높을수록 공기량은 적어진다.

문제 05
시멘트를 저장할 때 주의해야 할 사항으로 잘못된 것은?
- ㉮ 통풍이 잘되는 창고에 저장하는 것이 좋다.
- ㉯ 저장소의 구조를 방습으로 한다.
- ㉰ 저장기간이 길어질 우려가 있는 경우에는 7포 이상 쌓아 올리지 않는 것이 좋다.
- ㉱ 포대 시멘트가 저장 중에 지면으로부터 습기를 받지 않도록 저장하여야 한다.

해설 통풍이 되지 않는 창고에 저장하는 것이 좋다.

정답 01.㉯ 02.㉯ 03.㉮ 04.㉯ 05.㉮

문제 06
금속재료의 시험의 종류에 속하지 않는 것은?
㉮ 인장시험 ㉯ 굴곡시험
㉰ 경도시험 ㉱ 오토클레이브 팽창도 시험

해설 오토클레이브 팽창도 시험은 시멘트의 시험에 해당된다.

문제 07
고로 슬래그 시멘트에 관한 설명으로 옳은 것은?
㉮ 보통 포틀랜드 시멘트에 비하여 응결이 빠르다.
㉯ 보통 포틀랜드 시멘트에 비하여 조기강도가 높다.
㉰ 보통 포틀랜드 시멘트에 비하여 발열량이 적어 균열 발생이 적다.
㉱ 긴급공사, 보수공사 및 그라우팅용에 적합하다.

해설 보통 포틀랜드 시멘트에 비하여 응결이 늦고 조기강도가 작다.

문제 08
다음 중 콘크리트의 워커빌리티 증진에 도움이 되지 않는 것은?
㉮ AE제 ㉯ 감수제
㉰ 포졸란 ㉱ 응결경화 촉진제

해설 응결경화 촉진제는 응결을 촉진되게 하여 조기강도를 증대시킨다.

문제 09
굳은 콘크리트의 건조수축에 대한 설명으로 틀린 것은?
㉮ 물-시멘트비가 클수록 건조수축이 커진다.
㉯ 골재의 입자가 작을수록 건조수축이 커진다.
㉰ 습윤상태에서는 팽창변화, 공기중 건조상태에서는 수축한다.
㉱ 온도가 낮은 경우 건조수축이 커진다.

해설 온도가 높은 경우 건조수축이 커진다.

문제 10
스트레이트 아스팔트를 가열하여 고온의 공기를 불어 넣어 아스팔트 성분의 화학변화를 일으켜 만든 것으로서 주로 방수재료, 접착제, 방식 도장용 등에 사용되는 것은?
㉮ 레이크 아스팔트 ㉯ 컷백 아스팔트
㉰ 블론 아스팔트 ㉱ 콜타르

해설 블론 아스팔트는 융점이 높고, 탄성이 풍부하다.

정답 06.㉱ 07.㉰ 08.㉱ 09.㉱ 10.㉰

문제 11 콘크리트용 골재가 갖추어야 할 성질에 대한 설명으로 틀린 것은?

㉮ 동일한 입경을 가질 것
㉯ 깨끗하고, 강하며, 내구적일 것
㉰ 연한 석편, 가느다란 석편을 함유하지 않을 것
㉱ 먼지, 흙, 유기 불순물, 염화물 등의 유해물을 함유하지 않을 것

해설 크고 작은 입경이 골고루 분포되어 입도가 양호할 것

문제 12 물-시멘트비 60%의 콘크리트를 제작할 경우 시멘트 1포당 필요한 물의 양은 몇 kg인가? (단, 시멘트 1포의 무게는 40kg이다.)

㉮ 15 kg   ㉯ 24 kg   ㉰ 40 kg   ㉱ 60 kg

해설 $\dfrac{W}{C} = 0.6$ ∴ $W = C \times 0.6 = 40 \times 0.6 = 24 \text{kg}$

문제 13 스트레이트 아스팔트에 천연 고무, 합성 고무 등을 넣어서 성질을 좋게 한 아스팔트는?

㉮ 유화 아스팔트   ㉯ 컷백 아스팔트
㉰ 고무화 아스팔트   ㉱ 플라스틱 아스팔트

해설 고무화 아스팔트는 탄성 및 충격저항이 크고 감온성이 작다.

문제 14 보크사이트와 석회석을 혼합하여 만든 시멘트로서 조기강도가 커서 긴급 공사나 한중 콘크리트에 알맞으며, 내화학성도 우수하여 해수공사에 적합한 시멘트는?

㉮ 중용열 포틀랜드 시멘트   ㉯ 팽창 시멘트
㉰ 알루미나 시멘트   ㉱ 내황산염 포틀랜드 시멘트

해설 알루미나 시멘트는 특수 시멘트로 재령 1일 강도가 보통 포틀랜드 시멘트의 28일 강도와 같다.

문제 15 암석의 분류방법 중 성인(지질학적)에 의한 분류내용에 속하지 않는 것은?

㉮ 화산암   ㉯ 퇴적암   ㉰ 변성암   ㉱ 성층암

해설 화강암이 압축강도가 가장 크다.

문제 16 아스팔트의 침입도 시험에서 표준침의 침입량이 16.9mm일 때 침입도는?

㉮ 1.69   ㉯ 16.9   ㉰ 169   ㉱ 1690

해설 침입도 1이란 침입량이 0.1mm이므로 침입량이 16.9mm이면 침입도가 169가 된다.

정답 11.㉮ 12.㉯ 13.㉰ 14.㉰ 15.㉱ 16.㉰

문제 17
콘크리트 압축강도 시험에 대한 설명으로 틀린 것은?
- ㉮ 시험체 지름은 굵은골재 최대치수의 3배 이상일 것
- ㉯ 공시체의 양생온도는 18~22℃로 한다.
- ㉰ 공시체가 급격한 변형을 시작한 후에는 하중을 가하는 속도의 조정을 중지하고 하중을 계속 가한다.
- ㉱ 공시체의 양생이 끝난 뒤 충분히 건조시켜 마른 상태에서 시험한다.

해설 공시체의 양생이 끝난 뒤 습윤상태에서 시험을 한다.

문제 18
시멘트 밀도시험의 결과가 아래의 표와 같을 때 이 시멘트의 밀도는?

- 처음 광유의 눈금 읽음 : 0.40mL
- 시료와 광유의 눈금 읽음 : 20.80mL
- 시료의 무게 : 64g

㉮ 3.08g/cm³ ㉯ 3.12g/cm³ ㉰ 3.14g/cm³ ㉱ 3.16g/cm³

해설 시멘트의 밀도 $= \dfrac{64}{20.8-0.4} = 3.14 \text{g/cm}^3$

문제 19
흙과 관련된 시험에서 입경가적 곡선을 그릴 수 있는 시험으로 옳은 것은?
- ㉮ 흙의 입도 시험
- ㉯ 흙 입자 밀도 시험
- ㉰ 흙의 함수비 시험
- ㉱ 흙의 연경도 시험

해설 흙의 입도 시험은 체가름 시험 및 비중계 분석 시험을 통해 입도 분포를 알 수 있다.

문제 20
콘크리트 압축강도시험 결과 최대 하중이 519.43kN이고 공시체의 지름이 152mm일 때 공시체의 압축강도는?

㉮ 2.86 MPa ㉯ 3.84 MPa ㉰ 28.6 MPa ㉱ 38.4 MPa

해설 $f_{cu} = \dfrac{P}{A} = \dfrac{519,430}{\dfrac{\pi \times 152^2}{4}} = 28.6 \text{MPa}$

문제 21
용기의 무게가 15g일 때 용기에 흙 시료를 넣어 총 무게를 측정하여 475g이었고 노건조시킨 다음 무게가 422g이었다. 이때의 함수비는?

㉮ 8.67% ㉯ 10.45% ㉰ 13.02% ㉱ 25.42%

해설 $\omega = \dfrac{W_w}{W_s} \times 100 = \dfrac{475-422}{422-15} \times 100 = 13.02\%$

정답 17.㉱ 18.㉰ 19.㉮ 20.㉰ 21.㉰

문제 22
흙의 함수비 시험에 사용되는 기계기구가 아닌 것은?
- ㉮ 원뿔형 몰드
- ㉯ 저울
- ㉰ 데시케이터
- ㉱ 항온건조로

해설 원뿔형 몰드는 잔골재 밀도시험시 시료의 표면건조 포화상태를 확인하는 데 사용된다.

문제 23
흙의 수축한계를 결정하기 위한 수축접시 1개를 만드는 시료의 양으로 적당한 것은?
- ㉮ 15g
- ㉯ 30g
- ㉰ 50g
- ㉱ 150g

해설 수축한계시험을 할 때는 체적의 변화를 알기 위해 수은을 사용한다.

문제 24
콘크리트 배합설계시 단위수량이 160kg/m³, 단위 시멘트량이 320kg/m³일 때 물-시멘트비는?
- ㉮ 30%
- ㉯ 40%
- ㉰ 50%
- ㉱ 60%

해설 $\dfrac{W}{C} = \dfrac{160}{320} = 0.5 = 50\%$

문제 25
액성한계 42.8%이고 소성한계는 32.2%일 때 소성지수를 구하면?
- ㉮ 10.6
- ㉯ 12.8
- ㉰ 21.2
- ㉱ 42.4

해설 소성지수 = 액성한계 － 소성한계 = 42.8 － 32.2 = 10.6%

문제 26
시멘트 입자의 가는 정도를 알기 위해서 실시하는 시험은?
- ㉮ 시멘트 모르타르 압축강도 시험
- ㉯ 시멘트 모르타르 인장강도 시험
- ㉰ 시멘트 팽창도 시험
- ㉱ 시멘트 분말도 시험

해설 분말도 시험은 블레인 공기투과장치에 의한 방법과 표준체에 의한 방법이 있다.

문제 27
일반적인 굵은골재의 체가름 시험에서 굵은골재 최대치수가 20mm 정도일 때 사용하는 시료의 최소 건조질량은?
- ㉮ 1 kg
- ㉯ 2 kg
- ㉰ 4 kg
- ㉱ 8 kg

해설 굵은골재 최대치수가 40mm 정도일 때 사용하는 시료의 최소 건조질량은 8kg이다.

정답 22.㉮ 23.㉯ 24.㉰ 25.㉮ 26.㉱ 27.㉰

문제 28

잔골재의 밀도 및 흡수율 시험의 결과가 아래 표와 같을 때 이 골재의 표면건조 포화상태의 밀도는?

- 플라스크 + 물의 질량 : 720g
- 표면건조 포화상태 시료의 질량 : 500.5g
- 플라스크 + 물 + 시료의 질량 : 1082.5g
- 노건조 시료의 질량 : 489.5g
- 시험온도에서의 물의 밀도 : 1g/cm³

㉮ 3.63 g/cm³ ㉯ 3.58 g/cm³
㉰ 3.55 g/cm³ ㉱ 3.51 g/cm³

해설 표면건조 포화상태의 밀도 $= \dfrac{m}{B+m-C} \times \rho_w = \dfrac{500.5}{720+500.5-1,082.5} \times 1$
$= 3.63 \text{g/cm}^3$

문제 29

골재의 수정계수가 1.25%이고, 콘크리트의 겉보기 공기량이 6.75%일 때 콘크리트의 공기량은 얼마인가?

㉮ 8.44% ㉯ 8.0% ㉰ 5.5% ㉱ 5.0%

해설 공기량 = 겉보기 공기량 - 골재의 수정계수 = 6.75 - 1.25 = 5.5%

문제 30

액성한계 시험을 하고자 할 때 황동접시와 경질 고무 받침대 사이에 게이지를 끼우고 황동접시의 낙하 높이가 얼마가 되도록 낙하 장치를 조정하는가?

㉮ 10±0.1mm ㉯ 15±0.1mm
㉰ 20±0.2mm ㉱ 25±0.2mm

해설 황동접시는 2회/초 속도로 낙하시킨다.

문제 31

아스팔트가 늘어나는 정도를 측정하는 시험은?

㉮ 밀도 시험 ㉯ 인화점 시험
㉰ 침입도 시험 ㉱ 신도 시험

해설 신도 시험의 결과 늘어나는 길이는 cm로 나타낸다.

문제 32

슬럼프 시험에서 다짐대로 몇 층에 각각 몇 번씩 다지는가?

㉮ 2층, 25회 ㉯ 3층, 25회
㉰ 3층, 59회 ㉱ 2층, 59회

해설 슬럼프 시험은 총 3분 이내에 한다.

정답 28.㉮ 29.㉰ 30.㉮ 31.㉱ 32.㉯

문제 33
모래의 유기 불순물 시험에서 시료와 수산화나트륨 용액을 넣고 병마개를 닫고 잘 흔든 다음 얼마 동안 가만히 놓아둔 후 색도를 비교하는가?

㉮ 1시간　　㉯ 12시간　　㉰ 24시간　　㉱ 48시간

[해설] 표준색 용액과 비교하여 시료가 들어 있는 용액의 색이 더 연하여야 양호하다.

문제 34
굵은골재의 밀도 및 흡수율 시험에서 철망태와 시료를 물속에서 꺼내어 물기를 제거한 후 시료가 일정한 질량이 될 때까지 건조시키는 온도로서 적합한 것은?

㉮ 100±2℃　　㉯ 105±5℃
㉰ 110±2℃　　㉱ 115±5℃

[해설] 건조로에서 24시간 정도 건조시킨다.

문제 35
흙의 소성한계 시험에 대한 설명으로 틀린 것은?

㉮ 불투명 유리판을 사용하여 흙의 소성한계 시험을 실시한다.
㉯ 1초 동안에 2회의 비율로 황동접시를 낙하시킨다.
㉰ 끈 모양으로 만들어진 흙의 지름이 3mm가 된 단계에서 끊어졌을 때 함수비를 소성한계라 한다.
㉱ 0.425mm체를 통과한 것을 시료로 준비한다.

[해설] 액성한계 시험을 할 경우에 반죽된 시료를 황동접시에 넣고 1초 동안에 2회의 비율로 황동접시를 낙하시킨다.

문제 36
콘크리트 1m³를 만드는 데 필요한 골재의 절대부피가 0.72m³이고 잔골재율(S/a)이 30%일 때 단위 잔골재량은 약 얼마인가? (단, 잔골재의 밀도는 2.50g/cm³이다.)

㉮ 526 kg/m³　　㉯ 540 kg/m³
㉰ 574 kg/m³　　㉱ 595 kg/m³

[해설] 단위 잔골재량 = 잔골재의 밀도 × 잔골재의 절대부피 × 1,000
= 2.50 × (0.72 × 0.3) × 1,000 = 540kg/m³

문제 37
아스팔트의 신도 시험에서 시험기에 물을 채우고, 물의 온도를 얼마로 유지해야 하는가?

㉮ 20±0.5℃　　㉯ 22±0.5℃
㉰ 25±0.5℃　　㉱ 27±0.5℃

[해설] 3회의 측정값의 평균을 1cm의 단위로 끝맺음한 것을 신도로 한다.

정답 33.㉰　34.㉯　35.㉯　36.㉯　37.㉰

문제 38
콘크리트의 반죽질기를 측정하는 것으로 워커빌리티를 판단하는 하나의 수단으로 사용되는 시험은?

㉮ 콘크리트의 슬럼프 시험
㉯ 콘크리트의 공기량 시험
㉰ 콘크리트의 블리딩 시험
㉱ 콘크리트의 휨강도 시험

해설 슬럼프 값의 측정은 5mm 단위로 읽고 40mm를 넘는 굵은골재는 제거하고 시험을 한다.

문제 39
콘크리트 압축강도시험의 기록이 없는 현장에서 호칭강도가 20MPa인 콘크리트를 배합하기 위한 배합강도를 구하면?

㉮ 20 MPa ㉯ 27 MPa ㉰ 28.5 MPa ㉱ 30 MPa

해설
- 호칭강도가 21MPa 미만이므로 배합강도 $f_{cr} = f_{cn} + 7 = 20 + 7 = 27$MPa이다.
- 호칭강도가 21~35MPa일 경우 배합강도 $f_{cr} = f_{cn} + 8.5$이다.
- 호칭강도가 35MPa을 초과할 경우 배합강도 $f_{cr} = 1.1 f_{cn} + 5.0$이다.

문제 40
콘크리트 압축강도 시험에서 공시체에 하중을 가하는 속도에 대한 설명으로 옳은 것은?

㉮ 압축응력도의 증가율이 매 초 (6±0.4)MPa이 되도록 한다.
㉯ 압축응력도의 증가율이 매 초 (0.6±0.2)MPa이 되도록 한다.
㉰ 압축응력도의 증가율이 매 초 (0.6±0.04)MPa이 되도록 한다.
㉱ 압축응력도의 증가율이 매 초 (6±4)MPa이 되도록 한다.

해설 휨강도나 인장강도 시험에서는 응력의 증가율이 매 초 (0.06±0.04)MPa이 되도록 한다.

문제 41
길이 10cm, 지름 5cm인 강봉을 인장시켰더니 길이가 11.5cm이고, 지름은 4.8cm가 되었다. 푸아송비는?

㉮ 0.27 ㉯ 0.35 ㉰ 11.50 ㉱ 13.96

해설 푸아송비 = $\dfrac{\text{직경의 변화율}}{\text{길이의 변화율}} = \dfrac{\Delta d/d}{\Delta l/l} = \dfrac{0.2/5}{1.5/10} = 0.27$

문제 42
잔골재의 밀도 시험은 두 번 실시하여 평균값을 잔골재의 밀도 값으로 결정한다. 이때 각각의 시험값은 평균과의 차이가 얼마 이하이어야 하는가?

㉮ 0.5g/cm^3
㉯ 0.1g/cm^3
㉰ 0.05g/cm^3
㉱ 0.01g/cm^3

해설 흡수율 시험의 경우에는 0.05% 이하이어야 한다.

정답 38.㉮ 39.㉯ 40.㉰ 41.㉮ 42.㉱

문제 43
다음 흙의 시험 중 수은이 필요한 시험은?
㉮ 액성한계시험 ㉯ 수축한계시험
㉰ 소성한계시험 ㉱ 흙 입자 밀도시험

해설 수은은 건조 흙의 부피를 구하기 위해 사용한다.

문제 44
흙 입자 밀도시험시 흙을 끓이는 이유로 가장 적합한 것은?
㉮ 시료에 열을 가하기 위함이다. ㉯ 빨리 시험하기 위함이다.
㉰ 부피를 축소하기 위함이다.   ㉱ 기포를 제거하기 위함이다.

해설 10분 이상을 끓여 흙 속의 기포를 제거한다.

문제 45
다음 보기에 해당하는 기구로 시험을 할 수 있는 것은?

• 비카 장치   • 길모어 장치   • 모르타르 혼합기

㉮ 시멘트 밀도 시험   ㉯ 시멘트 분말도 시험
㉰ 시멘트 안정성 시험 ㉱ 시멘트 응결 시험

해설 시멘트 응결시간 측정시 길모어 장치에 의한 시험체를 조제할 경우 지름 7.5cm, 중앙 두께가 1.3cm 크기로 패트를 만든다.

문제 46
점성토 지반의 개량공법으로 적합하지 않은 것은?
㉮ 샌드 드레인 공법   ㉯ 바이브로 플로테이션 공법
㉰ 치환공법   ㉱ 프리로딩 공법

해설 바이브로 플로테이션 공법은 사질토 지반의 개량공법에 적합하다.

문제 47
상부 구조물에서 오는 하중을 연약한 지반을 통해 견고한 지층으로 전달시키는 기능을 가진 말뚝을 무슨 말뚝이라 하는가?
㉮ 선단지지말뚝 ㉯ 인장말뚝 ㉰ 마찰말뚝 ㉱ 경사말뚝

해설 현장에서 암반층이 적절한 깊이 내에 위치할 경우 상부 구조물의 하중을 연약한 지반을 통해 암반으로 전달시키는 기능을 가진 말뚝은 선단지지말뚝이다.

문제 48
모래층의 깊이 5m 되는 점의 수직응력이 80 kN/m², 전단저항각 $\phi=30°$일 때, 전단강도는 얼마인가? (단, $c=0$이다.)
㉮ 39 kN/m^2 ㉯ 40.1 kN/m^2 ㉰ 46.2 kN/m^2 ㉱ 50.1 kN/m^2

해설 $\tau = c + \sigma \tan\phi = 0 + 80\tan 30° = 46.2 \text{ kN/m}^2$

정답 43.㉯ 44.㉱ 45.㉱ 46.㉯ 47.㉮ 48.㉰

문제 49
점토와 모래가 섞여 있는 지반의 극한 지지력이 900 kN/m²이라면 이 지반의 허용 지지력은? (단, 안전율은 3이다.)

㉮ 200 kN/m²　㉯ 300 kN/m²　㉰ 400 kN/m²　㉱ 600 kN/m²

해설　허용 지지력 = $\dfrac{극한\ 지지력}{안전율} = \dfrac{900}{3} = 300\,\text{kN/m}^2$

문제 50
암석이 풍화된 후 물, 중력, 바람, 빙하 등에 의해 다른 장소로 운반되어 쌓인 흙은?

㉮ 퇴적토　㉯ 풍화토　㉰ 잔류토　㉱ 유기질토

해설　풍화작용에 의하여 분해되어 원 위치에서 이동하지 않고 모암의 광물질을 덮고 있는 상태의 경우에는 잔적토(잔류토, 정적토)라고 한다.

문제 51
Terzaghi의 압밀이론의 가정으로 틀린 것은?

㉮ 흙은 균질하다.
㉯ 흙은 포화되어 있다.
㉰ 흙입자와 물은 비압축성이다.
㉱ 흙의 투수계수는 압력의 크기에 비례한다.

해설　흙 속의 물은 Darcy 법칙에 따르며 투수계수는 일정하다.

문제 52
다음 중 N값과 직접 관계가 있는 시험은?

㉮ Vane 시험　　　　　㉯ 직접전단시험
㉰ 표준관입시험　　　　㉱ 평판재하시험

해설　표준관입시험은 점성토에서보다 사질토에서 더 유리하게 이용된다.

문제 53
도로나 활주로 등의 포장두께를 결정하기 위하여 노상토의 강도, 압축성, 팽창성 등을 결정하는 시험방법은?

㉮ CBR 시험　　　　　㉯ 다짐시험
㉰ 압밀시험　　　　　　㉱ 콘(cone) 관입시험

해설　CBR 값은 가요성 포장의 두께를 결정하는 데 주로 사용되며 단위는 %이다.

문제 54
간극률이 40%인 흙의 간극비는?

㉮ 0.44　㉯ 0.58　㉰ 0.67　㉱ 0.83

해설　$e = \dfrac{n}{100-n} = \dfrac{40}{100-40} = 0.67$

정답 49.㉯　50.㉮　51.㉱　52.㉰　53.㉮　54.㉰

문제 55 통일분류법의 기호 중 입도분포가 좋은 자갈을 나타낸 것은?
㉮ GW ㉯ GP ㉰ CH ㉱ SW

해설
- GP : 입도분포가 불량한 자갈
- CH : 압축성이 높은(소성이 큰) 점토
- SW : 입도분포가 좋은 모래

문제 56 다음 중 모세관 상승 높이가 가장 높은 흙은?
㉮ 자갈 ㉯ 굵은 모래 ㉰ 가는 모래 ㉱ 점토

해설
- 모세관 상승 높이는 점토, 실트, 모래, 자갈 순으로 높다.
- 모세관 상승 속도는 모래가 점토보다 빠르다.

문제 57 다음 중 흙에 관한 전단시험의 종류가 아닌 것은?
㉮ 베인 시험 ㉯ CBR 시험 ㉰ 삼축압축시험 ㉱ 일축압축시험

해설 CBR 시험은 도로나 활주로 등의 포장두께를 결정하기 위하여 노상토의 강도, 압축성, 팽창성 등을 결정하는 시험방법이다.

문제 58 기초의 종류에서 깊은 기초에 해당되는 것은?
㉮ 전면기초 ㉯ 연속푸팅기초 ㉰ 복합푸팅기초 ㉱ 케이슨 기초

해설
- 깊은 기초 : 말뚝기초, 피어 기초, 케이슨 기초

문제 59 어떤 흙의 함수비는 20%, 비중 2.68, 간극비는 0.72일 때 이 흙의 포화도는?
㉮ 47.4% ㉯ 57.4% ㉰ 64.4% ㉱ 74.4%

해설 $Se = G_s \omega$ ∴ $S = \dfrac{G_s \omega}{e} = \dfrac{2.68 \times 20}{0.72} = 74.4\%$

문제 60 어떤 흙의 구성 성분이 다음과 같을 때, 간극률은?

구성 성분	부피(cm³)	무게(g)
공기	$V_a = 5$	$W_a = 0$
물	$V_w = 15$	$W_w = 15$
흙 입자	$V_s = 80$	$W_s = 165$

㉮ 5% ㉯ 15% ㉰ 20% ㉱ 25%

해설 $n = \dfrac{V_v}{V} \times 100 = \dfrac{5+15}{5+15+80} \times 100 = 20\%$

정답 55.㉮ 56.㉱ 57.㉯ 58.㉱ 59.㉱ 60.㉰

건설재료시험 기능사 — 2013년 4월 14일 (제2회)

문제 01
다음 중 석유 아스팔트에 포함되지 않는 것은?
- ㉮ 블론 아스팔트
- ㉯ 록 아스팔트
- ㉰ 스트레이트 아스팔트
- ㉱ 용제 추출 아스팔트

해설
- 천연 아스팔트
  레이크 아스팔트, 록 아스팔트, 샌드 아스팔트, 아스팔타이트

문제 02
다음에서 콘크리트의 워커빌리티(workability)에 영향을 주는 요소가 아닌 것은?
- ㉮ 양생기간
- ㉯ 온도와 혼합시간
- ㉰ 물의 사용량
- ㉱ 시멘트의 사용량

해설 콘크리트 양생은 타설 후 습기를 유지시켜 하중이나 충격이 없도록 보호하는 것이다.

문제 03
고무를 아스팔트에 혼입하여 아스팔트의 성질을 개선한 것을 고무혼입 아스팔트라고 한다. 고무혼입 아스팔트의 장점을 설명한 것으로 틀린 것은?
- ㉮ 탄성 및 충격저항이 크다.
- ㉯ 응집성 및 부착력이 크다.
- ㉰ 마찰계수가 크다.
- ㉱ 감온성이 크다.

해설 내마모성이 증대되며 감온성을 줄인다.

문제 04
시멘트를 분류할 때 특수 시멘트에 속하지 않는 것은?
- ㉮ 알루미나 시멘트
- ㉯ 팽창 시멘트
- ㉰ 플라이 애시 시멘트
- ㉱ 초속경 시멘트

해설
- 혼합 시멘트
  고로 슬래그 시멘트, 플라이 애시 시멘트, 포틀랜드 포졸란 시멘트

문제 05
알루미늄 또는 아연 가루와 같은 혼화제의 특징으로 옳은 것은?
- ㉮ 염분에 의한 철근의 녹을 방지한다.
- ㉯ 시멘트의 응결을 빠르게 한다.
- ㉰ 콘크리트가 동결되지 않도록 한다.
- ㉱ 콘크리트 속에 아주 작은 기포를 발생시킨다.

해설
- 알루미늄 또는 아연 가루를 혼합하면 콘크리트 속에 미세한 기포를 생기게 한다.
- 발포제로 알루미늄 가루를 사용하며 프리플레이스트 콘크리트용 그라우트에 사용한다.

정답 01.㉯ 02.㉮ 03.㉱ 04.㉰ 05.㉱

문제 06 목재의 압축강도와 함수율과의 관계를 나타낸 것 중 옳은 것은? (단, 목재의 함수율은 섬유포화점 이하인 경우)

㉮ 함수율이 증가하면 압축강도가 증가한다.
㉯ 함수율과 압축강도는 상관관계가 없다.
㉰ 섬유포화점에서 압축강도는 가장 크다.
㉱ 함수율이 증가하면 압축강도는 감소한다.

해설 목재의 함수상태에 가장 큰 영향을 받는 강도는 압축강도이다.

문제 07 화강암의 성질에 대한 설명으로 틀린 것은?

㉮ 내화성이 크므로 고열을 받는 곳에 적합하다.
㉯ 조직이 균일하고 내구성 및 강도가 크다.
㉰ 균열이 적기 때문에 큰 재료를 채취할 수 있다.
㉱ 외관이 아름다워 장식재로 사용할 수 있다.

해설 불에 견디는 내화성의 성질이 작아 높은 열을 받는 곳에는 적합하지 않다.

문제 08 콘크리트 작업 중에 발생하는 재료분리 현상을 증가시키는 요인이 아닌 것은?

㉮ 굵은골재의 최대치수가 지나치게 큰 경우
㉯ 잔골재율을 크게 한 경우
㉰ 입자가 거친 잔골재를 사용한 경우
㉱ 단위수량이 너무 많은 경우

해설 잔골재율을 어느 정도보다 작게 하면 콘크리트는 거칠어지고 재료의 분리가 일어나는 경향이 커지고 워커빌리티가 나쁜 콘크리트가 된다.

문제 09 플라이 애시를 사용한 콘크리트의 특징으로 틀린 것은?

㉮ 수밀성이 향상된다.   ㉯ 건조수축이 작아진다.
㉰ 조기강도가 증가한다.   ㉱ 워커빌리티가 개선된다.

해설 조기강도는 작아진다.

문제 10 거푸집에 쉽게 다져 넣을 수 있고 거푸집을 제거하면 천천히 모양이 변화하지만 허물어지거나 재료가 분리하거나 하는 일이 없는 굳지 않은 콘크리트의 성질은?

㉮ 반죽질기(consistency)   ㉯ 워커빌리티(workability)
㉰ 피니셔빌리티(finishability) ㉱ 성형성(plasticity)

정답 06.㉱ 07.㉮ 08.㉯ 09.㉰ 10.㉱

해설
- 반죽질기 : 물의 양에 따라 반죽이 질거나 된 상태
- 워커빌리티 : 작업의 난이도
- 피니셔빌리티 : 표면 마무리의 난이성

문제 11 콘크리트의 경화를 촉진시키는 방법으로 적당하지 않은 것은?
㉮ 혼화재료인 경화촉진제를 사용한다.
㉯ 증기양생을 한다.
㉰ 시멘트량을 늘리고 물-결합재비를 크게 한다.
㉱ 조강 시멘트를 사용한다.

해설 시멘트량을 늘리고 물-결합재비를 작게 한다.

문제 12 강의 경도, 강도를 증가시키기 위하여 오스테나이트(austenite) 영역까지 가열한 다음 급랭하여 마텐자이트(martensite) 조직을 얻는 열처리는?
㉮ 담금질   ㉯ 불림   ㉰ 풀림   ㉱ 뜨임

해설
- 담금질 : 가열한 후 물 또는 기름 속에서 급속히 냉각하므로 경도와 내마모성이 증대

문제 13 콘크리트용 골재로서 필요한 성질에 관한 설명으로 부적합한 것은?
㉮ 깨끗하고 유해물을 함유하지 않을 것
㉯ 화학적, 물리적으로 안정하고 내구성이 클 것
㉰ 크기가 비슷한 것이 고르게 혼입되어 있을 것
㉱ 단단하며 마모에 대한 저항이 클 것

해설 크고 작은 입자가 고르게 혼입되어 있을 것

문제 14 중용열 포틀랜드 시멘트의 특징을 설명한 것 중 옳지 않은 것은?
㉮ 수화작용을 할 때 발열량이 적다.   ㉯ 한중 콘크리트 시공에 알맞다.
㉰ 건조수축이 적다.   ㉱ 댐 콘크리트로 쓰인다.

해설 한중 콘크리트 시공에는 조강 포틀랜드 시멘트, 알루미나 시멘트가 알맞다.

문제 15 콘크리트 반죽에 사용될 잔골재에 표면수가 많이 존재한다면 콘크리트 배합 시 어떤 조치를 취해야 하는가?
㉮ 단위수량을 줄인다.   ㉯ 혼화재료를 반드시 사용해야 한다.
㉰ 단위 시멘트량을 늘린다.   ㉱ 단위 굵은골재량을 줄인다.

해설 표면수율만큼 단위수량을 줄인다.

정답 11.㉰ 12.㉮ 13.㉰ 14.㉯ 15.㉮

문제 16
슬럼프 시험에서 슬럼프 콘에 콘크리트를 채우기 시작하고 나서 슬럼프 콘의 들어올리기를 종료할 때까지의 시간은 최대 얼마 이내로 하여야 하는가?
- ㉮ 3분
- ㉯ 4분 30초
- ㉰ 5분
- ㉱ 8분 30초

해설
- 슬럼프 콘을 빼올리는 시간 2~5초를 포함하여 3분 이내에 실시한다.
- 콘크리트가 내려앉은 길이를 5mm 단위로 측정한다.

문제 17
콘크리트의 블리딩 시험에서 시험 중 온도로서 가장 적합한 것은?
- ㉮ 17±3℃
- ㉯ 20±3℃
- ㉰ 23±3℃
- ㉱ 27±3℃

해설
- 시험하는 동안 온도를 20±3℃로 유지해야 한다.
- 처음 60분 동안 10분 간격으로, 그 후는 블리딩이 정지할 때까지 30분 간격으로 표면에 생긴 물을 피펫으로 빨아낸다.

문제 18
흙 입자 밀도시험에서 가장 큰 오차의 원인은?
- ㉮ 흙에 내포한 공기
- ㉯ 흙의 습윤단위 무게
- ㉰ 흙의 건조단위 무게
- ㉱ 흙의 성질

해설
흙 입자 밀도시험을 할 경우에 피크노미터에 시료와 물을 넣고 가열하여 기포를 제거한다.

문제 19
표준체에 의한 시멘트 분말도 시험을 할 경우 사용되는 체의 호칭치수는?
- ㉮ 22μm
- ㉯ 33μm
- ㉰ 45μm
- ㉱ 55μm

해설
- KS L 5112 : 표준체 45μm에 의한 수경성 시멘트의 분말도 시험을 규정한다.
- KS L 5117 : 표준체 90μm에 의한 건식의 경우 시험을 규정한다.

문제 20
흙의 공학적 분류에서 0.075mm체 통과량이 몇 % 이하이면 조립토로 분류하는가?
- ㉮ 50%
- ㉯ 60%
- ㉰ 70%
- ㉱ 80%

해설
- 조립토와 세립토의 분류는 0.075mm체 통과량을 50%로 기준한다.
- 조립토에서 자갈과 모래를 분류할 경우는 5mm체 통과량을 50%로 기준한다.

정답 16.㉮ 17.㉯ 18.㉮ 19.㉰ 20.㉮

문제 21
흙 입자 밀도시험에서 피크노미터에 흙 시료를 넣고 기포를 제거하기 위해 시료를 가열하는데, 이때 흙의 종류에 따른 끓이는 시간으로 옳은 것은?

㉮ 고유기질토에서는 약 5분 정도 끓인다.
㉯ 화산재 흙에서는 약 20분 정도 끓인다.
㉰ 일반적인 흙에서는 10분 이상 끓인다.
㉱ 모래질 흙에서는 2시간 이상 끓인다.

해설 흙 입자 밀도 $= \dfrac{m_s}{m_s + m_a - m_b} \times \rho_{w(T)}$

문제 22
흙의 수축한계 시험에서 공기 건조한 흙을 $425\mu m$ 체로 체질하여 통과한 흙 약 몇 g을 시료로 준비하는가?

㉮ 100g ㉯ 70g ㉰ 50g ㉱ 30g

해설 수축한계 시험에는 수은이 사용된다.

문제 23
골재의 함수상태 중 표면건조 포화상태란?

㉮ 골재 알의 속이 물로 차 있고 표면에도 물기가 있는 상태이다.
㉯ 골재 알 속의 일부에만 물기가 있는 상태이다.
㉰ 골재 알의 표면에는 물기가 없고 골재 알 속은 물로 차 있는 상태이다.
㉱ 골재 안과 밖에 물기가 전혀 없는 상태이다.

해설
- ㉮ : 습윤상태
- ㉯ : 공기중 건조상태
- ㉱ : 절대건조상태

문제 24
시멘트의 밀도 시험에 사용되는 시험기구는?

㉮ 콤퍼레이터 ㉯ 오토클레이브
㉰ 고무 스크레이퍼 ㉱ 르샤틀리에 플라스크

해설 시멘트 밀도 $= \dfrac{64}{처음의\ 눈금 - 나중의\ 눈금}$

문제 25
아스팔트의 침입도 시험 측정 뒤, 시험시마다 침에 붙어 있는 시료를 무엇으로 닦아 내는가?

㉮ 삼염화에탄 ㉯ 메틸알코올
㉰ 가성소다 ㉱ 그리스

해설 아스팔트의 침입도 시험은 아스팔트의 굳기 정도를 측정한다.

정답 21.㉰ 22.㉱ 23.㉰ 24.㉱ 25.㉮

문제 26 흙의 함수비 시험에서 시료를 항온건조기에서 건조시켜야 하는데 이때의 온도는?

㉮ 110±5℃ ㉯ 100±3℃ ㉰ 80±5℃ ㉱ 60±3℃

해설 흙의 함수비 = $\dfrac{W_w}{W_s} \times 100$

문제 27 점토질 흙의 함수량이 증가함에 따른 상태의 변화로 옳은 것은?

㉮ 액성 → 소성 → 고체상태 → 반고체
㉯ 액성 → 고체상태 → 소성 → 반고체
㉰ 고체상태 → 소성 → 반고체 → 액성
㉱ 고체상태 → 반고체 → 소성 → 액성

해설
- 액성한계, 소성한계가 큰 흙은 점토분이 많다는 것을 의미한다.
- 함수비가 수축한계보다 커지면 점토는 팽창한다.

문제 28 블레인 공기투과장치를 이용한 시험에서 구한 비표면적으로 얻을 수 있는 것은?

㉮ 시멘트의 분말도 ㉯ 시멘트의 침입도
㉰ 시멘트의 블리딩 ㉱ 시멘트의 레이턴스

해설
- 분말도란 시멘트 입자의 고운 정도를 나타내는 것이다.
- 분말도는 비표면적으로 나타낸다.
- 비표면적(cm²/g)은 1g의 시멘트가 가지고 있는 전체 입자의 총 표면적(cm²)이다.

문제 29 골재의 체가름 시험에서 체가름 할 골재의 시료 채취 방법으로 옳은 것은?

㉮ 2분법 ㉯ 4분법 ㉰ 6분법 ㉱ 8분법

해설
- 시료분취기 또는 4분법으로 시료를 채취한다.
- 골재의 조립률을 구하기 위해 75, 40, 20, 10, 5, 2.5, 1.2, 0.6, 0.3, 0.15mm 체가 사용된다.

문제 30 콘크리트 압축강도 시험의 기록이 없는 현장에서 호칭강도가 18MPa인 경우 배합강도는?

㉮ 18 MPa ㉯ 20 MPa ㉰ 25 MPa ㉱ 26.5 MPa

해설
- 호칭강도가 21MPa 미만인 경우
  $f_{cr} = f_{cn} + 7 = 18 + 7 = 25\text{MPa}$
- 호칭강도가 21~35MPa인 경우
  $f_{cr} = f_{cn} + 8.5$
- 호칭강도가 35MPa 초과인 경우
  $f_{cr} = 1.1 f_{cn} + 5.0$

정답 26.㉮ 27.㉱ 28.㉮ 29.㉯ 30.㉰

문제 31
애터버그 한계시험에서 흙 시료를 유리판 위에 놓고 손바닥으로 굴려 지름 약 3mm의 막대가 끊어져 부슬부슬한 상태가 될 때의 함수비를 무엇이라고 하는가?
- ㉮ 액성한계
- ㉯ 소성한계
- ㉰ 수축한계
- ㉱ 유동한계

해설
- 자연 함수비는 소성한계 내에 있다.
- 소성한계 상태에서의 흙의 전단강도는 그 크기가 흙에 따라 다르다.

문제 32
굵은골재의 밀도를 알기 위한 시험 결과가 다음과 같을 경우 절대건조상태의 밀도는?

- 표면건조 포화상태 시료의 질량 : 2,090g
- 절대건조상태 시료의 질량 : 2,000g
- 시료의 수중 질량 : 1,290g
- 시험온도에서의 물의 밀도 : 1g/cm³

- ㉮ 2.50g/cm³
- ㉯ 2.55g/cm³
- ㉰ 2.60g/cm³
- ㉱ 2.70g/cm³

해설
- 절대건조밀도 $= \dfrac{A}{B-C} \times \rho_w = \dfrac{2,000}{2,090-1,290} \times 1 = 2.50 \text{g/cm}^3$
- 표건밀도 $= \dfrac{B}{B-C} \times \rho_w = \dfrac{2,090}{2,090-1,290} \times 1 = 2.61 \text{g/cm}^3$
- 겉보기 밀도 $= \dfrac{A}{A-C} \times \rho_w = \dfrac{2,000}{2,000-1,290} \times 1 = 2.81 \text{g/cm}^3$

문제 33
역청 혼합물의 소성흐름에 대한 저항력 시험에서 가장 많이 사용되는 시험기는?
- ㉮ 로스앤젤레스 시험기
- ㉯ 박막 가열장치
- ㉰ 마샬 시험기
- ㉱ 엥글러 점도 시험기

해설 역청 혼합물의 소성흐름에 대한 저항력은 마샬 안정도 시험기를 이용한다.

문제 34
어떤 콘크리트의 배합설계에서 단위 골재량의 절대부피가 0.715m³이고 최종 보정된 잔골재율(S/a)이 38%일 경우 단위 굵은골재량의 절대부피는 얼마인가?
- ㉮ 0.393m³
- ㉯ 0.443m³
- ㉰ 0.607m³
- ㉱ 0.719m³

해설 $V_G = V \times (1 - S/a) = 0.715 \times (1 - 0.38) = 0.443 \text{m}^3$

문제 35
콘크리트용 모래에 포함되어 있는 유기 불순물 시험에 사용되지 않는 것은?
- ㉮ 알코올 용액
- ㉯ 탄산암모늄 용액
- ㉰ 탄닌산 용액
- ㉱ 수산화나트륨 용액

정답 31.㉯ 32.㉮ 33.㉰ 34.㉯ 35.㉯

해설 알코올 용액, 탄닌산 용액, 수산화나트륨 용액이 필요하며 유기 불순물 시험에 사용하는 유리병은 고무마개를 가지고 눈금이 없는 용량 400mL의 무색 투명 유리병이 2개 있어야 한다.

문제 36 그림에서 E점을 무엇이라 하는가?

㉮ 탄성한도
㉯ 소성한도
㉰ 비례한도
㉱ 하항복점

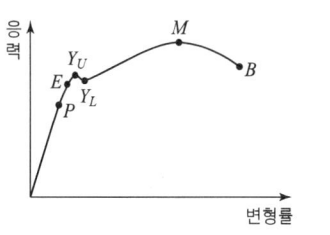

해설
- 재료는 외력의 어느 크기까지는 탄성 변형을 하고 그것을 넘게 되면 점차 소성변형을 하게 되는데 이 때 영구 변형을 일으키지 않는 한도의 응력을 탄성한도라 한다.
- 비례한도(P점) : 응력과 변형률이 비례 관계를 갖는 것이므로 항상 직선으로 표시
- 항복점(Y점) : 소성변형을 나타내는 점의 응력
- 극한강도(M점)
- 파괴점(B점)

문제 37 지름이 100mm이고 길이가 200mm인 원주형 공시체에 대한 쪼갬 인장강도 시험 결과 최대하중이 120,000N이라고 할 경우 이 공시체의 쪼갬 인장강도는?

㉮ 2.87 MPa
㉯ 3.82 MPa
㉰ 5.03 MPa
㉱ 6.66 MPa

해설 인장강도 $= \dfrac{2P}{\pi dl} = \dfrac{2 \times 120,000}{3.14 \times 100 \times 200} = 3.82 \text{MPa}$

문제 38 슬럼프(slump) 시험의 목적은?

㉮ 콘크리트의 압축강도 측정
㉯ 콘크리트의 인장강도 측정
㉰ 콘크리트의 마모저항 측정
㉱ 콘크리트의 반죽질기 측정

해설 콘크리트의 슬럼프 시험에서 콘크리트의 내려앉은 길이를 5mm 단위로 측정하며 시험은 3분 이내에 끝내야 한다.

문제 39 굳지 않은 콘크리트의 컨시스턴시를 측정하는 방법이 아닌 것은?

㉮ 슬럼프 시험
㉯ 흐름 시험
㉰ 블리딩 시험
㉱ 리몰딩 시험

해설 블리딩 시험은 콘크리트의 재료분리 경향을 시험하는 것이다.

문제 40 다음 그림과 같은 흙의 시험 장치는?

㉮ 수축한계 측정기
㉯ 소성한계 측정기
㉰ 입도 측정기
㉱ 액성한계 측정기

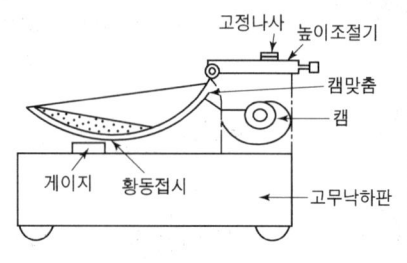

해설 액성한계는 시험 후 유동곡선에서 타격횟수 25회 때의 함수비를 구한다.

문제 41 흙의 수축한계 시험을 할 때 수은을 사용하는 주된 이유는?

㉮ 수축접시에 부착이 잘 되지 않으므로
㉯ 수은의 응집력이 크기 때문에
㉰ 건조시료의 부피를 측정하기 위하여
㉱ 수은의 무게가 무겁기 때문에

해설 $w_s = \left(\dfrac{1}{R} - \dfrac{1}{G_s}\right) \times 100$

문제 42 어떤 시료의 함수비가 20%, 포화도가 80%, 간극비는 0.70일 때 이 흙의 비중값은 얼마인가?

㉮ 2.60　　㉯ 2.70　　㉰ 2.80　　㉱ 2.85

해설 $Se = G_s w$

∴ $G_s = \dfrac{Se}{w} = \dfrac{80 \times 0.70}{20} = 2.80$

문제 43 골재의 체가름 시험에서 조립률을 구할 때 사용되지 않는 체는 어느 것인가?

㉮ 10mm　　㉯ 20mm　　㉰ 30mm　　㉱ 40mm

해설 골재의 조립률을 구하기 위해 75, 40, 20, 10, 5, 2.5, 1.2, 0.6, 0.3, 0.15mm 체가 사용된다.

문제 44 콘크리트 공기량 시험에서 겉보기 공기량이 7.65%, 골재의 수정계수가 1.25%일 때 콘크리트 공기량은 얼마인가?

㉮ 3.4%　　㉯ 4.4%　　㉰ 5.4%　　㉱ 6.4%

해설 $A = A_1 - G = 7.65 - 1.25 = 6.4\%$

정답 40.㉱　41.㉰　42.㉰　43.㉰　44.㉱

문제 45 아스팔트의 늘어나는 능력을 알기 위하여 신도시험을 한다. 신도의 측정 단위는?

㉮ ℃   ㉯ %   ㉰ l ㉱ cm

해설 아스팔트 신도시험은 아스팔트의 연성을 알기 위해 실시하며 늘어난 길이를 cm로 측정한다.

문제 46 포화상태의 흙이 간극률이 52%이고, 비중이 2.70일 때 습윤단위무게는? (단, γ_w = 9.81kN/m³)

㉮ 15.2 kN/m³   ㉯ 16.2 kN/m³   ㉰ 17.2 kN/m³   ㉱ 17.8 kN/m³

해설
$$\gamma_t = \frac{G_s + \frac{Se}{100}}{1+e}\gamma_w = \frac{2.70 + \frac{100 \times 1.08}{100}}{1+1.08} \times 9.81 = 17.8 \text{kN/m}^3$$

여기서, $e = \frac{n}{100-n} = \frac{52}{100-52} = 1.08$

문제 47 사질토는 느슨한 상태로 존재하느냐 또는 촘촘한 상태로 존재하느냐에 따라서 성질이 많이 달라진다. 이러한 상태를 알기 위해 사용되는 것은?

㉮ 예민비   ㉯ 상대밀도
㉰ 원심함수당량   ㉱ 흙 입자 밀도

해설 • 상대밀도
$$D_r = \frac{e_{max} - e}{e_{max} - e_{min}} \times 100$$

문제 48 어떤 흙의 포화단위무게를 측정하였더니 19.8kN/m³이었다. 이 흙의 수중단위무게는? (단, γ_w = 9.81kN/m³이다.)

㉮ 5.42 kN/m³   ㉯ 9.99 kN/m³
㉰ 15.27 kN/m³   ㉱ 19.82 kN/m³

해설 $\gamma_{sub} = \gamma_{sat} - \gamma_w = 19.8 - 9.81 = 9.99 \text{kN/m}^3$

문제 49 유선망에서 수두차 h = 3m, 투수계수 k = 1.36×10⁻³m/s, 등수두면의 수 7, 유로의 수가 4일 때 침투수량은?

㉮ 1.24×10^{-3} m³/s   ㉯ 2.33×10^{-3} m³/s
㉰ 5.77×10^{-3} m³/s   ㉱ 10.15×10^{-3} m³/s

해설 $Q = kh\frac{N_f}{N_d} = 1.36 \times 10^{-3} \times 3 \times \frac{4}{7} = 2.33 \times 10^{-3} \text{m}^3/\text{s}$

정답 45.㉱ 46.㉱ 47.㉯ 48.㉯ 49.㉯

문제 50
어떤 흙의 전단시험 결과 점착력 $c=200\,kN/m^2$, 내부마찰각 $\phi=35°$, 토립자에 작용하는 수직응력 $\sigma=550\,kN/m^2$일 때 전단강도는?

㉮ $489\,kN/m^2$ ㉯ $524\,kN/m^2$
㉰ $585\,kN/m^2$ ㉱ $624\,kN/m^2$

해설 $\tau = c + \sigma\tan\phi = 200 + 550\tan 35° = 585\,kN/m^2$

문제 51
흐트러지지 않은 점토시료의 일축압축강도가 $460\,kN/m^2$이었다. 같은 시료를 되비빔하여 시험한 일축압축강도가 $250\,kN/m^2$이었을 때 이 흙의 예민비는?

㉮ 0.52 ㉯ 0.64 ㉰ 1.84 ㉱ 2.32

해설 $S_t = \dfrac{q_u}{q_{ur}} = \dfrac{460}{250} = 1.84$

문제 52
도로나 활주로 등의 포장 두께를 결정하기 위하여 포장을 지지하는 노상토의 강도, 압축성, 팽창성 등을 결정하는 시험은?

㉮ CBR 시험 ㉯ 다짐시험
㉰ 평판재하시험 ㉱ 일축압축시험

해설 노상토 지지력비 시험(CBR 시험)은 가요성 포장의 두께를 결정하는 데 이용된다.

문제 53
말뚝의 지지력에 관한 설명 중 옳지 않은 것은?

㉮ Sander 공식은 간단하나 정도는 낮다.
㉯ 동역학적 공식은 총타격에너지와 총에너지 손실을 합한 것이 말뚝에 가해지는 에너지이다.
㉰ 말뚝에 부의 주면마찰이 일어나면 지지력은 증가한다.
㉱ 말뚝을 박을 때의 탄성변형량으로는 말뚝, 지반 및 캡의 탄성변형량이 있다.

해설 말뚝에 부의 주면마찰이 일어나면 지지력은 감소한다.

문제 54
모관현상(毛管現象)과 투수성이 커서 동상이 잘 일어나는 흙은?

㉮ 실트(silt)질 흙 ㉯ 점토(clay)질 흙
㉰ 모래(sand)질 흙 ㉱ 자갈(gravel)질 흙

해설 실트질 흙이 동상이 잘 일어나며 동상은 물, 영하의 온도, 지속기간, 실트질 흙의 구성요소에 의해 일어난다.

정답 50.㉰ 51.㉰ 52.㉮ 53.㉰ 54.㉮

문제 55
표준관입시험에 대한 설명으로 옳지 않은 것은?
- ㉮ 63.5kg의 해머를 75cm 높이에서 자유낙하시켜 샘플러를 30cm 관입시키는 데 소요된 낙하횟수를 N값이라 한다.
- ㉯ 표준관입시험으로부터 흐트러지지 않은 시료를 채취할 수 있다.
- ㉰ N값으로부터 점토지반의 연경도 및 일축압축강도를 추정할 수 있다.
- ㉱ 시험결과로부터 흙의 내부마찰각 등 공학적 성질을 추정할 수 있다.

해설 표준관입시험으로부터 흐트러진 시료를 채취할 수 있다.

문제 56
현장에서 다짐을 실시하는 목적이 아닌 것은?
- ㉮ 흙의 전단강도 증가
- ㉯ 흙의 압축성 감소
- ㉰ 흙의 단위중량 증가
- ㉱ 흙의 투수계수 증가

해설 흙의 투수계수 감소, 부착력 증가 등의 효과가 있다.

문제 57
테르자기의 지지력 공식에서 기초의 지지력계수 N_c, N_r, N_q에 공통적으로 관여된 항목은?
- ㉮ 점착력
- ㉯ 기초의 폭
- ㉰ 기초의 깊이
- ㉱ 내부마찰각

해설 지지력계수는 내부마찰각과 관련이 있다.

문제 58
다음 중 다짐시험과 관계가 없는 것은?
- ㉮ 최적함수비
- ㉯ 영공기 간극곡선
- ㉰ 최대 건조단위무게
- ㉱ 입경가적곡선

해설 입경가적곡선은 흙의 입도시험과 관계가 있다.

문제 59
다음 중 얕은기초에 속하는 것은?
- ㉮ 확대 기초
- ㉯ 말뚝 기초
- ㉰ 피어 기초
- ㉱ 우물통 기초

해설
- 깊은 기초 : 말뚝 기초, 피어 기초, 케이슨 기초(공기 케이슨, 우물통 기초, 박스 케이슨)

문제 60
흙의 연경도에서 소성한계와 액성한계 사이에 있는 흙은 어떤 상태에 있는가?
- ㉮ 고체상태
- ㉯ 반고체상태
- ㉰ 소성상태
- ㉱ 액체상태

해설
- 액성한계 이상인 경우는 액체상태에 있다.
- 소성한계와 수축한계 사이는 반고체상태에 있다.
- 수축한계 이하의 경우는 고체상태에 있다.

정답 55.㉯ 56.㉱ 57.㉱ 58.㉱ 59.㉮ 60.㉰

건설재료시험 기능사 — 2013년 10월 12일 (제5회)

알려드립니다

한국산업인력공단의 저작권법 저촉에 대한 언급이 있어 과거에 출제된 동일한 문제나 그 유형의 문제로 재구성하였습니다.

문제 01
콘크리트 슬럼프 시험을 할 때 슬럼프 콘에 시료를 채우고 벗길 때까지의 전 작업시간은 얼마 이내로 하여야 하는가?

㉮ 5초 ㉯ 30초 ㉰ 1분 ㉱ 3분

해설
- 콘 벗기는 시간 2~5초를 포함하여 전 작업시간은 3분 이내로 한다.
- 슬럼프 값은 5mm 단위로 측정한다.

문제 02
분말도에 대한 설명 중 틀린 것은?

㉮ 분말도가 높으면 수화작용이 빠르다.
㉯ 분말도가 높으면 조기강도가 커진다.
㉰ 비표면적을 나타낸다.
㉱ 입자가 굵을수록 분말도가 높다.

해설
- 입자가 가늘수록 분말도가 높다.
- 분말도가 높으면 풍화하기 쉽다.
- 분말도가 클수록 블리딩은 작아진다.
- 보통 포틀랜드 시멘트의 분말도는 2,800cm^2/g 이상이다.

문제 03
두꺼운 불투명 유리판 위에 시료를 손바닥으로 굴리면서 늘렸을 때 지름 3mm에서 부스러질 때의 함수비를 무엇이라 하는가?

㉮ 수축한계 ㉯ 액성한계 ㉰ 유동한계 ㉱ 소성한계

해설
- 소성한계가 크다는 것은 점토분이 많다는 것을 의미한다.
- 소성한계는 소성상태에서 가장 작은 함수비이다.

문제 04
시멘트의 응결에 관한 다음 설명 중 옳지 않은 것은?

㉮ 물의 양이 많은 경우나 시멘트가 풍화되었을 경우 일반적으로 응결이 늦어진다.
㉯ 분말도가 높으면 응결이 늦어진다.
㉰ 응결시간 측정법에는 길모어 침에 의한 방법이 있다.
㉱ 온도가 높고 습도가 낮으면 응결이 빨라진다.

정답 01.㉱ 02.㉱ 03.㉱ 04.㉯

해설
- 분말도가 높으면 응결이 빠르다.
- 분말도가 높으면 블리딩이 적고 워커빌리티가 좋아진다.
- 알루민산 3석회(C_3A)가 많을수록 응결은 빨라진다.

문제 05 콘크리트 인장강도 시험에서 공시체의 습윤양생온도는 어느 정도로 하면 적당한가?
㉮ 15±2℃ ㉯ 20±2℃ ㉰ 25±3℃ ㉱ 30±3℃

해설
- 콘크리트 압축강도, 인장강도, 휨강도 시험에서 공시체의 습윤양생온도는 20±2℃ 이다.
- 공시체를 양생수조에서 꺼내어 습윤상태로 즉시 강도시험을 한다.

문제 06 콘크리트 압축강도용 표준공시체의 파괴 최대 하중이 371,000N일 때 콘크리트의 압축강도는 약 얼마인가? (단, 표준공시체는 15×30cm임)
㉮ 53 MPa ㉯ 10.5 MPa ㉰ 15.5 MPa ㉱ 21 MPa

해설
$$f = \frac{P}{A} = \frac{371,000}{\frac{3.14 \times 150^2}{4}} = 21\,N/mm^2 = 21\,MPa$$

문제 07 굳지 않은 콘크리트의 공기 함유량 시험에서 공기량, 겉보기 공기량, 골재수정계수는 각각 콘크리트 용적에 대한 백분율을 %로 나타낸 것이다. 압력계의 공기량 눈금 측정 결과 겉보기 공기량이 6.70, 골재의 수정계수가 1.20이었을 때 콘크리트의 공기량은 얼마인가?
㉮ 1.20% ㉯ 5.50% ㉰ 6.70% ㉱ 7.90%

해설
- $A = A_1 - G = 6.7 - 1.2 = 5.5\%$
- 공기량 시험방법은 공기실 압력방법, 중량법, 주수압력방법 등이 있다.

문제 08 흙의 함수비 시험에서 데시케이터 안에 넣는 제습제는?
㉮ 염화나트륨 ㉯ 염화칼슘 ㉰ 황산나트륨 ㉱ 황산칼슘

해설 염화칼슘이나 실리카겔을 사용한다.

문제 09 강널말뚝의 특징에 대한 설명으로 틀린 것은?
㉮ 때려박기와 빼내기가 쉽다.
㉯ 수밀성이 커서 물막이에 적합하다.
㉰ 단면의 휨모멘트와 수평 저항력이 작다.
㉱ 말뚝 이음에 대한 신뢰성이 크고 길이 조절이 쉽다.

해설 맞물림 부위의 접합이 제대로 되지 않을 경우 지수성이 좋지 않아, 즉 수밀성이 작아 물막이에 적합하지 않다.

정답 05.㉯ 06.㉱ 07.㉯ 08.㉯ 09.㉯

문제 10
용기의 무게가 15g일 때 용기에 시료를 넣어 총무게를 측정하여 450g이었고 노건조시킨 다음 무게가 422g이었다. 이때의 함수비는?

㉮ 8.67% ㉯ 10.45% ㉰ 13.02% ㉱ 25.42%

해설
- $w = \dfrac{W_w}{W_s} \times 100$
- $w = \dfrac{WW - DW}{DW - TW} \times 100 = \dfrac{475 - 422}{422 - 15} \times 100 = 13.02\%$

문제 11
일반적으로 콘크리트의 강도라 하면 보통 어느 강도를 말하는가?

㉮ 압축강도 ㉯ 인장강도 ㉰ 휨강도 ㉱ 전단강도

해설
- 압축강도시험시 재하속도가 빠를수록 강도가 크게 나타난다.
- 철근 콘크리트 부재의 설계에서는 압축강도만을 활용하는 경우가 많다.
- 콘크리트 강도는 일반적으로 표준양생한 재령 28일 압축강도를 기준으로 한다. 단, 댐 콘크리트에서는 재령 91일의 압축강도를 기준한다.

문제 12
아스팔트의 침입도 시험에서 표준 침이 관입하는 깊이가 20mm일 때 침입도의 표시로 옳은 것은?

㉮ 2 ㉯ 20 ㉰ 200 ㉱ 2,000

해설
- 침입도 1은 관입깊이 0.1mm이다.
- $1 : 0.1 = x : 20$
  $\therefore x = \dfrac{20}{0.1} = 200$

문제 13
시멘트 제조시에 석고를 첨가하는 목적은?

㉮ 알칼리 골재 반응을 막기 위해
㉯ 수화작용을 조절하기 위해
㉰ 시멘트의 응결시간을 조절하기 위해
㉱ 수축성과 발열성을 조절하기 위해

해설 응결과 경화를 조절하기 위하여 석고를 클링커 중량의 2~3% 정도 혼합한 후 미분쇄하여 시멘트를 제조한다.

문제 14
슬럼프 시험에서 다짐대로 몇 층에 각각 몇 번씩 다지는가?

㉮ 2층, 25회 ㉯ 3층, 25회
㉰ 3층, 59회 ㉱ 2층, 59회

해설 슬럼프 시험의 전 작업시간은 3분 이내이다.(콘 벗기는 시간 2~5초 포함)

정답 10.㉰ 11.㉮ 12.㉰ 13.㉰ 14.㉯

문제 15 점착력이 0인 건조모래의 직접전단실험에서 수직응력이 5 kN/m² 일 때 전단강도가 3 kN/m²이었다. 이 모래의 내부마찰각은?

㉮ 5°　　㉯ 10°　　㉰ 20°　　㉱ 31°

해설
$\tau = \sigma \tan\phi$
$3 = 5 \tan\phi$
$\therefore \phi = \tan^{-1}\dfrac{3}{5} = 31°$

문제 16 골재 단위무게 측정시험시 충격을 이용하는 경우 용기 한쪽을 들어 올렸다가 떨어뜨리는 높이는 약 몇 cm인가?

㉮ 5cm　　㉯ 10cm　　㉰ 25cm　　㉱ 40cm

해설
- 3층으로 각각 한쪽을 5cm 들어 낙하하고 반대쪽도 5cm 들어 낙하한다. (전체적으로 50회씩)
- 시료양은 사용하는 용기용적의 2배 이상으로 하고 절건상태로 한다. 단, 굵은골재는 기건상태이어도 좋다.

문제 17 굵은골재의 노건조 무게(절대건조무게)가 1,000g, 표면건조 포화상태의 무게가 1,100g, 수중무게가 650g일 때 흡수율은?

㉮ 10.0%　　㉯ 28.6%　　㉰ 15.4%　　㉱ 35.0%

해설
흡수율 $= \dfrac{1,100 - 1,000}{1,000} \times 100 = 10\%$

문제 18 아직 굳지 않은 콘크리트 표면에 떠올라서 가라앉은 미세한 물질을 무엇이라고 하는가?

㉮ 블리딩　　㉯ 반죽질기　　㉰ 워커빌리티　　㉱ 레이턴스

해설 레이턴스란 블리딩에 의해 콘크리트 표면에 떠올라와 침전한 미세한 물질이다.

문제 19 신도시험으로 파악하는 아스팔트의 성질은?

㉮ 온도　　㉯ 증발량　　㉰ 굳기 정도　　㉱ 연성

해설 신도시험으로 아스팔트의 늘어나는 성질을 알 수 있다.

문제 20 흙 입자 밀도시험에서 흙 시료가 내포한 공기를 없애기 위해서 전열기로 끓이는데 일반적인 흙은 얼마 이상 끓여야 하는가?

㉮ 1분　　㉯ 3분　　㉰ 5분　　㉱ 10분

해설 흙 시료 속의 공기를 제거하기 병 안의 공기를 제거하기 위해서 10분 이상 끓인다.

정답 15.㉱　16.㉮　17.㉮　18.㉱　19.㉱　20.㉱

문제 21
흙의 소성한계 시험에 사용되는 기계 및 기구가 아닌 것은?
- ㉮ 둥근 봉
- ㉯ 항온 건조기
- ㉰ 불투명 유리판
- ㉱ 홈파기 날

해설 액성한계 시험할 때 홈파기 날을 이용하여 2등분한다.

문제 22
골재에 포함된 잔입자 시험(KSF 2511) 결과 다음과 같은 자료를 구하였다. 여기서 0.08mm체를 통과하는 잔입자량(%)을 구하면?

- 씻기 전의 시료의 건조무게 : 500g
- 씻은 후의 시료의 건조무게 : 488.5g

㉮ 1.6%   ㉯ 2.0%   ㉰ 2.1%   ㉱ 2.3%

해설
- 잔입자량(%) = $\frac{500 - 488.5}{500} \times 100 = 2.3\%$
- 0.08mm체와 1.2mm체를 한 벌로 사용한다.
- 골재의 최대치수가 5mm이면 0.5kg 이상 시료를 가지고 시험한다.

문제 23
아스팔트 신도시험에서 시험기를 가동하여 매 분 어느 정도의 속도로 시료를 잡아당기는가?
- ㉮ 2±0.25cm
- ㉯ 3±0.25cm
- ㉰ 4±0.25cm
- ㉱ 5±0.25cm

해설
- 시험편을 5±0.25cm/min의 속도로 잡아당긴다.
- 시험온도는 25±0.5℃를 유지해야 한다.

문제 24
다음 중 현장 흙의 단위무게를 구하기 위한 시험방법의 종류가 아닌 것은?
- ㉮ 모래치환법
- ㉯ 고무막법
- ㉰ 방사선 동위원소법
- ㉱ 공내재하법

해설 공내재하법은 연약점토부터 경암에 이르기까지 가압장치에 의해 지반의 변형 특성을 파악한다.

문제 25
포졸란을 사용한 콘크리트의 특징으로 부적당한 것은?
- ㉮ 블리딩 및 재료분리가 적어진다.
- ㉯ 발열량이 증가한다.
- ㉰ 장기 강도가 크다.
- ㉱ 수밀성이 커진다.

해설 발열량이 적으므로 강도의 증진이 늦고 장기강도가 크다.

정답 21.㉱ 22.㉱ 23.㉱ 24.㉱ 25.㉯

문제 26 다음 토목공사용 석재 중 압축강도가 가장 큰 것은?
㉮ 대리석 ㉯ 응회암 ㉰ 사암 ㉱ 화강암

해설 석재의 압축강도는 화강암 > 대리석 > 사암 > 응회암순서로 나타낼 수 있다.

문제 27 흙의 입도시험을 하기 위하여 40%의 과산화수소용액 100g을 6%의 과산화수소용액으로 만들려고 한다. 물의 양은 약 얼마나 넣으면 되는가?
㉮ 567g ㉯ 412g ㉰ 356g ㉱ 127g

해설 $6\% = \dfrac{40}{100+x} \times 100$ ∴ $x = 567g$

문제 28 아스팔트의 인화점이란 무엇인가?
㉮ 아스팔트 시료를 가열하여 휘발성분에 불이 붙어 약 10초간 불이 붙어 있을 때의 최고온도를 말한다.
㉯ 아스팔트 시료를 가열하여 휘발성분에 불이 붙을 때의 최저온도를 말한다.
㉰ 아스팔트 시료를 가열하면 기포가 발생하는데 이때의 최고온도를 말한다.
㉱ 아스팔트 시료를 잡아당길 때 늘어나다 끊어진 길이를 말한다.

해설 인화점은 아스팔트를 가열하여 불이 붙을 때의 최저온도를 말하고 계속 가열하여 불꽃이 5초 동안 계속될 때의 최저온도를 연소점이라 한다.

문제 29 흙의 연경도에서 소성한계와 액성한계 사이에 있는 흙은 어떤 상태에 있는가?
㉮ 고체상태 ㉯ 반고체상태 ㉰ 소성상태 ㉱ 액체상태

해설
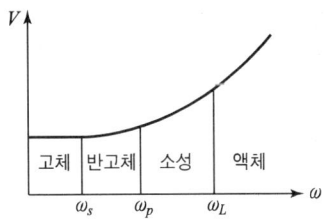

문제 30 일축압축시험에서 파괴면과 최대 주응력이 이루는 각을 구하는 식으로 옳은 것은?
㉮ $45° + \dfrac{\phi}{2}$ ㉯ $45° + \dfrac{\phi}{4}$ ㉰ $45° + \dfrac{\phi}{6}$ ㉱ $45° + \dfrac{\phi}{8}$

해설
• 파괴면과 최대 주응력이 이루는 각 $\theta = 45° + \dfrac{\phi}{2}$
• 파괴면과 최소 주응력이 이루는 각 $\theta' = 45° - \dfrac{\phi}{2}$

문제 31
흙의 입도분석시험에서 입자 지름이 고른 흙의 균등계수(C_u)의 값에 관한 설명으로 옳은 것은?

㉮ 0에 가깝다.　　㉯ 1에 가깝다.
㉰ 0.5에 가깝다.　㉱ 10에 가깝다.

해설
- $C_u = \dfrac{D_{60}}{D_{10}}$
- 입자지름의 크기가 비슷하다는 것은 1에 가깝다.

문제 32
콘크리트의 쪼갬 인장강도시험을 한 결과 최대하중이 162.5kN이었다. 이때 콘크리트의 인장강도는 약 얼마인가? (단, 사용한 공시체는 $\phi 150 \times 300$mm임.)

㉮ 2.3 MPa　㉯ 2.5 MPa　㉰ 2.7 MPa　㉱ 2.9 MPa

해설
$P = 162{,}500\text{N}$
인장강도 $= \dfrac{2P}{\pi dl} = \dfrac{2 \times 162500}{3.14 \times 150 \times 300} = 2.3 \text{N/mm}^2 = 2.3 \text{MPa}$

문제 33
다짐의 효과에 관한 설명 중 옳지 않은 것은?

㉮ 단위중량이 증가한다.　㉯ 압축성이 작아진다.
㉰ 투수성이 감소한다.　　㉱ 전단강도가 감소한다.

해설
- 전단강도가 증가한다.
- 부착력이 증대된다.
- 지반의 지지력이 증대된다.

문제 34
굵은골재의 절대건조상태의 질량이 1,000g, 표면건조 포화상태의 질량이 1,100g, 수중질량이 650g일 때 흡수율은 몇 %인가? (단, 시험온도에서의 물의 밀도는 1g/cm^3이다.)

㉮ 10.0%　㉯ 28.6%　㉰ 31.4%　㉱ 35.0%

해설
- 흡수율 $= \dfrac{B-A}{A} \times 100 = \dfrac{1100-1000}{1000} \times 100 = 10\%$
- 표건밀도 $= \dfrac{B}{B-C} \times \rho_w = \dfrac{1100}{1100-650} \times 1 = 2.44 \text{g/cm}^3$

문제 35
액성한계가 42.8%이고 소성한계는 32.2%일 때 소성지수를 구하면?

㉮ 10.6　㉯ 12.8　㉰ 21.2　㉱ 42.4

정답 31.㉯　32.㉮　33.㉱　34.㉮　35.㉮

해설
- $I_P = w_L - w_P = 42.8 - 32.2 = 10.6\%$
- $I_L = \dfrac{w_n - w_p}{I_P}$
- $I_C = \dfrac{w_L - w_n}{I_P}$

문제 36

토질시험 중 N값을 구하기 위한 시험은?

㉮ 베인 전단시험
㉯ 일축압축시험
㉰ 평판재하시험
㉱ 표준관입시험

해설 63.5kg 해머로 75cm 높이에서 자 낙하시켜 샘플러가 30cm 관입시키는 데 소요되는 타격횟수를 N치라 한다.

문제 37

굵은골재의 밀도시험 결과가 아래 표와 같을 때 이 골재의 표면건조 포화상태의 밀도는?

- 노건조 시료의 질량(g) : 3800
- 표면건조 포화상태의 시료 질량(g) : 4000
- 시료의 수중 질량(g) : 2491.1
- 시험온도에서의 물의 밀도 : 1g/cm³

㉮ 2.518 g/cm³
㉯ 2.651 g/cm³
㉰ 2.683 g/cm³
㉱ 2.726 g/cm³

해설
- 표건밀도 = $\dfrac{B}{B-C} \times \rho_w = \dfrac{4000}{4000-2491.1} \times 1 = 2.651 \text{g/cm}^3$
- 겉보기 밀도 = $\dfrac{A}{A-C} \times \rho_w = \dfrac{3800}{3800-2491.1} \times 1 = 2.903 \text{g/cm}^3$
- 절대건조상태 밀도 = $\dfrac{A}{B-C} \times \rho_w = \dfrac{3800}{4000-2491.1} \times 1 = 2.518 \text{g/cm}^3$
- 흡수율 = $\dfrac{B-A}{A} \times 100 = \dfrac{4000-3800}{3800} \times 100 = 5.263\%$

문제 38

흙의 비중 2.5, 함수비 30%, 간극비 0.92일 때 포화도는 약 얼마인가?

㉮ 75%   ㉯ 82%   ㉰ 87%   ㉱ 93%

해설 $S \cdot e = G_s \cdot w$ ∴ $S = \dfrac{G_s \cdot w}{e} = \dfrac{2.5 \times 30}{0.92} = 82\%$

문제 39

다음 중 도로 포장용으로 가장 많이 사용되는 아스팔트는?

㉮ 스트레이트 아스팔트
㉯ 블론 아스팔트
㉰ 아스팔타이트
㉱ 샌드 아스팔트

해설 스트레이트 아스팔트는 감온비가 크고 내후성이 낮은 단점이 있다.

정답 36.㉱ 37.㉯ 38.㉯ 39.㉮

문제 40
콘크리트용 굵은골재의 최대치수에 관한 다음 표의 설명에서 ( ) 안에 들어갈 적당한 수치는?

> 질량비로 ( )% 이상을 통과시키는 체 중에서 최소치수의 체눈의 호칭치수로 나타낸 굵은골재의 치수

㉮ 60 ㉯ 70 ㉰ 80 ㉱ 90

해설

구조물의 종류	굵은골재의 최대치수(mm)
일반적인 경우	20 또는 25
단면이 큰 경우	40
무근 콘크리트	40 부재 최소치수의 1/4을 초과해서는 안 됨

문제 41
분말로 된 흑색화약을 실이나 종이로 감아 도료를 사용하여 방수시킨 줄로서 뇌관을 점화시키기 위하여 사용하는 것은?

㉮ 도화선 ㉯ 다이너마이트
㉰ 도폭선 ㉱ 기폭제

해설
- 도화선은 분상의 흑색화약을 중심으로 해서 그 주위를 마사, 종이, 테이프 등으로 피복하고 습기를 방지하기 위하여 특수한 방수도료를 도포한 것이다.
- 도폭선은 대폭파 또는 수중폭파 등 동시 폭파할 경우 뇌관 대신에 사용하는 코드선이다.

문제 42
아래 표를 보고 잔골재 조립률을 구하면?

체의 호칭(mm)	잔골재	
	체에 남는 양(%)	체에 남는 양의 누계(%)
10	0	0
5	4	4
2.5	8	12
1.2	15	27
0.6	43	70
0.3	20	90
0.15	9	99
접시	1	100

㉮ 3.02 ㉯ 4.02 ㉰ 2.03 ㉱ 1.13

해설 $F \cdot M = \dfrac{4+12+27+70+90+99}{100} = 3.02$

정답 40.㉱ 41.㉮ 42.㉮

문제 43
기초의 구비 조건에 대한 설명 중 옳지 않은 것은?

㉮ 기초는 최소 근입깊이를 확보하여야 한다.
㉯ 하중을 안전하게 지지해야 한다.
㉰ 기초는 침하가 전혀 없어야 한다.
㉱ 기초는 시공 가능한 것이라야 한다.

해설 침하량이 허용치 이내에 들어야 한다.

문제 44
군지수(Group Index)를 구하는 데 필요 없는 것은?

㉮ 0.074mm(No. 200)체 통과율   ㉯ 유동지수
㉰ 액성한계   ㉱ 소성지수

해설 GI = 0.2a + 0.005ac + 0.01bd
a : No.200체 통과율 −35(0~40)
b : No.200체 통과율 −15(0~40)
c : 액성한계 −40(0~20)
d : 액성한계 −10(0~20)

문제 45
콘크리트의 휨강도 시험용 공시체의 길이에 대한 설명으로 옳은 것은?

㉮ 단면 한 변의 길이의 3배보다 80mm 이상 긴 것으로 한다.
㉯ 굵은골재의 최대치수의 5배 이상이며 200mm 이상 긴 것으로 한다.
㉰ 단면 한 변의 길이의 5배보다 30mm 이상 긴 것으로 한다.
㉱ 굵은골재의 최대치수의 3배 이상이며 50mm 이상 긴 것으로 한다.

해설 단면 한 변의 길이는 굵은골재 최대치수의 4배 이상이며 100mm 이상으로 한다.

문제 46
콘크리트의 휨강도 시험용 공시체를 제작할 때 150×150×530mm의 몰드를 사용할 경우 각 층의 다짐횟수로 옳은 것은?

㉮ 25번   ㉯ 70번   ㉰ 80번   ㉱ 100번

해설 $\frac{150 \times 530}{1000} = 80$번

문제 47
어떤 현장에서 모래치환법에 의한 현장 단위 무게를 측정한 결과가 다음과 같다. 파낸 구멍의 부피는 얼마인가?

- 파낸 구멍을 채우는 데 필요한 모래 무게 : 2,000g
- 모래의 단위 무게 : 1.054g/cm³

㉮ 2,000cm³   ㉯ 1,942cm³   ㉰ 1,898cm³   ㉱ 1,054cm³

정답 43.㉰ 44.㉯ 45.㉮ 46.㉰ 47.㉰

해설
- $\gamma_{모래} = \dfrac{W}{V}$

  $1.054 = \dfrac{2,000}{V}$

  $\therefore V = \dfrac{2,000}{1.054} = 1,898 \text{cm}^3$

문제 48 AE제를 사용한 콘크리트에 대한 설명으로 틀린 것은?

㉮ 연행공기는 볼베어링과 같은 작용을 함으로써 콘크리트의 워커빌리티를 개선한다.
㉯ 물-시멘트비가 일정할 경우 AE제의 사용량이 많을수록 콘크리트의 압축강도가 증가한다.
㉰ 블리딩이 작아진다.
㉱ 콘크리트의 동결융해에 대한 내구성을 증가시킨다.

해설 물-시멘트비가 일정할 경우 AE제의 사용량이 많을수록 콘크리트의 압축강도가 감소한다.

문제 49 시멘트 모르타르의 인장강도를 시험하기 위한 모르타르 만들기에서 시멘트와 표준모래의 무게비는?

㉮ 1 : 2.45 ㉯ 1 : 2 ㉰ 1 : 2.7 ㉱ 1 : 1

해설 시멘트 모르타르의 압축강도를 시험하기 위한 모르타르 만들기에서 시멘트와 표준모래의 무게비는 1 : 3이다.

문제 50 보일(Boyle)의 법칙에 의하여 일정한 압력하에서 공기량으로 인하여 콘크리트의 체적이 감소한다는 이론으로 공기량을 측정하는 방법은?

㉮ 무게에 의한 방법 ㉯ 체적에 의한 방법
㉰ 공기실 압력법   ㉱ 통계법

해설
- 콘크리트의 공기량

  $A = A_1 - G$

  여기서, A_1 : 콘크리트의 겉보기 공기량(%)
  G : 골재수정계수(%)

문제 51 흙의 함수비 시험에 사용되는 시험 기구가 아닌 것은?

㉮ 데시케이터   ㉯ 저울
㉰ 항온 건조로 ㉱ 피크노미터

해설 피크노미터는 흙 입자 밀도시험에 사용되는 병이다.

정답 48.㉯ 49.㉰ 50.㉰ 51.㉱

문제 52 어떤 재료의 변형률에 대한 응력의 비를 표현한 것은?

㉮ 변형량   ㉯ 훅의 법칙   ㉰ 푸아송 비   ㉱ 탄성계수

해설 $E = \dfrac{f}{\varepsilon}$

문제 53 다음 중 합판의 특징으로 옳지 않은 것은?

㉮ 수축, 팽창 등으로 변형이 거의 생기지 않는다.
㉯ 섬유방향에 따라 강도 차이가 크다.
㉰ 폭이 넓은 판을 얻기가 쉽다.
㉱ 외관이 아름다운 나뭇결로 나타난다.

해설 합판은 섬유방향에 따라 강도의 차이가 적다.

문제 54 현장치기 콘크리트에 비해 콘크리트 공장제품에 대한 설명으로 옳지 않은 것은?

㉮ 사용하기 전에 품질의 확인이 가능하다.
㉯ 양생기간이 필요 없어 공사기간을 단축할 수 있다.
㉰ 기후 조건에 영향을 많이 받는다.
㉱ 현장에서 거푸집이나 동바리를 사용할 필요가 없다.

해설 기후 조건에 영향을 받지 않는다.

문제 55 콘크리트 압축강도 시험에서 공시체에 하중을 가하는 압축응력도의 증가율이 매초 얼마인가?

㉮ 0.06±0.04 MPa   ㉯ 0.6±0.2 MPa
㉰ 0.06±0.4 MPa   ㉱ 6±0.4 MPa

해설 인장강도 및 휨강도 시험의 경우에는 0.06±0.04 MPa이다.

문제 56 시멘트 밀도시험에 대한 설명 중 틀린 것은?

㉮ 동일한 시험자가 동일한 재료에 대해 2회 측정한 밀도 결과가 ±0.3g/cm^3 이내이어야 한다.
㉯ 광유의 눈금 읽음은 오목한 최저면을 읽는다.
㉰ 광유는 온도 20±1℃에서 밀도 0.73g/cm^3 이상인 완전히 탈수된 등유나 나프타를 사용한다.
㉱ 보통 포틀랜드 시멘트 64g을 사용한다.

해설 동일한 시험자가 동일한 재료에 대해 2회 측정한 밀도 결과가 ±0.03g/cm^3 이내이어야 한다.

정답 52.㉱ 53.㉯ 54.㉰ 55.㉯ 56.㉮

문제 57

어떤 흙의 입경가적곡선에서 D_{10} =0.0045cm이고 이 흙의 e =0.85이다. 모관상승고는? (단, C의 범위는 0.1~0.5이다.)

㉮ 26.14 ~ 130.72 (cm)　　㉯ 34.25 ~ 110.51 (cm)
㉰ 38.50 ~ 116.43 (cm)　　㉱ 45.61 ~ 125.75 (cm)

해설 $h_c = \dfrac{C}{e\,D_{10}} = \dfrac{0.1 \sim 0.5}{0.85 \times 0.0045} = 26.14 \sim 130.72 \,(\text{cm})$

문제 58

두께 2cm의 점토 시료를 압밀시험한 결과 90% 압밀에 1시간이 걸렸다. 같은 조건에서 4m의 점토층의 90% 압밀에 소요되는 시간은?

㉮ 200시간　㉯ 400시간　㉰ 20,000시간　㉱ 40,000시간

해설
$t_1 : H_1^2 = t_2 : H_2^2$
$1 : 2^2 = t_2 : 400^2$
$\therefore t_2 = 40{,}000$시간

문제 59

지반이 약한 곳에 가장 적합한 기초는?

㉮ 연속기초　㉯ 전면기초　㉰ 복합기초　㉱ 독립기초

해설 전면기초는 상부 구조물을 지지하기 위해 바닥 전체에 깐 기초를 말한다.

문제 60

흙의 입경가적곡선에 대한 설명으로 옳지 않은 것은?

㉮ 흙의 입경이 균등한 흙은 입도가 양호한 흙이다.
㉯ 가로축은 흙의 입경을 나타낸다.
㉰ 세로축은 흙의 중량통과 백분율을 나타낸다.
㉱ 반대수용지를 사용한다.

해설 흙의 입경이 균등한 흙은 입도가 불량한 흙이다.

정답　57.㉮　58.㉱　59.㉯　60.㉮

건설재료시험 기능사 **2014년 1월 26일 (제1회)**

■ 알려드립니다 ■

한국산업인력공단의 저작권법 저촉에 대한 언급이 있어 과거에 출제된 동일한 문제나 그 유형의 문제로 재구성하였습니다.

문제 01 다음과 같은 시멘트의 강도에 영향을 주는 사항 중에서 옳지 못한 것은?

㉮ 분말도가 높으면 조기강도가 커진다.
㉯ 30℃ 이내에서 온도가 높을수록 강도가 커지며 재령에 따라 강도가 증가한다.
㉰ 물의 양이 적으면 강도가 커지나 반죽이 어렵다.
㉱ 풍화된 시멘트는 강도가 작아지며, 특히 장기강도가 현저히 작아진다.

해설 풍화된 시멘트는 강도가 작아지며 특히 조기강도가 현저히 작아진다.

문제 02 흑색화약에 관한 설명 중에서 옳지 않은 것은?

㉮ 대리석이나 화강암 같은 큰 석재의 채취에 사용
㉯ 수분이 많으면 발화하지 않는다.
㉰ 취급이 안전하며 좁은 장소에서 많이 사용
㉱ 발열량이 많으며 폭발력이 매우 강한 화약이다.

해설 폭발력이 강하지 않다.

문제 03 역청재료의 물리적 성질에 관한 설명 중 옳지 않은 것은?

㉮ 직류 아스팔트는 침입도가 적을수록 밀도가 증가한다.
㉯ 블론 아스팔트는 신도가 크지만 직류 아스팔트의 신도는 적다.
㉰ 침입도는 플라스틱(plastic)한 역청재의 반죽질기를 물리적으로 표시하는 한 방법이다.
㉱ 감온성이 높은 재료는 저온에서 취약하고 고온에서는 연약하다.

해설 블론 아스팔트는 신도가 적고 직류(스트레이트) 아스팔트는 신도가 크다.

문제 04 다음은 아래 조건시의 굵은골재의 마모시험 결과 값이다. 이 중 맞는 것은?

[조건] (1) 시험 전 시료질량 : 10,000g
    (2) 시험 후 1.7mm 체에 남은 질량 : 6,700g

㉮ 마모율 : 33% ㉯ 마모율 : 49% ㉰ 마모율 : 25% ㉱ 마모율 : 32%

정답 01. ㉱ 02. ㉱ 03. ㉯ 04. ㉮

해설 $\dfrac{10,000 - 6,700}{10,000} \times 100 = 33\%$

문제 05
흙 입자 밀도시험에 사용되는 시험기구가 아닌 것은?
㉮ 피크노미터   ㉯ 데시케이터   ㉰ 항온수조   ㉱ 다이얼 게이지

해설
• 흙 입자 밀도시험 온도는 15℃를 표준한다.
• 다이얼 게이지는 평판재하시험, 마샬 안정도 시험에 사용

문제 06
연소점은 인화점 측정 후 다시 가열을 계속하여 시료가 적어도 몇 초 동안 연소를 계속한 최저 온도를 말하는가?
㉮ 5초   ㉯ 10초   ㉰ 15초   ㉱ 20초

해설 연소점은 인화점보다 높으며 그 차이는 25~60℃ 정도이다.

문제 07
콘크리트 경화촉진제로 염화칼슘을 사용했을 때의 설명 중 옳지 않은 것은?
㉮ 황산염에 대한 저항성이 작아지며 알칼리 골재 반응을 촉진한다.
㉯ 철근콘크리트 구조물에서 철근의 부식을 촉진한다.
㉰ 건습에 의한 팽창 수축이 적고 건조에 의한 수분의 감소가 적다.
㉱ 응결이 촉진되고 콘크리트의 슬럼프가 빨리 감소한다.

해설
• 건습에 의한 팽창 수축이 크다.
• 황산염은 콘크리트를 상당히 팽창시켜서 파괴시키는 성질이 있다.

문제 08
천연 아스팔트의 종류가 아닌 것은?
㉮ 레이크 아스팔트(lake asphalt)   ㉯ 록 아스팔트(rock asphalt)
㉰ 샌드 아스팔트(sand asphalt)   ㉱ 블론 아스팔트(blown asphalt)

해설 블론 아스팔트는 석유 아스팔트로 역청에 중합반응이나 축합반응을 일으켜 탄력성이 큰 아스팔트를 만든 것이다.

문제 09
골재의 표면수는 없고 골재 알 속의 빈틈이 물로 차 있는 상태는?
㉮ 절대건조상태   ㉯ 기건상태
㉰ 습윤상태   ㉱ 표면건조 포화상태

해설
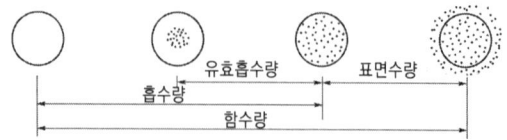

정답 05.㉱ 06.㉮ 07.㉰ 08.㉱ 09.㉱

문제 10 단위수량이 160 kg/m³이고 물-결합재비가 50%일 경우 단위시멘트량은 몇 kg/m³인가?

㉮ 80　　㉯ 320　　㉰ 410　　㉱ 515

해설
$\dfrac{W}{C} = 0.5$

$\therefore C = \dfrac{160}{0.5} = 320 \text{ kg/m}^3$

문제 11 액성한계 시험시 유동곡선에서 낙하횟수 몇 회에 해당하는 함수비를 액성한계라 하는가?

㉮ 10회　　㉯ 15회　　㉰ 20회　　㉱ 25회

해설
- 유동곡선에서 낙하횟수 25회에 상당하는 함수비를 액성한계로 한다.
- $I_p = w_L - w_p$
- 액성한계 또는 소성한계를 구할 수 없을 때는 NP로 한다.

문제 12 현장에서 모래치환법에 의한 흙의 단위무게시험을 할 때 모래(표준사)를 사용하는 이유는?

㉮ 실험구멍 내 시료 입자의 지름을 알기 위하여
㉯ 실험구멍 내 시료의 무게를 알기 위하여
㉰ 실험구멍 내 시료의 공극률을 알기 위하여
㉱ 실험구멍 내 시료의 부피를 알기 위하여

해설
- 습윤밀도를 구하기 위해서는 현장의 구멍판 부피를 알아야 하는데 모래를 이용한다.
- 우선 사용하려는 모래(표준사)의 단위질량을 구하고 현장에서 모래를 구멍 속에 채운 무게(W)를 측정하면 구멍 속 부피(V)를 알 수 있다.
- $\gamma_{모래} = \dfrac{W}{V}$

$\therefore V = \dfrac{W}{\gamma_{모래}}$

문제 13 점토시료를 수축한계시험한 결과값이 표와 같을 때 수축지수를 구하면?

수축한계 : 24.5%,   소성한계 : 30.3%

㉮ 2.3%　　㉯ 2.8%　　㉰ 3.3%　　㉱ 5.8%

해설
- $I_s = w_p - w_s = 30.3 - 24.5 = 5.8\%$
- 소성지수 $I_p = w_L - w_p$
- 액성지수 $I_L = \dfrac{w - w_p}{I_p}$

문제 14
아스팔트의 연화점 시험에서 시료가 연화해서 늘어나기 시작하여 얼마만큼 떨어진 밑판에 닿는 순간의 온도계의 눈금을 읽어 기록하는가?

㉮ 10.0 mm ㉯ 16.0 mm ㉰ 20.1 mm ㉱ 25.4 mm

해설
- 환(강구)에 아스팔트를 채운 시료가 2.54cm 침강시 온도를 측정한다.
- 침입도와 연화점은 반비례한다.

문제 15
포화도에 대한 설명 중 옳지 않은 것은?

㉮ 간극 속의 물 부피와 간극 전체의 부피와의 비를 백분율로 표시한 것을 말한다.
㉯ 포화도가 100%이면 공극 속에 물이 완전히 채워지고 공기는 존재하지 않는다.
㉰ 간극 속에 물이 차 있는 정도를 나타낸다.
㉱ 지하수위 아래의 흙은 포화도가 0이다.

해설
- 지하수위 아래의 흙은 포화도가 100%이다.
- $S = \dfrac{V_w}{V_v} \times 100$
- $S = \dfrac{G_s \cdot w}{e}$

문제 16
흙의 전단강도를 구하기 위한 실내시험은?

㉮ 직접전단시험 ㉯ 표준관입시험 ㉰ 콘 관입시험 ㉱ 베인 시험

해설
- 표준관입시험 : 63.5kg 해머로 75cm 낙하시켜 스프릿 스푼 샘플러가 30cm 관입시 타격횟수 N치를 구한다.
- 콘 관입시험 : 표준관입시험 보강용으로 일반답사용이다.
- 베인 시험 : 현장에서 연약한 점토지반의 전단강도(C)값을 측정한다.

문제 17
목재의 장점에 관한 다음 설명 중 잘못된 것은?

㉮ 재질과 강도가 균일하다.
㉯ 온도에 대한 수축, 팽창이 비교적 작다.
㉰ 충격과 진동 등을 잘 흡수한다.
㉱ 가볍고 취급 및 가공이 쉽다.

해설 재질과 강도가 일정하지 않다.

문제 18
2μ 이하의 점토함유율에 대한 소성지수와의 비를 무엇이라 하는가?

㉮ 부피변화 ㉯ 선수축 ㉰ 활성도 ㉱ 군지수

해설
- 활성도 $A = \dfrac{I_p}{2\mu \text{ 이하의 점토함유율}}$

정답 14.㉱ 15.㉱ 16.㉮ 17.㉮ 18.㉰

문제 19
골재에 포함된 잔입자에 대한 설명으로 틀린 것은?

㉮ 골재에 들어 있는 잔입자는 점토, 실트, 운모질 등이다.
㉯ 골재에 잔입자가 많이 들어 있으면 콘크리트의 혼합수량이 많아지고 건조수축에 의하여 콘크리트에 균열이 생기기 쉽다.
㉰ 골재에 잔입자가 들어 있으면 블리딩 현상으로 인하여 레이턴스가 많이 생기게 된다.
㉱ 골재 알의 표면에 점토, 실트 등이 붙어 있으면 시멘트 풀과 골재와의 부착력이 커서 강도와 내구성이 커진다.

해설 골재알의 표면에 점토, 실트 등이 붙어 있으면 시멘트 풀과 골재와의 부착력이 떨어져 강도와 내구성이 작아진다.

문제 20
내부마찰각이 30°인 흙에 수직응력 $1800\,kN/m^2$를 가하였을 때 전단응력은 얼마인가? (단, 점착력은 $12\,kN/m^2$이다.)

㉮ $667\,kN/m^2$ ㉯ $885\,kN/m^2$
㉰ $1051\,kN/m^2$ ㉱ $1368\,kN/m^2$

해설
$\tau = C + \sigma \tan\phi$
$= 12 + 1800\tan 30° = 1051\,kN/m^2$

문제 21
콘크리트 배합설계에서 잔골재의 조립률은 어느 정도가 좋은가?

㉮ 2.0~3.3 ㉯ 3.2~4.9 ㉰ 5.0~6.0 ㉱ 6.0~8.0

해설 굵은골재의 조립률은 6~8이다.

문제 22
다음 중 깊은 기초의 종류가 아닌 것은?

㉮ 말뚝기초 ㉯ 피어 기초 ㉰ 케이슨 기초 ㉱ 푸팅 기초

해설 푸팅 기초, 전면기초는 얕은 기초에 속한다.

문제 23
흙의 입도분석시험 결과 입경가적곡선에서 $D_{10}=0.022$, $D_{60}=0.13\,mm$, $D_{30}=0.038\,mm$일 때, 균등계수는 얼마인가?

㉮ 4.80 ㉯ 5.63 ㉰ 5.91 ㉱ 6.03

해설
- $C_u = \dfrac{D_{60}}{D_{10}} = \dfrac{0.13}{0.022} = 5.91$
- $C_g = \dfrac{(D_{30})^2}{D_{10} \times D_{60}} = \dfrac{0.038^2}{0.022 \times 0.13} = 0.5$

정답 19.㉱ 20.㉰ 21.㉮ 22.㉱ 23.㉰

문제 24
반죽질기에 따른 작업의 어렵고 쉬운 정도 및 재료의 분리에 저항하는 정도를 나타내는 굳지 않은 콘크리트의 성질을 무엇이라고 하는가?
- ㉮ 트래피커빌리티
- ㉯ 워커빌리티
- ㉰ 성형성
- ㉱ 피니셔빌리티

해설 반죽질기에 따라 워커빌리티에 영향을 준다.

문제 25
콘크리트용 모래에 포함되어 있는 유기 불순물 시험에 사용되지 않는 것은?
- ㉮ 알코올 용액
- ㉯ 탄산암모늄 용액
- ㉰ 탄닌산 용액
- ㉱ 수산화나트륨 용액

해설 시험용액이 표준용액보다 연해야 사용 가능하다.

문제 26
평판재하시험에서 규정된 재하판의 지름치수가 아닌 것은?
- ㉮ 30cm
- ㉯ 40cm
- ㉰ 50cm
- ㉱ 75cm

해설
- 지지력 계수 $K = \dfrac{q}{y}$
- $K_{75} < K_{40} < K_{30}$

문제 27
사질토 지반에서 유출수량이 급격하게 증대되면서 모래가 분출되는 현상을 무엇이라고 하는가?
- ㉮ 침투현상
- ㉯ 배수현상
- ㉰ 분사현상
- ㉱ 동상현상

해설
- 분사현상이 일어나는 조건

$$i < i_c = \dfrac{G_s - 1}{1 + e}$$

여기서, $i = \dfrac{h}{L}$

문제 28
콘크리트 속에 많은 거품을 일으켜, 부재의 경량화나 단열성을 목적으로 사용하는 혼화제는?
- ㉮ 지연제
- ㉯ 기포제
- ㉰ 급결제
- ㉱ 감수제

해설 기포제는 주로 콘크리트의 중량을 가볍게 하기 위하여 사용되는 혼화제이다.

문제 29
콘크리트의 블리딩 시험에서 처음 60분 동안은 몇 분 간격으로 표면에 생긴 블리딩 물을 피펫으로 빨아내는가?
- ㉮ 1분
- ㉯ 5분
- ㉰ 10분
- ㉱ 30분

정답 24.㉯ 25.㉮ 26.㉰ 27.㉰ 28.㉯ 29.㉰

문제 30 모래 치환에 의한 현장단위무게시험에서 구멍에서 파낸 젖은 흙의 무게가 2340g이었다. 이 흙의 함수비가 15%일 때 건조 흙의 무게는 얼마인가?

㉮ 1989g ㉯ 2120g ㉰ 2034.8g ㉱ 2148.2g

해설
- $W_s = \dfrac{100 \cdot W}{100+w} = \dfrac{100 \times 2340}{100+15} = 2034.8g$
- $W_w = \dfrac{w \cdot W}{100+w} = \dfrac{15 \times 2340}{100+15} = 305.2g$

문제 31 흙의 다짐 시험에서 다짐에너지에 관한 설명 중 옳지 않은 것은?

㉮ 래머(rammer)의 중량에 비례한다.
㉯ 래머(rammer)의 낙하높이에 비례한다.
㉰ 래머(rammer)의 낙하횟수에 반비례한다.
㉱ 시료의 부피에 반비례한다.

해설
- $E_c = \dfrac{W_R \cdot H \cdot N_B \cdot N_L}{V}$
- 다짐에너지가 증가하면 밀도는 높아지고 함수비는 감소한다.

문제 32 흙의 함수비 시험 결과가 아래 표와 같을 때 이 흙의 함수비는?

- 자연상태 시료와 용기의 무게(g) : 125
- 노건조 시료와 용기의 무게(g) : 105
- 용기의 무게(g) : 55

㉮ 30% ㉯ 40% ㉰ 50% ㉱ 60%

해설
$w = \dfrac{W_w}{W_s} \times 100 = \dfrac{WW-DW}{DW-TW} \times 100 = \dfrac{125-105}{105-55} \times 100 = 40\%$

문제 33 시멘트를 만드는 과정에서 석고를 첨가하는 목적은?

㉮ 수밀성 증대   ㉯ 경화 촉진
㉰ 응결시간 조절 ㉱ 초기 강도 증진

해설
- 포틀랜드 시멘트의 주원료량 : 석회석 > 점토 > 규석 > 슬래그 > 석고

정답 30.㉰ 31.㉰ 32.㉯ 33.㉰

문제 34
아스팔트의 늘어나는 능력을 측정하는 시험은?
㉮ 아스팔트 밀도 시험　　　㉯ 아스팔트 침입도 시험
㉰ 아스팔트 인화점 시험　　㉱ 아스팔트 신도 시험

해설　스트레이트 아스팔트는 신도가 크지만 블론 아스팔트는 아주 작다.

문제 35
어떤 흙의 체가름 시험으로부터 구한 입경가적 곡선에서 D_{10} =0.04mm, D_{30} = 0.07mm, D_{60} =0.14mm이었다. 곡률계수는?
㉮ 0.875　　㉯ 1.142　　㉰ 3.523　　㉱ 12.51

해설
- 곡률계수 $C_g = \dfrac{(D_{30})^2}{D_{10} \times D_{60}} = \dfrac{0.07^2}{0.04 \times 0.14} = 0.875$
- 균등계수 $C_u = \dfrac{D_{60}}{D_{10}} = \dfrac{0.14}{0.04} = 3.5$

문제 36
압밀에서 선행 압밀하중이란 무엇인가?
㉮ 과거에 받았던 최대 압밀하중
㉯ 현재 받고 있는 압밀하중
㉰ 앞으로 받을 수 있는 최대 압밀하중
㉱ 침하를 일으키지 않는 최대 압밀하중

해설
- 현재 지반이 과거에 최대로 받았던 압밀하중을 선행 압밀하중이라 한다.
- 과압밀비 OCR = $\dfrac{\text{선행 압밀하중}}{\text{현재 유효상재하중}}$

문제 37
콘크리트에 AE제를 사용하였을 때 장점에 해당되지 않는 것은?
㉮ 워커빌리티가 좋다.
㉯ 동결, 융해에 대한 저항성이 크다.
㉰ 강도가 커지며 철근과의 부착강도가 크다.
㉱ 단위수량을 줄일 수 있다.

해설　강도가 적어지며 철근과의 부착강도가 떨어진다.

문제 38
콘크리트의 압축강도 시험용 공시체의 지름은 굵은골재 최대치수의 최소 몇 배 이상으로 하여야 하는가?
㉮ 2배　　㉯ 3배　　㉰ 4배　　㉱ 5배

해설　공시체는 지름의 2배 높이를 가진 원기둥형으로 지름은 굵은골재 최대치수의 3배 이상이며 또한 100mm 이상이어야 한다.

정답　34.㉱　35.㉮　36.㉮　37.㉰　38.㉯

문제 39
다음 중 작은 변형에도 쉽게 파괴되는 재료의 성질은?
㉮ 인성 ㉯ 전성 ㉰ 연성 ㉱ 취성

해설 취성의 성질은 주철, 유리, 콘크리트 등에서 나타난다.

문제 40
골재의 안정성 시험에 대한 설명으로 틀린 것은?
㉮ 잔골재를 시험하는 경우 시료는 대표적인 것 약 2kg을 채취한다.
㉯ 시료의 무게가 일정하게 될 때까지 100~110℃의 온도로 건조시킨다.
㉰ 황산나트륨 용액 속에 24~48시간 동안 담가둔다.
㉱ 안정성 시험을 통하여 골재의 손실질량 백분율을 구할 수 있다.

해설
- 황산나트륨 용액 속에 16~18시간 동안 담가둔다.
- 안정성 시험은 5회 하였을 때 골재의 손실질량비(%)의 한도로 한다.

문제 41
강재의 인장시험에 있어서 응력-변형률 곡선에 관계되는 사항이 아닌 것은?
㉮ 비례한도 ㉯ 탄성한도 ㉰ 파괴점 ㉱ 인성한도

해설 비례한도, 탄성한도, 항복점, 극한강도, 파괴점

문제 42
다음 중 Stokes의 법칙에 의하여 흙 입자의 크기를 알아내는 것은?
㉮ 체분석법 ㉯ 침강분석법
㉰ MIT 분석법 ㉱ Casagrande 분석법

해설 침강분석법은 No.200체 이하의 입도 분포를 알기 위해 실시한다.

문제 43
사면에 파괴와 관계가 없는 것은?
㉮ 흙의 함수량의 증가에 의한 간극수압 증가 및 점토의 연약화
㉯ 흙의 수압작용, 지진, 공사에 의한 굴착 및 이동
㉰ 흙의 전단강도 증가
㉱ 흙의 팽창 및 수축에 의한 균열

해설 흙의 전단강도가 증가되면 사면이 안전하다.

문제 44
사질 지반에 놓여 있는 강성기초의 접지압 분포에 관한 설명으로 옳은 것은?
㉮ 기초 밑면에서의 응력은 토질에 상관없이 일정하다.
㉯ 기초의 밑면에서는 어느 부분이나 동일하다.
㉰ 기초의 모서리 부분에서 최대응력이 발생한다.
㉱ 기초의 중앙부에서 최대응력이 발생한다.

정답 39.㉱ 40.㉰ 41.㉱ 42.㉯ 43.㉰ 44.㉱

해설 : 점토 지반에 놓여 있는 강성기초의 접지압 분포는 기초의 모서리 부분에서 최대응력이 발생한다.

문제 45 콘크리트 슬럼프 시험(KS F 2402)의 적용범위에 대한 아래 표의 ( )에 공통으로 들어갈 알맞은 수치는?

> 굵은골재의 최대치수가 ( )mm를 넘는 콘크리트의 경우에는 ( )mm를 넘는 굵은골재를 제거한다.

㉮ 30 ㉯ 40 ㉰ 50 ㉱ 60

해설 : 슬럼프 시험은 3분 이내에 끝내야 하며 5mm 단위로 측정한다.

문제 46 다음 중 시멘트 분말도 시험에 사용되는 재료 또는 기계기구가 아닌 것은?

㉮ 다이얼 게이지 ㉯ 수은
㉰ 거름종이 ㉱ 다공 금속판

해설 : 다이얼 게이지는 흙의 CBR 시험 때 이용된다.

문제 47 보크사이트와 석회석을 혼합하여 만든 시멘트로서 조기강도가 커서 긴급 공사나 한중 콘크리트에 알맞으며, 내화학성도 우수하여 해수공사에 적합한 시멘트는?

㉮ 중용열 포틀랜드 시멘트 ㉯ 팽창 시멘트
㉰ 알루미나 시멘트 ㉱ 내황산염 포틀랜드 시멘트

해설 : 알루미나 시멘트는 특수 시멘트로 재령 1일 강도가 보통 포틀랜드 시멘트의 28일 강도와 같다.

문제 48 콘크리트 압축강도 시험에 대한 설명으로 틀린 것은?

㉮ 시험체 지름은 굵은골재 최대치수의 3배 이상일 것
㉯ 공시체의 양생온도는 18~22℃로 한다.
㉰ 공시체가 급격한 변형을 시작한 후에는 하중을 가하는 속도의 조정을 중지하고 하중을 계속 가한다.
㉱ 공시체의 양생이 끝난 뒤 충분히 건조시켜 마른 상태에서 시험한다.

해설 : 공시체의 양생이 끝난 뒤 습윤상태에서 시험을 한다.

문제 49 잔골재의 밀도 시험은 두 번 실시하여 평균값을 잔골재의 밀도 값으로 결정한다. 이때 각각의 시험값은 평균과의 차이가 얼마 이하이어야 하는가?

㉮ $0.5g/cm^3$ ㉯ $0.1g/cm^3$ ㉰ $0.05g/cm^3$ ㉱ $0.01g/cm^3$

해설 : 흡수율 시험의 경우에는 0.05% 이하이어야 한다.

정답 45.㉯ 46.㉮ 47.㉰ 48.㉱ 49.㉱

문제 50
흙의 공학적 분류에서 0.075mm체 통과량이 몇 % 이하이면 조립토로 분류하는가?
- ㉮ 50%
- ㉯ 60%
- ㉰ 70%
- ㉱ 80%

해설
- 조립토와 세립토의 분류는 0.075mm체 통과량을 50%로 기준한다.
- 조립토에서 자갈과 모래를 분류할 경우는 5mm체 통과량을 50%로 기준한다.

문제 51
일반적으로 콘크리트의 강도는?
- ㉮ 인장강도
- ㉯ 휨강도
- ㉰ 압축강도
- ㉱ 전단강도

해설 콘크리트의 강도는 보통 압축강도를 말한다.

문제 52
불연속 짧은 강섬유를 콘크리트 속에 혼입하여 인장강도, 균열저항성, 인성을 증대시킨 콘크리트는?
- ㉮ 폴리머 시멘트 콘크리트
- ㉯ 순환골재 콘크리트
- ㉰ 고강도 콘크리트
- ㉱ 섬유보강 콘크리트

해설 섬유는 인장강도가 충분히 크고 형상비가 50 이상이어야 한다.

문제 53
입도가 양호한 골재를 사용한 콘크리트의 특징으로 옳지 않은 것은?
- ㉮ 건조수축이 적다.
- ㉯ 재료분리가 적다.
- ㉰ 단위시멘트량 및 단위수량이 적다.
- ㉱ 워커빌리티가 감소된다.

해설 워커빌리티가 증가된다.

문제 54
시멘트 강도시험 방법(KS L ISO 679)으로 공시체를 제작할 경우 물-시멘트비는?
- ㉮ 35%
- ㉯ 40%
- ㉰ 45%
- ㉱ 50%

해설 시멘트 모르타르 압축강도 시험에서 시멘트와 표준사의 비율은 1 : 3이다.

문제 55
흙의 입도시험을 할 때 사용되지 않는 것은?
- ㉮ 황산나트륨
- ㉯ 증류수
- ㉰ 규산나트륨
- ㉱ 과산화수소

해설 비중계에 의한 입도시험을 할 때 시료의 면모화 방지용 분산제(과산화수소)를 사용한다.

정답 50.㉮ 51.㉰ 52.㉱ 53.㉱ 54.㉱ 55.㉮

문제 56
콘크리트의 인장강도는 압축강도의 어느 정도인가?
- ㉮ $\frac{1}{10} \sim \frac{1}{13}$
- ㉯ $\frac{1}{15} \sim \frac{1}{18}$
- ㉰ $\frac{1}{20} \sim \frac{1}{22}$
- ㉱ $\frac{1}{25} \sim \frac{1}{30}$

해설
- 압축강도의 $\frac{1}{10} \sim \frac{1}{13}$ 정도이다.
- 콘크리트의 인장강도 측정을 위해 할열시험을 한다.

문제 57
콘크리트의 압축강도 시험의 재령일에 해당되지 않는 것은?
- ㉮ 7일
- ㉯ 14일
- ㉰ 28일
- ㉱ 90일

해설 콘크리트 압축강도는 보통 28일 강도를 기준한다.

문제 58
가장 단순한 토립자의 배열로서 자갈, 모래 등의 구조는?
- ㉮ 단립구조
- ㉯ 벌집구조
- ㉰ 봉소구조
- ㉱ 면모구조

해설
- 봉소구조(벌집구조) : 실트, 점토로 압축성이 크다.
- 면모구조 : 수중에 분산하면 침강하지 않는 압축성, 공극비가 큰 콜로이드이다.

문제 59
통일 분류법으로 곡률계수(C_g)가 1~3에 해당되고 균등계수(C_u)가 4 이상인 경우의 자갈 분류는?
- ㉮ GW
- ㉯ GP
- ㉰ GM
- ㉱ GC

해설
- 자갈 4 < C_u : 양호
- 모래 6 < C_u : 양호
- 1 < C_g < 3 : 양호

문제 60
콘크리트 압축강도 시험방법에 대한 설명으로 옳지 않은 것은?
- ㉮ 공시체는 습윤상태에서 시험을 한다.
- ㉯ 공시체의 지름은 0.5mm까지 측정한다.
- ㉰ 재하속도가 빠를수록 압축강도는 높게 측정된다.
- ㉱ 모양이 다르면 크기가 작은 공시체의 압축강도가 높게 측정된다.

해설 공시체의 지름은 0.1mm까지 측정한다.

정답 56.㉮ 57.㉱ 58.㉮ 59.㉮ 60.㉯

건설재료시험 기능사 — 2014년 4월 6일 (제2회)

알려드립니다
한국산업인력공단의 저작권법 저촉에 대한 언급이 있어 과거에 출제된 동일한 문제나 그 유형의 문제로 재구성하였습니다.

문제 01
KS F 2449에 규정된 굳지 않은 콘크리트 용적에 의한 공기량시험 방법은 굵은골재 최대치수 얼마 이하인 것을 적용하는가?
- ㉮ 25mm
- ㉯ 35mm
- ㉰ 40mm
- ㉱ 50mm

해설 굵은골재 최대치수가 40mm 이하인 경우에 적용한다.

문제 02
콘크리트의 건조수축에 가장 큰 영향을 주는 것은?
- ㉮ 단위잔골재량
- ㉯ 단위시멘트량
- ㉰ 단위수량
- ㉱ 단위굵은골재량

해설 건조수축은 단위수량에 큰 영향을 받기 때문에 물-시멘트비를 작게 해야 한다.

문제 03
긴급공사나 한중 콘크리트에 알맞는 혼화재료는?
- ㉮ AE제
- ㉯ 촉진제
- ㉰ 지연제
- ㉱ 발포제

해설 시멘트의 수화작용을 빠르게 하여 응결이 빠른 촉진제로 염화칼슘이 사용된다.

문제 04
다음 중 강의 경도와 강도를 좌우하는 것은?
- ㉮ 인
- ㉯ 황
- ㉰ 탄소
- ㉱ 실리카

해설 탄소의 양이 적을수록 연하고 늘어나기 쉬우며 탄소량이 증가할수록 경도와 강도는 증가하지만 탄성력과 신장률은 감소한다.

문제 05
피크노미터를 100ml보다 큰 것을 사용하여 흙 입자 밀도시험을 할 경우 1회 측정에 필요한 노건조 시료는 최소 얼마인가?
- ㉮ 10g
- ㉯ 20g
- ㉰ 25g
- ㉱ 50g

해설 흙 입자 밀도시험에는 노건조 시료 10g 이상을 사용하며 100ml보다 큰 피크노미터를 사용할 경우에는 25g 이상이 필요하다.

정답 01.㉰ 02.㉰ 03.㉯ 04.㉰ 05.㉰

문제 06
시멘트 시험과 관계되는 기구로 옳지 않은 연결은?
- ㉮ 시멘트 분말도 시험 – 마노미터
- ㉯ 시멘트 밀도 시험 – 르샤틀리에 병
- ㉰ 시멘트 응결 시험 – 비카트 침
- ㉱ 시멘트 팽창도 시험 – 길모어 침

해설 시멘트 팽창도 시험 – 오토클레이브

문제 07
품질기준강도(f_{cq})가 21MPa이고 30회 이상의 압축강도 시험으로부터 구한 콘크리트 압축강도 표준편차가 3MPa이다. 배합강도는?
- ㉮ 24.49MPa ㉯ 25.02MPa ㉰ 25.89MPa ㉱ 26.49MPa

해설 $f_{cq} \leq 35\text{MPa}$이므로
$f_{cr} = f_{cq} + 1.34S = 21 + 1.34 \times 3 = 25.02\text{MPa}$
$f_{cr} = (f_{cq} - 3.5) + 2.33S = (21 - 3.5) + 2.33 \times 3 = 24.49\text{MPa}$
∴ 큰 값인 25.02MPa이다.

문제 08
부시네스크(Boussinesq)의 해를 이용하여 구할 수 있는 것은?
- ㉮ 내부 마찰각 ㉯ 전단강도 ㉰ 예민비 ㉱ 연직응력

해설 집중하중이 지반표면의 연직에 작용하는 부시네스크(Boussinesq)의 해는 영향원을 고안하여 해석한다.

문제 09
콘크리트 압축강도 시험용 공시체의 표면을 캐핑하기 위한 시멘트 풀의 물–시멘트비는 어느 정도가 적합한가?
- ㉮ 17~26% ㉯ 27~30% ㉰ 31~36% ㉱ 37~40%

해설 공시체가 압축강도 시험시 편심을 받지 않도록 캐핑을 하는데 콘크리트를 채운 뒤 2~4시간 지나서 실시한다.

문제 10
다음 중 잔골재의 밀도는 얼마인가?
- ㉮ 2.0~2.50 g/cm³
- ㉯ 2.50~2.65 g/cm³
- ㉰ 2.55~2.70 g/cm³
- ㉱ 2.0~3.0 g/cm³

해설 굵은골재의 밀도는 2.55~2.70 g/cm³ 범위이다.

문제 11
질량 113kg의 목재를 절대건조시켜서 100kg로 되었다면 함수율은?
- ㉮ 0.13% ㉯ 0.30% ㉰ 3.00% ㉱ 13.00%

정답 06.㉱ 07.㉯ 08.㉱ 09.㉯ 10.㉰ 11.㉱

해설
- $\omega = \dfrac{W_1 - W_2}{W_2} \times 100 = \dfrac{113 - 100}{100} \times 100 = 13\%$
- 목재는 함수율의 변화에 의한 변형과 팽창, 수축이 크다.
- 목재를 대기중에 방치하여 건조시키면 먼저 유리수가 증발하고 그 다음에 세포수가 증발한다.
- 유리수와 세포수의 한계에서의 함수상태를 섬유포화점이라 한다.

문제 12
AE 콘크리트의 장점이 아닌 것은?
㉮ 물-결합재비를 작게 할 수 있고, 수밀성이 감소된다.
㉯ 응결경화시에 발열량이 적다.
㉰ 워커빌리티가 좋고 블리딩이 적다.
㉱ 동결융해에 대한 저항성이 크다.

해설 물-결합재비를 작게 할 수 있고 수밀성이 증대된다.

문제 13
단면적이 80 mm²인 강봉을 인장시험하여 항복점하중 2,560 kg, 최대하중 3,680 kg을 얻었을 때 인장강도는 얼마인가?
㉮ 70 kg/mm² ㉯ 46 kg/mm² ㉰ 32 kg/mm² ㉱ 18 kg/mm²

해설 인장강도 $= \dfrac{P_{max}}{A_0} = \dfrac{3,680}{80} = 46\,\text{kg/mm}^2$

문제 14
액성한계 시험시 유동곡선에서 낙하횟수 몇 회에 해당하는 함수비를 액성한계라 하는가?
㉮ 10회 ㉯ 15회 ㉰ 20회 ㉱ 25회

해설
- 유동곡선에서 낙하횟수 25회에 상당하는 함수비를 액성한계로 한다.
- $I_p = w_L - w_p$
- 액성한계 또는 소성한계를 구할 수 없을 때는 NP로 한다.

문제 15
역청제의 연화점을 알기 위하여 일반적으로 사용하는 방법은?
㉮ 환구법 ㉯ 웬트라이너법 ㉰ 우벨로데법 ㉱ 육면체법

해설 아스팔트는 온도가 상승하는 데 따라 액화하여 액상이 된다. 연화점은 아스팔트가 어느 일정한 점성에 도달했을 때의 온도로 나타낸다.

문제 16
다음 중 수은을 사용하는 시험 방법은?
㉮ 액성한계시험 ㉯ 소성한계시험
㉰ 흙 입자 밀도시험 ㉱ 수축한계시험

정답 12.㉮ 13.㉯ 14.㉱ 15.㉮ 16.㉱

해설
- 수축한계시험 결과에 의해 수축비, 용적 변화, 동상 판정, 흙 입자 밀도 근사치, 선 수축 등을 알 수 있다.
- 함수비가 수축한계보다 커지면 점토는 팽창한다.

문제 17
아스팔트의 연화점 시험에서 시료가 연화해서 늘어나기 시작하여 얼마만큼 떨어진 밑판에 닿는 순간의 온도계의 눈금을 읽어 기록하는가?

㉮ 10.0 mm   ㉯ 16.0 mm   ㉰ 20.1 mm   ㉱ 25 mm

해설
- 환(강구)에 아스팔트를 채운 시료가 25mm 침강시 온도를 측정한다.
- 침입도와 연화점은 반비례한다.

문제 18
두께 3.5m의 점토시료를 채취하여 압밀시험한 결과 하중강도가 200 kN/m²에서 400 kN/m²로 증가될 때 간극비는 1.8에서 1.2로 감소하였다. 압축계수(a_v)는?

㉮ 3×10^{-3} m²/kN   ㉯ 12×10^{-3} m²/kN
㉰ 22×10^{-3} m²/kN   ㉱ 33×10^{-3} m²/kN

해설
- $a_v = \dfrac{e_1 - e_2}{P_2 - P_1} = \dfrac{1.8 - 1.2}{400 - 200} = 3 \times 10^{-3}$ m²/kN
- 체적의 변화계수 $m_v = \dfrac{a_v}{1+e} = \dfrac{3 \times 10^{-3}}{1+1.8} = 1.07 \times 10^{-3}$ m²/kN
- 압축지수 $C_c = \dfrac{e_1 - e_2}{\log \dfrac{P_2}{P_1}} = \dfrac{1.8 - 1.2}{\log \dfrac{400}{200}} = 0.26$

문제 19
포졸란을 사용한 콘크리트의 영향 중 옳지 않은 것은?

㉮ 시멘트가 절약된다.
㉯ 콘크리트의 수밀성이 커진다.
㉰ 작업이 용이하고 발열량이 증대한다.
㉱ 해수에 대한 저항성이 커진다.

해설 발열량이 적어진다.

문제 20
니트로 글리세린을 주성분으로 하여 이것을 여러 가지의 고체에 흡수시킨 폭약은?

㉮ 칼릿   ㉯ 초유 폭약   ㉰ 다이너마이트   ㉱ 슬러리 폭약

해설 다이너마이트 중 교질 다이너마이트는 폭발력이 가장 강하고 수중용으로도 사용한다.

문제 21
굵은골재의 닳음시험에 사용되는 기계기구가 아닌 것은?

㉮ 데시케이터   ㉯ 로스앤젤레스 시험기
㉰ 1.7mm 표준체   ㉱ 건조기

정답 17.㉱ 18.㉮ 19.㉰ 20.㉰ 21.㉮

해설   데시케이터는 흙의 함수비 시험에 사용된다.

문제 22 골재의 안정성 시험에 사용되는 용액으로 알맞은 것은?
㉮ 황산나트륨 용액　　㉯ 황산마그네슘 용액
㉰ 염화칼슘 용액　　㉱ 가성소다 용액

해설   골재의 안정성 시험에는 황산나트륨, 염화바륨 용액이 사용된다.

문제 23 2μ 이하의 점토함유율에 대한 소성지수와의 비를 무엇이라 하는가?
㉮ 부피변화　㉯ 선수축　㉰ 활성도　㉱ 군지수

해설   활성도 $A = \dfrac{I_p}{2\mu \text{ 이하의 점토함유율}}$

문제 24 골재에 포함된 잔입자에 대한 설명으로 틀린 것은?
㉮ 골재에 들어 있는 잔입자는 점토, 실트, 운모질 등이다.
㉯ 골재에 잔입자가 많이 들어 있으면 콘크리트의 혼합수량이 많아지고 건조수축에 의하여 콘크리트에 균열이 생기기 쉽다.
㉰ 골재에 잔입자가 들어 있으면 블리딩 현상으로 인하여 레이턴스가 많이 생기게 된다.
㉱ 골재 알의 표면에 점토, 실트 등이 붙어 있으면 시멘트 풀과 골재와의 부착력이 커서 강도와 내구성이 커진다.

해설   골재알의 표면에 점토, 실트 등이 붙어 있으면 시멘트 풀과 골재와의 부착력이 떨어져 강도와 내구성이 작아진다.

문제 25 흙 입자 밀도시험에서 흙 시료가 내포한 공기를 없애기 위해서 전열기로 끓이는데 일반적인 흙은 얼마 이상 끓여야 하는가?
㉮ 1분　㉯ 3분　㉰ 5분　㉱ 10분

해설   흙 시료 속의 공기를 제거하기 병 안의 공기를 제거하기 위해서 10분 이상 끓인다.

문제 26 시멘트 64g, 처음 광유 눈금 읽기가 0ml, 시멘트를 넣고 기포를 제거한 후 눈금 읽기가 21ml일 때 시멘트의 밀도는 얼마인가?
㉮ 3.05g/cm³　㉯ 3.10g/cm³　㉰ 3.15g/cm³　㉱ 3.20g/cm³

해설   시멘트 밀도 $= \dfrac{64}{21-0} = 3.05 \text{g/cm}^3$

정답   22.㉮   23.㉰   24.㉱   25.㉱   26.㉮

문제 27 일축압축시험을 한 결과, 흐트러지지 않은 점성토의 압축강도가 200 kN/m²이고, 다시 이겨 성형한 시료의 일축압축강도가 40 kN/m²일 때 이 흙의 예민비는 얼마인가?

㉮ 0.2　　㉯ 2.0　　㉰ 0.5　　㉱ 5.0

해설 $S_t = \dfrac{q_u}{q_{ur}} = \dfrac{200}{40} = 5$

$C = \dfrac{q_u}{2} = \dfrac{200}{2} = 100 \, \text{kN/m}^2$

문제 28 도로 포장 설계에 있어서 포장 두께를 결정하는 시험은?

㉮ 직접전단시험　　㉯ 일축압축시험
㉰ 평판재하시험　　㉱ CBR시험

해설
- 노상토의 지지력비(CBR)는 아스팔트 포장의 두께를 설계할 때 사용하는 값이다.
- $CBR(\%) = \dfrac{\text{시험하중(시험하중강도)}}{\text{표준하중(표준하중강도)}} \times 100$

문제 29 다음 중 직접기초에 해당하는 것은?

㉮ Footing 기초　　㉯ 말뚝기초
㉰ 피어 기초　　㉱ 케이슨 기초

해설
- 얕은기초(직접기초)는 푸팅 기초와 전면기초가 있다.
- 전면기초는 기초바닥면적이 시공면적의 2/3 이상이며 연약지반에 사용된다.

문제 30 연약한 점토지반에서 전단강도를 구하기 위하여 실시하는 현장 시험법은?

㉮ Vane시험　　㉯ 현장 CBR시험
㉰ 직접전단시험　　㉱ 압밀시험

해설 $C = \dfrac{M_{\max}}{\pi D^2 \left(\dfrac{H}{2} + \dfrac{D}{6}\right)}$

문제 31 흙의 다짐시험에 필요한 기구가 아닌 것은?

㉮ 샌드콘(sand cone)　　㉯ 원통형 금속제 몰드(mold)
㉰ 래머(rammer)　　㉱ 시료추출기(sample extruder)

해설
- 샌드콘은 들밀도, 즉 현장 흙의 단위중량시험에 이용된다.
- 다짐도 $= \dfrac{\gamma_d}{\gamma_{d\max}} \times 100$

정답　27.㉱　28.㉱　29.㉮　30.㉮　31.㉮

문제 32
화약 취급상 주의사항 중 옳지 않은 것은?
- ㉮ 다이너마이트는 햇볕의 직사를 피하고 화기가 있는 곳에 두지 않는다.
- ㉯ 뇌관과 폭약은 사용에 편리하도록 한 곳에 보관한다.
- ㉰ 화기와 충격에 대하여 각별히 주의한다.
- ㉱ 장기간 보존으로 인한 흡습, 동결에 주의하고 온도와 습도에 의한 품질의 변화가 없도록 해야 한다.

해설 뇌관과 폭약을 같은 장소에 놓고 사용하면 위험하다.

문제 33
액성한계시험 방법에 대한 설명 중 틀린 것은?
- ㉮ 0.425mm체로 쳐서 통과한 시료 약 200g 정도를 준비한다.
- ㉯ 황동접시의 낙하높이가 10±1mm가 되도록 낙하장치를 조정한다.
- ㉰ 액성한계시험으로부터 구한 유동곡선에서 낙하횟수 25회에 해당하는 함수비를 액성한계라 한다.
- ㉱ 크랭크를 1초에 2회전의 속도로 접시를 낙하시키며, 시료가 10mm 접촉할 때까지 회전시켜 낙하횟수를 기록한다.

해설 크랭크를 1초에 2회전의 속도로 접시를 낙하시키며 시료가 13mm 접촉할 때까지 회전시켜 낙하횟수를 기록한다.

문제 34
골재의 조립률을 구할 때 사용되는 체가 아닌 것은?
- ㉮ 40mm체
- ㉯ 25mm체
- ㉰ 10mm체
- ㉱ 0.15mm체

해설 75mm, 40mm, 20mm, 10mm, 5mm, 2.5mm, 1.2mm, 0.6mm, 0.3mm, 0.15mm

문제 35
평판재하시험에서 1.25mm 침하량에 해당하는 하중강도가 1.25 kN/m²일 때 지지력계수(K)는 얼마인가?
- ㉮ 500kN/m³
- ㉯ 1500kN/m³
- ㉰ 2000kN/m³
- ㉱ 1000kN/m³

해설
- $K = \dfrac{q}{y} = \dfrac{1.25}{0.00125} = 1000 \, kN/m^3$
- $K_{75} = \dfrac{1}{2.2} K_{30}$

문제 36
시멘트의 수화열을 적게 하고 조기강도는 작으나 장기 강도가 크고 체적의 변화가 적어 댐축조 등에 사용되는 시멘트는?
- ㉮ 알루미나 시멘트
- ㉯ 조강 포틀랜드 시멘트
- ㉰ 중용열 포틀랜드 시멘트
- ㉱ 팽창 시멘트

정답 32.㉯ 33.㉱ 34.㉯ 35.㉱ 36.㉰

해설 중용열 포틀랜드 시멘트의 건조수축은 포틀랜드 시멘트 중에서 가장 적으며 화학저항성이 크고 내산성이 우수하다.

문제 37 흙 입자 밀도시험에서 가장 큰 오차의 원인은 무엇인가?
㉮ 흙의 성질
㉯ 흙의 습윤밀도
㉰ 흙의 건조밀도
㉱ 흙에 내포한 공기

해설 흙에 내포한 공기를 제거하기 위해 10분 이상 끓인다.

문제 38 아스팔트의 침입도 시험에서 침입도 '1'이란 침이 시료 속에 몇 mm 깊이로 들어갔을 경우인가?
㉮ $\frac{1}{10}$mm ㉯ $\frac{1}{20}$mm ㉰ $\frac{1}{30}$mm ㉱ $\frac{1}{40}$mm

해설
- 침입도 1이란 침이 $\frac{1}{10}$mm 깊이 관입하는 것을 뜻한다.
- 시험할 때 이 침의 온도는 측정온도와 같아야 한다.
- 시험온도(물)는 25℃를 표준으로 한다.

문제 39 시멘트 분말도에 관한 설명으로 잘못된 것은?
㉮ 시멘트 입자의 가는 정도를 나타내는 것을 분말도라 한다.
㉯ 시멘트 입자가 가늘수록 분말도가 높다.
㉰ 분말도가 높으면 수화발열이 작다.
㉱ 시멘트의 분말도는 비표면적으로 나타낼 수 있다.

해설
- 분말도가 높으면 수화발열이 커서 조기강도가 커진다.
- 시멘트의 분말도는 비표면적으로 나타낸다.
- 시멘트의 비표면적(cm^2/g)이란 1g의 시멘트가 가지고 있는 전체 입자의 총표면적을 cm^2 단위로 나타낸 것이다.

문제 40 액성한계가 42.8%이고 소성한계는 32.2%일 때 소성지수를 구하면?
㉮ 10.6 ㉯ 12.8 ㉰ 21.2 ㉱ 42.4

해설
- $I_P = w_L - w_P = 42.8 - 32.2 = 10.6\%$
- $I_L = \frac{w_n - w_p}{I_P}$
- $I_C = \frac{w_L - w_n}{I_P}$

문제 41 흙의 함수비 시험에서 시료의 최대 입자 지름이 19mm일 때 시료의 최소 무게로 적당한 것은?
㉮ 100g ㉯ 300g ㉰ 500g ㉱ 1000g

정답 37.㉱ 38.㉮ 39.㉰ 40.㉮ 41.㉯

해설 함수비 측정에 필요한 시료의 최소 무게의 기준

시료의 최대 입자 지름(mm)	시료의 최소 무게
75	5~30kg
37.5	1~5kg
19	150~300g
4.75	30~100g
2	10~30g
0.425	5~10g

문제 42 어떤 현장 시료의 습윤단위무게가 15.6 kN/m³, 포화단위무게가 17.4 kN/m³이고 함수비는 25%이었다. 수중단위무게는 얼마인가? (단, $\gamma_w = 9.81 \text{kN/m}^3$이다.)

㉮ 12.55 kN/m³ ㉯ 13.9 kN/m³ ㉰ 15.4 kN/m³ ㉱ 7.59 kN/m³

해설
- $\gamma_{sub} = \gamma_{sat} - \gamma_w = 17.4 - 9.81 = 7.59 \text{kN/m}^3$
- $\gamma_{sub} = \dfrac{G_s - 1}{1+e}\gamma_w$
- $\gamma_{sat} = \dfrac{G_s + e}{1+e}\gamma_w$

문제 43 콘크리트를 친 후 시멘트와 골재 알이 침하하면서 물이 올라와 콘크리트의 표면에 떠오르는 현상을 무엇이라 하는가?

㉮ 블리딩 ㉯ 레이턴스 ㉰ 워커빌리티 ㉱ 반죽질기

해설 블리딩을 적게 하기 위해서는 단위수량을 적게 하고 골재 입도가 적당해야 한다.

문제 44 콘크리트의 슬럼프 값은 콘크리트가 중앙부에서 내려앉은 길이를 어느 정도의 정밀도로 표시하는가?

㉮ 0.5mm ㉯ 1mm ㉰ 5mm ㉱ 10mm

해설
- 콘크리트의 중앙부에서 내려앉은 길이를 5mm 단위로 측정한다.
- 슬럼프 시험은 총 3분 이내로 한다.

문제 45 흙 속의 물이 얼어서 부피가 팽창하여 지표면이 부풀어 오르는 현상을 무엇이라 하는가?

㉮ 동상 현상 ㉯ 모세관 현상 ㉰ 포화 현상 ㉱ 팽창 현상

해설 흙의 동상 현상은 실트질에서 가장 크게 일어난다.

문제 46 어느 현장 흙의 습윤단위무게가 18.2 kN/m³, 함수비 20%일 때 이 흙의 건조단위무게는?

㉮ 15.2 kN/m³ ㉯ 16.3 kN/m³ ㉰ 17.2 kN/m³ ㉱ 18 kN/m³

해설
- $r_d = \dfrac{r_t}{1+\dfrac{w}{100}} = \dfrac{18.2}{1+\dfrac{20}{100}} = 15.2\,\text{kN/m}^3$
- $r_d = \dfrac{G_s}{1+e}\gamma_w$

문제 47
흙의 통일분류기호 중 '입도분포가 나쁜 모래'를 나타내는 것은?

㉮ GP ㉯ SP ㉰ GC ㉱ SC

해설
- GP : 입도분포가 나쁜 자갈
- SP : 입도분포가 나쁜 모래
- GC : 점토가 섞인 자갈(점토질의 자갈)
- SC : 점토가 섞인 모래(점토질의 모래)

문제 48
골재의 안정성 시험(KS F 2507)에 대한 설명으로 잘못된 것은?

㉮ 시험용 용액으로는 황산나트륨 포화 용액이 사용된다.
㉯ 시약용 용액의 골재에 대한 잔류 유무를 조사하기 위해 염화바륨 용액이 사용된다.
㉰ 로스앤젤레스 시험기를 사용하여 시험한다.
㉱ 기상작용에 대한 골재의 내구성을 조사하기 위한 시험이다.

해설 로스앤젤레스 시험기는 굵은골재의 마모저항성을 알기 위한 시험이다.

문제 49
재료가 일정한 하중 아래에서 시간의 경과에 따라 변형량이 증가되는 현상을 무엇이라 하는가?

㉮ 크리프 ㉯ 피로한계 ㉰ 길소나이트 ㉱ 릴랙세이션

해설
- 크리프로 인하여 재료가 파괴되는 현상을 크리프 파괴라 한다.
- 하중이 반복 작용할 때 재료가 정적강도보다도 낮은 강도에서 파괴되는 현상을 피로파괴라 한다.
- 재료에 외력을 작용시키고 변형을 억제하면 시간이 경과함에 따라 재료의 응력이 감소하는 현상을 릴랙세이션이라 한다.
- 길소나이트는 아스팔트의 분류 중 천연 아스팔트에서 아스팔타이트에 속한다.

문제 50
석재의 성질에 대한 일반적인 설명으로 잘못된 것은?

㉮ 석재는 밀도가 클수록 흡수율이 작고, 압축강도가 크다.
㉯ 석재의 흡수율은 풍화, 파괴, 내구성 등과 관계가 있고 흡수율이 큰 것은 빈틈이 많으므로 동해를 받기 쉽다.
㉰ 석재의 강도는 인장강도가 특히 크고 압축강도는 매우 작으므로 석재를 구조용으로 사용하는 경우에는 주로 인장력을 받는 부분에 많이 사용된다.
㉱ 석재의 공극률은 일반적으로 석재에 포함된 전체공극과 겉보기 부피의 비로서 나타낸다.

정답 47.㉯ 48.㉰ 49.㉮ 50.㉰

해설 석재의 강도는 압축강도가 특히 크고 인장, 휨, 전단강도는 압축강도에 비해 매우 작다. 석재를 구조용으로 사용하는 경우에는 주로 압축력을 받는 부분에 많이 사용된다.

문제 51
물-시멘트비 60%의 콘크리트를 제작할 경우 시멘트 1포당 필요한 물의 양은 몇 kg 인가? (단, 시멘트 1포의 무게는 40kg이다.)

㉮ 15kg ㉯ 24kg ㉰ 40kg ㉱ 60kg

해설
$\dfrac{W}{C} = 0.6$
∴ $W = 0.6 \times 40 = 24\text{kg}$

문제 52
보일(Boyle)의 법칙에 의하여 일정한 압력하에서 공기량으로 인하여 콘크리트의 체적이 감소한다는 이론으로 공기량을 측정하는 방법은?

㉮ 무게에 의한 방법   ㉯ 체적에 의한 방법
㉰ 공기실 압력법   ㉱ 통계법

해설
- 콘크리트의 공기량
$A = A_1 - G$
여기서, A_1 : 콘크리트의 겉보기 공기량(%)
G : 골재수정계수(%)

문제 53
흙의 다짐 특성에 대한 설명으로 틀린 것은?

㉮ 최적함수비가 낮은 흙일수록 최대 건조단위무게는 크다.
㉯ 입도가 좋은 모래질 흙에서는 최대 건조단위무게가 크다.
㉰ 다짐에너지가 커지면 최적함수비도 커진다.
㉱ 동일한 흙에서 다짐횟수를 증가시키면 다짐곡선은 위로 이동한다.

해설 다짐에너지가 커지면 최적함수비가 작아진다.

문제 54
입경가적 곡선에서 유효 입경이라 함은 가적 통과율 몇 %에 해당하는 입경을 말하는가?

㉮ 50% ㉯ 40% ㉰ 20% ㉱ 10%

해설 균등계수 $= \dfrac{D_{60}}{D_{10}}$

문제 55
말뚝의 지지력 계산시 Engineering news 공식의 안전율은 얼마를 사용하는가?

㉮ 10 ㉯ 8 ㉰ 6 ㉱ 2

해설 Sander 공식의 안전율은 8이다.

정답 51.㉯ 52.㉰ 53.㉰ 54.㉱ 55.㉰

문제 56
슬럼프 시험에서 다짐대로 몇 층에 각각 몇 번씩 다지는가?
㉮ 2층, 25회　㉯ 3층, 25회　㉰ 3층, 59회　㉱ 2층, 59회

해설　슬럼프 시험은 총 3분 이내에 한다.

문제 57
콘크리트 압축강도 시험에서 공시체에 하중을 가하는 속도에 대한 설명으로 옳은 것은?
㉮ 압축응력도의 증가율이 매 초 (6±0.4)MPa이 되도록 한다.
㉯ 압축응력도의 증가율이 매 초 (0.6±0.4)MPa이 되도록 한다.
㉰ 압축응력도의 증가율이 매 초 (0.6±0.04)MPa이 되도록 한다.
㉱ 압축응력도의 증가율이 매 초 (6±4)MPa이 되도록 한다.

해설　휨강도나 인장강도 시험에서는 응력의 증가율이 매 초 (0.06±0.04)MPa이 되도록 한다.

문제 58
잔골재의 밀도 시험은 두 번 실시하여 평균값을 잔골재의 밀도 값으로 결정한다. 이때 각각의 시험값은 평균과의 차이가 얼마 이하이어야 하는가?
㉮ 0.5g/cm^3　㉯ 0.1g/cm^3　㉰ 0.05g/cm^3　㉱ 0.01g/cm^3

해설　흡수율 시험의 경우에는 0.05% 이하이어야 한다.

문제 59
시멘트 밀도시험에 대한 설명 중 틀린 것은?
㉮ 동일한 시험자가 동일한 재료에 대해 2회 측정한 밀도 결과가 $±0.3 \text{g/cm}^3$ 이내이어야 한다.
㉯ 광유의 눈금 읽음은 오목한 최저면을 읽는다.
㉰ 광유는 온도 20±1℃에서 밀도 0.73g/cm^3 이상인 완전히 탈수된 등유나 나프타를 사용한다.
㉱ 보통 포틀랜드 시멘트 64g을 사용한다.

해설　동일한 시험자가 동일한 재료에 대해 2회 측정한 밀도 결과가 $±0.03 \text{g/cm}^3$ 이내이어야 한다.

문제 60
콘크리트의 배합을 정하는 경우에 목표로 하는 강도이며 보통 재령 28일 압축강도를 기준하는 것은?
㉮ 설계기준강도　㉯ 배합강도　㉰ 압축강도　㉱ 현장배합

해설　포장 콘크리트의 배합강도는 재령 28일 휨강도를 기준으로 한다.

정답 56.㉯　57.㉰　58.㉱　59.㉮　60.㉯

건설재료시험 기능사 — 2014년 10월 11일 (제5회)

> **알려드립니다**
>
> 한국산업인력공단의 저작권법 저촉에 대한 언급이 있어 과거에 출제된 동일한 문제나 그 유형의 문제로 재구성하였습니다.

문제 01 흙이 동상(凍上)에 대한 설명 중 옳지 않은 것은?
㉮ 실트질 흙은 모관상승이 크고 투수성도 커 동상현상이 크다.
㉯ 흙은 모관성과 투수성이 클 때 동상현상이 현저하게 커진다.
㉰ 점토는 모관상승이 높아 동상현상이 가장 크다.
㉱ 오랫동안 빙점 이하의 온도가 지속되면 동상현상이 잘 일어난다.

해설 동상현상이 가장 크게 일어나는 흙은 실트질이다.

문제 02 흙의 함수비와 연경도에 대한 설명 중 옳지 않은 것은?
㉮ 소성한계는 소성범위에서 최소 함수비이다.
㉯ 소성지수는 소성한계에서 수축한계를 뺀 값이다.
㉰ 액성한계는 소성범위에서 최대 함수비이다.
㉱ 수축한계는 함수량이 감소해도 체적이 감소하지 않을 때 함수량이다.

해설 소성지수는 액성한계에서 소성한계를 뺀 값이다.

문제 03 흙을 3mm 국수모양으로 되지 않을 경우 소성한계 성과표에 표시하는 기호는?
㉮ I_P ㉯ NO ㉰ NP ㉱ PT

해설 NP : 비소성

문제 04 흙의 체가름 시험 결과 2.0mm체의 잔류율이 3.2%, 가적잔류율 6.5%일 때 그 체의 가적통과율은?
㉮ 96.8% ㉯ 93.5% ㉰ 90.3% ㉱ 87.0%

해설 가적통과율=100-가적잔류율

정답 01.㉰ 02.㉯ 03.㉰ 04.㉯

문제 05 블로운 아스팔트에 대한 설명 중 옳은 것은?
- ㉮ 탄력성이 풍부하고 연화점이 높으며 감온성이 적다.
- ㉯ 천연 아스팔트에 속한다.
- ㉰ 방수성, 신장성, 점착성 등이 매우 좋다.
- ㉱ 석유가 암석 사이에 침투되어 휘발성 물질이 증발하여 생성된 아스팔트이다.

해설 스트레이트 아스팔트는 신장성, 점착성, 방수성이 크다.

문제 06 특정한 입도를 가진 굵은골재를 거푸집 속에 채워 넣고, 그 공극 속에 특수한 모르타르를 적당한 압력으로 주입하여 만든 콘크리트를 무엇이라고 하는가?
- ㉮ 프리플레이스트 콘크리트
- ㉯ 숏크리트
- ㉰ 레디믹스트 콘크리트
- ㉱ 프리스트레스트 콘크리트

해설
- 프리플레이스트 콘크리트는 수중에서 시공하는 경우가 많으나 공기 중에서 시공되는 경우도 있다.
- 프리플레이스트 콘크리트는 플라이 애시 등의 혼화제를 사용하므로 단기 재령에서 압축강도를 발휘하기가 곤란하다.

문제 07 30회 이상의 시험실적으로부터 구한 콘크리트 압축강도의 표준편차가 2.5MPa이고, 콘트리트의 호칭강도가 30MPa일 때 콘크리트 배합강도는?
- ㉮ 32.3 MPa
- ㉯ 33.4 MPa
- ㉰ 34.2 MPa
- ㉱ 35.3 MPa

해설
- $f_{cr} = f_{cn} + 1.34s = 30 + 1.34 \times 2.5 = 33.4\text{MPa}$
- $f_{cr} = (f_{cn} - 3.5) + 2.33s = (30 - 3.5) + 2.33 \times 2.5 = 32.3\text{MPa}$
∴ 큰 값인 33.4MPa이다.

문제 08 압력법에 의한 굳지 않은 콘크리트의 공기량 시험(KS F 2421) 중 물을 붓고 시험하는 경우(주수법)의 공기량 측정기 용량은 최소 얼마 이상으로 하여야 하는가?
- ㉮ 3L
- ㉯ 5L
- ㉰ 7L
- ㉱ 9L

해설
- 워싱턴형 에어미터는 굳지 않은 콘크리트의 공기 함유량을 공기실의 압력 감소에 의해 구하는 시험방법이다.
- 물을 붓고 시험하는 경우(주수법) : 5L 이상
- 물을 붓지 않고 시험하는 경우(무주수법) : 7L 이상

문제 09 반죽질기에 따른 작업의 어렵고 쉬운 정도 및 재료의 분리에 저항하는 정도를 나타내는 굳지 않은 콘크리트의 성질을 무엇이라고 하는가?
- ㉮ 트래피커빌리티
- ㉯ 워커빌리티
- ㉰ 성형성
- ㉱ 피니셔빌리티

정답 05.㉮ 06.㉮ 07.㉯ 08.㉯ 09.㉯

해설 　반죽질기에 따라 워커빌리티에 영향을 준다.

문제 10
골재의 안정성 시험에 사용되는 용액으로 알맞은 것은?
㉮ 황산나트륨 용액　　㉯ 황산마그네슘 용액
㉰ 염화칼슘 용액　　　㉱ 가성소다 용액

해설 　골재의 안정성 시험은 황산나트륨의 결정압에 의한 파괴작용에 대한 저항성을 측정한다.

문제 11
다음 그림은 강(鋼)의 응력과 변형률의 관계를 표시한 곡선이다. 영구변형을 일으키지 않는 탄성한도를 나타내는 점은?
㉮ P　　㉯ E
㉰ Y_1　㉱ U

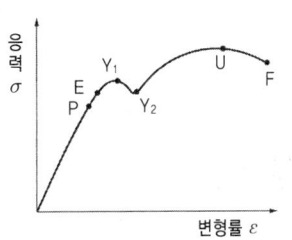

해설
P : 비례한도　　　E : 탄성한도
Y_1 : 상항복점　　Y_2 : 하항복점
U : 극한 강도　　　F : 파괴점

문제 12
골재의 조립률을 구할 때 사용되지 않는 체가 아닌 것은?
㉮ 40mm체　㉯ 25mm체　㉰ 10mm체　㉱ 0.15mm체

해설 　75mm, 40mm, 20mm, 10mm, 5mm, 2.5mm, 1.2mm, 0.6mm, 0.3mm, 0.15mm

문제 13
시멘트의 수화열을 적게 하고 조기강도는 작으나 장기 강도가 크고 체적의 변화가 적어 댐 축조 등에 사용되는 시멘트는?
㉮ 알루미나 시멘트　　　　㉯ 조강 포틀랜드 시멘트
㉰ 중용열 포틀랜드 시멘트　㉱ 팽창 시멘트

해설 　중용열 포틀랜드 시멘트의 건조수축은 포틀랜드 시멘트 중에서 가장 적으며 화학저항성이 크고 내산성이 우수하다.

문제 14
폭약 중 뇌산수은, 질화납 등과 같이 점화만으로도 쉽게 폭발하여 그 폭발에 의해서 인접하는 다른 화약류의 폭발을 유발하는 것을 무엇이라 하는가?
㉮ 칼릿　　　　㉯ 다이너마이트
㉰ 기폭약　　　㉱ 질산 암모늄 유제폭약

해설 　기폭약에는 뇌산수은, 질화납, DDNP 등이 있다.

정답　10.㉮　11.㉯　12.㉯　13.㉰　14.㉰

문제 15
도로지반의 평판재하시험에서 1.25mm가 침하될 때 하중 강도는 3.5 kN/m²이었다. 지지력계수 K는?

㉮ 2000kN/m³ ㉯ 2800kN/m³ ㉰ 1000kN/m³ ㉱ 1500kN/m³

해설
- $K = \dfrac{q}{y} = \dfrac{3.5}{0.00125} = 2800\,\text{kN/m}^3$
- 평판재하시험은 하중강도와 침하량을 측정하여 기초지반의 지지력을 추정한다.

문제 16
표준체의 의한 시멘트 분말도 시험을 하기 위한 기구 중 사용되지 않는 것은?

㉮ 표준체 ㉯ 스프레이 노즐 ㉰ 압력계 ㉱ 플런저

해설 플런저는 블레인 공기투과장치에 의한 시멘트 분말도 시험의 기계 및 기구에 해당한다.

문제 17
골재의 잔입자 시험에서 몇 mm 체를 통과하는 것을 잔입자로 하는가?

㉮ 1.7mm ㉯ 1.0mm ㉰ 0.15mm ㉱ 0.08mm

해설 0.08mm 체를 통과하는 골재의 잔입자 함유량의 한도는 굵은골재의 경우 1% 이하이다.

문제 18
흙의 함수비를 측정할 때 항온 건조로의 온도 범위로 가장 적합한 것은?

㉮ 80±5℃ ㉯ 90±5℃ ㉰ 110±5℃ ㉱ 120±5℃

해설
- 시료를 110±5℃에서 일정 무게가 될 때까지 건조시킨다.
- 석고를 함유한 흙이나 유기질을 함유한 흙은 60~80℃ 이하의 온도에서 장시간에 걸쳐 천천히 건조한다.
- 건조 시료는 염화칼슘이나 실리카 겔 등의 건조제를 넣어 둔 데시케이터 속에 넣고 실온까지 식힌다.

문제 19
석회암이 지열을 받아 변성된 석재로 주성분이 탄산칼슘인 석재는?

㉮ 화강암 ㉯ 응회암 ㉰ 대리석 ㉱ 점판암

해설
- 화강암은 주성분이 석영, 장석, 운모, 휘석, 각섬석 등으로 되어 있다.
- 응회암은 화산재 또는 화산 모래가 응고된 것이다.
- 점판암은 점토 또는 이토가 물속에서 침전되어 지압에 의해 층상으로 굳어진 것이다.

문제 20
액성한계 시험에서 황동 접시를 1cm 높이에서 1초에 몇 회의 속도로 자유낙하 시키는가?

㉮ 2회 ㉯ 3회 ㉰ 4회 ㉱ 5회

해설 황동접시의 낙하 높이를 1cm로 조절하고 1초에 2회 비율로 낙하시킨다.

정답 15.㉯ 16.㉱ 17.㉱ 18.㉰ 19.㉰ 20.㉮

문제 21 도로 포장 설계에서 포장 두께를 결정하는 시험은?
- ㉮ 직접전단시험
- ㉯ 일축압축시험
- ㉰ 투수계수시험
- ㉱ C.B.R 시험

해설 $CBR(\%) = \dfrac{\text{시험 단위하중}}{\text{표준 단위하중}} \times 100$

문제 22 흙의 통일분류기호 중 '입도분포가 나쁜 모래'를 나타내는 것은?
- ㉮ GP
- ㉯ SP
- ㉰ GC
- ㉱ SC

해설
- GP : 입도분포가 나쁜 자갈
- SP : 입도분포가 나쁜 모래
- GC : 점토가 섞인 자갈(점토질의 자갈)
- SC : 점토가 섞인 모래(점토질의 모래)

문제 23 시멘트 분말도가 모르타르 및 콘크리트의 성질에 미치는 영향에 대하여 설명한 것이다. 틀린 것은?
- ㉮ 분말도가 클수록 콘크리트의 균열이 적어지므로 내구성이 증진된다.
- ㉯ 분말도가 클수록 초기 강도가 크게 되며 강도증진율이 높다.
- ㉰ 분말도가 클수록 워커빌리티가 좋은 콘크리트를 얻을 수 있다.
- ㉱ 분말도가 클수록 풍화하기 쉽다.

해설 분말도가 클수록 콘크리트의 균열이 커지므로 내구성이 감소하게 된다.

문제 24 시멘트를 만드는 과정에서 석고를 첨가하는 목적은?
- ㉮ 수밀성 증대
- ㉯ 경화 촉진
- ㉰ 응결시간 조절
- ㉱ 초기 강도 증진

해설 포틀랜드 시멘트의 주원료량 : 석회석 > 점토 > 규석 > 슬래그 > 석고

문제 25 블리딩 시험을 한 결과 마지막까지 누계한 블리딩에 따른 물의 부피 $V = 76\,cm^3$, 콘크리트 윗면의 면적 $A = 490\,cm^2$일 때 블리딩량은?
- ㉮ $1.13\,cm^3/cm^2$
- ㉯ $0.12\,cm^3/cm^2$
- ㉰ $0.16\,cm^3/cm^2$
- ㉱ $0.19\,cm^3/cm^2$

해설 블리딩량 $= \dfrac{V}{A} = \dfrac{76}{490} = 0.16\,cm^3/cm^2$

정답 21.㉱ 22.㉯ 23.㉮ 24.㉰ 25.㉰

문제 26
아스팔트의 신도시험에서 신도를 결정하는 방법으로 옳은 것은?
- ㉮ 3회의 측정값의 평균을 1cm의 단위로 끝맺음한 것을 신도로 한다.
- ㉯ 2회의 측정값의 평균을 0.5cm의 단위로 끝맺음한 것을 신도로 한다.
- ㉰ 3회의 측정값의 평균을 0.1cm의 단위로 끝맺음한 것을 신도로 한다.
- ㉱ 2회의 측정값의 평균을 0.1cm의 단위로 끝맺음한 것을 신도로 한다.

해설 아스팔트의 연성을 나타내는 것을 신도라 하며 시료의 양단을 잡아당겨 시료가 끊어질 때까지 늘어난 길이를 cm 단위로 표시한다.

문제 27
어떤 흙의 체가름 시험으로부터 구한 입경가적 곡선에서 $D_{10}=0.04$mm, $D_{30}=0.07$mm, $D_{60}=0.14$mm이었다. 곡률계수는?
- ㉮ 0.875
- ㉯ 1.142
- ㉰ 3.523
- ㉱ 12.51

해설
- 곡률계수 $C_g = \dfrac{(D_{30})^2}{D_{10} \times D_{60}} = \dfrac{0.07^2}{0.04 \times 0.14} = 0.875$
- 균등계수 $C_u = \dfrac{D_{60}}{D_{10}} = \dfrac{0.14}{0.04} = 3.5$

문제 28
일반적으로 목재의 밀도는 어느 상태의 밀도를 말하는가?
- ㉮ 기건상태
- ㉯ 습윤상태
- ㉰ 절대건조상태
- ㉱ 표건상태

해설 기건밀도는 0.3~0.9 정도이다.

문제 29
흙의 전단강도를 구하기 위한 전단시험법 중 현장시험에 해당하는 것은?
- ㉮ 일축 압축 시험
- ㉯ 삼축 압축 시험
- ㉰ 베인 시험
- ㉱ 직접 전단 시험

해설 $C = \dfrac{M_{\max}}{\pi D^2 \left(\dfrac{H}{2} + \dfrac{D}{6} \right)}$

문제 30
금속의 경도시험방법의 종류가 아닌 것은?
- ㉮ 비커스식
- ㉯ 로크웰식
- ㉰ 브리넬식
- ㉱ 슬라이딩식

해설 경도시험(압입경도시험) 종류 : 브리넬식, 로크웰식, 비커스식

문제 31
콘크리트 강도시험용 공시체의 양생온도로 가장 적합한 것은?
- ㉮ 10~14℃
- ㉯ 14~18℃
- ㉰ 18~22℃
- ㉱ 22~26℃

해설 공시체의 수중양생온도는 20±2℃이다.

정답 26.㉮ 27.㉮ 28.㉮ 29.㉰ 30.㉱ 31.㉰

문제 32 구조물의 하중을 굳은 지반에 전달하기 위하여 수직공을 굴착하여 그 속에 현장 콘크리트를 채운 기초는?
㉮ 피어 기초 ㉯ 전면 기초 ㉰ 오픈 케이슨 ㉱ 뉴메틱 케이슨

해설 깊은기초
말뚝기초, 피어 기초, 케이슨 기초

문제 33 간극비가 0.2인 모래의 간극률(n)은 약 얼마인가?
㉮ 17% ㉯ 20% ㉰ 23% ㉱ 28%

해설 $n = \dfrac{e}{1+e} \times 100 = \dfrac{0.2}{1+0.2} \times 100 = 17\%$

문제 34 다음 중 다짐한 흙의 효과를 잘못 나타낸 것은?
㉮ 지반의 지지력 증가 ㉯ 흙의 단위중량 증가
㉰ 지반의 압축성 증가 ㉱ 전단강도가 증가

해설
- 지반의 압축성, 투수성 감소
- 동상 방지
- 팽창, 수축 미소화

문제 35 흙의 입도시험방법(KS F 2302)에 규정된 시험용 기구 중 필요 없는 것은?
㉮ 다짐봉 ㉯ 저울 ㉰ 분산장치 ㉱ 비중계

해설 다짐봉은 골재의 단위용적질량 시험이나 콘크리트 슬럼프 시험을 할 때 이용된다.

문제 36 골재의 단위용적 질량을 구하는 방법 중 충격을 이용해서 구하는 방법은 용기의 한쪽 면을 몇 cm 가량 올렸다가 떨어뜨리는가?
㉮ 2cm ㉯ 5cm ㉰ 10cm ㉱ 15cm

해설 3층으로 각각 양쪽 면을 25회씩 5cm 올렸다가 떨어뜨린다.

문제 37 콘크리트용 혼화재료 중에서 워커빌리티(workability)를 개선하는 데 영향을 미치지 않는 것은?
㉮ AE제 ㉯ 응결경화촉진제
㉰ 감수제 ㉱ 시멘트 분산제

해설 응결경화촉진제는 시멘트의 수화작용을 촉진하는 혼화제로서 염화칼슘과 규산나트륨이 사용된다.

정답 32.㉮ 33.㉮ 34.㉰ 35.㉮ 36.㉯ 37.㉯

문제 38
아스팔트 침입도 시험에서 침이 시료 속으로 0.1mm 들어갔을 때 침입도는?
  ㉮ 0.1   ㉯ 1   ㉰ 10   ㉱ 100

해설 침입도는 아스팔트의 굳기를 측정한다.

문제 39
콘크리트의 슬럼프 시험에 사용되는 다짐대의 크기로서 옳은 것은?
  ㉮ 지름 16mm, 길이 500~600mm
  ㉯ 지름 19mm, 길이 700~800mm
  ㉰ 지름 22mm, 길이 500~600mm
  ㉱ 지름 25mm, 길이 700~800mm

해설 슬럼프 값은 5mm 단위로 측정한다.

문제 40
흙의 액성한계 시험에서 구할 수 있는 유동곡선에서 낙하횟수 몇 회에 상당하는 함수비를 액성한계라고 하는가?
  ㉮ 23회   ㉯ 24회   ㉰ 25회   ㉱ 26회

해설 소성지수=액성한계-소성한계

문제 41
흙의 액성한계 시험에서 사용하는 시료는 어느 것인가?
  ㉮ 4.76mm체 통과시료   ㉯ 0.15mm체 통과시료
  ㉰ 19mm체 통과시료   ㉱ 0.425mm체 통과시료

해설 0.425mm체 통과시료 200g 정도를 준비하여 액성한계 시험을 한다.

문제 42
흙의 다짐특성 및 효과에 대한 설명으로 틀린 것은?
  ㉮ 최적함수비가 낮은 흙일수록 최대 건조단위무게는 크다.
  ㉯ 입도가 좋은 모래질에서는 최대 건조단위무게는 작고 다짐곡선은 예민하다.
  ㉰ 느슨한 흙에 다짐을 하면 흙의 투수성과 압축성이 감소한다.
  ㉱ 세립토에서 최대 건조단위무게는 작고 다짐곡선도 완만하다.

해설 입도가 좋은 모래질에서는 최대 건조단위무게는 크고 다짐곡선은 예민하다.

문제 43
모래 치환법에 의한 현장 흙의 단위무게 시험에서 시험구멍의 부피는 2,000cm³이며, 구멍에서 파낸 흙의 무게는 3,000g이었다. 이때 파낸 흙의 함수비가 10%라면 건조단위무게는 얼마인가?
  ㉮ 1.36g/cm³   ㉯ 2.04g/cm³   ㉰ 2.54g/cm³   ㉱ 2.68g/cm³

정답 38.㉰ 39.㉮ 40.㉰ 41.㉱ 42.㉯ 43.㉮

해설
- 습윤밀도 $\gamma_t = \dfrac{W}{V} = \dfrac{3000}{2000} = 1.5\text{g/cm}^3$
- 건조밀도 $\gamma_d = \dfrac{\gamma_t}{1+\dfrac{\omega}{100}} = \dfrac{1.5}{1+\dfrac{10}{100}} = 1.36\text{g/cm}^3$

문제 44
조립률 2.55의 모래와 5.85의 자갈을 중량비 1 : 2의 비율로 혼합했을 때 조립률은?
㉮ 4.75 ㉯ 4.93 ㉰ 5.75 ㉱ 6.93

해설 $FM = \dfrac{2.55 \times 1 + 5.85 \times 2}{1+2} = 4.75$

문제 45
콘크리트의 크리프(creep)에 대한 설명으로 틀린 것은?
㉮ 콘크리트의 재령이 짧을수록 크게 일어난다.
㉯ 부재의 치수가 작을수록 크게 일어난다.
㉰ 물-시멘트비가 작을수록 크게 일어난다.
㉱ 작용하는 응력이 클수록 크게 일어난다.

해설 물-시멘트비가 클수록 크리프는 크게 일어난다.

문제 46
시멘트의 강도시험(KS L ISO 679)에서 시험용 모르타르를 제작할 때 시멘트 450g을 사용한 경우 표준사의 양으로 옳은 것은?
㉮ 1,155g ㉯ 1,215g ㉰ 1,280g ㉱ 1,350g

해설 1 : 3의 비율이므로 450×3=1,350g이다.

문제 47
흙의 침강 분석시험(입도 분석시험)에 대한 내용 중 옳지 않은 것은?
㉮ Stokes의 법칙을 적용한다.
㉯ 시험 후 메스실린더의 내용물은 0.075mm체에 붓고 물로 세척한다.
㉰ 침강 측정시 메스실린더 내에 비중계를 띄우고 소수 부분의 눈금을 메니스커스 위 끝에서 0.0005까지 읽는다.
㉱ 침강 분석시험에 사용되는 메스실린더의 용량은 500mL를 사용한다.

해설 침강 분석시험에 사용되는 메스실린더의 용량은 1,000mL를 사용한다.

문제 48
다음 중 굵은골재의 밀도 및 흡수율 시험용 기구가 아닌 것은?
㉮ 저울 ㉯ 철망태 ㉰ 건조기 ㉱ 다짐대

해설 다짐대는 골재의 단위용적질량시험에 이용된다.

정답 44.㉮ 45.㉰ 46.㉱ 47.㉱ 48.㉱

문제 49
아스팔트의 침입도 시험에서 표준침의 침입량이 16.9mm일 때 침입도는?
- ㉮ 1.69
- ㉯ 16.9
- ㉰ 169
- ㉱ 1690

해설 침입도 1이란 침입량이 0.1mm이므로 침입량이 16.9mm이면 침입도가 169가 된다.

문제 50
콘크리트의 반죽질기를 측정하는 것으로 워커빌리티를 판단하는 하나의 수단으로 사용되는 시험은?
- ㉮ 콘크리트의 슬럼프 시험
- ㉯ 콘크리트의 공기량 시험
- ㉰ 콘크리트의 블리딩 시험
- ㉱ 콘크리트의 휨강도 시험

해설 슬럼프 값의 측정은 5mm 단위로 읽고 40mm를 넘는 굵은골재는 제거하고 시험을 한다.

문제 51
상부 구조물에서 오는 하중을 연약한 지반을 통해 견고한 지층으로 전달시키는 기능을 가진 말뚝을 무슨 말뚝이라 하는가?
- ㉮ 선단지지말뚝
- ㉯ 인장말뚝
- ㉰ 마찰말뚝
- ㉱ 경사말뚝

해설 현장에서 암반층이 적절한 깊이 내에 위치할 경우 상부 구조물의 하중을 연약한 지반을 통해 암반으로 전달시키는 기능을 가진 말뚝은 선단지지말뚝이다.

문제 52
흙의 수축한계 시험에서 공기 건조한 흙을 425μm 체로 체질하여 통과한 흙 약 몇 g을 시료로 준비하는가?
- ㉮ 100g
- ㉯ 70g
- ㉰ 50g
- ㉱ 30g

해설
- 수축한계 시험에는 수은이 사용된다.
- 수은을 이용하여 건조토의 용적을 측정한다.
- 시료를 공기 건조해도 수축정수의 시험결과에 영향을 주지 않는 경우는 공기건조시료를 사용해도 좋다.

문제 53
어떤 콘크리트의 배합설계에서 단위 골재량의 절대부피가 0.715m³이고 최종 보정된 잔골재율(S/a)이 38%일 경우 단위 굵은골재량의 절대부피는 얼마인가?
- ㉮ 0.393m³
- ㉯ 0.443m³
- ㉰ 0.607m³
- ㉱ 0.719m³

해설 $V_G = V \times (1 - S/a) = 0.715 \times (1 - 0.38) = 0.443 m^3$

문제 54
어떤 시료의 함수비가 20%, 포화도가 80%, 간극비는 0.70일 때 이 흙의 비중값은 얼마인가?
- ㉮ 2.60
- ㉯ 2.70
- ㉰ 2.80
- ㉱ 2.85

정답 49.㉰ 50.㉮ 51.㉮ 52.㉱ 53.㉯ 54.㉰

문제 55

콘크리트 슬럼프 시험을 할 때 슬럼프 콘에 시료를 채우고 벗길 때까지의 전 작업 시간은 얼마 이내로 하여야 하는가?

㉮ 5초 ㉯ 30초 ㉰ 1분 ㉱ 3분

해설
- 콘 벗기는 시간 2~5초를 포함하여 전 작업시간은 3분 이내로 한다.
- 슬럼프 값은 5mm 단위로 측정한다.

문제 56

굳지 않은 콘크리트의 공기 함유량 시험에서 공기량, 겉보기 공기량, 골재수정계수는 각각 콘크리트 용적에 대한 백분율을 %로 나타낸 것이다. 압력계의 공기량 눈금 측정 결과 겉보기 공기량이 6.70, 골재의 수정계수가 1.20이었을 때 콘크리트의 공기량은 얼마인가?

㉮ 1.20% ㉯ 5.50% ㉰ 6.70% ㉱ 7.90%

해설
- $A = A_1 - G = 6.7 - 1.2 = 5.5\%$
- 공기량 시험방법은 공기실 압력방법, 중량법, 주수압력방법 등이 있다.

문제 57

점착력이 0인 건조모래의 직접전단실험에서 수직응력이 500 kN/m²일 때 전단강도가 300 kN/m²이었다. 이 모래의 내부마찰각은?

㉮ 5° ㉯ 10° ㉰ 20° ㉱ 31°

해설
- $\tau = \sigma \tan\phi$
- $300 = 500 \tan\phi$

$\therefore \phi = \tan^{-1}\dfrac{300}{500} = 31°$

문제 58

아직 굳지 않은 콘크리트 표면에 떠올라서 가라앉은 미세한 물질을 무엇이라고 하는가?

㉮ 블리딩 ㉯ 반죽질기 ㉰ 워커빌리티 ㉱ 레이턴스

해설 레이턴스란 블리딩에 의해 콘크리트 표면에 떠올라 침전한 미세한 물질이다.

문제 59

콘크리트의 휨강도 시험용 공시체를 제작할 때 150×150×530mm의 몰드를 사용할 경우 각 층의 다짐횟수로 옳은 것은?

㉮ 25번 ㉯ 70번 ㉰ 80번 ㉱ 100번

해설 $\dfrac{150 \times 530}{1000} = 80$번

정답 55.㉱ 56.㉯ 57.㉱ 58.㉱ 59.㉰

문제 60 콘크리트의 건조수축을 크게 하는 요인이 아닌 것은?

㉮ 흡수량이 적은 골재 사용 ㉯ 높은 온도
㉰ 낮은 습도 ㉱ 작은 단면치수

해설 흡수량이 많은 골재일수록 건조수축이 크다.

정답 60.㉮

건설재료시험 기능사 — 2015년 1월 25일 (제1회)

알려드립니다

한국산업인력공단의 저작권법 저촉에 대한 언급이 있어 과거에 출제된 동일한 문제나 그 유형의 문제로 재구성하였습니다.

문제 01
공시체를 4점 재하 장치에 의해 휨강도 시험을 하였더니 최대 하중이 30,000N이었다. 지간의 가운데 부분에서 파괴되었다. 이때 휨강도는 얼마인가?

㉮ 4 MPa
㉯ 4.4 MPa
㉰ 4.6 MPa
㉱ 4.7 MPa

해설 휨강도 = $\dfrac{Pl}{bd^2} = \dfrac{30000 \times 450}{150 \times 150^2} = 4\,\text{MPa}$

휨강도 시험용 공시체의 치수는 150×150×530mm이며 지간은 450mm이다.

문제 02
흙의 컨시스턴시에 대한 다음 설명 중 잘못된 것은? (단, LL : 액성한계, PL : 소성한계, SL : 수축한계)

㉮ LL이란 흙이 이동할 때의 최소 함수비이다.
㉯ PL이란 흙이 소성을 띨 때의 최소 함수비이다.
㉰ SL이란 흙이 반고체상을 이룰 때의 최대 함수비이다.
㉱ 아터버그한계에는 액성한계, 소성한계 및 수축한계의 3가지가 있다.

해설 수축한계(SL, w_s)는 반고체상을 이룰 때의 최소 함수비이다.

문제 03
아스팔트를 크게 천연 아스팔트와 석유 아스팔트로 분류할 때 다음 중 석유 아스팔트에 속하는 것은?

㉮ 레이크 아스팔트
㉯ 샌드 아스팔트
㉰ 블론 아스팔트
㉱ 아스팔타이트

해설
- 석유 아스팔트에는 스트레이트 아스팔트와 블론 아스팔트가 있다.
- 스트레이트 아스팔트는 그대로 또는 유화 아스팔트, 컷백 아스팔트 등으로 제조하여 대부분 도로 포장에 사용된다.

문제 04
다음 중 아스팔트의 굳기 정도를 측정하는 시험은?

㉮ 아스팔트 밀도 시험
㉯ 아스팔트 침입도 시험
㉰ 아스팔트 신도 시험
㉱ 아스팔트 인화점 시험

정답 01.㉮ 02.㉰ 03.㉰ 04.㉯

해설 아스팔트의 침입도 시험은 아스팔트의 굳기 정도를 측정하여 아스팔트를 분류함으로써 사용목적 또는 기상조건 등에 알맞은 침입도의 아스팔트를 선정하기 위하여 한다.

문제 05 다음 시험 중 시험과정에서 수은이 사용되는 경우는 어느 시험인가?
㉮ 흙 입자 밀도시험 ㉯ 흙의 소성한계시험
㉰ 흙의 수축한계시험 ㉱ 흙의 입도시험

해설 • 수축한계시험에서 수은을 이용하여 노건조시료의 체적을 구한다.
• 수은의 응집력을 이용하여 체적을 구할 수 있는 것이다.

문제 06 간극률 25%인 모래의 간극비는?
㉮ 0.25 ㉯ 0.33
㉰ 0.37 ㉱ 0.42

해설 $e = \dfrac{n}{100-n} = \dfrac{25}{100-25} = 0.33$

• $n = \dfrac{e}{1+e} \times 100$

• $e = \dfrac{\gamma_w}{\gamma_d} G_s - 1$

문제 07 사질토는 느슨한 상태로 존재하느냐 또는 촘촘한 상태로 존재하느냐에 따라서 성질이 많이 달라진다. 이러한 상태를 알기 위해 사용되는 것은?
㉮ 예민비 ㉯ 상대밀도
㉰ 원심함수당량 ㉱ 흙 입자 밀도

해설 $D_r = \dfrac{e_{\max} - e}{e_{\max} - e_{\min}} \times 100 = \dfrac{\gamma_d - \gamma_{d\min}}{\gamma_{d\max} - \gamma_{d\min}} \times \dfrac{\gamma_{d\max}}{\gamma_d} \times 100$

문제 08 표준체에 의한 시멘트 분말도 시험을 하기 위한 기구 중 사용되지 않는 것은?
㉮ 표준체 ㉯ 스프레이 노즐
㉰ 압력계 ㉱ 플런저

해설 플런저는 블레인 공기투과장치에 의한 시멘트 분말도 시험의 기계 및 기구에 해당한다.

문제 09 골재의 안정성 시험에 사용되는 용액은?
㉮ 수산화나트륨 용액 ㉯ 황산나트륨 용액
㉰ 염화나트륨 용액 ㉱ 탄닌산 용액

정답 05.㉰ 06.㉯ 07.㉯ 08.㉱ 09.㉯

해설
- 골재의 내구성을 알기 위해, 즉 기상 작용에 대한 저항성 알기 위해 골재의 안정성 시험을 한다.
- 잔골재 10% 이하, 굵은골재 12% 이하의 골재 손실 질량비 한도이어야 한다.

문제 10 소성한계 시험은 흙덩이를 유리판 위에 굴려서 지름이 어느 정도로 해서 끊어질 때의 함수비를 말하는가?

㉮ 1mm　　㉯ 2mm　　㉰ 3mm　　㉱ 4mm

해설 소성한계 시험용 시료는 약 30g 정도로 한다.

문제 11 굳지 않은 콘크리트의 공기량 시험을 수행한 결과 값이 다음 표와 같을 때 이 콘크리트의 공기량은 얼마인가?

겉보기 공기량 : 6.75%, 골재의 수정계수 : 1.25%

㉮ 1.3%　　㉯ 5.5%　　㉰ 8.0%　　㉱ 8.4%

해설
- $A = A_1 - G = 6.75 - 1.25 = 5.5\%$
- 공기량 시험은 최대치수 50mm 이하의 보통 골재를 사용한 콘크리트에 적당하다.

문제 12 다짐봉을 사용하여 콘크리트 휨강도 시험용 공시체를 제작하는 경우 다짐횟수는 표면적 약 몇 mm²당 1회의 비율로 다지는가?

㉮ 1400mm²　　㉯ 1000mm²　　㉰ 80mm²　　㉱ 70mm²

해설 휨강도 시험용 공시체를 제작하는 경우에는 몰드를 2층으로 각 층을 표면적 약 1000mm²에 대하여 1회 비율로 다진다.

문제 13 다짐곡선에서 최대 건조단위무게에 대응하는 함수비를 무엇이라 하는가?

㉮ 적합 함수비　　㉯ 최대 함수비　　㉰ 최소 함수비　　㉱ 최적 함수비

해설
- 사질토는 최대 건조밀도가 높고 최적 함수비는 낮다.
- 점토질은 최대 건조밀도가 낮고 최적 함수비는 높다.

문제 14 어떤 흙의 전단시험 결과 점착력 $c = 200\,kN/m^2$, 내부마찰각 $\phi = 35°$, 토립자에 작용하는 수직응력 $\sigma = 550\,kN/m^2$일 때 전단강도는?

㉮ 489 kN/m²　　㉯ 524 kN/m²
㉰ 585 kN/m²　　㉱ 624 kN/m²

해설
$\tau = C + \sigma \tan\phi$
$= 200 + 550\tan 35° = 585\,kN/m^2$

정답 10.㉯　11.㉯　12.㉯　13.㉱　14.㉰

문제 15 시멘트 시료의 무게가 64g이고 처음 광유의 읽음 값이 0.3ml, 시료를 넣고 광유의 눈금을 읽으니 20.6ml이었다. 이 시멘트의 밀도는?

㉮ 3.12g/cm³ ㉯ 3.15g/cm³ ㉰ 3.17g/cm³ ㉱ 3.19g/cm³

해설
- 시멘트의 밀도 = $\dfrac{64}{20.6-0.3}$ = 3.15g/cm³
- 시멘트가 풍화되면 밀도가 작아진다.

문제 16 액성한계시험에서 공기 건조한 시료에 증류수를 가하여 반죽한 후 흙과 증류수가 잘 혼합되도록 방치하는 적당한 시간은?

㉮ 1시간 정도 ㉯ 5시간 정도
㉰ 10시간 정도 ㉱ 24시간 정도

해설 공기 건조한 경우 증류수에 가하여 충분히 반죽한 후 흙과 물이 잘 혼합되도록 하기 위하여 수분이 증발되지 않도록 해서 10시간 정도 둔다.

문제 17 천연 아스팔트의 신도 시험에서 시료를 고리에 걸고 시료의 양끝을 잡아당길 때의 규정속도는 분당 얼마가 이상적인가?

㉮ 8 cm/min ㉯ 5 cm/min
㉰ 800 cm/min ㉱ 500 cm/min

해설 시험편을 5±0.25cm/min의 속도로 끌어 늘일 수 있는 전동식 장치여야 한다.

문제 18 굳지 않은 콘크리트의 컨시스턴시를 측정하는 방법이 아닌 것은?

㉮ 슬럼프 시험 ㉯ 흐름 시험 ㉰ 블리딩 시험 ㉱ 리몰딩 시험

해설 블리딩 시험은 콘크리트의 재료분리 경향을 알기 위해서 한다.

문제 19 아스팔트의 연화점 시험은 시료를 규정 조건에서 가열하여 얼마의 규정거리로 쳐졌을 때의 온도를 연화점에서 하는가?

㉮ 15.4mm ㉯ 25mm ㉰ 35.4mm ㉱ 45.4mm

해설 스트레이트 아스팔트의 경우 침입도가 작을수록 연화점은 높다.

문제 20 도로 포장 설계에서 포장 두께를 결정하는 시험은?

㉮ 직접전단시험 ㉯ 일축압축시험
㉰ 투수계수시험 ㉱ C.B.R 시험

해설 CBR(%) = $\dfrac{\text{시험 단위하중}}{\text{표준 단위하중}} \times 100$

정답 15.㉯ 16.㉰ 17.㉯ 18.㉰ 19.㉯ 20.㉱

문제 21
다음 전단 시험 중 실내전단 시험이 아닌 것은?
- ㉮ 직접전단시험
- ㉯ 베인 전단시험
- ㉰ 일축압축시험
- ㉱ 삼축압축시험

해설
- 베인 전단시험은 연약한 점토지반의 점착력(C)을 측정하는 현장시험이다.
- $C = \dfrac{M_{max}}{\pi D^2 \left(\dfrac{H}{2} + \dfrac{D}{6}\right)}$

문제 22
석재의 일반적인 성질에 대한 설명 중 틀린 것은?
- ㉮ 목재와 비교하여 조직이 치밀하고 단단하다.
- ㉯ 인장강도는 작으나 압축강도는 크다.
- ㉰ 흡수율이 작은 석재는 다공질의 것이 많고 동해를 받기 쉽다.
- ㉱ 내구성, 내화학성, 닳음 저항성이 크다.

해설 흡수율이 큰 석재는 다공질의 것이 많고 동해를 받기 쉽다.

문제 23
흙의 액성한계 시험에 사용되는 흙은 몇 μm 체를 통과한 것을 시료로 사용하는가?
- ㉮ 850μm 체
- ㉯ 425μm 체
- ㉰ 250μm 체
- ㉱ 75μm 체

해설 0.425mm체 통과한 시료 200g 정도를 가지고 액성한계시험을 한다.

문제 24
콘크리트 슬럼프 시험에 대한 설명으로 틀린 것은?
- ㉮ 50mm 이상의 굵은골재가 많이 포함된 콘크리트에 적용한다.
- ㉯ 슬럼프 콘을 들어 올리는 시간은 높이 300mm에서 2~5초로 한다.
- ㉰ 슬럼프 콘에 시료를 채우기 시작하고 나서 슬럼프 콘의 들어올리기를 종료할 때까지의 시간은 3분 이내로 한다.
- ㉱ 슬럼프 콘에 시료를 채울 때 시료를 거의 같은 양의 3층으로 나눠서 채우고, 그 각 층은 다짐봉으로 25회 똑같이 다진다.

해설 40mm를 넘는 굵은골재는 제거하고 시험을 한다.

문제 25
흙의 액성한계 시험에서 홈파기 날로 2등분한 시료가 어떤 상태로 될 때까지 조작을 되풀이하여야 하는가?
- ㉮ 홈의 바닥부의 흙이 길이 약 5mm 합류할 때까지
- ㉯ 홈의 바닥부의 흙이 길이 약 13mm 합류할 때까지
- ㉰ 홈의 바닥부의 흙이 길이 약 20mm 합류할 때까지
- ㉱ 홈의 바닥부의 흙이 길이 약 25mm 합류할 때까지

정답 21.㉯ 22.㉰ 23.㉯ 24.㉮ 25.㉯

해설 액성한계 시험시 황동접시의 낙하높이는 1cm, 낙하속도는 1초에 2회, 합쳐진 길이 13mm일 때 시료를 채취한다.

문제 26
골재의 조립률에 대한 설명으로 옳지 않은 것은?
㉮ 골재의 조립률은 골재알의 지름이 클수록 크다.
㉯ 잔골재의 조립률은 2.0~3.3이 적당하다.
㉰ 골재의 조립률은 체가름 시험으로부터 구할 수 있다.
㉱ 조립률이 큰 골재를 사용하면 좋은 품질의 콘크리트를 만들 수 있다.

해설 입도가 양호한 골재를 사용하면 좋은 품질의 콘크리트를 만들 수 있다.

문제 27
금이나 납 등을 두드릴 때 얇게 펴지는 것과 같은 성질을 무엇이라 하는가?
㉮ 연성   ㉯ 전성   ㉰ 취성   ㉱ 인성

해설
• 연성 : 가늘고 길게 늘어나는 성질
• 취성 : 약간의 변형에도 파괴되는 성질
• 인성 : 높은 응력에 견디는 성질

문제 28
굳지 않은 콘크리트의 공기량에 대한 설명으로 틀린 것은?
㉮ 콘크리트의 온도가 높을수록 공기량은 줄어든다.
㉯ 시멘트의 분말도가 높을수록 공기량은 많아진다.
㉰ 단위 시멘트량이 많을수록 공기량은 줄어든다.
㉱ 잔골재량이 많을수록 공기량은 많아진다.

해설 시멘트의 분말도가 높을수록 공기량은 줄어든다.

문제 29
콘크리트 배합설계를 할 때 골재의 기준이 되는 상태는?
㉮ 습윤상태   ㉯ 표면건조 포화상태
㉰ 공기 중 건조상태   ㉱ 절대건조상태

해설 시방배합은 표면건조 포화상태의 골재를 기준으로 한다.

문제 30
어느 흙을 수축한계 시험하여 수축비가 1.6이고 수축한계가 25.0%일 때 이 흙의 비중은?
㉮ 1.89   ㉯ 2.47   ㉰ 2.67   ㉱ 2.79

해설 $G_s = \dfrac{1}{\dfrac{1}{R} - \dfrac{w_s}{100}} = \dfrac{1}{\dfrac{1}{1.6} - \dfrac{25}{100}} = 2.67$

정답 26.㉱ 27.㉯ 28.㉯ 29.㉯ 30.㉰

문제 31
깊은 기초의 종류에 속하지 않는 것은?

㉮ 말뚝기초   ㉯ 피어기초   ㉰ 전면기초   ㉱ 우물통 기초

해설
- 얕은기초(직접기초): 푸팅기초, 전면기초
- 지반의 조건이 비교적 좋지 않은 경우 직접기초로 사용하기에 가장 적합한 기초는 전면기초이다.

문제 32
흙의 동상 피해를 막기 위한 대책 중 틀린 것은?

㉮ 동결깊이보다 위의 흙을 동결하지 않는 흙으로 치환한다.
㉯ 배수구를 파서 지하수위를 낮춘다.
㉰ 도로포장의 경우는 포장 바로 아래 지표 부근에 단열재료를 넣는다.
㉱ 모관수 상승을 차단하기 위해서 조립 filter층을 지하수위보다 아래에 설치한다.

해설 모관수 상승을 차단하기 위해서 조립 filter층을 지하수위보다 위에 설치한다.

문제 33
실리카질의 가루이며, 워커빌리티를 좋게 하고 수밀성과 내구성을 크게 하는 혼화재는?

㉮ AE제   ㉯ 폴리머   ㉰ 포졸란   ㉱ 팽창재

해설
- 포졸란
  천연산으로 화산재, 규조토, 규산백토, 인공재료는 고로슬래그, 소성점토, 혈암, 플라이애시 등이 있다.

문제 34
골재의 실적률 시험에서 공극률 40%를 얻었을 때 실적률은?

㉮ 20%   ㉯ 40%   ㉰ 60%   ㉱ 80%

해설
- 실적률 = 100 − 공극률 = 100 − 40 = 60%
- 실적률 = $\dfrac{\omega}{\rho} \times 100$

문제 35
다음 중 혼합 시멘트가 아닌 것은?

㉮ 고로슬래그 시멘트   ㉯ 알루미나 시멘트
㉰ 플라이애시 시멘트   ㉱ 포틀랜드 포졸라나 시멘트

해설
- 특수시멘트의 종류
  알루미나 시멘트, 초속경 시멘트, 팽창 시멘트

정답 31.㉯ 32.㉱ 33.㉰ 34.㉰ 35.㉯

문제 36

목재의 특징에 대한 설명으로 틀린 것은?

㉮ 경량이고 취급 및 가공이 쉬우며 외관이 아름답다.
㉯ 부식이 쉽고 충해를 받는다.
㉰ 재질과 강도가 균일하다.
㉱ 가연성이므로 내화성이 작다.

해설
- 재질과 강도가 균일하지 못하다.
- 함수율의 변화에 의한 변형과 팽창, 수축이 크다.

문제 37

흙의 입도 시험에서 구한 유효 입자 지름(D_{10})이 사용되는 것은?

㉮ 사질토의 투수 계수 추정
㉯ 전단강도 정수의 추정
㉰ 수축 정수의 추정
㉱ 지지력 계수의 추정

해설
- $k = CD_{10}^2 = 100 \cdot D_{10}^2$
- 균등계수 $C_u = \dfrac{D_{60}}{D_{10}}$
- 곡률계수 $C_g = \dfrac{(D_{30})^2}{D_{10} \times D_{60}}$

문제 38

잔골재의 표면수 시험에서 준비하여야 하는 시료에 대한 설명으로 옳은 것은?

㉮ 시료는 대표적인 것을 100g 이상 채취하여 가능한 한 함수율의 변화가 없도록 주의하여 4분 하고, 각각을 1회의 시험의 시료로 한다.
㉯ 시료는 대표적인 것을 200g 이상 채취하여 가능한 한 함수율의 변화가 없도록 주의하여 2분 하고, 각각을 1회의 시험의 시료로 한다.
㉰ 시료는 대표적인 것을 300g 이상 채취하여 가능한 한 함수율의 변화가 없도록 주의하여 4분 하고, 각각을 1회의 시험의 시료로 한다.
㉱ 시료는 대표적인 것을 400g 이상 채취하여 가능한 한 함수율의 변화가 없도록 주의하여 2분 하고, 각각을 1회의 시험의 시료로 한다.

해설 잔골재 표면수 시험은 질량법, 부피법(용적법)이 있다.

문제 39

골재의 단위용적 질량을 구하는 방법 중 충격을 이용해서 구하는 방법은 용기의 한쪽 면을 몇 cm가량 올렸다가 떨어뜨리는가?

㉮ 2cm ㉯ 5cm ㉰ 10cm ㉱ 15cm

해설 3층으로 각각 양쪽 면을 25회씩 5cm 올렸다가 떨어뜨린다.

정답 36.㉰ 37.㉮ 38.㉱ 39.㉯

문제 40 콘크리트의 인장강도를 측정하기 위한 간접시험 방법으로 적당한 것은?
- ㉮ 비파괴 시험
- ㉯ 할열 시험
- ㉰ 탄성종파 시험
- ㉱ 직접전단 시험

해설 인장강도 = $\dfrac{2P}{\pi dl}$

문제 41 굳지 않은 콘크리트의 블리딩에 관한 설명으로 틀린 것은?
- ㉮ 블리딩이란 굳지 않은 콘크리트 또는 모르타르에서 물이 분리되어 위로 올라오는 현상을 말한다.
- ㉯ 블리딩이 심하면 레이턴스도 크고, 콘크리트의 강도, 수밀성, 내구성 등이 작아진다.
- ㉰ 블리딩이 크면 굵은골재가 모르타르로부터 분리되는 경향이 커진다.
- ㉱ 블리딩 현상을 줄이려면 응결 촉진제를 사용하고 단위수량을 늘려야 한다.

해설 블리딩 현상을 줄이려면 단위수량을 적게 사용한다.

문제 42 흙의 침강 분석시험에서 사용하는 분산제가 아닌 것은?
- ㉮ 과산화수소의 포화용액
- ㉯ 피로인산 나트륨의 포화용액
- ㉰ 헥사메타인산 나트륨의 포화용액
- ㉱ 트리폴리인산 나트륨의 포화용액

해설 흙의 침강 분석(비중계 분석)시험으로 0.08mm 이하의 입도 분포를 알 수 있다.

문제 43 흙의 다짐 특성에 대한 설명으로 틀린 것은?
- ㉮ 최적함수비가 낮은 흙일수록 최대 건조단위무게는 크다.
- ㉯ 입도가 좋은 모래질 흙에서는 최대 건조단위무게가 크다.
- ㉰ 다짐에너지가 커지면 최적함수비도 커진다.
- ㉱ 동일한 흙에서 다짐횟수를 증가시키면 다짐곡선은 위로 이동한다.

해설 다짐에너지가 커지면 최적함수비가 작아진다.

문제 44 포졸란의 종류 중 인공산에 속하는 것은?
- ㉮ 규조토
- ㉯ 규산 백토
- ㉰ 플라이 애시
- ㉱ 화산재

해설
- 천연 포졸란 : 화산재, 규산 백토, 규조토, 응회암 등
- 인공 포졸란 : 플라이 애시, 고로 슬래그, 점토나 혈암을 열처리한 것 등

정답 40.㉯ 41.㉱ 42.㉮ 43.㉰ 44.㉰

문제 45 시멘트 밀도시험에 대한 주의사항으로 틀린 것은?
- ㉮ 광유 표면의 눈금을 읽을 때에는 가장 윗면의 눈금을 읽도록 한다.
- ㉯ 르샤틀리에(Le Chatelier) 병은 목부분이 부러지기 쉬우므로 조심하여 다루도록 한다.
- ㉰ 광유는 휘발성 물질이므로 불에 조심하여야 한다.
- ㉱ 시멘트, 광유, 수조의 물, 병은 미리 실온과 일치시켜 놓고 사용하도록 한다.

해설 광유 표면의 눈금을 읽을 때에는 가장 아랫면의 눈금을 읽도록 한다.

문제 46 투수계수가 비교적 큰 조립토(자갈, 모래)에 가장 적합한 실내 투수시험 방법은?
- ㉮ 압밀시험
- ㉯ 변수위 투수시험
- ㉰ 정수위 투수시험
- ㉱ 다짐시험

해설
- 변수위 투수시험 : 실트질
- 압밀시험 : 점토질

문제 47 1g의 시멘트가 가지고 있는 전체 입자의 총 표면적을 무엇이라고 하는가?
- ㉮ 비표면적
- ㉯ 단위 표면적
- ㉰ 단위당 표면적
- ㉱ 비단위 표면적

해설 시멘트의 수화속도는 시멘트 입자와 물과의 접촉 면적에 따라 좌우되며 비표면적으로 나타낸다. 분말도(비표면적, cm^2/g)가 큰 시멘트는 골재와 균일하게 혼합되어 골재간 결합을 강하게 하기 때문에 강도가 증대한다.

문제 48 다음 중 굵은골재의 밀도 및 흡수율 시험용 기구가 아닌 것은?
- ㉮ 저울
- ㉯ 철망태
- ㉰ 건조기
- ㉱ 다짐대

해설 다짐대는 골재의 단위용적질량시험에 이용된다.

문제 49 말뚝의 지지력 계산시 Engineering news 공식의 안전율은 얼마를 사용하는가?
- ㉮ 10
- ㉯ 8
- ㉰ 6
- ㉱ 2

해설 Sander 공식의 안전율은 8이다.

문제 50 액성한계 42.8%이고 소성한계는 32.2%일 때 소성지수를 구하면?
- ㉮ 10.6
- ㉯ 12.8
- ㉰ 21.2
- ㉱ 42.4

해설 소성지수 = 액성한계 − 소성한계 = 42.8 − 32.2 = 10.6%

정답 45.㉮ 46.㉰ 47.㉮ 48.㉱ 49.㉰ 50.㉮

문제 51 슬럼프 시험에서 다짐대로 몇 층에 각각 몇 번씩 다지는가?
- ㉮ 2층, 25회
- ㉯ 3층, 25회
- ㉰ 3층, 59회
- ㉱ 2층, 59회

해설 슬럼프 시험은 총 3분 이내에 한다.

문제 52 콘크리트 압축강도시험의 기록이 없는 현장에서 호칭강도가 20MPa인 콘크리트를 배합하기 위한 배합강도를 구하면?
- ㉮ 20 MPa
- ㉯ 27 MPa
- ㉰ 28.5 MPa
- ㉱ 30 MPa

해설
- 호칭강도가 21MPa 미만이므로 배합강도 $f_{cr} = f_{cn} + 7 = 20 + 7 = 27$ MPa이다.
- 호칭강도가 21~35MPa일 경우 배합강도 $f_{cr} = f_{cn} + 8.5$ 이다.
- 호칭강도가 35MPa을 초과할 경우 배합강도 $f_{cr} = 1.1 f_{cn} + 5.0$ 이다.

문제 53 시멘트 분말도가 모르타르 및 콘크리트의 성질에 미치는 영향에 대하여 설명한 것이다. 틀린 것은?
- ㉮ 분말도가 클수록 콘크리트의 균열이 적어지므로 내구성이 증진된다.
- ㉯ 분말도가 클수록 초기 강도가 크게 되며 강도증진율이 높다.
- ㉰ 분말도가 클수록 워커빌리티가 좋은 콘크리트를 얻을 수 있다.
- ㉱ 분말도가 클수록 풍화하기 쉽다.

해설 분말도가 클수록 콘크리트의 균열이 커지므로 내구성이 감소하게 된다.

문제 54 다음의 콘크리트 강도 중에서 가장 큰 것은?
- ㉮ 전단강도
- ㉯ 압축강도
- ㉰ 휨강도
- ㉱ 인장강도

해설 콘크리트 압축강도가 제일 크며 인장강도는 압축강도의 1/10~1/13 정도이다.

문제 55 골재의 함수분포에 대한 내용으로 함수량에서 흡수량을 뺀 값인 골재 입자의 표면에 묻어 있는 물의 양은?
- ㉮ 표면건조포화상태
- ㉯ 절대건조상태
- ㉰ 표면수량
- ㉱ 유효흡수량

해설
- **함수량** : 습윤상태에서 절대건조상태를 뺀 값
- **흡수량** : 표면건조포화상태에서 절대건조상태를 뺀 값
- **유효흡수량** : 표면건조포화상태에서 공기 중 건조상태를 뺀 값

정답 51.㉯ 52.㉯ 53.㉮ 54.㉯ 55.㉰

문제 56
침하량과 하중강도를 구하여 현장의 지지력을 구하는 시험은?
㉮ 표준관입시험 ㉯ 평판재하시험
㉰ CBR시험 ㉱ 말뚝재하시험

해설 지지력계수 $K = \dfrac{q}{y}$

문제 57
하중을 가하여 발생된 침하가 하중제거시 완전히 복원되는 침하는?
㉮ 탄성침하 ㉯ 소성침하
㉰ 압밀침하 ㉱ 장기침하

해설 탄성침하는 즉시침하로 하중재하시 발생되는 침하로 주로 모래지반에서 발생되며 단기간에 발생한다.

문제 58
잔골재의 표면수 측정방법(KS F 2509)에 대한 설명이다. 틀린 것은?
㉮ 정밀도는 평균값에서의 차가 0.3% 이하이어야 한다.
㉯ 시험은 동시에 채취한 시료에 대하여 2회 실시하고 결과는 그 평균값으로 한다.
㉰ 용기 및 내용물의 온도는 시험하는 동안 10±5℃로 유지되어야 한다.
㉱ 시험방법은 질량법과 용적법이 있다.

해설 용기 및 내용물의 온도는 시험하는 동안 20±5℃로 유지되어야 한다.

문제 59
흙 입자 밀도시험 방법(KS F 2308)에서 흙 속의 기포를 제거하기 위해 끓이는데 걸리는 시간이 짧은 순서로 옳은 것은?
㉮ 화산재 흙, 고유기질토, 일반적인 흙
㉯ 고유기질토, 일반적인 흙, 화산재 흙
㉰ 일반적인 흙, 고유기질토, 화산재 흙
㉱ 화산재 흙, 일반적인 흙, 고유기질토

해설
- 일반적인 흙 : 10분 이상
- 고유기질토 : 약 40분
- 화산재 흙 : 2시간 이상

정답 56.㉯ 57.㉮ 58.㉰ 59.㉰

문제 60

압력법에 의한 굳지 않은 콘크리트의 공기량 시험 방법(KS F 2421)에 대한 설명으로 옳지 않은 것은?

㉮ 굵은골재 최대 치수가 40mm 이하인 인공 경량골재를 사용한 콘크리트에 적용한다.
㉯ 굳지 않은 콘크리트의 공기 함유량을 공기실의 압력 감소에 의해 구하는 시험방법이다.
㉰ 시험 방법에는 물을 붓고 시험하는 주수법과 물을 붓지 않고 시험하는 무주수법이 있다.
㉱ 시험의 원리는 보일의 법칙을 기초로 한 것이다.

해설 굵은골재 최대 치수가 40mm 이하인 보통 골재를 사용한 콘크리트에 적합하다.

정답 60.㉮

건설재료시험 기능사 2015년 4월 4일 (제2회)

알려드립니다

한국산업인력공단의 저작권법 저촉에 대한 언급이 있어 과거에 출제된 동일한 문제나 그 유형의 문제로 재구성하였습니다.

문제 01 다음 중 화성암으로만 짝지어진 것은?
- ㉮ 화강암, 대리석
- ㉯ 안산암, 석회암
- ㉰ 석회암, 화강암
- ㉱ 현무암, 안산암

해설
- 화성암 : 화강암, 안산암, 섬록암, 현무암
- 변성암 : 편마암, 천매암, 대리석
- 퇴적암 : 응회암, 사암, 혈암, 점판암, 석회암, 규조토, 화산재

문제 02 다음 중 아스팔트의 굳기 정도를 측정하는 시험은?
- ㉮ 아스팔트 밀도 시험
- ㉯ 아스팔트 침입도 시험
- ㉰ 아스팔트 신도 시험
- ㉱ 아스팔트 인화점 시험

해설 아스팔트의 침입도 시험은 아스팔트의 굳기 정도를 측정하여 아스팔트를 분류함으로써 사용목적 또는 기상조건 등에 알맞은 침입도의 아스팔트를 선정하기 위하여 한다.

문제 03 아스팔트 포장과 같이 가요성 포장의 두께를 결정하는 데 주로 쓰이는 값은?
- ㉮ 압밀계수(C_v)값
- ㉯ 지지력비(CBR)값
- ㉰ 콘지지력(q_c)값
- ㉱ 일축압축강도(q_u)값

해설
- $CBR(\%) = \dfrac{시험하중}{표준하중} \times 100 = \dfrac{시험단위하중}{표준단위하중} \times 100$

문제 04 액성한계가 42.8%이고 소성한계는 32.2%일 때 소성지수를 구하면?
- ㉮ 10.6
- ㉯ 12.8
- ㉰ 21.2
- ㉱ 42.4

해설
- $I_P = w_L - w_P = 42.8 - 32.2 = 10.6\%$
- $I_L = \dfrac{w_n - w_p}{I_P}$
- $I_C = \dfrac{w_L - w_n}{I_P}$

문제 05 흙의 함수비를 측정할 때 항온 건조로의 온도 범위로 가장 적합한 것은?
- ㉮ 80±5℃
- ㉯ 90±5℃
- ㉰ 110±5℃
- ㉱ 120±5℃

정답 01.㉱ 02.㉯ 03.㉯ 04.㉮ 05.㉰

해설
- 시료를 110±5℃에서 일정 무게가 될 때까지 건조시킨다.
- 석고를 함유한 흙이나 유기질을 함유한 흙은 60~80℃ 이하의 온도에서 장시간에 걸쳐 천천히 건조한다.
- 건조 시료는 염화칼슘이나 실리카 겔 등의 건조제를 넣어 둔 데시케이터 속에 넣고 실온까지 식힌다.

문제 06
흙의 액성한계 시험 결과로부터 작성하는 그래프는?
㉮ 다짐곡선　㉯ 유동곡선
㉰ 입경가적곡선　㉱ 한계곡선

해설
- 액성한계는 유동곡선 상에서 타격횟수 25회 때 함수비로 한다.
- 유동곡선은 반죽된 흙의 함수비에 대한 황동접시의 낙하횟수 관계 직선의 그래프이다.

문제 07
시멘트의 밀도시험을 하기 위하여 쓰이는 기구 및 재료에 속하지 않는 것은?
㉮ 르샤틀리에 플라스크　㉯ 광유
㉰ 저울　㉱ 표준체

해설　표준체에 의한 방법으로 시멘트의 분말도 시험을 할 수 있다.

문제 08
아스팔트 침입도는 표준침의 관입 저항으로 측정하는 것인데, 시료 중에 관입하는 깊이를 얼마 단위로 나타낸 것을 침입도 1로 하는가?
㉮ $\frac{1}{10}$mm　㉯ $\frac{3}{10}$mm
㉰ $\frac{1}{100}$mm　㉱ 1mm

해설　침입도는 시료가 25℃ 상태에서 100g의 추 무게를 가한 침이 5초 동안 시료 속에 들어간 깊이를 0.1mm로 나타낸다.

문제 09
화력발전소에서 미분탄을 보일러 내에서 완전히 연소했을 때 그 폐가스 중에 함유된 용융상태의 실리카질 미분입자를 전기집진기로 모은 것으로 콘크리트용 혼화재로 사용되는 것은?
㉮ 플라이 애시　㉯ 고로슬래그 미분말
㉰ 팽창제　㉱ 감수제

해설　플라이애시를 혼화재로 사용한 콘크리트는 조기강도는 작으나 장기강도는 증가, 워커빌리티 개선, 동결융해에 대한 저항성 향상, 알칼리 실리카 반응의 억제 등 효과가 있다.

정답　06.㉯　07.㉱　08.㉮　09.㉮

문제 10
콘크리트의 슬럼프 값은 콘크리트가 중앙부에서 내려앉은 길이를 어느 정도의 정밀도로 표시하는가?

㉮ 0.5mm　㉯ 1mm　㉰ 5mm　㉱ 10mm

[해설]
- 콘크리트의 중앙부에서 내려앉은 길이를 5mm 단위로 측정한다.
- 슬럼프 시험은 총 3분 이내로 한다.

문제 11
다음 중 시험과정에서 수은이 사용되는 시험은?

㉮ 흙 입자 밀도시험　㉯ 흙의 소성한계시험
㉰ 흙의 수축한계시험　㉱ 흙의 입도시험

[해설] 흙의 수축한계시험을 할 때 수은을 이용하여 노건조시료의 부피를 구한다.

문제 12
말뚝의 지지력을 구하는 지지력 공식 중에서 정역학적 지지력 공식에 속하는 것은?

㉮ 마이어호프(Meyerhof) 공식
㉯ 힐리(Hiley) 공식
㉰ 엔지니어링 뉴스(Engineering News) 공식
㉱ 샌더(Sander) 공식

[해설]

정역학적 공식	동역학적 공식
- Terzaghi - Dorr - Meyerhof - Dunham	- Hiley - Engineering news - Sander - Weisbach

문제 13
도로지반 평판재하실험에서 1.25mm 침하될 때 하중강도가 3.5 kN/m²이면 지지력계수 K는?

㉮ 515 kN/m³　㉯ 1000 kN/m³
㉰ 2500 kN/m³　㉱ 2800 kN/m³

[해설] $K = \dfrac{q}{y} = \dfrac{3.5}{0.00125} = 2800 \, kN/m^3$

문제 14
흙 입자 밀도시험을 할 때 병에 시료를 넣고 끓이는 이유는?

㉮ 기포를 제거하기 위하여
㉯ 증류수의 온도를 보정하기 위하여
㉰ 공기 중 건조시료를 사용했기 때문에
㉱ 메니스커스에 의한 오차를 적게 하기 위하여

정답 10.㉰　11.㉰　12.㉮　13.㉱　14.㉮

해설 $\rho_s = \dfrac{m_s}{m_s + (m_a - m_b)} \cdot \rho_w(T)$

문제 15 금이나 납 등을 두드릴 때 얇게 펴지는 것과 같은 성질을 무엇이라 하는가?
㉮ 연성   ㉯ 전성   ㉰ 취성   ㉱ 인성

해설
- 연성 : 가늘고 길게 늘어나는 성질
- 취성 : 약간의 변형에도 파괴되는 성질
- 인성 : 높은 응력에 견디는 성질

문제 16 다음의 기초 중 얕은 기초에 해당하는 것은?
㉮ 말뚝기초   ㉯ 피어기초
㉰ 우물통 기초   ㉱ 전면기초

해설
- 직접 기초(얕은 기초) : 푸팅 기초(확대기초), 전면기초
- 깊은 기초 : 말뚝기초, 피어 기초, 케이슨 기초

문제 17 어느 흙의 자연함수비가 그 흙의 액성한계보다 높다면 그 흙의 상태는?
㉮ 소성상태에 있다.   ㉯ 고체상태에 있다.
㉰ 반고체상태에 있다.   ㉱ 액체상태에 있다.

해설
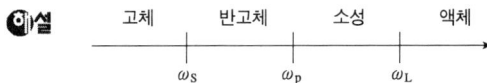

문제 18 굳지 않은 콘크리트의 공기량에 대한 설명으로 틀린 것은?
㉮ 콘크리트의 온도가 높을수록 공기량은 줄어든다.
㉯ 시멘트의 분말도가 높을수록 공기량은 많아진다.
㉰ 단위 시멘트량이 많을수록 공기량은 줄어든다.
㉱ 잔골재량이 많을수록 공기량은 많아진다.

해설 시멘트의 분말도가 높을수록 공기량은 줄어든다.

문제 19 콘크리트 배합설계에서 단위수량이 180 kg/m³이고, 물-시멘트비가 50%일 때 단위 시멘트량은 얼마인가?
㉮ 180 kg/m³   ㉯ 90 kg/m³
㉰ 360 kg/m³   ㉱ 120 kg/m³

해설 $\dfrac{W}{C} = 0.5$

∴ $C = \dfrac{W}{0.5} = \dfrac{180}{0.5} = 360\,\text{kg}$

문제 20 콘크리트 배합설계를 할 때 골재의 기준이 되는 상태는?
- ㉮ 습윤상태
- ㉯ 표면건조 포화상태
- ㉰ 공기 중 건조상태
- ㉱ 절대건조상태

해설 시방배합은 표면건조 포화상태의 골재를 기준으로 한다.

문제 21 다음 설명 중 옳지 않은 것은?
- ㉮ 블리딩 시험은 콘크리트의 재료 분리 경향을 알아보기 위한 시험이다.
- ㉯ 블리딩이 크면 레이턴스도 크다.
- ㉰ 블리딩이 심하면 콘크리트 윗부분이 다공질이 된다.
- ㉱ 블리딩이 크면 수밀한 콘크리트가 만들어진다.

해설 블리딩이 크면 수밀한 콘크리트를 만들 수 없다.

문제 22 봉 다지기에 의한 골재의 단위무게 시험을 할 때 사용하는 다짐봉의 지름은 몇 mm인가?
- ㉮ 8mm
- ㉯ 10mm
- ㉰ 16mm
- ㉱ 20mm

해설 • 다짐대(봉) : 지름 16mm, 길이 600mm

문제 23 교란되지 않은 어떤 점토 시료에 대하여 일축 압축 시험을 한 결과가 460 kN/m²이고, 같은 시료를 재성형 후 일축 압축 시험한 결과가 230 kN/m²이었다. 예민비는 얼마인가?
- ㉮ 0.5
- ㉯ 1
- ㉰ 2
- ㉱ 4

해설
- $S_t = \dfrac{q_u}{q_{ur}} = \dfrac{460}{230} = 2$
- 예민비가 클수록 공학적 성질이 나쁘다.

문제 24 폭약을 기폭시키기 위해 사용하는 기폭용품에 속하지 않는 것은?
- ㉮ 도화선
- ㉯ 도폭선
- ㉰ 분말상 다이너마이트
- ㉱ 뇌관

해설 • 기폭용품 : 도화선, 도폭선, 뇌관 등

문제 25 골재의 조립률을 구하기 위한 체의 종류로 옳지 않은 것은?
- ㉮ 50mm
- ㉯ 40mm
- ㉰ 20mm
- ㉱ 10mm

해설 75, 40, 20, 10, 5, 2.5, 1.2, 0.6, 0.3, 0.15mm

정답 20.㉯ 21.㉱ 22.㉰ 23.㉰ 24.㉰ 25.㉮

문제 26
시멘트 밀도시험에서 1회 시험에 필요한 시멘트의 양으로 옳은 것은? (단, 포틀랜드 시멘트인 경우)

㉮ 약 44g   ㉯ 약 54g   ㉰ 약 64g   ㉱ 약 74g

해설 시멘트 밀도시험에서 광유 액면의 눈금을 읽을 때는 메니스커스의 최저면을 읽는다.

문제 27
콘크리트 슬럼프 시험을 할 때 콘크리트를 처음 넣는 양은 슬럼프 시험용 콘 부피의 얼마까지 넣는가?

㉮ 3/4   ㉯ 1/2   ㉰ 1/3   ㉱ 1/5

해설 시료를 거의 같은 양의 3층으로 나눠서 채우고 각 층을 다짐봉으로 25회씩 다진다.

문제 28
콘크리트 부재의 크리프(creep)에 대한 설명 중 옳지 않은 것은?

㉮ 하중 재하시 콘크리트의 재령이 작을수록 크리프는 크게 일어난다.
㉯ 부재의 치수가 클수록 크리프는 크게 일어난다.
㉰ 물-시멘트비가 클수록 크리프는 크게 일어난다.
㉱ 작용하는 응력이 클수록 크리프는 크게 일어난다.

해설
• 부재치수가 작을수록 크리프는 크다.
• 재하응력이 클수록 크리프는 크다.
• 조강 시멘트는 보통 시멘트보다 크리프가 작다.

문제 29
블리딩이 큰 콘크리트의 성질로 옳은 것은?

㉮ 압축강도가 증가한다.   ㉯ 콘크리트의 수밀성이 증가한다.
㉰ 콘크리트가 다공질로 된다.   ㉱ 내구성이 증가한다.

해설 블리딩이 크면 상부의 콘크리트가 다공질이 되며 강도, 수밀성 및 내구성이 감소된다.

문제 30
감수제의 사용효과에 대한 설명으로 옳은 것은?

㉮ 시멘트풀의 유동성을 감소시킬 수 있다.
㉯ 단위수량을 감소시킬 수 있다.
㉰ 블리딩이나 재료 분리가 크다.
㉱ 강도, 수밀성, 내구성이 떨어진다.

해설
• 콘크리트 중에 미세 기포를 연행시키면서 작업성을 향상시킨다.
• 블리딩이나 재료분리가 작다.
• 강도, 수밀성, 내구성이 증가된다.

정답 26.㉯ 27.㉮ 28.㉯ 29.㉰ 30.㉯

문제 31 다짐봉을 사용하여 콘크리트 휨강도 시험용 공시체를 제작하는 경우 다짐횟수는 표면적 약 몇 mm² 당 1회의 비율로 다지는가?
㉮ 1500mm² ㉯ 1000mm² ㉰ 800mm² ㉱ 700mm²

해설 콘크리트 휨강도 시험용 공시체는 2층으로 나누어 콘크리트를 채운다.

문제 32 콘크리트 슬럼프 시험에서 슬럼프 콘에 시료를 채울 때 각 층의 다짐횟수로 옳은 것은?
㉮ 20회 ㉯ 25회 ㉰ 30회 ㉱ 35회

해설 슬럼프 콘의 규격은 100mm×200mm×300mm(윗면 직경 × 아랫면 직경 × 높이)이다.

문제 33 흙의 비중 2.60, 간극비 2.24, 함수비 94%인 점토질 실트가 있다. 이 흙의 수중 단위무게는?
㉮ 0.49 g/cm³ ㉯ 0.80 g/cm³ ㉰ 1.24 g/cm³ ㉱ 1.73 g/cm³

해설 $\gamma_{sub} = \dfrac{G_s - 1}{1+e}\gamma_w = \dfrac{2.6 - 1}{1 + 2.24} \times 1 = 0.49 \text{g/cm}^3$

문제 34 목재의 강도 중 가장 큰 것은?
㉮ 섬유에 평행방향의 압축강도
㉯ 섬유에 직각방향의 압축강도
㉰ 섬유에 평행방향의 전단강도
㉱ 섬유에 평행방향의 인장강도

해설 인장강도 〉 휨강도 〉 압축강도 〉 전단강도

문제 35 흙의 함수량 시험에 사용되는 시험기구가 아닌 것은?
㉮ 데시케이터
㉯ 저울
㉰ 항온건조로
㉱ 르샤틀리에 병

해설 르샤틀리에 병은 시멘트 밀도시험에 사용된다.

문제 36 흙의 액성한계 시험에서 낙하 장치에 의해 1초 동안에 2회의 비율로 황동접시를 들어 올렸다가 떨어뜨리고, 홈의 바닥부의 흙이 길이 약 몇 mm 합류할 때까지 계속하는가?
㉮ 5mm ㉯ 13mm ㉰ 25mm ㉱ 35mm

해설 1cm 높이에 놓인 황동접시를 2회/초 비율로 타격하여 붙는 길이 13mm 접촉할 때의 타격횟수와 함수비를 측정한다.

정답 31.㉯ 32.㉯ 33.㉮ 34.㉱ 35.㉱ 36.㉯

문제 37
연약한 점토 지반에서 전단강도를 구하기 위해 실시하는 현장 시험방법은?
- ㉮ 베인(Vane) 전단시험
- ㉯ 직접전단시험
- ㉰ 일축압축시험
- ㉱ 삼축압축시험

해설
$$C = \frac{M_{\max}}{\pi D^2 \left(\dfrac{H}{2} + \dfrac{D}{6}\right)}$$

문제 38
다음 중 혼합 시멘트에 속하지 않는 것은?
- ㉮ 고로 시멘트
- ㉯ 포틀랜드 포졸란 시멘트
- ㉰ 알루미나 시멘트
- ㉱ 플라이 애시 시멘트

해설
- 특수 시멘트 : 알루미나 시멘트, 초속경 시멘트, 팽창성 시멘트 등

문제 39
흙 입자 밀도시험에 사용되는 시료로 적당한 것은?
- ㉮ 9.5mm체 통과 시료
- ㉯ 19mm체 통과 시료
- ㉰ 37.5mm체 통과 시료
- ㉱ 53mm체 통과 시료

해설 19mm, 37.5mm체 통과 시료로 흙의 다짐시험에 사용된다.

문제 40
콘크리트용 골재로서 필요한 성질에 관한 설명으로 부적합한 것은?
- ㉮ 깨끗하고 유해물을 함유하지 않을 것
- ㉯ 화학적, 물리적으로 안정하고 내구성이 클 것
- ㉰ 크기가 비슷한 것이 고르게 혼입되어 있을 것
- ㉱ 단단하며 마모에 대한 저항이 클 것

해설 크고 작은 입자가 고르게 혼입되어 있을 것

문제 41
골재의 체가름 시험에서 체가름할 골재의 시료 채취 방법으로 옳은 것은?
- ㉮ 2분법
- ㉯ 4분법
- ㉰ 6분법
- ㉱ 8분법

해설
- 시료분취기 또는 4분법으로 시료를 채취한다.
- 골재의 조립률을 구하기 위해 75, 40, 20, 10, 5, 2.5, 1.2, 0.6, 0.3, 0.15mm 체가 사용된다.

문제 42
다음 중 현장 흙의 단위무게를 구하기 위한 시험방법의 종류가 아닌 것은?
- ㉮ 모래치환법
- ㉯ 고무막법
- ㉰ 방사선 동위원소법
- ㉱ 공내재하법

해설 공내재하법은 연약점토부터 경암에 이르기까지 가압장치에 의해 지반의 변형 특성을 파악한다.

정답 37.㉮ 38.㉰ 39.㉮ 40.㉰ 41.㉯ 42.㉱

문제 43 다짐의 효과에 관한 설명 중 옳지 않은 것은?
㉮ 단위중량이 증가한다.   ㉯ 압축성이 작아진다.
㉰ 투수성이 감소한다.   ㉱ 전단강도가 감소한다.

해설
- 전단강도가 증가한다.
- 부착력이 증대된다.
- 지반의 지지력이 증대된다.

문제 44 흙 입자 밀도시험에 사용되는 시험기구가 아닌 것은?
㉮ 피크노미터   ㉯ 데시케이터
㉰ 항온수조   ㉱ 다이얼 게이지

해설
- 흙 입자 밀도시험 온도는 15℃를 표준한다.
- 다이얼 게이지는 평판재하시험, 마샬 안정도 시험에 사용

문제 45 굵은골재의 닳음시험에 사용되는 기계기구가 아닌 것은?
㉮ 데시케이터   ㉯ 로스앤젤레스 시험기
㉰ 1.7mm 표준체   ㉱ 건조기

해설 데시케이터는 흙의 함수비 시험에 사용된다.

문제 46 충격에 둔하여 다루기는 쉽고 폭발력은 우수하나 유해한 가스가 발생하고 흡수성이 크므로 터널공사에는 알맞지 않고 큰돌 채취나 토사를 깎는 데 사용하는 폭약은?
㉮ 다이너마이트   ㉯ 칼릿
㉰ 질산암모늄계 폭약   ㉱ 니트로글리세린

해설
- 칼릿은 과염소산 암모늄을 주성분으로 한 폭약이며 다이너마이트보다 화력이 크고 폭발속도가 느리다.
- 칼릿 폭발위력은 흑색화약의 4배 정도이며 충격에 둔하고 발화점이 높다.
- 니트로글리세린은 무색, 무취의 액체로 가장 강력한 폭약으로 충격 및 진동에 취약하여 단독으로 사용하기보다는 다른 폭약의 원료로 주로 사용하며 다이너마이트의 주원료이며 동해를 입기 쉽다.

문제 47 흙 댐(Earth dam)에서 댐 제체의 유선망을 그리는 주된 이유는?
㉮ 침투수량과 침하량을 알기 위하여
㉯ 간극수압과 지지력을 알기 위하여
㉰ 간극수압과 전단강도를 알기 위하여
㉱ 침투수량과 간극수압을 알기 위하여

정답 43.㉱ 44.㉱ 45.㉮ 46.㉯ 47.㉱

해설
- $Q = K \cdot H \cdot \dfrac{N_f}{N_d}$
- 유선과 유선 사이의 침투유량과 등수두선 간의 공극수압을 측정하기 위해 유선망을 그린다.

문제 48
다짐에 대한 설명으로 틀린 것은?
㉮ 조립토는 세립토보다 최적함수비가 작다.
㉯ 조립토는 세립토보다 최대건조밀도가 높다.
㉰ 조립토는 세립토보다 다짐곡선의 기울기가 급하다.
㉱ 다짐 에너지가 클수록 최대건조밀도는 낮아진다.

해설
- 다짐 에너지가 클수록 최대건조밀도는 높아진다.
- 다짐 에너지 $E_c = \dfrac{W_R H N_B N_L}{V}$
- 동일한 흙에서 다짐에너지가 클수록 다짐효과는 증대한다.
- 양입도에서는 빈입도보다 최대건조단위중량이 크다.
- 다짐에 영향을 주는 것은 토질, 함수비, 다짐방법 및 에너지 등이다.

문제 49
높이가 125mm, 지름이 50mm인 용기에 현장의 습윤 흙을 채취하여 무게를 측정한 결과 430g이었다. 이 흙의 습윤단위 무게는?
㉮ $1.38g/cm^3$
㉯ $1.68g/cm^3$
㉰ $1.75g/cm^3$
㉱ $1.85g/cm^3$

해설 $\gamma = \dfrac{W}{V} = \dfrac{430}{\dfrac{3.14 \times 5^2}{4} \times 12.5} = 1.75 g/cm^3$

문제 50
통일분류법 및 AASHTO분류법에 의해 흙을 분류할 때 해당되지 않는 요소는?
㉮ 흙의 입도상태
㉯ 소성지수
㉰ 액성한계
㉱ 수축한계

해설 흙의 입도, 액성한계, 소성한계, 소성지수 등이 필요한 요소에 해당된다.

문제 51
어떤 흙의 투수계수(K)에 대한 단위로 옳은 것은?
㉮ cm/sec
㉯ cm/sec^2
㉰ cm^3/sec
㉱ cm^2/min

해설 투수계수는 속도의 차원이다.

정답 48.㉱ 49.㉰ 50.㉱ 51.㉮

문제 52 시멘트의 분말도에 대한 단위로 옳은 것은?

㉮ C　　㉯ cm²/g　　㉰ cm³/g　　㉱ g/cm³

해설 분말도는 2,800cm²/g 이상을 기준한다.

문제 53 다음의 골재 체가름 시험에 대한 설명으로 옳은 것은?

㉮ 1분간 각 체를 통과하는 것이 전 시료질량의 1.0% 이하로 될 때까지 작업을 실시한다.
㉯ 1분간 각 체를 통과하는 것이 전 시료질량의 0.1% 이하로 될 때까지 작업을 실시한다.
㉰ 3분간 각 체를 통과하는 것이 전 시료질량의 1.0% 이하로 될 때까지 작업을 실시한다.
㉱ 3분간 각 체를 통과하는 것이 전 시료질량의 0.1% 이하로 될 때까지 작업을 실시한다.

해설 골재의 체가름 시험은 1분간 각 체를 통과하는 것이 전 시료질량의 0.1% 이하로 될 때까지 작업을 실시한다.

문제 54 『콘크리트 인장강도 시험의 공시체는 원기둥 모양으로 그 지름은 굵은골재 최대치수의 (㉠)배 이상이며 (㉡)mm 이상으로 한다.』 ( )에 들어갈 적합한 수치는?

㉮ ㉠ 3 ㉡ 100　　㉯ ㉠ 3 ㉡ 150
㉰ ㉠ 4 ㉡ 100　　㉱ ㉠ 4 ㉡ 150

해설 콘크리트 압축강도 시험의 공시체는 원기둥 모양으로 그 지름은 굵은골재 최대치수의 3배 이상이며 100mm 이상으로 한다.

문제 55 콘크리트 공기량 시험에 사용되는 워싱턴형 공기량 측정기에 대한 설명으로 옳은 것은?

㉮ 무압력법과 압력법이 사용된다.
㉯ 무질량법과 질량법이 사용된다.
㉰ 무주수법과 주수법이 사용된다.
㉱ 무부피법과 부피법이 사용된다.

해설 물을 넣지 않고 사용하는 무주수법과 물을 넣고 사용하는 주수법이 있다.

정답 52.㉯　53.㉯　54.㉱　55.㉰

문제 56 골재의 입도에 대한 설명으로 옳은 것은?
- ㉮ 골재 알갱이의 크고 작은 입자의 혼합된 정도
- ㉯ 골재 함수량의 표시 질량
- ㉰ 골재 속의 공극상태
- ㉱ 단위골재의 질량

해설 골재의 입도상태는 조립률(FM)로 표시한다.

문제 57 콘크리트 블리딩시험 결과 시료 중 물의 질량이 400g이고 채취한 블리딩 물의 질량이 25g이다. 블리딩률은?
- ㉮ 3.125%
- ㉯ 5.25%
- ㉰ 6.25%
- ㉱ 9.375%

해설 블리딩률 $= \dfrac{\text{채취한 블리딩 물의 질량}}{\text{시료 중 물의 질량}} \times 100 = \dfrac{25}{400} \times 100 = 6.25\%$

문제 58 콘크리트의 압축강도에 가장 큰 영향을 주는 것은?
- ㉮ 물-결합재비
- ㉯ 잔골재와 굵은골재의 비
- ㉰ 물과 골재의 비
- ㉱ 시멘트와 골재의 질량

해설 콘크리트 압축강도는 물-결합재비(물-시멘트비)의 영향이 가장 크다.

문제 59 다음 중 경량골재에 해당하는 것은?
- ㉮ 강모래
- ㉯ 산자갈
- ㉰ 화산자갈
- ㉱ 바다모래

해설 경량골재에는 화산암, 응회암, 팽창짐도, 규조도 등이 있다.

문제 60 수중 콘크리트와 한중 콘크리트의 시공에 적합하고 공기를 단축할 경우에 사용 가능한 시멘트는?
- ㉮ 보통 포틀랜드 시멘트
- ㉯ 중용열 포틀랜드 시멘트
- ㉰ 고로 슬래그 시멘트
- ㉱ 조강 포틀랜드 시멘트

해설 조강 포틀랜드 시멘트는 조기강도가 커 보통 포틀랜드 시멘트의 재령 28일 강도를 재령 7일 강도에 발현할 수 있다.

정답 56.㉮ 57.㉰ 58.㉮ 59.㉰ 60.㉱

건설재료시험 기능사 — 2015년 10월 10일 (제5회)

알려드립니다

한국산업인력공단의 저작권법 저촉에 대한 언급이 있어 과거에 출제된 동일한 문제나 그 유형의 문제로 재구성하였습니다.

문제 01 굵은골재의 밀도 및 흡수율 시험에 사용되는 철망태의 규격은?

㉮ 5mm 체눈으로 된 지름 약 20cm, 높이 약 20cm
㉯ 5mm 체눈으로 된 지름 약 30cm, 높이 약 30cm
㉰ 2.5mm 체눈으로 된 지름 약 20cm, 높이 약 20cm
㉱ 2.5mm 체눈으로 된 지름 약 30cm, 높이 약 30cm

문제 02 공극비가 0.25인 모래의 공극률은?

㉮ 10% ㉯ 15%
㉰ 20% ㉱ 25%

해설 $n = \dfrac{e}{1+e} \times 100 = \dfrac{0.25}{1+0.25} \times 100 = 20\%$

문제 03 시멘트 분말도에 관한 설명으로 잘못된 것은?

㉮ 시멘트 입자의 가는 정도를 나타내는 것을 분말도라 한다.
㉯ 시멘트 입자가 가늘수록 분말도가 높다.
㉰ 분말도가 높으면 수화발열이 작다.
㉱ 시멘트의 분말도는 비표면적으로 나타낼 수 있다.

해설
- 분말도가 높으면 수화발열이 커서 조기강도가 커진다.
- 시멘트의 분말도는 비표면적으로 나타낸다.
- 시멘트의 비표면적(cm^2/g)이란 1g의 시멘트가 가지고 있는 전체 입자의 총표면적을 cm^2 단위로 나타낸 것이다.

문제 04 골재알이 표면에는 물기가 없고, 골재알 속의 빈틈이 물로 차 있는 상태는?

㉮ 절대건조상태 ㉯ 공기중 건조상태
㉰ 습윤상태   ㉱ 표면건조 포화상태

정답 01.㉮ 02.㉰ 03.㉰ 04.㉱

해설
- 절대건조상태 : 노건조상태라 하며 건조로에서 105±5℃의 온도로 무게가 일정하게 될 때까지 건조시킨 것
- 공기중 건조상태 : 기건상태라 하며 골재알 속의 일부에만 물기가 있는 상태
- 습윤상태 : 골재알 속과 표면이 물기가 충만된 상태

문제 05
도로의 평판재하시험용 원형재하판은 3개가 있다. 3개의 지름이 옳은 것은?

㉮ 30, 40, 50cm ㉯ 35, 45, 75cm
㉰ 30, 40, 60cm ㉱ 30, 40, 75cm

해설
- $K = \dfrac{q}{y}$
- $K_{75} < K_{40} < K_{30}$
- $K_{75} = \dfrac{1}{2.2} K_{30}$, $K_{40} = \dfrac{1}{1.3} K_{30}$

문제 06
시멘트 밀도시험에서 병을 실온으로 일정하게 되어 있는 물중탕에 넣어 광유의 온도차가 얼마 이내로 되었을 때 광유의 표면 눈금을 읽는가?

㉮ 0.2℃ ㉯ 1.2℃ ㉰ 2.2℃ ㉱ 3.2℃

해설 광유의 표면 눈금을 읽을 때는 액체 곡면 가장 밑면의 눈금을 읽는다.

문제 07
소성한계 시험은 흙덩이를 유리판 위에 굴려서 지름이 어느 정도로 해서 끊어질 때의 함수비를 말하는가?

㉮ 1mm ㉯ 2mm ㉰ 3mm ㉱ 4mm

해설 소성한계 시험용 시료는 약 30g 정도로 한다.

문제 08
지표면에 있는 정사각형 하중면 10×10m의 기초 위에 100 kN/m²의 등분포 하중이 작용했을 때 지표면으로부터 10m 깊이에서 발생하는 수직응력의 증가량은 얼마인가? (단, 2:1 분포법을 사용한다.)

㉮ 10 kN/m² ㉯ 15 kN/m² ㉰ 23 kN/m² ㉱ 25 kN/m²

해설
$q \cdot (B)(B) = \sigma(B+Z)(B+Z)$
$\therefore \sigma_Z = \dfrac{q(B)(B)}{(B+Z)(B+Z)} = \dfrac{100 \times (10) \times (10)}{(10+10)(10+10)} = 25 \text{kN/m}^2$

문제 09
시멘트 입자의 가는 정도를 분말도라 하는데 분말도가 높을 때의 현상으로 틀린 것은?

㉮ 조기강도가 작아진다. ㉯ 풍화하기 쉽다.
㉰ 콘크리트에 균열이 생기기 쉽다. ㉱ 건조 수축이 커진다.

정답 05.㉱ 06.㉮ 07.㉰ 08.㉱ 09.㉮

해설
- 조기강도가 높아진다.
- 입자의 크기 정도는 분말도 또는 비표면적으로 나타내며 시멘트의 입자가 미세할수록 분말도가 크다.

문제 10
흙의 액성한계는 유동곡선을 그려서, 낙하횟수 몇 회의 함수비에 해당하는가?
㉮ 20회 ㉯ 25회 ㉰ 30회 ㉱ 35회

해설
- 액성한계는 유동곡선에서 25회 타격횟수에 해당하는 함수비를 뜻한다.
- 액성한계시험을 할 때 황동접시는 1초당 2회 속도로 낙하시킨다.

문제 11
시멘트 시료의 무게가 64g이고 처음 광유의 읽음 값이 0.3ml, 시료를 넣고 광유의 눈금을 읽으니 20.6ml이었다. 이 시멘트의 밀도는?
㉮ 3.12g/cm^3 ㉯ 3.15g/cm^3 ㉰ 3.17g/cm^3 ㉱ 3.19g/cm^3

해설
- 시멘트의 밀도 = $\dfrac{64}{20.6-0.3}$ = 3.15g/cm^3
- 시멘트가 풍화되면 밀도가 작아진다.

문제 12
로스앤젤레스 시험기에 의한 굵은골재의 마모시험에서 시험기를 회전시킨 후 시료를 꺼내어 몇 mm 체로 체가름하는가?
㉮ 0.5mm ㉯ 1.2mm ㉰ 1.7mm ㉱ 2.8mm

해설
매분 30~33회의 회전수로 A, B, C, D, H의 입도구분은 시료 5kg, 회전 500회, E, F, G의 입도구분은 시료 10kg, 회전 1000회를 실시한 후에 시료를 시험기에서 꺼내서 1.7mm의 체로 친다.

문제 13
액성한계 시험에서 황동 접시를 1cm 높이에서 1초에 몇 회의 속도로 자유낙하 시키는가?
㉮ 2회 ㉯ 3회 ㉰ 4회 ㉱ 5회

해설
황동접시의 낙하 높이를 1cm로 조절하고 1초에 2회 비율로 낙하시킨다.

문제 14
아스팔트의 연화점 시험은 시료를 규정 조건에서 가열하여 얼마의 규정거리로 처졌을 때의 온도를 연화점에서 하는가?
㉮ 15.4mm ㉯ 25mm ㉰ 35.4mm ㉱ 45.4mm

해설
스트레이트 아스팔트의 경우 침입도가 작을수록 연화점은 높다.

정답 10.㉯ 11.㉯ 12.㉰ 13.㉮ 14.㉯

문제 15
다음 중 얕은 기초에 속하지 않는 것은?
- ㉮ 독립푸팅 기초
- ㉯ 복합푸팅 기초
- ㉰ 전면 기초
- ㉱ 우물통 기초

해설 • 깊은 기초: 말뚝 기초, 피어 기초, 케이슨 기초(우물통 기초, 공기 케이슨 기초, 박스 케이슨 기초)

문제 16
강의 경도, 강도를 증가시키기 위하여 오스테나이트 영역까지 가열한 다음 급랭하여 마텐자이트 조직을 얻는 열처리는?
- ㉮ 담금질
- ㉯ 불림
- ㉰ 풀림
- ㉱ 뜨임

해설
- 담금질에 의하여 마텐자이트의 단단한 조직을 얻게 된다.
- 뜨임은 담금질을 한 강에 인성을 주기 위하여 변태점 이하의 적당한 온도에서 가열한 다음 냉각시키는 조작이다.

문제 17
화약취급상 주의사항으로 옳지 않은 것은?
- ㉮ 다이너마이트는 햇볕의 직사를 피하고 화기가 있는 곳에 두지 않는다.
- ㉯ 뇌관과 폭약은 사용에 편리하도록 한곳에 보관한다.
- ㉰ 화기와 충격에 대하여 각별히 주의한다.
- ㉱ 장기간 보존으로 인한 흡습, 동결에 주의하고 온도와 습도에 의한 품질의 변화가 없도록 해야 한다.

해설 뇌관과 폭약은 같은 장소에 두지 말아야 한다.

문제 18
재료가 일정한 하중 아래에서 시간의 경과에 따라 변형량이 증가되는 현상을 무엇이라 하는가?
- ㉮ 크리프
- ㉯ 피로한계
- ㉰ 길소나이트
- ㉱ 릴랙세이션

해설
- 크리프로 인하여 재료가 파괴되는 현상을 크리프 파괴라 한다.
- 하중이 반복 작용할 때 재료가 정적강도보다도 낮은 강도에서 파괴되는 현상을 피로파괴라 한다.
- 재료에 외력을 작용시키고 변형을 억제하면 시간이 경과함에 따라 재료의 응력이 감소하는 현상을 릴랙세이션이라 한다.
- 길소나이트는 아스팔트의 분류 중 천연 아스팔트에서 아스팔타이트에 속한다.

문제 19
콘크리트의 휨강도 시험을 위한 공시체를 제작할 때 콘크리트는 몰드에 2층으로 나누어 채우고 각 층은 몇 번씩 다져야 하는가? (단, $150 \times 150 \times 530$ mm의 공시체를 사용)
- ㉮ 25회
- ㉯ 50회
- ㉰ 65회
- ㉱ 80회

해설 $(150 \times 530) \div 1000 ≒ 80$회

정답 15.㉱ 16.㉮ 17.㉯ 18.㉮ 19.㉱

문제 20
굳지 않은 콘크리트의 공기량 측정법 중 워싱턴형 공기량 측정기를 사용하는 것은 다음 중 어느 방법에 속하는가?

㉮ 무게의 의한 방법에 속한다.　㉯ 면적에 의한 방법에 속한다.
㉰ 부피에 의한 방법에 속한다.　㉱ 공기실 압력법에 속한다.

해설 공기량 시험방법에는 공기실 압력법, 중량법, 주수압력법이 있다.

문제 21
동상의 피해를 방지하기 위한 방법에 해당되지 않는 것은?

㉮ 지하수면을 낮추는 방법
㉯ 비동결성 흙으로 치환하는 방법
㉰ 실트질 흙을 넣어 모세관 현상을 차단하는 방법
㉱ 화학약품을 넣어 동결온도를 낮추는 방법

해설 실트질은 동상이 일어나기 가장 쉬운 흙이다.

문제 22
어느 흙 시료에 대하여 입도분석 시험 결과 입경가적 곡선에서 $D_{10} = 0.005$ mm, $D_{30} = 0.040$ mm, $D_{60} = 0.330$ mm를 얻었다. 균등계수(C_u)는 얼마인가?

㉮ 33　　㉯ 66
㉰ 99　　㉱ 132

해설
- $C_u = \dfrac{D_{60}}{D_{10}} = \dfrac{0.33}{0.005} = 66$
- 곡률계수 : $C_g = \dfrac{(D_{30})^2}{D_{10} \cdot D_{60}} = \dfrac{(0.04)^2}{0.005 \times 0.33} = 0.97$

문제 23
시멘트의 응결을 상당히 빠르게 하기 위하여 사용하는 혼화제로서 뿜어 붙이기 콘크리트, 콘크리트 그라우트 등에 사용하는 혼화제는?

㉮ 감수제　　㉯ 급결제
㉰ 지연제　　㉱ 발포제

해설 급결제를 사용한 콘크리트는 재령 1~2일까지의 강도 증진은 매우 크지만 장기강도는 일반적으로 느린 경우가 많고 건조수축은 약간 작다.

문제 24
흙 입자 밀도시험에서 병에 시료와 증류수를 넣고 끓이는데 일반적인 흙은 최소 얼마 이상 끓여야 하는가?

㉮ 5분　　㉯ 10분　　㉰ 20분　　㉱ 30분

해설 흙 시료 속의 기포나 이물질을 제거하기 위해 10분 이상 끓인다.

정답 20.㉱　21.㉰　22.㉯　23.㉯　24.㉯

문제 25
잔골재의 표면수 시험방법으로 옳은 것은?
- ㉮ 질량법, 부피법
- ㉯ 길이법, 지름법
- ㉰ 입도법, 밀도법
- ㉱ 크기법, 강도법

해설 배합시 혼합수량을 조정하기 위해 표면수 시험을 한다.

문제 26
액성한계 시험은 황동 접시를 경질 고무 받침대에 낙하시켜, 홈의 바닥부의 흙의 길이 약 몇 mm 합류할 때까지 계속하게 되는가?
- ㉮ 5mm
- ㉯ 10mm
- ㉰ 12mm
- ㉱ 13mm

해설 낙하높이 : 1cm, 낙하속도 : 2회/초, 합쳐진 길이 : 13mm

문제 27
흙의 전단강도를 구하기 위한 전단시험법 중 현장시험에 해당하는 것은?
- ㉮ 일축 압축 시험
- ㉯ 삼축 압축 시험
- ㉰ 베인 시험
- ㉱ 직접 전단 시험

해설 $C = \dfrac{M_{max}}{\pi D^2 \left(\dfrac{H}{2} + \dfrac{D}{6}\right)}$

문제 28
최대하중이 530kN이고 시험체의 지름이 150mm, 높이가 300mm일 때 콘크리트의 압축강도는 약 얼마인가?
- ㉮ 30MPa
- ㉯ 35MPa
- ㉰ 40MPa
- ㉱ 45MPa

해설
- 단면적 $A = \dfrac{3.14 \times 150^2}{4} = 17,662.5 \text{mm}^2$
- 하중 $P = 530\text{kN} = 530,000\text{N}$
- 압축강도 $\dfrac{P}{A} = \dfrac{530,000}{17,662.5} = 30\text{N/mm}^2 = 30\text{MPa}$

문제 29
슬럼프 시험에서 콘(cone)에 시료를 채우기 시작하고 나서 슬럼프 콘의 들어 올리기를 종료할 때까지의 전 작업시간은 얼마 이내로 하여야 하는가?
- ㉮ 2~3초 이내
- ㉯ 1분 이내
- ㉰ 3분 이내
- ㉱ 5분 이내

해설 슬럼프 값은 5mm 단위(정밀도)로 읽는다.

문제 30
다음 시멘트 중 조기 강도가 가장 큰 것은?
- ㉮ 고로 시멘트
- ㉯ 실리카 시멘트
- ㉰ 알루미나 시멘트
- ㉱ 조강 포틀랜드 시멘트

정답 25.㉮ 26.㉱ 27.㉰ 28.㉮ 29.㉰ 30.㉰

해설 알루미나 시멘트는 재령 1일의 강도가 보통 포틀랜드 시멘트의 재령 28일 강도에 해당되며 발열량이 크기 때문에 긴급을 요하는 공사나 한중공사시의 시공에 적합하다.

문제 31
흙 입자 밀도시험에 사용되는 기계 및 기구가 아닌 것은?
- ㉮ 피크노미터
- ㉯ 데시케이터
- ㉰ 체진동기
- ㉱ 온도계

해설 체진동기는 흙의 입도시험에 사용된다.

문제 32
자연적으로 퇴적된 점토를 함수비의 변화 없이 재성형하면 일축압축강도가 상당히 감소하는 경향이 있다. 이러한 성질을 알기 위해 사용되는 것은?
- ㉮ 틱소트로피
- ㉯ 예민비
- ㉰ 퀵샌드
- ㉱ 활성도

해설
- 예민비 $S_t = \dfrac{q_u}{q_{ur}}$
- 틱소트로피 : 교란된 흙은 시간이 지남에 따라 손실된 강도의 일부를 회복하는 현상

문제 33
다음 중 혼합 시멘트가 아닌 것은?
- ㉮ 고로슬래그 시멘트
- ㉯ 알루미나 시멘트
- ㉰ 플라이애시 시멘트
- ㉱ 포틀랜드 포졸라나 시멘트

해설
- 특수시멘트의 종류
  알루미나 시멘트, 초속경 시멘트, 팽창 시멘트

문제 34
다음 중 Stokes의 법칙에 의하여 흙 입자의 크기를 알아내는 것은?
- ㉮ 체분석법
- ㉯ 침강분석법
- ㉰ MIT 분석법
- ㉱ Casagrande 분석법

해설 침강분석법은 No.200체 이하의 입도 분포를 알기 위해 실시한다.

문제 35
흙의 다짐 특성에 대한 설명으로 틀린 것은?
- ㉮ 입도가 좋은 모래질 흙은 다짐곡선이 예민하다.
- ㉯ 실트나 점토 등의 세립토는 다짐곡선이 원만하다.
- ㉰ 최적함수비가 높은 흙일수록 최대 건조단위무게가 크다.
- ㉱ 입도가 좋은 모래질 흙은 점토보다 최대 건조단위무게가 크다.

해설 최적함수비가 낮은 흙일수록 최대 건조단위무게가 크다.

정답 31.㉰ 32.㉯ 33.㉯ 34.㉯ 35.㉰

문제 36
자연상태의 모래지반을 다져 e 가 $e_{\min}$에 이르도록 했다면 이 지반의 상대밀도(%)는?

㉮ 0%　　㉯ 50%　　㉰ 100%　　㉱ 200%

해설
- $D_r = \dfrac{e_{\max} - e}{e_{\max} - e_{\min}} \times 100$

　$e = e_{\min}$ 이면 $D_r = 100\%$ 이다.
- 상대밀도는 사질토의 느슨하고 조밀한 상태를 판정한다.

문제 37
공기연행(AE) 콘크리트의 공기량에 영향을 미치는 요인에 대한 설명으로 틀린 것은?

㉮ 시멘트의 분말도가 높을수록 공기량은 감소한다.
㉯ 잔골재 속에 0.4~0.6mm의 세립분이 증가하면 공기량은 증가한다.
㉰ 콘크리트의 온도가 높을수록 공기량은 증가한다.
㉱ 진동 다짐시간이 길면 공기량은 감소한다.

해설 콘크리트의 온도가 낮을수록 공기량은 증가한다.

문제 38
콘크리트가 굳어 가는 도중에 부피를 늘어나게 하여 콘크리트의 건조수축에 의한 균열을 막아주는 혼화재는?

㉮ 포졸란　　㉯ 플라이 애시
㉰ 팽창재　　㉱ 고로 슬래그 분말

해설 팽창재는 콘크리트 부재의 건조수축을 줄여 균열의 발생을 방지할 목적으로 사용한다.

문제 39
콘크리트의 인장강도를 측정하기 위한 간접시험 방법으로 적당한 것은?

㉮ 비파괴 시험　　㉯ 할열 시험
㉰ 탄성종파 시험　　㉱ 직접전단 시험

해설 인장강도 $= \dfrac{2P}{\pi dl}$

문제 40
흙의 액성 및 소성한계 시험용(KS F 2303)으로 사용되는 시료의 양은?

㉮ 액성한계 시험용 : 약 100g, 소성한계 시험용 : 약 20g
㉯ 액성한계 시험용 : 약 200g, 소성한계 시험용 : 약 30g
㉰ 액성한계 시험용 : 약 300g, 소성한계 시험용 : 약 40g
㉱ 액성한계 시험용 : 약 400g, 소성한계 시험용 : 약 50g

해설 액성 및 소성, 수축한계는 %로 표시한다.

문제 41
아스팔트 침입도 시험에서 침이 시료 속으로 0.1mm 들어갔을 때 침입도는?
㉮ 0.1　㉯ 1　㉰ 10　㉱ 100

해설　침입도는 아스팔트의 굳기를 측정한다.

문제 42
모래가 느슨한 상태에 있는가 조밀한 상태에 있는가를 판별하는 데 사용되는 것은?
㉮ 간극률　㉯ 간극비　㉰ 포화도　㉱ 상대밀도

해설　상대밀도가 1/3 이하이면 느슨하고 2/3 이상이면 조밀하다.

문제 43
골재의 체가름 시험으로 결정할 수 없는 것은?
㉮ 입도　㉯ 조립률
㉰ 굵은골재의 최대치수　㉱ 실적률

해설　실적률은 골재의 밀도와 단위용적 질량의 시험으로 결정할 수 있다.

문제 44
1.18mm체에 질량비로 5% 이상 남는 잔골재를 사용하여 체가름 시험을 할 때 사용할 시료의 최소 건조질량으로 옳은 것은?
㉮ 100g　㉯ 500g　㉰ 1000g　㉱ 1500g

해설　1.18mm체에 질량비로 95% 이상 통과하는 잔골재를 사용하여 체가름 시험을 할 때 사용할 시료의 최소 건조질량은 100g이다.

문제 45
흙의 침강 분석시험(입도 분석시험)에 대한 내용 중 옳지 않은 것은?
㉮ Stokes의 법칙을 적용한다.
㉯ 시험 후 메스실린더의 내용물은 0.075mm체에 붓고 물로 세척한다.
㉰ 침강 측정시 메스실린더 내에 비중계를 띄우고 소수 부분의 눈금을 메니스커스 위 끝에서 0.0005까지 읽는다.
㉱ 침강 분석시험에 사용되는 메스실린더의 용량은 500mL를 사용한다.

해설　침강 분석시험에 사용되는 메스실린더의 용량은 1,000mL를 사용한다.

문제 46
콘크리트의 워커빌리티를 측정하는 시험으로 적당하지 않은 것은?
㉮ 구관입시험　㉯ 비비시험
㉰ 흐름시험　㉱ 압밀시험

해설　압밀시험은 토질시험에 속한다.

정답 41.㉯ 42.㉱ 43.㉱ 44.㉮ 45.㉱ 46.㉱

문제 47
강재의 인장시험 결과로부터 구할 수 없는 것은?
- ㉮ 비례한도
- ㉯ 극한강도
- ㉰ 상대 동탄성계수
- ㉱ 파단 연신율

해설 상대 동탄성계수 관련 시험은 콘크리트 시험에 해당된다.

문제 48
용기의 무게가 15g일 때 용기에 흙 시료를 넣어 총 무게를 측정하여 475g이었고 노 건조시킨 다음 무게가 422g이었다. 이때의 함수비는?
- ㉮ 8.67%
- ㉯ 10.45%
- ㉰ 13.02%
- ㉱ 25.42%

해설 $\omega = \dfrac{W_w}{W_s} \times 100 = \dfrac{475-422}{422-15} \times 100 = 13.02\%$

문제 49
아스팔트가 늘어나는 정도를 측정하는 시험은?
- ㉮ 밀도 시험
- ㉯ 인화점 시험
- ㉰ 침입도 시험
- ㉱ 신도 시험

해설 신도 시험의 결과 늘어나는 길이는 cm로 나타낸다.

문제 50
점성토 지반의 개량공법으로 적합하지 않은 것은?
- ㉮ 샌드 드레인 공법
- ㉯ 바이브로 플로테이션 공법
- ㉰ 치환공법
- ㉱ 프리로딩 공법

해설 바이브로 플로테이션 공법은 사질토 지반의 개량공법에 적합하다.

문제 51
콘크리트용 모래에 포함되어 있는 유기 불순물 시험에 사용되지 않는 것은?
- ㉮ 알코올 용액
- ㉯ 탄산암모늄 용액
- ㉰ 탄닌산 용액
- ㉱ 수산화나트륨 용액

해설 알코올 용액, 탄닌산 용액, 수산화나트륨 용액이 필요하며 유기 불순물 시험에 사용하는 유리병은 고무마개를 가지고 눈금이 없는 용량 400mL의 무색 투명 유리병이 2개 있어야 한다.

문제 52
콘크리트 블리딩 시험에서 콘크리트를 용기의 안지름이 240mm인 용기에 3층으로 나누어 넣고 각 층을 다짐대로 몇 회씩 고르게 다지는가?
- ㉮ 10회
- ㉯ 15회
- ㉰ 20회
- ㉱ 25회

정답 47.㉰ 48.㉰ 49.㉱ 50.㉯ 51.㉰ 52.㉱

해설
- 굵은골재의 최대치수가 40mm 이하인 콘크리트에 적용한다.
- 콘크리트 온도 및 시험 중 실온은 20±3℃로 한다.
- 다짐수

용기의 안지름	다짐봉에 따른 각 층의 다짐수
140m	10
240mm	25

문제 53 시멘트 밀도시험에 대한 내용으로 잘못된 것은?

㉮ 르샤틀리에 병의 눈금 1과 0에 위아래에 0.1mL 눈금이 2줄씩 여분으로 새겨져 있다.
㉯ 일정량의 시멘트(포틀랜드 시멘트는 약 64g)를 1g의 정밀도로 달아 칭량한다.
㉰ 동일 시험자가 동일 재료에 대하여 2회 측정한 결과가 ±0.03g/cm^3 이내이어야 한다.
㉱ 광유의 온도가 1℃ 변화하면 용적이 약 0.2cc 변화되어 밀도는 약 0.02g/cm^{3}의 차가 생기므로 시멘트를 넣기 전후의 광유의 온도차는 0.2℃를 넘어서는 안 된다.

해설 일정량의 시멘트(포틀랜드 시멘트는 약 64g)를 0.05g의 정밀도로 달아 칭량한다.

문제 54 다음 중 투수계수를 좌우하는 요인이 아닌 것은?

㉮ 토립자의 크기 ㉯ 공극의 형상과 배열
㉰ 흙 입자 밀도 ㉱ 포화도

해설 흙 입자 밀도는 관계가 없고 점성계수, 공극비 등이 관계 있다.

문제 55 다음 중 공기중건조상태의 목재 함수율로 적합한 것은?

㉮ 5~10% ㉯ 12~18% ㉰ 20~24% ㉱ 25~35%

해설
- 기건 함수율 : 목재가 대기의 온·습도와 평형을 이루고 있는 상태의 목재로 보통 15%(12~18%) 정도이다.
- 섬유 포화점 : 세포막 내부가 완전히 수분으로 포화되어 있고 세포내공과 공극 등에는 수분이 없는 상태로 23~30% 정도이다.

문제 56 아스팔트의 경도, 점도 등이 온도에 따라 변화하는 성질은?

㉮ 점착성 ㉯ 감온성 ㉰ 방수성 ㉱ 신장성

해설 스트레이트 아스팔트는 블로운 아스팔트에 비해 감온성이 크다.

정답 53.㉯ 54.㉰ 55.㉯ 56.㉯

문제 57 주로 도로 포장용 콘크리트의 품질 결정에 사용되는 콘크리트의 강도는?
㉮ 인장강도
㉯ 압축강도
㉰ 휨강도
㉱ 전단강도

해설 포장용 콘크리트의 설계기준 휨강도는 4.5MPa 이상이다.

문제 58 다음 중 콘크리트의 워커빌리티의 개선의 방법으로 틀린 것은?
㉮ 시멘트의 양에 비해 골재의 양을 많이 사용한다.
㉯ 고로 슬래그 미분말 등을 혼화재로 사용한다.
㉰ 시멘트의 분말도가 높을 것을 사용한다.
㉱ AE제, AE감수제, 감수제 등을 사용한다.

해설 골재의 양이 많으면 재료분리 및 워커빌리티에 나쁜 영향을 준다.

문제 59 흙의 액성한계시험 결과 유동곡선을 작도할 때 세로 축의 항목은?
㉮ 가적 통과율
㉯ 흙의 입경
㉰ 함수비
㉱ 체의 크기

해설 타격횟수는 가로 축에 함수비는 세로 축에 표시한다.

문제 60 콘크리트의 치기가 끝나면 블리딩이 일어나며 대략 몇 시간이면 끝나는가?
㉮ 2~4시간
㉯ 4~6시간
㉰ 8~10시간
㉱ 10시간 이상

해설 블리딩이 많으면 철근과 부착을 감소시킨다.

정답 57.㉰ 58.㉮ 59.㉰ 60.㉮

건설재료시험 기능사 — 2016년 1월 24일 (제1회)

> **알려드립니다**
>
> 한국산업인력공단의 저작권법 저촉에 대한 언급이 있어 과거에 출제된 동일한 문제나 그 유형의 문제로 재구성하였습니다.

문제 01
역청재료의 침입도 시험에서 질량 100 g의 표준침이 5초 동안에 5 mm 관입했다면 이 재료의 침입도는 얼마인가?

㉮ 10　　㉯ 25　　㉰ 50　　㉱ 100

해설
- 아스팔트 온도가 25℃ 상태에서 시험한다.
- 침입도 1은 $0.1\,\text{mm}\left(\dfrac{1}{10}\,\text{mm}\right)$ 관입한 값이다.
- $5 \times 10 = 50$

문제 02
다음 중 도로 포장용으로 가장 많이 사용되는 아스팔트는?

㉮ 스트레이트 아스팔트　　㉯ 블론 아스팔트
㉰ 아스팔타이트　　㉱ 샌드 아스팔트

해설 스트레이트 아스팔트는 감온비가 크고 내후성이 낮은 단점이 있다.

문제 03
어떤 흙의 함수비 시험결과 물의 무게가 10 g, 흙 입자만의 무게가 20 g이었다. 이 시료의 함수비는 얼마인가?

㉮ 20%　　㉯ 30%　　㉰ 40%　　㉱ 50%

해설
$$\omega = \dfrac{W_W}{W_S} \times 100 = \dfrac{10}{20} \times 100 = 50\%$$

문제 04
흙의 액성한계 시험에서 홈파기 날로 2등분한 시료가 어떤 상태로 될 때까지 조작을 되풀이하여야 하는가?

㉮ 홈의 바닥부의 흙이 길이 약 5 mm 합류할 때까지
㉯ 홈의 바닥부의 흙이 길이 약 13 mm 합류할 때까지
㉰ 홈의 바닥부의 흙이 길이 약 20 mm 합류할 때까지
㉱ 홈의 바닥부의 흙이 길이 약 25 mm 합류할 때까지

해설 액성한계 시험시 황동접시의 낙하높이는 1 cm, 낙하속도는 1초에 2회, 합쳐진 길이 13 mm일 때 시료를 채취한다.

정답 01.㉰　02.㉮　03.㉱　04.㉯

문제 05 어떤 흙의 체가름 시험으로부터 구한 입경가적 곡선에서 $D_{10}=0.04$ mm, $D_{30}=0.07$ mm, $D_{60}=0.14$ mm이었다. 곡률계수는?

㉮ 0.875　　㉯ 1.142　　㉰ 3.523　　㉱ 12.51

해설
- 곡률계수 $C_g = \dfrac{(D_{30})^2}{D_{10} \times D_{60}} = \dfrac{0.07^2}{0.04 \times 0.14} = 0.875$
- 균등계수 $C_u = \dfrac{D_{60}}{D_{10}} = \dfrac{0.14}{0.04} = 3.5$

문제 06 모래치환에 의한 현장 흙의 단위무게 시험 결과 파낸 구멍 속의 흙 무게 2500 g, 파낸 구멍의 부피 1000 cm³, 흙의 함수비가 25%였을 때 현장 흙의 건조 단위무게는?

㉮ 1.0 g/cm³　　㉯ 2.0 g/cm³　　㉰ 2.5 g/cm³　　㉱ 3.0 g/cm³

해설
- 습윤밀도 $\gamma_t = \dfrac{W}{V} = \dfrac{2500}{1000} = 2.5 \text{ g/cm}^3$
- 건조밀도 $\gamma_d = \dfrac{\gamma_t}{1+\dfrac{w}{100}} = \dfrac{2.5}{1+\dfrac{25}{100}} = 2.0 \text{ g/cm}^3$

문제 07 콘크리트에 AE제를 사용하였을 때 장점에 해당되지 않는 것은?

㉮ 워커빌리티가 좋다.
㉯ 동결, 융해에 대한 저항성이 크다.
㉰ 강도가 커지며 철근과의 부착강도가 크다.
㉱ 단위수량을 줄일 수 있다.

해설 강도가 적어지며 철근과의 부착강도가 떨어진다.

문제 08 흙의 일축압축시험에서 파괴면이 수평면과 이루는 각도가 60°일 때 이 흙의 내부 마찰각은?

㉮ 60°　　㉯ 45°　　㉰ 30°　　㉱ 15°

해설
$\theta = 45 + \dfrac{\phi}{2}$
$60° = 45 + \dfrac{\phi}{2}$
$\therefore \phi = 30°$

문제 09 흙 속의 간극 수가 동결되어 얼음층이 형성되기 때문에 지표면이 떠오르는 현상은?

㉮ 연화현상　　㉯ 분사현상　　㉰ 동상현상　　㉱ 포화현상

해설 동상은 실트질에서 잘 일어난다.

정답 05.㉮　06.㉯　07.㉰　08.㉰　09.㉰

문제 10 흙의 다짐에너지에 관한 설명으로 틀린 것은?
- ㉮ 다짐에너지는 래머의 중량에 비례한다.
- ㉯ 다짐에너지는 래머의 낙하고에 비례한다.
- ㉰ 다짐에너지는 타격횟수에 비례한다.
- ㉱ 다짐에너지는 시료의 부피에 비례한다.

해설 다짐에너지는 시료의 부피에 반비례한다.

문제 11 콘크리트의 호칭강도가 20 MPa이고, 압축강도의 기록이 없는 경우 배합강도는?
- ㉮ 27 MPa
- ㉯ 28.5 MPa
- ㉰ 30 MPa
- ㉱ 32.5 MPa

해설
- 호칭강도가 21 MPa 미만의 경우
$$f_{cr} = f_{cn} + 7 = 20 + 7 = 27\text{MPa}$$

문제 12 다음 중 깊은 기초의 종류가 아닌 것은?
- ㉮ 말뚝기초
- ㉯ 피어 기초
- ㉰ 케이슨 기초
- ㉱ 푸팅 기초

해설
- 얕은기초(직접기초)
  푸팅기초, 전면기초

문제 13 토립자의 비중이 2.60인 흙의 습윤단위무게가 20kN/m³이고, 함수비가 20%라고 할 때 이 흙의 건조단위무게는?
- ㉮ 16.7 kN/m³
- ㉯ 21.2 kN/m³
- ㉰ 9.8 kN/m³
- ㉱ 52.0 kN/m³

해설
- $\gamma_d = \dfrac{\gamma_t}{1+\dfrac{w}{100}} = \dfrac{20}{1+\dfrac{20}{100}} = 16.7\text{kN/m}^3$
- $\gamma_d = \dfrac{G_s}{1+e}\gamma_w$

문제 14 골재의 밀도가 2.70 kg/L이고 단위용적질량이 1.95 kg/L일 때 골재의 공극률은?
- ㉮ 1.4%
- ㉯ 27.8%
- ㉰ 5.3%
- ㉱ 25.4%

해설
- 실적률 $= \dfrac{w}{\rho} \times 100 = \dfrac{1.95}{2.7} \times 100 = 72.2\%$
- 공극률 $= 100 -$ 실적률 $= 100 - 72.2 = 27.8\%$

정답 10.㉱ 11.㉮ 12.㉱ 13.㉮ 14.㉯

문제 15
감수제의 사용효과에 대한 설명으로 옳은 것은?

㉮ 시멘트풀의 유동성을 감소시킬 수 있다.
㉯ 단위수량을 감소시킬 수 있다.
㉰ 블리딩이나 재료 분리가 크다.
㉱ 강도, 수밀성, 내구성이 떨어진다.

해설
- 콘크리트 중에 미세 기포를 연행시키면서 작업성을 향상시킨다.
- 블리딩이나 재료분리가 작다.
- 강도, 수밀성, 내구성이 증가된다.

문제 16
시멘트의 분말도에 대한 설명으로 옳은 것은?

㉮ 시멘트의 입자가 굵을수록 분말도가 높다.
㉯ 분말도가 높으면 수화작용이 빠르다.
㉰ 분말도가 높으면 조기강도가 작다.
㉱ 분말도가 낮으면 수화열이 많다.

해설 시멘트의 입자가 가늘수록 분말도가 높고 분말도가 높으면 조기강도가 크다.

문제 17
흙의 액성한계 시험에 사용되는 흙은 몇 μm 체를 통과한 것을 시료로 사용하는가?

㉮ 850μm 체 ㉯ 425μm 체 ㉰ 250μm 체 ㉱ 75μm 체

해설 0.425 mm를 통과한 시료를 사용한다.

문제 18
압력법에 의한 굳지 않은 콘크리트의 공기량 시험 결과 콘크리트의 겉보기 공기량은 6.80%, 골재의 수정계수는 1.2%일 때 콘크리트의 공기량은?

㉮ 1.20% ㉯ 5.60% ㉰ 6.80% ㉱ 8.16%

해설 공기량 = 겉보기 공기량 − 골재의 수정계수 = 6.8−1.2 = 5.6%

문제 19
실험실에서 측정된 최대건조 단위무게가 16.4 kN/m³이었다. 현장 다짐도를 95%로 하는 경우 현장 건조 단위무게의 최소치는 약 얼마인가?

㉮ 17.3 kN/m³ ㉯ 16.2 kN/m³
㉰ 15.6 kN/m³ ㉱ 14.5 kN/m³

해설 다짐도 $= \dfrac{\gamma_d}{\gamma_{d\max}} \times 100$

∴ $\gamma_d = 0.95 \times 16.4 = 15.6 \, kN/m^3$

정답 15.㉯ 16.㉯ 17.㉯ 18.㉯ 19.㉰

문제 20
연약한 점토 지반에서 전단강도를 구하기 위해 실시하는 현장 시험방법은?
- ㉮ 베인(Vane) 전단시험
- ㉯ 직접전단시험
- ㉰ 일축압축시험
- ㉱ 삼축압축시험

해설
$$C = \frac{M_{max}}{\pi D^2 \left(\dfrac{H}{2} + \dfrac{D}{6}\right)}$$

문제 21
콘크리트의 워커빌리티(workability)에 영향을 주는 요소에 대한 설명으로 틀린 것은?
- ㉮ 단위수량이 많아지면 콘크리트가 묽어지며 재료분리가 일어나기 쉽다.
- ㉯ 온도가 높으면 슬럼프 값이 작아진다.
- ㉰ 적당한 입도를 갖는 둥근모양의 자갈을 사용하면 워커빌리티가 좋아진다.
- ㉱ 비표면적이 작은 시멘트를 사용하면 워커빌리티가 좋아진다.

해설 비표면적이 큰 시멘트를 사용하면 워커빌리티가 좋아진다. 즉, 분말도가 큰 시멘트를 사용하면 워커빌리티가 좋아진다는 의미이다.

문제 22
댐과 같은 큰 토목구조물에 주로 사용하며 조기 강도는 적으나 장기 강도가 큰 시멘트는?
- ㉮ 중용열 포틀랜드 시멘트
- ㉯ 보통 포틀랜드 시멘트
- ㉰ 조강 포틀랜드 시멘트
- ㉱ 백색 포틀랜드 시멘트

해설 중용열 포틀랜드 시멘트는 수화열이 적어 댐, 매스 콘크리트, 방사선 차폐용 등에 적합하다.

문제 23
블론 아스팔트와 비교하였을 경우 스트레이트 아스팔트의 특성에 관한 설명으로 옳지 않은 것은?
- ㉮ 방수성이 좋다.
- ㉯ 신도가 크다.
- ㉰ 감온성이 크다.
- ㉱ 내후성이 우수하다.

해설 내후성(기상작용에 견디는 성질)이 떨어진다.

문제 24
역청재료의 연화점을 알기 위하여 일반적으로 사용하는 방법은?
- ㉮ 환구법
- ㉯ 공기투과법
- ㉰ 표준체에 의한 방법
- ㉱ 전극법

해설 환을 이용하여 시험할 때 강구와 함께 아스팔트가 25mm 떨어졌을 때의 온도를 연화점이라 한다.

정답 20.㉮ 21.㉱ 22.㉮ 23.㉱ 24.㉮

문제 25
다음 중 수은을 사용하는 시험은?
- ㉮ 흙의 액성한계 시험
- ㉯ 흙의 소성한계 시험
- ㉰ 흙의 수축한계 시험
- ㉱ 흙의 입도 시험

해설 수은은 건조 흙의 부피를 구하기 위해 사용한다.

문제 26
콘크리트 압축강도 시험에 대한 설명으로 옳은 것은?
- ㉮ 시험체의 지름은 굵은골재 최대치수의 5배 이상이어야 한다.
- ㉯ 시험체 몰드를 떼기 전에 캐핑을 하는 경우 된반죽 콘크리트에서는 콘크리트를 채운 뒤 2~6시간 정도 이후에 캐핑을 실시한다.
- ㉰ 시험체를 만든 뒤 5~15시간 안에 몰드를 떼어낸다.
- ㉱ 시험체에 하중을 가하는 속도는 완급을 규칙적으로 하여 시험체에 충격을 가하여야 한다.

해설
- 시험체의 지름은 굵은골재 최대치수의 3배 이상이며 또한 100 mm 이상이어야 한다.
- 시험체를 만든 뒤 16시간 이상 3일 이내에 몰드를 떼어낸다.
- 시험체에 하중을 가하는 속도는 매초 0.6±0.4 MPa로 한다.

문제 27
골재의 잔입자 시험에서 몇 mm체를 통과하는 것을 잔입자로 하는가?
- ㉮ 1.7 mm
- ㉯ 1.0 mm
- ㉰ 0.15 mm
- ㉱ 0.08 mm

해설
- 골재에 잔입자가 들어 있으면 블리딩 현상으로 인하여 레이턴스가 많이 생기게 된다.
- 골재 알의 표면에 점토, 실트 등이 붙어 있으면 시멘트 풀과 골재와의 부착력이 약해져서 콘크리트의 강도와 내구성이 적어진다.
- 잔입자 함유량의 한도는 잔골재의 경우 3.0% 이하, 굵은골재의 경우 1.0% 이하이다.

문제 28
입경가적 곡선에서 유효 입경이라 함은 가적 통과율 몇 %에 해당하는 입경을 말하는가?
- ㉮ 50%
- ㉯ 40%
- ㉰ 20%
- ㉱ 10%

해설 균등계수 $= \dfrac{D_{60}}{D_{10}}$

문제 29
액성한계 42.8%이고 소성한계는 32.2%일 때 소성지수를 구하면?
- ㉮ 10.6
- ㉯ 12.8
- ㉰ 21.2
- ㉱ 42.4

해설 소성지수 = 액성한계 − 소성한계 = 42.8 − 32.2 = 10.6%

정답 25.㉰ 26.㉯ 27.㉱ 28.㉱ 29.㉮

문제 30

콘크리트 압축강도시험의 기록이 없는 현장에서 호칭강도가 20 MPa인 콘크리트를 배합하기 위한 배합강도를 구하면?

㉮ 20 MPa ㉯ 27 MPa ㉰ 28.5 MPa ㉱ 30 MPa

해설
- 호칭강도가 21 MPa 미만이므로 배합강도 $f_{cr} = f_{cn} + 7 = 20 + 7 = 27$ MPa이다.
- 호칭강도가 21~35 MPa일 경우 배합강도 $f_{cr} = f_{cn} + 8.5$이다.
- 호칭강도가 35 MPa을 초과할 경우 배합강도 $f_{cr} = 1.1 f_{cn} + 5.0$이다.

문제 31

굵은골재의 밀도를 알기 위한 시험 결과가 다음과 같을 경우 절대건조상태의 밀도는?

- 표면건조 포화상태 시료의 질량 : 2,090 g
- 절대건조상태 시료의 질량 : 2,000 g
- 시료의 수중 질량 : 1,290 g
- 시험온도에서의 물의 밀도 : 1 g/cm³

㉮ 2.50g/cm³ ㉯ 2.55g/cm³
㉰ 2.60g/cm³ ㉱ 2.70g/cm³

해설
- 절대건조밀도 $= \dfrac{A}{B-C} \times \rho_w = \dfrac{2,000}{2,090-1,290} \times 1 = 2.50$ g/cm³
- 표건밀도 $= \dfrac{B}{B-C} \times \rho_w = \dfrac{2,090}{2,090-1,290} \times 1 = 2.61$ g/cm³
- 겉보기 밀도 $= \dfrac{A}{A-C} \times \rho_w = \dfrac{2,000}{2,000-1,290} \times 1 = 2.81$ g/cm³

문제 32

말뚝의 지지력에 관한 설명 중 옳지 않은 것은?

㉮ Sander 공식은 간단하나 정도는 낮다.
㉯ 동역학적 공식은 총타격에너지와 총에너지 손실을 합한 것이 말뚝에 가해지는 에너지이다.
㉰ 말뚝에 부의 주면마찰이 일어나면 지지력은 증가한다.
㉱ 말뚝을 박을 때의 탄성변형량으로는 말뚝, 지반 및 캡의 탄성변형량이 있다.

해설 말뚝에 부의 주면마찰이 일어나면 지지력은 감소한다.

정답 30.㉯ 31.㉮ 32.㉰

문제 33 표준관입시험에 대한 설명으로 옳지 않은 것은?
- ㉮ 63.5 kg의 해머를 75 cm 높이에서 자유낙하시켜 샘플러를 30 cm 관입시키는 데 소요된 낙하횟수를 N값이라 한다.
- ㉯ 표준관입시험으로부터 흐트러지지 않은 시료를 채취할 수 있다.
- ㉰ N값으로부터 점토지반의 연경도 및 일축압축강도를 추정할 수 있다.
- ㉱ 시험결과로부터 흙의 내부마찰각 등 공학적 성질을 추정할 수 있다.

해설 　표준관입시험으로부터 흐트러진 시료를 채취할 수 있다.

문제 34 다음 중 다짐시험과 관계가 없는 것은?
- ㉮ 최적함수비
- ㉯ 영공기 간극곡선
- ㉰ 최대 건조단위무게
- ㉱ 입경가적곡선

해설 　입경가적곡선은 흙의 입도시험과 관계가 있다.

문제 35 현장치기 콘크리트에 비해 콘크리트 공장제품에 대한 설명으로 옳지 않은 것은?
- ㉮ 사용하기 전에 품질의 확인이 가능하다.
- ㉯ 양생기간이 필요 없어 공사기간을 단축할 수 있다.
- ㉰ 기후 조건에 영향을 많이 받는다.
- ㉱ 현장에서 거푸집이나 동바리를 사용할 필요가 없다.

해설 　기후 조건에 영향을 받지 않는다.

문제 36 공시체를 4점 재하 장치에 의해 휨강도 시험을 하였더니 최대 하중이 30,000 N이었다. 지간의 가운데 부분에서 파괴되었다. 이때 휨강도는 얼마인가?
- ㉮ 4 MPa
- ㉯ 4.4 MPa
- ㉰ 4.6 MPa
- ㉱ 4.7 MPa

해설 　휨강도 $= \dfrac{Pl}{bd^2} = \dfrac{30000 \times 450}{150 \times 150^2} = 4\,\text{MPa}$

휨강도 시험용 공시체의 치수는 $150 \times 150 \times 530\,\text{mm}$이며 지간은 450mm이다.

문제 37 콘크리트 배합설계를 할 때 골재의 기준이 되는 상태는?
- ㉮ 습윤상태
- ㉯ 표면건조 포화상태
- ㉰ 공기 중 건조상태
- ㉱ 절대건조상태

해설 　시방배합은 표면건조 포화상태의 골재를 기준으로 한다.

정답　33.㉯　34.㉱　35.㉰　36.㉮　37.㉯

문제 38 석재의 일반적인 성질에 대한 설명으로 틀린 것은?
㉮ 석재의 인장강도는 압축강도에 비해 매우 크다.
㉯ 흡수율이 클수록 강도가 작고, 동해를 받기 쉽다.
㉰ 밀도가 클수록 압축강도가 크다.
㉱ 화강암은 내화성이 낮다.

해설 석재의 인장강도는 압축강도의 1/10~1/20 정도로 압축강도에 비해 매우 작다.

문제 39 시멘트 밀도시험에서 병을 실온으로 일정하게 되어 있는 물중탕에 넣어 광유의 온도차가 얼마 이내로 되었을 때 광유의 표면 눈금을 읽는가?
㉮ 0.2℃   ㉯ 1.2℃   ㉰ 2.2℃   ㉱ 3.2℃

해설 광유의 표면 눈금을 읽을 때는 액체 곡면 가장 밑면의 눈금을 읽는다.

문제 40 시멘트 밀도시험에 필요한 기구는?
㉮ 하버드 비중병   ㉯ 르샤틀리에 병
㉰ 플라스크   ㉱ 비카장치

해설 시멘트 밀도시험은 두 번 측정한 값의 차이가 ±0.03g/cm^3 이내가 되어야 한다.

문제 41 합판의 특징으로 옳지 않은 것은?
㉮ 곡면으로 된 판을 얻을 수 있다.
㉯ 팽창 수축 등으로 생기는 변형이 거의 없다.
㉰ 내구성, 내습성이 작다.
㉱ 강도는 섬유 방향에 따른 차이가 거의 없다.

해설 내구성, 내습성이 크다.

문제 42 목재의 수분, 습기의 변화에 따른 팽창 수축을 완전히 방지하기는 곤란하지만 팽창 수축을 줄이기 위한 방법으로 틀린 것은?
㉮ 고온 처리된 목재를 사용한다.
㉯ 가능한 한 무늬결 목재를 사용한다.
㉰ 사용하기 전에 충분히 건조시켜 균일한 함수율이 된 것을 사용한다.
㉱ 변형의 크기 방향을 고려하여 그 영향을 가능한 적게 받도록 배치한다.

해설 가능한 한 나무결 목재를 사용한다.

정답 38.㉮ 39.㉮ 40.㉯ 41.㉰ 42.㉯

문제 43 다음 중 시멘트의 응결시간에 영향이 가장 작은 것은?
- ㉮ 온도
- ㉯ 골재의 입도
- ㉰ 분말도
- ㉱ 수량

해설
- 시멘트는 습도가 높고, 수량이 많고, 풍화하면 응결시간이 늦어지며, 온도가 높고, 분말도가 높으면 응결시간이 빨라진다.
- 시멘트의 응결시험 측정 방법에는 비카 장치, 길모어 장치가 있다.

문제 44 골재의 체가름 시험 방법에 대한 설명으로 틀린 것은?
- ㉮ 1분간 각 체를 통과하는 것이 전 시료질량의 0.1% 이하가 될 때까지 작업을 계속한다.
- ㉯ 체 눈에 끼인 골재 알은 부서지지 않도록 빼내고 체에 남는 시료로 간주한다.
- ㉰ 각 체에 남은 시료를 전 시료 질량의 0.1%까지 측정한다.
- ㉱ 시료를 85±5℃의 온도로 질량이 일정하게 될 때까지 건조시킨다.

해설 시료를 105±5℃의 온도로 질량이 일정하게 될 때까지 건조시킨다.

문제 45 콘크리트의 배합설계에서 콘크리트 압축강도 표준편차는 실제 사용한 콘크리트의 몇 회 이상의 시험 실적으로부터 결정하는 것은 원칙으로 하는가?
- ㉮ 10
- ㉯ 20
- ㉰ 30
- ㉱ 50

해설 콘크리트 압축강도 표준편차는 실제 사용한 콘크리트의 30회 이상의 시험실적으로부터 결정하는 것은 원칙으로 한다.

문제 46 굳지 않은 콘크리트의 슬럼프 시험에 대한 설명으로 틀린 것은?
- ㉮ 층마다 다질 때 다짐봉의 다짐 깊이는 앞 층에 거의 도달할 정도로 나진다.
- ㉯ 슬럼프 콘에 콘크리트를 3층으로 채우고 층마다 20회씩 다진다.
- ㉰ 굵은골재의 최대치수가 40 mm를 넘는 것은 제거한다.
- ㉱ 슬럼프 콘 용적의 약 1/3씩 되게 3층으로 나눠 채운다.

해설 슬럼프 콘에 콘크리트를 3층으로 채우고 층마다 25회씩 다진다.

문제 47 다음 중 시멘트의 안정성 시험과 관련이 되는 것은?
- ㉮ 블레인 공기투과 장치에 의한 시험
- ㉯ 비카 장치에 의한 시험
- ㉰ 길모어 장치에 의한 시험
- ㉱ 오토클레이브 팽창도 시험

정답 43.㉯ 44.㉱ 45.㉰ 46.㉯ 47.㉱

해설
- 시멘트의 분말도 시험-블레인 공기투과 장치
- 시멘트의 응결 시험-비카 장치, 길모어 장치

문제 48 콘크리트 내구성에 가장 큰 영향을 주는 것은?
㉮ 블리딩량
㉯ 물-결합재비
㉰ 골재의 밀도
㉱ 콘크리트의 온도

해설 콘크리트의 내구성은 물-결합재비(물-시멘트비)의 영향이 가장 크다.

문제 49 콘크리트용 모래에 포함되어 있는 유기 불순물 시험에 대한 설명으로 틀린 것은?
㉮ 시험 용액의 색깔이 표준색 용액보다 진할 때에는 그 모래는 합격으로 한다.
㉯ 표준색 용액은 2%의 탄닌산 용액과 3%의 수산화나트륨 용액을 섞어 만든다.
㉰ 표준색 용액과 시험 용액을 비교하여 판정한다.
㉱ 시료는 시료 분취기나 4분법으로 대표적인 것 약 450 g을 채취한다.

해설 시험 용액의 색깔이 표준색 용액보다 연할 때에는 그 모래는 합격으로 한다.

문제 50 콘크리트의 블리딩 시험은 굵은 골재 최대 치수가 얼마 이하인 경우에 적용하는가?
㉮ 25 mm
㉯ 40 mm
㉰ 50 mm
㉱ 80 mm

해설
- 콘크리트의 블리딩 시험은 굵은골재 최대 치수가 40 mm 이하인 경우에 적용한다.
- 콘크리트의 블리딩 시험은 콘크리트의 재료 분리 경향을 알기 위해서 시험을 한다.

문제 51 굵은골재의 체가름 시험에서 시료의 최소 건조질량에 관한 설명으로 옳은 것은?
㉮ 골재의 최대 치수(mm)의 0.6배를 시료의 최소 건조질량(kg)으로 한다.
㉯ 골재의 최대 치수(mm)의 0.5배를 시료의 최소 건조질량(kg)으로 한다.
㉰ 골재의 최대 치수(mm)의 0.3배를 시료의 최소 건조질량(kg)으로 한다.
㉱ 골재의 최대 치수(mm)의 0.2배를 시료의 최소 건조질량(kg)으로 한다.

해설 굵은골재의 최대 치수가 25 mm의 경우 시료의 최소 건조질량은 5 kg이다.

문제 52 다음 중 액성한계에 대한 설명으로 옳지 않은 것은?
㉮ 반고체 상태를 나타내는 최대 함수비
㉯ 액체 상태를 나타내는 최소 함수비
㉰ 자중에 의해 유동할 때의 최소 함수비
㉱ 소성 상태를 나타내는 최대 함수비

해설 반고체 상태를 나타내는 최대 함수비는 소성한계이다.

정답 48.㉯ 49.㉮ 50.㉯ 51.㉱ 52.㉮

문제 53 흙의 함수비를 구하는 식으로 옳은 것은? (단, W_w : 물의 무게, W : 전체 흙의 무게, W_s : 흙 입자의 무게)

㉮ $w = \dfrac{W_w}{W_s} \times 100$
㉯ $w = \dfrac{W}{W_s} \times 100$
㉰ $w = \dfrac{W_s}{W_w} \times 100$
㉱ $w = \dfrac{W_w}{W} \times 100$

해설 $w = \dfrac{W_w}{W_s} \times 100$

문제 54 다음 중 흙의 함수비와 관련이 적은 시험은?

㉮ 투수시험
㉯ 액성한계
㉰ 소성한계
㉱ 수축한계

해설 액성한계, 소성한계, 수축한계 시험은 흙의 함수비로 나타낸다.

문제 55 흙의 액성한계 시험에 사용되는 기계 및 기구가 아닌 것은?

㉮ 불투명 유리판
㉯ 홈파기 날
㉰ 증발접시
㉱ 항온 건조기

해설 소성한계 시험을 할 때 불투명 유리판이 사용된다.

문제 56 아스팔트 신도시험에서 시료를 금속판과 함께 항온 수조에 넣어 담가 두는 시간은?

㉮ 10~30분
㉯ 30분~1시간
㉰ 1~1시간 30분
㉱ 1시간 30분~2시간

해설 시료를 금속판과 함께 항온 수조에 넣어 1~1시간 30분 동안 담가 둔다.

문제 57 다음 중 변형률에 대한 응력의 비를 뜻하는 것은?

㉮ 변형량
㉯ 포와송 수
㉰ 후크의 법칙
㉱ 탄성계수

해설 $E = \dfrac{f}{\varepsilon}$

정답 53.㉮ 54.㉮ 55.㉮ 56.㉰ 57.㉱

문제 58
흙의 전단응력을 추정하는 데 있어 점토지반의 장기간 안정을 검토하기 위한 시험방법은?
- ㉮ 압밀 배수시험
- ㉯ 압밀 비배수시험
- ㉰ 비압밀 비배수시험
- ㉱ 비압밀 배수시험

해설 압밀 배수시험으로 점토지반의 장기간 안정을 검토한다.

문제 59
포화된 흙의 비중이 2.52이고 함수비가 85%일 경우 간극비는?
- ㉮ 2.1
- ㉯ 2.5
- ㉰ 2.8
- ㉱ 3.0

해설 $S \cdot e = G_s \cdot w$

$\therefore e = \dfrac{G_s \cdot w}{S} = \dfrac{2.52 \times 85}{100} = 2.1$

문제 60
흙의 수축한계를 결정하기 위한 수축접시 3개를 만드는 시료의 양으로 가장 적당한 것은?
- ㉮ 30 g
- ㉯ 100 g
- ㉰ 200 g
- ㉱ 500 g

해설 흙의 수축한계를 결정하기 위한 수축접시 1개를 만드는 시료의 양은 30 g이다.

정답 58.㉮ 59.㉮ 60.㉯

건설재료시험 기능사

2016년 4월 2일 (제2회)

알려드립니다

한국산업인력공단의 저작권법 저촉에 대한 언급이 있어 과거에 출제된 동일한 문제나 그 유형의 문제로 재구성하였습니다.

문제 01 굳지 않은 콘크리트의 공기함유량 시험에서 공기량, 겉보기 공기량, 골재 수정 계수는 각각 콘크리트 용적에 대한 백분율을 %로 나타낸 것이다. 압력계의 공기량 눈금 측정 결과 겉보기 공기량이 6.70, 골재의 수정계수가 1.20이었을 때 콘크리트의 공기량은 얼마인가?

㉮ 1.2% ㉯ 5.5% ㉰ 6.7% ㉱ 7.9%

해설 $A = A_1 - G = 6.7 - 1.2 = 5.5\%$

문제 02 골재의 안정성 시험(KS F 2507)에 대한 설명으로 잘못된 것은?

㉮ 시험용 용액으로는 황산나트륨 포화 용액이 사용된다.
㉯ 시약용 용액의 골재에 대한 잔류 유무를 조사하기 위해 염화바륨 용액이 사용된다.
㉰ 로스앤젤레스 시험기를 사용하여 시험한다.
㉱ 기상작용에 대한 골재의 내구성을 조사하기 위한 시험이다.

해설 로스앤젤레스 시험기는 굵은골재의 마모저항성을 알기 위한 시험이다.

문제 03 아스팔트의 연화점은 시료를 규정한 조건에서 가열하였을 때 시료가 연화되기 시작하여 거리가 몇 mm로 처졌을 때의 온도를 말하는가?

㉮ 20.4 mm ㉯ 25 mm ㉰ 27.4 mm ㉱ 29.4 mm

해설 아스팔트의 연화점은 아스팔트가 어느 일정한 점성에 도달했을 때의 온도로 나타낸다.

문제 04 콘크리트용 굵은골재의 최대치수에 관한 다음 표의 설명에서 ( ) 안에 들어갈 적당한 수치는?

질량비로 ( )% 이상을 통과시키는 체 중에서 최소치수의 체눈의 호칭치수로 나타낸 굵은골재의 치수

㉮ 60 ㉯ 70 ㉰ 80 ㉱ 90

정답 01.㉯ 02.㉰ 03.㉯ 04.㉱

해설

구조물의 종류	굵은골재의 최대치수(mm)
일반적인 경우	20 또는 25
단면이 큰 경우	40
무근 콘크리트	40 부재 최소치수의 1/4을 초과해서는 안 됨

문제 05 압밀에서 선행 압밀하중이란 무엇인가?

㉮ 과거에 받았던 최대 압밀하중
㉯ 현재 받고 있는 압밀하중
㉰ 앞으로 받을 수 있는 최대 압밀하중
㉱ 침하를 일으키지 않는 최대 압밀하중

해설
- 현재 지반이 과거에 최대로 받았던 압밀하중을 선행 압밀하중이라 한다.
- 과압밀비 $OCR = \dfrac{\text{선행 압밀하중}}{\text{현재 유효상재하중}}$

문제 06 도로나 활주로 등의 포장두께를 결정하는 시험은?

㉮ CBR 시험
㉯ 표준관입시험
㉰ 흙의 투수성 시험
㉱ 흙의 다짐시험

해설 노상토 지지력비 시험(CBR)은 아스팔트 포장과 같은 연성 포장(가요성 포장) 두께를 결정할 때 사용한다.

문제 07 흙의 다짐곡선 특징에 대한 설명으로 잘못된 것은?

㉮ 최적함수비가 낮은 흙일수록 최대 건조단위무게는 작다.
㉯ 입도가 좋은 모래는 입도가 불량한 모래보다 최대 건조단위무게가 크다.
㉰ 다짐에너지가 클수록 최적함수비가 감소한다.
㉱ 점토질 세립토에서는 곡선형태가 완만한 양상을 보인다.

해설
- 최적함수비가 큰 흙일수록 최대 건조단위무게는 작다.
- 조립토일수록 최대 건조단위중량은 크고 최적함수비는 작으며 다짐곡선은 경사가 급하다.

문제 08 목재의 건조방법 중 인공건조법에 속하지 않는 것은?

㉮ 끓임법
㉯ 수침법
㉰ 열기건조법
㉱ 증기건조법

해설 자연건조법 : 공기건조법, 수침법

정답 05.㉮ 06.㉮ 07.㉮ 08.㉯

문제 09
표준체 45 μm에 의한 시멘트 분말도 시험에서 보정된 잔사가 7.6%일 때 시멘트 분말도(F)는 얼마인가?

㉮ 82.4%   ㉯ 92.4%   ㉰ 96.4%   ㉱ 98.4%

해설 분말도 = 100 − 7.6 = 92.4%

문제 10
간극이 완전히 물로 포화된 포화도 100%일 때의 건조단위무게와 함수비 관계곡선을 무엇이라 하는가?

㉮ 다짐곡선   ㉯ 유동곡선   ㉰ 입도곡선   ㉱ 영공기간극곡선

해설 영공기 공극곡선은 함수비와 건조단위무게 관계곡선이다.

$$\gamma_{d\,sat} = \frac{\gamma_w}{\dfrac{1}{G_s} + \dfrac{w}{100}}$$

문제 11
흙입자의 비중 G_s =2.5, 간극비 e =1, 포화도 S =100%일 때, 함수비의 값은?

㉮ 25%   ㉯ 40%   ㉰ 125%   ㉱ 50%

해설 $S \cdot e = G_s \cdot w$

$\therefore w = \dfrac{S \cdot e}{G_s} = \dfrac{100 \times 1}{2.5} = 40\%$

문제 12
도로의 평판재하 시험에서 규정된 재하판의 지름치수가 아닌 것은?

㉮ 30 cm   ㉯ 40 cm   ㉰ 50 cm   ㉱ 75 cm

해설
- $K_{75} < K_{40} < K_{30}$
- $K_{30} = \dfrac{q}{y}$

문제 13
퇴적암의 종류에 속하지 않는 것은?

㉮ 사암   ㉯ 석회암   ㉰ 응회암   ㉱ 안산암

해설 • 화성암의 종류 : 화강암, 섬록암, 안산암, 현무암

문제 14
최대하중이 530 kN이고 시험체의 지름이 150 mm, 높이가 300 mm일 때 콘크리트의 압축강도는 약 얼마인가?

㉮ 30 MPa   ㉯ 35 MPa   ㉰ 40 MPa   ㉱ 45 MPa

정답 09.㉯   10.㉱   11.㉯   12.㉰   13.㉱   14.㉮

해설
- 단면적 $A = \dfrac{3.14 \times 150^2}{4} = 17,662.5 \text{ mm}^2$
- 하중 $P = 530 \text{ kN} = 530,000 \text{ N}$
- 압축강도 $\dfrac{P}{A} = \dfrac{530,000}{17,662.5} = 30 \text{ N/mm}^2 = 30 \text{ MPa}$

문제 15 시멘트 밀도시험에서 병을 수조에 넣어두고, 광유의 온도차가 몇 도 이내로 되었을 때 눈금을 읽는가?
㉮ 0.2℃   ㉯ 0.4℃   ㉰ 0.6℃   ㉱ 0.8℃

해설 시멘트가 풍화되면 밀도가 작아지고 강열감량은 증가한다.

문제 16 슬럼프 시험에서 콘(cone)에 시료를 채우기 시작하고 나서 슬럼프 콘의 들어올리기를 종료할 때까지의 전 작업시간은 얼마 이내로 하여야 하는가?
㉮ 2~3초 이내   ㉯ 1분 이내
㉰ 3분 이내   ㉱ 5분 이내

해설 슬럼프 값은 5 mm 단위(정밀도)로 읽는다.

문제 17 간극비가 0.2인 모래의 간극률(n)은 약 얼마인가?
㉮ 17%   ㉯ 20%   ㉰ 23%   ㉱ 28%

해설 $n = \dfrac{e}{1+e} \times 100 = \dfrac{0.2}{1+0.2} \times 100 = 17\%$

문제 18 재료가 외력을 받아서 변형한 후에 외력을 제거하면 원형으로 돌아가는 성질은?
㉮ 소성   ㉯ 연성   ㉰ 탄성   ㉱ 전성

해설
- 소성 : 외력을 제거하여도 변형된 그대로 모양, 크기가 원형으로 되돌아가지 않는 성질
- 연성 : 재료에 인장력을 주어 가늘고 길게 늘어나게 할 수 있는 재료(고무, 압연강 등)
- 전성 : 재료를 두들길 때 얇게 펴지는 성질(금, 납 등)

문제 19 콘크리트 부재의 크리프(creep)에 대한 설명 중 옳지 않은 것은?
㉮ 하중 재하시 콘크리트의 재령이 작을수록 크리프는 크게 일어난다.
㉯ 부재의 치수가 클수록 크리프는 크게 일어난다.
㉰ 물-시멘트비가 클수록 크리프는 크게 일어난다.
㉱ 작용하는 응력이 클수록 크리프는 크게 일어난다.

해설
- 부재치수가 작을수록 크리프는 크다.
- 재하응력이 클수록 크리프는 크다.
- 조강 시멘트는 보통 시멘트보다 크리프가 작다.
- 재하기간 중의 온도가 높을수록 크리프가 크다.

정답 15.㉮ 16.㉰ 17.㉮ 18.㉰ 19.㉯

문제 20 다짐봉을 사용하여 콘크리트 휨강도시험용 공시체를 제작하는 경우 다짐횟수는 표면적 약 몇 mm² 당 1회의 비율로 다지는가?

㉮ 1500 mm² ㉯ 1000 mm² ㉰ 800 mm² ㉱ 700 mm²

해설 콘크리트 휨강도 시험용 공시체는 2층으로 나누어 콘크리트를 채운다.

문제 21 흙의 입도시험으로부터 곡률계수의 값을 구하고자 할 때 식으로 옳은 것은?
(단, D_{10} : 입경가적곡선으로부터 얻은 10% 입경, D_{30} : 입경가적곡선으로부터 얻은 30% 입경, D_{60} : 입경가적곡선으로부터 얻은 60% 입경)

㉮ $\dfrac{D_{30}^2}{D_{10} \times D_{60}}$

㉯ $\dfrac{D_{30}}{D_{10} \times D_{60}}$

㉰ $\dfrac{D_{30}}{D_{10}}$

㉱ $\dfrac{D_{60}}{D_{10}}$

해설 곡률계수 값이 1~3 이내이면 양호한 입도이다.

문제 22 시멘트 밀도시험 결과 처음 광유 눈금을 읽었더니 0.2mL이고, 시멘트 64g을 넣고 최종적으로 눈금을 읽었더니 20.5mL이었다. 이 시멘트의 밀도는?

㉮ 3.05g/cm³ ㉯ 3.15g/cm³ ㉰ 3.17g/cm³ ㉱ 3.18g/cm³

해설 시멘트 밀도 = $\dfrac{64}{20.5 - 0.2} = 3.15 \text{g/cm}^3$

문제 23 기초 슬래브 최소폭 $B=2.0$ m이고, 기초의 깊이 $D_f=1.0$ m일 때 이것은 다음 중 어떤 기초로서 설계하는 것이 가장 적당한가?

㉮ 말뚝 기초 ㉯ 우물통 기초
㉰ 케이슨 기초 ㉱ 직접 기초

해설 • 직접 기초(얕은 기초)
$\dfrac{D_f}{B} < 1$

문제 24 다음 중 석유 아스팔트에 포함되지 않는 것은?

㉮ 블론 아스팔트 ㉯ 레이크 아스팔트
㉰ 스트레이트 아스팔트 ㉱ 용제추출 아스팔트

해설 레이크 아스팔트, 록 아스팔트, 샌드 아스팔트, 아스팔타이트는 천연 아스팔트에 속한다.

정답 20.㉯ 21.㉮ 22.㉯ 23.㉱ 24.㉯

문제 25

콘크리트용 혼화재료 중에서 워커빌리티(workability)를 개선하는 데 영향을 미치지 않는 것은?

㉮ AE제 ㉯ 응결경화촉진제
㉰ 감수제 ㉱ 시멘트 분산제

해설 응결경화촉진제는 시멘트의 수화작용을 촉진하는 혼화제로서 염화칼슘과 규산나트륨이 사용된다.

문제 26

슬럼프 시험에 대한 설명으로 틀린 것은?

㉮ 굵은골재의 최대치수가 40 mm를 넘는 콘크리트의 경우에는 40 mm를 넘는 굵은골재를 제거한다.
㉯ 슬럼프 콘을 채우고 벗길 때까지의 전 작업은 3분 이내로 한다.
㉰ 콘크리트의 중앙부에서 공시체 높이와의 차를 1 mm 단위로 측정하여 이것을 슬럼프 값으로 한다.
㉱ 슬럼프 콘을 벗기는 작업은 2~5초 이내에 끝내야 한다.

해설 콘크리트의 중앙부에서 공시체 높이와의 차를 5mm 단위로 측정한다.

문제 27

연약한 점토 지반에서 전단강도를 구하기 위해 실시하는 현장 시험방법은?

㉮ 베인(Vane) 전단시험 ㉯ 직접전단시험
㉰ 일축압축시험 ㉱ 삼축압축시험

해설 $C = \dfrac{M_{\max}}{\pi D^2 \left(\dfrac{H}{2} + \dfrac{D}{6}\right)}$

문제 28

아스팔트에 대한 설명으로 틀린 것은?

㉮ 일반적으로 아스팔트의 밀도는 25℃에서 1.6~2.1 g/cm³ 정도이다.
㉯ 아스팔트는 온도에 의한 반죽질기가 현저하게 변화하며, 이러한 변화가 일어나기 쉬운 정도를 감온성이라 한다.
㉰ 아스팔트는 연성을 가지며, 이 연성을 나타내는 값을 신도라고 한다.
㉱ 아스팔트의 반죽질기를 물리적으로 나타내는 것을 침입도라고 한다.

해설 일반적으로 아스팔트의 밀도는 25℃에서 1.01~1.10 g/cm³ 정도이다.

문제 29

다음 중 혼합 시멘트에 속하지 않는 것은?

㉮ 고로 시멘트 ㉯ 포틀랜드 포졸란 시멘트
㉰ 알루미나 시멘트 ㉱ 플라이 애시 시멘트

해설 • 특수 시멘트 : 알루미나 시멘트, 초속경 시멘트, 팽창성 시멘트 등

정답 25.㉯ 26.㉰ 27.㉮ 28.㉮ 29.㉰

문제 30 콘크리트의 압축강도에 대한 설명으로 틀린 것은?

㉮ 콘크리트의 강도에 영향을 미치는 요인 중에서 가장 큰 영향을 미치는 것은 물-시멘트비 이다.
㉯ 골재의 입도가 크고 작은 것이 알맞게 섞여 있는 콘크리트는 강도가 크다.
㉰ 물-시멘트비가 일정할 때 공기량이 많이 포함된 콘크리트일수록 압축강도가 크다.
㉱ 초기재령에서 습윤양생을 실시한 콘크리트는 양생을 실시하지 않은 콘크리트보다 강도가 크다.

해설
- 물-시멘트비가 일정할 때 공기량이 많이 포함된 콘크리트일수록 압축강도가 작다.
- 공기량 1% 증가에 따라 압축강도는 4~6% 감소한다.

문제 31 역청재료의 연화점을 알기 위하여 일반적으로 사용하는 방법은?

㉮ 환구법
㉯ 공기투과법
㉰ 표준체에 의한 방법
㉱ 전극법

해설 환을 이용하여 시험할 때 강구와 함께 아스팔트가 25 mm 떨어졌을 때의 온도를 연화점이라 한다.

문제 32 아스팔트 침입도 시험에서 표준침의 관입시간으로 옳은 것은?

㉮ 1초
㉯ 3초
㉰ 5초
㉱ 7초

해설
- 침입도 시험
  시료의 시험온도가 25℃인 상태에서 100 g의 추가 5초 동안 침입했을 때 관입량을 측정한다.

문제 33 흙의 입도분석 시험에서 입자 지름이 고른 흙의 균등계수(C_u)의 값에 관한 설명으로 옳은 것은?

㉮ 0에 가깝다.
㉯ 1에 가깝다.
㉰ 0.5에 가깝다.
㉱ 10에 가깝다.

해설
- 입자 지름이 고른 의미는 크기가 같다, 비슷하다는 뜻으로 1에 가깝게 된다.
- 균등계수 $C_u = \dfrac{D_{60}}{D_{10}}$
- 균등계수가 10 이상이면 양호한 입도를 의미한다.

정답 30.㉰ 31.㉮ 32.㉰ 33.㉯

문제 34
워싱턴형 공기량 측정기를 사용하여 굳지 않은 콘크리트의 공기 함유량을 구하는 경우에 응용되는 법칙은?

㉮ 스토크스(Stokes)의 법칙 ㉯ 보일(Boyle)의 법칙
㉰ 다르시(Darcy)의 법칙 ㉱ 뉴턴(Newton)의 법칙

해설
- 보일의 법칙은 압력이 증가하거나 감소하면, 기체의 부피는 그에 반비례하여 감소, 증가한다는 원리를 이용한 워싱턴형 공기량 측정기를 사용하여 콘크리트 속의 공기량을 구한다.
- 공기량의 측정법에는 공기실 압력법, 질량법, 부피법 등이 있다.

문제 35
굳지 않은 콘크리트의 워커빌리티(workability)에 관한 다음 설명 중에서 옳은 것은?

㉮ 거푸집에 쉽게 다져 넣을 수 있고 거푸집을 제거하면 천천히 그 형상이 변하기는 하지만 허물어지거나 재료분리가 없는 성질
㉯ 굵은골재의 최대치수, 잔골재율, 잔골재의 입도, 반죽질기 등에 따른 콘크리트 표면의 마무리하기 쉬운 정도를 나타내는 성질
㉰ 반죽질기 여하에 따른 작업의 난이도 및 재료의 분리에 저항하는 정도를 나타내는 굳지 않은 콘크리트의 성질
㉱ 주로 수량의 다소에 따른 반죽의 되고 진 정도를 나타내는 것으로 콘크리트 반죽의 유연성을 나타내는 성질

해설
㉮ : 성형성
㉯ : 피니셔빌리티
㉱ : 반죽질기

문제 36
잔골재의 실적률이 75%이고 표건밀도가 2.65 g/cm³일 때 공극률은?

㉮ 28% ㉯ 25% ㉰ 66% ㉱ 3%

해설 공극률=100-실적률=100-75=25%

문제 37
흙과 관련된 시험에서 입경가적 곡선을 그릴 수 있는 시험으로 옳은 것은?

㉮ 흙의 입도 시험 ㉯ 흙 입자 밀도 시험
㉰ 흙의 함수비 시험 ㉱ 흙의 연경도 시험

해설 흙의 입도 시험은 체가름 시험 및 비중계 분석 시험을 통해 입도 분포를 알 수 있다.

문제 38
상부 구조물에서 오는 하중을 연약한 지반을 통해 견고한 지층으로 전달시키는 기능을 가진 말뚝을 무슨 말뚝이라 하는가?

㉮ 선단지지말뚝 ㉯ 인장말뚝 ㉰ 마찰말뚝 ㉱ 경사말뚝

정답 34.㉯ 35.㉰ 36.㉯ 37.㉮ 38.㉮

해설 현장에서 암반층이 적절한 깊이 내에 위치할 경우 상부 구조물의 하중을 연약한 지반을 통해 암반으로 전달시키는 기능을 가진 말뚝은 선단지지말뚝이다.

문제 39

Terzaghi의 압밀이론의 가정으로 틀린 것은?

㉮ 흙은 균질하다.
㉯ 흙은 포화되어 있다.
㉰ 흙입자와 물은 비압축성이다.
㉱ 흙의 투수계수는 압력의 크기에 비례한다.

해설 흙 속의 물은 Darcy 법칙에 따르며 투수계수는 일정하다.

문제 40

흙의 수축한계 시험을 할 때 수은을 사용하는 주된 이유는?

㉮ 수축접시에 부착이 잘 되지 않으므로
㉯ 수은의 응집력이 크기 때문에
㉰ 건조시료의 부피를 측정하기 위하여
㉱ 수은의 무게가 무겁기 때문에

해설 $w_s = \left(\dfrac{1}{R} - \dfrac{1}{G_s}\right) \times 100$

문제 41

흐트러지지 않은 점토시료의 일축압축강도가 460 kN/m²이었다. 같은 시료를 되비빔하여 시험한 일축압축강도가 250 kN/m²이었을 때 이 흙의 예민비는?

㉮ 0.52   ㉯ 0.64   ㉰ 1.84   ㉱ 2.32

해설 $S_t = \dfrac{q_u}{q_{ur}} = \dfrac{460}{250} = 1.84$

문제 42

지반이 약한 곳에 가장 적합한 기초는?

㉮ 연속기초   ㉯ 전면기초
㉰ 복합기초   ㉱ 독립기초

해설 전면기초는 상부 구조물을 지지하기 위해 바닥 전체에 깐 기초를 말한다.

문제 43

흙 입자 밀도시험에 사용되는 시험기구가 아닌 것은?

㉮ 피크노미터   ㉯ 데시케이터
㉰ 항온수조   ㉱ 다이얼 게이지

해설
- 흙 입자 밀도시험 온도는 15℃를 표준한다.
- 다이얼 게이지는 평판재하시험, 마샬 안정도 시험에 사용

정답 39.㉱ 40.㉰ 41.㉰ 42.㉯ 43.㉱

문제 44
콘크리트 경화촉진제로 염화칼슘을 사용했을 때의 설명 중 옳지 않은 것은?
- ㉮ 황산염에 대한 저항성이 작아지며 알칼리 골재 반응을 촉진한다.
- ㉯ 철근콘크리트 구조물에서 철근의 부식을 촉진한다.
- ㉰ 건습에 의한 팽창 수축이 적고 건조에 의한 수분의 감소가 적다.
- ㉱ 응결이 촉진되고 콘크리트의 슬럼프가 빨리 감소한다.

해설
- 건습에 의한 팽창 수축이 크다.
- 황산염은 콘크리트를 상당히 팽창시켜서 파괴시키는 성질이 있다.

문제 45
골재의 조립률을 구할 때 사용되는 체가 아닌 것은?
- ㉮ 40 mm체 ㉯ 25 mm체 ㉰ 10 mm체 ㉱ 0.15 mm체

해설 75mm, 40mm, 20mm, 10mm, 5mm, 2.5mm, 1.2mm, 0.6mm, 0.3mm, 0.15mm

문제 46
공시체를 4점 재하 장치에 의해 휨강도 시험을 하였더니 최대 하중이 30,000 N이었다. 지간의 중앙 부분에서 파괴되었다. 이때 휨강도는 얼마인가?
- ㉮ 4 MPa ㉯ 4.4 MPa ㉰ 4.6 MPa ㉱ 4.7 MPa

해설 휨강도 = $\dfrac{Pl}{bd^2} = \dfrac{30000 \times 450}{150 \times 150^2} = 4\,\text{MPa}$

휨강도 시험용 공시체의 치수는 $150 \times 150 \times 530\,\text{mm}$이며 지간은 450mm이다.

문제 47
흙의 비중 2.60, 간극비 2.24, 함수비 94%인 점토질 실트가 있다. 이 흙의 수중 단위무게는? (단, $\gamma_w = 9.81\,\text{kN/m}^3$이다.)
- ㉮ 4.8 kN/m³ ㉯ 8 kN/m³ ㉰ 12.4 kN/m³ ㉱ 17.3 kN/m³

해설 $\gamma_{sub} = \dfrac{G_s - 1}{1 + e}\gamma_w = \dfrac{2.6 - 1}{1 + 2.24} \times 9.81 = 4.8\,\text{kN/m}^3$

문제 48
콘크리트용 잔골재에 포함된 유해물 중 점토 덩어리 함유량의 한도는?
- ㉮ 1% ㉯ 2% ㉰ 3% ㉱ 4%

해설
- 잔골재의 유해물 함유량의 한도
  1) 점토 덩어리 : 1.0%
  2) 0.08 mm체 통과
      ① 콘크리트의 표면이 마모작용을 받는 경우 : 3.0%
      ② 기타의 경우 : 5.0%
  3) 석탄, 갈탄 등으로 밀도 2.0의 액체에 뜨는 것
      ① 콘크리트의 외관이 중요한 경우 : 0.5%
      ② 기타의 경우 : 1.0%
  4) 염화물(염화물 이온량) : 0.02%

정답 44.㉰ 45.㉯ 46.㉮ 47.㉮ 48.㉮

- 굵은골재의 유해물 함유량의 한도
    1) 점토 덩어리 : 0.25%
    2) 연한 석편 : 5.0%
    3) 0.08 mm체 통과량 : 1.0%
    4) 석탄, 갈탄 등으로 밀도 2.0의 액체에 뜨는 것
        ① 콘크리트의 외관이 중요한 경우 : 0.5%
        ② 기타의 경우 : 1.0%

문제 49
혼화재료의 저장에 대한 주의사항으로 틀린 것은?
- ㉮ 포졸란은 밀도가 크므로 높이 쌓아야 한다.
- ㉯ 혼화재 중 분말은 습기에 주의하고 액체상태는 분리되지 않도록 한다.
- ㉰ 혼화재는 방습이 잘되는 창고에 저장하여야 한다.
- ㉱ 혼화재는 입하순으로 사용하여야 한다.

해설 혼화재는 일반적으로 미분말로 되어 있고 밀도가 작기 때문에 날리지 않도록 취급에 주의해야 한다.

문제 50
흙의 수축한계의 이용에 대한 설명으로 틀린 것은?
- ㉮ 흙의 동상에 대한 성질을 판정할 수 있다.
- ㉯ 흙의 전단강도를 추정할 수 있다.
- ㉰ 토공의 적정성을 판정할 수 있다.
- ㉱ 흙의 주요 성분을 판별할 수 있다.

해설 수축한계 시험결과에 의해 수축비, 용적변화계산, 동상성의 판정, 흙 입자 밀도의 근사치, 선수축 등을 알 수 있다.

문제 51
흙의 시료를 건조시켜 함수비가 감소하면 부피도 감소하는데 일정한도 이하의 함수비에서 부피의 변화가 없는 함수비는?
- ㉮ 액성한계
- ㉯ 소성한계
- ㉰ 수축한계
- ㉱ 비소성한계

해설 수축한계는 고체상태와 반고체상태의 경계의 함수비이다.

문제 52
다음 중 현재 가장 많이 사용하고 있는 흙의 입도 분석법은?
- ㉮ 원심력법
- ㉯ 비중계법
- ㉰ 질량법
- ㉱ 부피법

해설 침강분석법인 비중계법을 사용하고 있다.

정답 49.㉮ 50.㉯ 51.㉰ 52.㉯

문제 53
흙의 액성한계 시험에서 황동접시에 흙을 최대 두께가 몇 mm가 되도록 채우는가?
- ㉮ 5
- ㉯ 10
- ㉰ 15
- ㉱ 25

해설 흙 시료를 1 cm 두께로 깔고 홈파기날로 2등분하여 2회/초 속도로 타격한다.

문제 54
아래 표의 흙 시험과정은 어떤 시험에 대한 내용인가?

> 1. 시료의 용기 질량을 측정한다.
> 2. 습윤시료를 용기에 담아 질량을 측정한다.
> 3. 항온건조기에서 건조시킨다.
> 4. 데시케이터에서 식힌다.
> 5. 용기에 담긴 노건조시료의 질량을 측정한다.

- ㉮ 흙의 입도시험
- ㉯ 흙의 함수량시험
- ㉰ 흙의 밀도시험
- ㉱ 흙의 다짐시험

해설 흙의 함수비 $w = \dfrac{W_w}{W_s} \times 100$

문제 55
콘크리트를 블리딩 용기에 넣고 30분 동안 블리딩 물의 양을 측정한 결과 78.5 cm³이다. 블리딩량은? (단, 블리딩 용기의 안지름은 25 cm, 안높이는 30 cm이다.)
- ㉮ 0.11 cm³/cm²
- ㉯ 0.16 cm³/cm²
- ㉰ 0.92 cm³/cm²
- ㉱ 2.35 cm³/cm²

해설 블리딩량 $= \dfrac{V}{A} = \dfrac{78.5}{\dfrac{3.14 \times 25^2}{4}} = 0.16 \text{ cm}^3/\text{cm}^2$

문제 56
콘크리트 압축강도 시험용 공시체를 성형한 후에 얼마 뒤에 몰드를 해체하는가?
- ㉮ 16시간 이상 3일 이내
- ㉯ 3일 이상 5일 이내
- ㉰ 3일 이상 6일 이내
- ㉱ 5일 이상 7일 이내

해설 콘크리트 강도용 시험체는 만든 뒤 16시간 이상 3일 이내에 몰드를 떼어낸다.

문제 57
다음 그림은 잔골재 밀도 시험과정에서 원추형 몰드를 빼 올렸을 때 시료의 모양이다. 옳은 것은?
- ㉮ 절대 건조상태
- ㉯ 습윤상태
- ㉰ 공기 중 건조상태
- ㉱ 표면건조 포화상태

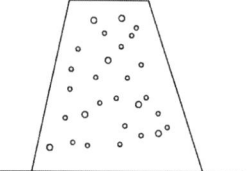

정답 53.㉯ 54.㉯ 55.㉯ 56.㉮ 57.㉯

해설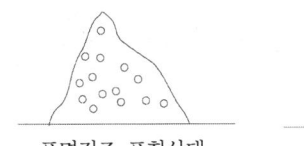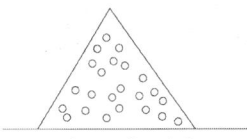

표면건조 포화상태   공기 중 건조상태

문제 58 젖은 흙의 무게가 50 g이고 노건조한 흙의 무게가 40 g이다. 이때 흙의 함수비는?
㉮ 8%
㉯ 10%
㉰ 15%
㉱ 25%

해설 $w = \dfrac{W_w}{W_s} \times 100 = \dfrac{50-40}{40} \times 100 = 25\%$

문제 59 굵은 골재의 마모시험에 대한 설명으로 옳지 않은 것은?
㉮ 시료를 시험기에서 꺼내 1.2 mm체로 체가름한다.
㉯ 로스앤젤레스 시험기를 사용한다.
㉰ 굵은골재의 닳음에 대한 저항성을 알기 위해 시험한다.
㉱ 시험기를 매분 30~33회의 회전수로 500번~1000번 회전시킨다.

해설 시료를 시험기에서 꺼내 1.7 mm체로 체가름한다.

문제 60 아스팔트 신도시험에 대한 설명으로 틀린 것은?
㉮ 신도의 단위는 mm이다.
㉯ 별도 규정이 없는 한 속도는 5±0.25cm/min으로 시험한다.
㉰ 아스팔트의 늘어나는 능력을 조사하기 위하여 실시한다.
㉱ 별도 규정이 없는 한 온도는 25±0.5℃로 시험한다.

해설 신도의 단위는 cm이다.

정답 58.㉱ 59.㉮ 60.㉮

건설재료시험 기능사　　제1회　CBT 모의고사

알려드립니다

한국산업인력공단의 저작권법 저촉에 대한 언급이 있어 과거에 출제된 동일한 문제나 그 유형의 문제로 재구성하였습니다.

문제 01 재료가 일정한 하중 아래에서 시간의 경과에 따라 변형량이 증가되는 현상을 무엇이라 하는가?

㉮ 크리프　　㉯ 피로한계　　㉰ 길소나이트　　㉱ 릴랙세이션

해설
- 크리프로 인하여 재료가 파괴되는 현상을 크리프 파괴라 한다.
- 하중이 반복 작용할 때 재료가 정적강도보다도 낮은 강도에서 파괴되는 현상을 피로파괴라 한다.
- 재료에 외력을 작용시키고 변형을 억제하면 시간이 경과함에 따라 재료의 응력이 감소하는 현상을 릴랙세이션이라 한다.
- 길소나이트는 아스팔트의 분류 중 천연 아스팔트에서 아스팔타이트에 속한다.

문제 02 분말로 된 흑색화약을 실이나 종이로 감아 도료를 사용하여 방수시킨 줄로서 뇌관을 점화시키기 위하여 사용하는 것은?

㉮ 도화선　　㉯ 다이너마이트　　㉰ 도폭선　　㉱ 기폭제

해설
- 도화선은 분상의 흑색화약을 중심으로 해서 그 주위를 마사, 종이, 테이프 등으로 피복하고 습기를 방지하기 위하여 특수한 방수도료를 도포한 것이다.
- 도폭선은 대폭파 또는 수중폭파 등 동시 폭파할 경우 뇌관 대신에 사용하는 코드선이다.

문제 03 현장에서의 목조 창고에 포대시멘트를 저장할 때 창고의 마루바닥과 지면 사이의 거리로 가장 적합한 것은?

㉮ 15 cm　　㉯ 30 cm　　㉰ 50 cm　　㉱ 60 cm

해설
- 13포 이상 쌓아서는 안 된다.
- 저장중 약간이라도 굳은 시멘트는 사용해서는 안 된다.

문제 04 목재의 건조방법 중 인공건조법에 속하지 않는 것은?

㉮ 끓임법　　㉯ 수침법　　㉰ 열기건조법　　㉱ 증기건조법

해설
- 자연건조법 : 공기건조법, 수침법

정답　01.㉮　02.㉮　03.㉯　04.㉯

문제 05 블론 아스팔트와 비교한 스트레이트 아스팔트의 특징으로 잘못된 것은?
  ㉮ 방수성이 좋다.   ㉯ 신장성이 좋다.
  ㉰ 감온성이 크다.   ㉱ 연화점이 높다.

해설 스트레이트 아스팔트는 인화점은 높고 연화점은 낮다.

문제 06 아스팔트에 대한 설명으로 옳지 않은 것은?
  ㉮ 아스팔트를 인화점 이상으로 가열하여 인화한 불꽃이 곧 꺼지지 않고 계속해서 탈 때의 최저 온도를 연소점이라 한다.
  ㉯ 아스팔트가 연해져서 점도가 일정한 값에 도달하였을 때의 온도를 연화점이라 한다.
  ㉰ 아스팔트의 늘어나는 능력을 신도라 한다.
  ㉱ 침입도의 값이 클수록 아스팔트는 단단하다.

해설 침입도의 값이 클수록 아스팔트는 연하다.

문제 07 다음 중 천연 아스팔트가 아닌 것은?
  ㉮ 레이크 아스팔트   ㉯ 록 아스팔트
  ㉰ 스트레이트 아스팔트   ㉱ 샌드 아스팔트

해설 • 석유 아스팔트 : 스트레이트 아스팔트, 블론 아스팔트

문제 08 다음 토목공사용 석재 중 압축강도가 가장 큰 것은?
  ㉮ 점판암   ㉯ 응회암   ㉰ 사암   ㉱ 화강암

해설 화성암에 속하는 화강암, 섬록암, 안산암, 현무암 등이 압축강도가 제일 크다.

문제 09 시멘트를 분류할 때 특수 시멘트에 속하지 않는 것은?
  ㉮ 알루미나 시멘트   ㉯ 팽창 시멘트
  ㉰ 플라이 애시 시멘트   ㉱ 초속경 시멘트

해설 • 혼합 시멘트 : 고로 시멘트, 실리카 시멘트, 플라이 애시 시멘트 등

문제 10 블리딩이 큰 콘크리트의 성질로 옳은 것은?
  ㉮ 압축강도가 증가한다.   ㉯ 콘크리트의 수밀성이 증가한다.
  ㉰ 콘크리트가 다공질로 된다.   ㉱ 내구성이 증가한다.

해설 블리딩은 재료분리이므로, 블리딩이 크면 상부의 콘크리트가 다공질이 되며 강도, 수밀성 및 내구성이 감소된다.

정답 05.㉱ 06.㉱ 07.㉰ 08.㉱ 09.㉰ 10.㉰

문제 11
목재의 일반적인 성질에 대한 설명으로 잘못된 것은?
- ㉮ 함수량은 수축, 팽창 등에 큰 영향을 미친다.
- ㉯ 금속, 석재, 콘크리트 등에 비해 열, 소리의 전도율이 크다.
- ㉰ 무게에 비해서 강도와 탄성이 크다.
- ㉱ 재질이 고르지 못하고 크기에 제한이 있다.

해설
- 열, 음, 전기 등에 부도체이고 열팽창계수가 작다.
- 탄성과 인성이 크며 충격, 진동 등을 잘 흡수한다.

문제 12
석재의 성질에 대한 일반적인 설명으로 잘못된 것은?
- ㉮ 석재는 밀도가 클수록 흡수율이 작고, 압축강도가 크다.
- ㉯ 석재의 흡수율은 풍화, 파괴, 내구성 등과 관계가 있고 흡수율이 큰 것은 빈틈이 많으므로 동해를 받기 쉽다.
- ㉰ 석재의 강도는 인장강도가 특히 크고 압축강도는 매우 작으므로 석재를 구조용으로 사용하는 경우에는 주로 인장력을 받는 부분에 많이 사용된다.
- ㉱ 석재의 공극률은 일반적으로 석재에 포함된 전체공극과 겉보기 부피의 비로서 나타낸다.

해설 석재의 강도는 압축강도가 특히 크고 인장, 휨, 전단강도는 압축강도에 비해 매우 작다. 석재를 구조용으로 사용하는 경우에는 주로 압축력을 받는 부분에 많이 사용된다.

문제 13
콘크리트에 AE제를 사용하였을 때 장점에 해당되지 않는 것은?
- ㉮ 워커빌리티가 좋다.
- ㉯ 동결, 융해에 대한 저항성이 크다.
- ㉰ 강도가 커지며 철근과의 부착강도가 크다.
- ㉱ 단위수량을 줄일 수 있다.

해설 강도가 적어지며 철근과의 부착강도가 떨어진다.

문제 14
콘크리트 속에 많은 거품을 일으켜, 부재의 경량화나 단열성을 목적으로 사용하는 혼화제는?
- ㉮ 지연제
- ㉯ 기포제
- ㉰ 급결제
- ㉱ 감수제

해설 발포제, 기포제는 부재의 경량화 또는 단열성을 높이기 위한 목적으로 사용한다.

문제 15
물–시멘트비 60%의 콘크리트를 제작할 경우 시멘트 1포당 필요한 물의 양은 몇 kg인가? (단, 시멘트 1포의 무게는 40kg이다.)
- ㉮ 15kg
- ㉯ 24kg
- ㉰ 40kg
- ㉱ 60kg

정답 11.㉯ 12.㉰ 13.㉰ 14.㉯ 15.㉯

해설 $\frac{W}{C} = 0.6$

∴ $W = 0.6 \times 40 = 24\text{kg}$

문제 16 아스팔트 침입도 시험의 시험온도로 가장 적합한 것은?

㉮ 20℃   ㉯ 25℃   ㉰ 30℃   ㉱ 35℃

해설
- 침입도 $1 = \frac{1}{10}$mm 관입
- 침입도는 온도 상승에 따라 증가한다.

문제 17 콘크리트의 압축강도 시험에서 시험체의 가압면에는 일정한 크기 이상의 홈이 있어서는 안 된다. 이를 방지하기 위하여 하는 작업을 무엇이라 하는가?

㉮ 몰딩   ㉯ 캐핑   ㉰ 리몰딩   ㉱ 코팅

해설 압축강도 시험시 파괴면이 편심을 받는 것을 방지하기 위해 공시체 제작 후 된비빔의 경우 2~6시간 후 캐핑을 한다.

문제 18 콘크리트의 휨강도 시험을 위한 공시체의 제작이 끝나 몰드를 떼어낸 후 습윤 양생을 하려고 한다. 이때 가장 적당한 양생온도는?

㉮ 8~12℃   ㉯ 12~16℃
㉰ 18~22℃   ㉱ 26~30℃

해설
- 습윤양생온도 : 20±2℃

문제 19 슬럼프 시험에 관한 내용 중 옳은 것은?

㉮ 슬럼프 콘에 시료를 채우고 벗길 때까지의 시간은 5분이다.
㉯ 슬럼프 콘을 벗기는 시간은 10초이다.
㉰ 슬럼프 콘의 높이는 300mm이다.
㉱ 물을 많이 넣을수록 슬럼프 값은 작아진다.

해설
- 슬럼프 콘에 시료를 채우고 벗길 때까지의 시간은 3분 이내이다.
- 슬럼프 콘을 벗기는 시간은 2~5초이다.
- 물을 많이 넣을수록 질어서 슬럼프 값은 커진다.

문제 20 조립률이 3.11인 잔골재와 조립률이 7.41인 굵은골재를 1 : 1.5로 섞을 때, 혼합골재의 조립률을 구하면?

㉮ 3.69   ㉯ 4.69   ㉰ 5.69   ㉱ 6.69

해설 $F \cdot M = \frac{(3.11 \times 1) + (7.41 \times 1.5)}{1 + 1.5} = 5.69$

정답 16.㉯ 17.㉯ 18.㉰ 19.㉰ 20.㉰

문제 21
유동곡선에서 타격횟수 몇 회에 해당하는 함수비를 액성한계로 하는가?
- ㉮ 15회
- ㉯ 20회
- ㉰ 25회
- ㉱ 30회

[해설] 2회/초 속도로 황동접시를 타격하여 함수비와 타격횟수 관계로 유동곡선을 그린다.

문제 22
골재의 조립률에 대한 설명으로 옳지 않은 것은?
- ㉮ 골재의 조립률은 골재알의 지름이 클수록 크다.
- ㉯ 잔골재의 조립률은 2.0~3.3이 적당하다.
- ㉰ 골재의 조립률은 체가름 시험으로부터 구할 수 있다.
- ㉱ 조립률이 큰 골재를 사용하면 좋은 품질의 콘크리트를 만들 수 있다.

[해설] 입도가 양호한 골재를 사용하면 좋은 품질의 콘크리트를 만들 수 있다.

문제 23
어느 흙의 습윤 무게가 300g이고, 함수비가 20%일 때, 이 흙의 노건조 무게는?
- ㉮ 60g
- ㉯ 150g
- ㉰ 200g
- ㉱ 250g

[해설]
- 노건조 무게 : $W_s = \dfrac{100 \cdot W}{100+w} = \dfrac{100 \times 300}{100+20} = 250g$
- 물 무게 : $W_w = \dfrac{w \cdot W}{100+w} = \dfrac{20 \times 300}{100+20} = 50g$

문제 24
시멘트 모르타르의 압축강도 시험에 의하여 압축강도를 결정할 때 같은 시료, 같은 시간에 시험한 전 시험체의 평균값을 구하여 사용하는데, 이 때 평균값보다 몇 % 이상의 강도 차가 있는 시험체는 압축강도의 계산에 사용하지 않는가?
- ㉮ ±5%
- ㉯ ±10%
- ㉰ ±15%
- ㉱ ±20%

[해설] 압축강도는 3개를 한 조로 하여 측정하는 6개를 평균값으로 하는데 이 중 1개 값이 평균값보다 ±10% 이상 벗어나면 그 값은 버리고 5개 평균으로 계산한다.

문제 25
콘크리트의 압축강도 시험용 공시체의 지름은 굵은골재 최대치수의 최소 몇 배 이상으로 하여야 하는가?
- ㉮ 2배
- ㉯ 3배
- ㉰ 4배
- ㉱ 5배

[해설] 공시체는 지름의 2배 높이를 가진 원기둥형으로 지름은 굵은골재 최대치수의 3배 이상이며 또한 100mm 이상이어야 한다.

정답 21.㉰ 22.㉱ 23.㉱ 24.㉯ 25.㉯

문제 26 다음 중 잔골재의 표면수 측정법을 바르게 묶은 것은 어느 것인가?
- ㉮ 부피에 의한 방법, 충격을 이용하는 방법
- ㉯ 충격을 이용하는 방법, 질량에 의한 방법
- ㉰ 다짐대를 사용하는 방법, 삽을 이용하는 방법
- ㉱ 질량에 의한 방법, 용적에 의한 방법

해설 콘크리트 배합시 표면수량을 조절하기 위해 표면수 시험을 한다.

문제 27 콘크리트의 휨강도 시험을 위한 공시체를 제작할 때 콘크리트는 몰드에 2층으로 나누어 채우고 각 층은 몇 번씩 다져야 하는가? (단, $150 \times 150 \times 530mm$의 공시체를 사용)
- ㉮ 25회
- ㉯ 50회
- ㉰ 65회
- ㉱ 80회

해설 $(150 \times 530) \div 1000 ≒ 80$회

문제 28 콘크리트 슬럼프 시험에서 슬럼프값은 콘크리트가 내려앉은 길이를 얼마의 정밀도로 측정하는가?
- ㉮ 5mm
- ㉯ 2mm
- ㉰ 1mm
- ㉱ 10mm

해설 슬럼프 값은 5mm 단위로 측정한다.

문제 29 흙 입자 밀도시험을 할 때 병에 시료를 넣고 끓이는 이유는?
- ㉮ 기포를 제거하기 위하여
- ㉯ 증류수의 온도를 보정하기 위하여
- ㉰ 공기 중 건조시료를 사용했기 때문에
- ㉱ 메니스커스에 의한 오차를 적게하기 위하여

해설 $\rho_s = \dfrac{m_s}{m_s + (m_a - m_b)} \cdot \rho_w(T)$

문제 30 흙 입자 밀도시험에 사용되는 시료로 적당한 것은?
- ㉮ 10mm체 통과시료
- ㉯ 19mm체 통과시료
- ㉰ 37.5mm체 통과시료
- ㉱ 53mm체 통과시료

해설 $G_s = \dfrac{\gamma_s}{\gamma_w} = \dfrac{W_s}{V_s} \cdot \dfrac{1}{\gamma_w}$

정답 26.㉱ 27.㉱ 28.㉮ 29.㉮ 30.㉮

문제 31
다음 중 아스팔트의 굳기 정도를 측정하는 시험은 무엇인가?
- ㉮ 신도 시험
- ㉯ 인화점 시험
- ㉰ 침입도 시험
- ㉱ 마샬 시험

해설 온도 25℃, 하중 100g, 시간 5초를 기준으로 하여 침의 관입 깊이를 나타낸 것을 침입도라 한다.

문제 32
아래 표를 보고 잔골재 조립률을 구하면?

체의 호칭(mm)	잔골재 체에 남는 양(%)	잔골재 체에 남는 양의 누계(%)
10	0	0
5	4	4
2.5	8	12
1.2	15	27
0.6	43	70
0.3	20	90
0.15	9	99
접시	1	100

- ㉮ 3.02
- ㉯ 4.02
- ㉰ 2.03
- ㉱ 1.13

해설 $F \cdot M = \dfrac{4+12+27+70+90+99}{100} = 3.02$

문제 33
굳지 않은 콘크리트의 공기량 측정법 중 워싱턴형 공기량 측정기를 사용하는 것은 다음 중 어느 방법에 속하는가?
- ㉮ 무게의 의한 방법에 속한다.
- ㉯ 면적에 의한 방법에 속한다.
- ㉰ 부피에 의한 방법에 속한다.
- ㉱ 공기실 압력법에 속한다.

해설 공기량 시험방법에는 공기실 압력법, 중량법, 주수압력법이 있다.

문제 34
콘크리트의 쪼갬 인장강도 시험시 지름이 100mm, 길이가 200mm인 공시체에 하중을 가하여 공시체가 150kN에서 파괴되었다면 이때의 인장강도는 얼마인가?
- ㉮ 4.78 MPa
- ㉯ 6.14 MPa
- ㉰ 7.52 MPa
- ㉱ 15.0 MPa

해설
- $P = 150000 \text{N}$
- 인장강도 $= \dfrac{2P}{\pi dl} = \dfrac{2 \times 150000}{3.14 \times 100 \times 200} = 4.78 \text{N/mm}^2 = 4.78 \text{MPa}$

정답 31.㉰ 32.㉮ 33.㉱ 34.㉮

문제 35 콘크리트 1m³를 만드는 데 필요한 골재의 절대 부피가 0.72m³이고 잔골재율(S/a)이 30%일 때 단위 잔골재량은 약 얼마인가? (단, 잔골재의 밀도는 2.5 g/cm³이다.)
   ㉮ 526 kg/m³
   ㉯ 540 kg/m³
   ㉰ 574 kg/m³
   ㉱ 595 kg/m³

해설
- 잔골재의 절대부피 : $V_s = 0.72 \times 0.3 = 0.216 \text{m}^3$
- 단위 잔골재량 : $S = 2.5 \times 0.216 \times 1000 = 540 \text{ kg/m}^3$

문제 36 시멘트 밀도 시험의 결과가 아래와 같을 때 이 시멘트의 밀도값은?

- 처음의 광유의 눈금 읽음 값 : 0.48mL
- 시료의 무게 : 64g
- 시료와 광유의 눈금 읽음 값 : 20.80mL

㉮ 3.12g/cm³   ㉯ 3.15g/cm³   ㉰ 3.17g/cm³   ㉱ 3.19g/cm³

해설 시멘트 밀도 = $\dfrac{64}{20.8 - 0.48} = 3.15 \text{g/cm}^3$

문제 37 흙 입자 밀도시험에서 데시케이터에 넣어서 사용되는 흡습제로 적합한 것은?
   ㉮ 염화나트륨
   ㉯ 실리카겔
   ㉰ 산화마그네슘
   ㉱ 이산화탄소

해설 가열 후 대기중에서 무게를 측정할 경우 대기중 습기를 흡수하므로 데시케이터 안에서 식힌다.

문제 38 흙의 액성한계 시험에 대한 다음 설명 중 옳지 않은 것은?
   ㉮ 흙의 소성상태에서 액체상태로 바뀔 때의 함수비를 구하기 위한 시험이다.
   ㉯ 황동 접시와 경질 고무대와의 간격이 1cm가 되도록 한다.
   ㉰ 크랭크를 초당 2회 정도로 회전시킨다.
   ㉱ 2등분되었던 흙이 타격으로 인하여 10mm 정도 합쳐질 때의 낙하횟수를 구한다.

해설 2등분하고 타격으로 13mm 정도 합쳐질 때 낙하횟수와 이때의 함수비를 측정하여 유동곡선을 그린다.

문제 39 금이나 납 등을 두드릴 때 얇게 펴지는 것과 같은 성질을 무엇이라 하는가?
   ㉮ 연성
   ㉯ 전성
   ㉰ 취성
   ㉱ 인성

정답 35.㉯ 36.㉯ 37.㉯ 38.㉱ 39.㉯

해설
- 연성 : 가늘고 길게 늘어나는 성질
- 취성 : 약간의 변형에도 파괴되는 성질
- 인성 : 높은 응력에 견디는 성질

문제 40 길이 10cm, 지름 5cm인 강봉을 인장시켰더니 길이가 11.5cm이고, 지름은 4.8cm가 되었다. 푸아송비는?
㉮ 0.27　　㉯ 0.35　　㉰ 11.50　　㉱ 13.96

해설 $\nu = \dfrac{\beta}{\varepsilon} = \dfrac{\Delta d/d}{\Delta l/l} = \dfrac{\Delta d \cdot l}{d \cdot \Delta l} = \dfrac{0.2 \times 10}{5 \times 1.5} = 0.27$

문제 41 표준체 45μm에 의한 시멘트 분말도 시험에서 보정된 잔사가 7.6%일 때 시멘트 분말도(F)는 얼마인가?
㉮ 82.4%　　㉯ 92.4%
㉰ 96.4%　　㉱ 98.4%

해설 분말도 = 100 − 7.6 = 92.4%

문제 42 흙의 시험 중 수은을 사용하는 시험은?
㉮ 수축한계 시험　　㉯ 액성한계 시험
㉰ 흙 입자 밀도 시험　　㉱ 체가름 시험

해설
- 수축한계 시험의 수은을 이용하여 노건조 시료의 체적을 구한다.
- $\omega_s = \left(\dfrac{1}{R} - \dfrac{1}{G_s}\right) \times 100$

문제 43 스트레이트 아스팔트 침입도 시험에서 무게 100g의 표준침이 5초 동안에 3mm 관입했다면 이 재료의 침입도는 얼마인가?
㉮ 3　　㉯ 15　　㉰ 30　　㉱ 300

해설 침입도 $1 : \dfrac{1}{10}\text{mm} = x : 3\text{mm}$　　∴ $x = 30$

문제 44 일반 콘크리트용 굵은골재 마모율의 허용값은 얼마 이하이어야 하는가?
㉮ 25%　　㉯ 35%　　㉰ 40%　　㉱ 50%

해설
- 포장 콘크리트용 골재 : 35% 이하
- 댐 콘크리트용 골재 : 40% 이하

문제 45 어느 흙의 시험 결과 소성한계 42%, 수축한계 24%일 때 수축지수는 얼마인가?
㉮ 18%　　㉯ 24%　　㉰ 42%　　㉱ 66%

정답 40.㉮　41.㉯　42.㉮　43.㉰　44.㉰　45.㉮

해설 $I_s = \omega_s - \omega_p = 42 - 24 = 18\%$

문제 46
삼축 압축 시험은 응력조건과 배수조건을 임의로 조절할 수 있어서 실제 현장 지반의 응력 상태나 배수상태를 재현하여 시험할 수 있다. 다음 중 삼축 압축 시험의 종류가 아닌 것은?

㉮ UD test(비압밀 배수 시험) ㉯ UU test(비압밀 배수 시험)
㉰ CU test(압밀 배수 시험) ㉱ CD test(압밀 배수 시험)

해설 삼축 압축 시험은 신뢰도가 높으며 모든 토질에 적용이 가능하다.

문제 47
그림과 같은 접지압(지반반력)이 되는 경우의 footing과 기초지반 흙은?

㉮ 연성 footing일 때의 모래지반
㉯ 강성 footing일 때의 모래지반
㉰ 연성 footing일 때의 점토지반
㉱ 강성 footing일 때의 점토지반

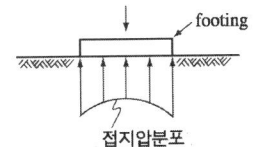

해설
- 점토지반의 강성 기초 접지압 분포는 기초 모서리에서 최대 접지압이 발생한다.
- 모래지반의 강성 기초 접지압 분포는 기초 중앙에서 최대 접지압이 발생한다.

문제 48
동상의 피해를 방지하기 위한 방법에 해당되지 않는 것은?

㉮ 지하수면을 낮추는 방법
㉯ 비동결성 흙으로 치환하는 방법
㉰ 실트질 흙을 넣어 모세관 현상을 차단하는 방법
㉱ 화학약품을 넣어 동결온도를 낮추는 방법

해설 실트질은 동상이 일어나기 가장 쉬운 흙이다.

문제 49
다음의 기초 중 얕은 기초에 해당하는 것은?

㉮ 말뚝기초 ㉯ 피어기초
㉰ 우물통 기초 ㉱ 전면기초

해설
- 직접 기초(얕은 기초): 푸팅 기초(확대기초), 전면기초
- 깊은 기초: 말뚝기초, 피어 기초, 케이슨 기초

문제 50
점토와 모래가 섞여 있는 지반의 극한지지력이 $600\,kN/m^2$이라면 이 지반의 허용지지력은? (단, 안전율은 3이다.)

㉮ $200\,kN/m^2$ ㉯ $300\,kN/m^2$ ㉰ $400\,kN/m^2$ ㉱ $600\,kN/m^2$

해설 $q_a = \dfrac{q_u}{F} = \dfrac{600}{3} = 200\,kN/m^2$

정답 46.㉮ 47.㉱ 48.㉰ 49.㉱ 50.㉮

문제 51 현장에서 모래치환법에 의해 흙의 단위무게를 측정할 때 모래(표준사)를 사용하는 주된 이유는?
㉮ 시료의 무게를 구하기 위하여
㉯ 시료의 간극비를 구하기 위하여
㉰ 시료의 함수비를 알기 위하여
㉱ 파낸 구멍의 부피를 알기 위하여

해설 습윤밀도를 알기 위해 우선 표준사를 이용하여 구멍의 체적을 구한다.

문제 52 느슨한 상태의 흙에 기계 등의 힘을 이용하여 전압, 충격, 진동 등의 하중을 가하여 흙 속에 있는 공기를 빼내는 것을 무엇이라 하는가?
㉮ 압밀
㉯ 투수
㉰ 전단
㉱ 다짐

해설 다짐을 하면 지반의 지지력이 증대되며 동상, 팽창, 건조수축 등이 감소된다.

문제 53 어느 흙 시료에 대하여 입도분석 시험 결과 입경가적 곡선에서 D_{10} = 0.005mm, D_{30} = 0.040mm, D_{60} = 0.330mm를 얻었다. 균등계수(C_u)는 얼마인가?
㉮ 33
㉯ 66
㉰ 99
㉱ 132

해설
- $C_u = \dfrac{D_{60}}{D_{10}} = \dfrac{0.33}{0.005} = 66$
- 곡률계수 : $C_g = \dfrac{(D_{30})^2}{D_{10} \cdot D_{60}} = \dfrac{(0.04)^2}{0.005 \times 0.33} = 0.97$

문제 54 어느 흙의 자연함수비가 그 흙의 액성한계보다 높다면 그 흙의 상태는?
㉮ 소성상태에 있다.
㉯ 고체상태에 있다.
㉰ 반고체상태에 있다.
㉱ 액체상태에 있다.

해설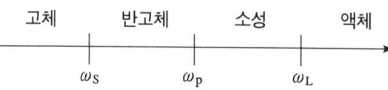

문제 55 비중이 2.7인 모래의 간극률이 36%일 때 한계 동수경사는?
㉮ 0.728　　㉯ 0.895　　㉰ 0.973　　㉱ 1.088

해설 $i_c = \dfrac{G_s - 1}{1 + e} = \dfrac{2.7 - 1}{1 + 0.5625} = 1.088$

여기서, $e = \dfrac{n}{100 - n} = \dfrac{36}{100 - 36} = 0.5625$

정답 51.㉱　52.㉱　53.㉯　54.㉱　55.㉱

문제 56 기초의 구비 조건에 대한 설명 중 옳지 않은 것은?
  ㉮ 기초는 최소 근입깊이를 확보하여야 한다.
  ㉯ 하중을 안전하게 지지해야 한다.
  ㉰ 기초는 침하가 전혀 없어야 한다.
  ㉱ 기초는 시공 가능한 것이라야 한다.

해설 침하량이 허용치 이내에 들어야 한다.

문제 57 간극이 완전히 물로 포화된 포화도 100%일 때의 건조단위무게와 함수비 관계곡선을 무엇이라 하는가?
  ㉮ 다짐곡선   ㉯ 유동곡선
  ㉰ 입도곡선   ㉱ 영공기간극곡선

해설 영공기 공극곡선은 함수비와 건조단위무게 관계곡선이다.

$$\gamma_{d\,sat} = \frac{\gamma_w}{\frac{1}{G_s} + \frac{w}{100}}$$

문제 58 흙입자의 비중 $G_s=2.5$, 간극비 $e=1$, 포화도 $S=100\%$일 때, 함수비의 값은?
  ㉮ 25%   ㉯ 40%   ㉰ 125%   ㉱ 50%

해설 $S \cdot e = G_s \cdot w$
$$\therefore w = \frac{S \cdot e}{G_s} = \frac{100 \times 1}{2.5} = 40\%$$

문제 59 군지수(Group Index)를 구하는 데 필요 없는 것은?
  ㉮ 0.074mm(No. 200)체 통과율   ㉯ 유동지수
  ㉰ 액성한계   ㉱ 소성지수

해설 $GI = 0.2a + 0.005ac + 0.01bd$
  a : No.200체 통과율 $-35(0\sim40)$
  b : No.200체 통과율 $-15(0\sim40)$
  c : 액성한계 $-40(0\sim20)$
  d : 액성한계 $-10(0\sim20)$

문제 60 흙의 일축압축시험에서 파괴면이 수평면과 이루는 각도가 60°일 때 이 흙의 내부 마찰각은?
  ㉮ 60°   ㉯ 45°   ㉰ 30°   ㉱ 15°

해설 $\theta = 45 + \frac{\phi}{2}$
$60° = 45 + \frac{\phi}{2}$ $\therefore \phi = 30°$

정답 56.㉰ 57.㉱ 58.㉯ 59.㉯ 60.㉰

건설재료시험 기능사 　**제 2 회　CBT 모의고사**

▌알려드립니다 ▌

한국산업인력공단의 저작권법 저촉에 대한 언급이 있어 과거에 출제된 동일한 문제나 그 유형의 문제로 재구성하였습니다.

문제 01 니트로셀룰로오스에 니트로글리세린 및 젤라틴을 20% 이상 넣어 콜로이드화하여 만든 가소성의 황색폭약으로서, 수중발파용으로 적당한 것은?
　㉮ 교질 다이너마이트　　　㉯ 분상 다이너마이트
　㉰ 규조토 다이너마이트　　㉱ 칼릿(Carlit)

해설　교질 다이너마이트는 폭발력이 가장 강하고 수중에서도 폭발할 수 있다.

문제 02 시멘트의 저장 및 사용방법에 대한 설명으로 틀린 것은?
　㉮ 방습적인 구조로 된 사일로 또는 창고에 품종별로 구분하여 저장하여야 한다.
　㉯ 포대시멘트가 저장 중에 지면으로부터 습기를 받지 않도록 하기 위해서는 창고의 마룻바닥과 지면 사이에 어느 정도의 거리가 필요하며, 현장에서의 목조창고를 표준으로 할 때, 그 거리를 0.3m로 하면 좋다.
　㉰ 저장중 굳은 시멘트는 관련시험 후 공사에 사용하여야 한다.
　㉱ 시멘트의 온도가 너무 높을 때는 그 온도를 낮추어서 사용해야 한다.

해설　저장중 약간이라도 굳은 시멘트는 공사에 사용해서는 안 된다.

문제 03 다음 중 강도가 가장 큰 석재는?
　㉮ 사암　　㉯ 응회암　　㉰ 대리석　　㉱ 화강암

해설　화강암은 강도 및 내구성이 크나 내화열에 약하다.

문제 04 일반적으로 목재의 밀도는 어느 상태의 밀도를 말하는가?
　㉮ 기건상태　　　　　㉯ 습윤상태
　㉰ 절대건조상태　　　㉱ 표건상태

해설　기건밀도는 0.3~0.9g/cm³ 정도이다.

정답　01.㉮　02.㉰　03.㉱　04.㉮

문제 05
다음 중 금속의 경도 시험이 아닌 것은?
- ㉮ 쇼어식
- ㉯ 브리넬식
- ㉰ 알루마이트식
- ㉱ 비커즈식

해설 경도 시험은 브리넬식, 비커즈식, 로크웰식, 쇼어식 등이 있다.

문제 06
일반적으로 침입도 60~120 정도의 비교적 연한 스트레이트 아스팔트에 적당한 휘발성 용제를 가하여 점도를 저하시켜 유동성을 좋게 한 아스팔트는?
- ㉮ 에멀션화 아스팔트
- ㉯ 컷백 아스팔트
- ㉰ 블론 아스팔트
- ㉱ 아스팔타이트

해설 스트레이트 아스팔트에 적당한 휘발성 용제를 가한 컷백 아스팔트는 대부분 도로 포장에 사용되고 있다.

문제 07
시멘트의 응결을 상당히 빠르게 하기 위하여 사용하는 혼화제로서 뿜어 붙이기 콘크리트, 콘크리트 그라우트 등에 사용하는 혼화제는?
- ㉮ 감수제
- ㉯ 급결제
- ㉰ 지연제
- ㉱ 발포제

해설 급결제를 사용한 콘크리트는 재령 1~2일까지의 강도 증진은 매우 크지만 장기강도는 일반적으로 느린 경우가 많고 건조수축은 약간 작다.

문제 08
화약을 다룰 때 주의하여야 할 사항으로 틀린 것은?
- ㉮ 다이너마이트는 직사광선을 피하고 화기에 접근시키지 말아야 한다.
- ㉯ 뇌관과 폭약은 같은 장소에 보관하여 사용이 편리하도록 한다.
- ㉰ 운반시에 화기나 충격을 받지 않도록 주의해야 한다.
- ㉱ 장기간 보관시 온도나 습도에 의해 변질되지 않도록 한다.

해설 뇌관과 폭약은 같은 장소에 보관하지 않도록 한다.

문제 09
다음 중 작은 변형에도 쉽게 파괴되는 재료의 성질은?
- ㉮ 인성
- ㉯ 전성
- ㉰ 연성
- ㉱ 취성

해설 취성의 성질은 주철, 유리, 콘크리트 등에서 나타난다.

문제 10
다음 중 시멘트의 종류에 있어서 혼합시멘트에 속하지 않는 것은?
- ㉮ 고로 슬래그 시멘트
- ㉯ 내황산염 포틀랜드 시멘트
- ㉰ 플라이 애시 시멘트
- ㉱ 포틀랜드 포졸라나 시멘트

해설 내황산염 포틀랜드 시멘트는 포틀랜드 시멘트에 속한다.

문제 11 다음 중 목재에 관한 설명으로 옳은 것은?
㉮ 섬유포화점 이하에서는 일반적으로 함수율이 적을수록 압축강도가 커진다.
㉯ 섬유 직각방향의 인장강도는 섬유방향 인장강도보다 크다.
㉰ 목재의 종류와 상관없이 압축강도의 크기는 같다.
㉱ 목재의 강도 중 압축강도가 가장 크다.

해설
- 섬유 직각방향의 인장강도는 섬유방향 인장강도보다 작다.
- 목재의 종류에 따라 압축강도 크기는 다르다.
- 목재의 강도 중 인장강도가 가장 크다.
- 심재는 변재보다 강도 및 내구성이 크다.

문제 12 콘크리트용 계면활성제의 일종으로 콘크리트 내부에 독립된 미세기포를 발생시켜 콘크리트의 워커빌리티 개선과 동결융해에 대한 저항성을 갖도록 하기 위해 사용하는 혼화제는?
㉮ 촉진제 ㉯ 급결제 ㉰ AE제 ㉱ 분산제

해설 AE제는 콘크리트의 워커빌리티 개선과 동결융해에 대한 저항성을 갖도록 하기 위해 사용하는 콘크리트용 혼화제이다.

문제 13 굳지 않은 콘크리트의 공기량에 대한 설명으로 틀린 것은?
㉮ 콘크리트의 온도가 높을수록 공기량은 줄어든다.
㉯ 시멘트의 분말도가 높을수록 공기량은 많아진다.
㉰ 단위 시멘트량이 많을수록 공기량은 줄어든다.
㉱ 잔골재량이 많을수록 공기량은 많아진다.

해설 시멘트의 분말도가 높을수록 공기량은 줄어든다.

문제 14 융해점이 높고 감온비가 작으며 내구성, 내충격성이 크고, 플라스틱한 성질을 가지며 탄력성이 강한 아스팔트는?
㉮ 천연 아스팔트 ㉯ 블론 아스팔트
㉰ 스트레이트 아스팔트 ㉱ 레이크 아스팔트

해설 스트레이트 아스팔트는 감온비가 크다.

문제 15 다음 중 콘크리트의 압축강도에 가장 큰 영향을 미치는 요인은?
㉮ 골재와 시멘트의 중량 ㉯ 물-결합재비
㉰ 굵은골재와 잔골재의 비 ㉱ 물과 골재의 중량비

해설 콘크리트의 압축강도에는 물-결합재비가 가장 큰 영향을 미친다.

정답 11.㉮ 12.㉰ 13.㉯ 14.㉯ 15.㉯

문제 16 모르타르 압축강도 시험시 표준모래를 사용하는 이유로 가장 적합한 설명은?

㉮ 모르타르 제조시 단위수량을 적게 하기 위해서
㉯ 압축강도가 높은 모르타르를 만들 수 있으므로
㉰ 압축강도를 시험하기 위한 모르타르 공시체의 재령을 단축시키기 위해서
㉱ 시험조건을 일정하게 하기 위해서

해설 모르타르 압축강도 시험시 배합비는 [시멘트 1 : 표준모래 3]의 질량비로 한다.

문제 17 역청혼합물의 소성흐름에 대한 저항력 시험에서 가장 많이 사용되는 시험기는?

㉮ 마샬 시험기   ㉯ 슈미트 해머
㉰ 로스앤젤레스 시험기   ㉱ 길모어침

해설 아스팔트 혼합물의 소성흐름에 대한 저항력 시험은 마샬 안정도 시험을 통해 알 수 있다.

문제 18 현장에서 모래치환에 의한 단위무게 시험을 한 결과 구멍의 부피 2000cm³, 구멍에서 파낸 흙의 무게 3300g, 파낸 흙의 함수비 10%, 흙의 비중 2.65일 때 습윤단위무게를 구하면?

㉮ 1.55 g/cm³   ㉯ 1.65 g/cm³
㉰ 1.67 g/cm³   ㉱ 1.69 g/cm³

해설
- 습윤단위무게 : $\gamma_t = \dfrac{W}{V} = \dfrac{3300}{2000} = 1.65 \text{ g/cm}^3$
- 건조단위무게 : $\gamma_d = \dfrac{\gamma_t}{1+\dfrac{w}{100}} = \dfrac{1.65}{1+\dfrac{10}{100}} = 1.5 \text{ g/cm}^3$

문제 19 시멘트 64g, 처음 광유 눈금읽기 1mL, 시멘트와 광유의 눈금읽기가 21.4mL일 때 시멘트의 밀도는 약 얼마인가?

㉮ 3.14g/cm³   ㉯ 3.16g/cm³   ㉰ 3.18g/cm³   ㉱ 3.20g/cm³

해설 시멘트 밀도 $= \dfrac{64}{21.4-1} = 3.14 \text{g/cm}^3$

문제 20 도로 포장 설계에 있어서 아스팔트 포장 두께를 결정하는 시험은?

㉮ 노상토 지지력비 시험   ㉯ 압밀 시험
㉰ 일축 압축 시험   ㉱ 애터버그 한계 시험

해설
- 노상토 지지력비 시험(CBR) : 아스팔트 포장과 같은 연성포장(가요성포장)의 두께를 산정할 때 사용한다.

정답 16.㉱ 17.㉮ 18.㉯ 19.㉮ 20.㉮

문제 21

콘크리트 배합설계에서 단위수량이 180 kg/m³이고, 물-시멘트비가 50%일 때 단위 시멘트량은 얼마인가?

㉮ 180 kg/m³   ㉯ 90 kg/m³
㉰ 360 kg/m³   ㉱ 120 kg/m³

해설
$\dfrac{W}{C} = 0.5$

$\therefore C = \dfrac{W}{0.5} = \dfrac{180}{0.5} = 360 \text{ kg}$

문제 22

흙 입자 밀도시험에서 병에 시료와 증류수를 넣고 끓이는데 일반적인 흙은 최소 얼마 이상 끓여야 하는가?

㉮ 5분   ㉯ 10분   ㉰ 20분   ㉱ 30분

해설 흙 시료 속의 기포나 이물질을 제거하기 위해 10분 이상 끓인다.

문제 23

굵은골재의 최대치수가 25mm인 경우 콘크리트의 압축강도용 시험체의 치수로 가장 적합한 것은?

㉮ 지름 70mm, 높이 140mm   ㉯ 지름 100mm, 높이 200mm
㉰ 지름 250mm, 높이 400mm   ㉱ 지름 300mm, 높이 150mm

해설 공시체는 지름의 2배 높이를 가진 원기둥형으로 하며 그 지름은 굵은골재 최대치수의 3배 이상, 100mm 이상으로 한다.

문제 24

아스팔트 침입도 및 침입도 시험에 관한 설명 중 옳지 않은 것은?

㉮ 표준 시험온도는 25℃이다.
㉯ 침입 관입량을 1/10cm 단위로 나타낸 것을 침입도 1로 한다.
㉰ 아스팔트의 반죽질기를 측정하기 위해 실시한다.
㉱ 시료는 부분적으로 과열되지 않도록 주위해서 가열한다.

해설 침입 관입량을 $\dfrac{1}{10}$mm 단위로 나타낸 것을 침입도 1로 한다.

문제 25

잔골재의 표면수 시험방법으로 옳은 것은?

㉮ 질량법, 용적법   ㉯ 길이법, 지름법
㉰ 입도법, 밀도법   ㉱ 크기법, 강도법

해설 배합시 혼합수량을 조정하기 위해 표면수 시험을 한다.

정답 21.㉰ 22.㉯ 23.㉯ 24.㉯ 25.㉮

문제 26 콘크리트 배합설계에서 시방배합을 현장배합으로 수정할 때 가장 고려해야 할 사항은?

㉮ 골재의 입도와 표면수
㉯ 잔골재와 단위 시멘트량
㉰ 잔골재율과 골재의 조립률
㉱ 물-시멘트비와 단위 시멘트량

해설 시방배합을 현장배합으로 보정시 입도와 잔골재 및 굵은골재의 표면수량을 고려한다.

문제 27 콘크리트의 휨강도 시험용 공시체의 길이에 대한 설명으로 옳은 것은?

㉮ 단면 한 변의 길이의 3배보다 80mm 이상 긴 것으로 한다.
㉯ 굵은골재의 최대치수의 5배 이상이며 200mm 이상 긴 것으로 한다.
㉰ 단면 한 변의 길이의 5배보다 30mm 이상 긴 것으로 한다.
㉱ 굵은골재의 최대치수의 3배 이상이며 50mm 이상 긴 것으로 한다.

해설 단면 한 변의 길이는 굵은골재 최대치수의 4배 이상이며 100mm 이상으로 한다.

문제 28 다음 중 슬럼프 시험에 관한 설명으로 틀린 것은?

㉮ 시료를 채울 때 각 층은 다짐대로 25번씩 다진다.
㉯ 시료는 슬럼프 콘 부피의 약 1/3씩 되게 넣는다.
㉰ 시료의 표면은 슬럼프 콘의 윗면에 맞추어 편평하게 한다.
㉱ 콘크리트가 내려앉은 길이는 10mm 정밀도로 측정한다.

해설 콘크리트가 내려앉은 길이는 5mm 정밀도로 측정한다.

문제 29 다음 그림에서 E점을 무엇이라 하는가?

㉮ 탄성한도
㉯ 소성한도
㉰ 상항복점
㉱ 하항복점

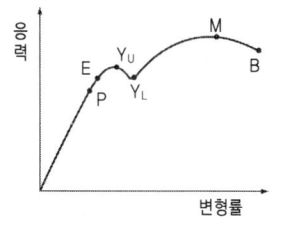

해설
- P : 비례한도
- Y_U : 상항복점
- Y_L : 하항복점
- M : 극한강도
- B : 파괴점

문제 30 150mm×150mm×530mm의 몰드를 사용하여 휨강도 시험용 공시체를 제작할 때, 다짐봉을 사용하여 각 층은 몇 번씩 다져야 하는가?

㉮ 16번   ㉯ 25번   ㉰ 48번   ㉱ 80번

해설 (150×530)÷1000 ≒ 80회

문제 31
액성한계 시험은 황동 접시를 경질 고무 받침대에 낙하시켜, 홈의 바닥부의 흙의 길이 약 몇 mm 합류할 때까지 계속하게 되는가?
- ㉮ 5mm
- ㉯ 10mm
- ㉰ 12mm
- ㉱ 13mm

해설 낙하높이 : 1cm, 낙하속도 : 2회/초, 합쳐진 길이 : 13mm

문제 32
콘크리트 배합설계를 할 때 골재의 기준이 되는 상태는?
- ㉮ 습윤상태
- ㉯ 표면건조 포화상태
- ㉰ 공기 중 건조상태
- ㉱ 절대건조상태

해설 시방배합은 표면건조 포화상태의 골재를 기준으로 한다.

문제 33
콘크리트 압축강도 시험을 위해 공시체를 제작할 때 양생온도에 대한 설명으로 옳은 것은?
- ㉮ 20±2℃를 표준으로 한다.
- ㉯ 22±2℃를 표준으로 한다.
- ㉰ 24±2℃를 표준으로 한다.
- ㉱ 26±2℃를 표준으로 한다.

해설 공시체를 20±2℃에서 습윤상태로 양생하고 꺼내 습윤상태에서 압축강도 시험을 한다.

문제 34
잔골재 밀도시험에 사용되는 기계 및 기구가 아닌 것은?
- ㉮ 시료분취기
- ㉯ 르샤틀리에 병
- ㉰ 원뿔형 몰드
- ㉱ 플라스크

해설 르샤틀리에 병은 시멘트 밀도시험에 사용된다.

문제 35
굳지 않은 콘크리트의 공기량 시험결과 겉보기 공기량이 5.6%이고, 골재 수정계수가 0.8%일 때 공기량은?
- ㉮ 3.8%
- ㉯ 4.8%
- ㉰ 5.8%
- ㉱ 6.5%

해설 공기량 = 겉보기 공기량 − 골재 수정계수
= 5.6 − 0.8 = 4.8%

문제 36
골재의 안정성 시험에 대한 설명으로 틀린 것은?
- ㉮ 잔골재를 시험하는 경우 시료는 대표적인 것 약 2kg을 채취한다.
- ㉯ 시료의 무게가 일정하게 될 때까지 100~110℃의 온도로 건조시킨다.
- ㉰ 황산나트륨 용액 속에 24~48시간 동안 담가둔다.
- ㉱ 안정성 시험을 통하여 골재의 손실질량 백분율을 구할 수 있다.

정답 31.㉱ 32.㉯ 33.㉮ 34.㉯ 35.㉯ 36.㉰

- 황산나트륨 용액 속에 16~18시간 동안 담가둔다.
- 안정성 시험은 5회 하였을 때 골재의 손실질량비(%)의 한도로 한다.

문제 37
아스팔트의 늘어나는 능력을 알기 위하여 실시하는 시험은?
- ㉮ 아스팔트 신도시험
- ㉯ 아스팔트 침입도 시험
- ㉰ 아스팔트 연화점 시험
- ㉱ 아스팔트 인화점 시험

해설 신도는 늘어난 길이를 cm로 표시한다.

문제 38
흙의 함수비 시험에서 데시케이터 안에 넣는 제습제는?
- ㉮ 염화나트륨
- ㉯ 염화칼슘
- ㉰ 황산나트륨
- ㉱ 황산칼슘

해설 대기 중의 습기 흡수를 방지하기 위해 데시케이터 안에 염화칼슘이나 실리카 겔을 넣고 식힌다.

문제 39
흙의 체가름 시험에서 체가름 작업은 언제까지 하는가?
- ㉮ 10초간을 체가름하여도 통과분이 잔류분의 약 0.1% 이하가 될 때까지 실시한다.
- ㉯ 30초간 체가름하여도 통과분이 잔류분의 약 2% 이하가 될 때까지 실시한다.
- ㉰ 1분간을 체가름하여도 통과분이 잔류분의 약 1% 이하가 될 때까지 실시한다.
- ㉱ 10분간을 체가름하여도 통과분이 잔류분의 약 15% 이하가 될 때까지 실시한다.

해설 • 흙의 입도 시험시 체가름용 체 : No.4, No.10, No.20, No.40, No.60, No.140, No.200

문제 40
다음 설명 중 옳지 않은 것은?
- ㉮ 블리딩 시험은 콘크리트의 재료 분리 경향을 알아보기 위한 시험이다.
- ㉯ 블리딩이 크면 레이턴스도 크다.
- ㉰ 블리딩이 심하면 콘크리트 윗부분이 다공질이 된다.
- ㉱ 블리딩이 크면 수밀한 콘크리트가 만들어진다.

해설 블리딩이 크면 수밀한 콘크리트를 만들 수 없다.

문제 41
시멘트 밀도 시험에서 광유 표면의 눈금을 읽을 때에 눈높이를 수평으로 하여 곡면(메니스커스)이 어디를 읽어야 하는가?
- ㉮ 가장 윗면
- ㉯ 중간면
- ㉰ 가장 밑면
- ㉱ 가장 윗면과 가장 밑면을 읽어 평균값을 취한다.

정답 37.㉮ 38.㉯ 39.㉰ 40.㉱ 41.㉰

해설 곡면의 메니스커스 가장 밑면을 읽는다.

문제 42 도로의 평판재하 시험에서 규정된 재하판의 지름치수가 아닌 것은?
㉮ 30cm ㉯ 40cm ㉰ 50cm ㉱ 75cm

해설
- $K_{75} < K_{40} < K_{30}$
- $K_{30} = \dfrac{q}{y}$

문제 43 봉다지기에 의한 골재의 단위무게 시험을 할 때 사용하는 다짐봉의 지름은 몇 mm인가?
㉮ 8mm ㉯ 10mm ㉰ 16mm ㉱ 20mm

해설
- 다짐대(봉) : 지름 16mm, 길이 600mm

문제 44 흙의 액성한계 시험에서 구할 수 있는 유동곡선에서 낙하횟수 몇 회에 상당하는 함수비를 액성한계라고 하는가?
㉮ 20회 ㉯ 25회 ㉰ 30회 ㉱ 35회

해설 액성한계는 유동곡선에서 타격횟수 25회에 대응하는 함수비를 뜻한다.

문제 45 흙의 함수비 시험에서 시료를 건조로에서 건조하는 온도로 옳은 것은?
㉮ 100±5℃ ㉯ 110±5℃
㉰ 150±5℃ ㉱ 200±5℃

해설
- 함수비 : $w = \dfrac{W_W}{W_S} \times 100$
- 함수비는 100% 넘을 수 있다.

문제 46 토질에 따른 다짐효과에 대한 설명으로 틀린 것은?
㉮ 실트나 점토 등 세립토에서는 최대 건조단위무게가 작고 다짐곡선도 완만하다.
㉯ 최적함수비가 낮은 흙일수록 최대 건조단위무게는 작다.
㉰ 다짐에너지가 커지면 최대 건조단위무게는 증가한다.
㉱ 입도가 좋은 모래질에서 최대 건조단위무게가 크고 다짐곡선의 경사가 급한 경향이 있다.

해설 최적함수비가 낮은 흙일수록 최대 건조단위무게는 크다.

정답 42.㉰ 43.㉰ 44.㉯ 45.㉯ 46.㉯

문제 47
지반 내의 어느 한 점에서의 임의의 시간에 대하여 과잉 간극 수압이 감소하는 정도를 무엇이라 하는가?

㉮ 침하량 ㉯ 압밀도 ㉰ 즉시 침하 ㉱ 크리프 현상

해설 지반 위의 유효 상재 하중으로 인하여 흙 속의 간극에서 물이 배출되면서 압축(침하)되는 현상을 압밀이라 한다.

문제 48
통일분류법에서 흙을 분류할 때 처음으로 해야 할 일이 조립토와 세립토로 나누는 것인데, 몇 번체의 통과량으로 결정하는가?

㉮ No.4(4.75mm) ㉯ No.10(2mm)
㉰ No.40(0.425mm) ㉱ No.200(0.075mm)

해설
- 조립토(G, S) : No.200체 통과량이 50% 이하
- 세립토(M, C, O) : No.200체 통과량이 50% 이상
- No.4체 통과량이 50% 이상 : 모래(S)
- No.4체 통과량이 50% 이하 : 자갈(G)

문제 49
기초의 종류에서 깊은 기초에 해당되는 것은?

㉮ 전면기초 ㉯ 연속푸팅기초 ㉰ 복합푸팅기초 ㉱ 케이슨 기초

해설
- 깊은 기초 : 말뚝기초, 피어 기초, 케이슨 기초

문제 50
통일분류법에서 점토 섞인 자갈을 표시하는 기호는?

㉮ GP ㉯ GW ㉰ GM ㉱ GC

해설
- GP : 입도 분포가 불량한 자갈
- GW : 입도 분포가 양호한 자갈
- GM : 실트 섞인 자갈

문제 51
흙 속의 간극 수가 동결되어 얼음층이 형성되기 때문에 지표면이 떠오르는 현상은?

㉮ 연화현상 ㉯ 분사현상 ㉰ 동상현상 ㉱ 포화현상

해설 동상은 실트질에서 잘 일어난다.

문제 52
토질실험 결과 간극비(e)는 0.8, 흙의 비중(G_s)은 2.7일 때 건조단위무게는? (단, $\gamma_w = 9.81 \text{kN/m}^3$)

㉮ 14.5 kN/m³ ㉯ 15 kN/m³
㉰ 15.5 kN/m³ ㉱ 16 kN/m³

정답 47.㉯ 48.㉱ 49.㉱ 50.㉱ 51.㉰ 52.㉯

해설
$$\gamma_d = \frac{G_s}{1+e}\gamma_w = \frac{2.7}{1+0.8}\times 9.81 = 15\,\text{kN/m}^3$$

문제 53 흙의 전단강도를 구하기 위한 전단시험법 중 현장시험에 해당하는 것은?
㉮ 일축 압축 시험 ㉯ 삼축 압축 시험
㉰ 베인 시험 ㉱ 직접 전단 시험

해설
$$C = \frac{M_{\max}}{\pi D^2\left(\dfrac{H}{2}+\dfrac{D}{6}\right)}$$

문제 54 히빙현상이 가장 잘 일어나는 흙은?
㉮ 모래질 흙 ㉯ 자갈질 흙 ㉰ 실트질 흙 ㉱ 점토질 흙

해설
- 히빙현상 : 점토
- 보일링 현상 : 모래
- 동상현상 : 실트

문제 55 옹벽의 안정을 위해 검토하는 안정 조건으로 가장 거리가 먼 내용은?
㉮ 전도에 대한 안정 ㉯ 기초 지반의 지지력에 대한 안정
㉰ 활동에 대한 안정 ㉱ 벽체 강도에 대한 안정

해설 옹벽의 안전조건에서 합력의 작용점 위치가 저판 중앙 1/3 이내에 있으면 전도에 대해 안전하다.

문제 56 교란되지 않은 어떤 점토 시료에 대하여 일축 압축 시험을 한 결과가 460 kN/m²이고, 같은 시료를 재성형 후 일축 압축 시험한 결과가 230 kN/m²이었다. 예민비는 얼마인가?
㉮ 0.5 ㉯ 1 ㉰ 2 ㉱ 4

해설
- $S_t = \dfrac{q_u}{q_{ur}} = \dfrac{460}{230} = 2$
- 예민비가 클수록 공학적 성질이 나쁘다.

문제 57 아래의 식은 극한 지지력 산정 방법 중 테르자기에 의해 제안된 공식이다. 여기서 D_f에 해당하는 것은?

$$q_u = \alpha\, C N_c + \gamma_2 D_f N_q + \beta \gamma_1 B N_\gamma$$

㉮ 기초의 근입깊이 ㉯ 기초의 폭
㉰ 지지력 계수 ㉱ 지반의 극한 지지력

정답 53.㉰ 54.㉱ 55.㉱ 56.㉰ 57.㉮

해설 지지력 계수 N_c, N_γ, N_q는 내부 마찰각 ϕ와 관계된다.

문제 58 흙의 다짐에너지에 관한 설명으로 틀린 것은?
- ㉮ 다짐에너지는 래머의 중량에 비례한다.
- ㉯ 다짐에너지는 래머의 낙하고에 비례한다.
- ㉰ 다짐에너지는 타격횟수에 비례한다.
- ㉱ 다짐에너지는 시료의 부피에 비례한다.

해설 다짐에너지는 시료의 부피에 반비례한다.

문제 59 1000kN의 집중하중이 지표면에 작용할 때 하중의 바로 아래 5m 지점에서의 영향계수(I)는?
- ㉮ 0.4775
- ㉯ 0.8507
- ㉰ 1.2372
- ㉱ 2.1543

해설 $\sigma_z = \dfrac{3}{2\pi}\dfrac{Q}{Z^2} = 0.4775\dfrac{Q}{Z^2}$

문제 60 어떤 흙의 애터버그 한계 시험결과 액성한계가 80%이고 소성한계가 40%였다. 이때 이 흙의 자연함수비가 60%였다면 액성지수는 얼마인가?
- ㉮ 0.5
- ㉯ 1.0
- ㉰ 1.5
- ㉱ 2.0

해설 $I_L = \dfrac{w_n - w_p}{I_p} = \dfrac{60-40}{80-40} = 0.5$

정답 58.㉱ 59.㉮ 60.㉮

제3회 CBT 모의고사

건설재료시험 기능사

■ 알려드립니다 ■

한국산업인력공단의 저작권법 저촉에 대한 언급이 있어 과거에 출제된 동일한 문제나 그 유형의 문제로 재구성하였습니다.

문제 01 목재의 성질에 대한 설명으로 잘못된 것은?

㉮ 부식하기 쉽다.
㉯ 가공이 용이하다.
㉰ 열전도율이 크다.
㉱ 금속재료에 비하여 가볍고 운반하기 쉽다.

해설
- 열전도율은 낮다.
- 비중에 비하여 강도가 크다.
- 탄성과 인성이 크며 충격, 진동 등을 잘 흡수한다.
- 온도에 대한 신축이 작다.
- 함수율이 변화에 의한 변형과 팽창, 수축이 크다.
- 재질과 강도가 균일하지 못하다.
- 가연성이므로 내화성이 작다.

문제 02 알루미늄의 일반적인 성질에 관한 설명으로 옳은 것은?

㉮ 비중은 철이나 동의 3배 정도이다.
㉯ 전연성이 풍부하기 때문에 판, 관, 봉, 선 등의 가공이 용이하다.
㉰ 알루미늄 및 알루미늄합금은 취성파괴를 일으키기 쉬우므로 구조용으로는 부적합하다.
㉱ 전기 및 열전도성이 낮다.

해설
- 비중은 2.7로서 공업용 재료 중에서 가장 가볍다.
- 알루미늄 합금은 취성파괴의 염려가 없다.
- 알루미늄과 알루미늄 합금은 매우 가벼우며 비중은 철이나 동의 약 1/3 정도이다.
- 구리는 주로 전선, 판, 봉, 관 등의 재료에 사용한다.

문제 03 아스팔트를 크게 천연 아스팔트와 석유 아스팔트로 분류할 때 다음 중 석유 아스팔트에 속하는 것은?

㉮ 레이크 아스팔트　　㉯ 샌드 아스팔트
㉰ 블론 아스팔트　　　㉱ 아스팔타이트

정답 01.㉰　02.㉱　03.㉰

해설
- 석유 아스팔트에는 스트레이트 아스팔트와 블론 아스팔트가 있다.
- 스트레이트 아스팔트는 그대로 또는 유화 아스팔트, 컷백 아스팔트 등으로 제조하여 대부분 도로 포장에 사용된다.

문제 04

굵은골재의 최대치수에 대한 아래 설명의 ( )에 적당한 수치는?

> 질량비로 ( )% 이상을 통과시키는 체 중에서 최소치수의 체 눈의 호칭치수로 나타낸 굵은골재의 치수

㉮ 90%   ㉯ 85%   ㉰ 80%   ㉱ 95%

해설 허용범위 내에서 큰 골재를 사용하면 단위수량과 단위시멘트량이 적어지고 잔골재율이 적어져서 경제적인 콘크리트가 된다.

문제 05

재령 1일에서 보통 포틀랜드 시멘트의 재령 28일 강도를 나타내는 시멘트는?

㉮ 포졸란 시멘트
㉯ 중용열 포틀랜드 시멘트
㉰ 알루미나 시멘트
㉱ 조강 포틀랜드 시멘트

해설
- 알루미나 시멘트는 발열량이 크기 때문에 긴급을 요하는 공사나 한중공사의 시공에 적합하다.
- 조강 포틀랜드 시멘트는 보통 포틀랜드 시멘트가 재령 28일에 나타내는 강도를 재령 7일 정도에서 나타난다.

문제 06

시멘트가 저장중에 공기와 접촉하면 공기중의 수분 및 이산화탄소를 흡수하여 가벼운 수화반응을 일으키게 되는데, 이러한 현상을 무엇이라 하는가?

㉮ 경화   ㉯ 수축   ㉰ 응결   ㉱ 풍화

해설
- 시멘트가 풍화되면 이상응결을 일으키는 원인이 된다.
- 시멘트가 풍화되면 밀도가 떨어지며 강도발현이 저하된다.

문제 07

AE 콘크리트의 장점에 대한 설명으로 옳지 않은 것은?

㉮ 워커빌리티를 증대시킨다.
㉯ 동결융해에 대한 내구성을 증대시킨다.
㉰ 내약품성을 증대시킨다.
㉱ 물-결합재비가 일정할 때 공기량이 1% 증가함에 따라 압축강도는 약 10%정도 증대된다.

해설
- 물-결합재비가 일정할 때 공기량이 1% 증가에 따라 압축강도는 4~6% 감소한다.
- 콘크리트의 블리딩이 감소되며 수밀성이 증대된다.

정답 04.㉮ 05.㉱ 06.㉱ 07.㉱

문제 08
염화칼슘을 사용한 콘크리트의 성질로서 가장 적절한 설명은?
- ㉮ 워커빌리티가 크게 감소하며 작업이 쉬워진다.
- ㉯ 강재 부식의 우려가 없어 프리스트레스트 콘크리트용으로 적당하다.
- ㉰ 건조수축이 작아지고 슬럼프가 크게 증가한다.
- ㉱ 응결이 빠르며 다량 사용하면 급결한다.

해설
- 워커빌리티가 크게 감소하며 작업이 어려워진다.
- 강재 부식의 우려가 있어 프리스트레스트 콘크리트용으로 부적당하다.
- 건조수축이 커지고 슬럼프가 크게 감소한다.

문제 09
시멘트의 수화열을 적게 하고 조기강도는 작으나 장기 강도가 크고 체적의 변화가 적어 댐축조 등에 사용되는 시멘트는?
- ㉮ 알루미나 시멘트
- ㉯ 조강 포틀랜드 시멘트
- ㉰ 중용열 포틀랜드 시멘트
- ㉱ 팽창 시멘트

해설 중용열 포틀랜드 시멘트의 건조수축은 포틀랜드 시멘트 중에서 가장 적으며 화학저항성이 크고 내산성이 우수하다.

문제 10
폭약 중 뇌산수은, 질화납 등과 같이 점화만으로도 쉽게 폭발하여 그 폭발에 의해서 인접하는 다른 화약류의 폭발을 유발하는 것을 무엇이라 하는가?
- ㉮ 칼릿
- ㉯ 다이너마이트
- ㉰ 기폭약
- ㉱ 질산 암모늄 유제폭약

해설 기폭약에는 뇌산수은, 질화납, DDNP 등이 있다.

문제 11
스트레이트 아스팔트와 비교했을 때 고무화 아스팔트의 장점으로 옳지 않은 것은?
- ㉮ 감온성이 작다.
- ㉯ 응집력과 부착력이 크다.
- ㉰ 탄성 및 충격 저항이 작다.
- ㉱ 마찰계수가 크다.

해설
- 탄성 및 충격 저항이 크다.
- 내노화성이 크다.

문제 12
콘크리트 속에 많은 거품을 일으켜, 부재의 경량화나 단열성을 목적으로 사용하는 혼화제는?
- ㉮ 지연제
- ㉯ 기포제
- ㉰ 급결제
- ㉱ 감수제

해설 기포제는 주로 콘크리트의 중량을 가볍게 하기 위하여 사용되는 혼화제이다.

문제 13
석재의 밀도는 일반적으로 어떤 밀도로 나타내는가?
- ㉮ 표건 밀도
- ㉯ 기건 밀도
- ㉰ 수중 밀도
- ㉱ 겉보기 밀도

정답 08.㉱ 09.㉰ 10.㉰ 11.㉰ 12.㉯ 13.㉮

해설
- 표건 밀도 $= \dfrac{A}{B-C} \cdot \rho_w$
- 흡수율 $= \dfrac{B-A}{A} \times 100$

  여기서, A : 절대건조 공기중의 질량(g)
  B : 공기중에서 측정한 질량(g)
  C : 수중에서 측정한 질량(g)

문제 14
다음 중 화성암으로만 짝지어진 것은?
- ㉮ 화강암, 대리석
- ㉯ 안산암, 석회암
- ㉰ 석회암, 화강암
- ㉱ 현무암, 안산암

해설
- **화성암** : 화강암, 안산암, 섬록암, 현무암
- **변성암** : 편마암, 천매암, 대리석
- **퇴적암** : 응회암, 사암, 혈암, 점판암, 석회암, 규조토, 화산재

문제 15
조립률 3.0의 모래와 7.0의 자갈을 질량비 1 : 3의 비율로 혼합한 혼합골재의 조립률을 구하면?
- ㉮ 4.0
- ㉯ 5.0
- ㉰ 6.0
- ㉱ 7.0

해설 $FM = \dfrac{3 \times 1 + 7 \times 3}{1+3} = 6$

문제 16
흙의 입도분석시험에서 입자 지름이 고른 흙의 균등계수(C_u)의 값에 관한 설명으로 옳은 것은?
- ㉮ 0에 가깝다.
- ㉯ 1에 가깝다.
- ㉰ 0.5에 가깝다.
- ㉱ 10에 가깝다.

해설
- $C_u = \dfrac{D_{60}}{D_{10}}$
- 입자지름의 크기가 비슷하다는 것은 1에 가깝다.

문제 17
KSF 2303에 규정되어 있는 흙의 액성한계와 소성한계 시험을 할 때 시료를 준비하는 방법으로 옳은 것은?
- ㉮ 0.425mm체에 잔류한 흙을 사용한다.
- ㉯ 0.425mm체에 통과한 흙을 사용한다.
- ㉰ 0.075mm체에 잔류한 흙을 사용한다.
- ㉱ 0.075mm체에 통과한 흙을 사용한다.

해설 0.425mm체를 통과한 흙을 사용하는데 액성한계는 200g, 소성한계는 30g이 필요하다.

정답 14.㉱ 15.㉰ 16.㉯ 17.㉯

문제 18 흙 입자 밀도시험에서 가장 큰 오차의 원인은 무엇인가?
 ㉮ 흙의 성질
 ㉯ 흙의 습윤밀도
 ㉰ 흙의 건조밀도
 ㉱ 흙에 내포한 공기

  해설 흙에 내포한 공기를 제거하기 위해 10분 이상 끓인다.

문제 19 비카침에 의한 시멘트의 응결시간 측정은 1mm의 침으로 몇 mm의 침입도를 얻을 때까지 시험하는가?
 ㉮ 20mm ㉯ 23mm ㉰ 25mm ㉱ 30mm

  해설 습기함에서 꺼낸 시험체를 30분 후부터 15분마다 1mm의 침으로 30초 동안 25mm의 침입도를 얻을 때까지 시험한다. 그리고 반죽 후 이때까지의 시간을 응결시간으로 한다.

문제 20 굳은 콘크리트의 비파괴시험방법에 속하지 않는 것은?
 ㉮ 방사선 투과법
 ㉯ 슈미트 해머에 의한 반발경도 측정법
 ㉰ 공기량 측정법
 ㉱ 음파 측정법

  해설 공기량 측정법은 굳지 않은 콘크리트의 공기함유량을 측정한다.

문제 21 골재의 체가름 시험은 골재의 무엇을 알아보는 데 사용되는가?
 ㉮ 골재의 밀도
 ㉯ 골재의 흡수량
 ㉰ 골재의 표면수량
 ㉱ 골재의 입도

  해설 골재의 체가름 시험은 크고 작은 입자의 분포를 알기 위해서 시험을 한다.

문제 22 150mm×150mm×530mm의 몰드를 사용하여 휨강도 시험용 공시체를 제작할 때, 다짐봉을 사용하여 각 층은 몇 번씩 다져야 하는가?
 ㉮ 16번 ㉯ 25번 ㉰ 48번 ㉱ 83번

  해설 (150×530)÷1000≒80번

문제 23 콘크리트의 쪼갬 인장강도시험을 한 결과 최대하중이 162500N이었다. 이때 콘크리트의 인장강도는 약 얼마인가? (단, 공시체는 150×300mm이다.)
 ㉮ 2.3 MPa
 ㉯ 2.5 MPa
 ㉰ 2.7 MPa
 ㉱ 2.9 MPa

  해설 인장강도 $= \dfrac{2P}{\pi dl} = \dfrac{2 \times 162500}{3.14 \times 150 \times 300} = 2.3 \text{N/mm}^2 = 2.3 \text{MPa}$

정답 18.㉱ 19.㉰ 20.㉰ 21.㉱ 22.㉱ 23.㉮

문제 24
공기투과장치에 의한 시멘트의 분말도 시험에 사용되지 않는 것은?
㉮ 투과셀 ㉯ 다공금속판 ㉰ 플런저 ㉱ 압력계

해설 투과셀, 다공금속판, 거름종이, 수은, 유리판, 플런저, 마노미터액, 고무공, 초시계 등이 사용된다.

문제 25
콘크리트의 배합설계에서 고려해야 할 사항으로 가장 거리가 먼 것은?
㉮ 워커빌리티 ㉯ 압축강도
㉰ 내구성 및 수밀성 ㉱ 크리프

해설 콘크리트에 일정한 하중이 지속적으로 작용되면 응력의 변화가 없어도 콘크리트의 변형은 시간의 경과와 함께 증가하는 성질을 콘크리트의 크리프라 한다.

문제 26
흙 입자 밀도시험에서 병에 시료와 증류수를 넣고 끓이는데 일반적인 흙의 최소 얼마 이상 끓여야 하는가?
㉮ 5분 ㉯ 10분 ㉰ 20분 ㉱ 30분

해설 흙입자 실질부분의 중량과 같은 체적의 15℃ 증류수 중량의 비를 밀도라 한다.
즉, $G_s = \dfrac{\gamma_s}{\gamma_w} = \dfrac{W_s}{V_s} \cdot \dfrac{1}{\gamma_w}$

문제 27
현장에서 모래치환에 의한 단위무게시험을 한 결과 구멍의 부피 2,000cm³, 구멍에서 파낸 흙의 무게 3,300g, 파낸 흙의 함수비 10%, 흙이 비중 2.65일 때 습윤단위무게를 구하면?
㉮ 1.55 g/cm³ ㉯ 1.65 g/cm³
㉰ 1.67 g/cm³ ㉱ 1.69 g/cm³

해설
- $\gamma_t = \dfrac{W}{V} = \dfrac{3{,}300}{2{,}000} = 1.65\,\text{g/cm}^3$
- $\gamma_d = \dfrac{\gamma_t}{1 + \dfrac{w}{100}} = \dfrac{1.65}{1 + \dfrac{10}{100}} = 1.5\,\text{g/cm}^3$

문제 28
아스팔트의 신도시험에서 시험기에 물을 채우고, 물의 온도를 얼마로 유지해야 하는가?
㉮ 20±0.5℃ ㉯ 22±0.5℃
㉰ 25±0.5℃ ㉱ 27±0.5℃

해설
- 시험기 내의 물은 25±0.5℃를 표준으로 한다.
- 스트레이트 아스팔트는 신도가 크나 블론 아스팔트는 신도가 작다.

정답 24.㉱ 25.㉱ 26.㉯ 27.㉯ 28.㉰

문제 29 CBR 시험에서 흡수팽창시험할 때 시험체를 물에 담그고 최종적으로 몇 시간 동안의 다이얼 게이지눈금을 읽어 기록하는가?

㉮ 24시간　　㉯ 48시간　　㉰ 72시간　　㉱ 96시간

해설 CBR 시험시 공시체는 4일간 수침 후 팽창비와 관입시험을 한다.

문제 30 골재에 포함된 잔입자시험(KSF 2511)은 골재를 물로 씻어서 몇 mm체를 통과하는 것을 잔입자로 보는가?

㉮ 5mm체　　㉯ 0.6mm체　　㉰ 0.15mm체　　㉱ 0.08mm체

해설
- 0.08mm체와 1.2mm체를 한 벌로 하여 시험을 한다.
- 시료의 대표적인 질량

골재의 최대치수(mm)	시료의 최소질량의 근사량(g)
2.5	100
5	500
10	1,000
20	2,500
40 및 그 이상	5,000

문제 31 굳지 않은 콘크리트의 슬럼프 시험에 대한 설명 중 옳지 않은 것은?

㉮ 콘크리트의 반죽질기를 측정할 수 있다.
㉯ 콘크리트의 워커빌리티를 판단할 수 있다.
㉰ 50mm 이상인 굵은골재가 많이 포함되어 있는 콘크리트에 적용된다.
㉱ 콘크리트의 성형성을 대략적으로 판단할 수 있다.

해설 굵은골재의 최대치수가 40mm를 넘는 콘크리트의 경우에는 40mm가 넘는 굵은골재는 제거한다.

문제 32 잔골재의 표면수의 시험온도 범위로 가장 적합한 것은?

㉮ 15~25℃　　㉯ 25~35℃　　㉰ 5~15℃　　㉱ 30~38℃

해설 시험하는 동안 용기 및 그 내용물의 온도는 15~25℃의 범위 내에서 가능한 한 일정하게 유지한다.

문제 33 다음 주어진 표를 보고 콘크리트의 압축강도를 계산한 값은 얼마인가?

> 공시체의 평균지름 : 15.20cm, 파괴하중 : 458,000N

㉮ 24.61MPa　　㉯ 25.27MPa
㉰ 25.86MPa　　㉱ 26.62MPa

정답 29.㉱　30.㉱　31.㉰　32.㉮　33.㉯

해설 $f = \dfrac{P}{A} = \dfrac{458,500}{\dfrac{3.14 \times 152^2}{4}} = 25.3\,\text{N/mm}^2 = 25.3\,\text{MPa}$

문제 34 어떤 흙을 일축압축시험하여 일축압축강도가 120 kN/m²을 얻었다. 이 때 시료의 파괴면은 수평에 대해 50°의 경사가 생겼다. 이 흙의 내부마찰각은?

㉮ 10° ㉯ 20°
㉰ 30° ㉱ 40°

해설
- $\theta = 45° + \dfrac{\phi}{2}$
  $50° = 45° + \dfrac{\phi}{2}$
  $\therefore \phi = 10°$

문제 35 콘크리트 압축강도시험에 대한 설명으로 옳은 것은?

㉮ 시험체의 지름은 굵은골재 최대치수의 5배 이상이어야 한다.
㉯ 된반죽 콘크리트에서는 콘크리트를 채운 뒤 2~6시간 정도 이후, 된반죽의 시멘트 풀(W/C=27~30%)로서 시험체의 표면을 캠핑한다.
㉰ 시험체를 만든 뒤 5~15시간 안에 몰드를 떼어낸다.
㉱ 시험체에 하중을 가하는 속도는 완급을 규칙적으로 하여 시험체에 충격을 가하여야 한다.

해설
- 시험체의 지름은 굵은골재 최대치수의 3배 이상이며 또한 10cm 이상으로 한다.
- 시험체를 만든 뒤 16~72시간 안에 몰드를 떼어낸다.
- 시험체에 가하는 하중은 충격을 주지 않고 계속적으로 가하여야 한다.

문제 36 다음 중 아스팔트의 굳기 정도를 측정하는 시험은?

㉮ 아스팔트 밀도 시험 ㉯ 아스팔트 침입도 시험
㉰ 아스팔트 신도 시험 ㉱ 아스팔트 인화점 시험

해설 아스팔트의 침입도 시험은 아스팔트의 굳기 정도를 측정하여 아스팔트를 분류함으로써 사용목적 또는 기상조건 등에 알맞은 침입도의 아스팔트를 선정하기 위하여 한다.

문제 37 아스팔트 신도시험에 쓰이는 박리재가 아닌 것은?

㉮ 그리스   ㉯ 글리세린
㉰ 덱스트린 ㉱ 수산화나트륨

해설 수산화나트륨은 잔골재의 유기 불순물 시험에 이용된다.

정답 34.㉮ 35.㉯ 36.㉯ 37.㉱

문제 38
아스팔트의 침입도 시험에서 침입도 "1"이란 침이 시료 속에 몇 mm 깊이로 들어갔을 경우인가?

㉮ $\frac{1}{10}$mm   ㉯ $\frac{1}{20}$mm   ㉰ $\frac{1}{30}$mm   ㉱ $\frac{1}{40}$mm

해설
- 침입도 1이란 침이 $\frac{1}{10}$mm 깊이 관입하는 것을 뜻한다.
- 시험할 때 이 침의 온도는 측정온도와 같아야 한다.
- 시험온도(물)는 25℃를 표준으로 한다.

문제 39
시멘트 분말도에 관한 설명으로 잘못된 것은?

㉮ 시멘트 입자의 가는 정도를 나타내는 것을 분말도라 한다.
㉯ 시멘트 입자가 가늘수록 분말도가 높다.
㉰ 분말도가 높으면 수화발열이 작다.
㉱ 시멘트의 분말도는 비표면적으로 나타낼 수 있다.

해설
- 분말도가 높으면 수화발열이 커서 조기강도가 커진다.
- 시멘트의 분말도는 비표면적으로 나타낸다.
- 시멘트의 비표면적(cm^2/g)이란 1g의 시멘트가 가지고 있는 전체 입자의 총표면적을 cm^2 단위로 나타낸 것이다.

문제 40
다음 시험 중 시험과정에서 수은이 사용되는 경우는 어느 시험인가?

㉮ 흙 입자 밀도
㉯ 흙의 소성한계시험
㉰ 흙의 수축한계시험
㉱ 흙의 입도시험

해설
- 수축한계시험에서 수은을 이용하여 노건조시료의 체적을 구한다.
- 수은의 응집력을 이용하여 체적을 구할 수 있는 것이다.

문제 41
잔골재의 표면수 및 표면수율에 대한 설명으로 틀린 것은?

㉮ 잔골재의 표면수율은 잔골재의 표면에 붙어 있는 수량의 표면건조 포화상태 골재질량에 대한 백분율(%)로 나타낸다.
㉯ 잔골재의 표면수는 잔골재가 가지고 있는 모든 물에서 잔골재 알 속에 들어 있는 물을 더한 것이다.
㉰ 콘크리트 배합설계에서 골재에 표면수가 있으면 물-결합재비가 달라지므로 혼합수를 조정해야 한다.
㉱ 잔골재의 표면수 측정방법에는 질량법과 용적법이 있다.

해설
- 잔골재의 표면수는 잔골재가 가지고 있는 모든 물에서 잔골재 알 속에 들어 있는 물을 빼준 것이다.
- 잔골재의 표면수는 잔골재 알의 표면에 묻어 있는 물이다.

정답 38.㉮ 39.㉰ 40.㉰ 41.㉯

문제 42
액성한계를 설명한 것으로 옳은 것은?

㉮ 유동곡선에서 낙하횟수 25회에 해당하는 함수비
㉯ 흙 덩어리를 손으로 밀어 지름 3mm의 국수 모양으로 만들어 부슬부슬해질 때의 함수비
㉰ 반고체 상태를 나타내는 최소의 함수비
㉱ 일반적인 흙의 함수비

해설
- 흙 덩어리를 손으로 밀어 지름 3mm의 국수 모양으로 만들어 부슬부슬해질 때의 함수비를 소성한계라 한다.
- 반고체 상태를 나타내는 최소의 함수비를 수축한계라 한다.
- 일반적인 흙의 함수비는 소성상태에 있다.

문제 43
골재알이 표면에는 물기가 없고, 골재알 속의 빈틈이 물로 차 있는 상태는?

㉮ 절대건조상태 ㉯ 공기 중 건조상태
㉰ 습윤상태   ㉱ 표면건조 포화상태

해설
- 절대건조상태 : 노건조상태라 하며 건조로에서 105±5℃의 온도로 무게가 일정하게 될 때까지 건조시킨 것
- 공기 중 건조상태 : 기건상태라 하며 골재알 속의 일부에만 물기가 있는 상태
- 습윤상태 : 골재알 속과 표면이 물기가 충만된 상태

문제 44
호칭강도가 24 MPa, 굵은골재 최대치수 50mm, 단위수량이 160 kg/m³, 물-시멘트비(W/C)가 50%일 때 단위시멘트량은?

㉮ 280 kg/m³ ㉯ 290 kg/m³ ㉰ 320 kg/m³ ㉱ 350 kg/m³

해설
$$\frac{W}{C} = 0.5$$
$$\therefore C = \frac{160}{0.5} = 320 \, \text{kg/m}^3$$

문제 45
거푸집에 쉽게 다져 넣을 수 있고 거푸집을 떼어내면 천천히 모양이 변하기는 하지만 허물어지거나 재료의 분리가 일어나지 않는 굳지 않은 콘크리트의 성질을 무엇이라 하는가?

㉮ 워커빌리티   ㉯ 반죽질기
㉰ 피니셔빌리티 ㉱ 성형성

해설 슬럼프 시험에 의하여 콘크리트의 반죽질기를 측정한 후 콘크리트의 측면을 가볍게 두들겨서 그 변형을 관찰하면 성형성을 대체로 판단할 수 있다.

문제 46

간극률 25%인 모래의 간극비는?

㉮ 0.25 ㉯ 0.33
㉰ 0.37 ㉱ 0.42

해설
$e = \dfrac{n}{100-n} = \dfrac{25}{100-25} = 0.33$

- $n = \dfrac{e}{1+e} \times 100$
- $e = \dfrac{\gamma_w}{\gamma_d} G_s - 1$

문제 47

흙의 활성도(activity)를 나타낸 식으로 옳은 것은?

㉮ $A = \dfrac{\text{소성 지수}}{0.02\text{mm 이하의 점토 함유량(\%)}}$

㉯ $A = \dfrac{\text{수축 지수}}{0.002\text{mm 이하의 점토 함유량(\%)}}$

㉰ $A = \dfrac{\text{소성 지수}}{0.002\text{mm 이하의 점토 함유량(\%)}}$

㉱ $A = \dfrac{\text{액성 지수}}{0.002\text{mm 이하의 점토 함유량(\%)}}$

해설
- 소성지수 $I_p = w_L - w_p$
- $0.75 < A < 1.25$: 보통
- $A < 0.75$: 비활성점토
- $1.25 < A$: 활성점토

문제 48

하중이 강성기초를 통하여 아래 그림 같은 지반에 전해질 때의 접지압의 분포도로서 옳은 것은?

㉮ A
㉯ B
㉰ C
㉱ D

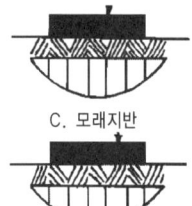
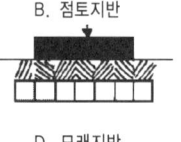

해설
- 강성기초가 모래지반에 위치하면 기초 중앙에서 최대접지압이 발생한다.
- 강성기초가 점토지반에 위치하면 기초 모서리에서 최대접지압이 발생한다.

문제 49

63.5kg의 해머로 76cm의 높이에서 타격을 가해서 샘플러가 30cm 관입할 때 요구되는 타격횟수를 무엇이라고 하는가?

㉮ CBR값이라 한다. ㉯ 베인값이라 한다.
㉰ N값이라 한다.   ㉱ 노상토 지지력계수라 한다.

정답 46.㉯ 47.㉰ 48.㉰ 49.㉰

해설
- 표준관입시험으로 측정된 N값으로 현장지반의 강도를 추정할 수 있다. 아울러 흐트러진 시료도 채취할 수 있다.
- N값으로 모래지반의 상대밀도, 점토지반의 연경도에 관한 추정이 가능하다.

문제 50 도로의 평판재하시험용 원형재하판은 3개가 있다. 3개의 지름이 옳은 것은?
㉮ 30, 40, 50cm ㉯ 35, 45, 75cm
㉰ 30, 40, 60cm ㉱ 30, 40, 75cm

해설
- $K = \dfrac{q}{y}$
- $K_{75} < K_{40} < K_{30}$
- $K_{75} = \dfrac{1}{2.2} K_{30}$, $K_{40} = \dfrac{1}{1.3} K_{30}$

문제 51 $\phi = 0$인 점성토에 대하여 일축압축시험을 하였더니 일축압축강도가 $q_u = 240\ \text{kN/m}^2$이었다. 이 흙의 점착력은?
㉮ $120\ \text{kN/m}^2$ ㉯ $240\ \text{kN/m}^2$ ㉰ $80\ \text{kN/m}^2$ ㉱ $480\ \text{kN/m}^2$

해설
- $c = \dfrac{q_u}{2 \tan\left(45° + \dfrac{\phi}{2}\right)}$

  $\phi ≒ 0$이면

  $c = \dfrac{q_u}{2} = \dfrac{240}{2} = 120\ \text{kN/m}^2$

문제 52 다짐의 효과에 관한 설명 중 옳지 않은 것은?
㉮ 단위중량이 증가한다. ㉯ 압축성이 작아진다.
㉰ 투수성이 감소한다. ㉱ 전단강도가 감소한다.

해설
- 전단강도가 증가한다. • 부착력이 증대된다.
- 지반의 지지력이 증대된다.

문제 53 2,400g의 흙을 함수비 20%에서 25%로 증가시키려면 필요한 물의 양은?
㉮ 500g ㉯ 400g ㉰ 120g ㉱ 100g

해설
- 흙의 함수비가 20%일 때 흙 속에 있는 물의 무게

  $W_w = \dfrac{w \cdot W}{100 + w} = \dfrac{20 \times 2,400}{100 + 20} = 400\text{g}$

- 20%에서 25%로 증가시킬 때, 즉 5%에 해당하는 흙 속에 있는 물의 무게

  $20\% : 400 = 5\% : x$

  $\therefore x = \dfrac{400 \times 5}{20} = 100\text{g}$

- 건조한 흙의 무게 $W_s = \dfrac{100\ W}{100 + w} = \dfrac{W}{1 + \dfrac{w}{100}}$

정답 50.㉱ 51.㉮ 52.㉱ 53.㉱

문제 54

도로지반의 평판재하시험에서 1.25mm가 침하될 때 하중 강도는 3.5 kN/m²이었다. 지지력계수는 K는?

㉮ 515 kN/m³ ㉯ 1000 kN/m³
㉰ 2500 kN/m³ ㉱ 2800 kN/m³

 $K = \dfrac{q}{y} = \dfrac{3.5}{0.00125} = 2800 \, \text{kN/m}^3$

문제 55

모관현상(毛管現象)과 투수성이 커서 동상이 잘 일어나는 흙은?

㉮ 실트(silt)질 흙 ㉯ 점토(clay)질 흙
㉰ 모래(sand)질 흙 ㉱ 자갈(gravel)질 흙

- 동상이 발생할려면 물의 공급이 있어야 하고 영하의 온도가 오래 지속되고 실트질이어야 한다.
- 동결깊이 $Z = C\sqrt{F}$
- 동상은 실트, 점토, 모래, 자갈 순으로 발생하기 쉽다.
- 실트는 모관상승고가 크고 투수성도 커서 동상이 잘 일어난다.

문제 56

아스팔트 포장과 같이 가요성 포장의 두께를 결정하는 데 주로 쓰이는 값은?

㉮ 압밀계수(C_v)값 ㉯ 지지력비(CBR)값
㉰ 콘지지력(q_c)값 ㉱ 일축압축강도(q_u)값

- $\text{CBR}(\%) = \dfrac{\text{시험하중}}{\text{표준하중}} \times 100 = \dfrac{\text{시험단위하중}}{\text{표준단위하중}} \times 100$

문제 57

기초 슬래브 최소폭 $B = 2.0\text{m}$이고, 기초의 깊이 $D_f = 1.0\text{m}$일 때 이것은 다음 중 어떤 기초로서 설계하는 것이 가장 적당한가?

㉮ 말뚝기초 ㉯ 우물통 기초
㉰ 케이슨 기초 ㉱ 직접기초

- $\dfrac{D_f}{B} < 1$: 직접기초(얕은 기초)
- 말뚝기초, 우물통 기초, 케이슨 기초는 깊은 기초에 속한다.
- $\dfrac{D_f}{B} > 1$: 깊은 기초

문제 58

사질토는 느슨한 상태로 존재하느냐 또는 촘촘한 상태로 존재하느냐에 따라서 성질이 많이 달라진다. 이러한 상태를 알기 위해 사용되는 것은?

㉮ 예민비 ㉯ 상대밀도
㉰ 원심함수당량 ㉱ 흙 입자 밀도

정답 54.㉱ 55.㉮ 56.㉯ 57.㉱ 58.㉯

$D_r = \dfrac{e_{\max} - e}{e_{\max} - e_{\min}} \times 100 = \dfrac{\gamma_d - \gamma_{d\min}}{\gamma_{d\max} - \gamma_{d\min}} \times \dfrac{\gamma_{d\max}}{\gamma_d} \times 100$

문제 59 어떤 흙의 흐트러지지 않은 시료의 일축압축강도와 다시 이겨 성형한 시료의 일축압축강도와의 비를 무엇이라 하는가?

㉮ 수축비 ㉯ 컨시스턴시 지수
㉰ 예민비 ㉱ 터프니스 지수

- $S_t = \dfrac{q_u}{q_{ur}}$
- 예민비가 클수록 강도의 변화가 크므로 공학적 성질이 나쁘다. 그러므로 설계시 안전율을 크게 고려하여야 한다.

문제 60 $e - \log P$ (간극비 – 하중)곡선은 어느 시험에서 얻어지는가?

㉮ 압밀시험 ㉯ 일축압축시험
㉰ 정수위 투수시험 ㉱ 직접전단시험

- 압밀시험의 결과 $e - \log P$ 곡선으로부터 선행압축력, 지중공극비, 압축지수 등을 구할 수 있다.
- 압밀시험의 결과 $e - \log P$ 곡선을 그리는 목적은 압밀침하량을 계산하는 데 있다.

정답 59.㉰ 60.㉮

제5편 실기기출문제

건설재료시험 기능사

기출 및 예상문제 | 실기 필답형 문제

> 필답형 시험은 50점 만점으로 주관식 문제 형태의 10문항 이내로 구성되며 시험지의 유의사항을 참조하여 단위 및 계산문제의 소수점 처리에 각별한 주의를 하고 그림을 작도하는 문제가 제시되곤 하므로 곡선자 및 직선자를 이용하여 작도 연습을 하여야 한다.
>
> 필히 필답형 시험을 응시하여야 작업형 시험을 볼 수 있으며 필답형과 작업형 시험의 점수를 합쳐 60점 이상 취득하면 합격이 된다.
>
> 작업형 시험에 자신이 없는 수험자는 필답형 시험에서 높은 점수를 취득하면 작업형 시험에서 다소 감점을 받았더라도 합격하는 데는 어렵지 않습니다.

문제 01

아래의 문장은 콘크리트용 모래에 포함되어 있는 유기불순물시험에 사용하는 표준용액을 만드는 방법을 설명한 것이다. ( ) 속을 옳게 채우시오. (5점)

㉮ 10% (①) 용액으로 2%의 탄닌산 용액을 만든다.
㉯ 물 97에 가성소다 3의 질량비로 섞어 (②)의 수산화나트륨 용액을 만든다.
㉰ 탄닌산 (③) ml를 "나"항과 같이 제조한 수산화나트륨 용액 97.5ml에 탄다.
㉱ 고무마개로 막고 잘 흔들어 섞은 후 (④) 시간 동안 가만히 놔두면 표준용액이 된다.

풀이 ① 알코올 ② 3% ③ 2.5 ④ 24

문제 02

골재의 안정성시험의 목적과 사용되는 용액 2가지를 쓰시오. (4점)
(1) 목적
(2) 사용하는 시약 2가지

풀이 (1) 골재의 내구성을 알기 위해서 시험하는 것이다.
(2) ① 황산나트륨 ② 염화바륨

문제 03

아래 시험 결과를 가지고 다음을 구하시오.

공기량	수정계수
5.54%	1.15

잔골재량	굵은골재량
774kg/m³	1,256kg/m³

㉮ 골재수정계수를 구하기 위한 잔골재 및 굵은골재량은? (단, 6ℓ 용량의 공기량 시험기 사용)
㉯ 공기함유량?
㉰ 공기량 1% 증가시 슬럼프는 25mm 증가하고 압축강도는 몇 % 감소하는가?

[풀이] ㉮ 잔골재량 $= \dfrac{S}{B} \times F_b = \dfrac{6}{1000} \times 774 = 4.644\,\text{kg}$

굵은골재량 $= \dfrac{S}{B} \times C_b = \dfrac{6}{1000} \times 1{,}256 = 7.536\,\text{kg}$

㉯ $A = A_1 - G = 5.54 - 1.15 = 4.39\%$

㉰ 4~6%

문제 04

슈미트 해머에 의한 콘크리트 강도의 비파괴시험에 대하여 답하시오. (4점) (단, $R = 42$, $\varDelta R = 1$이다.)

㉮ 반발경도보정값(R_0)을 구하시오.
㉯ 압축강도를 구하시오.

[풀이] ㉮ $R_0 = R + \varDelta R = 42 + 1 = 43$

㉯ $F(\text{MPa}) = 1.3\,R_0 - 18.4 = 1.3 \times 43 - 18.4 = 37.5\,\text{MPa}$

문제 05

콘크리트의 시방배합으로 각 재료의 단위량과 현장골재의 상태가 다음과 같을 때, 현장배합으로서의 각 재료량을 구하시오. (단, 소수 둘째 자리에서 반올림하시오.)

[시방배합표(kg/m³)]

물(kg)	시멘트(kg)	잔골재(kg)	굵은골재(kg)
167	320	621	1,339

[현장골재의 상태(%)]

종 류	5mm체에 남는 율	5mm체 통과율	표면수율
잔골재	10%	90%	3%
굵은골재	90%	4%	1%

(1) 입도를 보정한 단위골재량
 ① 잔골재량(x)   ② 굵은골재량(y)

(2) 표면수량을 보정한 단위골재량
 ① 잔골재량   ② 굵은골재량

(3) 현장에서 계량해야 할 단위수량

[풀이] (1) ① 잔골재량(x) $= \dfrac{100S - b(S+G)}{100 - (a+b)} = \dfrac{100 \times 621 - 4(621+1{,}339)}{100 - (10+4)} = 630.9\,\text{kg}$

② 굵은골재량(y) $= \dfrac{100G - a(S+G)}{100 - (a+b)} = \dfrac{100 \times 1{,}339 - 10(621+1{,}339)}{100 - (10+4)}$
$= 1{,}329.1\,\text{kg}$

(2) ① 잔골재량 $= 630.9 + 630.9 \times 0.03 = 649.8\,\text{kg}$

② 굵은골재량 $= 1{,}329.1 + 1{,}329.1 \times 0.01 = 1342.4\,\text{kg}$

(3) $167 - (630.9 \times 0.03) - (1{,}329.1 \times 0.01) = 134.8\,\text{kg}$

문제 06

표면수율 및 유효흡수율을 구하시오. (4점)

습윤상태의 질량	2,523g
표면건조 포화상태의 질량	2,474g
공기중 상태의 질량	2,400g
노건조 상태의 질량	2,340g

풀이

(1) 표면수율 $= \dfrac{D-C}{C} \times 100 = \dfrac{2,523-2,474}{2,474} \times 100 = 1.98\%$

(2) 유효흡수율 $= \dfrac{C-B}{B} \times 100 = \dfrac{2,474-2,400}{2,400} \times 100 = 3.08\%$

문제 07

콘크리트 1m³을 만드는 데 필요한 잔골재 및 굵은골재량을 구하시오. (4점)

- 단위시멘트량 = 220kg
- 물-결합재비 = 55%
- 잔골재율(S/a) = 34%
- 시멘트 밀도 = 3.15 g/cm³
- 잔골재 밀도 = 2.65 g/cm³
- 굵은골재 밀도 = 2.70 g/cm³
- 공기량 = 2%

(1) 단위 잔골재량
(2) 단위 굵은골재량

풀이

- 단위수량 $\dfrac{W}{C} = 0.55$

  $\therefore W = C \times 0.55 = 220 \times 0.55 = 121$kg

- 단위 골재량의 절대부피 $V = 1 - \left(\dfrac{121}{1 \times 1,000} + \dfrac{220}{3.15 \times 1,000} + \dfrac{2}{100} \right) = 0.789 \text{m}^3$

(1) 단위 잔골재량 $S = 0.789 \times 0.34 \times 2.65 \times 1,000 = 710.89$kg

(2) 단위 굵은골재량 $G = 0.789 \times (1-0.34) \times 2.7 \times 1,000 = 1,406$kg

문제 08

콘크리트 시험에 대한 내용이다. 계산하시오. (단, 소수 셋째 자리에서 반올림하시오.) (6점)

(1) 콘크리트 인장강도 시험
    최대 파괴하중 : 210kN, 공시체 직경 : 150mm, 공시체 길이 : 300mm
(2) 콘크리트 휨강도 시험(공시체 지간 가운데 부분에서 파괴)
    최대 파괴하중 : 30kN, 지간의 길이 : 450mm, 폭 : 150mm 높이 : 150mm

풀이

(1) $\dfrac{2P}{\pi Dl} = \dfrac{2 \times 210,000}{\pi \times 150 \times 300} = 2.97 \text{N/mm}^2 = 2.97 \text{ MPa}$

(2) $\dfrac{Pl}{bd^2} = \dfrac{30,000 \times 450}{150 \times 150^2} = 4 \text{N/mm}^2 = 4 \text{ MPa}$

문제 09

시멘트 압축강도에 영향을 끼치는 요인은? (4점)

풀이
㉮ 수량이 많을수록, 즉 흐름값이 클수록 강도가 떨어진다.
㉯ 분말도와 강도는 비례한다.
㉰ 풍화하면 강도는 감소한다.
㉱ 30℃까지는 온도가 높을수록 강도가 커진다.

문제 10

콘크리트용 굵은골재 10,000g으로 체가름시험을 하였다. 표를 완성하고 조립률과 굵은골재 최대치수를 구하시오. (10점)

체(mm)	굵은골재			
	잔류량(g)	잔류율(%)	누적잔류량(g)	누적잔류율(%)
75	0			
60	0			
50	100			
40	400			
30	2,200			
25	1,300			
20	2,000			
15	1,300			
13	1,200			
10	1,000			
5	500			
2.5	0			

(1) 조립률을 구하시오.
(2) 굵은골재 최대치수를 구하시오.

풀이

체(mm)	굵은골재			
	잔류량(g)	잔류율(%)	누적잔류량(g)	누적잔류율(%)
*75	0	0	0	0
60	0	0	0	0
50	100	1.0	100	1.0
*40	400	4.0	500	5.0
30	2,200	22.0	2,700	27.0
25	1,300	13.0	4,000	40.0
*20	2,000	20.0	6,000	60.0
15	1,300	13.0	7,300	73.0
13	1,200	12.0	8,500	85.0
*10	1,000	10.0	9,500	95.0
*5	500	5.0	10,000	100
*2.5	0	0	10,000	100

(1) • 잔류율 = $\dfrac{\text{그 체의 잔류량}}{\text{전체 질량}} \times 100$

- 누적 잔류량 = 각 체의 잔류량 누계
- 누적 잔류율 = 각 체의 잔류율의 누계
- $FM = \dfrac{5+60+95+600}{100} = 7.6$
- 정해진 체에 값만 적용한다. (75, 40, 20, 10, 2.5, 1.2, 0.6, 0.3, 0.15)mm 10개의 가적 잔류율을 더하여 100으로 나누어 계산한다.

(2) 굵은골재의 최대치수
- 40mm(질량으로 통과율이 90% 이상 통과시킨 체 중에 가장 작은 치수의 체눈을 나타낸다.)

문제 11 다음 물음에 답하시오.(9점)

가. ① 시멘트 밀도시험에 사용하는 병의 이름을 쓰시오.
② 시멘트 분말도 시험방법 2가지를 쓰시오.
③ 시멘트 응결시간 측정방법 2가지를 쓰시오.

나. 공장에서 생산하는 콘크리트용 부순 굵은골재의 마모감량(로스앤젤레스 시험기에 의한 마모시험)의 한도는 몇 % 이하인가?

다. 굵은골재 체가름 결과표이다. 빈 칸을 채우고 조립률(FM)을 구하시오.

체 눈금(mm)	잔유율(%)	가적(누적) 잔유율(%)
75mm	0	( )
40mm	5	( )
20mm	27	( )
10mm	40	( )
5mm	21	( )
2.5mm	7	( )
1.2mm	0	( )

조립률(FM) : _____

풀이

가. ① 르샤틀리에 병
② 표준체에 의한 방법, 블레인 공기투과장치에 의한 방법
③ 비카침, 길모어침

나. 40% 이하

체 눈금(mm)	잔유율(%)	가적(누적) 잔유율(%)
75mm	0	(0)
40mm	5	(5)
20mm	27	(32)
10mm	40	(72)
5mm	21	(93)
2.5mm	7	(100)
1.2mm	0	(100)

조립률(FM) = $\dfrac{5+32+72+93+100+100+100+100}{100} = 7.2$

문제 12

다음 골재의 마모시험 결과를 보고 마모율을 구하시오. (소수 둘째 자리에서 반올림하시오.)

- 시험 전 시료의 질량 : 10,000g
- 시험 후 시료의 질량 : 6,124g

(1) 마모율을 구하시오.
(2) 골재의 적합 여부를 판단하시오.

풀이
(1) 마모율 = $\dfrac{\text{시험 전 시료질량} - \text{시험 후 시료질량}}{\text{시험 전 시료질량}} \times 100$

$= \dfrac{10,000 - 6,124}{10,000} \times 100 = 38.8\%$

(2) 마모감량의 한도는 보통 콘크리트의 경우 40% 이하이므로 사용 가능하다.

문제 13

조립률이 2.80인 잔골재와 조립률이 7.2인 굵은골재를 1 : 1.5의 용적배합비로 섞었을 때 혼합된 골재조립률은?

풀이
$\text{FM} = \dfrac{(1 \times 2.8) + (1.5 \times 7.2)}{1 + 1.5} = 5.44$

문제 14

슈미트 해머법에 관한 다음 물음에 답하시오.

(1) 슈미트 해머법의 시험방법에 대해 쓰시오.
(2) 콘크리트 종류에 따른 슈미트 해머의 종류에 대해 쓰시오.
(3) 타격 간격과 측점수에 대해 쓰시오.
(4) 보정 방법의 종류를 쓰시오.

풀이
(1) 슈미트 해머를 이용하여 콘크리트의 표면을 타격하여 반발경도로부터 콘크리트의 강도를 추정하는 것이다.
(2) ① 보통 콘크리트 : N형, NR형
    ② 경량 콘크리트 : L형, LR형
    ③ 저강도 콘크리트 : P형
    ④ 매스 콘크리트 : M형
(3) ① 타격 간격 : 가로, 세로 3cm
    ② 타격 측점수 : 20점
(4) ① 타격방향에 따른 보정
    ② 콘크리트의 건조수축 습윤상태에 따른 보정
    ③ 재령에 따른 보정

문제 15

굵은골재에 대한 밀도 및 흡수율 시험 결과가 아래 표와 같을 때 물음에 답하시오. (6점)

절건상태의 시료질량	4,205g
수중 시료의 질량	2,652g
표건상태의 시료질량	4,259g
물의 밀도	0.9970 g/cm³

(1) 표면건조 포화상태의 밀도를 구하시오.
(2) 겉보기 밀도를 구하시오.
(3) 흡수율을 구하시오.

풀이

(1) 표면건조 포화상태 밀도 $= \dfrac{B}{B-C} \times \rho_w = \dfrac{4,259}{4,259-2,652} \times 0.9970 = 2.64 \text{g/cm}^3$

(2) 겉보기 밀도 $= \dfrac{A}{A-C} \times \rho_w = \dfrac{4,205}{4,205-2,652} \times 0.9970 = 2.70 \text{g/cm}^3$

(3) 흡수율 $= \dfrac{B-A}{A} \times 100 = \dfrac{4,259-4,205}{4,205} \times 100 = 1.28\%$

※ 절대건조상태 밀도 $= \dfrac{A}{B-C} \times \rho_w = \dfrac{4,205}{4,259-2,652} \times 0.9970 = 2.61 \text{g/cm}^3$

문제 16

르샤틀리에(Le Chatelier) 병을 수조에 넣고 광유의 온도·변화가 없을 때 광유 표면의 눈금을 읽으니 0.5ml였다. 64g의 시멘트를 넣고 공기를 제거한 후, 광유의 온도차가 없을 때 눈금을 읽으니 21.4ml였다. 시멘트의 밀도를 구하시오.

풀이

시멘트 밀도 $= \dfrac{\text{시멘트 질량(g)}}{\text{병 눈금의 차(ml)}}$

$= \dfrac{64}{21.4-0.5} = 3.06 \text{g/cm}^3$

문제 17

콘크리트의 품질기준강도 f_{cq}가 24 MPa이고 30회 이상 시험한 콘크리트의 표준편차 S가 3.2 MPa라고 한다. 이 콘크리트의 배합강도는? (소수 셋째 자리에서 반올림하시오.) (5점)

풀이

- $f_{cr} = f_{cq} + 1.34S = 24 + 1.34 \times 3.2 = 28.29 \text{MPa}$
- $f_{cr} = (f_{cq} - 3.5) + 2.33S = (24 - 3.5) + 2.33 \times 3.2 = 27.96 \text{MPa}$

∴ 큰 값인 $f_{cr} = 28.29 \text{MPa}$

문제 18

습윤상태의 골재 1,000g의 수중질량은 602g, 건조질량은 948g이었다. 골재의 흡수율이 2%였다고 할 때 다음 물음에 답하시오. (단, $\rho_w = 1\,\text{g/cm}^3$)

(1) 표면수율(%)을 구하시오.
(2) 함수율(%)을 구하시오.
(3) 표건밀도(표면건조 포화상태의 밀도)를 구하시오.
(4) 절건밀도(절대건조상태의 밀도)를 구하시오.

풀이

(1) ① 흡수율(%) = $\dfrac{\text{표면건조시료} - \text{노건시료}}{\text{노건시료}} \times 100 = \dfrac{\text{흡수된 물의 양}}{\text{노건시료}} \times 100$

$2\% = \dfrac{x - 948}{948} \times 100$

∴ x(표건시료) = 966.96g

② 표면수율(%) = $\dfrac{\text{골재 표면의 수량}}{\text{표면건조시료}} \times 100 = \dfrac{1{,}000 - 966.96}{966.96} \times 100 = 3.42$

(2) 함수율 = $\dfrac{\text{습윤상태 골재} - \text{노건조상태 골재}}{\text{노건조상태 골재}} \times 100 = \dfrac{1{,}000 - 948}{948} \times 100 = 5.49\%$

(3) 표건밀도 = $\dfrac{966.96}{966.96 - 602} \times \rho_w = \dfrac{966.96}{364.96} \times 1 = 2.65\,\text{g/cm}^3$

(4) 절건밀도 = $\dfrac{948}{966.96 - 602} \times \rho_w = \dfrac{948}{364.96} \times 1 = 2.60\,\text{g/cm}^3$

문제 19

굳지 않은 콘크리트의 반죽질기 측정방법 5가지를 쓰시오.

풀이
(1) 슬럼프 시험
(2) 리몰딩 시험
(3) 흐름 시험
(4) 비비 시험
(5) 켈리볼 시험

문제 20

다음의 용어를 간단히 설명하시오.

㉮ 시방배합이란? ㉯ 현장배합이란?
㉰ 단위량이란?   ㉱ 블리딩이란?
㉲ 레이턴스란?   ㉳ 반죽질기란?
㉴ 워커빌리티란? ㉵ 성형성이란?
㉶ 피니셔빌리티란? ㉷ 배치믹서란?
㉸ 거듭비비기란? ㉹ 되비비기란?

풀이 ㉮ 시방배합 : 시방서 또는 감독관이 지시한 배합을 말한다. 이때 골재는 표면건조 포화상태에 있고 잔골재는 5mm체를 다 통과하고, 굵은골재는 5mm체에 다 남는 것으로 한다.

- ㉰ 현장배합 : 시방배합에 맞도록 현장에서 재료의 상태와 계량방법에 따라 정한 배합을 말한다.
- ㉱ 단위량 : 콘크리트 1m³를 만들 때 쓰이는 각 재료의 양을 말한다.
- ㉲ 블리딩 : 굳지 않은 콘크리트나 모르타르에 있어서 물이 상승하는 현상을 말한다.
- ㉳ 레이턴스 : 블리딩으로 인하여 콘크리트나 모르타르의 표면에 떠올라서 가라앉은 물질을 말한다.
- ㉴ 반죽질기 : 주로 수량의 다소에 따르는 반죽이 되고 진 정도를 나타내는 굳지 않은 콘크리트의 성질을 말한다.
- ㉵ 워커빌리티 : 반죽질기 여하에 따르는 작업의 난이정도 및 재료의 분리에 저항하는 정도를 나타내는 굳지 않은 콘크리트의 성질을 말한다.
- ㉶ 성형성 : 거푸집에 쉽게 다져 넣을 수 있고 거푸집을 제거하면 천천히 형상이 변하기는 하지만 허물어지거나 재료가 분리하거나 하는 일이 없는 굳지 않은 콘크리트의 성질을 말한다.
- ㉷ 피니셔빌리티 : 굵은골재의 최대치수, 잔골재율, 잔골재의 입도, 반죽질기 등에 따르는 마무리하기 쉬운 정도를 나타내는 굳지 않는 콘크리트의 성질을 말한다.
- ㉸ 배치믹서 : 콘크리트 재료를 1회분씩 혼합하는 믹서를 말한다.
- ㉹ 거듭비비기 : 콘크리트 또는 모르타르가 엉기기 시작하지는 않았으나 비빈 후 상당한 시간이 지나거나 또는 재료가 분리한 경우에 다시 비비는 작업을 말한다.
- ㉺ 되비비기 : 콘크리트 또는 모르타르가 엉기기 시작하였을 경우에 다시 비비는 작업을 한다.

문제 21

굳지 않은 콘크리트의 블리딩시험 중 블리딩량과 블리딩률을 계산하는 식은? (4점)

- V : 마지막까지 누계한 블리딩에 따른 물의 용적(cm³)
- A : 콘크리트의 윗면적(cm³)
- B : 최종적으로 누계한 블리딩에 따른 물의 질량(kg)
- C : 콘크리트의 단위용적(kg/m³)
- W : 콘크리트의 단위수량(kg/m³)
- S : 시료의 중량(kg)

(1) 블리딩량
(2) 블리딩률

풀이 (1) 블리딩량 $= \dfrac{V}{A}(\text{cm}^3/\text{cm}^2)$

(2) • 시료 중의 물의 질량 $W_s = \dfrac{W}{C} \times S$

• 블리딩률 $B_r = \dfrac{B}{W_s} \times 100$

문제 22

시멘트 압축강도시험에서 다음 물음에 답하시오.
- ㉮ 모르타르 흐름시험의 규정된 흐름값의 범위는 얼마인가?
- ㉯ 표준모래를 사용하는 이유는 무엇인가?
- ㉰ 시멘트 강도에 영향을 주는 요인 3가지를 쓰시오.
- ㉱ 시멘트와 표준모래의 배합비를 얼마로 하는가?

풀이 ㉮ 110±5
㉯ 모래 알갱이의 차이에 따른 영향을 없애고 시험조건을 일정하게 하기 위하여
㉰ 풍화, 분말도, 단위수량
㉱ 1 : 3

문제 23

콘크리트 슬럼프 시험에 대한 물음에 답하시오. (4점)

㉮ 슬럼프 윗안지름은 얼마인가?
㉯ 슬럼프 시험의 전 작업시간은 얼마인가?
㉰ 슬럼프 콘을 벗기는 시간은 얼마인가?
㉱ 구관입시험에서 5cm일 때 슬럼프값은 얼마인가?

풀이 ㉮ 10cm
㉯ 3분
㉰ 2~3초
㉱ 5×1.5=7.5cm, 5×2=10cm ∴ 7.5~10cm

문제 24

밀도 및 흡수율 시험 결과이다. 평균밀도, 평균흡수율을 구하시오. (단, 소수 2자리까지 구하시오.) (4점)

무더기의 크기	원시료에 대한 백분율(%)	시료의 질량	밀도	흡수율
A	40	2,213	2.74	2.31
B	39	5,462.5	2.77	2.52
C	21	12,593	2.78	2.93

풀이
- 평균 밀도 $= \dfrac{2.74 \times 40 + 2.77 \times 39 + 2.78 \times 21}{100} = 2.76 \, \text{g/cm}^3$
- 평균 흡수율 $= 0.40 \times 2.31 + 0.39 \times 2.52 + 0.21 \times 2.93 = 2.52\%$

문제 25

콘크리트 인장강도시험 결과가 다음과 같을 때 인장강도를 구하시오. (단, 소수 첫째 자리까지 구하시오.)

- 공시체의 직경=15.075cm
- 공시체의 길이=30.05cm
- 공시체의 재령=28일
- 최대하중=343,500N

풀이 $f_{sp} = \dfrac{2P}{\pi d l} = \dfrac{2 \times 343,500}{3.14 \times 150.75 \times 300.5} = 4.8 \, \text{MPa}$

문제 26
잔골재의 유해물 측정방법 3가지를 쓰시오.

풀이
(1) 점토덩어리시험
(2) 석탄, 갈탄 등 밀도 $2.0\,g/cm^3$의 액체에 뜨는 것에 대한 시험
(3) 염화물 함유량의 시험
(4) 유기불순물 시험

문제 27
잔골재 밀도 시험 결과가 다음과 같다. 물음에 답하시오. (단, $\rho_w = 1\,g/cm^3$, 소수 셋째 자리에서 반올림하시오.)

- 물을 채운 플라스크의 질량 : 650g
- 표면건조 포화상태의 질량 : 500g
- 시료+물+플라스크의 질량 : 920g
- 노건조시료의 질량 : 480g

(1) 표건밀도 (2) 상대 겉보기 밀도
(3) 절건밀도 (4) 흡수율

풀이
(1) 표건밀도 $= \dfrac{500}{650+500-920} \times 1 = 2.17\,g/cm^3$

(2) 상대 겉보기 밀도 $= \dfrac{480}{650+480-920} \times 1 = 2.29\,g/cm^3$

(3) 절건밀도 $= \dfrac{480}{650+500-920} \times 1 = 2.09\,g/cm^3$

(4) 흡수율 $= \dfrac{500-480}{480} \times 100 = 4.17\%$

문제 28
굵은골재의 안정성 및 유해물 함량 한도에 대한 다음 물음에 답하시오.
(1) 굵은골재의 밀도는 (   ) 이상, 흡수율은 (   ) 이하, 안정성은 (   ) 이하가 되어야 한다.
(2) 굵은골재의 유해물 함량 한도(질량 백분율)는 점토 덩어리 (   ) 이하, 연한 석편 (   ) 이하, 0.08mm체 통과량 (   ) 이하가 되어야 한다.

풀이
(1) $2.5\,g/cm^3$, 3%, 12%
(2) 0.25%, 5%, 1%

문제 29
다음 콘크리트에서 블리딩량과 블리딩률을 계산하시오. 콘크리트 시료의 안지름 25cm, 시료의 높이 28.5cm, 콘크리트 단위중량 2,460 kg/m³, 콘크리트의 단위수량 160kg, 시료의 중량 34.415kg, 마지막까지 누계한 블리딩에 따른 물의 용적 75cm³이다.
(1) 블리딩량
(2) 블리딩률

[풀이] (1) 블리딩량 $\dfrac{V}{A} = \dfrac{75}{\dfrac{\pi \times 25^2}{4}} = 0.153 (\text{cm}^3/\text{cm}^2)$

(2) 블리딩률 $\dfrac{B}{W_s} \times 100 = \dfrac{0.075}{2.238} \times 100 = 3.351\%$

여기서, $W_s = \dfrac{160}{2,460} \times 34.415 = 2.238 \text{kg}$

문제 30

압축강도 표준편차의 계산을 위한 현장강도기록이 없을 경우, 다음의 배합강도를 추정하시오.

(1) 호칭강도가 20MPa인 경우
(2) 호칭강도가 28MPa인 경우

[풀이] (1) $f_{cn} + 7 = 20 + 7 = 27 \text{MPa}$ ∵ 호칭강도가 21 MPa 미만이므로

(2) $f_{cn} + 8.5 = 28 + 8.5 = 36.5 \text{MPa}$ ∵ 호칭강도가 21 이상 35 MPa 이하이므로

※ 호칭강도가 35 MPa 초과이면 $1.1 f_{cn} + 5.0$ 이다.

문제 31

KSF 2310 규정에 의해 직경 30cm의 재하판을 사용하여 평판재하시험을 하였다. 재하판이 1.25mm 침하할 때 하중강도가 241.8 kN/m²이 되었다. 지지력계수를 구하시오. (6점)

(1) K_{30}을 구하시오.
(2) 직경 75cm의 재하판을 사용하였을 때의 지지력계수를 구하시오.
(3) 직경 40cm의 재하판을 사용하였을 때의 지지력계수를 구하시오.

[풀이] (1) $K_{30} = \dfrac{q}{y} = \dfrac{241.8}{0.00125} = 193,440 \text{kN/m}^3$

(2) $K_{75} = \dfrac{1}{2.2} \times K_{30} = \dfrac{1}{2.2} \times 193,440 = 87,927 \text{kN/m}^3$

(3) $K_{40} = \dfrac{1}{1.3} \times K_{30} = \dfrac{1}{1.3} \times 193,440 = 148,800 \text{kN/m}^3$

문제 32

No.10체를 통과한 공기건조시료 100(g)(함수비 8.2%)을 취하여 비중계시험을 한 후 메스실린더의 내용물을 0.074(No.200)체에 넣고 물로 씻어 그 잔류물을 노건조 시켜 체가름한 결과 다음과 같다. (단, 시료 전체에 대한 2.0mm(No.10)체 통과율은 88.58%이다.) (6점)

체	No.20	No.40	No.60	No.140	No.200
잔류무게(g)	8.71	18.87	14.21	18.57	3.45

㉮ 함수비 8.2%인 시료 100g의 노건조 무게를 구하시오. (단, 소수 3자리에서 반올림하시오.)
㉯ 주어진 표를 완성하시오. (단, 소수 3자리에서 반올림하시오.)

체	잔류율 (%)	가적잔류율 (%)	가적통과율 (%)	보정가적통과율 (%)
No.20				
No.40				
No.60				
No.140				
No.200				

풀이

㉮ $W_s = \dfrac{100 \times W}{100 + w} = \dfrac{100}{1 + \dfrac{8.2}{100}} = 92.42\,\text{g}$

㉯

체	잔류무게 (g)	잔류율 (%)	가적잔류율 (%)	가적통과율 (%)	보정가적통과율 (%)
No.20	8.71	9.42	9.42	90.58	80.24
No.40	18.87	20.42	29.84	70.16	62.15
No.60	14.21	15.38	45.22	54.78	48.52
No.140	18.57	20.09	65.31	34.69	30.73
No.200	3.45	3.73	69.04	30.96	27.42

- 잔류율 = $\dfrac{\text{잔류 흙 무게}}{\text{노건조 흙 무게}} \times 100$
- 가적잔류율 = 잔류율의 무게
- 가적통과율 = 100 − 가적잔류율
- 보정가적통과율 = 가적통과율 × $P_{2.0}$(88.58%)

문제 33

현장도로 토공에서 들밀도시험을 했다. 파낸 구멍의 체적 $V = 1,900\,\text{cm}^3$이었고, 이 구멍에서 파낸 흙 무게가 3,280g이었다. 이 흙의 토질시험 결과 함수비 $w = 12\%$, 비중 $G_s = 2.70$, 최대건조밀도 $\gamma_{d\max} = 1.65\,\text{g/cm}^3$이었다. 물음에 답하시오. (단, $\gamma_w = 1\,\text{g/cm}^3$이다.) (8점)

(1) 현장건조밀도를 구하시오.
(2) 공극비 및 공극률을 구하시오.
(3) 다짐도를 구하시오.
(4) 이 현장이 95% 이상의 다짐도를 원할 때 이 토공은 합격권에 들어가는지 여부를 판단하시오.

풀이

(1) 현장건조밀도

$\gamma_t = \dfrac{W}{V} = \dfrac{3,280}{1,900} = 1.73\,\text{g/cm}^3$

$\gamma_d = \dfrac{\gamma_t}{1 + \dfrac{w}{100}} = \dfrac{1.73}{1 + \dfrac{12}{100}} = 1.54\,\text{g/cm}^3$

(2) ① 공극비 $e = \dfrac{\gamma_w}{\gamma_d} G_s - 1 = \dfrac{1}{1.54} \times 2.7 - 1 = 0.75$

② 공극률 $n = \dfrac{e}{1+e} \times 100 = \dfrac{0.75}{1+0.75} \times 100 = 42.86\%$

(3) 다짐도 $\dfrac{\gamma_d}{\gamma_{d\max}} \times 100 = \dfrac{1.54}{1.65} \times 100 = 93.3\%$

(4) 불합격 : 다짐도가 93.3%로 95% 미만이므로 불합격이다.

문제 34

다음은 흙의 수축한계를 구하기 위한 시험결과이다. 산출 근거를 쓰시오. (단, $\gamma_w = 1\text{g/cm}^3$이다.)

(그리스+수축접시)의 무게	14.36g
(포화 흙+그리스+수축접시)의 무게	50.36g
(노건조 흙+그리스+수축접시)의 무게	39.36g
수축접시에 넣은 포화상태 흙의 부피	19.65cm³
수축한 후 노건조 흙 공시체의 부피	13.50cm³

(1) 흙의 수축하기 전 수축접시에 넣은 포화된 흙 공시체의 함수비(w)를 구하시오.
(2) 흙의 수축한 후 공시체의 체적감소에 해당하는 함수비(Δw)를 구하시오.
(3) 흙의 수축한계(w_s)를 구하시오.
(4) 흙의 수축비(R)를 구하시오.
(5) 흙 입자 밀도의 근사치를 구하시오.
(6) 흙의 수축한계시험(KSF 2305)에서 포화된 흙과 노건조 흙의 공시체 체적을 추정하기 위하여 사용되는 것은 무엇인가?

풀이

(1) $w = \dfrac{W_w}{W_s} \times 100 = \dfrac{50.36 - 39.36}{39.36 - 14.36} \times 100 = 44\%$

(2) $\Delta w = \dfrac{\dfrac{\Delta w}{V_s} \times 100}{R} = \dfrac{\dfrac{(19.65 - 13.50)}{13.50} \times 100}{1.85} = 24.62\%$

(3) $w_s = w - \left[\dfrac{V - V_s}{W_s} \cdot \gamma_w \times 100\right]$
  $= 44 - \left[\dfrac{(19.65 - 13.50)}{25} \times 1 \times 100\right] = 19.4\%$

(4) $R = \dfrac{W_s}{V_s \cdot \gamma_w} = \dfrac{25}{13.50 \times 1} = 1.85$

(5) $G_s = \dfrac{1}{\dfrac{1}{R} - \dfrac{w_s}{100}} = \dfrac{1}{\dfrac{1}{1.85} - \dfrac{19.4}{100}} = 2.89$

(6) 수은

문제 35

다음은 흙 입자 밀도를 구하기 위한 병의 검정 및 밀도시험 결과가 다음과 같았다. 물음에 답하고 산출근거를 쓰시오. (단, 소수 넷째 자리에서 반올림하시오.)

병 검정시험	병의 무게	21.94g
	Stopper까지 증류수를 가득 채운 병의 무게	71.86g
	증류수의 수온	20℃
흙입자 검정시험법	(병+노건조 흙)의 무게	35.74g
	(병+노건조 흙+증류수)의 무게	80.48g
	증류수의 수온	22℃
수온 15℃일 때 증류수의 밀도		0.999129
수온 20℃일 때 증류수의 밀도		0.998234
수온 22℃일 때 증류수의 밀도		0.997800

(1) 수온이 22℃일 때 Stopper까지 증류수를 가득 채운 병의 무게를 구하시오.
(2) 수온이 22℃일 때 흙 입자 밀도를 구하시오.
(3) 표준 수온 15℃에서 흙 입자 밀도를 구하시오.
(4) 흙 입자 밀도 측정시 병 현탁액 속에 생기는 기포를 제거하는 방법 2가지를 쓰시오.

풀이

(1) $m_a = \dfrac{\text{수온 22℃일 때 증류수 밀도}}{\text{수온 20℃일 때 증류수 밀도}} \times (m_a' - m_f) + m_f$

$= \dfrac{0.997800}{0.998234} \times (71.86 - 21.94) + 21.94 = 71.838 \text{g}$

(2) $\rho_s = \dfrac{m_s}{m_s + m_a - m_b} \times \rho_w(T) = \dfrac{13.8}{13.8 + 71.838 - 80.48} \times 0.997800 = 2.67 \text{g/cm}^3$

(3) $\rho_s = \left(\dfrac{0.997800}{0.999129}\right) \times 2.67 = 2.666 \text{g/cm}^3$

(4) ① 대기압을 100 mmHg 이하로 낮추는 방법
② 10분 이상 물속에 넣고 끓이는 방법

문제 36

에터버그 시험 결과 액성한계 $w_L = 38\%$, 소성한계 19%를 얻었다. 자연함수비가 32% 이고 유동지수 $I_f = 9.8\%$일 때 다음을 구하시오. (2μ 이하의 점토함유율 12%)

(1) 소성지수
(2) 액성지수
(3) 터프니스지수
(4) 컨시스턴스지수
(5) Skempton 공식에 의한 압축지수(교란시료)를 구하시오.
(6) 활성도

풀이

(1) $I_p = w_L - w_P = 38 - 19 = 19\%$

(2) $I_L = \dfrac{w_n - w_p}{I_p} = \dfrac{32 - 19}{19} = 0.68$

(3) $I_t = \dfrac{I_p}{I_f} = \dfrac{19}{9.8} = 1.94$

(4) $I_c = \dfrac{w_L - w_n}{I_p} = \dfrac{38 - 32}{19} = 0.32$

(5) $C_c = 0.007(w_L - 10) = 0.007(38-10) = 0.2$

(6) $A = \dfrac{I_p}{2\mu \text{이하의 점토함유율}} = \dfrac{19}{12} = 1.58$

문제 37

공극비가 0.7, 함수비 20%, 비중이 2.6일 때 공극률, 포화도, 전체 단위중량, 건조밀도, 포화밀도, 수중밀도를 구하시오. (단, $\gamma_w = 9.81 \text{kN/m}^3$이다.)

(1) 공극률
(2) 포화도
(3) 전체단위중량
(4) 건조밀도
(5) 포화밀도

풀이

(1) 공극률 $n = \dfrac{e}{1+e} \times 100 = \dfrac{0.7}{1+0.7} \times 100 = 41.18\%$

(2) 포화도 $S = \dfrac{G_s \cdot w}{e} = \dfrac{2.6 \times 20}{0.7} = 74.29\%$

(3) 전체 단위중량 $\gamma_t = \dfrac{G_s + \dfrac{S \cdot e}{100}}{1+e} \times \gamma_w = \dfrac{2.6 + \dfrac{74.29 \times 0.7}{100}}{1+0.7} \times 9.81 = 18 \text{kN/m}^3$

(4) 건조밀도 $\gamma_d = \dfrac{G_s}{1+e} \cdot \gamma_w = \dfrac{2.6}{1+0.7} \times 9.81 = 15 \text{kN/m}^3$

(5) 포화밀도 $\gamma_{sat} = \dfrac{G_s + e}{1+e} \cdot \gamma_w = \dfrac{2.6+0.7}{1+0.7} \times 9.81 = 19.04 \text{kN/m}^3$

문제 38

KSF 2310의 규정에 의하여 직경 30cm 재하판으로 평판재하시험을 실시하였다. 다음 물음에 답하시오.

하중강도(kN/m²)	침하량(mm)
35	0.013
70	0.018
105	0.026
140	0.036
175	0.047
210	0.062
245	0.081
280	0.112
315	0.140
350	0.184
385	0.213

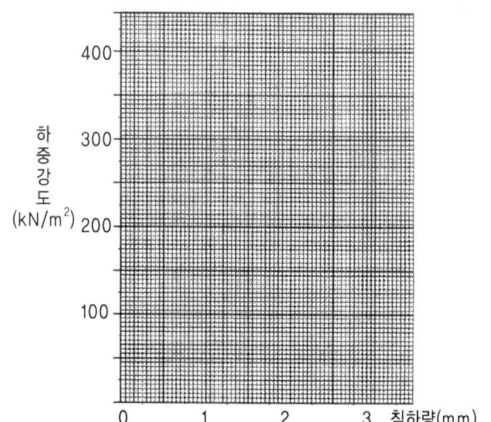

(1) 하중강도-침하량 곡선을 그리고 K_{30}을 구하시오.
(2) K_{40}과 K_{75}값을 구하시오.

풀이 (1)

$$K_{30} = \frac{q}{y} = \frac{295}{0.00125} = 236,000 \, \text{kN/m}^3$$

(2) $K_{75} = \dfrac{1}{2.2} K_{30} = \dfrac{1}{2.2} \times 236,000$

∴ $K_{75} = 107,272 \, \text{kN/m}^3$

$K_{40} = \dfrac{1}{1.3} K_{30} = \dfrac{1}{1.3} \times 236,000 = 181,538 \, \text{kN/m}^3$

문제 39

어느 시료를 체분석시험한 결과가 다음과 같다. 물음에 답하시오.

(1) 다음 표의 가적 잔류량, 가적 잔류율, 통과율을 구하시오. (소수 둘째 자리에서 반올림하시오.)

체 눈금(mm)	잔류량(g)	가적 잔류량(g)	가적 잔류율(%)	통과율(%)
25	0			
19	15.5			
10	12.3			
5	9.8			
2.0	13.0			
0.84	71.5			
0.42	120.3			
0.25	89.6			
0.11	108.5			
0.08	19.5			

(2) 입경가적곡선을 그리시오.

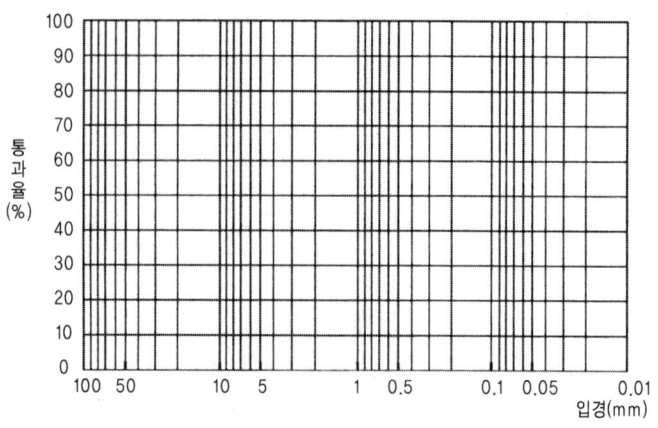

(3) 입도분포의 양부 판정을 하시오.

풀이 (1)

체눈금(mm)	잔류량(g)	가적 잔류량(g)	가적 잔류율(%)	통과율(%)
25	0	0	0	100
19	15.5	15.5	3.4	96.6
10	12.3	27.8	6.0	94.0
5	9.8	37.6	8.2	91.8
2.0	13.0	50.6	11.0	89.0
0.84	71.5	122.1	26.5	73.5
0.42	120.3	242.4	52.7	47.3
0.25	89.6	332.0	72.2	27.8
0.11	108.5	440.5	95.8	4.2
0.08	19.5	460	100	0

- 가적 잔류량 = 각 체의 잔류량 누계
- 가적 잔류율 = $\dfrac{각\ 체의\ 가적\ 잔류량}{전체\ 가적\ 잔류량} \times 100$
- 통과율 = 100 − 가적 잔류율

(2)

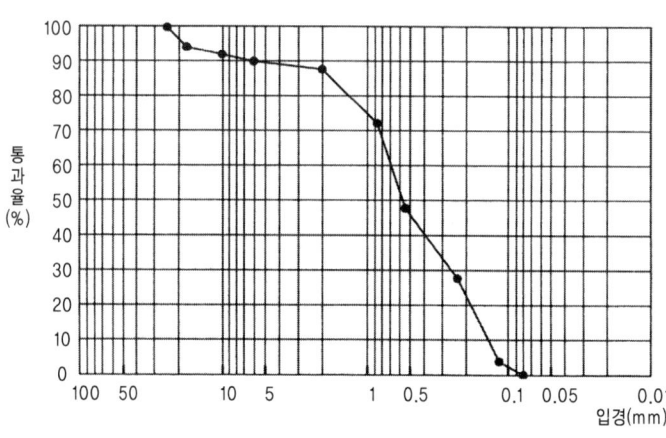

(3) ① $D_{10} = 0.14$mm, $D_{30} = 0.26$mm, $D_{60} = 0.7$mm

② $C_u = \dfrac{D_{60}}{D_{10}} = \dfrac{0.7}{0.14} = 5$, $C_g = \dfrac{(D_{30})^2}{D_{10} \times D_{60}} = \dfrac{(0.26)^2}{0.14 \times 0.6} = 0.8$

③ $C_u > 6$: 양호, $1 < C_g < 3$: 양호, 기준에 맞지 않아 입도가 불량하다.

문제 40

다음 물음에 답하시오.

(1) CBR(California Bearing Ratio) 시험을 하였는데, 이때 2.5mm 관입 때의 하중이 4.02 kN이었다. 계속하여 관입을 실시하여 5.0mm 관입 때 하중은 6.97 kN이었다. 각각의 CBR은 얼마인가?
  ① $CBR_{2.5}$
  ② $CBR_{5.0}$
(2) 4일간 수침 후 관입시험을 실시하려고 한다. 직경 5cm의 관입봉의 관입속도는?

풀이 (1)

관입량(mm)	표준 하중강도(MN/m²)	표준 하중(KN)
2.5	6.9	13.4
5.0	10.3	19.9

① $CBR_{2.5} = \dfrac{4.02}{13.4} \times 100 = 30\%$

② $CBR_{5.0} = \dfrac{6.97}{19.9} \times 100 = 35\%$

(2) 1mm/min

문제 41

어떤 흙이 CBR 시험을 한 결과 다음과 같다. 다음을 구하여라.

- 시험체의 높이 : 12.5cm
- 함수비 : 7.2%
- γ_t : 17.4 kN/m³
- γ_d : 16.2 kN/m³
- 초독 : 0.05mm
- 종독 : 0.96mm
- 팽창시험 후 γ_t : 17.8 kN/m³
- 몰드의 부피 : 2,209cm³

㉮ 팽창비(γ_e)를 구하라.
㉯ 흡수·팽창시험 후의 부피
㉰ 팽창시험 후 $\gamma_d{'}$
㉱ 팽창시험 후 함수비(w_a)
㉲ 노상 흙의 상태를 판별하시오.

풀이 ㉮ 팽창비(γ_e) $= \dfrac{\text{종독} - \text{초독}}{\text{시험체 최초 높이}} \times 100$

$= \dfrac{0.96 - 0.05}{125} \times 100 = 0.73\%$

㉯ 흡수·팽창시험 후의 부피(V) = 시험 전 시료부피 + $\left(\text{시험전 부피} \times \dfrac{\gamma_e}{100}\right)$

$= 2,209 + \left(2,209 \times \dfrac{0.73}{100}\right) = 2,225\,\text{cm}^3$

㉰ $\gamma_d{'} = \dfrac{\text{시험 전 건조단위무게}(\gamma_d)}{1+\dfrac{\gamma_e}{100}} = \dfrac{16.2}{1+\dfrac{0.73}{100}} = 16.1\,\text{kN/m}^3$

㉱ $w_a = \dfrac{\gamma_t{'} - \gamma_d{'}}{\gamma_d{'}} \times 100 = \dfrac{17.8-16.1}{16.1} \times 100 = 10.56\%$

㉲ 팽창비가 1% 이하이므로 양호한 노상

문제 42

토질시험 결과보고서에서 NP(비소성)의 기호를 볼 수 있다. NP의 기호를 사용하는 경우를 3가지만 쓰시오.

풀이 (1) 액성한계와 소성한계를 구할 수 없을 경우
(2) 소성한계가 액성한계보다 클 경우
(3) 소성한계가 액성한계와 같은 경우

문제 43

다음 건조중량-함수비 곡선을 완성하시오.

[보기]
• CH
• GW
• ML

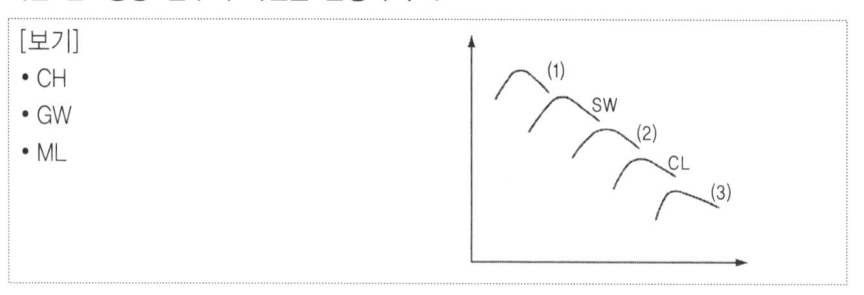

풀이 (1) GW
(2) ML
(3) CH

문제 44

다음과 같은 흙시료의 C_u, C_g를 구하고 통일분류법으로 분류하시오. (4점)

• 4번체 통과율 : 92%
• 200번체 통과율 : 4%
• $D_{10} = 0.15\,\text{mm}$
• $D_{30} = 0.25\,\text{mm}$
• $D_{60} = 0.35\,\text{mm}$

풀이 $C_u = \dfrac{0.35}{0.15} = 2.33$

$C_g = \dfrac{0.25^2}{0.15 \times 0.35} = 1.19$

C_g가 1~3범위에 들었으나 $C_u < 6$이므로 입도 불량이다.
4번체 50% 이상 통과하므로 모래, 200번체를 50% 이하 통과하므로 조립토이다.
∴ SP(입도가 불량한 모래)

문제 45

어느 토질에 대하여 다짐시험을 한 결과 다음과 같다.

시험번호	1	2	3	4	5
(몰드+젖은 흙)무게(g)	4,290	4,383	4,475	4,543	4,494
몰드 무게(g)	2,430	2,430	2,430	2,430	2,430
몰드 부피(cm³)	1,000	1,000	1,000	1,000	1,000
함수비(%)	5.2	7.3	10.4	14.2	18.0
젖은 흙무게(g)					
습윤밀도(g/cm³)					
건조밀도(g/cm³)					

㉮ 표의 젖은 흙무게, 습윤밀도, 건조밀도를 구하여 빈칸을 채우시오. (단, 소수점 이하 4자리에서 반올림)
㉯ 다짐곡선을 작도하여 최적함수비와 최대건조밀도를 구하시오.
㉰ 이 흙을 이용하여 토공작업을 할 때 현장시방서가 95%의 다짐도를 원한다면 시공함수비의 범위는? (단, 소수점 이하 2자리에서 반올림)
㉱ 비중이 2.65일 때 영공극곡선을 그리시오.

풀이 ㉮

시험번호	1	2	3	4	5
젖은 흙무게(g)	1,860	1,953	2,045	2,113	2,064
습윤밀도(g/cm³)	1.860	1.953	2.045	2.113	2.064
건조밀도(g/cm³)	1.768	1.820	1.852	1.850	1.749

습윤밀도 $\gamma_t = \dfrac{W}{V}$, 건조밀도 $\gamma_d = \dfrac{\gamma_t}{1+\dfrac{w}{100}}$ 관계식으로 계산한다.

㉯ 최대건조밀도 $\gamma_{d\max} = 1.861\,\text{g/cm}^3$, 최적함수비 OMC=12.0%이다.

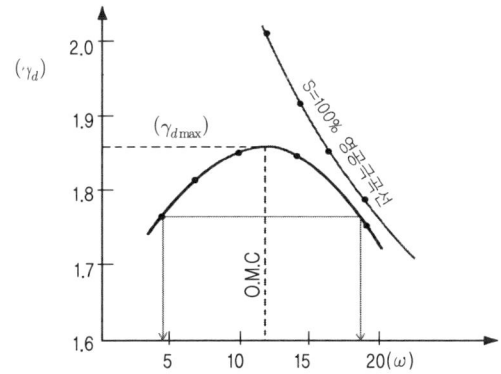

㉰ $\gamma_{d\max} \times 0.95$하면 $1.861 \times 0.95 = 1.768\,\text{g/cm}^3$이므로 시공함수비는 4.5~19.0%이다.

㉱ $\gamma_{d\,sat} = \dfrac{\gamma_w}{\dfrac{1}{G_s}+\dfrac{w}{100}} = \dfrac{1}{\dfrac{1}{2.65}+\dfrac{w}{100}}$

함수비 w를 12, 14, 16, 18%로 가정하면 $\gamma_{d\,sat}$는 2.010, 1.932, 1.860, 1.794이므로 도시하면 그림과 같은 영공극곡선을 그릴 수 있다.

문제 46

교란되지 않은 시료에 대한 일축압축시험 결과가 아래와 같으며, 파괴면과 수평면이 이루는 각도는 60°이다. (단, 시험체의 크기는 평균직경 3.5cm, 단면적 9.62cm², 길이 8.0cm이다.)

압축량 ΔH(1/100mm)	압축력 P(kgf)	압축량 ΔH(1/100mm)	압축력 P(kgf)
0	0	220	16.47
20	0.90	260	17.20
60	4.40	300	17.40
100	9.08	340	17.34
140	12.67	400	16.92
180	15.03	480	15.96

(1) 압축응력과 변형률의 관계도를 그리고 일축압축강도를 구하시오.

압축량 ΔH(1/100mm)	압축력 P(kgf)	ε(%)	$(1-\varepsilon)$	A(cm²)	σ(kg/cm²)
0	0				
20	0.90				
60	4.40				
100	9.08				
140	12.67				
180	15.03				
220	16.47				
260	17.20				
300	17.40				
340	17.34				
400	16.92				
480	15.96				

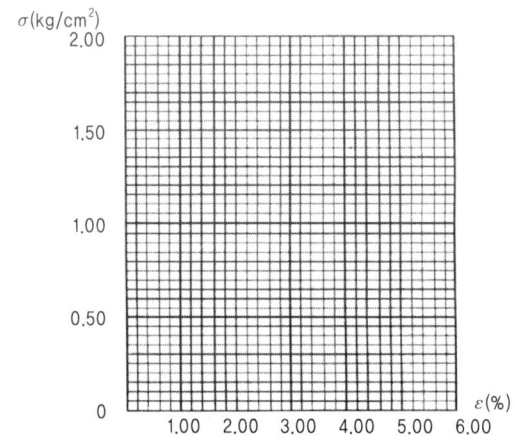

(2) 점착력을 구하시오.
(3) 이 시료를 되비빔하여 시험한 결과 파괴압축응력은 0.14 kg/cm²였다. 예민비를 구하시오.

풀이 (1)

압축량 ΔH(1/100mm)	압축력 P(kgf)	ε(%)	$(1-\varepsilon)$	A(cm²)	σ(kg/cm²)
0	0	0	0		
20	0.90	0.25	0.9975	9.6441	0.09
60	4.40	0.75	0.9925	9.6926	0.45
100	9.08	1.25	0.9875	9.7417	0.93
140	12.67	1.75	0.9825	9.7913	1.29
180	15.03	2.25	0.9775	9.8414	1.53
220	16.47	2.75	0.9725	9.8920	1.66
260	17.20	3.25	0.9625	9.9431	1.73
300	17.40	3.75	0.9625	9.9948	1.74
340	17.34	4.25	0.9575	10.0469	1.73
400	16.92	5.0	0.95	10.1263	1.67
480	15.96	6.0	0.94	10.2340	1.56

변형률 $\varepsilon(\%) = \dfrac{\Delta l}{l} \times 100$

여기서, l : 시료길이(8.0cm)
Δl : 압축량

$A = \dfrac{A_0}{1-\varepsilon}$

여기서, A_0 : 처음 시료의 평균단면적(9.62cm²)

$\sigma = \dfrac{P}{A}$

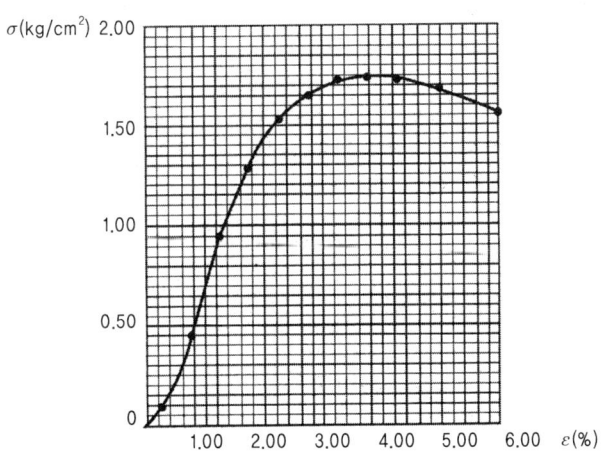

$q_u = 1.74 \, \text{kg/cm}^2$

(2) $C = \dfrac{q_u}{2\tan\left(45 + \dfrac{\phi}{2}\right)} = \dfrac{1.74}{2\tan\left(45 + \dfrac{\phi}{2}\right)} = 0.50 \, \text{kg/cm}^2$

$\theta = 45° + \dfrac{\phi}{2}$

$60° = 45° + \dfrac{\phi}{2}$ ∴ $\phi = 30°$

(3) $S_t = \dfrac{q_u}{q_{ur}} = \dfrac{1.74}{0.14} = 12.43$

문제 47

자연시료의 압축파괴시험시 강도가 157 kN/m², 파괴면 각도 58°, 교란된 시료의 압축강도 28 kN/m²일 때 다음 물음에 답하시오.

(1) 내부마찰각(ϕ)을 구하시오.
(2) 점착력(C)을 구하시오.
(3) 예민비를 구하고 판정하시오.

풀이

(1) $\theta = 45° + \dfrac{\phi}{2}$

$58° = 45° + \dfrac{\phi}{2}$

$\therefore \phi = 26°$

(2) $C = \dfrac{q_u}{2\tan(45° + \dfrac{\phi}{2})} = \dfrac{157}{2\tan(45° + \dfrac{26°}{2})} = 49\,\text{kN/m}^2$

(3) $S_t = \dfrac{q_u}{q_{ur}} = \dfrac{157}{28} = 5.61$

∴ 예민하다. (예민비가 4~8 사이이므로)

※ $8 < S_t$: 초예민
  $2 < S_t < 4$: 보통
  $S_t < 2$: 비예민

문제 48

평판재하시험에 대한 다음 물음에 답하시오. (4점)

(1) 재하판 위에 잭을 놓고 지지력 장치와 조합하여 소요의 반력을 얻을 수 있도록 장치하여야 하는데, 이때 지지력 장치의 지지점은 재하판 바깥쪽에서 얼마 이상 떨어져 배치하여야 하는가?
(2) 평판에 하중을 재하시킬 때 단계적으로 하중을 증가시켜야 하는데 그 하중 강도의 크기는?
(3) 평판재하시험은 최종적으로 언제 끝내야 하는가?

풀이

(1) 1m
(2) 35 kN/m²
(3) ① 침하량이 15mm에 도달할 경우
  ② 하중강도가 현장에서 예상되는 최대 접지압의 크기를 넘을 때
  ③ 하중강도가 그 지반의 항복점을 넘을 때

문제 49

현장에서 채취한 습윤단위중량이 17.2 kN/m³, 함수비는 8.5%였다. 이때 시험실에서 최대습윤단위중량, 최소 습윤단위중량은 각각 18.5 kN/m³, 17 kN/m³이었다.

㉮ 이 모래의 상대밀도를 구하시오.
㉯ 이 모래의 조밀상태를 판별하시오.

풀이 ㉮ • 건조밀도 $\gamma_d = \dfrac{\gamma_t}{1+\dfrac{w}{100}} = \dfrac{17.2}{1+\dfrac{8.5}{100}} = 15.85\,\text{kN/m}^3$

• 최대건조밀도 $\gamma_{d\max} = \dfrac{\gamma_{t\max}}{1+\dfrac{w}{100}} = \dfrac{18.5}{1+\dfrac{8.5}{100}} = 17.05\,\text{kN/m}^3$

• 최소건조밀도 $\gamma_{d\min} = \dfrac{\gamma_{t\min}}{1+\dfrac{w}{100}} = \dfrac{17}{1+\dfrac{8.5}{100}} = 15.67\,\text{kN/m}^3$

∴ 상대밀도 $D_r = \dfrac{e_{\max}-e}{e_{\max}-e_{\min}} \times 100$

$= \dfrac{\gamma_d - \gamma_{d\min}}{\gamma_{d\max}-\gamma_{d\min}} \times \dfrac{\gamma_{d\max}}{\gamma_d} \times 100$

$= \dfrac{15.85-15.67}{17.05-15.67} \times \dfrac{17.05}{15.85} \times 100 = 14.03\%$

㉯ 매우 느슨한 상태
※ 0~15% : 매우 느슨한 상태
  15~50% : 느슨한 상태
  50~70% : 보통상태
  70~85% : 조밀한 상태
  85~100% : 매우 조밀한 상태

문제 50
다음은 흙의 시험방법(KSF 2312)에 규정된 다짐방법에 관한 종류의 표이다. 빈칸을 채우시오.

다짐방법의 호칭명	래머무게(kg)	몰드 안지름 (cm)	다짐층수	1층당 다짐횟수	허용 최대입자 지름(mm)
A	2.5	10	( )	25	( )
B	( )	( )	3	55	37.5
C	4.5	10	( )	25	( )
D	( )	15	5	( )	19
E	4.5	15	3	( )	( )

풀이

다짐방법의 호칭명	래머무게(kg)	몰드 안지름 (cm)	다짐층수	1층당 다짐횟수	허용 최대입자 지름(mm)
A	2.5	10	(3)	25	(19)
B	(2.5)	(15)	3	55	37.5
C	4.5	10	(5)	25	(19)
D	(4.5)	15	5	(55)	19
E	4.5	15	3	(92)	(37.5)

문제 51

어떤 습윤시료의 흙입자, 공기, 수분의 조성을 다음과 같이 나타냈을 경우 물음에 답하시오. (단, 흙의 비중은 2.50, 소수 3자리에서 반올림하시오.) (6점)

부 피	성 분	무 게
$V_a = 10\text{cm}^3$	공 기	$W_a = 0\text{g}$
$V_w = 30\text{cm}^3$	물	$W_w = 30\text{g}$
$V_s = 100\text{cm}^3$	흙입자	$W_s = 250\text{g}$

㉮ 이 흙의 간극비를 구하시오.
㉯ 이 흙의 포화도를 구하시오.
㉰ 이 흙의 건조단위밀도를 구하시오.

풀이
㉮ $e = \dfrac{V_v}{V_s} = \dfrac{40}{100} = 0.4$

㉯ $S = \dfrac{V_w}{V_v} \times 100 = \dfrac{30}{10+30} \times 100 = 75\%$

　여기서, $V_v = V_a + V_w = 10 + 30 = 40\text{cm}^3$

㉰ $\gamma_d = \dfrac{W_s}{V} = \dfrac{250}{140} = 1.79\text{g/cm}^3$

문제 52

액성한계 42%, 소성한계가 29%, No.200체 통과율이 32%인 AASHTO 분류법에 의한 A-2-7 흙의 군지수(GI)를 구하시오. (3점)

풀이
$GI = 0.2a + 0.005ac + 0.01bd$
여기서, $a = 32 - 35 = -3$ (0~40의 정수이므로 0을 사용)
　　　　$b = 32 - 15 = 17$
　　　　$c = 42 - 40 = 2$
　　　　$d = 13 - 10 = 3$ ($I_p = w_L - w_P = 42 - 29 = 13\%$)
∴ $GI = 0.01bd = 0.01 \times 17 \times 3 = 0.51$

문제 53

도로지반의 시료를 채취하여 150mm 몰드에 5층으로 나누어 넣고 4.5kg 래머로 55회 다져서 흡수팽창이 끝난 후 관입시험을 한 결과 다음과 같다. 하중관입량 곡선을 생략하고 재시험은 끝난 것으로 할 때 다음 물음에 답하시오.

• 관입량 2.5mm와 5.0mm에 대한 CBR을 구하여 지지력비를 결정하시오.

관입량(mm)	0	0.5	1.0	1.5	2.0	2.5	5.0	7.5	10.0
하중(kN)	0	1.2	2.3	3.2	3.9	4.9	7.2	9.6	11.7

풀이 $CBR_{2.5} = \dfrac{4.9}{13.4} \times 100 = 36.57\%$

$CBR_{5.0} = \dfrac{7.2}{19.9} \times 100 = 36.18\%$

∴ $CBR = 36.57\%$

문제 54

지름이 75mm, 길이가 60mm인 샘플러에 가득 찬 흙의 습윤중량이 447.5g이고 노건조시켰을 때의 무게가 316.3g이었다. 흙의 비중이 2.75인 경우 다음을 계산하시오. (단, $\gamma_w = 1\text{g/cm}^3$이다.)

(1) 건조밀도   (2) 함수비
(3) 공극비   (4) 포화도
(5) 포화밀도   (6) 수중밀도

풀이

(1) 건조밀도 $\gamma_d = \dfrac{W_s}{V} = \dfrac{316.3}{\dfrac{3.14 \times 7.5^2}{4} \times 6} = 1.194\,\text{g/cm}^3$

(2) 함수비 $w = \dfrac{W_w}{W_s} \times 100 = \dfrac{447.5 - 316.3}{316.3} \times 100 = 41.48\%$

(3) 공극비 $e = \dfrac{\gamma_w}{\gamma_d} \cdot G_s - 1 = \dfrac{1}{1.194} \times 2.75 - 1 = 1.30$

(4) 포화도 $S \cdot e = G_s \cdot w$

∴ $S = \dfrac{G_s \cdot w}{e} = \dfrac{2.75 \times 41.48}{1.3} = 87.75\%$

(5) 포화밀도 $\gamma_{sat} = \dfrac{G_s + e}{1 + e} \cdot \gamma_w = \dfrac{2.75 + 1.3}{1 + 1.3} \times 1 = 1.761\,\text{g/cm}^3$

(6) 수중밀도
$\gamma_{sub} = \gamma_{sat} - \gamma_w = 1.761 - 1 = 0.761\,\text{g/cm}^3$

문제 55

도로시공을 위해 A방법으로 다짐시험을 실시하여 다음과 같은 결과를 얻었다.

함수비(%)	습윤단위중량(t/m³)	함수비(%)	습윤단위중량(t/m³)
5.7	1.69	14.2	1.85
8.7	1.82	16.4	1.79
11.6	1.88	18.5	1.72

(1) 다짐곡선을 그리시오.

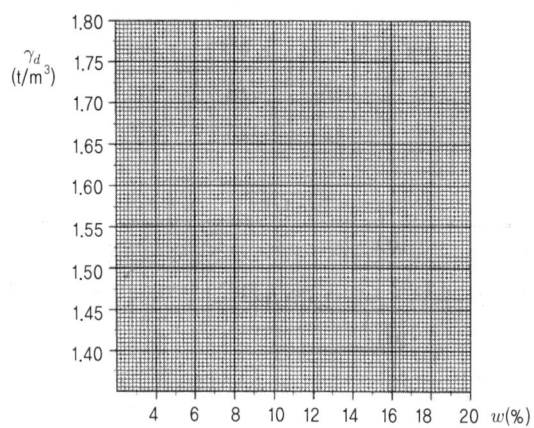

(2) 최적함수비(W_{opt})와 최대건조단위중량($\gamma_{d\max}$)을 구하시오.
  ① 최적함수비(W_{opt})
  ② 최대건조단위중량($\gamma_{d\max}$)

(3) 이 흙으로 이루어진 현장에서 95% 이상의 다짐도로 다짐시공을 실시하려고 한다. 허용함수비의 범위를 정하시오.

풀이

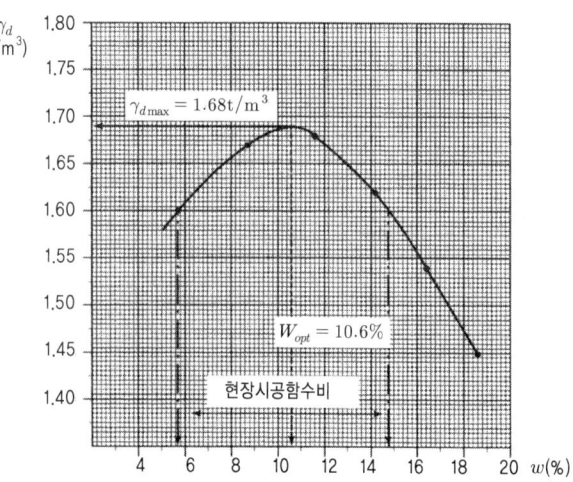

[건조밀도(γ_d) 계산근거]

(w)(%)	γ_t (t/m³)	γ_d (t/m³)	(w)(%)	γ_t (t/m³)	γ_d (t/m³)	(w)(%)	γ_t (t/m³)	γ_d (t/m³)
5.7	1.69	1.60	11.6	1.88	1.68	16.4	1.79	1.54
8.7	1.82	1.67	14.2	1.85	1.62	18.5	1.72	1.45

- $\gamma_{d1} = \dfrac{\gamma_t}{1+\dfrac{w}{100}} = \dfrac{1.69}{1+\dfrac{5.7}{100}} = 1.60\,\text{t/m}^3$

- $\gamma_{d2} = \dfrac{\gamma_t}{1+\dfrac{w}{100}} = \dfrac{1.82}{1+\dfrac{8.7}{100}} = 1.67\,\text{t/m}^3$

- $\gamma_{d3} = \dfrac{\gamma_t}{1+\dfrac{w}{100}} = \dfrac{1.88}{1+\dfrac{11.6}{100}} = 1.68\,\text{t/m}^3$

- $\gamma_{d4} = \dfrac{\gamma_t}{1+\dfrac{w}{100}} = \dfrac{1.85}{1+\dfrac{14.2}{100}} = 1.62\,\text{t/m}^3$

- $\gamma_{d5} = \dfrac{\gamma_t}{1+\dfrac{w}{100}} = \dfrac{1.79}{1+\dfrac{16.4}{100}} = 1.54\,\text{t/m}^3$

- $\gamma_{d6} = \dfrac{\gamma_t}{1+\dfrac{w}{100}} = \dfrac{1.72}{1+\dfrac{18.5}{100}} = 1.45\,\text{t/m}^3$

(2) 다짐곡선을 작도하여 구하면
  ① 최적함수비(W_{opt}) : 10.6%
  ② 최대건조단위중량($\gamma_{d\max}$) : 1.68 t/m³

(3) 현장시공 함수비는 $\gamma_{d\max} \times 0.95$값을 구하여 다짐곡선에 교차하는 함수비가 해당 된다. 즉, $\gamma_d = 1.68 \times 0.95 = 1.60\,\text{t/m}^3$에 해당하는 현장시공 함수비는 5.8~14.8% 이다.

※ 영공기공극곡선을 작도할 경우에는 $\gamma_{dsat} = \dfrac{1}{\dfrac{1}{G_s}+\dfrac{w}{100}} \cdot \gamma_w$ 식에 임의 함수비 3점 정도를 정하여 작도한다.

문제 56

흙의 자연함수비(w_n) 25.0%인 점성토의 토성시험 결과가 아래와 같을 때 다음 물음의 산출근거와 답을 구하시오. (단, 흙의 소성한계는 21.5%)

측정 번호	1	2	3	4	5
낙하 횟수(회)	10	18	28	35	46
함수비(%)	38.0	31.5	26.2	24.0	21.0

(1) 유동곡선을 그리고 액성한계를 구하시오.

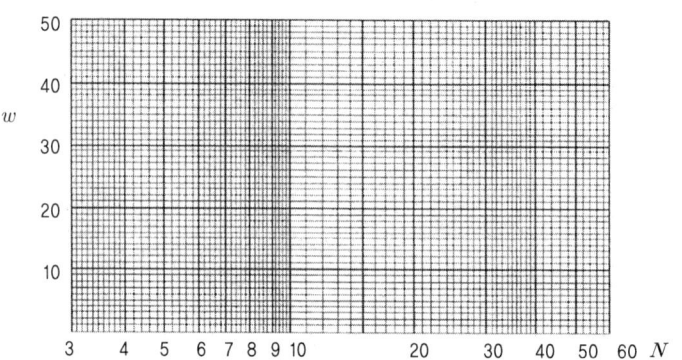

(2) 소성지수(I_P)를 구하시오.
(3) 액성지수(I_L)를 구하시오. (소수 넷째 자리에서 반올림하시오.)
(4) 컨시스턴시 지수(I_C)를 구하시오. (소수 넷째 자리에서 반올림하시오.)
(5) 유동지수(I_f)를 구하시오. (소수 셋째 자리에서 반올림하시오.)

풀이 (1) 액성한계(w_L) : 28%

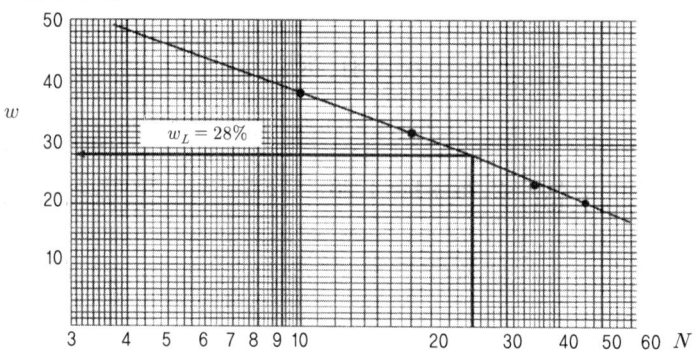

(2) 소성지수 : $I_p = w_L - w_p = 28 - 21.5 = 6.5\%$

(3) 액성지수 : $I_L = \dfrac{w_n - w_p}{I_p} = \dfrac{25.0 - 21.5}{6.5} = 0.538$

(4) 컨시스턴시 지수 : $I_C = \dfrac{w_L - w_n}{I_p} = \dfrac{28 - 25.0}{6.5} = 0.462$

(5) 유동지수 : $I_f = \dfrac{w_1 - w_2}{\log N_2 - \log N_1} = \dfrac{38.0 - 21.0}{\log 46 - \log 10} = 25.65\%$

문제 57

어떤 사질토를 직접전단시험하여 얻은 값이 다음과 같았다. 물음에 답하시오. (단, 공시체의 직경은 6cm이다.)

수직하중 P(N)	100	200	300	400
전단력 S(N)	200	250	300	350

(1) Coulomb의 파괴선을 작도하시오.
(2) 점착력 C 값을 구하시오.
(3) 내부마찰각 ϕ 값을 구하시오.

풀이 (1)

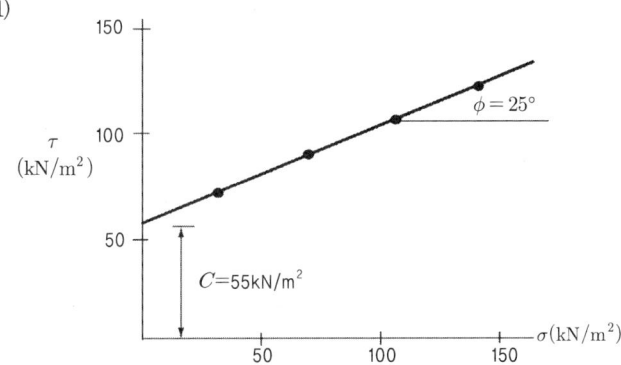

$\tau = \dfrac{S}{A}$, $\sigma = \dfrac{P}{A}$, $A = \dfrac{3.14 \times 0.06^2}{4} = 2.826 \times 10^{-3}\,\text{m}^2$

$\sigma_1 = \dfrac{0.1}{2.826 \times 10^{-3}} = 35\,\text{kN/m}^2$, $\tau_1 = \dfrac{0.2}{2.826 \times 10^{-3}} = 71\,\text{kN/m}^2$

$\sigma_2 = \dfrac{0.2}{2.826 \times 10^{-3}} = 71\,\text{kN/m}^2$, $\tau_2 = \dfrac{0.25}{2.826 \times 10^{-3}} = 88\,\text{kN/m}^2$

$\sigma_3 = \dfrac{0.3}{2.826 \times 10^{-3}} = 106\,\text{kN/m}^2$, $\tau_3 = \dfrac{0.35}{2.826 \times 10^{-3}} = 106\,\text{kN/m}^2$

$\sigma_4 = \dfrac{0.4}{2.826 \times 10^{-3}} = 142\,\text{kN/m}^2$, $\tau_4 = \dfrac{0.35}{2.826 \times 10^{-3}} = 124\,\text{kN/m}^2$

(2) 점착력 $C = 55\,\text{kN/m}^2$
(3) 내부마찰각 $\phi = 25°$

문제 58

현장다짐 흙의 밀도를 조사하기 위하여 모래치환법으로 시험을 실시한 결과 다음과 같은 결과를 얻었다. 다짐도를 구하시오. (단, 소수 셋째 자리에서 반올림하시오.)

- 구덩이 속에서 파낸 흙무게 : 1,687g
- 표준 모래단위 중량 : 1.95 g/cm³
- 구덩이 속의 모래무게 : 1,466g
- 구덩이 속에서 파낸 흙의 건조무게 : 1,150g
- 시험실에서 흙의 최대 건조밀도 : 1.65g/cm³

풀이

- $\gamma_d = \dfrac{\gamma_t}{1+\dfrac{w}{100}} = \dfrac{2.24}{1+\dfrac{46.7}{100}} = 1.53\,\text{g/cm}^3$

  여기서, $\gamma_{모래} = \dfrac{W}{V}$

  $1.95 = \dfrac{1,466}{V}$

  $\therefore V = \dfrac{1,466}{1.95} = 751.79\,\text{cm}^3$

  $\gamma_t = \dfrac{W}{V} = \dfrac{1687}{751.79} = 2.24\,\text{g/cm}^3$

  $w = \dfrac{W_w}{W_s} \times 100 = \dfrac{1,687-1,150}{1,150} \times 100 = 46.7\%$

- 다짐도 $= \dfrac{\gamma_d}{\gamma_{d\max}} \times 100 = \dfrac{1.53}{1.65} \times 100 = 92.73\%$

문제 59

지름 20mm, 길이 1m인 강봉을 50 kN의 힘으로 잡아당겨 길이는 0.85mm 늘어났고 신장했고, 지름은 0.005mm만큼 줄어들었다. 다음 물음에 답하시오. (단, 소수 셋째 자리까지 계산하시오.)

(1) 이 강봉의 탄성계수를 구하시오.
(2) 이 강봉의 푸아송비를 구하시오.

풀이

(1) $A = \dfrac{\pi D^2}{4} = \dfrac{3.14 \times 20^2}{4} = 314\,\text{mm}^2$

$E = \dfrac{\sigma}{\varepsilon} = \dfrac{\dfrac{P}{A}}{\dfrac{\Delta l}{l}} = \dfrac{P \cdot l}{A \cdot \Delta l} = \dfrac{50,000 \times 1000}{314 \times 0.85} = 187,336\,\text{MPa}$

(2) $\nu = \dfrac{\dfrac{\Delta d}{d}}{\dfrac{\Delta l}{l}} = \dfrac{\Delta d \cdot l}{d \cdot \Delta l} = \dfrac{0.005 \times 1,000}{20 \times 0.85} = 0.294$

문제 60

강재시험에 관한 다음 물음에 답하시오.

(1) 강재 경도시험방법의 종류 4가지를 쓰시오.
(2) 강재 충격시험의 목적을 간단히 쓰고 그 종류 2가지를 쓰시오.

풀이

(1) 브리넬(Brinell), 쇼어(Shore), 비커스(Vickers), 로크웰(Rockwell)
(2) ① 목적 : 강재의 충격(인성)을 알기 위해
 ② 종류 : 샤르피식, 아이조드식

문제 61

저온에서의 아스팔트 신도 시험에 대한 사항이다. 다음 물음에 답하시오. (4점)

㉮ 표준온도는 얼마인가?
㉯ 인장속도는 얼마인가?

풀이

㉮ 4℃
㉯ 1cm/min

문제 62 아스팔트 시험 종류 4가지를 쓰시오. (4점)

풀이 (1) 점도 시험 (2) 침입도 시험
(3) 신도 시험 (4) 연화점 시험

문제 63 마샬 안정도 시험에 대하여 물음에 답하시오.
(1) 목적을 쓰시오.
(2) 기층용 혼합물의 마샬 시험 기준값을 쓰시오.
(3) 혼합물의 골재 최대지름은 (   )mm 이하로 한다.

풀이 (1) 역청 혼합물의 소성흐름(변형)에 대한 저항성을 측정하는 것이다.
(2) ① 안정도(N) : 3,500 이상
② 흐름값(1/100cm) : 10~40
③ 빈틈률(%) : 3~10
(3) 25

문제 64 아스팔트시험에 관한 다음 물음에 답하시오.
(1) 아스팔트 신도시험에서의 시험온도와 인장속도를 쓰시오.
(2) 엥글러 점도계를 사용한 아스팔트의 점도시험에서 엥글러 점도(η) 값은?

풀이 (1) ① 시험온도 : 25 ± 0.5℃
② 인장속도 : 5 ± 0.25 cm/min
(2) 엥글러 점도 $\eta = \dfrac{\text{시료의 유출시간(초)}}{\text{증류수의 유출시간(초)}}$

문제 65 아스팔트의 시험에 대한 다음 물음에 답하시오. (5점)
(1) 침입도시험에 있어서 표준시험조건(온도, 하중, 시간)을 쓰시오.
(2) 인화점, 연소점 시험의 시험목적을 쓰시오.

풀이 (1) ① 25℃ ② 100g ③ 5초
(2) 화재 위험도 예측

문제 66 아스팔트 침입도 시험에 대한 물음이다. 물음에 답하시오. (5점)
(1) "침입도 1"이란 표준침이 몇 mm 관입한 것을 말하는가?
(2) 침입도 시험의 표준이 되는 중량, 시험온도, 관입시간은 각각 얼마인가?

풀이 (1) $\dfrac{1}{10}$mm
(2) ① 100g ② 25℃ ③ 5초

문제 67
아스팔트 침입도 시험에서 표준침이 1.2cm 관입되었을 때 침입도를 구하시오.

풀이 0.1mm 관입하였을 때 침입도가 1이므로 0.1 : 1 = 12 : x 관계가 되어 침입도는 120 이다.

문제 68
다음은 아스팔트 시험에 관한 것이다. 물음에 답하시오.
(1) 아스팔트 시험시의 표준온도와 평균밀도는?
(2) 침입도 시험시 5mm 관입했을 때 침입도는 얼마인가?
(3) 컷백 아스팔트의 신도는?
(4) 유리판 위에 수은 아말감으로 코팅한 후 환이 25mm 침강시의 온도를 측정하는 시험은?

풀이
(1) 25℃, 1.01~1.04
(2) 50 [※ (0.1)mm일 경우 침입도는 1이다.]
(3) 100cm 이상
(4) 연화점 시험

문제 69
아스팔트 침입도 시험시 사용하는 시험기구 5가지를 쓰시오.

풀이
(1) 가열기
(2) 침입도
(3) 시험기
(4) 온도계
(5) 초시계
(6) 항온 수조

2012년 12월 1일 시행 | 실기 필답형 문제

이 문제는 수험자의 기억을 토대로 작성하였으므로 실제문제와 일부 다를 수도 있습니다. 문제 해설과 해답은 오류가 없도록 최선을 다하였으나 혹 미비한 부분은 계속 수정 보완하겠습니다.

문제 01

아래와 같은 배합설계에 의해 콘크리트 $1m^3$을 만들려고 한다. 물음에 답하시오. (10점)

- 단위수량 : 167kg
- 잔골재율 : 42%
- 잔골재 밀도 : $2.60g/cm^3$
- 공기량 : 1.5%
- 물-결합재비 : 50%
- 시멘트 밀도 : $3.15g/cm^3$
- 굵은골재 밀도 : $2.65g/cm^3$

(1) 단위 시멘트량
(2) 단위 잔골재량의 절대부피
(3) 단위 굵은골재량의 절대부피
(4) 단위 잔골재량
(5) 단위 굵은골재량

풀이

(1) $\dfrac{W}{C} = 50\%$ ∴ $C = \dfrac{167}{0.5} = 334\text{kg}$

(2) • 단위 골재량의 절대부피
$$V = 1 - \left(\dfrac{167}{1 \times 1,000} + \dfrac{334}{3.15 \times 1,000} + \dfrac{1.5}{100} \right) = 0.712\text{m}^3$$
• 단위 잔골재량의 절대부피
$$V_s = V \times S/a = 0.712 \times 0.42 = 0.299\text{m}^3$$

(3) $V_G = V \times (1 - S/a) = 0.712 \times (1 - 0.42) = 0.413\text{m}^3$
또는 $V_G = V - V_S = 0.712 - 0.299 = 0.413\text{m}^3$

(4) $S = 2.6 \times 0.299 \times 1,000 = 777.4\text{kg}$

(5) $G = 2.65 \times 0.413 \times 1,000 = 1,094.45\text{kg}$

문제 02

다음의 체가름 시험 표를 완성하고 조립률을 구하시오. (6점)

체 눈금(mm)	잔류량(g)	잔류율(%)	가적잔류율(%)	가적통과율(%)
20	0	–	–	–
10	0	–	–	–
5	0	–	–	–
2.5	50			
1.2	150			
0.6	150			
0.3	50			
0.15	100			
팬	0	–	–	–

풀이

체 눈금(mm)	잔류량(g)	잔류율(%)	가적잔류율(%)	가적통과율(%)
20	0	–	–	–
10	0	–	–	–
5	0	–	–	100
2.5	50	10	10	90
1.2	150	30	40	60
0.6	150	30	70	30
0.3	50	10	80	20
0.15	100	20	100	0
팬	0	–	–	–

- 잔류율 = $\dfrac{\text{그 체의 잔류량}}{\text{전체의 질량}} \times 100$
- 가적 잔류율 = 각 체의 잔류율의 누계
- 조립률 = $\dfrac{10+40+70+80+100}{100} = 3.0$

문제 03

아스팔트 시험에 관한 다음 물음에 답하시오. (4점)

(1) 아스팔트 침입도 시험의 목적
(2) 신도 시험의 목적

풀이
(1) 아스팔트의 굳기 정도를 측정하기 위해서
(2) 아스팔트의 연성(늘어나는 성질)을 알기 위해서

문제 04

교란된 흙이 시간이 지남에 따라 손실된 강도의 일부가 회복되는 현상은? (4점)

풀이 틱소트로피

문제 05

자연상태 시료의 일축압축강도가 0.34 MPa, 파괴각이 50°이었다. 다음 물음에 답하시오. (6점)

(1) 내부마찰각(ϕ)
(2) 점착력(C)
(3) 흐트러진 시료의 일축압축강도가 0.08 MPa일 때 예민비(S_t)

풀이 (1) $\theta = 45° + \dfrac{\phi}{2}$

$50° = 45° + \dfrac{\phi}{2}$

$\therefore \phi = 10°$

(2) $C = \dfrac{q_u}{2\tan\left(45° + \dfrac{\phi}{2}\right)} = \dfrac{0.34}{2\tan\left(45° + \dfrac{10°}{2}\right)} = 0.14\text{MPa}$

(3) $S_t = \dfrac{q_u}{q_{ur}} = \dfrac{0.34}{0.08} = 4.25$

문제 06

어떤 시료에 대하여 수축한계시험을 실시한 결과 자연함수비 41.4%, 소성한계 27.4%, 습윤토 체적 21.6cm³, 건조토 체적 15.6cm³, 건조토 질량 25g을 얻었다. 다음 물음에 답하시오. (단, $\gamma_w = 1\text{g/cm}^3$이다.) (8점)

(1) 수축한계를 구하시오.
(2) 수축비를 구하시오.
(3) 흙 입자 밀도의 근사치를 구하시오.
(4) 수축지수를 구하시오.

풀이

(1) $\omega_s = \omega - \left[\dfrac{(V - V_0)}{W_0}\gamma_\omega \times 100\right] = 41.4 - \left[\dfrac{(21.6 - 15.6)}{25} \times 1 \times 100\right] = 17.4\%$

(2) $R = \dfrac{W_0}{V_0 \gamma_\omega} = \dfrac{25}{15.6 \times 1} = 1.6$

(3) $G_s = \dfrac{1}{\dfrac{1}{R} - \dfrac{\omega_s}{100}} = \dfrac{1}{\dfrac{1}{1.6} - \dfrac{17.4}{100}} = 2.22$

(4) $I_s = \omega_p - \omega_s = 27.4 - 17.4 = 10\%$

문제 07

현장도로 토공에서 들밀도시험을 했다. 파낸 구멍의 체적 $V = 836.63\text{cm}^3$이었고, 이 구멍에서 파낸 흙 무게가 1,650.5g이었다. 이 흙의 토질시험 결과 함수비 $\omega = 9.5\%$, 비중 $G_s = 2.65$, 최대건조밀도 $\gamma_{d\max} = 1.87\text{g/cm}^3$이었다. 물음에 답하시오. (단, $\gamma_w = 1\text{g/cm}^3$이다.) (6점)

(1) 현장건조밀도를 구하시오.
(2) 공극비 및 공극률을 구하시오.
(3) 다짐도를 구하시오.

풀이

(1) • 습윤밀도 $\gamma_t = \dfrac{W}{V} = \dfrac{1{,}650.5}{836.63} = 1.97\text{g/cm}^3$

• 건조밀도 $\gamma_d = \dfrac{\gamma_t}{1 + \dfrac{\omega}{100}} = \dfrac{1.97}{1 + \dfrac{9.5}{100}} = 1.80\text{g/cm}^3$

(2) • 공극비 $e = \dfrac{\gamma_\omega}{\gamma_d}G_s - 1 = \dfrac{1}{1.8} \times 2.65 - 1 = 0.47$

• 공극률 $n = \dfrac{e}{1 + e} \times 100 = \dfrac{0.47}{1 + 0.47} \times 100 = 31.97\%$

(3) 다짐도 $= \dfrac{\gamma_d}{\gamma_{d\max}} \times 100 = \dfrac{1.80}{1.87} \times 100 = 96.26\%$

문제 08

콘크리트 압축강도 표준편차의 계산을 위한 현장 강도기록이 없을 경우, 다음의 배합강도를 추정하시오. (6점)

(1) 호칭강도가 18MPa인 경우
(2) 호칭강도가 40MPa인 경우

풀이
(1) $f_{cr} = f_{cn} + 7 = 18 + 7 = 25\text{MPa}$
(2) $f_{cr} = 1.1 f_{cn} + 5.0 = 1.1 \times 40 + 5.0 = 49\text{MPa}$

건설재료시험기능사 실기 작업형 출제시험 항목

- 액성한계시험
- 다짐시험

2014년 3월 23일 시행 실기 필답형 문제

「알려 드립니다」 한국산업인력공단의 저작권법 저촉에 대한 언급이 있어 과거에 출제된 동일한 문제나 그 유형의 문제로 재구성하였습니다.

문제 01
다음의 아스팔트 시험에 대한 물음에 답하시오.
(1) 아스팔트의 굳기 정도를 측정하는 시험은?
(2) 아스팔트의 늘어나는 연성을 측정하는 시험은?

풀이
(1) 침입도 시험
(2) 신도 시험

문제 02
콘크리트 압축강도 표준편차의 계산을 위한 현장 강도 기록이 없을 경우, 다음의 배합강도를 구하시오.
(1) 호칭강도가 18MPa인 경우
(2) 호칭강도가 24MPa인 경우
(3) 호칭강도가 45MPa인 경우

풀이
(1) $f_{cr} = f_{cn} + 7 = 18 + 7 = 25$ MPa
(2) $f_{cr} = f_{cn} + 8.5 = 24 + 8.5 = 32.5$ MPa
(3) $f_{cr} = 1.1 f_{cn} + 5.0 = 1.1 \times 45 + 5.0 = 54.5$ MPa

문제 03
굵은골재의 밀도 및 흡수율 시험 결과가 다음과 같다. 물음에 답하시오. (단, $\rho_w = 0.9970$ g/cm³, 소수 셋째자리에서 반올림하시오.)

- 물속에서 철망태의 질량 : 2250g
- 물속에서 철망태에 시료를 넣은 질량 : 5496g
- 표면건조 포화상태의 시료 질량 : 5250g
- 절대건조 시료 질량 : 5170g

(1) 표면건조 포화상태 밀도
(2) 절대건조 밀도
(3) 흡수율
(4) 2회 시험의 평균값에 대한 밀도 및 흡수율 시험값의 허용오차

풀이
(1) $\dfrac{B}{B-C} \times \rho_w = \dfrac{5250}{5250-3246} \times 0.9970 = 2.61$ g/cm³
(2) $\dfrac{A}{B-C} \times \rho_w = \dfrac{5170}{5250-3246} \times 0.9970 = 2.57$ g/cm³
여기서, 골재의 수중질량 = 5496 - 2250 = 3246g

(3) $\dfrac{B-A}{A}\times 100 = \dfrac{5250-5170}{5170}\times 100 = 1.55\%$

(4) • 밀도의 허용오차 : 0.01g/cm^3
  • 흡수율의 허용오차 : 0.03%

문제 04

어떤 시료에 대해서 액성한계 시험을 한 결과 다음 표와 같은 값을 얻었다. 다음 물음에 답하시오. (단, 소성한계 25%, 자연 함수비 30%)

낙하횟수	42	34	22	17	9
함수비(%)	29	31	33	35	38

(1) 유동곡선을 그리고 액성한계를 구하시오.

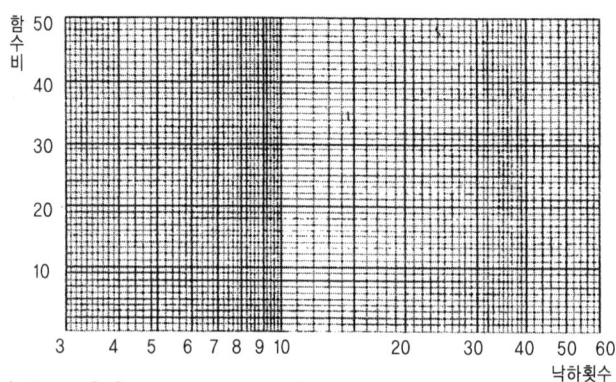

(2) 소성지수를 구하시오.
(3) 액성지수를 구하시오.

풀이 (1)

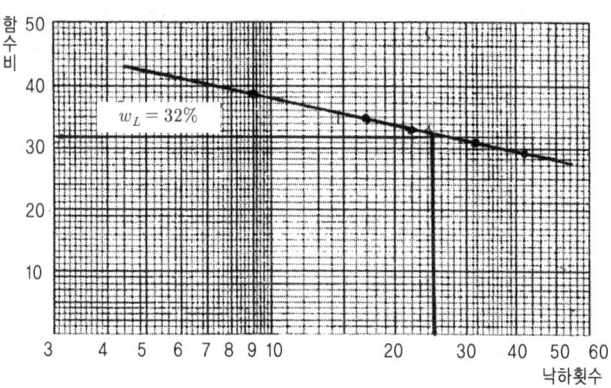

• 액성한계(w_L) : 32%

(2) 소성지수 $I_P = w_L - w_P = 32 - 25 = 7\%$

(3) 액성지수 $I_L = \dfrac{w_n - w_P}{I_P} = \dfrac{30-25}{7} = 0.714$

문제 05

일축압축시험의 결과 $q_u = 0.34\,\text{MPa}$, 파괴면 각도 $55°$이었다. 다음 물음에 답하시오.

(1) 내부마찰각을 구하시오.
(2) 흙의 점착력을 구하시오.

[풀이]

(1) $\theta = 45° + \dfrac{\phi}{2}$

$55° = 45° + \dfrac{\phi}{2}$ $\therefore\ \phi = 20°$

(2) $C = \dfrac{q_u}{2\tan\left(45° + \dfrac{\phi}{2}\right)} = \dfrac{0.34}{2\tan\left(45° + \dfrac{20°}{2}\right)} = 0.12\,\text{MPa}$

문제 06

다음 표는 시료의 체가름 결과이다. 물음에 답하시오.

(1) 잔류율, 가적잔류율을 구하시오.

체눈금(mm)	잔류량(g)	잔류율(%)	가적 잔류율(%)
20	0		
10	5		
5	20		
2.5	66		
1.2	140		
0.6	212		
0.3	41		
0.15	14		
팬	2		

(2) 조립률을 구하시오.
(3) 체가름 시험시 굵은골재 최대치수가 20mm일 때의 최소시료량은?

[풀이]

(1)

체눈금(mm)	잔류량(g)	잔류율(%)	가적 잔류율(%)
20	0	0	0
10	5	1	1
5	20	4	5
2.5	66	13.2	18.2
1.2	140	28	46.2
0.6	212	42.4	88.6
0.3	41	8.2	96.8
0.15	14	2.8	99.6
팬	2	0.4	100

- 잔류율 = $\dfrac{\text{그 체의 잔류량}}{\text{전체질량}} \times 100$
- 가적 잔류율 = 각 체의 잔류율의 누계

(2) $\text{FM} = \dfrac{1 + 5 + 18.2 + 46.2 + 88.6 + 96.8 + 99.6}{100} = 3.6$

(3) 4kg

문제 07

현장에서 흙의 단위무게를 모래치환법으로 시험을 실시한 결과 다음과 같은 값을 얻었다. 다음 물음에 답하시오. (단, $\gamma_w = 1\,\text{g/cm}^3$이다.)

(구멍 속 표준모래+깔때기 속 표준모래)무게	2425g
깔때기 속 표준모래 무게	1075g
표준모래의 단위무게	1.35g/cm³
구멍 속 흙 무게	1832g
구멍에서 파낸 흙의 함수비	12%
최대건조 단위무게	1.75g/cm³
흙의 비중	2.65

(1) 구멍 속의 부피를 구하시오.
(2) 습윤단위무게를 구하시오.
(3) 건조단위무게를 구하시오.
(4) 공극비를 구하시오.
(5) 다짐도를 구하시오.

풀이

(1) $\gamma_{\text{모래}} = \dfrac{W_{\text{모래}}}{V}$

$1.35 = \dfrac{2425 - 1075}{V}$

$\therefore V = \dfrac{2425 - 1075}{1.35} = 1000\,\text{cm}^3$

(2) $\gamma_t = \dfrac{W}{V} = \dfrac{1832}{1000} = 1.832\,\text{g/cm}^3$

(3) $\gamma_d = \dfrac{\gamma_t}{1 + \dfrac{w}{100}} = \dfrac{1.832}{1 + \dfrac{12}{100}} = 1.64\,\text{g/cm}^3$

(4) $e = \dfrac{\gamma_w}{\gamma_d} G_s - 1 = \dfrac{1}{1.64} \times 2.65 - 1 = 0.62$

(5) 다짐도 $= \dfrac{\gamma_d}{\gamma_{d\max}} \times 100 = \dfrac{1.64}{1.75} \times 100 = 93.71\%$

건설재료시험기능사 실기 작업형 출제시험 항목

- 액성한계시험
- 다짐시험

2014년 5월 25일 시행 실기 필답형 문제

「**알려 드립니다**」 한국산업인력공단의 저작권법 저촉에 대한 언급이 있어 과거에 출제된 동일한 문제나 그 유형의 문제로 재구성하였습니다.

문제 01

콘크리트의 품질기준강도(f_{cq})가 24 MPa이고 30회 이상 시험한 콘크리트의 표준편차 S가 3.2 MPa라고 한다. 이 콘크리트의 배합강도는? (소수 셋째 자리에서 반올림하시오.)

풀이
- $f_{cr} = f_{cq} + 1.34S = 24 + 1.34 \times 3.2 = 28.29 \text{ MPa}$
- $f_{cr} = (f_{cq} - 3.5) + 2.33S = (24 - 3.5) + 2.33 \times 3.2 = 27.96 \text{ MPa}$

  ∴ 큰 값인 $f_{cr} = 28.29 \text{ MPa}$

문제 02

자연시료의 일축압축시험시 강도가 0.16 MPa, 파괴면 각도 58°, 교란된 시료의 압축강도 0.03 MPa일 때 다음 물음에 답하시오.

(1) 내부마찰각(ϕ)을 구하시오.
(2) 점착력(C)을 구하시오.
(3) 예민비를 구하고 판정하시오.

풀이

(1) $\theta = 45° + \dfrac{\phi}{2}$

$58° = 45° + \dfrac{\phi}{2}$

∴ $\phi = 26°$

(2) $C = \dfrac{q_u}{2\tan(45° + \dfrac{\phi}{2})} = \dfrac{0.16}{2\tan(45° + \dfrac{26°}{2})} = 0.05 \text{ MPa}$

(3) $S_t = \dfrac{q_u}{q_{ur}} = \dfrac{0.16}{0.03} = 5.33$

∴ 예민하다. (예민비가 4~8 사이이므로)

※ $8 < S_t$: 초예민

$2 < S_t < 4$: 보통

$S_t < 2$: 비예민

문제 03

도로시공을 위해 A방법으로 다짐시험을 실시하여 다음과 같은 결과를 얻었다.

함수비(%)	습윤단위중량(t/m³)	함수비(%)	습윤단위중량(t/m³)
5.7	1.69	14.2	1.85
8.7	1.82	16.4	1.79
11.6	1.88	18.5	1.72

(1) 다짐곡선을 그리시오.

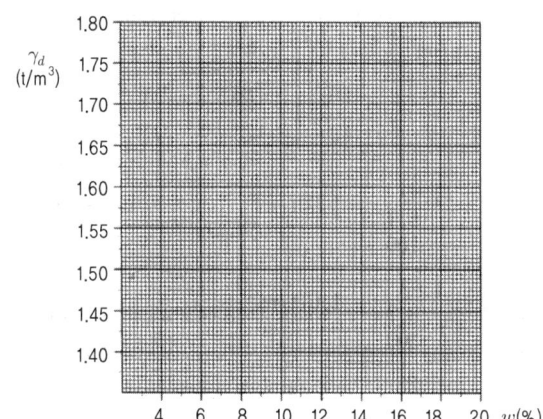

(2) 최적함수비(W_{opt})와 최대건조단위중량($\gamma_{d\max}$)을 구하시오.
① 최적함수비(W_{opt})
② 최대건조단위중량($\gamma_{d\max}$)

풀이 (1)

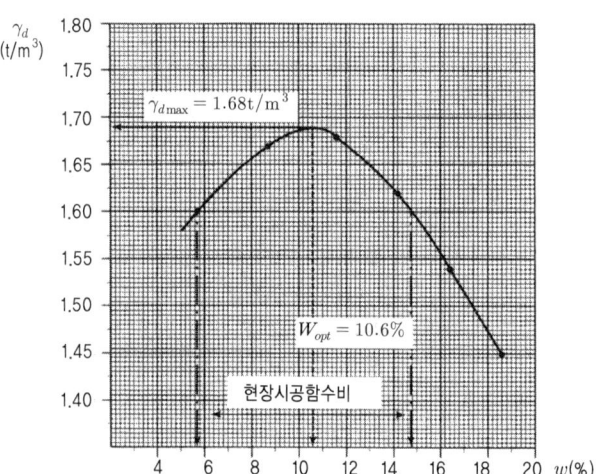

[건조밀도(γ_d) 계산근거]

(w)(%)	γ_t (t/m³)	γ_d (t/m³)	(w)(%)	γ_t (t/m³)	γ_d (t/m³)	(w)(%)	γ_t (t/m³)	γ_d (t/m³)
5.7	1.69	1.60	11.6	1.88	1.68	16.4	1.79	1.54
8.7	1.82	1.67	14.2	1.85	1.62	18.5	1.72	1.45

- $\gamma_{d1} = \dfrac{\gamma_t}{1+\dfrac{w}{100}} = \dfrac{1.69}{1+\dfrac{5.7}{100}} = 1.60\,\text{t/m}^3$

- $\gamma_{d2} = \dfrac{\gamma_t}{1+\dfrac{w}{100}} = \dfrac{1.82}{1+\dfrac{8.7}{100}} = 1.67\,\text{t/m}^3$

- $\gamma_{d3} = \dfrac{\gamma_t}{1+\dfrac{w}{100}} = \dfrac{1.88}{1+\dfrac{11.6}{100}} = 1.68\,\text{t/m}^3$

- $\gamma_{d4} = \dfrac{\gamma_t}{1+\dfrac{w}{100}} = \dfrac{1.85}{1+\dfrac{14.2}{100}} = 1.62\,\text{t/m}^3$

- $\gamma_{d5} = \dfrac{\gamma_t}{1+\dfrac{w}{100}} = \dfrac{1.79}{1+\dfrac{16.4}{100}} = 1.54\,\text{t/m}^3$

- $\gamma_{d6} = \dfrac{\gamma_t}{1+\dfrac{w}{100}} = \dfrac{1.72}{1+\dfrac{18.5}{100}} = 1.45\,\text{t/m}^3$

(2) 다짐곡선을 작도하여 구하면
  ① 최적함수비(W_{opt}) : 10.6%
  ② 최대건조단위중량($\gamma_{d\max}$) : 1.68 t/m³

문제 04 자연 함수비(w_n) 43.6%, 소성한계(w_p) 34.4%, 액성한계(w_L) 72.6%, 수축한계(w_s) 14.8%일 때 다음을 구하시오.

(1) I_P
(2) I_L
(3) I_S
(4) C_c

풀이

(1) $I_P = w_L - w_P = 72.6 - 34.4 = 38.2\%$

(2) $I_L = \dfrac{w_n - w_p}{I_P} = \dfrac{43.6 - 34.4}{38.2} = 0.241$

(3) $I_S = w_p - w_s = 34.4 - 14.8 = 19.6\%$

(4) $C_c = 0.009(w_L - 10) = 0.009(72.6 - 10) = 0.56$

문제 05 다음의 잔골재 0.08mm체 통과량 시험 결과를 보고 물음에 답하시오.

[시험결과]
- 씻기 전 시료의 건조질량 : 500g
- 씻기 후 시료의 건조질량 : 486.4g

(1) 골재의 잔입자 함유량은?
(2) 콘크리트 배합 설계시 사용 가능 유무를 판정하시오.

풀이
(1) 잔입자 함유량 $= \dfrac{500 - 486.4}{500} \times 100 = 2.72\%$
(2) 사용 가능(적합)
※ 잔골재의 유해물 함유량의 한도는 최대치가 3%이므로 사용 가능하다.

문제 06 흙의 삼축압축시험에서 배수 조건 3가지를 쓰시오.
(1)
(2)
(3)

풀이
(1) 비압밀 비배수(UU)
(2) 압밀 비배수(CU)
(3) 압밀 배수(CD)

문제 07 콘크리트 시험에 관한 사항이다. 다음 물음에 답하시오.
(1) 공시체의 양생온도는?
(2) 공시체의 몰드에서 떼어내는 시간?
(3) 공시체가 파괴되었을 때 최대 하중이 380kN이었다. 압축강도를 구하시오.
  (단, 공시체는 지름 150mm, 높이 300mm이다.)

풀이
(1) $20 \pm 2°C$
(2) 16시간 이상 3일 이내
(3) 압축강도 $= \dfrac{P}{A} = \dfrac{380,000}{\dfrac{3.14 \times 150^2}{4}} = 21.5 \text{MPa}$

건설재료시험기능사 실기 작업형 출제시험 항목

- 액성한계시험
- 다짐시험

2014년 11월 22일 시행 실기 필답형 문제

「알려 드립니다」 한국산업인력공단의 저작권법 저촉에 대한 언급이 있어 과거에 출제된 동일한 문제나 그 유형의 문제로 재구성하였습니다.

문제 01
콘크리트의 시방배합으로 각 재료의 단위량과 현장골재의 상태가 다음과 같을 때, 현장배합으로서의 각 재료량을 구하시오. (단, 소수 둘째 자리에서 반올림하시오.)

[시방배합표(kg/m³)]

물(kg)	시멘트(kg)	잔골재(kg)	굵은골재(kg)
167	320	621	1,339

[현장골재의 상태(%)]

종 류	5mm체에 남는 율	5mm체 통과율	표면수율
잔골재	10%	90%	3%
굵은골재	90%	4%	1%

(1) 입도를 보정한 단위골재량
　① 잔골재량(x)　　② 굵은골재량(y)
(2) 표면수량을 보정한 단위골재량
　① 잔골재량　　② 굵은골재량
(3) 현장에서 계량해야 할 단위수량

풀이
(1) ① 잔골재량$(x) = \dfrac{100S - b(S+G)}{100 - (a+b)} = \dfrac{100 \times 621 - 4(621 + 1,339)}{100 - (10+4)} = 630.9\text{kg}$

　② 굵은골재량$(y) = \dfrac{100G - a(S+G)}{100 - (a+b)} = \dfrac{100 \times 1,339 - 10(621 + 1,339)}{100 - (10+4)}$
　　　　　　　　$= 1,329.1\text{kg}$

(2) ① 잔골재량$= 630.9 + 630.9 \times 0.03 = 649.8\text{kg}$
　② 굵은골재량$= 1,329.1 + 1,329.1 \times 0.01 = 1342.4\text{kg}$

(3) $167 - (630.9 \times 0.03) - (1,329.1 \times 0.01) = 134.8\text{kg}$

문제 02
다음 골재의 마모시험 결과를 보고 마모율을 구하시오. (소수 둘째 자리에서 반올림하시오.)

- 시험 전 시료의 질량 : 10,000g
- 시험 후 시료의 질량 : 6,124g

(1) 마모율을 구하시오.
(2) 골재의 적합 여부를 판단하시오. (보통 콘크리트의 경우)

풀이 (1) 마모율 = $\dfrac{\text{시험 전 시료질량} - \text{시험 후 시료질량}}{\text{시험 전 시료질량}} \times 100$

$= \dfrac{10,000 - 6,124}{10,000} \times 100 = 38.8\%$

(2) 마모감량의 한도는 보통 콘크리트의 경우 40% 이하이므로 사용 가능하다.

문제 03

아래와 같이 골재의 체가름 시험을 하였다. 물음에 답하시오.

체(mm)	40	25	20	10	5	2.5	1.2	0.6	0.3	0.15
잔류량(g)	2	5	30	43	15	5	0	0	0	0

1) 조립률을 계산하시오.
2) 굵은골재의 최대치수는?

풀이 1)

체(mm)	40	25	20	10	5	2.5	1.2	0.6	0.3	0.15
잔류율(%)	2	7	37	80	95	100	100	100	100	100

- 가적 잔유율 = 2+37+80+95+100+100+100+100+100 = 714
- 조립률 = $\dfrac{714}{100} = 7.14$

2) $G_{\max} = 25\text{mm}$
- 40mm체 통과율 = 100 − 2 = 98%
- 25mm체 통과율 = 100 − 7 = 93%

※ 굵은골재 최대치수란 질량으로 90% 이상 통과시키는 체 중에서 최소치수의 체눈을 공칭치수로 나타낸다.

문제 04

자연 함수비(w_n) 43.6%, 소성한계(w_P) 34.4%, 액성한계(w_L) 72.6%, 수축한계(w_s) 14.8%일 때 다음을 구하시오.

1) I_P
2) I_L
3) I_S

풀이 1) $I_P = w_L - w_P = 72.6 - 34.4 = 38.2\%$

2) $I_L = \dfrac{w_n - w_p}{I_P} = \dfrac{43.6 - 34.4}{38.2} = 0.241$

3) $I_S = w_p - w_s = 34.4 - 14.8 = 19.6\%$

문제 05 어떤 시료에 대하여 수축한계시험을 실시한 결과 자연함수비 70.9%, 습윤토 체적 23.9cm³, 건조토 체적 12.3cm³, 건조토 중량 21.5g을 얻었다. 다음 물음에 답하시오. (단, $\gamma_w = 1\text{g/cm}^3$이다.)

(1) 수축한계 :
(2) 수축비 :
(3) 흙 입자 밀도의 근사치 :
(4) 체적 수축률 :

풀이

(1) $\omega_s = \omega - \left[\dfrac{V - V_o}{W_o} \cdot \gamma_w \times 100\right] = 70.9 - \left[\dfrac{23.9 - 12.3}{21.5} \times 1 \times 100\right] = 16.95\%$

(2) $R = \dfrac{W_o}{V_o \cdot \gamma_w} = \dfrac{21.5}{12.3 \times 1} = 1.75$

(3) $G_s = \dfrac{1}{\dfrac{1}{R} - \dfrac{\omega_s}{100}} = \dfrac{1}{\dfrac{1}{1.75} - \dfrac{16.95}{100}} = 2.49$

(4) $C = \dfrac{V - V_0}{V_0} \times 100 = \dfrac{23.9 - 12.3}{12.3} \times 100 = 94.3\%$

문제 06 현장도로 토공에서 들밀도시험을 했다. 파낸 구멍의 체적 $V = 836.63\text{cm}^3$이었고, 이 구멍에서 파낸 흙 무게가 1,650.5g이었다. 이 흙의 토질시험 결과 함수비 $\omega = 9.5\%$, 비중 $G_s = 2.65$, 최대건조밀도 $\gamma_{d\max} = 1.87\text{g/cm}^3$이었다. 물음에 답하시오. (단, $\gamma_w = 1\text{g/cm}^3$이다.)

(1) 현장건조밀도를 구하시오.
(2) 공극비 및 공극률을 구하시오.
(3) 다짐도를 구하시오.

풀이

(1) • 습윤밀도 $\gamma_t = \dfrac{W}{V} = \dfrac{1,650.5}{836.63} = 1.97\text{g/cm}^3$

• 건조밀도 $\gamma_d = \dfrac{\gamma_t}{1 + \dfrac{\omega}{100}} = \dfrac{1.97}{1 + \dfrac{9.5}{100}} = 1.80\text{g/cm}^3$

(2) • 공극비 $e = \dfrac{\gamma_w}{\gamma_d} G_s - 1 = \dfrac{1}{1.8} \times 2.65 - 1 = 0.47$

• 공극률 $n = \dfrac{e}{1+e} \times 100 = \dfrac{0.47}{1+0.47} \times 100 = 31.97\%$

(3) 다짐도 $= \dfrac{\gamma_d}{\gamma_{d\max}} \times 100 = \dfrac{1.80}{1.87} \times 100 = 96.26\%$

문제 07

아스팔트 시험에 대한 내용이다. 다음 물음에 답하시오.

(1) 아스팔트 침입도 시험의 목적
(2) 아스팔트 인화점이란?

풀이
(1) 아스팔트의 굳기 정도를 측정하기 위하여
(2) 아스팔트에 불이 붙는 최저온도

문제 08

시멘트 밀도시험(KS L 5110)에 대한 내용이다. 다음 물음에 답하시오.

(1) 시험 결과 초기눈금 0.3ml, 시료량 64g, 시료를 넣은 후 눈금 20.3ml이다. 시멘트의 밀도는?
(2) 동일 시험자가 동일 재료에 대하여 2회 측정한 결과 정밀도는?
(3) 시멘트를 병에 다 넣고 시멘트 안의 공기를 없애는 방법을 간단히 쓰시오.

풀이

(1) 밀도 $= \dfrac{64}{20.3 - 0.3} = 3.2 \text{g/cm}^3$

(2) ±0.03g/cm³ 이내

(3) 병의 마개를 막고 공기 방울이 나오지 않을 때까지 병을 조금 기울여 굴리든가 또는 천천히 수평으로 돌린다.

건설재료시험기능사 실기 작업형 출제시험 항목

- 액성한계시험
- 다짐시험

2015년 3월 15일 시행 실기 필답형 문제

> 「알려 드립니다」 한국산업인력공단의 저작권법 저촉에 대한 언급이 있어 과거에 출제된 동일한 문제나 그 유형의 문제로 재구성하였습니다.

문제 01

굵은골재의 밀도 및 흡수율 시험 결과가 다음과 같다. 물음에 답하시오. (단, $\rho_w = 1\,\text{g/cm}^3$, 소수 셋째 자리에서 반올림하시오.)

- 표면건조 포화상태의 시료 질량 : 2235g
- 물속에서 철망태의 질량 : 1917g
- 물속에서 철망태에 시료를 넣은 질량 : 3218g
- 절대건조 시료 질량 : 2138g

(1) 표면건조 포화상태 밀도   (2) 겉보기 밀도   (3) 흡수율

풀이

(1) $\dfrac{B}{B-C} \times \rho_w = \dfrac{2235}{2235-1301} \times 1 = 2.39\,\text{g/cm}^3$

    여기서, 물속에서의 시료 질량 = 3218 - 1917 = 1301g

(2) $\dfrac{A}{A-C} \times \rho_w = \dfrac{2138}{2138-1301} \times 1 = 2.55\,\text{g/cm}^3$

(3) $\dfrac{B-A}{A} \times 100 = \dfrac{2235-2138}{2138} \times 100 = 4.54\%$

문제 02

현장의 모래 건조밀도가 1.57g/cm³이었다. 이 모래를 실험실에서 1,000cm³의 용기를 사용하여 최대로 느슨한 상태로 채운 후 건조한 무게가 1,460g, 최대로 조밀한 상태로 채운 후 건조한 무게가 1,640g이었을 때 다음 물음에 답하시오.

(1) 최대건조밀도 :
(2) 최소건조밀도 :
(3) 상대밀도 :

풀이

(1) $\gamma_{d\max} = \dfrac{W_s}{V} = \dfrac{1640}{1000} = 1.64\,\text{g/cm}^3$

(2) $\gamma_{d\min} = \dfrac{W_s}{V} = \dfrac{1460}{1000} = 1.46\,\text{g/cm}^3$

(3) $D_r = \dfrac{\gamma_d - \gamma_{d\min}}{\gamma_{d\max} - \gamma_{d\min}} \times \dfrac{\gamma_{d\max}}{\gamma_d} \times 100 = \dfrac{1.57-1.46}{1.64-1.46} \times \dfrac{1.64}{1.57} \times 100 = 63.84\%$

문제 03

젖은 흙의 질량이 340g, 부피가 260cm³이다. 이것을 건조시킨 질량은 230g이었다. 물음에 답하시오. (단, $\gamma_w = 1\text{g/cm}^3$, 흙의 비중은 2.65이다.)

(1) 습윤밀도 :
(2) 건조밀도 :
(3) 함수비 :
(4) 공극비 :
(5) 공극률 :
(6) 포화도 :

풀이

(1) $\gamma_t = \dfrac{W}{V} = \dfrac{340}{260} = 1.308\text{g/cm}^3$

(2) $\gamma_d = \dfrac{W_s}{V} = \dfrac{230}{260} = 0.885\text{g/cm}^3$

(3) $w = \dfrac{340-230}{230} \times 100 = 47.8\%$

(4) $e = \dfrac{\gamma_w}{\gamma_d} G_s - 1 = \dfrac{1}{0.885} \times 2.65 - 1 = 1.99$

(5) $n = \dfrac{e}{1+e} \times 100 = \dfrac{1.99}{1+1.99} \times 100 = 66.56\%$

(6) $S = \dfrac{G_s \cdot w}{e} = \dfrac{2.65 \times 47.8}{1.99} = 63.65\%$

문제 04

어떤 시료에 대해서 액성한계 시험을 한 결과 다음 표와 같은 값을 얻었다. 다음 물음에 답하시오. (단, 소성한계 25%, 자연 함수비 30%)

낙하횟수	42	34	22	17	9
함수비(%)	29	31	33	35	38

(1) 유동곡선을 그리고 액성한계를 구하시오.

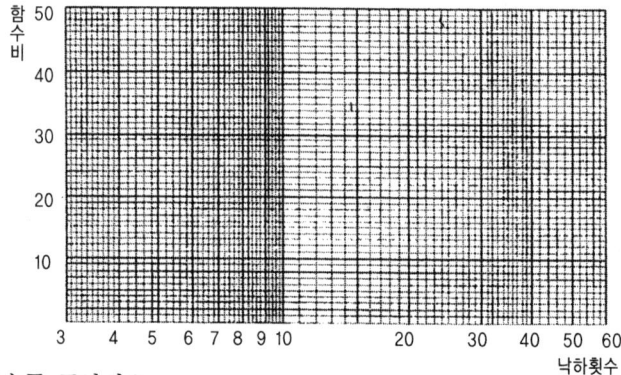

(2) 소성지수를 구하시오.
(3) 액성지수를 구하시오.
(4) 컨시스턴시 지수를 구하시오.

[풀이] (1)

- 액성한계(w_L) : 32%

(2) 소성지수 $I_p = w_L - w_P = 32 - 25 = 7\%$

(3) 액성지수 $I_L = \dfrac{w_n - w_P}{I_P} = \dfrac{30-25}{7} = 0.714$

(4) 컨시스턴시 지수 $I_c = \dfrac{w_L - w_n}{I_P} = \dfrac{32-30}{7} = 0.286$

문제 05

흙의 삼축압축시험에서 배수 조건 3가지를 쓰시오.

(1)
(2)
(3)

[풀이]
(1) 비압밀 비배수(UU)
(2) 압밀 비배수(CU)
(3) 압밀 배수(CD)

문제 06

아래와 같이 골재의 체가름 시험을 하였다. 물음에 답하시오.

체(mm)	40	25	20	10	5	2.5	1.2	0.6	0.3	0.15
잔류량(g)	2	5	30	43	15	5	0	0	0	0

1) 조립률을 계산하시오.
2) 굵은골재의 최대치수는?

[풀이] 1)

체(mm)	40	25	20	10	5	2.5	1.2	0.6	0.3	0.15
잔류율(%)	2	7	37	80	95	100	100	100	100	100

- 가적 잔유율 = 2+37+80+95+100+100+100+100+100 = 714
- 조립률 = $\dfrac{714}{100}$ = 7.14

2) $G_{\max} = 25\text{mm}$
- 40mm체 통과율 = 100-2 = 98%
- 25mm체 통과율 = 100-7 = 93%

※ 굵은골재 최대치수란 질량으로 90% 이상 통과시키는 체 중에서 최소치수의 체눈을 공칭치수로 나타낸다.

문제 07

콘크리트 시방배합으로 각 재료의 단위량과 현장 골재의 상태는 다음과 같다. 물음에 답하시오.

[시방 배합표(kg/m³)]

물(W)	시멘트(C)	잔골재(S)	굵은골재(G)
180	370	710	1190

[현장 골재 상태]
- 잔골재 속에 5mm체에 남는 양 3%
- 굵은골재 속에 5mm체 통과량 2%
- 잔골재 표면수량 3%
- 굵은골재 표면수량 1%

가) 입도를 보정한 골재량을 구하시오.
　　① 잔골재량 :　　　　　　② 굵은골재량 :
나) 표면수를 보정한 골재의 표면수량을 구하시오.
　　① 잔골재 표면수량 :　　　② 굵은골재 표면수량 :
다) 콘크리트의 1m³에 소요되는 현장배합량을 구하시오.
　　① 잔골재량 :　　　　　　② 굵은골재량 :
　　③ 단위수량 :

풀이　가) ① 잔골재량

$$\frac{100S-b(S+G)}{100-(a-b)} = \frac{100 \times 710 - (710+1190)}{100-(3+2)} = 707.4 \text{kg}$$

　② 굵은골재량

$$\frac{100G-a(S+G)}{100-(a+b)} = \frac{100 \times 1190 - 3(710+1190)}{100-(3+2)} = 1192.6 \text{kg}$$

나) ① 잔골재 표면수량
　　$707.4 \times 0.03 = 21.22 \text{kg}$
　② 굵은골재 표면수량
　　$1192.6 \times 0.01 = 11.93 \text{kg}$

다) ① 잔골재량
　　$707.4 + 21.22 = 728.6 \text{kg}$
　② 굵은골재량
　　$1192.6 + 11.93 = 1204.5 \text{kg}$
　② 단위수량
　　$180 - (21.22 + 11.93) = 146.9 \text{kg}$

건설재료시험기능사 실기 작업형 출제시험 항목

- 시멘트 밀도 시험
- 잔골재 밀도 시험

2015년 5월 24일 시행 | **실기 필답형 문제**

「알려 드립니다」 한국산업인력공단의 저작권법 저촉에 대한 언급이 있어 과거에 출제된 동일한 문제나 그 유형의 문제로 재구성하였습니다.

문제 01
흙의 습윤단위무게 1.65 g/cm³, 함수비 56.86%, 비중=2.716일 때 다음 물음에 답하시오. (단, $\gamma_w = 1\text{g/cm}^3$이다.)

(1) 건조단위무게
(2) 간극비
(3) 포화도
(4) 포화단위무게
(5) 수중단위무게

풀이

(1) $\gamma_d = \dfrac{\gamma_t}{1+\dfrac{w}{100}} = \dfrac{1.65}{1+\dfrac{56.86}{100}} = 1.052 \text{g/cm}^3$

(2) $e = \dfrac{\gamma_w}{\gamma_d} G_s - 1 = \dfrac{1}{1.052} \times 2.716 - 1 = 1.582$

(3) $S = \dfrac{G_s \cdot w}{e} = \dfrac{2.716 \times 56.86}{1.582} = 97.62\%$

(4) $\gamma_{sat} = \dfrac{G_s + e}{1+e}\gamma_w = \dfrac{2.716+1.582}{1+1.582} \times 1 = 1.665 \text{g/cm}^3$

(5) $\gamma_{sub} = \gamma_{sat} - \gamma_w = 1.665 - 1 = 0.665 \text{g/cm}^3$

문제 02
잔골재 밀도 시험 결과가 다음과 같다. 물음에 답하시오. (단, $\rho_w = 1\text{g/cm}^3$이다. 소수 넷째자리에서 반올림하시오.)

- 플라스크의 질량 : 164g
- 표면건조포화상태의 질량 : 500g
- 노 건조시료의 질량 : 480g
- 물을 채운 플라스크의 질량 : 662g
- (시료+물+플라스크)의 질량 : 970g

(1) 상대 겉보기 밀도 :
(2) 절건밀도 :
(3) 표건밀도 :
(4) 흡수율 :

풀이

(1) $\dfrac{A}{B+A-C} \times \rho_w = \dfrac{480}{662+480-970} \times 1 = 2.791 \text{g/cm}^3$

(2) $\dfrac{A}{B+m-C} \times \rho_w = \dfrac{480}{662+500-970} \times 1 = 2.5 \text{g/cm}^3$

(3) $\dfrac{m}{B+m-C} \times \rho_w = \dfrac{500}{662+500-970} \times 1 = 2.604 \text{g/cm}^3$

(4) $\dfrac{m-A}{A} \times 100 = \dfrac{500-480}{480} \times 100 = 4.167\%$

문제 03

어떤 시료에 대하여 수축한계시험을 실시한 결과 자연함수비 41.4%, 소성한계 27.4%, 습윤토 체적 21.6cm³, 건조토 체적 15.6cm³, 건조토 질량 25g을 얻었다. 다음 물음에 답하시오. (단, $\gamma_w = 1\text{g/cm}^3$이다.)

(1) 수축한계를 구하시오.
(2) 수축비를 구하시오.
(3) 흙 입자 밀도의 근사치를 구하시오.
(4) 수축지수를 구하시오.

풀이

(1) $\omega_s = \omega - \left[\dfrac{(V-V_0)}{W_0}\gamma_w \times 100\right] = 41.4 - \left[\dfrac{(21.6-15.6)}{25} \times 1 \times 100\right] = 17.4\%$

(2) $R = \dfrac{W_0}{V_0\gamma_w} = \dfrac{25}{15.6 \times 1} = 1.6$

(3) $G_s = \dfrac{1}{\dfrac{1}{R} - \dfrac{\omega_s}{100}} = \dfrac{1}{\dfrac{1}{1.6} - \dfrac{17.4}{100}} = 2.22$

(4) $I_s = \omega_p - \omega_s = 27.4 - 17.4 = 10\%$

문제 04

콘크리트 압축강도 표준편차의 계산을 위한 현장 강도 기록이 없을 경우, 다음의 배합강도를 구하시오.

(1) 호칭강도가 18MPa인 경우
(2) 호칭강도가 24MPa인 경우
(3) 호칭강도가 45MPa인 경우

풀이

(1) $f_{cr} = f_{cn} + 7 = 18 + 7 = 25\text{MPa}$

(2) $f_{cr} = f_{cn} + 8.5 = 24 + 8.5 = 32.5\text{MPa}$

(3) $f_{cr} = 1.1f_{cn} + 5.0 = 1.1 \times 45 + 5.0 = 54.5\text{MPa}$

문제 05

자연시료의 일축압축시험시 강도가 0.16MPa, 파괴면 각도 58°, 교란된 시료의 압축강도 0.03MPa일 때 다음 물음에 답하시오.

(1) 내부마찰각(ϕ)을 구하시오.
(2) 점착력(C)을 구하시오.
(3) 예민비를 구하고 판정하시오.

풀이

(1) $\theta = 45° + \dfrac{\phi}{2}$

$58° = 45° + \dfrac{\phi}{2}$

$\therefore \phi = 26°$

(2) $C = \dfrac{q_u}{2\tan(45° + \dfrac{\phi}{2})} = \dfrac{0.16}{2\tan(45° + \dfrac{26°}{2})} = 0.05\text{MPa}$

(3) $S_t = \dfrac{q_u}{q_{ur}} = \dfrac{0.16}{0.03} = 5.33$

∴ 예민하다. (예민비가 4~8 사이이므로)

※ $8 < S_t$: 초예민

$2 < S_t < 4$: 보통

$S_t < 2$: 비예민

문제 06

다음은 골재의 체가름 시험 결과이다. 물음에 답하시오.

(1) 빈칸의 성과표를 완성하시오.

체 크기(mm)	잔유량(g)	잔유율(%)	가적잔유율(%)
75	0		
50	0		
40	250		
30	1350		
25	2200		
20	2760		
15	4012		
10	2005		
5	1420		
2.5	0		

(2) 조립률을 구하시오.

풀이 (1)

체 크기(mm)	잔유량(g)	잔유율(%)	가적잔유율(%)
75	0	0	0
50	0	0	0
40	250	1.79	1.79
30	1350	9.64	11.43
25	2200	15.71	27.14
20	2760	19.71	46.85
15	4012	28.68	75.53
10	2005	14.32	89.95
5	1420	10.14	100
2.5	0	0	100

- 잔유율 $= \dfrac{\text{해당 체의 잔유율}}{\text{전체 질량}} \times 100$
- 가적 잔유율 = 각 체의 잔유율의 누계

(2) 조립률 $= \dfrac{1.79 + 46.85 + 89.95 + 100 + 100 + 100 + 100 + 100 + 100}{100} = 7.39$

여기서, 조립률에 해당되는 75, 40, 20, 10, 5, 2.5, 1.2, 0.6, 0.3, 0.15mm체의 가적잔유율을 사용한다.

문제 07 흙의 전단강도 측정방법 중 실내 시험방법 3가지를 쓰시오.

풀이 (1) 직접전단시험
(2) 삼축압축시험
(3) 일축압축시험

문제 08 콘크리트의 슬럼프 시험방법(KS F 2402)에 대한 내용이다. 다음 물음에 답하시오.
(1) 슬럼프 콘에 시료를 채우고 벗길 때까지의 전 작업시간은?
(2) 슬럼프 콘을 벗기는 작업시간은?
(3) 슬럼프 콘의 윗면 안지름은?

풀이 (1) 3분 이내
(2) 2~5초
(3) 100mm

건설재료시험기능사 실기 작업형 출제시험 항목

- 액성한계시험
- 다짐시험

2015년 11월 21일 시행 실기 필답형 문제

「알려 드립니다」 한국산업인력공단의 저작권법 저촉에 대한 언급이 있어 과거에 출제된 동일한 문제나 그 유형의 문제로 재구성하였습니다.

문제 01

자연상태의 시료의 일축 압축강도가 0.32 MPa, 파괴각이 50°일 때 다음을 구하시오.

1) 내부마찰각(ϕ)
2) 점착력(C)
3) 흐트러진 시료의 일축압축강도가 0.08 MPa일 때 예민비

풀이

1) $\theta = 45° + \dfrac{\phi}{2}$ $50° = 45° + \dfrac{\phi}{2}$ $\therefore \phi = 10°$

2) $C = \dfrac{q_u}{2\tan\left(45° + \dfrac{\phi}{2}\right)} = \dfrac{0.32}{2\tan\left(45° + \dfrac{10}{2}\right)} = 0.13 \text{MPa}$

3) $S_t = \dfrac{q_u}{q_{ur}} = \dfrac{0.32}{0.08} = 4$

문제 02

어떤 자연 시료토에 대하여 일면 전단시험 결과이다. 다음을 구하시오.

시험횟수	1	2	3
수직응력 σ(kN/m²)	0.1	0.3	0.5
전단강도 τ(kN/m²)	0.15	0.25	0.35

1) 그래프를 작성하시오.

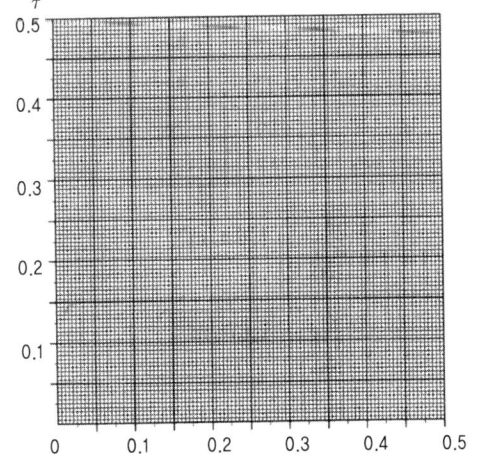

2) 점착력(C)
3) 내부마찰각(ϕ)

[풀이] 1)

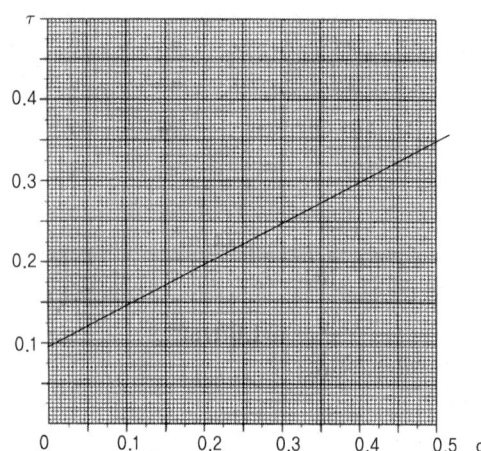

2) $C = 0.1 \, \text{kN/m}^2$
3) $\tan\phi = \dfrac{0.35 - 0.15}{0.5 - 0.1} = 0.5$

   $\therefore \phi = \tan^{-1} 0.5 = 26.57°$

문제 03

굵은골재의 밀도 및 흡수율 시험 결과가 다음과 같다. 물음에 답하시오. (단, $\rho_w = 1 \, \text{g/cm}^3$, 소수 셋째 자리에서 반올림하시오.)

- 표면건조 포화상태의 시료 질량 : 2235g
- 물속에서 철망태의 질량 : 1917g
- 물속에서 철망태에 시료를 넣은 질량 : 3218g
- 절대건조 시료 질량 : 2138g

(1) 표면건조 포화상태 밀도 (2) 겉보기 밀도
(3) 흡수율 (4) 절대건조밀도

[풀이]

(1) $\dfrac{B}{B-C} \times \rho_w = \dfrac{2235}{2235 - 1301} \times 1 = 2.39 \, \text{g/cm}^3$

   여기서, 물속에서의 시료 질량 = 3218 − 1917 = 1301g

(2) $\dfrac{A}{A-C} \times \rho_w = \dfrac{2138}{2138 - 1301} \times 1 = 2.55 \, \text{g/cm}^3$

(3) $\dfrac{B-A}{A} \times 100 = \dfrac{2235 - 2138}{2138} \times 100 = 4.54\%$

(4) $\dfrac{A}{B-C} \times \rho_w = \dfrac{2138}{2235 - 1301} \times 1 = 2.29 \, \text{g/cm}^3$

문제 04

현장에서 흙의 단위무게를 모래치환법으로 시험을 실시한 결과 다음과 같은 값을 얻었다. 다음 물음에 답하시오. (단, $\gamma_w = 1\text{g/cm}^3$이다.)

(구멍 속 표준모래+깔때기 속 표준모래)무게	2425g
깔때기 속 표준모래 무게	1075g
표준모래의 단위무게	1.35g/cm³
구멍 속 흙 무게	1832g
구멍에서 파낸 흙의 함수비	12%
최대건조 단위무게	1.75g/cm³
흙의 비중	2.65

(1) 구멍 속의 부피를 구하시오.
(2) 습윤단위무게를 구하시오.
(3) 건조단위무게를 구하시오.
(4) 공극비를 구하시오.
(5) 다짐도를 구하시오.

풀이

(1) $\gamma_{\text{모래}} = \dfrac{W_{\text{모래}}}{V}$

$1.35 = \dfrac{2425 - 1075}{V}$

$\therefore V = \dfrac{2425 - 1075}{1.35} = 1000 \text{cm}^3$

(2) $\gamma_t = \dfrac{W}{V} = \dfrac{1832}{1000} = 1.832 \text{g/cm}^3$

(3) $\gamma_d = \dfrac{\gamma_t}{1 + \dfrac{w}{100}} = \dfrac{1.832}{1 + \dfrac{12}{100}} = 1.64 \text{g/cm}^3$

(4) $e = \dfrac{\gamma_w}{\gamma_d} G_s - 1 = \dfrac{1}{1.64} \times 2.65 - 1 = 0.62$

(5) 다짐도 $= \dfrac{\gamma_d}{\gamma_{d\max}} \times 100 = \dfrac{1.64}{1.75} \times 100 = 93.71\%$

문제 05

콘크리트 시험에 관한 사항이다. 다음 물음에 답하시오.

(1) 압축강도 표준 공시체 $\phi 150 \times 300\text{mm}$의 경우 원칙적으로 굵은골재 최대치수는?
(2) 공시체의 몰드에서 떼어내는 시간?
(3) 공시체가 파괴되었을 때 최대 하중이 380kN이었다. 압축강도를 구하시오. (단, 공시체는 지름 150mm, 높이 300mm이다.)

풀이

(1) 40mm 이하
(2) 16시간 이상 3일 이내
(3) 압축강도 $= \dfrac{P}{A} = \dfrac{380,000}{\dfrac{3.14 \times 150^2}{4}} = 21.5 \text{MPa}$

문제 06

어떤 시료에 대하여 수축한계시험을 실시한 결과 자연함수비 70.9%, 습윤토 체적 23.9cm³, 건조토 체적 12.3cm³, 건조토 중량 21.5g을 얻었다. 다음 물음에 답하시오. (단, $\gamma_w = 1g/cm^3$이다.)

(1) 수축한계 :
(2) 수축비 :
(3) 흙 입자 밀도의 근사치 :
(4) 체적 수축률 :

풀이

(1) $\omega_s = \omega - \left[\dfrac{V-V_o}{W_o} \cdot \gamma_w \times 100\right] = 70.9 - \left[\dfrac{23.9-12.3}{21.5} \times 1 \times 100\right] = 16.95\%$

(2) $R = \dfrac{W_o}{V_o \cdot \gamma_w} = \dfrac{21.5}{12.3 \times 1} = 1.75$

(3) $G_s = \dfrac{1}{\dfrac{1}{R} - \dfrac{\omega_s}{100}} = \dfrac{1}{\dfrac{1}{1.75} - \dfrac{16.95}{100}} = 2.49$

(4) $C = \dfrac{V-V_0}{V_0} \times 100 = \dfrac{23.9-12.3}{12.3} \times 100 = 94.3\%$

문제 07

다음의 콘크리트 배합강도에 대한 물음에 답하시오.

(1) 현장의 압축강도 시험 기록이 없는 경우에 호칭강도가 18MPa일 때 배합강도는?
(2) 현장의 압축강도 시험 기록이 없는 경우에 호칭강도가 24MPa일 때 배합강도는?
(3) 콘크리트 품질기준강도가 28MPa이고 30회 이상의 실험에 의한 압축강도의 표준편차가 3.0MPa일 때 콘크리트의 배합강도를 구하시오.

풀이

(1) $f_{cr} = f_{cn} + 7 = 18 + 7 = 25MPa$

(2) $f_{cr} = f_{cn} + 8.5 = 24 + 8.5 = 32.5MPa$

(3) $f_{cr} = f_{cq} + 1.34S = 28 + 1.34 \times 3 = 32.02MPa$
$f_{cr} = (f_{cq} - 3.5) + 2.33S = (28 - 3.5) + 2.33 \times 3 = 31.49MPa$
∴ 큰 값인 32.02 MPa

건설재료시험기능사 실기 작업형 출제시험 항목

- 시멘트 밀도 시험
- 잔골재 밀도 시험

2016년 3월 13일 시행 — 실기 필답형 문제

> 「**알려 드립니다**」 한국산업인력공단의 저작권법 저촉에 대한 언급이 있어 과거에 출제된 동일한 문제나 그 유형의 문제로 재구성하였습니다.

문제 01

잔골재 밀도 시험 결과가 다음과 같다. 물음에 답하시오. (단, $\rho_w = 1\,\text{g/cm}^3$, 소수 셋째 자리에서 반올림하시오.)

- 물을 채운 플라스크의 질량 : 650g
- 표면건조 포화상태의 질량 : 500g
- 시료+물+플라스크의 질량 : 920g
- 노건조시료의 질량 : 480g

(1) 표건밀도
(2) 상대 겉보기 밀도
(3) 절건밀도
(4) 흡수율
(5) 아래 표의 ( )에 적합한 숫자를 쓰시오.

> 시험 두 번을 실시하여 그 측정값이 평균값과 차가 밀도 시험의 경우 (①)g/cm³ 이하, 흡수율 시험의 경우에는 (②)% 이하이어야 한다.

풀이

(1) 표건밀도 $= \dfrac{500}{650+500-920} \times 1 = 2.17\,\text{g/cm}^3$

(2) 상대 겉보기 밀도 $= \dfrac{480}{650+480-920} \times 1 = 2.29\,\text{g/cm}^3$

(3) 절건밀도 $= \dfrac{480}{650+500-920} \times 1 = 2.09\,\text{g/cm}^3$

(4) 흡수율 $= \dfrac{500-480}{480} \times 100 = 4.17\%$

(5) ① 0.01 ② 0.05

문제 02

흙의 건조단위무게가 15.8 kN/m³, 최대 건조단위무게가 17.2 kN/m³, 최소 건조단위무게가 14.3 kN/m³일 때 이 모래의 상대밀도를 구하시오.

풀이

$$D_r = \dfrac{\gamma_d - \gamma_{d\min}}{\gamma_{d\max} - \gamma_{d\min}} \times \dfrac{\gamma_{d\max}}{\gamma_d} \times 100$$

$$= \dfrac{15.8 - 14.3}{17.2 - 14.3} \times \dfrac{17.2}{15.8} \times 100 = 56.3\%$$

문제 03

다음 표는 시료의 체가름 결과이다. 물음에 답하시오.

(1) 잔류율, 가적잔류율을 구하시오.

체눈금(mm)	잔류량(g)	잔류율(%)	가적 잔류율(%)
20	0		
10	5		
5	20		
2.5	66		
1.2	140		
0.6	212		
0.3	41		
0.15	14		
팬	2		

(2) 조립률을 구하시오.

풀이 (1)

체눈금(mm)	잔류량(g)	잔류율(%)	가적 잔류율(%)
20	0	0	0
10	5	1	1
5	20	4	5
2.5	66	13.2	18.2
1.2	140	28	46.2
0.6	212	42.4	88.6
0.3	41	8.2	96.8
0.15	14	2.8	99.6
팬	2	0.4	100

- 잔류율 = $\dfrac{\text{그 체의 잔류량}}{\text{전체질량}} \times 100$
- 가적 잔류율 = 각 체의 잔류율의 누계

(2) $FM = \dfrac{1 + 5 + 18.2 + 46.2 + 88.6 + 96.8 + 99.6}{100} = 3.6$

문제 04

자연시료의 압축파괴시험시 강도가 0.16 MPa, 파괴면 각도 58°, 교란된 시료의 압축강도 0.03 MPa일 때 다음 물음에 답하시오.

(1) 내부마찰각(ϕ)을 구하시오.
(2) 점착력(C)을 구하시오.
(3) 예민비를 구하고 판정하시오.
(4) 흐트러진 흙이 시간이 지남에 따라 강도가 회복되는 현상을 무엇이라 하는가?

풀이 (1) $\theta = 45° + \dfrac{\phi}{2}$

$58° = 45° + \dfrac{\phi}{2}$

$\therefore \phi = 26°$

(2) $C = \dfrac{q_u}{2\tan\left(45° + \dfrac{\phi}{2}\right)} = \dfrac{0.16}{2\tan\left(45° + \dfrac{26°}{2}\right)} = 0.05\,\text{MPa}$

(3) $S_t = \dfrac{q_u}{q_{ur}} = \dfrac{0.16}{0.03} = 5.33$

$\therefore$ 예민하다. (예민비가 4~8 사이이므로)

※ $8 < S_t$: 초예민
 $2 < S_t < 4$: 보통
 $S_t < 2$: 비예민

(4) 틱소트로피(thixotrophy)

문제 05

자연 함수비(w_n) 43.6%, 소성한계(w_p) 34.4%, 액성한계(w_L) 72.6%, 수축한계(w_s) 14.8%, 유동지수(I_f) 10.5일 때 다음을 구하시오.

1) I_P
2) I_C
3) I_t

풀이 1) $I_P = w_L - w_P = 72.6 - 34.4 = 38.2\%$

2) $I_c = \dfrac{w_L - w_n}{I_P} = \dfrac{72.6 - 43.6}{38.2} = 0.76$

3) $I_t = \dfrac{I_P}{I_f} = \dfrac{38.2}{10.5} = 3.64$

문제 06

압력법에 의한 굳지 않은 콘크리트의 공기량 시험에 대한 다음 결과의 표를 보고 물음에 답하시오.

- 콘크리트 시료의 부피(공기량 시험기 부피): $6l$
- 1배치의 콘크리트 부피: $1,000l$
- 1배치에 사용하는 잔골재의 질량: $785\,\text{kg}$
- 1배치에 사용하는 굵은골재의 질량: $1,028\,\text{kg}$
- 콘크리트의 겉보기 공기량: 5.6%
- 골재의 수정계수: 0.8%

(1) 골재 수정계수의 결정을 위해 사용되는 잔골재의 질량은?
(2) 골재 수정계수의 결정을 위해 사용되는 굵은골재의 질량은?
(3) 공기량은?

풀이

(1) $\dfrac{6}{1,000} \times 785 = 4.71 \text{kg}$

(2) $\dfrac{6}{1,000} \times 785 = 6.17 \text{kg}$

(3) $5.6 - 0.8 = 4.8\%$

문제 07

현장의 시료를 채취한 결과 젖은 흙의 무게가 206g이고 부피는 126cm³이다. 이 흙을 노건조한 무게는 170g이었다. 다음의 물음에 답하시오. (단, $\gamma_w = 1\text{g/cm}^3$, 이 흙의 비중 $G_s = 2.60$이다.)

(1) 함수비
(2) 습윤단위 무게
(3) 건조단위 무게
(4) 간극비
(5) 간극률
(6) 포화도

풀이

(1) $w = \dfrac{W_w}{W_s} \times 100 = \dfrac{206 - 170}{170} \times 100 = 21.18\%$

(2) $\gamma_t = \dfrac{W}{V} = \dfrac{206}{126} = 1.63 \text{g/cm}^3$

(3) $\gamma_d = \dfrac{W_s}{V} = \dfrac{170}{126} = 1.35 \text{g/cm}^3$

(4) $e = \dfrac{\gamma_w}{\gamma_d} G_s - 1 = \dfrac{1}{1.35} \times 2.60 - 1 = 0.93$

(5) $n = \dfrac{e}{1+e} \times 100 = \dfrac{0.93}{1+0.93} \times 100 = 48.19\%$

(6) $S = \dfrac{G_s \, w}{e} = \dfrac{2.60 \times 21.18}{0.93} = 59.21\%$

건설재료시험기능사 실기 작업형 출제시험 항목

- 액성한계시험
- 다짐시험

2016년 5월 21일 시행 실기 필답형 문제

> 「알려 드립니다」 한국산업인력공단의 저작권법 저촉에 대한 언급이 있어 과거에 출제된 동일한 문제나 그 유형의 문제로 재구성하였습니다.

문제 01

일축압축시험의 결과 q_u = 0.34 MPa, 파괴면 각도 55°이었다. 다음 물음에 답하시오.

(1) 내부마찰각을 구하시오.
(2) 흙의 점착력을 구하시오.

풀이

(1) $\theta = 45° + \dfrac{\phi}{2}$

$55° = 45° + \dfrac{\phi}{2}$

$\therefore \phi = 20°$

(2) $C = \dfrac{q_u}{2\tan\left(45° + \dfrac{\phi}{2}\right)} = \dfrac{0.34}{2\tan\left(45° + \dfrac{20°}{2}\right)} = 0.12 \text{MPa}$

문제 02

다음의 콘크리트 시방배합을 현장배합으로 수정하시오.

[시방 배합표]

굵은골재 최대치수 (mm)	슬럼프 (mm)	물-시멘트비 (%)	잔골재율 (%)	물(kg)	시멘트 (kg)	잔골재 (kg)	굵은골재 (kg)
25	120	45	39.5	179	398	699	1089

[현장 골재 상태]
- 잔골재 속에 5mm체에 남는 양 3%
- 굵은골재 속에 5mm체에 통과량 4%
- 잔골재 표면수율 5%
- 굵은골재 표면수율 2%

(1) 단위 잔골재량을 구하시오.
(2) 단위 굵은골재량을 구하시오.
(3) 단위수량을 구하시오.

풀이 (1) 단위 잔골재량
  ① 입도 보정
  $$\frac{100S-b(S+G)}{100-(a+b)} = \frac{100\times 699-4(699+1089)}{100-(3+4)} = 674.7\text{kg}$$
  ② 표면수 보정
  $674.7\times 0.05 = 33.7\text{kg}$
  ∴ $674.7+33.7 = 708.4\text{kg}$

(2) 단위 굵은골재량
  ① 입도 보정
  $$\frac{100G-a(S+G)}{100-(a+b)} = \frac{100\times 1089-3(699+1089)}{100-(3+4)} = 1113.3\text{kg}$$
  ② 표면수 보정
  $1113.3\times 0.02 = 22.3\text{kg}$
  ∴ $1113.3+22.3 = 1135.6\text{kg}$

(3) 단위수량 : $179-(33.7+22.3) = 123\text{kg}$

문제 03

다음의 아스팔트 시험에 대한 물음에 답하시오.
(1) 아스팔트의 굳기 정도를 측정하는 시험은?
(2) 아스팔트의 늘어나는 연성을 측정하는 시험은?

풀이 (1) 침입도 시험
(2) 신도 시험

문제 04

자연 함수비(w_n) 43.6%, 소성한계(w_p) 34.4%, 액성한계(w_L) 72.6%, 수축한계(w_s) 14.8%일 때 다음을 구하시오.
(1) I_P
(2) I_L
(3) I_S
(4) C_c

풀이 (1) $I_P = w_L - w_P = 72.6 - 34.4 = 38.2\%$

(2) $I_L = \dfrac{w_n - w_p}{I_P} = \dfrac{43.6 - 34.4}{38.2} = 0.241$

(3) $I_S = w_p - w_s = 34.4 - 14.8 = 19.6\%$

(4) $C_c = 0.009(\omega_L - 10) = 0.009(72.6 - 10) = 0.56$

문제 05

흙의 습윤단위무게 16.5 kN/m³, 함수비 56.86%, 비중=2.716일 때 다음 물음에 답하시오. (단, $\gamma_w = 9.81 \text{kN/m}^3$이다.)

(1) 건조단위무게
(2) 간극비
(3) 포화도
(4) 포화단위무게
(5) 간극률

풀이

(1) $\gamma_d = \dfrac{\gamma_t}{1+\dfrac{w}{100}} = \dfrac{16.5}{1+\dfrac{56.86}{100}} = 10.52 \text{kN/m}^3$

(2) $e = \dfrac{\gamma_w}{\gamma_d} G_s - 1 = \dfrac{9.81}{10.52} \times 2.716 - 1 = 1.532$

(3) $S = \dfrac{G_s \cdot w}{e} = \dfrac{2.716 \times 56.86}{1.532} = 100.8\%$

(4) $\gamma_{sat} = \dfrac{G_s + e}{1+e} \gamma_w = \dfrac{2.716 + 1.532}{1+1.532} \times 9.81 = 16.46 \text{kN/m}^3$

(5) $n = \dfrac{e}{1+e} \times 100 = \dfrac{1.532}{1+1.532} \times 100 = 60.5\%$

문제 06

잔골재 밀도 시험 결과가 다음과 같다. 물음에 답하시오. (단, $\rho_w = 1\text{g/cm}^3$이다. 소수 넷째자리에서 반올림하시오.)

- 플라스크의 질량 : 164g
- 표면건조포화상태의 질량 : 500g
- 노 건조시료의 질량 : 480g
- 물을 채운 플라스크의 질량 : 662g
- (시료+물+플라스크)의 질량 : 970g

(1) 표건밀도 :
(2) 흡수율 :

풀이

(1) $\dfrac{m}{B+m-C} \times \rho_w = \dfrac{500}{662+500-970} \times 1 = 2.604 \text{g/cm}^3$

(2) $\dfrac{m-A}{A} \times 100 = \dfrac{500-480}{480} \times 100 = 4.167\%$

문제 07

흙의 전단강도 측정방법 중 실내 시험방법 3가지를 쓰시오.

풀이
① 직접전단시험
② 삼축압축시험
③ 일축압축시험

문제 08 콘크리트의 슬럼프 시험방법(KS F 2402)에 대한 내용이다. 다음 물음에 답하시오.
(1) 슬럼프 콘에 시료를 채우고 벗길 때까지의 전 작업시간은?
(2) 슬럼프 콘을 벗기는 작업시간은?
(3) 슬럼프 콘의 윗면 안지름은?

풀이 (1) 3분 이내
(2) 2~5초
(3) 100mm

건설재료시험기능사 실기 작업형 출제시험 항목

- 액성한계시험
- 다짐시험

2016년 11월 26일 시행 | 실기 필답형 문제

> **「알려 드립니다」** 한국산업인력공단의 저작권법 저촉에 대한 언급이 있어 과거에 출제된 동일한 문제나 그 유형의 문제로 재구성하였습니다.

문제 01

강재시험에 관한 다음 물음에 답하시오.
(1) 강재 경도시험방법의 종류 4가지를 쓰시오.
(2) 강재 충격시험의 목적을 간단히 쓰고 그 종류 2가지를 쓰시오.

풀이
(1) 브리넬(Brinell), 쇼어(Shore), 비커스(Vickers), 로크웰(Rockwell)
(2) ① 목적 : 강재의 충격(인성)을 알기 위해
② 종류 : 샤르피식, 아이조드식

문제 02

다음의 체가름 시험 표를 완성하고 조립률을 구하시오.

체 눈금(mm)	잔류량(g)	잔류율(%)	가적잔류율(%)	가적통과율(%)
20	0	-	-	-
10	0	-	-	-
5	0	-	-	-
2.5	50			
1.2	150			
0.6	150			
0.3	50			
0.15	100			
팬	0	-	-	-

풀이

체 눈금(mm)	잔류량(g)	잔류율(%)	가적잔류율(%)	가적통과율(%)
20	0	-	-	-
10	0	-	-	-
5	0	-	-	100
2.5	50	10	10	90
1.2	150	30	40	60
0.6	150	30	70	30
0.3	50	10	80	20
0.15	100	20	100	0
팬	0	-	-	-

- 잔류율 = $\dfrac{\text{그 체의 잔류량}}{\text{전체의 질량}} \times 100$
- 가적 잔류율 = 각 체의 잔류율의 누계
- 조립률 = $\dfrac{10+40+70+80+100}{100} = 3.0$

문제 03

현장도로 토공에서 들밀도시험을 했다. 파낸 구멍의 체적 $V=836.63\text{cm}^3$이었고, 이 구멍에서 파낸 흙 무게가 1,650.5g이었다. 이 흙의 토질시험 결과 함수비 $\omega=9.5\%$, 비중 $G_s=2.65$, 최대건조밀도 $\gamma_{d\max}=1.87\text{g/cm}^3$이었다. 물음에 답하시오. (단, $\gamma_w=1\text{g/cm}^3$이다.)

(1) 현장건조밀도를 구하시오.
(2) 공극비 및 공극률을 구하시오.
(3) 다짐도를 구하시오.

풀이

(1) • 습윤밀도 $\gamma_t = \dfrac{W}{V} = \dfrac{1,650.5}{836.63} = 1.97\text{g/cm}^3$

• 건조밀도 $\gamma_d = \dfrac{\gamma_t}{1+\dfrac{\omega}{100}} = \dfrac{1.97}{1+\dfrac{9.5}{100}} = 1.80\text{g/cm}^3$

(2) • 공극비 $e = \dfrac{\gamma_w}{\gamma_d}G_s - 1 = \dfrac{1}{1.8} \times 2.65 - 1 = 0.47$

• 공극률 $n = \dfrac{e}{1+e} \times 100 = \dfrac{0.47}{1+0.47} \times 100 = 31.97\%$

(3) 다짐도 $= \dfrac{\gamma_d}{\gamma_{d\max}} \times 100 = \dfrac{1.80}{1.87} \times 100 = 96.26\%$

문제 04

자연시료의 일축압축시험시 강도가 $157\,\text{kN/m}^2$, 파괴면 각도 58°, 교란된 시료의 압축강도 $28\,\text{kN/m}^2$일 때 다음 물음에 답하시오.

(1) 내부마찰각(ϕ)을 구하시오.
(2) 점착력(C)을 구하시오.
(3) 예민비를 구하고 판정하시오.

풀이

(1) $\theta = 45° + \dfrac{\phi}{2}$

$58° = 45° + \dfrac{\phi}{2}$

$\therefore \phi = 26°$

(2) $C = \dfrac{q_u}{2\tan\left(45° + \dfrac{\phi}{2}\right)} = \dfrac{157}{2\tan\left(45° + \dfrac{26°}{2}\right)} = 49\,\text{kN/m}^2$

(3) $S_t = \dfrac{q_u}{q_{ur}} = \dfrac{157}{28} = 5.61$

$\therefore$ 예민하다. (예민비가 4~8 사이이므로)

※ $8 < S_t$: 초예민
$\quad 2 < S_t < 4$: 보통
$\quad S_t < 2$: 비예민

문제 05

콘크리트 시험에 관한 사항이다. 다음 물음에 답하시오.

(1) $\phi 150 \times 300$mm인 공시체를 제작할 경우 각 층은 다짐봉으로 몇 회씩 다져야 하는가?
(2) 공시체의 몰드에서 떼어내는 시간?
(3) 공시체가 파괴되었을 때 최대 하중이 380kN이었다. 압축강도를 구하시오. (단, 공시체는 지름 150mm, 높이 300mm이다.)

풀이
(1) 25회
(2) 16시간 이상 3일 이내
(3) 압축강도 $= \dfrac{P}{A} = \dfrac{380,000}{\dfrac{3.14 \times 150^2}{4}} = 21.5\text{MPa}$

문제 06

굵은골재의 밀도 및 흡수율 시험 결과가 다음과 같다. 물음에 답하시오. (단, $\rho_w = 1\text{g/cm}^3$, 소수 셋째 자리에서 반올림하시오.)

- 표면건조 포화상태의 시료 질량 : 2235g
- 물속에서 철망태의 질량 : 1917g
- 물속에서 철망태에 시료를 넣은 질량 : 3218g
- 절대건조 시료 질량 : 2138g

(1) 표면건조 포화상태 밀도
(2) 겉보기 밀도
(3) 흡수율
(4) 절대건조밀도

풀이

(1) $\dfrac{B}{B-C} \times \rho_w = \dfrac{2235}{2235-1301} \times 1 = 2.39\text{g/cm}^3$

여기서, 물속에서의 시료 질량 = 3218 − 1917 = 1301g

(2) $\dfrac{A}{A-C} \times \rho_w = \dfrac{2138}{2138-1301} \times 1 = 2.55\text{g/cm}^3$

(3) $\dfrac{B-A}{A} \times 100 = \dfrac{2235-2138}{2138} \times 100 = 4.54\%$

(4) $\dfrac{A}{B-C} \times \rho_w = \dfrac{2138}{2235-1301} \times 1 = 2.29\text{g/cm}^3$

문제 07

다음은 어떤 시료를 채취하여 소성한계 시험을 한 결과가 표와 같다. 물음에 답하시오.

(1) 시험 결과 표의 빈 칸을 채우시오.

용기번호	P-1	P-2	P-3
(습윤시료+용기)의 무게(g)	10.95	11.20	11.66
(노 건조시료+용기)의 무게(g)	10.19	10.41	10.85
용기의 무게(g)	6.11	6.24	6.53
노 건조시료의 무게(g)			
물의 무게(g)			
함수비(%)			

(2) 소성한계를 구하시오.
(3) 같은 시료를 채취하여 액성한계 시험한 값이 36.7%일 때 소성지수를 구하시오.

풀이 (1)

용기번호	P-1	P-2	P-3
(습윤시료+용기)의 무게(g)	10.95	11.20	11.66
(노 건조시료+용기)의 무게(g)	10.19	10.41	10.85
용기의 무게(g)	6.11	6.24	6.53
노 건조시료의 무게(g)	4.08	4.17	4.32
물의 무게(g)	0.76	0.79	0.81
함수비(%)	18.63	18.94	18.75

- 노 건조시료의 무게＝(노 건조시료+용기)의 무게－용기의 무게
- 물의 무게＝(습윤시료+용기)의 무게－(노 건조시료+용기)의 무게
- 함수비 ＝ $\dfrac{\text{물의 무게}}{\text{노 건조 시료의 무게}} \times 100$

(2) 소성한계 ＝ $\dfrac{18.63+18.94+18.75}{3}$ ＝ 18.8%

(3) 소성지수 ＝ 36.7 － 18.8 ＝ 17.9%

건설재료시험기능사 실기 작업형 출제시험 항목

- 액성한계시험
- 다짐시험

2017년 3월 12일 시행 | 실기 필답형 문제

「**알려 드립니다**」 한국산업인력공단의 저작권법 저촉에 대한 언급이 있어 과거에 출제된 동일한 문제나 그 유형의 문제로 재구성하였습니다.

문제 01

젖은 흙의 질량이 340g, 부피가 260cm³이다. 이것을 건조시킨 질량은 230g이었다. 물음에 답하시오. (단, $\gamma_w = 1\text{g/cm}^3$, 흙의 비중은 2.65이다.)

(1) 습윤밀도 : (2) 건조밀도 :
(3) 함수비 : (4) 공극비 :
(5) 공극률 : (6) 포화도 :

풀이

(1) $\gamma_t = \dfrac{W}{V} = \dfrac{340}{260} = 1.308\text{g/cm}^3$

(2) $\gamma_d = \dfrac{W_s}{V} = \dfrac{230}{260} = 0.885\text{g/cm}^3$

(3) $w = \dfrac{340-230}{230} \times 100 = 47.8\%$

(4) $e = \dfrac{\gamma_w}{\gamma_d} G_s - 1 = \dfrac{1}{0.885} \times 2.65 - 1 = 1.99$

(5) $n = \dfrac{e}{1+e} \times 100 = \dfrac{1.99}{1+1.99} \times 100 = 66.56\%$

(6) $S = \dfrac{G_s \cdot w}{e} = \dfrac{2.65 \times 47.8}{1.99} = 63.65\%$

문제 02

잔골재 밀도 시험 결과가 다음과 같다. 물음에 답하시오. (단, $\rho_w = 1\text{g/cm}^3$이다. 소수 넷째자리에서 반올림하시오.)

- 플라스크의 질량 : 164g
- 표면건조포화상태의 질량 : 500g
- 노 건조시료의 질량 : 480g
- 물을 채운 플라스크의 질량 : 662g
- (시료+물+플라스크)의 질량 : 970g

(1) 상대 겉보기 밀도 : (2) 절건밀도 :
(3) 표건밀도 : (4) 흡수율 :

풀이

(1) $\dfrac{A}{B+A-C} \times \rho_w = \dfrac{480}{662+480-970} \times 1 = 2.791\text{g/cm}^3$

(2) $\dfrac{A}{B+m-C} \times \rho_w = \dfrac{480}{662+500-970} \times 1 = 2.5\text{g/cm}^3$

(3) $\dfrac{m}{B+m-C} \times \rho_w = \dfrac{500}{662+500-970} \times 1 = 2.604\text{g/cm}^3$

(4) $\dfrac{m-A}{A} \times 100 = \dfrac{500-480}{480} \times 100 = 4.167\%$

문제 03

콘크리트 시험에 관한 사항이다. 다음 물음에 답하시오.
(1) 공시체의 양생온도는?
(2) 공시체의 몰드에서 떼어내는 시간?
(3) 공시체가 파괴되었을 때 최대 하중이 380kN이었다. 압축강도를 구하시오.
 (단, 공시체는 지름 150mm, 높이 300mm이다.)

풀이
(1) 20±2℃
(2) 16시간 이상 3일 이내
(3) 압축강도 $= \dfrac{P}{A} = \dfrac{380,000}{\dfrac{3.14 \times 150^2}{4}} = 21.5\text{MPa}$

문제 04

자연 함수비(w_n) 43.6%, 소성한계(w_p) 34.4%, 액성한계(w_L) 72.6%, 수축한계(w_s) 14.8%일 때 다음을 구하시오.
1) I_P
2) I_L
3) I_c

풀이
1) $I_P = w_L - w_P = 72.6 - 34.4 = 38.2\%$
2) $I_L = \dfrac{w_n - w_p}{I_P} = \dfrac{43.6 - 34.4}{38.2} = 0.241$
3) $I_c = \dfrac{w_L - w_n}{I_p} = \dfrac{72.6 - 43.6}{38.2} = 0.759$

문제 05

아스팔트 시험에 관한 다음 물음에 답하시오.
(1) 아스팔트의 굳기 정도를 측정하는 시험은?
(2) 아스팔트 시료의 증기에 불이 붙는 최저 온도를 측정하는 시험은?

풀이
(1) 침입도 시험
(2) 인화점 시험

문제 06

흙의 전단강도 시험에 관한 사항이다. 다음 물음에 답하시오.

(1) 실내 시험에 의한 전단강도 시험의 종류 2가지를 예)와 같이 쓰시오.

> 예) 일축압축시험

① ②

(2) 현장의 직접전단강도 시험의 종류 2가지를 예)와 같이 쓰시오.

> 예) 표준관입시험

① ②

(3) 자연상태 시료의 일축압축강도가 0.34 MPa, 파괴각이 50°이었다. 다음 물음에 답하시오.
① 내부마찰각(ϕ) ② 점착력(C)

풀이
(1) ① 직접전단시험 ② 삼축압축시험
(2) ① 베인전단시험 ② 콘 관입시험
(3) ① $\theta = 45° + \dfrac{\phi}{2}$

$50° = 45° + \dfrac{\phi}{2}$

∴ $\phi = 10°$

② $C = \dfrac{q_u}{2\tan\left(45° + \dfrac{\phi}{2}\right)} = \dfrac{0.34}{2\tan\left(45° + \dfrac{10°}{2}\right)} = 0.14 \text{MPa}$

문제 07

다음 물음에 대하여 콘크리트 배합강도를 구하시오.

(1) 콘크리트 압축강도 표준편차의 계산을 위한 현장 강도 기록이 없는 경우로 호칭강도가 18MPa인 경우 배합강도는?
(2) 압축강도의 횟수가 14회 이하인 현장에서 호칭강도가 24MPa인 경우 배합강도는?
(3) 콘크리트 호칭강도가 28MPa이고 30회 이상의 실험에 의한 압축강도의 표준편차가 3.0MPa일 때 콘크리트의 배합강도를 구하시오.

풀이
(1) $f_{cr} = f_{cn} + 7 = 18 + 7 = 25 \text{MPa}$
(2) $f_{cr} = f_{cn} + 8.5 = 24 + 8.5 = 32.5 \text{MPa}$
(3) $f_{cn} \leq 35 \text{MPa}$이므로
- $f_{cr} = f_{cn} + 1.34s = 28 + 1.34 \times 3 = 32.02 \text{MPa}$
- $f_{cr} = (f_{cn} - 3.5) + 2.33s = (28 - 3.5) + 2.33 \times 3 = 31.49 \text{MPa}$

∴ 큰 값인 32.02 MPa

건설재료시험기능사 실기 작업형 출제시험 항목

- 시멘트 밀도 시험
- 잔골재 밀도 시험

2017년 5월 20일 시행 실기 필답형 문제

> 「**알려 드립니다**」 한국산업인력공단의 저작권법 저촉에 대한 언급이 있어 과거에 출제된 동일한 문제나 그 유형의 문제로 재구성하였습니다.

문제 01

흙의 다짐 시험을 한 결과 다음과 같다. 물음에 답하시오. (단, 몰드 부피는 939.29cm^3이다.)

시험번호	1	2	3	4	5	6	7
(시료+몰드)무게(g)	3742.8	3881.7	3987.0	4078.9	4099.7	4107.1	4109.1
몰드 무게(g)	2024	2024	2024	2024	2024	2024	2024
함수비(%)	11.0	15.8	19.7	26.0	28.2	32.9	36.0
습윤밀도(g/cm^3)							
건조밀도(g/cm^3)							

(1) 습윤밀도와 건조밀도를 구하시오.
(2) 다짐곡선을 작도한 후 최대 건조단위무게와 최적함수비를 구하시오.

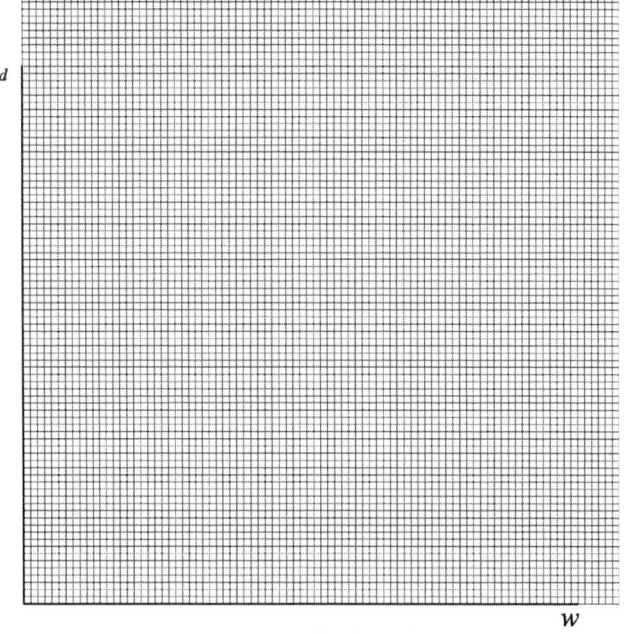

풀이 (1)

시험번호	1	2	3	4	5	6	7
(시료+몰드)무게(g)	3742.8	3881.7	3987.0	4078.9	4099.7	4107.1	4109.1
몰드 무게(g)	2024	2024	2024	2024	2024	2024	2024
함수비(%)	11.0	15.8	19.7	26.0	28.2	32.9	36.0
습윤밀도(g/cm³)	1.83	1.98	2.09	2.19	2.21	2.22	2.22
건조밀도(g/cm³)	1.65	1.71	1.75	1.74	1.72	1.67	1.63

(시험번호 1 계산 예)

- 습윤밀도 $\gamma_t = \dfrac{W}{V} = \dfrac{3742.8 - 2024}{939.29} = 1.83 \, \text{g/cm}^3$

- 건조밀도 $\gamma_d = \dfrac{\gamma_t}{1 + \dfrac{w}{100}} = \dfrac{1.83}{1 + \dfrac{11.0}{100}} = 1.65 \, \text{g/cm}^3$

(2)

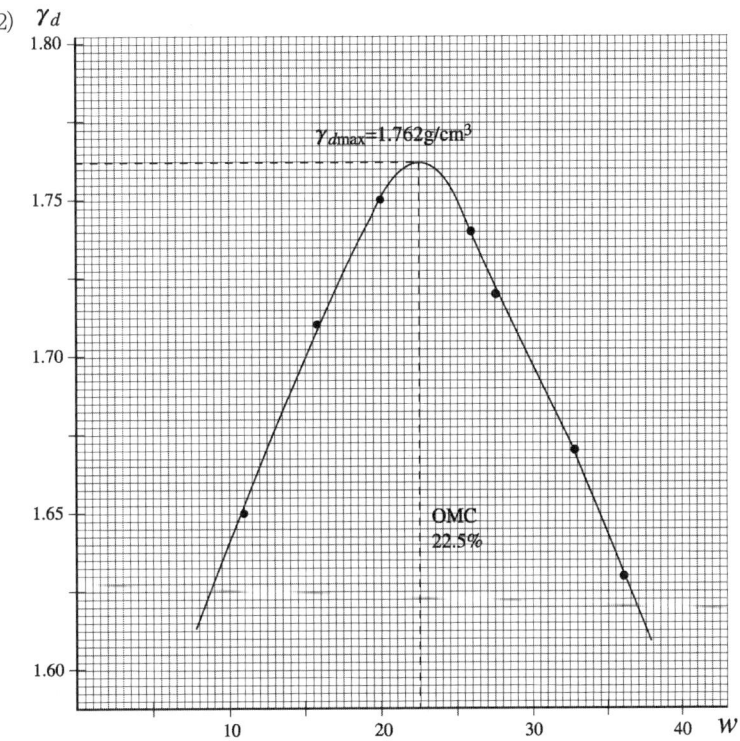

문제 02

흙의 습윤단위무게 16.5 kN/m³, 함수비 56.86%, 비중=2.716일 때 다음 물음에 답하시오. (단, $\gamma_w = 9.81 \, \text{kN/m}^3$이다.)

(1) 건조단위무게
(2) 간극비
(3) 포화도
(4) 포화단위무게
(5) 수중단위무게

풀이

(1) $\gamma_d = \dfrac{\gamma_t}{1+\dfrac{w}{100}} = \dfrac{16.5}{1+\dfrac{56.86}{100}} = 10.52\,\text{kN/m}^3$

(2) $e = \dfrac{\gamma_w}{\gamma_d}G_s - 1 = \dfrac{9.81}{10.52} \times 2.716 - 1 = 1.533$

(3) $S = \dfrac{G_s \cdot w}{e} = \dfrac{2.716 \times 56.86}{1.533} = 100.7\%$

(4) $\gamma_{sat} = \dfrac{G_s + e}{1+e}\gamma_w = \dfrac{2.716 + 1.533}{1+1.533} \times 9.81 = 16.46\,\text{kN/m}^3$

(5) $\gamma_{sub} = \gamma_{sat} - \gamma_w = 16.46 - 9.81 = 6.65\,\text{kN/m}^3$

문제 03

자연시료의 일축압축시험시 강도가 157 kN/m², 파괴면 각도 58°, 교란된 시료의 압축강도 28 kN/m²일 때 다음 물음에 답하시오.

(1) 내부마찰각(ϕ)을 구하시오.
(2) 점착력(C)을 구하시오.
(3) 예민비를 구하고 판정하시오.

풀이

(1) $\theta = 45° + \dfrac{\phi}{2}$

$58° = 45° + \dfrac{\phi}{2}$

∴ $\phi = 26°$

(2) $C = \dfrac{q_u}{2\tan(45°+\dfrac{\phi}{2})} = \dfrac{157}{2\tan(45°+\dfrac{26°}{2})} = 49\,\text{kN/m}^2$

(3) $S_t = \dfrac{q_u}{q_{ur}} = \dfrac{157}{28} = 5.61$

∴ 예민하다.(예민비가 4~8 사이이므로)

※ $8 < S_t$: 초예민
$2 < S_t < 4$: 보통
$S_t < 2$: 비예민

문제 04

시멘트의 강도 시험방법(KS L ISO 679)에 의해 시멘트의 압축강도 시험을 실시하고자 한다. 시멘트 450g을 사용하여 공시체를 제작할 때 모래와 물의 사용량을 구하시오.

(1) 모래(표준사)의 양 :
(2) 물의 양 :

풀이

(1) 시멘트와 모래의 비율이 1 : 3이므로 $450 \times 3 = 1350\,\text{g}$

(2) $\dfrac{W}{C} = 0.5$이므로

∴ $W = C \times 0.5 = 450 \times 0.5 = 225\,\text{g}$

문제 05 다음은 아스팔트 시험에 관한 내용이다. 물음에 답하시오.
(1) 침입도 시험시 표준침이 20mm 관입했을 때 침입도를 구하시오.
(2) 아스팔트 신도 시험시 별도의 규정이 없는 경우 시험온도와 속도를 쓰시오.
  ① 시험온도 :
  ② 시험속도 :

풀이 (1) 0.1mm : 침입도 1 = 20mm : x
∴ 200
(2) ① 시험온도 : 25℃
② 시험속도 : 5cm/min

문제 06 다음은 콘크리트 강도 시험에 대한 내용이다. 물음에 답하시오.
(1) 강도 시험용 공시체의 양생온도는?
(2) 압축강도 시험을 할 경우에 공시체에 하중을 가하는 속도는?
(3) 아래 표 조건의 콘크리트 휨강도 시험결과를 보고 휨강도를 구하시오.
(단, 공시체가 지간 방향 중심선의 4점 사이에서 파괴된다.)

- 공시체 크기 : 150mm×150mm×530mm
- 지간의 길이 : 450mm
- 파괴 최대하중 : 32kN

(4) 쪼갬 인장강도(f_{sp}) 구하는 식을 쓰시오.
(단, P : 최대 파괴하중, d : 공시체의 지름, l : 공시체의 길이)

풀이 (1) (20 ± 2)℃
(2) 0.6 ± 0.2MPa/초
(3) $f_b = \dfrac{Pl}{bd^2} = \dfrac{32,000\times450}{150\times150^2} = 4.3\,\text{MPa}$
(4) $f_{sp} = \dfrac{2P}{\pi d l}$

문제 07 시멘트 응결시간 측정 방법 2가지를 쓰시오.

풀이 ① 비카 침에 의한 방법
② 길모어 침에 의한 방법

건설재료시험기능사 실기 작업형 출제시험 항목

- 시멘트 밀도 시험
- 잔골재 밀도 시험

2017년 11월 25일 시행 | 실기 필답형 문제

「알려 드립니다」 한국산업인력공단의 저작권법 저촉에 대한 언급이 있어 과거에 출제된 동일한 문제나 그 유형의 문제로 재구성하였습니다.

문제 01

현장의 습윤밀도가 17.5kN/m³, 함수비는 8.2%였다. 이때 시험실에서 최대 습윤밀도, 최소 습윤밀도를 측정했더니 18kN/m³, 17kN/m³이었다. 다음 물음에 답하시오.

(1) 이 모래의 상대밀도를 구하시오.
(2) 이 모래의 조밀상태를 판정하시오.

풀이 (1)
- 건조밀도 $\gamma_d = \dfrac{\gamma_t}{1+\dfrac{\omega}{100}} = \dfrac{17.5}{1+\dfrac{8.2}{100}} = 16.17\text{kN/m}^3$

- 최대 건조밀도 $\gamma_{d\,max} = \dfrac{\gamma_{t\,max}}{1+\dfrac{\omega}{100}} = \dfrac{18}{1+\dfrac{8.2}{100}} = 16.64\text{kN/m}^3$

- 최소 건조밀도 $\gamma_{d\,min} = \dfrac{\gamma_{t\,min}}{1+\dfrac{\omega}{100}} = \dfrac{17}{1+\dfrac{8.2}{100}} = 15.71\text{kN/m}^3$

∴ 상대밀도 $D_r = \dfrac{\gamma_d - \gamma_{d\,min}}{\gamma_{d\,max} - \gamma_{d\,min}} \times \dfrac{\gamma_{d\,max}}{\gamma_d} \times 100$

$= \dfrac{16.17-15.71}{16.64-15.71} \times \dfrac{16.64}{16.17} \times 100 = 50.9\%$

(2) 보통 상태

※ $D_r < \dfrac{1}{3}$: 느슨한 상태

$\dfrac{1}{3} < D_r < \dfrac{2}{3}$: 보통 상태

$\dfrac{2}{3} < D_r$: 조밀한 상태

문제 02

잔골재 밀도 시험 결과가 다음과 같다. 물음에 답하시오. (단, $\rho_w = 1\text{g/cm}^3$이다. 소수 넷째자리에서 반올림하시오.)

- 플라스크의 질량 : 164g
- 표면건조포화상태의 질량 : 500g
- 노 건조시료의 질량 : 480g
- 물을 채운 플라스크의 질량 : 662g
- (시료+물+플라스크)의 질량 : 970g

(1) 상대 겉보기 밀도 :
(2) 절건밀도 :
(3) 표건밀도 :
(4) 흡수율 :

풀이
(1) $\dfrac{A}{B+A-C} \times \rho_w = \dfrac{480}{662+480-970} \times 1 = 2.791 \text{g/cm}^3$

(2) $\dfrac{A}{B+m-C} \times \rho_w = \dfrac{480}{662+500-970} \times 1 = 2.5 \text{g/cm}^3$

(3) $\dfrac{m}{B+m-C} \times \rho_w = \dfrac{500}{662+500-970} \times 1 = 2.604 \text{g/cm}^3$

(4) $\dfrac{m-A}{A} \times 100 = \dfrac{500-480}{480} \times 100 = 4.167\%$

문제 03

콘크리트 압축강도 표준편차의 계산을 위한 현장 강도 기록이 없을 경우, 다음의 배합강도를 구하시오.

(1) 호칭강도가 18MPa인 경우
(2) 호칭강도가 24MPa인 경우
(3) 호칭강도가 45MPa인 경우

풀이
(1) $f_{cr} = f_{cn} + 7 = 18 + 7 = 25 \text{MPa}$
(2) $f_{cr} = f_{cn} + 8.5 = 24 + 8.5 = 32.5 \text{MPa}$
(3) $f_{cr} = 1.1 f_{cn} + 5.0 = 1.1 \times 45 + 5.0 = 54.5 \text{MPa}$

문제 04

시멘트의 강도 시험방법(KS L ISO 679)에 의해 시멘트의 압축강도 시험을 실시하고자 한다. 시멘트 450g을 사용하여 공시체를 제작할 때 모래와 물의 사용량을 구하시오.

(1) 모래(표준사)의 양 :
(2) 물의 양 :
(3) 시험체 공시체의 규격 :

풀이
(1) 시멘트와 모래의 비율이 1 : 3이므로 $450 \times 3 = 1350 \text{g}$

(2) $\dfrac{W}{C} = 0.5$이므로
  ∴ $W = C \times 0.5 = 450 \times 0.5 = 225 \text{g}$

(3) $40 \text{mm} \times 40 \text{mm} \times 160 \text{mm}$

문제 05

아스팔트 시험에 관한 다음 물음에 간단히 답하시오.

(1) 아스팔트 침입도 시험의 목적
(2) 아스팔트 신도 시험의 목적
(3) 아스팔트 신도 시험온도와 속도는? (단, 별도의 규정이 없는 경우)
  ① 시험온도 :
  ② 시험속도 :

풀이
(1) 아스팔트의 굳기 정도를 측정하기 위하여
(2) 아스팔트의 연성을 알기 위하여
(3) ① 25℃ ② 5cm/min

문제 06

어떤 흙의 입도시험 결과 입경가적곡선에서 $D_{10}=0.14\text{mm}$, $D_{30}=0.26\text{mm}$, $D_{60}=0.7\text{mm}$일 때 균등계수와 곡률계수를 구하시오.

(1) 균등계수
(2) 곡률계수

풀이

(1) $C_u = \dfrac{D_{60}}{D_{10}} = \dfrac{0.7}{0.14} = 5$

(2) $C_g = \dfrac{(D_{30})^2}{D_{10} \times D_{60}} = \dfrac{(0.26)^2}{0.14 \times 0.6} = 0.8$

문제 07

도로 현장의 토공시험 결과 습윤단위무게가 17.5kN/m³이고 함수비가 22%이며, 흙 입자의 비중이 2.71이었다. 다음 물음에 답하시오. (단, $\gamma_w = 9.81\text{kN/m}^3$)

(1) 건조단위무게를 구하시오.
(2) 간극비를 구하시오.
(3) 포화도를 구하시오.
(4) 간극률을 구하시오.

풀이

(1) 건조단위무게 $\gamma_d = \dfrac{\gamma_t}{1+\dfrac{\omega}{100}} = \dfrac{17.5}{1+\dfrac{22}{100}} = 14.3\text{kN/m}^3$

(2) 간극비 $e = \dfrac{\gamma_w}{\gamma_d} G_s - 1 = \dfrac{9.81}{14.3} \times 2.71 - 1 = 0.86$

(3) 포화도 $S = \dfrac{G_s \cdot \omega}{e} = \dfrac{2.71 \times 22}{0.86} = 69.33\%$

(4) 간극률 $n = \dfrac{e}{1+e} \times 100 = \dfrac{0.86}{1+0.86} \times 100 = 46.24\%$

문제 08

다음 흙을 통일분류법에 의하여 분류하시오.

(1) 입도 분포가 불량인 모래
(2) 이탄 및 그 외의 유기질이 극히 많은 흙
(3) 입도 분포가 양호한 자갈
(4) 무기질의 실트, 운모질 또는 규조질의 세사질 또는 실트질 점토, 탄성이 큰 실트

풀이 (1) SP (2) P_t (3) GW (4) MH

건설재료시험기능사 실기 작업형 출제시험 항목

- 시멘트 밀도 시험
- 잔골재 밀도 시험

2018년 3월 10일 시행 실기 필답형 문제

「알려 드립니다」 한국산업인력공단의 저작권법 저촉에 대한 언급이 있어 과거에 출제된 동일한 문제나 그 유형의 문제로 재구성하였습니다.

문제 01

콘크리트의 배합강도 결정에 대한 아래의 물음에 답하시오.

(1) 콘크리트 배합강도를 결정할 때 사용하는 압축강도의 표준편차에 대한 아래 표의 설명에서 ( ) 안에 적합한 숫자를 쓰시오.

> 콘크리트 압축강도의 표준편차는 실제 사용한 콘크리트의 ( )회 이상의 시험실적으로부터 결정하는 것을 원칙으로 한다.

(2) 콘크리트 압축강도의 기록이 없는 현장에서 다음의 각 경우에 대한 콘크리트의 배합강도(f_{cr})를 구하시오.
  ① 콘크리트의 호칭강도가 20MPa인 경우 배합강도(f_{cr})를 구하시오.
  ② 콘크리트의 호칭강도가 30MPa인 경우 배합강도(f_{cr})를 구하시오.
  ③ 콘크리트의 호칭강도가 50MPa인 경우 배합강도(f_{cr})를 구하시오.

풀이
(1) 30
(2) ① $f_{cn} < 21\text{MPa}$인 경우이므로
$$f_{cr} = f_{cn} + 7.0 = 20 + 7 = 27\text{MPa}$$
② $f_{cn} = 21 \sim 35\text{MPa}$인 경우이므로
$$f_{cr} = f_{cn} + 8.5 = 30 + 8.5 = 38.5\text{MPa}$$
③ $f_{cn} > 35\text{MPa}$인 경우이므로
$$f_{cr} = 1.1 f_{cn} + 5.0 = 1.1 \times 50 + 5.0 = 60\text{MPa}$$

문제 02

굵은골재의 밀도 및 흡수율 시험결과가 다음과 같을 때 아래 물음에 답하시오.
(단, 시험온도에서의 물의 밀도는 $0.9982\,\text{g/cm}^3$이다.)

표면건조 포화상태의 시료의 질량(g)	2225
물속의 철망태 질량(g)	1917
물속의 시료와 철망태 질량(g)	3218
절대건조상태의 시료의 질량(g)	2138

(1) 표면건조 포화상태의 밀도를 구하시오.
(2) 겉보기 밀도를 구하시오.
(3) 흡수율을 구하시오.

[풀이] (1) 표면건조 포화상태의 밀도

$$= \frac{B}{B-C} \times \rho_w = \frac{2225}{2225-(3218-1917)} \times 0.9982 = 2.40 \text{g/cm}^3$$

(2) 겉보기 밀도

$$= \frac{A}{A-C} \times \rho_w = \frac{2138}{2138-(3218-1917)} \times 0.9982 = 2.55 \text{g/cm}^3$$

(3) 흡수율

$$= \frac{B-A}{A} \times 100 = \frac{2225-2138}{2138} \times 100 = 4.07\%$$

문제 03

어느 노상토에서 모래치환법에 의한 현장 흙의 단위무게시험을 실시한 결과가 아래 표와 같다. 다음 물음에 답하시오.

시험구멍에서 파낸 흙의 무게	2344g
시험구멍을 채운 표준모래의 무게	1827g
표준모래의 단위무게(γ_{sand})	1.45g/cm³
시험구멍에서 파낸 흙의 함수비(ω)	8%
시험실에서 구한 최대건조밀도($\gamma_{d\max}$)	1.930g/cm³

(1) 시험구멍의 부피(V)를 구하시오.
(2) 현장 흙의 습윤단위무게(γ_t)를 구하시오.
(3) 현장 흙의 건조단위무게(γ_d)를 구하시오.
(4) 현장 흙의 다짐도를 구하시오.

[풀이] (1) $\gamma_{sand} = \frac{W_{sand}}{V}$ $1.45 = \frac{1827}{V}$ $\therefore V = \frac{1827}{1.45} = 1260 \text{cm}^3$

(2) $\gamma_t = \frac{W}{V} = \frac{2344}{1260} = 1.86 \text{g/cm}^3$

(3) $\gamma_d = \frac{\gamma_t}{1+\frac{\omega}{100}} = \frac{1.86}{1+\frac{8}{100}} = 1.72 \text{g/cm}^3$

(4) 다짐도 $= \frac{\gamma_d}{\gamma_{d\max}} \times 100 = \frac{1.72}{1.93} \times 100 = 89.12\%$

문제 04

아스팔트 시험에 대한 아래의 물음에 답하시오.

(1) 아스팔트의 침입도 시험에서 표준침이 시료에 5.5mm 진입하였다면, 이 아스팔트의 침입도를 구하시오.
(2) 아스팔트의 신도 시험에서 아래의 각 경우에 대한 시험온도와 시험편을 끌어 늘이는 속도를 쓰시오.
  ① 별도 규정이 없는 경우 시험온도와 시험속도를 쓰시오.
  ② 저온에서 시험할 때 시험온도와 시험속도를 쓰시오.

풀이 (1) 0.1mm : 침입도 1=5.5mm : x

∴ $x = \dfrac{5.5}{0.1} = 55$

(2) ① 시험온도 : 25℃, 시험속도 : 5cm/min
② 시험온도 : 4℃, 시험속도 : 1cm/min

문제 05

일축압축시험을 한 결과 자연상태일 때의 일축압축강도(q_u)가 0.24 MPa, 흐트러진 상태의 일축압축강도(q_{ur})는 0.04 MPa일 때 이 흙의 점착력과 예민비를 구하시오. (단, 이 흙의 내부마찰각은 50°이다.)

(1) 점착력을 구하시오.
(2) 예민비를 구하시오.

풀이 (1) $C = \dfrac{q_u}{2\tan\left(45° + \dfrac{\phi}{2}\right)} = \dfrac{0.24}{2\tan\left(45° + \dfrac{50°}{2}\right)} = 0.04\text{MPa}$

(2) $S_t = \dfrac{q_u}{q_{ur}} = \dfrac{0.24}{0.04} = 6$

문제 06

자연상태의 함수비가 42.0%인 점토에 대해 액성한계시험을 실시하였다. 그 결과 액성한계가 70.4%, 소성한계가 29.2%, 유동곡선에서 낙하횟수 10회에서의 함수비는 77.4%, 낙하횟수 40회인 경우의 함수비는 70.4%이었다. 아래의 물음에 답하시오.

(1) 이 흙의 소성지수를 구하시오.
(2) 연경지수(conscistency index)를 구하시오.
(3) 액성지수를 구하시오.
(4) 유동지수를 구하시오.

풀이 (1) $I_p = \omega_L - \omega_p = 70.4 - 29.2 = 41.2\%$

(2) $I_c = \dfrac{\omega_L - \omega_n}{I_p} = \dfrac{70.4 - 42}{41.2} = 0.69$

(3) $I_L = \dfrac{\omega_n - \omega_p}{I_p} = \dfrac{42 - 29.2}{41.2} = 0.31$

(4) $I_f = \dfrac{\omega_1 - \omega_2}{\log \dfrac{N_2}{N_1}} = \dfrac{77.4 - 70.4}{\log \dfrac{40}{10}} = 11.63\%$

문제 07

흙의 입도분석 시험결과 입경가적 곡선에서 흙입자 지름은 아래의 표와 같을 때 다음 물음에 답하시오.

$$D_{10} = 0.02\,\text{mm},\ D_{30} = 0.05\,\text{mm},\ D_{60} = 0.14\,\text{mm}$$

(1) 이 흙의 균등계수(C_u)를 구하시오.
(2) 이 흙의 곡률계수(C_g)를 구하시오.
(3) 균등계수 및 곡률계수로부터 이 흙의 입도분포가 양호한지, 불량한지를 판별하시오.

풀이

(1) $C_u = \dfrac{D_{60}}{D_{10}} = \dfrac{0.14}{0.02} = 7$

(2) $C_g = \dfrac{(D_{30})^2}{D_{10} \times D_{60}} = \dfrac{(0.05)^2}{0.02 \times 0.14} = 0.89$

(3) 흙의 경우 입도가 양호할 경우에는 $C_u > 10$, $C_g = 1 \sim 3$에 해당하는데 이 흙은 이 범위를 벗어나므로 불량하다. (여기서, 균등계수와 곡률계수 둘 중 어느 하나라도 만족하지 못하면 입도분포가 불량하다.)

문제 08

압밀시험에서 공시체의 두께가 2.0cm인 점토시료를 압밀시험하여 $\sqrt{t}$법으로 구한 $t_{90} = 53.3$분이고 $\log t$법으로 구한 $t_{50} = 12.5$분이었다. 아래 물음에 답하시오. (단, 양면배수인 경우이며, 소수 6째자리에서 반올림하시오.)

(1) $\sqrt{t}$법에 의하여 압밀계수를 구하시오.
(2) $\log t$법에 의하여 압밀계수를 구하시오.

풀이

(1) $C_v = \dfrac{T_v H^2}{t} = \dfrac{0.848\left(\dfrac{H}{2}\right)^2}{t_{90}} = \dfrac{0.848 \times \left(\dfrac{2}{2}\right)^2}{53.3 \times 60} = 0.00027\,\text{cm}^2/\text{sec}$

(2) $C_v = \dfrac{T_v H^2}{t} = \dfrac{0.197\left(\dfrac{H}{2}\right)^2}{t_{50}} = \dfrac{0.197 \times \left(\dfrac{2}{2}\right)^2}{12.5 \times 60} = 0.00026\,\text{cm}^2/\text{sec}$

여기서, 양면배수이므로 $H = \dfrac{H}{2}$이다.

건설재료시험기능사 실기 작업형 출제시험 항목

- 시멘트 밀도 시험
- 잔골재 밀도 시험

2018년 5월 26일 시행 실기 필답형 문제

> 「알려 드립니다」 한국산업인력공단의 저작권법 저촉에 대한 언급이 있어 과거에 출제된 동일한 문제나 그 유형의 문제로 재구성하였습니다.

문제 01
흙의 다짐 효과에 대해 3가지만 쓰시오.

풀이
① 지반의 지지력이 증대된다.
② 압축, 투수성이 감소된다.
③ 지반의 침하를 감소시킬 수 있다.
④ 동상, 팽창, 수축 등이 감소된다.
⑤ 전단강도가 증가되므로 사면의 안정성이 증대된다.

문제 02
골재에 포함된 잔입자 시험에 대한 내용이다. 다음 물음에 답하시오.
(1) 씻기 전 시료의 건조질량이 500g, 씻은 후 시료의 건조질량이 478.6g이다. 0.08mm체를 통과하는 잔입자량의 질량비(%)를 구하시오.
(2) 콘크리트의 표면이 마모작용을 받는 경우 잔골재를 콘크리트용으로 사용가능 여부를 판단하시오.

풀이
(1) $\dfrac{500-478.6}{500}\times 100 = 4.28\%$
(2) 잔입자량의 질량비가 3%를 초과하므로 부적합하다.

문제 03
현장도로 토공에서 들밀도시험을 했다. 파낸 구멍의 체적 $V=836.63\text{cm}^3$이었고, 이 구멍에서 파낸 흙 무게가 1,650.5g이었다. 이 흙의 토질시험 결과 함수비 $\omega=9.5\%$, 비중 $G_s=2.65$, 최대건조밀도 $\gamma_{d\max}=1.87\text{g/cm}^3$, $\gamma_w=1\text{g/cm}^3$이었다. 물음에 답하시오.
(1) 현장건조밀도를 구하시오.
(2) 공극비 및 공극률을 구하시오.
(3) 다짐도를 구하시오.

풀이
(1) • 습윤밀도 $\gamma_t = \dfrac{W}{V} = \dfrac{1,650.5}{836.63} = 1.97\text{g/cm}^3$

• 건조밀도 $\gamma_d = \dfrac{\gamma_t}{1+\dfrac{\omega}{100}} = \dfrac{1.97}{1+\dfrac{9.5}{100}} = 1.80\text{g/cm}^3$

(2) • 공극비 $e = \dfrac{\gamma_\omega}{\gamma_d}G_s - 1 = \dfrac{1}{1.8}\times 2.65 - 1 = 0.47$

• 공극률 $n = \dfrac{e}{1+e}\times 100 = \dfrac{0.47}{1+0.47}\times 100 = 31.97\%$

(3) 다짐도 $= \dfrac{\gamma_d}{\gamma_{d\max}}\times 100 = \dfrac{1.80}{1.87}\times 100 = 96.26\%$

문제 04

어떤 시료의 액성한계 시험을 한 결과 다음과 같은 값을 얻었다. 아래 물음에 답하시오. (단, 소성한계 28%, 자연상태 함수비 32%)

낙하횟수(N)	5	15	30	40	50
함수비(%)	50	48	46.8	46.3	45.9

(1) 유동곡선을 그리고 액성한계를 구하시오.

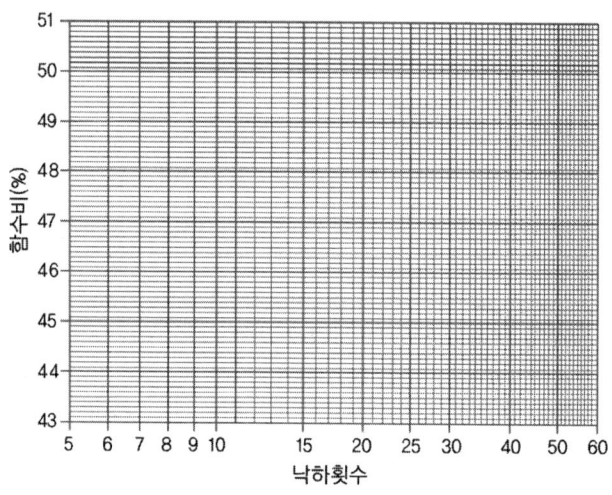

• 액성한계 :
(2) 소성지수를 구하시오.
(3) 액성지수를 구하시오.
(4) 컨시스턴시 지수를 구하시오.

풀이 (1)

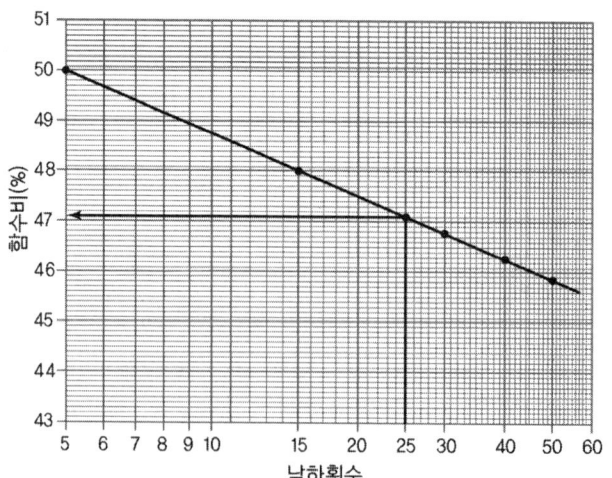

• 액성한계 : 47.1%

(2) 소성지수 $I_p = w_L - w_p = 47.1 - 28 = 19.1\%$

(3) 액성지수 $I_L = \dfrac{w_n - w_p}{I_p} = \dfrac{32 - 28}{19.1} = 0.21$

(4) 컨시스턴시 지수 $I_c = \dfrac{w_L - w_n}{I_p} = \dfrac{47.1 - 32}{19.1} = 0.79$

문제 05

아래의 표와 같은 설계조건으로 배합설계를 하시오.

〈설계조건〉
- 시멘트의 밀도 : 3.15 g/cm³
- 굵은골재의 표건밀도 : 2.65 g/cm³
- 잔골재율(S/a) : 40%
- 물-시멘트비 : 50%
- 잔골재의 표건밀도 : 2.60 g/cm³
- 공기량 : 5%
- 단위수량 : 160kg
- 배합강도 : 28MPa

(1) 단위 시멘트량을 구하시오.
(2) 골재의 절대부피(l)를 구하시오.
(3) 단위 잔골재량을 구하시오.

풀이

(1) $\dfrac{W}{C} = 50\%$ ∴ $C = \dfrac{W}{0.5} = \dfrac{160}{0.5} = 320\,\text{kg}$

(2) $V = 1 - \left(\dfrac{\text{단위 수량}}{\text{물의 밀도} \times 1000} + \dfrac{\text{단위 시멘트량}}{\text{시멘트 밀도} \times 1000} + \dfrac{\text{공기량}}{100} \right)$

$= 1 - \left(\dfrac{160}{1 \times 1000} + \dfrac{320}{3.15 \times 1000} + \dfrac{5}{100} \right) = 0.68841\,\text{m}^3 = 688.41\,l$

여기서, $1\,\text{m}^3 = 1000\,l$

(3) • 단위 잔골재의 절대부피
 $V_s = 0.68841 \times 0.4 = 0.275364\,\text{m}^3$
 • 단위 잔골재량
 $S = 2.6 \times 0.275364 \times 1000 = 715.95\,\text{kg}$

문제 06

아스팔트 신도시험에 대한 사항이다. 다음 물음에 답하시오.

(1) 신도시험의 목적을 간단히 쓰시오.
(2) 저온에서 시험을 할 경우 시험온도와 속도를 쓰시오.
 ① 시험온도 :
 ② 시험속도 :

풀이
(1) 아스팔트의 늘어나는 연성을 측정하기 위해 시험한다.
(2) ① 4℃
 ② 1cm/min

문제 07

콘크리트 강도 시험에 대한 물음에 답하시오.

(1) 지름이 150mm, 길이가 300mm인 공시체의 파괴하중이 178kN일 때 인장강도를 구하시오. (소수 둘째 자리에서 반올림하시오.)
(2) 공시체가 지간의 가운데 부분에서 파괴되었을 때 휨강도를 구하시오. (단, 공시체는 150mm×150mm×530mm이며, 지간은 450mm, 파괴 최대하중이 28kN이다.)

풀이

(1) 인장강도 $= \dfrac{2p}{\pi Dl} = \dfrac{2 \times 178000}{3.14 \times 150 \times 300} = 2.5 \text{MPa}$

(2) $f_b = \dfrac{Pl}{bd^2} = \dfrac{28000 \times 450}{150 \times 150^2} = 3.73 \text{MPa}$

건설재료시험기능사 실기 작업형 출제시험 항목

- 시멘트 밀도 시험
- 잔골재 밀도 시험

2018년 11월 24일 시행 실기 필답형 문제

「**알려 드립니다**」 한국산업인력공단의 저작권법 저촉에 대한 언급이 있어 과거에 출제된 동일한 문제나 그 유형의 문제로 재구성하였습니다.

문제 01

굵은골재의 밀도 및 흡수율 시험 결과가 다음과 같다. 물음에 답하시오. (단, $\rho_w = 0.9970\,\text{g/cm}^3$, 소수 셋째자리에서 반올림하시오.)

- 물속에서 철망태의 질량 : 2250g
- 물속에서 철망태에 시료를 넣은 질량 : 5496g
- 표면건조 포화상태의 시료 질량 : 5250g
- 절대건조 시료 질량 : 5170g

(1) 표면건조 포화상태 밀도
(2) 절대건조 밀도
(3) 흡수율
(4) 2회 시험의 평균값에 대한 밀도 및 흡수율 시험값의 허용오차

풀이

(1) $\dfrac{B}{B-C} \times \rho_w = \dfrac{5250}{5250-3246} \times 0.9970 = 2.61\,\text{g/cm}^3$

(2) $\dfrac{A}{B-C} \times \rho_w = \dfrac{5170}{5250-3246} \times 0.9970 = 2.57\,\text{g/cm}^3$

여기서, 골재의 수중질량 = 5496 − 2250 = 3246 g

(3) $\dfrac{B-A}{A} \times 100 = \dfrac{5250-5170}{5170} \times 100 = 1.55\,\%$

(4) • 밀도의 허용오차 : $0.01\,\text{g/cm}^3$
   • 흡수율의 허용오차 : 0.03%

문제 02

자연시료의 일축압축시험시 강도가 0.16 MPa, 파괴면 각도 58°, 교란된 시료의 압축강도 0.03 MPa일 때 다음 물음에 답하시오.

(1) 내부마찰각(ϕ)을 구하시오.
(2) 점착력(C)을 구하시오.
(3) 예민비를 구하고 판정하시오.

풀이

(1) $\theta = 45° + \dfrac{\phi}{2}$

$58° = 45° + \dfrac{\phi}{2}$

$\therefore\ \phi = 26°$

(2) $C = \dfrac{q_u}{2\tan\left(45° + \dfrac{\phi}{2}\right)} = \dfrac{0.16}{2\tan\left(45° + \dfrac{26°}{2}\right)} = 0.05\,\text{MPa}$

(3) $S_t = \dfrac{q_u}{q_{ur}} = \dfrac{0.16}{0.03} = 5.33$

∴ 예민하다.(예민비가 4~8 사이이므로)

※ $8 < S_t$: 초예민

　$2 < S_t < 4$: 보통

　$S_t < 2$: 비예민

문제 03

현장에서 흙의 단위무게를 모래치환법으로 시험을 실시한 결과 다음과 같은 값을 얻었다. 다음 물음에 답하시오. (단, $\gamma_w = 1\text{g/cm}^3$이다.)

(구멍 속 표준모래+깔때기 속 표준모래)무게	2425g
깔때기 속 표준모래 무게	1075g
표준모래의 단위무게	1.35g/cm³
구멍 속 흙 무게	1832g
구멍에서 파낸 흙의 함수비	12%
최대건조 단위무게	1.75g/cm³
흙의 비중	2.65

(1) 구멍 속의 부피를 구하시오.
(2) 습윤단위무게를 구하시오.
(3) 건조단위무게를 구하시오.
(4) 공극비를 구하시오.
(5) 다짐도를 구하시오.

풀이

(1) $\gamma_{모래} = \dfrac{W_{모래}}{V}$

$1.35 = \dfrac{2425 - 1075}{V}$

∴ $V = \dfrac{2425 - 1075}{1.35} = 1000\text{cm}^3$

(2) $\gamma_t = \dfrac{W}{V} = \dfrac{1832}{1000} = 1.832\,\text{g/cm}^3$

(3) $\gamma_d = \dfrac{\gamma_t}{1 + \dfrac{w}{100}} = \dfrac{1.832}{1 + \dfrac{12}{100}} = 1.64\,\text{g/cm}^3$

(4) $e = \dfrac{\gamma_w}{\gamma_d} G_s - 1 = \dfrac{1}{1.64} \times 2.65 - 1 = 0.62$

(5) 다짐도 $= \dfrac{\gamma_d}{\gamma_{d\max}} \times 100 = \dfrac{1.64}{1.75} \times 100 = 93.71\%$

문제 04

다음의 콘크리트 시방배합을 현장배합으로 수정하시오.

[시방 배합표]

굵은골재 최대치수 (mm)	슬럼프 (mm)	물-시멘트비 (%)	잔골재율 (%)	물 (kg)	시멘트 (kg)	잔골재 (kg)	굵은골재 (kg)
25	120	45	39.5	179	398	699	1089

[현장 골재 상태]
- 잔골재 속에 5mm체에 남는 양 3%
- 굵은골재 속에 5mm체에 통과량 4%
- 잔골재 표면수율 5%
- 굵은골재 표면수율 2%

(1) 단위 잔골재량을 구하시오.
(2) 단위 굵은골재량을 구하시오.
(3) 단위수량을 구하시오.

풀이

(1) 단위 잔골재량

① 입도 보정

$$\frac{100S - b(S+G)}{100 - (a+b)} = \frac{100 \times 699 - 4(699 + 1089)}{100 - (3+4)} = 674.7 \text{kg}$$

② 표면수 보정

674.7 × 0.05 = 33.7kg

∴ 674.7 + 33.7 = 708.4kg

(2) 단위 굵은골재량

① 입도 보정

$$\frac{100G - a(S+G)}{100 - (a+b)} = \frac{100 \times 1089 - 3(699 + 1089)}{100 - (3+4)} = 1113.3 \text{kg}$$

② 표면수 보정

1113.3 × 0.02 = 22.3kg

∴ 1113.3 + 22.3 = 1135.6kg

(3) 단위수량 : 179 − (33.7 + 22.3) = 123kg

문제 05

아스팔트 시험에 대한 다음 물음에 답하시오.

(1) 신도 시험의 시험목적을 쓰시오.
(2) 침입도 시험의 시험목적을 쓰시오.
(3) "침입도 1"이란 어떤 경우인지를 쓰시오.

풀이

(1) 아스팔트의 늘어나는 연성을 측정한다.
(2) 아스팔트의 굳기 정도를 측정한다.
(3) 표준침이 0.1mm 관입하는 것을 뜻한다.

문제 06

어떤 흙의 함수비를 측정하기 위하여 무게 13g인 용기에 시료를 넣고 무게를 측정한 결과 38g이었고 이 시료를 건조기에 넣어 항량이 될 때까지 건조시킨 후 용기와 시료의 무게가 33g이었다. 다음 물음에 답하시오.

(1) 함수비를 구하시오.
(2) 이 시험에 사용한 항온건조기의 온도를 쓰시오.

풀이

(1) $\omega = \dfrac{W_w}{W_s} \times 100 = \dfrac{WW-DW}{DW-TW} \times 100 = \dfrac{38-33}{33-13} \times 100 = 25\%$

(2) $110 \pm 5\,°\text{C}$

문제 07

지간 450mm, 폭 150mm, 높이 150mm의 공시체를 콘크리트 휨강도 시험을 실시하여 최대 하중 43kN일 때, 공시체가 지간 방향 중심선의 4점 사이에서 파괴되었다. 휨강도를 구하시오.

풀이

$f_b = \dfrac{P\,l}{b\,d^2} = \dfrac{43{,}000 \times 450}{150 \times 150^2} = 5.73\,\text{MPa}$

문제 08

비중이 2.60이고 간극비가 0.6인 흙 시료가 있다. 물의 단위무게가 9.81kN/m³일 때 물음에 답하시오.

(1) 포화단위무게를 구하시오.
(2) 수중단위무게를 구하시오.

풀이

(1) $\gamma_{sat} = \dfrac{G_s + e}{1+e}\,\gamma_w = \dfrac{2.6+0.6}{1+0.6} \times 9.81 = 19.62\,\text{kN/m}^3$

(2) $\gamma_{sub} = \gamma_{sat} - \gamma_w = 19.62 - 9.81 = 9.81\,\text{kN/m}^3$

건설재료시험기능사 실기 작업형 출제시험 항목

- 시멘트 밀도 시험
- 잔골재 밀도 시험

2019년 3월 23일 시행 | 실기 필답형 문제

> 「**알려 드립니다**」 한국산업인력공단의 저작권법 저촉에 대한 언급이 있어 과거에 출제된 동일한 문제나 그 유형의 문제로 재구성하였습니다.

문제 01 흙의 습윤단위무게 16.5 kN/m³, 함수비 40%, 비중=2.716일 때 다음 물음에 답하시오. (단, $\gamma_w = 9.81 \text{kN/m}^3$이다.)

(1) 건조단위무게
(2) 간극비
(3) 포화도

풀이

(1) $\gamma_d = \dfrac{\gamma_t}{1+\dfrac{w}{100}} = \dfrac{16.5}{1+\dfrac{56.86}{100}} = 10.52 \text{kN/m}^3$

(2) $e = \dfrac{\gamma_w}{\gamma_d} G_s - 1 = \dfrac{9.81}{10.52} \times 2.716 - 1 = 1.533$

(3) $S = \dfrac{G_s \cdot w}{e} = \dfrac{2.716 \times 40}{1.533} = 70.9\%$

문제 02 다음은 아스팔트 시험에 관한 내용이다. 물음에 답하시오.

(1) 침입도 시험시 표준침이 5mm 관입했을 때 침입도를 구하시오.
(2) 침입도 시험시 표준온도는?
(3) 표준침을 침입시킨 후 초시계를 가동시켜 정확하게 몇 초가 되었을 때 눈금 값을 읽어야 하는가?

풀이

(1) 0.1mm : 침입도1 = 5mm : x

∴ $x = \dfrac{5}{0.1 \times 1} = 50$

(2) 25℃
(3) 5초

문제 03 자연시료의 일축압축시험시 강도가 157 kPa, 파괴면 각도 58°, 교란된 시료의 압축강도 28kPa일 때 다음 물음에 답하시오.

(1) 내부마찰각(ϕ)을 구하시오.
(2) 점착력(C)을 구하시오.
(3) 예민비를 구하고 판정하시오.

풀이

(1) $\theta = 45° + \dfrac{\phi}{2}$

$58° = 45° + \dfrac{\phi}{2}$ ∴ $\phi = 26°$

(2) $C = \dfrac{q_u}{2\tan(45° + \dfrac{\phi}{2})} = \dfrac{157}{2\tan(45° + \dfrac{26°}{2})} = 49\,\text{kPa}$

(3) $S_t = \dfrac{q_u}{q_{ur}} = \dfrac{157}{28} = 5.61$

∴ 예민하다. (예민비가 4~8 사이이므로)

※ $8 < S_t$: 초예민, $2 < S_t < 4$: 보통, $S_t < 2$: 비예민

문제 04

자연 함수비(w_n) 43.6%, 소성한계(w_p) 34.4%, 액성한계(w_L) 72.6%, 수축한계(w_s) 14.8%일 때 다음을 구하시오.

1) I_P
2) I_L
3) I_c

풀이

1) $I_P = w_L - w_P = 72.6 - 34.4 = 38.2\%$

2) $I_L = \dfrac{w_n - w_p}{I_P} = \dfrac{43.6 - 34.4}{38.2} = 0.241$

3) $I_c = \dfrac{w_L - w_n}{I_p} = \dfrac{72.6 - 43.6}{38.2} = 0.759$

문제 05

습윤상태에 있는 굵은골재 6,530g를 채취하여 표면 건조 포화상태가 되었을 때 질량이 6,480g 공기 중 건조상태의 질량이 6,400g 절대건조(노건조)상태의 질량이 6,387g이었다. 다음 물음에 답하시오. (단, 소수 3째자리에서 반올림하시오.)

(1) 표면수율을 구하시오.
(2) 유효 흡수율을 구하시오.
(3) 흡수율을 구하시오.
(4) 전 함수율을 구하시오.

풀이

(1) 표면수율 = $\dfrac{\text{습윤상태 질량} - \text{표면 건조 포화상태 질량}}{\text{표면 건조 포화상태 질량}} \times 100$

$= \dfrac{6{,}530 - 6{,}480}{6{,}480} \times 100 = 0.77\%$

(2) 유효 흡수율 = $\dfrac{\text{표면 건조 포화상태 질량} - \text{공기 중 건조상태 질량}}{\text{공기 중 건조상태 질량}} \times 100$

$= \dfrac{6{,}480 - 6{,}400}{6{,}400} \times 100 = 1.25\%$

(3) 흡수율 = $\dfrac{\text{표면 건조 포화상태 질량} - \text{절대 건조상태 질량}}{\text{절대 건조상태 질량}} \times 100$

$= \dfrac{6{,}480 - 6{,}387}{6{,}387} \times 100 = 1.46\%$

(4) 전 함수율 = $\dfrac{\text{습윤상태 질량} - \text{절대 건조상태 질량}}{\text{절대 건조상태 질량}} \times 100$

$= \dfrac{6{,}530 - 6{,}387}{6{,}387} \times 100 = 2.24\%$

문제 06

아스팔트 점도시험결과 증류수 50mL의 유출시간이 20초이고, 유화 아스팔트 50mL의 유출시간이 140초 걸렸을 때 엥글러 점도를 구하시오.

풀이 엥글러 점도 = $\dfrac{\text{시료의 유출시간(초)}}{\text{증류수의 유출시간(초)}} = \dfrac{140}{20} = 7$

문제 07

다음의 배합표에 대해 물음에 답하시오.

시멘트 밀도	단위수량(kg)	물-결합재비(%)	혼화재량
3.15g/cm³	160	50	단위 시멘트의 5%

(1) 단위 시멘트량을 구하시오.
(2) 단위 혼화재량을 구하시오.

풀이
(1) $\dfrac{W}{C} = 0.5$ ∴ $C = \dfrac{160}{0.5} = 320\text{kg}$

(2) 단위 시멘트량의 5%이므로
$320 \times 0.05 = 16\text{kg}$

문제 08

다음은 굵은골재의 체가름 시험 결과이다. 물음에 답하시오.

체 크기(mm)	75	40	25	20	10	5	2.5	1.2	0.6	0.3	0.15
잔류율(%)	0	5	3	22	17	18	33	2	0	0	0
누적 잔류율(%)	0	5	8	30	47	65	98	100	100	100	100

(1) 조립률을 구하시오.
(2) 시료가 양호한지 불량한지 그 사유를 쓰고 판정하시오.
(3) 시료를 건조기에 건조시키는 온도를 쓰시오.

풀이
(1) 조립률 = $\dfrac{5+30+47+65+98+100+100+100+100}{100} = 6.45$

여기서, 25mm체는 조립률 계산에 제외된다.

(2) 굵은골재 조립률이 6~8사이에 있으므로 양호하다.

(3) (105 ± 5)℃

건설재료시험기능사 실기 작업형 출제시험 항목

- 시멘트 밀도 시험
- 잔골재 밀도 시험

2019년 5월 25일 시행 | 실기 필답형 문제

「알려 드립니다」 한국산업인력공단의 저작권법 저촉에 대한 언급이 있어 과거에 출제된 동일한 문제나 그 유형의 문제로 재구성하였습니다.

문제 01
액성한계 64%, 소성한계 24%, 자연함수비 34%이었다. 다음 물음에 답하시오.
(1) 소성지수를 구하시오.
(2) 액성지수를 구하시오.
(3) 컨시스턴시지수를 구하시오.

풀이
(1) $I_p = w_L - w_P = 64 - 24 = 40\%$

(2) $I_L = \dfrac{w_n - w_p}{I_p} = \dfrac{34 - 24}{40} = 0.25$

(3) $I_c = \dfrac{w_L - w_n}{I_p} = \dfrac{64 - 34}{40} = 0.75$

문제 02
현장에서 흙의 단위무게를 모래치환법으로 시험을 실시한 결과 다음과 같은 값을 얻었다. 다음 물음에 답하시오. (단, $\gamma_w = 1\text{g/cm}^3$이다.)

(구멍 속 표준모래+깔때기 속 표준모래)무게	2425g
깔때기 속 표준모래 무게	1075g
표준모래의 단위무게	1.35g/cm³
구멍 속 흙 무게	1832g
구멍에서 파낸 흙의 함수비	12%
최대건조 단위무게	1.75g/cm³
흙의 비중	2.65

(1) 구멍 속의 부피를 구하시오.
(2) 습윤단위무게를 구하시오.
(3) 건조단위무게를 구하시오.
(4) 공극비를 구하시오.
(5) 다짐도를 구하시오.

풀이
(1) $\gamma_\text{모래} = \dfrac{W_\text{모래}}{V}$

$1.35 = \dfrac{2425 - 1075}{V}$

$\therefore V = \dfrac{2425 - 1075}{1.35} = 1000\text{cm}^3$

(2) $\gamma_t = \dfrac{W}{V} = \dfrac{1832}{1000} = 1.832\,\text{g/cm}^3$

(3) $\gamma_d = \dfrac{\gamma_t}{1+\dfrac{w}{100}} = \dfrac{1.832}{1+\dfrac{12}{100}} = 1.64\,\mathrm{g/cm^3}$

(4) $e = \dfrac{\gamma_w}{\gamma_d}G_s - 1 = \dfrac{1}{1.64}\times 2.65 - 1 = 0.62$

(5) 다짐도 $= \dfrac{\gamma_d}{\gamma_{d\max}}\times 100 = \dfrac{1.64}{1.75}\times 100 = 93.71\%$

문제 03

콘크리트의 시방배합으로 각 재료의 단위량과 현장골재의 상태가 다음과 같을 때, 현장배합으로서의 각 재료량을 구하시오. (단, 소수 둘째 자리에서 반올림하시오.)

[시방배합표(kg/m³)]

물(kg)	시멘트(kg)	잔골재(kg)	굵은골재(kg)
167	320	621	1,339

[현장골재의 상태(%)]

종류	5mm체에 남는 율	5mm체 통과율	표면수율
잔골재	10%	90%	3%
굵은골재	90%	4%	1%

(1) 입도를 보정한 단위골재량
  ① 잔골재량(x)   ② 굵은골재량(y)
(2) 표면수량을 보정한 단위골재량
  ① 잔골재량   ② 굵은골재량
(3) 현장에서 계량해야 할 단위수량

풀이

(1) ① 잔골재량(x) $= \dfrac{100S - b(S+G)}{100-(a+b)} = \dfrac{100\times 621 - 4(621+1,339)}{100-(10+4)} = 630.9\,\mathrm{kg}$

  ② 굵은골재량(y) $= \dfrac{100G - a(S+G)}{100-(a+b)} = \dfrac{100\times 1,339 - 10(621+1,339)}{100-(10+4)}$
   $= 1,329.1\,\mathrm{kg}$

(2) ① 잔골재량 $= 630.9 + 630.9\times 0.03 = 649.8\,\mathrm{kg}$
  ② 굵은골재량 $= 1,329.1 + 1,329.1\times 0.01 = 1342.4\,\mathrm{kg}$

(3) $167 - (630.9\times 0.03) - (1,329.1\times 0.01) = 134.8\,\mathrm{kg}$

문제 04

콘크리트의 워커빌리티 측정방법 3가지를 쓰시오.

풀이
① 슬럼프 시험
② 구관입시험
③ 비비시험
④ 흐름시험

문제 05

어떤 자연 시료토에 대하여 일면 전단시험 결과이다. 다음을 구하시오.

시험횟수	1	2	3
수직응력 σ(kN/m²)	10	30	50
전단강도 τ(kN/m²)	15	25	35

1) 그래프를 작성하시오.

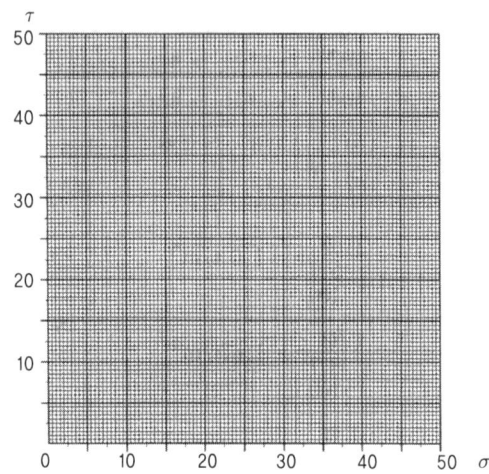

2) 점착력(C)
3) 내부마찰각(ϕ)

풀이

1)

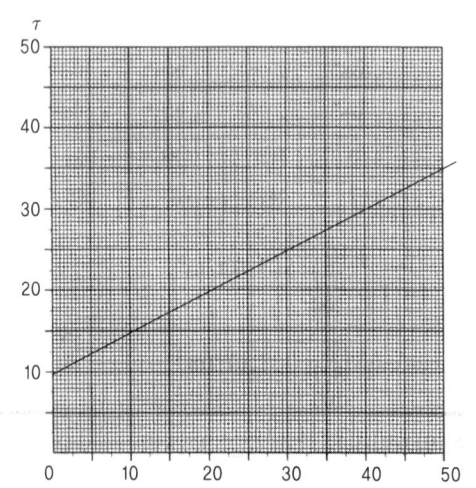

2) C = 10 kN/m²

3) $\tan\phi = \dfrac{35-15}{50-10} = 0.5$

∴ $\phi = \tan^{-1}0.5 = 26.57°$

문제 06

다음 표는 시료의 체가름 결과이다. 물음에 답하시오.

(1) 잔류율, 가적잔류율을 구하시오.

체눈금(mm)	잔류량(g)	잔류율(%)	가적 잔류율(%)
20	0		
10	5		
5	20		
2.5	66		
1.2	140		
0.6	212		
0.3	41		
0.15	14		
팬	2		

(2) 조립률을 구하시오.

풀이 (1)

체눈금(mm)	잔류량(g)	잔류율(%)	가적 잔류율(%)
20	0	0	0
10	5	1	1
5	20	4	5
2.5	66	13.2	18.2
1.2	140	28	46.2
0.6	212	42.4	88.6
0.3	41	8.2	96.8
0.15	14	2.8	99.6
팬	2	0.4	100

- 잔류율 = $\dfrac{\text{그 체의 잔류량}}{\text{전체질량}} \times 100$
- 가적 잔류율 = 각 체의 잔류율의 누계

(2) $FM = \dfrac{1+5+18.2+46.2+88.6+96.8+99.6}{100} = 3.6$

문제 07

콘크리트 슬럼프 시험을 하기 위해 중량 배합비(시멘트 : 모래 : 자갈 = 1 : 2 : 4)로 혼합하려고 한다. 다음 물음에 답하시오. (단, $W/C = 50\%$이며 사용하는 시멘트는 5kg이다.)

(1) 물의 양을 구하시오.
(2) 모래의 양을 구하시오.
(3) 자갈의 양을 구하시오.

풀이 (1) $\dfrac{W}{C} = 50\%$ ∴ $W = C \times 0.5 = 5 \times 0.5 = 2.5\text{kg}$

(2) 1 : 2 : 4 비율이므로
    모래 = $5 \times 2 = 10\text{kg}$

(3) 1 : 2 : 4 비율이므로
    자갈 = $5 \times 4 = 20\text{kg}$

문제 08

아스팔트의 시험에 대한 내용이다. 다음 물음에 답하시오.

(1) 침입도 시험에 있어서 표준시험 조건을 쓰시오.
   ① 온도 :
   ② 하중 :
   ③ 시간 :
(2) 마샬 시험기를 사용하여 아스팔트 혼합물의 소성 흐름에 대한 저항력을 측정하는데 가열 혼합물의 골재 최대 치수는?
(3) 아스팔트의 밀도는 보통 몇 ℃에서의 아스팔트의 무게와 이와 같은 부피의 물의 무게와의 비를 말하는가?

풀이 (1) ① 온도 : 25℃
        ② 하중 : 100g
        ③ 시간 : 5초
(2) 25mm 이하
(3) 25℃

건설재료시험기능사 실기 작업형 출제시험 항목

- 시멘트 밀도 시험
- 잔골재 밀도 시험

2019년 11월 23일 시행 | 실기 필답형 문제

「알려 드립니다」 한국산업인력공단의 저작권법 저촉에 대한 언급이 있어 과거에 출제된 동일한 문제나 그 유형의 문제로 재구성하였습니다.

문제 01

현장에서 흙의 단위무게를 모래치환법으로 시험을 실시한 결과 다음과 같은 값을 얻었다. 다음 물음에 답하시오. (단, $\gamma_w = 1\text{g/cm}^3$이다.)

(구멍 속 표준모래+깔때기 속 표준모래)무게	2425g
깔때기 속 표준모래 무게	1075g
표준모래의 단위무게	1.35g/cm³
구멍 속 흙 무게	1832g
구멍에서 파낸 흙의 함수비	12%
최대건조 단위무게	1.75g/cm³
흙의 비중	2.65

(1) 구멍 속의 부피를 구하시오.
(2) 습윤단위무게를 구하시오.
(3) 건조단위무게를 구하시오.
(4) 공극비를 구하시오.
(5) 다짐도를 구하시오.

풀이

(1) $\gamma_{모래} = \dfrac{W_{모래}}{V}$

$1.35 = \dfrac{2425 - 1075}{V}$ ∴ $V = \dfrac{2425 - 1075}{1.35} = 1000 \text{cm}^3$

(2) $\gamma_t = \dfrac{W}{V} = \dfrac{1832}{1000} = 1.832 \text{g/cm}^3$

(3) $\gamma_d = \dfrac{\gamma_t}{1 + \dfrac{w}{100}} = \dfrac{1.832}{1 + \dfrac{12}{100}} = 1.64 \text{g/cm}^3$

(4) $e = \dfrac{\gamma_w}{\gamma_d} G_s - 1 = \dfrac{1}{1.64} \times 2.65 - 1 = 0.62$

(5) 다짐도 $= \dfrac{\gamma_d}{\gamma_{d\max}} \times 100 = \dfrac{1.64}{1.75} \times 100 = 93.71\%$

문제 02

강재시험에 관한 다음 물음에 답하시오.
(1) 강재 경도시험방법의 종류 4가지를 쓰시오.
(2) 강재 충격시험의 목적을 간단히 쓰고 그 종류 2가지를 쓰시오.

풀이
(1) 브리넬(Brinell), 쇼어(Shore), 비커스(Vickers), 로크웰(Rockwell)
(2) ① 목적 : 강재의 충격(인성)을 알기 위해
② 종류 : 샤르피식, 아이조드식

문제 03

어떤 시료의 액성한계 시험을 한 결과 다음과 같은 값을 얻었다. 아래 물음에 답하시오. (단, 소성한계 28%, 자연상태 함수비 32%)

낙하횟수(N)	5	15	30	40	50
함수비(%)	50	48	46.8	46.3	45.9

(1) 유동곡선을 그리고 액성한계를 구하시오.

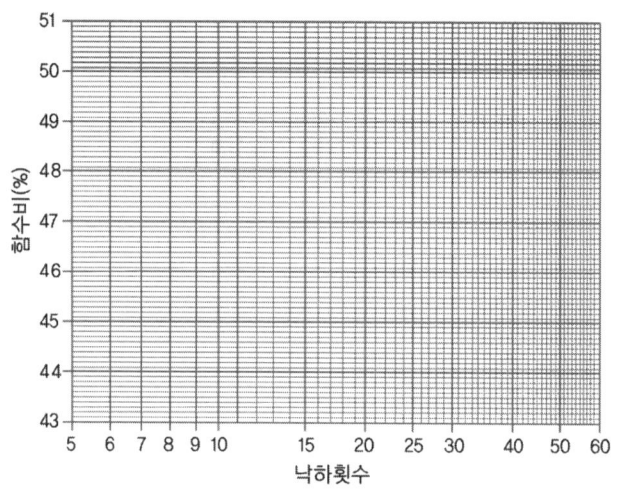

• 액성한계 :
(2) 소성지수를 구하시오.
(3) 액성지수를 구하시오.
(4) 연경지수(컨시스턴시 지수)를 구하시오.

풀이 (1)

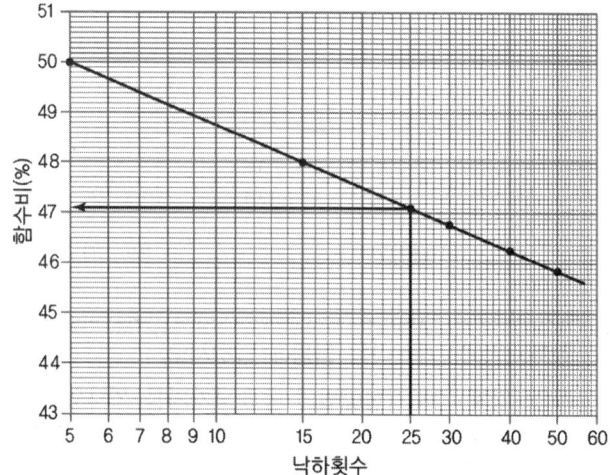

• 액성한계 : 47.1%

(2) 소성지수 $I_p = w_L - w_p = 47.1 - 28 = 19.1\%$

(3) 액성지수 $I_L = \dfrac{w_n - w_p}{I_p} = \dfrac{32 - 28}{19.1} = 0.21$

(4) 연경지수(컨시스턴시 지수) $I_c = \dfrac{w_L - w_n}{I_p} = \dfrac{47.1 - 32}{19.1} = 0.79$

문제 04
콘크리트의 슬럼프 시험방법(KS F 2402)에 대한 내용이다. 다음 물음에 답하시오.
가) 슬럼프 콘의 규격을 쓰시오.(윗면 안지름 × 밑면 안지름 × 높이)
나) 슬럼프 콘에 시료를 채우고 벗길 때까지의 전 작업시간은?
다) 슬럼프 콘의 시료를 거의 같은 양의 몇 층으로 나눠서 채우고 각 층은 다짐봉으로 몇 회씩 다지는가?
라) 슬럼프는 몇 mm 단위로 표시하는가?

풀이
가) 100mm × 200mm × 300mm
나) 3분 이내
다) 3층, 25회
라) 5mm

문제 05
굵은 골재 및 잔골재의 체가름 시험방법(KS F 2502)에 대한 물음에 답하시오.
(1) 조립률 구할 때 사용되는 체를 모두 다 쓰시오.
(2) 체가름 시험을 할 때 다음에 해당되는 시료의 최소 건조 질량을 쓰시오.
 ① 잔골재 1.18mm 체를 95%(질량비)이상 통과하는 것
 ② 잔골재 1.18mm 체에 5%(질량비)이상 남는 것
 ③ 굵은 골재 최대치수가 26.5mm 정도인 것

풀이
(1) 75mm, 40mm, 20mm, 10mm, 5mm, 2.5mm, 1.2mm, 0.6mm, 0.3mm, 0.15mm
(2) ① 100g
 ② 500g
 ③ 5kg

문제 06
굵은 골재의 마모시험 결과 다음과 같다. 물음에 답하시오.

- 시험 전 시료의 총 질량 : 5,000g
- 시험 후 시료의 총 질량 : 3,500g

(1) 시험 후 시료의 총 질량은 몇 mm 체로 체가름 한 것인지 쓰시오.
(2) 골재의 마모감량을 구하시오.

풀이
(1) 1.7mm
(2) 마모감량 $= \dfrac{5,000 - 3,500}{5,000} \times 100 = 30\%$

문제 07

노상토 지지력비(CBR) 시험 결과 아래 표와 같을 때 다음 물음에 답하시오.

관입량(mm)	시험 하중(kN)	표준 하중(kN)
2.5	4.5	13.4
5.0	6.2	19.9

(1) 관입량 2.5mm일 때 $CBR_{2.5}$ 값을 구하시오.
(2) 관입량 5.0mm일 때 $CBR_{5.0}$ 값을 구하시오.
(3) CBR 값을 구하시오.(단, 판정근거를 제시하시오.)

풀이

(1) $CBR_{2.5} = \dfrac{4.5}{13.4} \times 100 = 33.5\%$

(2) $CBR_{5.0} = \dfrac{6.2}{19.9} \times 100 = 31.1\%$

(3) $CBR_{2.5} > CBR_{5.0}$ 인 경우 CBR 값은 $CBR_{2.5}$ 값으로 한다.
∴ CBR = 33.5%

문제 08

콘크리트의 배합설계 결과 다음과 같다. 물음에 답하시오.

- 단위 잔골재 부피 : $0.24m^3$
- 잔골재 밀도 : $2.52g/cm^3$
- 단위 굵은 골재 부피 : $0.4m^3$
- 굵은 골재 밀도 : $2.65g/cm^3$

(1) 잔골재율(S/a)을 구하시오.
(2) 단위 잔골재량을 구하시오.
(3) 단위 굵은 골재량을 구하시오.

풀이

(1) $S/a = \dfrac{0.24}{0.24+0.4} \times 100 = 37.5\%$

(2) $S = (0.24+0.4) \times 0.375 \times 2.52 \times 1,000 = 604.8\,kg$

(3) $G = (0.24+0.4) \times (1-0.375) \times 2.65 \times 1,000 = 1,060\,kg$

건설재료시험기능사 실기 작업형 출제시험 항목

- 시멘트 밀도 시험
- 잔골재 밀도 시험

2020년 4월 4일 시행 실기 필답형 문제

> **알려 드립니다** 한국산업인력공단의 저작권법 저촉에 대한 언급이 있어 과거에 출제된 동일한 문제나 그 유형의 문제로 재구성하였습니다.

문제 01

콘크리트의 시방배합으로 각 재료의 단위량과 현장골재의 상태가 다음과 같을 때, 현장배합으로서의 각 재료량을 구하시오. (단, 소수 둘째 자리에서 반올림하시오.)

[시방배합표(kg/m³)]

물(kg)	시멘트(kg)	잔골재(kg)	굵은골재(kg)
167	320	621	1,339

[현장골재의 상태(%)]

종 류	5mm체에 남는 율	5mm체 통과율	표면수율
잔골재	10%	90%	3%
굵은골재	90%	4%	1%

(1) 입도를 보정한 단위골재량
   ① 잔골재량(x)   ② 굵은골재량(y)
(2) 표면수량을 보정한 단위골재량
   ① 잔골재량   ② 굵은골재량
(3) 현장에서 계량해야 할 단위수량

풀이

(1) ① 잔골재량$(x) = \dfrac{100S - b(S+G)}{100 - (a+b)} = \dfrac{100 \times 621 - 4(621 + 1,339)}{100 - (10+4)} = 630.9\text{kg}$

② 굵은골재량$(y) = \dfrac{100G - a(S+G)}{100 - (a+b)} = \dfrac{100 \times 1,339 - 10(621 + 1,339)}{100 - (10+4)}$
   $= 1,329.1\text{kg}$

(2) ① 잔골재량 $= 630.9 + 630.9 \times 0.03 = 649.8\text{kg}$

   ② 굵은골재량 $= 1,329.1 + 1,329.1 \times 0.01 = 1342.4\text{kg}$

(3) $167 - (630.9 \times 0.03) - (1,329.1 \times 0.01) = 134.8\text{kg}$

문제 02

애터버그(Atterberg)한계 시험방법 3가지를 쓰시오.

풀이 ① 액성한계 ② 소성한계 ③ 수축한계

문제 03

도로시공을 위해 A방법으로 다짐시험을 실시하여 다음과 같은 결과를 얻었다.

함수비(%)	습윤단위중량(t/m³)	함수비(%)	습윤단위중량(t/m³)
5.7	1.69	14.2	1.85
8.7	1.82	16.4	1.79
11.6	1.88	18.5	1.72

(1) 다짐곡선을 그리시오.

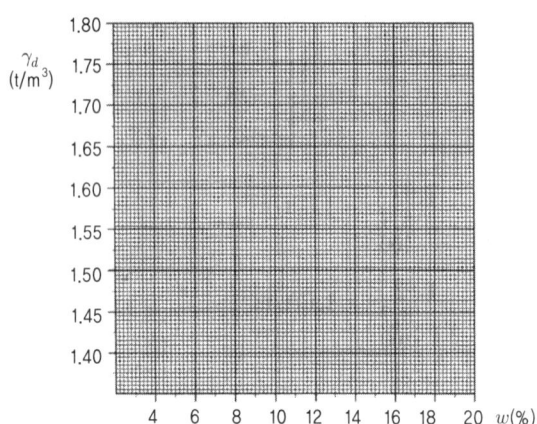

(2) 최적함수비(W_{opt})와 최대건조단위중량($\gamma_{d\max}$)을 구하시오.
　① 최적함수비(W_{opt})
　② 최대건조단위중량($\gamma_{d\max}$)

풀이 (1)

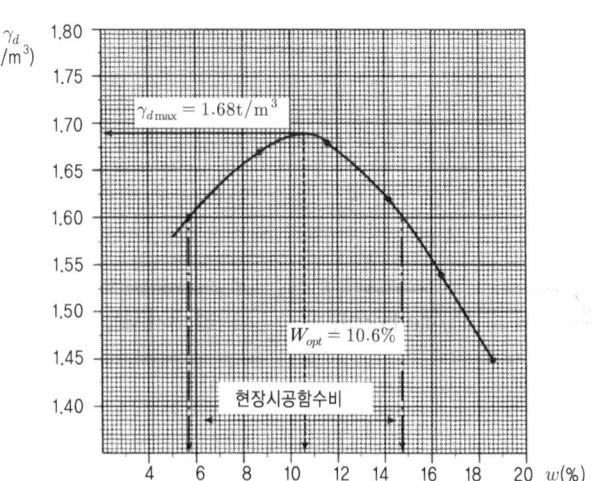

[건조밀도(γ_d) 계산근거]

(w)(%)	γ_t (t/m³)	γ_d (t/m³)	(w)(%)	γ_t (t/m³)	γ_d (t/m³)	(w)(%)	γ_t (t/m³)	γ_d (t/m³)
5.7	1.69	1.60	11.6	1.88	1.68	16.4	1.79	1.54
8.7	1.82	1.67	14.2	1.85	1.62	18.5	1.72	1.45

- $\gamma_{d1} = \dfrac{\gamma_t}{1+\dfrac{w}{100}} = \dfrac{1.69}{1+\dfrac{5.7}{100}} = 1.60\,\text{t/m}^3$

- $\gamma_{d2} = \dfrac{\gamma_t}{1+\dfrac{w}{100}} = \dfrac{1.82}{1+\dfrac{8.7}{100}} = 1.67\,\text{t/m}^3$

- $\gamma_{d3} = \dfrac{\gamma_t}{1+\dfrac{w}{100}} = \dfrac{1.88}{1+\dfrac{11.6}{100}} = 1.68\,\text{t/m}^3$

- $\gamma_{d4} = \dfrac{\gamma_t}{1+\dfrac{w}{100}} = \dfrac{1.85}{1+\dfrac{14.2}{100}} = 1.62\,\text{t/m}^3$

- $\gamma_{d5} = \dfrac{\gamma_t}{1+\dfrac{w}{100}} = \dfrac{1.79}{1+\dfrac{16.4}{100}} = 1.54\,\text{t/m}^3$

- $\gamma_{d6} = \dfrac{\gamma_t}{1+\dfrac{w}{100}} = \dfrac{1.72}{1+\dfrac{18.5}{100}} = 1.45\,\text{t/m}^3$

(2) 다짐곡선을 작도하여 구하면
① 최적함수비(W_{opt}) : 10.6%
② 최대건조단위중량($\gamma_{d\max}$) : 1.68 t/m³

문제 04

아래와 같이 골재의 체가름 시험을 하였다. 물음에 답하시오.

체(mm)	40	25	20	10	5	2.5	1.2	0.6	0.3	0.15
잔류량(g)	2	5	30	43	15	5	0	0	0	0

1) 조립률을 계산하시오.
2) 굵은골재의 최대치수는?
3) 최대치수의 정의를 쓰시오.

풀이

1)

체(mm)	40	25	20	10	5	2.5	1.2	0.6	0.3	0.15
잔류율(%)	2	7	37	80	95	100	100	100	100	100

- 가적 잔유율 = 2+37+80+95+100+100+100+100+100 = 714
- 조립률 = $\dfrac{714}{100}$ = 7.14

2) $G_{\max} = 25\text{mm}$
- 40mm체 통과율 = 100−2 = 98%
- 25mm체 통과율 = 100−7 = 93%

3) 굵은골재 최대치수란 질량으로 90% 이상 통과시키는 체 중에서 최소치수의 체눈을 공칭치수로 나타낸다.

문제 05

잔골재 밀도 시험 결과가 다음과 같다. 물음에 답하시오. (단, $\rho_w = 1\text{g/cm}^3$이다. 소수 넷째자리에서 반올림하시오.)

- 플라스크의 질량 : 164g
- 표면건조포화상태의 질량 : 500g
- 노 건조시료의 질량 : 480g
- 물을 채운 플라스크의 질량 : 662g
- (시료+물+플라스크)의 질량 : 970g

(1) 상대 겉보기 밀도 :
(2) 절건밀도 :
(3) 표건밀도 :
(4) 흡수율 :

풀이

(1) $\dfrac{A}{B+A-C} \times \rho_w = \dfrac{480}{662+480-970} \times 1 = 2.791 \text{g/cm}^3$

(2) $\dfrac{A}{B+m-C} \times \rho_w = \dfrac{480}{662+500-970} \times 1 = 2.5 \text{g/cm}^3$

(3) $\dfrac{m}{B+m-C} \times \rho_w = \dfrac{500}{662+500-970} \times 1 = 2.604 \text{g/cm}^3$

(4) $\dfrac{m-A}{A} \times 100 = \dfrac{500-480}{480} \times 100 = 4.167\%$

문제 06

흙의 습윤단위무게 $16.5\,\text{kN/m}^3$, 함수비 40%, 비중=2.716일 때 다음 물음에 답하시오. (단, $\gamma_w = 9.81\,\text{kN/m}^3$이다.)

(1) 건조단위무게
(2) 간극비
(3) 포화도

풀이

(1) $\gamma_d = \dfrac{\gamma_t}{1+\dfrac{w}{100}} = \dfrac{16.5}{1+\dfrac{56.86}{100}} = 10.52\,\text{kN/m}^3$

(2) $e = \dfrac{\gamma_w}{\gamma_d} G_s - 1 = \dfrac{9.81}{10.52} \times 2.716 - 1 = 1.533$

(3) $S = \dfrac{G_s \cdot w}{e} = \dfrac{2.716 \times 40}{1.533} = 70.9\%$

문제 07

다음은 아스팔트 시험에 관한 내용이다. 물음에 답하시오.

(1) 침입도 시험시 침입도가 50일 때 표준침의 관입량을 구하시오.
(2) 침입도 시험시 표준온도는?
(3) 측정할 때 전회 진입 위치에서 얼마 이상 떨어진 점에서 하는가?

풀이

(1) 0.1mm : 침입도 1 = x : 50
  ∴ $x = 5\text{mm}$

(2) 25℃

(3) 10 mm

문제 08

자연상태 흙 3000g을 채취하여 함수비를 측정하니 12%이었다. 이 흙의 최적함수비가 20%이다. 최적함수비로 만들려면 3000g 흙에 물을 얼마나 가해야 하는지를 구하시오.

풀이

- 함수비 12%인 흙의 물 무게
$$W_w = \frac{w \cdot W}{100+w} = \frac{12 \times 3000}{100+12} = 321.4\text{g}$$

- 최적함수비로 만들려는 물 무게
$$12\% : 321.4\text{g} = (20-12)\% : x$$
$$\therefore x = 214.3\text{g}$$

건설재료시험기능사 실기 작업형 출제시험 항목

- 시멘트 밀도 시험
- 잔골재 밀도 시험

2021년 4월 3일 시행 — 실기 필답형 문제

> 「**알려 드립니다**」 한국산업인력공단의 저작권법 저촉에 대한 언급이 있어 과거에 출제된 동일한 문제나 그 유형의 문제로 재구성하였습니다.

문제 01

다음의 체가름 시험 표를 완성하고 조립률을 구하시오.

체 눈금(mm)	잔류량(g)	잔류율(%)	가적잔류율(%)	가적통과율(%)
20	0	–	–	–
10	0	–	–	–
5	0	–	–	
2.5	50			
1.2	150			
0.6	150			
0.3	50			
0.15	100			
팬	0	–	–	–

풀이

체 눈금(mm)	잔류량(g)	잔류율(%)	가적잔류율(%)	가적통과율(%)
20	0	–	–	–
10	0	–	–	–
5	0	–	–	100
2.5	50	10	10	90
1.2	150	30	40	60
0.6	150	30	70	30
0.3	50	10	80	20
0.15	100	20	100	0
팬	0	–	–	–

- 잔류율 = $\dfrac{\text{그 체의 잔류량}}{\text{전체의 질량}} \times 100$
- 가적 잔류율 = 각 체의 잔류율의 누계
- 조립률 = $\dfrac{10+40+70+80+100}{100} = 3.0$

문제 02

콘크리트 시험에 관한 사항이다. 다음 물음에 답하시오.

(1) 공시체의 양생온도는?
(2) 공시체의 몰드에서 떼어내는 시간?
(3) 공시체가 파괴되었을 때 최대 하중이 380kN이었다. 압축강도를 구하시오.
 (단, 공시체는 지름 150mm, 높이 300mm이다.)

[풀이]
(1) $20 \pm 2℃$
(2) 16시간 이상 3일 이내
(3) 압축강도 $= \dfrac{P}{A} = \dfrac{380,000}{\dfrac{3.14 \times 150^2}{4}} = 21.5 \text{MPa}$

문제 03

어떤 시료에 대하여 수축한계시험을 실시한 결과 자연함수비 41.4%, 소성한계 27.4%, 습윤토 체적 21.6cm³, 건조토 체적 15.6cm³, 건조토 질량 25g을 얻었다. 다음 물음에 답하시오. (단, $\gamma_w = 1\text{g/cm}^3$이다.)

(1) 수축한계를 구하시오.
(2) 수축비를 구하시오.
(3) 흙 입자 밀도의 근사치를 구하시오.
(4) 수축지수를 구하시오.

[풀이]
(1) $\omega_s = \omega - \left[\dfrac{(V-V_0)}{W_0} \gamma_\omega \times 100\right] = 41.4 - \left[\dfrac{(21.6-15.6)}{25} \times 1 \times 100\right] = 17.4\%$

(2) $R = \dfrac{W_0}{V_0 \gamma_\omega} = \dfrac{25}{15.6 \times 1} = 1.6$

(3) $G_s = \dfrac{1}{\dfrac{1}{R} - \dfrac{\omega_s}{100}} = \dfrac{1}{\dfrac{1}{1.6} - \dfrac{17.4}{100}} = 2.22$

(4) $I_s = \omega_p - \omega_s = 27.4 - 17.4 = 10\%$

문제 04

굵은골재의 밀도 및 흡수율 시험 결과가 다음과 같다. 물음에 답하시오. (단, $\rho_w = 1\,\text{g/cm}^3$, 소수 셋째 자리에서 반올림하시오.)

- 표면건조 포화상태의 시료 질량 : 2235g
- 물속에서 철망태의 질량 : 1917g
- 물속에서 철망태에 시료를 넣은 질량 : 3218g
- 절대건조 시료 질량 : 2138g

(1) 표면건조 포화상태 밀도   (2) 겉보기 밀도   (3) 흡수율

[풀이]
(1) $\dfrac{B}{B-C} \times \rho_w = \dfrac{2235}{2235-1301} \times 1 = 2.39\,\text{g/cm}^3$

여기서, 물속에서의 시료 질량 = 3218 - 1917 = 1301g

(2) $\dfrac{A}{A-C} \times \rho_w = \dfrac{2138}{2138-1301} \times 1 = 2.55\,\text{g/cm}^3$

(3) $\dfrac{B-A}{A} \times 100 = \dfrac{2235-2138}{2138} \times 100 = 4.54\%$

문제 05

다음의 콘크리트 배합강도에 대한 물음에 답하시오.

(1) 현장의 압축강도 시험 기록이 없는 경우에 호칭강도가 18MPa일 때 배합강도는?
(2) 현장의 압축강도 시험 기록이 없는 경우에 호칭강도가 24MPa일 때 배합강도는?
(3) 콘크리트 품질기준강도가 28MPa이고 25회 이상의 실험에 의한 압축강도의 표준편차가 3.0MPa일 때 콘크리트의 배합강도를 구하시오.

풀이

(1) $f_{cr} = f_{cn} + 7 = 18 + 7 = 25\text{MPa}$

(2) $f_{cr} = f_{cn} + 8.5 = 24 + 8.5 = 32.5\text{MPa}$

(3) $f_{cr} = f_{cq} + 1.34S = 28 + 1.34 \times (3 \times 1.03) = 32.14\text{MPa}$
$f_{cr} = (f_{cq} - 3.5) + 2.33S = (28 - 3.5) + 2.33 \times (3 \times 1.03) = 31.70\text{MPa}$
∴ 큰 값인 32.14 MPa
여기서, 시험횟수 25회의 표준편차 보정계수는 1.03이다.

문제 06

흙의 건조단위무게가 15.8 kN/m³, 최대 건조단위무게가 17.2 kN/m³, 최소 건조단위무게가 14.3 kN/m³일 때 이 모래의 상대밀도를 구하시오.

풀이

$$D_r = \frac{\gamma_d - \gamma_{d\min}}{\gamma_{d\max} - \gamma_{d\min}} \times \frac{\gamma_{d\max}}{\gamma_d} \times 100$$

$$= \frac{15.8 - 14.3}{17.2 - 14.3} \times \frac{17.2}{15.8} \times 100 = 56.3\%$$

문제 07

어느 점토의 압밀계수 $C_v = 1.640 \times 10^{-8} \text{m}^2/\text{sec}$, 압축계수 $a_v = 2.820 \times 10^{-6} \text{m}^2/\text{kN}$이다. 이 점토의 투수계수는? (단, $\gamma_w = 9.81 \text{kN/m}^3$, 간극비 $e = 1.0$이다.)

풀이

$m_v = \dfrac{a_v}{1+e} = \dfrac{2.82 \times 10^{-6}}{1+1} = 1.41 \times 10^{-6} \text{ m}^2/\text{kN}$

$k = C_v \cdot m_v \cdot \gamma_w = 1.64 \times 10^{-8} \times 1.41 \times 10^{-6} \times 9.81 = 2.268 \times 10^{-13} \text{m/sec}$

문제 08

콘크리트 휨강도 시험에 대한 내용이다. 다음 물음에 답하시오.

가) 공시체가 150mm×150mm×530mm일 때 각 층 다짐횟수는?
나) 공시체가 지간의 가운데 부분에서 파괴되었을 때 휨강도를 구하시오.
 (단, 지간은 450mm, 파괴 최대하중이 36,000N이다.)
다) 공시체를 제작한 후 (   )시간 이상, (   )일 이내에 몰드를 떼어내는가?
라) 공시체가 150mm×150mm×530mm일 때 몰드에 몇 층으로 채워 넣는가?

풀이

가) $(150 \times 530) \div 1{,}000 = 80$회

나) $f_b = \dfrac{Pl}{bd^2} = \dfrac{36{,}000 \times 450}{150 \times 150^2} = 5\text{MPa}$

다) 16, 3

라) 2층

건설재료시험기능사 실기 작업형 출제시험 항목

- 시멘트 밀도 시험
- 잔골재 밀도 시험

2021년 6월 13일 시행 실기 필답형 문제

> **「알려 드립니다」** 한국산업인력공단의 저작권법 저촉에 대한 언급이 있어 과거에 출제된 동일한 문제나 그 유형의 문제로 재구성하였습니다.

문제 01

일축압축시험의 결과 q_u = 0.34 MPa, 파괴면 각도 55°이었다. 다음 물음에 답하시오.

(1) 내부마찰각을 구하시오.
(2) 흙의 점착력을 구하시오.

풀이

(1) $\theta = 45° + \dfrac{\phi}{2}$

$55° = 45° + \dfrac{\phi}{2}$

$\therefore \phi = 20°$

(2) $C = \dfrac{q_u}{2\tan\left(45° + \dfrac{\phi}{2}\right)} = \dfrac{0.34}{2\tan\left(45° + \dfrac{20°}{2}\right)} = 0.12 \text{MPa}$

문제 02

현장도로 토공에서 들밀도시험을 했다. 파낸 구멍의 체적 V=836.63cm³이었고, 이 구멍에서 파낸 흙 무게가 1,650.5g이었다. 이 흙의 토질시험 결과 함수비 ω=9.5%, 비중 G_s=2.65, 최대건조밀도 $\gamma_{d\,\max}$=1.87g/cm³이었다. 물음에 답하시오. (단, γ_w=1g/cm³이다.)

(1) 현장건조밀도를 구하시오.
(2) 공극비 및 공극률을 구하시오.
(3) 다짐도를 구하시오.

풀이

(1) • 습윤밀도 $\gamma_t = \dfrac{W}{V} = \dfrac{1,650.5}{836.63} = 1.97 \text{g/cm}^3$

• 건조밀도 $\gamma_d = \dfrac{\gamma_t}{1+\dfrac{\omega}{100}} = \dfrac{1.97}{1+\dfrac{9.5}{100}} = 1.80 \text{g/cm}^3$

(2) • 공극비 $e = \dfrac{\gamma_w}{\gamma_d} G_s - 1 = \dfrac{1}{1.8} \times 2.65 - 1 = 0.47$

• 공극률 $n = \dfrac{e}{1+e} \times 100 = \dfrac{0.47}{1+0.47} \times 100 = 31.97\%$

(3) 다짐도 $= \dfrac{\gamma_d}{\gamma_{d\,\max}} \times 100 = \dfrac{1.80}{1.87} \times 100 = 96.26\%$

문제 03 자연 함수비(w_n) 43.6%, 소성한계(w_p) 34.4%, 액성한계(w_L) 72.6%, 수축한계(w_s) 14.8%일 때 다음을 구하시오.

1) I_P
2) I_L
3) I_c

풀이
1) $I_P = w_L - w_P = 72.6 - 34.4 = 38.2\%$
2) $I_L = \dfrac{w_n - w_p}{I_P} = \dfrac{43.6 - 34.4}{38.2} = 0.241$
3) $I_c = \dfrac{w_L - w_n}{I_p} = \dfrac{72.6 - 43.6}{38.2} = 0.759$

문제 04 시멘트의 강도 시험방법(KS L ISO 679)에 의해 시멘트의 압축강도 시험을 실시하고자 한다. 시멘트 450g을 사용하여 공시체를 제작할 때 모래와 물의 사용량을 구하시오.

(1) 모래(표준사)의 양 :
(2) 물의 양 :

풀이
(1) 시멘트와 모래의 비율이 1 : 3이므로 $450 \times 3 = 1350\,g$

(2) $\dfrac{W}{C} = 0.5$이므로
  $\therefore W = C \times 0.5 = 450 \times 0.5 = 225\,g$

문제 05 어떤 흙의 입도시험 결과 입경가적곡선에서 $D_{10} = 0.14$mm, $D_{30} = 0.26$mm, $D_{60} = 0.7$mm일 때 균등계수와 곡률계수를 구하시오.

(1) 균등계수
(2) 곡률계수

풀이
(1) $C_u = \dfrac{D_{60}}{D_{10}} = \dfrac{0.7}{0.14} = 5$

(2) $C_g = \dfrac{(D_{30})^2}{D_{10} \times D_{60}} = \dfrac{(0.26)^2}{0.14 \times 0.6} = 0.8$

문제 06
시멘트의 입자를 분산시켜 적은 수량으로 시공연도(워커빌리티)를 향상 시키는 분산제의 종류 3가지 쓰시오.

풀이 ① 표준형 ② 지연형 ③ 촉진형

문제 07
다음의 콘크리트 배합강도에 대한 물음에 답하시오.
(1) 현장의 압축강도 시험 기록이 없는 경우에 호칭강도가 28MPa일 때 배합강도를 구하시오.
(2) 콘크리트의 품질기준강도(f_{cq})가 28MPa이고 15회 시험실적에 의한 압축강도 표준편차가 2.5MPa일 때 콘크리트 배합강도를 구하시오.
(3) 콘크리트 호칭강도(f_{cn})가 28MPa이고 25회 시험실적에 의한 압축강도 표준편차가 2.5MPa일 때 콘크리트 배합강도를 구하시오.

풀이
(1) 배합강도(호칭강도가 21이상 35MPa 이하이므로)
  $f_{cr} = f_{cn} + 8.5 = 28 + 8.5 = 36.5\,\text{MPa}$
(2) 배합강도($f_{cq} \leq 35\,\text{MPa}$이므로)
  • $f_{cr} = f_{cq} + 1.34s = 28 + 1.34 \times (2.5 \times 1.16) = 31.89\,\text{MPa}$
  • $f_{cr} = (f_{cq} - 3.5) + 2.33s = (28 - 3.5) + 2.33 \times (2.5 \times 1.16) = 31.26\,\text{MPa}$
  ∴ 두 식 중 큰값 31.89MPa
    여기서, 시험횟수 15회일 때 표준편차의 보정계수는 1.16이다.
(3) 배합강도($f_{cn} \leq 35\,\text{MPa}$이므로)
  • $f_{cr} = f_{cn} + 1.34s = 28 + 1.34 \times (2.5 \times 1.03) = 31.45\,\text{MPa}$
  • $f_{cr} = (f_{cn} - 3.5) + 2.33s = (28 - 3.5) + 2.33 \times (2.5 \times 1.03) = 30.50\,\text{MPa}$
  ∴ 두 식 중 큰값 31.45MPa
    여기서, 시험횟수 25회일 때 표준편차의 보정계수는 1.03이다.

문제 08
KS F 2509 규정에 의해 잔골재의 표면수 측정시험을 하였다. 다음 물음에 답하시오.
(1) 잔골재의 표면수 측정방법 2종류를 쓰시오.
(2) 시험 결과가 아래와 같을 때 표면수율을 구하시오.

- 시료의 질량(m_1) : 500g
- 용기와 물의 질량(m_2) : 952.5g
- 용기, 시료 및 물의 질량(m_3) : 1250.7g
- 잔골재의 표건밀도(d_s) : 2.60g/cm³

[풀이] (1) ① 질량법 ② 용적법

(2) 표면수율

$$H = \frac{m - m_s}{m_1 - m} \times 100 = \frac{201.8 - 192.31}{500 - 201.8} \times 100 = 3.18\%$$

여기서, • 시료에서 치환된 물의 질량

$$m = m_1 + m_2 - m_3 = 500 + 952.5 - 1250.7 = 201.8\,\text{g}$$

• $m_s = \dfrac{m_1}{d_s} = \dfrac{500}{2.60} = 192.31\,\text{g}$

문제 09

아스팔트 신도시험에 대한 내용이다. 다음 물음에 답하시오.
(1) 신도의 정의를 쓰시오.
(2) 아래와 같은 경우 시험온도와 시험편을 잡아당기는 속도를 쓰시오.
 ① 별도의 규정이 없는 경우 시험온도와 시험속도를 쓰시오.
 ② 저온에서 시험할 때 시험온도와 시험속도를 쓰시오.

[풀이] (1) 아스팔트의 늘어나는 능력 즉, 연성의 기준으로 시료의 양 끝을 규정 온도 및 속도로 잡아당겼을 때 시료가 끊어질 때까지 늘어난 길이를 말하며 cm로 나타낸다.

(2) ① 25℃, 5cm/min
② 4℃, 1cm/min

건설재료시험기능사 실기 작업형 출제시험 항목

- 시멘트 밀도 시험
- 잔골재 밀도 시험

2021년 11월 27일 시행 — 실기 필답형 문제

「**알려 드립니다**」 한국산업인력공단의 저작권법 저촉에 대한 언급이 있어 과거에 출제된 동일한 문제나 그 유형의 문제로 재구성하였습니다.

문제 01

다음 골재의 마모시험 결과를 보고 마모율을 구하시오. (소수 둘째 자리에서 반올림 하시오.)

- 시험 전 시료의 질량 : 10,000g
- 시험 후 시료의 질량 : 6,124g

(1) 마모율을 구하시오.
(2) 골재의 적합 여부를 판단하시오. (보통 콘크리트의 경우)

풀이 (1) 마모율 = $\dfrac{\text{시험 전 시료질량} - \text{시험 후 시료질량}}{\text{시험 전 시료질량}} \times 100$

$= \dfrac{10,000 - 6,124}{10,000} \times 100 = 38.8\%$

(2) 마모감량의 한도는 보통 콘크리트의 경우 40% 이하이므로 사용 가능하다.

문제 02

어떤 시료에 대하여 수축한계시험을 실시한 결과 자연함수비 70.9%, 습윤토 체적 23.9cm³, 건조토 체적 12.3cm³, 건조토 중량 21.5g을 얻었다. 다음 물음에 답하시오. (단, $\gamma_w = 1\text{g/cm}^3$이다.)

(1) 수축한계 :
(2) 수축비 :
(3) 흙 입자 밀도의 근사치 :

풀이 (1) $\omega_s = \omega - \left[\dfrac{V - V_o}{W_o} \cdot \gamma_w \times 100\right] = 70.9 - \left[\dfrac{23.9 - 12.3}{21.5} \times 1 \times 100\right] = 16.95\%$

(2) $R = \dfrac{W_o}{V_o \cdot \gamma_w} = \dfrac{21.5}{12.3 \times 1} = 1.75$

(3) $G_s = \dfrac{1}{\dfrac{1}{R} - \dfrac{\omega_s}{100}} = \dfrac{1}{\dfrac{1}{1.75} - \dfrac{16.95}{100}} = 2.49$

문제 03 잔골재 밀도 시험 결과가 다음과 같다. 물음에 답하시오. (단, $\rho_w = 1\text{g/cm}^3$이다. 소수 넷째자리에서 반올림하시오.)

- 플라스크의 질량 : 164g
- 표면건조포화상태의 질량 : 500g
- 노 건조시료의 질량 : 480g
- 물을 채운 플라스크의 질량 : 662g
- (시료+물+플라스크)의 질량 : 970g

(1) 상대 겉보기 밀도 :
(2) 절건밀도 :
(3) 표건밀도 :

풀이

(1) $\dfrac{A}{B+A-C} \times \rho_w = \dfrac{480}{662+480-970} \times 1 = 2.791 \text{g/cm}^3$

(2) $\dfrac{A}{B+m-C} \times \rho_w = \dfrac{480}{662+500-970} \times 1 = 2.5 \text{g/cm}^3$

(3) $\dfrac{m}{B+m-C} \times \rho_w = \dfrac{500}{662+500-970} \times 1 = 2.604 \text{g/cm}^3$

문제 04 어떤 흙의 입도시험 결과 입경가적곡선에서 $D_{10} = 0.14\text{mm}$, $D_{30} = 0.26\text{mm}$, $D_{60} = 0.7\text{mm}$일 때 균등계수와 곡률계수를 구하시오.

(1) 균등계수
(2) 곡률계수

풀이

(1) $C_u = \dfrac{D_{60}}{D_{10}} = \dfrac{0.7}{0.14} = 5$

(2) $C_g = \dfrac{(D_{30})^2}{D_{10} \times D_{60}} = \dfrac{(0.26)^2}{0.14 \times 0.6} = 0.8$

문제 05 압밀시험에서 공시체의 두께가 2.0cm인 점토시료를 압밀시험하여 $\sqrt{t}$법으로 구한 $t_{90} = 53.3$분이고 $\log t$법으로 구한 $t_{50} = 12.5$분이었다. 아래 물음에 답하시오. (단, 양면배수인 경우이며, 소수 6째자리에서 반올림하시오.)

(1) $\sqrt{t}$법에 의하여 압밀계수를 구하시오.
(2) $\log t$법에 의하여 압밀계수를 구하시오.

풀이

(1) $C_v = \dfrac{T_v H^2}{t} = \dfrac{0.848 \left(\dfrac{H}{2}\right)^2}{t_{90}} = \dfrac{0.848 \times \left(\dfrac{2}{2}\right)^2}{53.3 \times 60} = 0.00027 \text{cm}^2/\text{sec}$

(2) $C_v = \dfrac{T_v H^2}{t} = \dfrac{0.197 \left(\dfrac{H}{2}\right)^2}{t_{50}} = \dfrac{0.197 \times \left(\dfrac{2}{2}\right)^2}{12.5 \times 60} = 0.00026 \text{cm}^2/\text{sec}$

여기서, 양면배수이므로 $H = \dfrac{H}{2}$이다.

문제 06

자연시료의 일축압축시험 결과 강도가 0.3MPa일 때, 파괴면의 각도가 45°였다. 다음 물음에 답하시오.
(1) 내부마찰각(ϕ)을 구하시오.
(2) 점착력(C)을 구하시오.

풀이 (1) $\theta = 45° + \dfrac{\phi}{2}$

$45° = 45° + \dfrac{\phi}{2}$

∴ $\phi = 0°$

(2) $C = \dfrac{q_u}{2} = \dfrac{0.3}{2} = 0.15\,\text{MPa}$

문제 07

아스팔트 신도시험에 대한 사항이다. 다음 물음에 답하시오.
(1) 신도시험의 목적을 간단히 쓰시오.
(2) 별도 규정이 없는 경우 시험온도와 속도를 쓰시오.
 ① 시험온도 :
 ② 시험속도 :
(3) 저온에서 시험을 할 경우 시험온도와 속도를 쓰시오.
 ① 시험온도 :
 ② 시험속도 :

풀이 (1) 아스팔트의 늘어나는 연성을 측정하기 위해 시험한다.
(2) ① 25℃
  ② 5cm/min
(3) ① 4℃
  ② 1cm/min

문제 08

콘크리트의 슬럼프 시험방법(KS F 2402)에 대한 내용이다. 다음 물음에 답하시오.
(1) 슬럼프 콘의 규격을 쓰시오.(윗면 안지름×밑면 안지름×높이)
(2) 슬럼프 콘에 시료를 채우고 벗길 때까지의 전 작업시간은?
(3) 슬럼프는 몇 mm 단위로 표시하는가?

풀이 (1) 100mm×200mm×300mm
(2) 3분
(3) 5mm

문제 09

콘크리트 강도시험에 관한 사항이다. 다음 물음에 답하시오.
(1) 압축강도 시험용 공시체의 지름은 몇 mm 이상인가?
(2) 공시체의 양생온도는?
(3) 공시체의 몰드에서 떼어내는 시간은?

풀이
(1) 100mm
(2) 20±2℃(18~22℃)
(3) 16시간 이상 3일 이내

문제 10

CBR 시험을 한 결과 2.5mm 관입 때 시험하중이 4.75kN, 5.0mm 관입 때 시험하중이 6.25kN이었다. 각각의 CBR 값을 구하시오.
① $CBR_{2.5}$:
② $CBR_{5.0}$:

풀이
① $CBR_{2.5} = \dfrac{\text{시험하중}}{\text{표준하중}} \times 100 = \dfrac{4.75}{13.4} \times 100 = 35.4\%$

② $CBR_{5.0} = \dfrac{\text{시험하중}}{\text{표준하중}} \times 100 = \dfrac{6.25}{19.9} \times 100 = 31.4\%$

건설재료시험기능사 실기 작업형 출제시험 항목

- 흙의 다짐시험
- 시멘트 밀도시험

2022년 3월 20일 시행 실기 필답형 문제

「알려 드립니다」 한국산업인력공단의 저작권법 저촉에 대한 언급이 있어 과거에 출제된 동일한 문제나 그 유형의 문제로 재구성하였습니다.

문제 01 어떤 시료에 대하여 수축한계시험을 실시한 결과 자연함수비 41.4%, 소성한계 27.4%, 습윤토 체적 21.6cm³, 건조토 체적 15.6cm³, 건조토 질량 25g을 얻었다. 다음 물음에 답하시오. (단, $\gamma_w = 1.0 \text{g/cm}^3$이다.)

(1) 수축한계를 구하시오.
(2) 수축비를 구하시오.
(3) 흙 입자 밀도의 근사치를 구하시오.

풀이

(1) $\omega_s = \omega - \left[\dfrac{(V-V_0)}{W_0}\gamma_\omega \times 100\right] = 41.4 - \left[\dfrac{(21.6-15.6)}{25} \times 1 \times 100\right] = 17.4\%$

(2) $R = \dfrac{W_0}{V_0 \gamma_\omega} = \dfrac{25}{15.6 \times 1} = 1.6$

(3) $G_s = \dfrac{1}{\dfrac{1}{R} - \dfrac{\omega_s}{100}} = \dfrac{1}{\dfrac{1}{1.6} - \dfrac{17.4}{100}} = 2.22$

문제 02 다음의 잔골재 0.08mm체 통과량 시험 결과를 보고 물음에 답하시오.

[시험결과]
• 씻기 전 시료의 건조질량 : 500g
• 씻기 후 시료의 건조질량 : 486.4g

(1) 잔입자량의 백분율을 구하시오.
(2) 콘크리트 배합 설계시 사용 가능 유무를 판정하시오. (단, 콘크리트의 표면이 마모작용을 받는 경우)

풀이

(1) 잔입자량의 백분율 $= \dfrac{500-486.4}{500} \times 100 = 2.72\%$

(2) 사용 가능(적합)

※ 잔골재의 유해물 함유량의 한도는 최대치가 3%이므로 사용 가능하다.

문제 03 흙의 삼축압축시험에서 배수 조건 3가지를 쓰시오.
(1)
(2)
(3)

풀이
(1) 비압밀 비배수(UU)
(2) 압밀 비배수(CU)
(3) 압밀 배수(CD)

문제 04 다음 표는 시료의 체가름 결과이다. 물음에 답하시오.
(1) 잔류율, 가적잔류율을 구하시오.

체눈금(mm)	잔류량(g)	잔류율(%)	가적 잔류율(%)
10	5		
5	20		
2.5	66		
1.2	140		
0.6	212		
0.3	41		
0.15	14		
팬	2		

(2) 조립률을 구하시오.

풀이 (1)

체눈금(mm)	잔류량(g)	잔류율(%)	가적 잔류율(%)
10	5	1	1
5	20	4	5
2.5	66	13.2	18.2
1.2	140	28	46.2
0.6	212	42.4	88.6
0.3	41	8.2	96.8
0.15	14	2.8	99.6
팬	2	0.4	100

• 잔류율 = $\dfrac{\text{그 체의 잔류량}}{\text{전체질량}} \times 100$

• 가적 잔류율 = 각 체의 잔류율의 누계

(2) $FM = \dfrac{1+5+18.2+46.2+88.6+96.8+99.6}{100} = 3.6$

문제 05 콘크리트를 중량 배합비(시멘트 : 모래 : 자갈=1 : 2 : 4)로 혼합하려고 한다. 다음 물음에 답하시오. (단, W/C 50%이며 사용하는 시멘트는 20kg이다.)

(1) 물의 양을 구하시오.
(2) 모래의 양을 구하시오.
(3) 자갈의 양을 구하시오.

풀이 (1) $\dfrac{W}{C} = 50\%$ ∴ $W = C \times 0.5 = 20 \times 0.5 = 10\,\text{kg}$

(2) 1 : 2 : 4 비율이므로 모래 $= 20 \times 2 = 40\,\text{kg}$

(3) 1:2:4 비율이므로 자갈 $= 20 \times 4 = 80\,\text{kg}$

문제 06 자연상태 시료의 일축압축강도가 0.24MPa, 교란된 시료의 일축압축강도가 0.15MPa, 파괴면 각도는 60°이었다. 다음 물음에 답하시오.

(1) 내부 마찰각(ϕ)
(2) 점착력(C)
(3) 예민비(S_t)

풀이 (1) $\theta = 45° + \dfrac{\phi}{2}$

$60° = 45° + \dfrac{\phi}{2}$ ∴ $\phi = 30°$

(2) $C = \dfrac{q_u}{2\tan\left(45° + \dfrac{\phi}{2}\right)} = \dfrac{0.24}{2\tan\left(45° + \dfrac{30°}{2}\right)} = 0.07\,\text{MPa}$

(3) $S_t = \dfrac{q_u}{q_{ur}} = \dfrac{0.24}{0.15} = 1.6$

문제 07 자연상태의 함수비가 32%인 시료로 시험을 한 결과 액성한계가 40%, 소성한계가 20%이다. 다음 물음에 답하시오.

(1) 소성지수를 구하시오.
(2) 액성지수를 구하시오.
(3) NP(비소성)의 판정기준을 2가지만 쓰시오.

풀이 (1) $I_p = w_L - w_p = 40 - 20 = 20\%$

(2) $I_L = \dfrac{w_n - w_p}{I_p} = \dfrac{32 - 20}{20} = 0.6$

(3) ① 소성한계를 구할 수 없는 경우
② 소성한계와 액성한계가 일치하는 경우
③ 소성한계가 액성한계보다 큰 경우

문제 08 아스팔트 신도시험에 대한 다음 물음에 답하시오.
(1) 별도 규정이 없는 경우 시험온도와 시험 속도를 쓰시오.
(2) 저온에서 시험할 때 시험온도와 시험 속도를 쓰시오.
(3) 최소 시험 횟수 및 측정값의 단위를 쓰시오.

풀이
(1) 시험온도 : 25℃, 시험속도 : 5cm/min
(2) 시험온도 : 4℃, 시험속도 : 1cm/min
(3) 최소 시험 횟수 : 3회, 측정값의 단위 : cm

문제 09 콘크리트 휨강도 시험을 4점 재하장치로 실시한 결과 파괴시 최대 하중이 32kN이었을 때 휨강도를 구하시오. (단, 공시체의 크기는 150mm×150mm×530mm, 지간은 450mm이다.)

풀이 $f_b = \dfrac{Pl}{bh^2} = \dfrac{32,000 \times 450}{150 \times 150^2} = 4.27 \text{N/mm}^2 = 4.27 \text{MPa}$

문제 10 함수비가 20%인 어떤 흙 2,000g과 함수비가 3%인 3,200g의 흙을 합쳤을 때 흙의 함수비를 구하시오.

풀이
• 함수비 20%인 흙
  물 무게 $W_w = \dfrac{Ww}{100+w} = \dfrac{2,000 \times 20}{100+20} = 333.33 \text{kg}$
  흙입자 무게 $W_s = \dfrac{100W}{100+w} = \dfrac{100 \times 2,000}{100+20} = 1,666.67 \text{kg}$
• 함수비 3%인 흙
  물 무게 $W_w = \dfrac{Ww}{100+w} = \dfrac{3,200 \times 3}{100+3} = 93.20 \text{kg}$
  흙입자 무게 $W_s = \dfrac{100W}{100+w} = \dfrac{100 \times 3,200}{100+3} = 3,106.80 \text{kg}$
∴ $w = \dfrac{W_w}{W_s} \times 100 = \dfrac{333.33+93.20}{1,666.67+3,106.80} \times 100 = 8.94\%$

건설재료시험기능사 실기 작업형 출제시험 항목

• 흙의 다짐시험
• 시멘트 밀도시험

2022년 5월 29일 시행 | **실기 필답형 문제**

> 「**알려 드립니다**」 한국산업인력공단의 저작권법 저촉에 대한 언급이 있어 과거에 출제된 동일한 문제나 그 유형의 문제로 재구성하였습니다.

문제 01
아스팔트 침입도 시험에 대한 물음이다. 물음에 답하시오.
(1) "침입도 1"이란 표준침이 몇 mm 관입한 것을 말하는가?
(2) 침입도 시험의 표준이 되는 중량, 시험온도, 관입시간은 각각 얼마인가?

풀이
(1) $\frac{1}{10}$ mm
(2) ① 100g ② 25℃ ③ 5초

문제 02
흙의 삼축압축시험에서 배수 조건 3가지를 쓰시오.
(1)
(2)
(3)

풀이
(1) 비압밀 비배수(UU)
(2) 압밀 비배수(CU)
(3) 압밀 배수(CD)

문제 03
아래와 같이 골재의 체가름 시험을 하였다. 물음에 답하시오.

체(mm)	40	25	20	10	5	2.5	1.2	0.6	0.3	0.15
잔류량(g)	2	5	30	43	15	5	0	0	0	0

(1) 조립률을 계산하시오.
(2) 굵은골재의 최대치수는?

풀이
(1)

체(mm)	40	25	20	10	5	2.5	1.2	0.6	0.3	0.15
잔류율(%)	2	7	37	80	95	100	100	100	100	100

- 가적 잔유율 = 2+37+80+95+100+100+100+100+100 = 714
- 조립률 = $\frac{714}{100}$ = 7.14

(2) $G_{\max} = 25$mm
- 40mm체 통과율 = 100−2 = 98%
- 25mm체 통과율 = 100−7 = 93%

※ 굵은골재 최대치수란 질량으로 90% 이상 통과시키는 체 중에서 최소치수의 체눈을 공칭치수로 나타낸다.

문제 04

잔골재 밀도 시험 결과가 다음과 같다. 물음에 답하시오. (단, $\rho_w = 1\text{g/cm}^3$, 소수 셋째 자리에서 반올림하시오.)

- 물을 채운 플라스크의 질량 : 650g
- 표면건조 포화상태의 질량 : 500g
- 시료+물+플라스크의 질량 : 920g
- 노건조시료의 질량 : 480g

(1) 표건밀도
(2) 상대 겉보기 밀도
(3) 절건밀도

시험 두 번을 실시하여 그 측정값이 평균값과 차가 밀도 시험의 경우 (①)g/cm³ 이하, 흡수율 시험의 경우에는 (②)% 이하이어야 한다.

풀이

(1) 표건밀도 $= \dfrac{500}{650 + 500 - 920} \times 1 = 2.17\,\text{g/cm}^3$

(2) 상대 겉보기 밀도 $= \dfrac{480}{650 + 480 - 920} \times 1 = 2.29\,\text{g/cm}^3$

(3) 절건밀도 $= \dfrac{480}{650 + 500 - 920} \times 1 = 2.09\,\text{g/cm}^3$

문제 05

자연 함수비(w_n) 43.6%, 소성한계(w_p) 34.4%, 액성한계(w_L) 72.6%, 수축한계(w_s) 14.8%일 때 다음을 구하시오.

(1) I_P
(2) I_L
(3) C_c

풀이

(1) $I_P = w_L - w_P = 72.6 - 34.4 = 38.2\%$

(2) $I_L = \dfrac{w_n - w_p}{I_P} = \dfrac{43.6 - 34.4}{38.2} = 0.241$

(3) $C_c = 0.009(w_L - 10) = 0.009(72.6 - 10) = 0.56$

문제 06

다음 흙을 통일분류법에 의하여 분류하시오.

(1) 입도 분포가 불량인 모래
(2) 이탄 및 그 외의 유기질이 극히 많은 흙
(3) 입도 분포가 양호한 자갈

풀이
(1) SP
(2) P_t
(3) GW

문제 07

시멘트의 강도 시험방법(KS L ISO 679)에 의해 시멘트의 압축강도 시험을 실시하고자 한다. 시멘트 450g을 사용하여 공시체를 제작할 때 모래와 물의 사용량을 구하시오.

(1) 모래(표준사)의 양 :
(2) 물의 양 :
(3) 시험체 공시체의 규격 :

풀이
(1) 시멘트와 모래의 비율이 1 : 3이므로 $450 \times 3 = 1350\,g$
(2) $\dfrac{W}{C} = 0.5$이므로 $W = C \times 0.5 = 450 \times 0.5 = 225\,g$
(3) $40\,mm \times 40\,mm \times 160\,mm$

문제 08

노상토 지지력비(CBR) 시험 결과 아래 표와 같을 때 다음 물음에 답하시오.

관입량(mm)	시험 하중(kN)	표준 하중(kN)
2.5	4.5	13.4
5.0	6.2	19.9

(1) 관입량 2.5mm일 때 $CBR_{2.5}$ 값을 구하시오.
(2) 관입량 5.0mm일 때 $CBR_{5.0}$ 값을 구하시오.
(3) CBR 값을 구하시오.(단, 판정근거를 제시하시오.)

풀이
(1) $CBR_{2.5} = \dfrac{4.5}{13.4} \times 100 = 33.5\%$
(2) $CBR_{5.0} = \dfrac{6.2}{19.9} \times 100 = 31.1\%$
(3) $CBR_{2.5} > CBR_{5.0}$인 경우 CBR 값은 $CBR_{2.5}$값으로 한다.
∴ $CBR = 33.5\%$

문제 09

두께 10m의 점토층으로부터 시료를 채취하여 압밀시험을 하였더니 하중강도가 220 kN/m²에서 340 kN/m²로 증가할 때 간극비는 1.8에서 1.1로 감소하였다. 이 점토층의 압밀침하량을 구하시오.

풀이 $\Delta H = \dfrac{e_1 - e_2}{1 + e_1} H = \dfrac{1.8 - 1.1}{1 + 1.8} \times 10 = 2.5\,m = 250\,cm$

문제 10 콘크리트 배합설계에서 다음과 같은 결과를 얻었다. 물음에 답하시오.

- 잔골재 부피 : 0.262m³
- 잔골재 밀도 : 2.60g/cm³
- 굵은골재 부피 : 0.448m³
- 굵은골재 밀도 : 2.65g/cm³

(1) 잔골재율(S/a)을 구하시오.
(2) 단위잔골재량을 구하시오.
(3) 단위굵은골재량을 구하시오.

풀이

(1) $S/a = \dfrac{S_V}{S_V + G_V} \times 100 = \dfrac{0.262}{0.262 + 0.448} \times 100 = 36.90\%$

(2) S = 잔골재 밀도 × 잔골재 부피 × 1000
   $= 2.60 \times 0.262 \times 1000 = 681.2\,\text{kg/m}^3$

(3) G = 굵은골재 밀도 × 굵은골재 부피 × 1000
   $= 2.65 \times 0.448 \times 1000 = 1187.2\,\text{kg/m}^3$

건설재료시험기능사 실기 작업형 출제시험 항목

- 흙의 다짐시험
- 시멘트 밀도시험

2022년 11월 6일 시행 | 실기 필답형 문제

> 「**알려 드립니다**」 한국산업인력공단의 저작권법 저촉에 대한 언급이 있어 과거에 출제된 동일한 문제나 그 유형의 문제로 재구성하였습니다.

문제 01

다음은 골재의 체가름 시험 결과이다. 물음에 답하시오.

(1) 빈칸의 성과표를 완성하시오.

체 크기(mm)	잔유량(g)	잔유율(%)	가적잔유율(%)
75	0		
50	0		
40	250		
30	1350		
25	2200		
20	2760		
15	4012		
10	2005		
5	1420		
2.5	0		

(2) 조립률을 구하시오.

풀이

(1)

체 크기(mm)	잔유량(g)	잔유율(%)	가적잔유율(%)
75	0	0	0
50	0	0	0
40	250	1.79	1.79
30	1350	9.64	11.43
25	2200	15.71	27.14
20	2760	19.71	46.85
15	4012	28.68	75.53
10	2005	14.32	89.95
5	1420	10.14	100
2.5	0	0	100

- 잔유율 $= \dfrac{\text{해당 체의 잔유율}}{\text{전체 질량}} \times 100$
- 가적 잔유율 = 각 체의 잔유율의 누계

(2) 조립률 $= \dfrac{1.79 + 46.85 + 89.95 + 100 + 100 + 100 + 100 + 100 + 100}{100} = 7.39$

여기서, 조립률에 해당되는 75, 40, 20, 10, 5, 2.5, 1.2, 0.6, 0.3, 0.15mm 체의 가적잔유율을 사용한다.

문제 02 자연 함수비(w_n) 43.6%, 소성한계(w_p) 34.4%, 액성한계(w_L) 72.6%, 수축한계(w_s) 14.8%일 때 다음을 구하시오.

(1) I_P
(2) I_L
(3) I_S

풀이
(1) $I_P = w_L - w_P = 72.6 - 34.4 = 38.2\%$
(2) $I_L = \dfrac{w_n - w_p}{I_P} = \dfrac{43.6 - 34.4}{38.2} = 0.241$
(3) $I_S = w_p - w_s = 34.4 - 14.8 = 19.6\%$

문제 03 시멘트의 강도 시험방법(KS L ISO 679)에 의해 시멘트의 압축강도 시험을 실시하고자 한다. 시멘트 450g을 사용하여 공시체를 제작할 때 모래와 물의 사용량을 구하시오.

(1) 모래(표준사)의 양 :
(2) 물의 양 :

풀이
(1) 시멘트와 모래의 비율이 1 : 3이므로 $450 \times 3 = 1350\,g$
(2) $\dfrac{W}{C} = 0.5$이므로 $W = C \times 0.5 = 450 \times 0.5 = 225\,g$

문제 04 어떤 흙의 입도시험 결과 입경가적곡선에서 $D_{10} = 0.14\,mm$, $D_{30} = 0.26\,mm$, $D_{60} = 0.7\,mm$일 때 균등계수와 곡률계수를 구하시오.

(1) 균등계수
(2) 곡률계수

풀이
(1) $C_u = \dfrac{D_{60}}{D_{10}} = \dfrac{0.7}{0.14} = 5$
(2) $C_g = \dfrac{(D_{30})^2}{D_{10} \times D_{60}} = \dfrac{(0.26)^2}{0.14 \times 0.6} = 0.8$

문제 05

자연 시료의 일축압축강도가 0.4MPa, 파괴면 각도가 60°이다. 교란된 시료의 일축압축강도가 0.08MPa이다. 다음 물음에 답하시오.

(1) 내부마찰각을 구하시오.
(2) 점착력을 구하시오.
(3) 예민비를 구하시오.

풀이

(1) $\theta = 45° + \dfrac{\phi}{2}$

$60° = 45° + \dfrac{\phi}{2}$

$\therefore \phi = 30°$

(2) $C = \dfrac{q_u}{2\tan\left(45° + \dfrac{\phi}{2}\right)} = \dfrac{0.4}{2\tan\left(45° + \dfrac{30°}{2}\right)} = 0.11 \text{MPa}$

(3) $S_t = \dfrac{q_u}{q_{ur}} = \dfrac{0.4}{0.08} = 5$

문제 06

흙의 다짐 효과에 대해 3가지만 쓰시오.

풀이

① 지반의 지지력이 증대된다.
② 압축, 투수성이 감소된다.
③ 지반의 침하를 감소시킬 수 있다.
④ 동상, 팽창, 수축 등이 감소된다.
⑤ 전단강도가 증가되므로 사면의 안정성이 증대된다.

문제 07

규격이 150×150×530mm인 휨강도 공시체를 이용하여 휨강도 시험을 한 결과 35,000N에서 공시체가 파괴되었다면 이 경우의 휨강도 값을 계산하시오. (단, 지간은 450mm이다.)

풀이

$f_b = \dfrac{Pl}{bd^2} = \dfrac{35,000 \times 450}{150 \times 150^2} = 4.67 \text{MPa}$

문제 08

도로 현장에서 들밀도 시험을 한 결과 파낸 구멍의 단면적이 19.6cm², 높이는 10cm이었고 이때 구멍에서 파낸 흙의 무게는 375g이었다. 이 흙의 함수비는 22.8%, 비중은 2.65인 경우 다음 물음에 답하시오.

(1) 건조밀도를 구하시오.
(2) 포화도를 구하시오.
(3) 포화밀도를 구하시오.

풀이 (1) 습윤밀도 $\rho_t = \dfrac{W}{V} = \dfrac{375}{19.6 \times 10} = 1.913\,\text{g/cm}^3$

∴ 건조밀도 $\rho_d = \dfrac{\rho_t}{1+\dfrac{\omega}{100}} = \dfrac{1.913}{1+\dfrac{22.8}{100}} = 1.558\,\text{g/cm}^3$

(2) 공극비 $e = \dfrac{\rho_w}{\rho_d} G_s - 1 = \dfrac{1}{1.558} \times 2.65 - 1 = 0.701$

∴ 포화도 $S = \dfrac{G_s\, w}{e} = \dfrac{2.65 \times 22.8}{0.701} = 86.19\%$

(3) 포화밀도 $\rho_{sat} = \dfrac{G_s + e}{1+e}\rho_w = \dfrac{2.65+0.701}{1+0.701} \times 1 = 1.97\,\text{g/cm}^3$

문제 09 다음 물음에 답하시오.

(1) 아스팔트 신도시험(KSM 2254)에서 시료를 몇 mm체로 걸러서 몰드에 약간 넘치도록 부어 넣는가?
(2) 콘크리트 배합에 사용하는 굵은 골재는 몇 mm체에 남는 골재를 사용하는가?

풀이 (1) 0.3mm(300μm)체
(2) 5mm체(보충 : 잔골재는 5mm체를 통과하고 0.08mm체 남는 골재를 사용한다.)

문제 10 골재에 포함된 잔입자(0.08mm체를 통과하는) 시험 결과를 보고 물음에 답하시오.

[시험결과]
• 씻기 전 시료의 건조질량 : 500g
• 씻기 후 시료의 건조질량 : 485.8g

(1) 0.08mm체 통과시료 질량은?
(2) 0.08mm체 통과율은?
(3) 잔입자의 허용 통과율은 몇 % 이하인가?

풀이 (1) 통과 시료질량 = 500 − 485.8 = 14.2g
(2) 통과율 = $\dfrac{500-485.8}{500} \times 100 = 2.84\%$
(3) 3% 이하

건설재료시험기능사 실기 작업형 출제시험 항목

• 흙의 다짐시험
• 시멘트 밀도시험

건설재료시험 기능사 | **작업과정별 사진광경** | # 작업형 문제

> 　작업형 시험은 50점 만점으로 액성한계, 시멘트 밀도, 흙의 다짐, 잔골재밀도 시험 중 2과제가 주로 출제됩니다.
> 　채점은 시험의 과정별 진행에 따라 채점기준에 적합하게 수행하면 감점이 없으며 최종적으로 답안을 작성하는 과정과 시험 후 뒷정리하는 것까지 채점 대상이 됩니다.
> 　시험은 같은 과제를 동시에 2개조로 나누어서 진행되며 해당 과제별로 감독관의 지시에 따라야 한다.
> 　시험과정에 다소 서툴더라도 너무 긴장하지 마시고 시험종목별 시험과정의 사진을 잘 숙지하여 시험에 임하면 되겠습니다.

1. 시멘트의 밀도시험

1) 시험기구 및 재료
　　(1) 르샤틀리에 병(274cc)　　(2) 철사
　　(3) 깔때기(유리)　　　　　　(4) 헝겊
　　(5) 비커　　　　　　　　　　(6) 저울(용량 200g)
　　(7) 스푼　　　　　　　　　　(8) 시료팬(작은 용기)
　　(9) 시멘트(64g)　　　　　　 (10) 광유

2) 시험순서의 유의사항
　　(1) 병의 눈금 0~1cc 사이에 광유를 채운 후 병 목 부분에 묻은 광유를 마른걸레로 닦아낸다.(철사 끝에 헝겊을 감아서 잘 닦아내야 시멘트를 넣을 경우 병 내부에 묻지 않고 잘

넣을 수 있으므로 충분히 닦는다.)
(2) 광유의 표면눈금을 읽어 기록한다.(눈금을 읽을 경우 광유의 밑부분을 정확히 읽는다.)
(3) 시멘트 64g를 정확하게 계량한다.(작은 용기에 시멘트를 담고 측정한다.)
(4) 시멘트를 병에 유실이 없도록 넣는다.(병 윗부분에 유리 깔때기를 올려놓고 반 스푼보다 적게 내려가는 것보고 막히지 않게 천천히 넣는다.)
(5) 시멘트를 넣은 후 내부의 공기를 없애고 광유표면의 눈금을 읽고 기록한다.(병을 조금 기울여 굴리거나 천천히 수평으로 돌려 시멘트 속의 공기방울이 올라오지 않을 때까지 공기를 완전히 없앤다.)
(6) 성과표에 밀도값 계산 근거를 기록한다.(시멘트 밀도 $= \dfrac{\text{시멘트 질량}(64g)}{\text{병의 눈금차}}$)

〈시험과정〉

①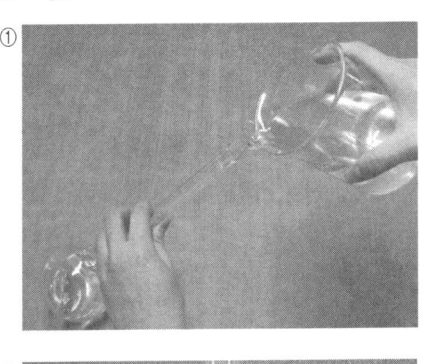

②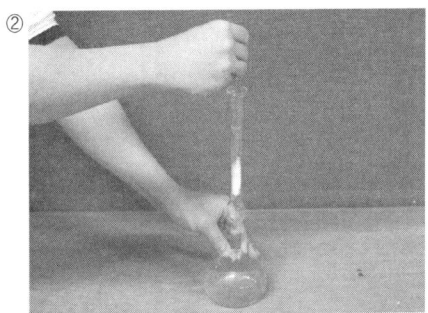

③

④

⑤

⑥

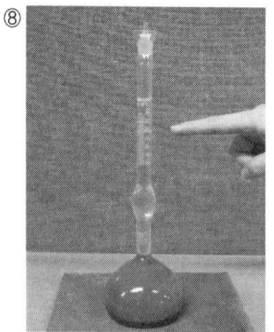

3) 시험 성과표 작성

[시멘트의 밀도시험 성과표]

측정 번호	1	2
병의 번호		
처음의 광유 눈금(cc)		
시료의 질량(g)		
시료 넣은 후 광유의 눈금(cc)		
밀도		

[시멘트의 밀도시험(예)]

측정 번호	1	2
병의 번호	5번	
처음의 광유 눈금(cc)	0.4ml	
시료의 질량(g)	64g	
시료 넣은 후 광유의 눈금(cc)	21.ml	
밀도	3.08	

• 계산란

$$\text{밀도} = \frac{\text{시료의 질량}}{\text{눈금의 차}} = \frac{64}{21.2 - 0.4} = 3.08 \text{g/cm}^3$$

[시멘트의 밀도시험]

주요항목	세부항목	항목번호	항목별 채점방법	배점
시멘트의 밀도시험 (20점)	시험순서와 방법 (15점)	1	병을 눈금 0~1ml 사이에 광유를 채운 후 병의 목부분에 묻은 광유는 마른걸레로 닦아낸다.	3
		2	광유의 표면눈금을 읽어 기록한다.	3
		3	시멘트 64g을 정확하게 칭량한다.	3
		4	시멘트를 병에 넣을 때 목부분에 넣어 유실되지 않도록 조심하면서 넣는다.	3
		5	시멘트를 전부 넣은 다음 내부의 공기를 없앤다. 이때 광유가 휘발되지 않도록 주의하여야 하며, 광유의 표면이 가리키는 눈금을 읽는다.	3
		※ 위 항목 중 결격이 없으면 15점, 결격시 항목당 3점씩 감점		
	결과 (5점)	6	밀도값을 계산할 줄 알면 5점, 모르면 0점	5
		※ 배점은 2종목의 선택에 따라 달라짐		

2. 잔골재의 밀도시험

1) 시험기구 및 재료
   (1) 저울(용량 2kg)
   (2) 원뿔형 몰드 및 다짐대
   (3) 플라스크(용량 500ml)
   (4) 분무기
   (5) 시료팬
   (6) 피펫
   (7) 탈지면
   (8) 비커
   (9) 모래 또는 표준사(표건상태 500g)
   (10) 스패츌러

2) 시험순서
   (1) 시료를 원뿔형 몰드에 넣어 다짐대로 25회 자유낙하시킨다.(시험할 시료를 1kg 정도 채취하여 분무기로 물을 약간 뿌리고 몰드에 가득 채워 다짐대로 25회 낙하하여 몰드를 들어올린다.)
   (2) 원뿔형 몰드를 빼올렸을 때 시료가 조금씩 흘러내리는 상태가 되도록 반복하여 표면건조 포화상태의 시료를 만든다.(처음에 물을 너무 많이 넣으면 습윤상태가 되므로 약간 뿌린다.)
   (3) 표면건조 포화상태의 시료 500g 이상 계량한다. ·························· m
   (4) 약간의 물이 담긴 플라스크에 시료 500g 이상을 넣고 기포를 없애고 무게를 측정한다. (플라스크를 경사지게 하여 굴리면 기포가 서서히 상승하게 되며 이때 탈지면 또는 피펫을 이용하여 기포를 제거한다. 그리고 주의할 점은 밀도값의 차이는 이 과정에서 나타나므로 기포를 확실하게 제거시킨다.) ·························· C
   (5) 플라스크에 물을 500ml의 눈금에 일치하게 하고 질량을 측정한다.(물을 플라스크에 넣을 경우 주위에 물이 묻지 않도록 한다.) ·························· B
   ※ 시험순서에서 (4), (5) 순서를 서로 바꾸어서 해도 감독관에 따라 문제가 없다고 본다.
   (6) 성과표에 밀도값 계산 근거를 기록한다.

$$\text{표면건조 포화상태의 밀도} = \frac{m}{B+m-C} \times \rho_w$$

〈시험과정〉

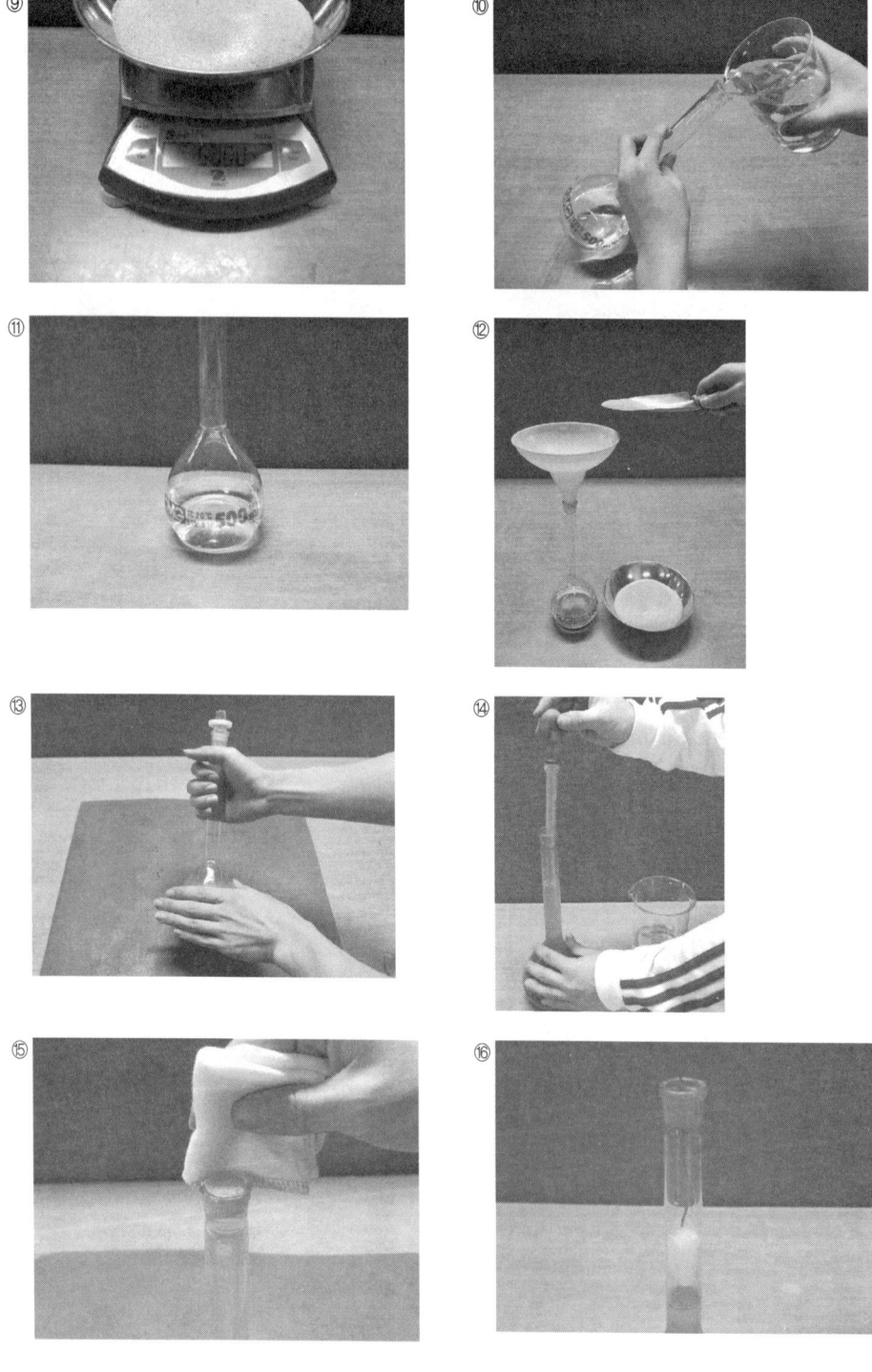

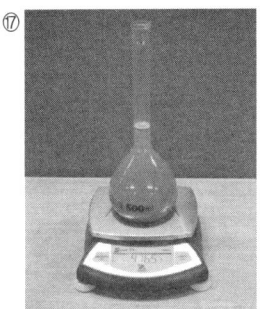

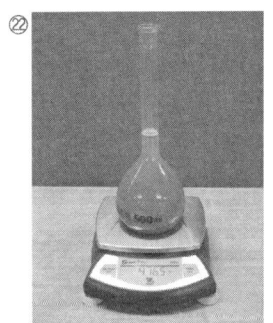

3) 시험 성과표 작성

[잔골재의 밀도시험 성과표]

측정 번호	1	2
병의 번호		
(플라스크+물)의 질량(g)		
시료의 질량(g)		
(플라스크+물+시료)의 질량(g)		
표면건조 포화상태의 밀도		

[잔골재의 밀도시험(예)]

측정 번호	1	2
병의 번호	12번	
(플라스크+물)의 질량(g)	664.2g	
시료의 질량(g)	500g	
(플라스크+물+시료)의 질량(g)	973.5g	
표면건조 포화상태의 밀도	2.62 g/cm^3	

- 산출 근거 : 밀도 $= \dfrac{500}{664.2+500-973.5} \times 1 = 2.62 \text{g/cm}^3$
- 물의 밀도(ρ_w)는 1g/cm^{3}일 경우
- 표면건조 포화상태 시료 500g 이상을 사용한다.

[잔골재의 밀도시험]

주요항목	세부항목	항목번호	항목별 채점방법	배점
잔골재의 밀도시험 (30점)	시험순서와 방법 (24점)	7	습윤상태의 잔골재를 건조기에 골고루 펴서 건조시킨다.	3
		8	시료를 원뿔형 몰드에 넣을 때 다지지 않고 천천히 넣는다.	3
		9	원추형 몰드에 시료를 가득 채훈 후 맨위의 표면을 다짐대로 가볍게 25회 다진다.	3
		10	원추형 몰드에 빼올렸을 때 시료가 조금씩 흘러내리는 상태가 되도록 반복하고 500g 이상 채취한다.	3
		11	플라스크에 물을 약간 붓고 채취한 시료를 조심스럽게 넣는다.	3
		12	시험 도중 플라스크를 편평한 면에 굴려서 플라스크 내부에 있는 기포를 없앤 후 질량을 측정한다.	3
		13	플라스크에 물 또는 시료를 넣은 후 질량을 측정할 때 플라스크의 표면을 수건으로 깨끗이 닦아낸다.	3
		14	플라스크에 물을 500mℓ 눈금에 일치하게 하고 질량을 측정한다.	3
		※ 위 항목 중 결격이 없으면 24점(16점), 결격시 항목당 3점씩 감점 (8항×3점=24점)		
	시험결과 (6점)	15	밀도값을 계산할 줄 알면 6점, 모르면 0점	6
		※ 시험장에서 항목번호 14, (11, 12) 순서를 서로 바뀌어서 해도 감독관에 따라 문제가 없다고 본다. ※ 배점은 2종목의 선택에 따라 달라짐.		

3. 흙의 액성한계시험

1) 시험기구 및 재료
   (1) 액성한계 측정기 및 함수량 캔
   (2) 홈파기 날
   (3) 헝겊
   (4) 증발접시
   (5) 스패출러
   (6) 저울(용량 2kg)
   (7) 분무기
   (8) 흙
   (9) 전열기

2) 시험순서
   (1) No.40(0.425mm)체로 체가름하여 시료를 약 200g 정도 채취한다.(시험장에 시료가 준비되어 있을 경우는 체를 칠 필요없이 필요한 양을 시료삽으로 채취한다.)
   (2) 시료를 증발접시에 넣고 분무기로 증류수를 가하여 스패출라로 잘 혼합한다.(물을 조금씩 분무기로 뿌리면서 스패출러로 혼합하며 시험자가 반죽상태를 판단하여 너무 질거나 너무 되지 않을 정도로 반죽한다. 그렇게 하려면 사전에 충분한 연습이 필요하다. 시간관계상 1회에 시험을 하므로 시험자가 반죽상태를 25회 타격 부근에 맞게 함수비를 살수한다.)
   (3) 헝겊에 물을 좀 뿌려 습한 상태로 증발접시를 덮어 놓는다.(시험장에서 헝겊을 주면 덮는 과정을 반드시 잊지 말아야 한다.)
   (4) 황동접시의 높이가 1cm 되도록 나사를 풀어 조절한다.(나사가 위와 뒤에 있는데 처음부터 풀지 말고 일단 손잡이를 회전시켜 황동접시가 1cm 높이가 되는지 확인 후 조정한다.)
   (5) 사용할 함수량 캔의 질량을 측정하고 성과표에 기록한다.(측정질량은 소수 첫째 자리까지 측정한다.)
   (6) 증발접시의 시료를 스패출러를 이용하여 황동접시에 1cm 높이가 되도록 조금씩 넣어 반듯하게 고르고 홈파기 날로 시료를 2등분하여 가른다.(2등분할 때 홈파기 날로 위에서 아래로, 또는 아래서 위로 해도 무방하나 깨끗하게 2등분하도록 2~3회 정도 반복해도 된다.)

(7) 1초당 2회 속도로 회전시켜 갈라놓은 시료의 붙는 길이가 1.3cm 접할 때 타격횟수를 측정하고 접한 부분의 시료를 채취하여 함수비를 측정한다.(타격횟수가 25회 부근이 되도록 잘 반죽된 상태에서 시험하였다면 그 부근의 타격횟수가 나오므로 성과표에 기록과 함께 13mm 접한 부위의 시료를 스패츌러로 떠 채취하고 함수량 캔에 넣고 질량을 측정한 후 전열기에 놓고 일정한 시간이 경과하거나 마른 다음 건조된 상태의 질량을 계량하여 함수비를 구한다.)
(8) 성과표에 함수비 계산 근거를 기록한다.
$$w = \frac{W_W}{W_S} \times 100$$

〈시험과정〉

5-152 • 제5편 실기 기출문제

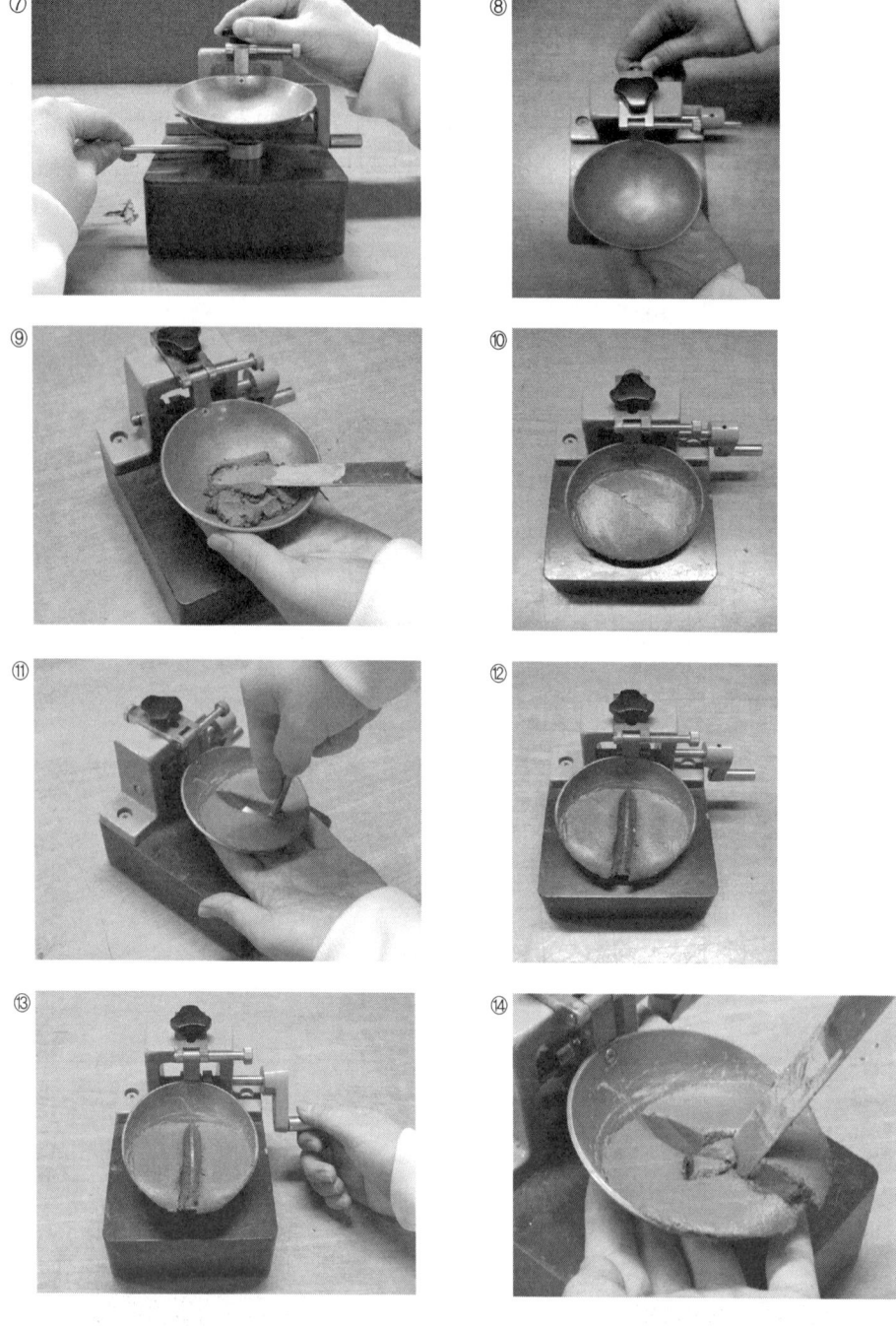

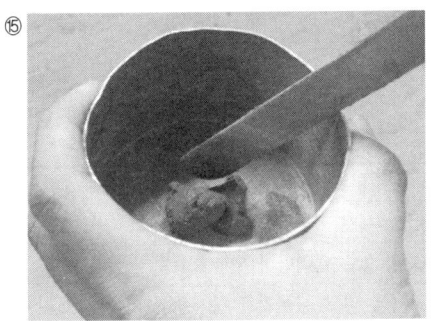
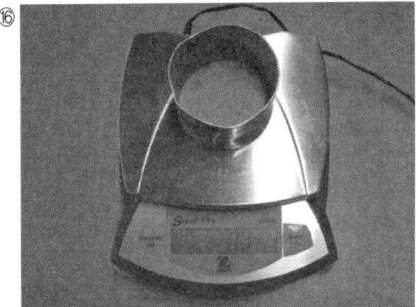

3) 시험 성과표 작성

[흙의 액성한계시험 성과표]

측정 번호	1	2
용기번호		
(습윤토+용기)의 질량(g)		
(건조토+용기)의 질량(g)		
물의 질량(g)		
용기의 질량(g)		
건조토의 질량(g)		
타격횟수		
함수비		

[흙의 액성한계시험(예)]

측정 번호	1	2
용기번호	7번	
(습윤토+용기)의 질량(g)	25.8g	
(건조토+용기)의 질량(g)	24.3g	
물의 질량(g)	1.5g	
용기의 질량(g)	17.9g	
건조토의 질량(g)	6.4g	
함수비	23.4%	

• 계산란 : 함수비
$$w = \frac{W_W}{W_s} \times 100(\%) = \frac{1.5}{6.4} \times 100 = 23.4\%$$

[흙의 액성한계시험]

주요항목	세부항목	항목번호	항목별 채점방법	배점
흙의 액성한계시험 (28점)	시료조제 (8점)	1	1) No.40(0.425mm)체로 체가름한다.	2
			2) 시료를 약 200g 정도 채취한다.	2
			3) 시료를 증발접시에 넣고 분무기로 증류수를 가하여 스패츌러로 잘 혼합한다.	2
			4) 여기에 습한 포를 덮어 방치해 둔다.	2
			※ 위 항목에 결격이 없으면 항목당 2점씩(2점×4항=8점)	
	시험순서와 방법 (15점)	2	1) 측정기의 조절판나사를 풀어서 접시의 밑판에서 정확히 1cm의 높이가 되도록 조절하여 고정시킨다.	3
			2) 시료를 접시에 두께 1cm가 되도록 넣고 스패츌러로 잘 반죽하여 한다.	3
			3) 홈파기날을 황동접시의 밑에 직각으로 놓고 칼끝의 중심선을 통하여 황동접시의 지름에 따라 시료를 둘로 나눈다.	3
			4) 황동접시를 대에 설치하여 크랭크를 회전시켜 1초 동안에 2회의 비율로 대 위에 떨어뜨린다.	3
			5) 홈의 밑부분에 흙이 약 1.3cm가 되도록 이 조작을 계속한다.	3
			※ 위 항목에 결격이 없으면 항목당 3점씩 배점(3점×5항=15점)	
	시험결과치 정리 (5점)	3	시험결과치를 주어진 양식에 기재하고 계산하는 과정이 옳으면 5점, 아니면 0점	5
			※ 배점은 2종목의 선택에 따라 달라짐.	

4. 흙의 다짐시험(A다짐)

1) 시험기구 및 재료
   (1) 저울(용량 20kg)
   (2) 시료팬
   (3) 추출기
   (4) 다짐몰드 및 다짐 래머
   (5) 분무기 또는 메스실린더
   (6) 삼각 곧은날
   (7) 함수량 캔
   (8) 시료 삽
   (9) 흙

2) 시험순서
   (1) 19mm 통과시료를 4kg 정도 채취한다.(정확한 질량으로 계량하지 말고 시료팬에 반 정도면 가능할 길로 판단된다.)
   (2) 시료에 최적함수비가 되도록 물을 가하여 충분히 혼합한다.(시간관계상 1회에 시험을 측정하므로 최적함수비가 되도록 물을 첨가하는데, 혼합한 상태에서 손으로 흙을 쥐어 봐서 모양이 형성되면서 단단한 느낌이 들면 최적함수비 상태에 도달했다고 생각할 수 있다.)
   (3) 밑판과 몰드를 결합하여 질량을 측정하고 기록한다.(칼라는 조립하지 말고 질량을 측정하며 절대 밑판과 몰드를 분리하지 않는다.)
   (4) 밑판과 몰드에 칼라는 결합시켜 2.5kg 래머로 각층 25회씩 3층으로 다진다.(칼라 윗부분까지 고려하여 1/3씩 채워 각각 25회 다짐을 실시하는데 2/3 채워 다짐을 할 때는 시료를 몰드 윗부분까지 채우고 다짐하면 칼라를 해체할 경우 흙이 떨어지는 것을 방지하는데 도움이 된다. 다짐시 자유낙하한다.)
   (5) 칼라를 시료가 파괴되지 않게 벗기고 삼각 곧은날로 몰드 윗부분을 깎은 후 무게를 측정한다.(칼라를 몰드에서 해체할 때 사전에 시료 삽을 이용하여 칼라 밑부위와 몰드 윗부위의 흙을 조심스럽게 긁어내어 칼라를 좌우로 회전시키면서 해체하면 칼라에 시료가 따라 올라오지 않는다. 만약 파괴가 발생하여 몰드에 흙이 파인 경우는 즉시 일부 흙을 손으로

채우고 삼각 곧은 날로 눌러 매끈하게 한다.)
(6) 시료 추출기를 이용하여 시료를 추출시킨다.(밑판을 떼어내고 추출기 사이에 놓고 잭을 상하로 반복 작업하여 시료를 위로 나오게 한 다음 시료를 옆으로 내려놓고 잭 봉을 이용하여 유압나사를 왼쪽으로 약간 돌린 후 추출판을 봉으로 눌러 원위치로 내려오도록 하고 유압나사를 봉을 이용하여 오른쪽으로 돌려놓는다.)
(7) 추출된 시료를 삼각 곧은날로 중앙 수직으로 절단하여 함수비 측정시료를 채취한다.(함수량 캔을 1개로 측정할 경우는 시료를 눕혀 놓고 세로로 절단하여 중앙부위에서 흙을 채취하여 손으로 부수면서 함수량 캔에 담는다.)
(8) 성과표를 작성 후 시료가 담긴 함수량 캔을 제출한다.
(9) 성과표에 습윤 단위용적질량의 계산 근거를 기록한다.

$$습윤\ 단위용적질량\ \gamma_t = \frac{W}{V}$$

여기서, A다짐의 체적 $V = 1,000 \text{cm}^3$이다.
$W = ⑤ - ③$

〈시험과정〉

①

②

③

④

⑮

※ ⑬번처럼 시료추출기를 이용할 수 없는 경우는 밑판을 해체한 흙이 담긴 몰드를 바닥에 있는 칼라 위에 놓고 다짐 해머로 내려찍어 일정한 흙을 채취한다.
또는 고무망치로 몰드 외부를 타격하여 추출해도 된다.

3) 시험 성과표 작성

[흙의 다짐시험 성과표]

측정 번호	1	2
(몰드+밑판+습윤시료)의 질량(g)		
(몰드+밑판)의 질량(g)		
습윤시료의 질량(g)		
습윤밀도(γ_t)		

[흙의 다짐시험 성과표(예)]

측정 번호	1	2
(몰드+밑판+습윤시료)의 질량(g)	5,537g	
(몰드+밑판)의 질량(g)	3,647g	
습윤시료의 질량(g)	1,890g	
습윤밀도(γ_t)	1.89g/cm³	

• 계산란

$\gamma_t = \dfrac{W}{V} = \dfrac{1,890}{1,000} = 1.89\,\text{g/cm}^3$

($W = 5,537 - 3,647 = 1,890\,\text{g}$)

[흙의 다짐시험]

주요항목	세부항목	항목번호	항목별 채점방법	배점
흙의 다짐시험 (30점)	시료 조제 (6점)	4	1) 흙 덩어리를 부수고 4분법에 의해 채취한다.	3
			2) 체가름하여 19mm체를 통과한 시료를 사용한다.	3
		※ 위 항목에 결격이 없으면 항목당 2점씩(3점×2항=6점)		
	시험순서와 방법 (21점)	5	1) 시료에 적당량의 물을 가하여 충분히 혼합한다.	3
			2) 혼합한 시료를 칼라를 붙인 몰드에 채우고 무게 2.5kg래머를 사용하여 매층당 25회씩 다진다.	3
			3) 몰드는 φ100mm를 사용하고 3층으로 나누어 다진다.	3
			4) 다짐을 하기 전에 빈 몰드 및 밑판의 무게를 측정하고 다짐을 한 후 몰드 및 밑판 주위를 깨끗이 하여(몰드 및 밑판+시료)의 무게를 측정한다.	3
			5) 래머를 스톱퍼까지 확실하게 들어올려 낙하시킨다.	3
			6) 칼라를 떼어낼 때 파괴 없이 제거한다.	3
			7) 함수비 측정용 시료를 채취할 때 추출시킨 몰드를 중앙 수직으로 절단하여 중심부에서 골라 채취한다.	3
		※ 위 항목 중 결격이 없으면 21점, 결격시 항목당 배점씩 감점		
	시험결과치 정리 (3점)	6	시험결과치를 주어진 양식에 기재하고 계산하는 과정이 옳으면 3점, 아니면 0점	3
		※ 배점은 2종목의 선택에 따라 달라짐.		

※ 유의사항

1) 시험의 전 과정(필답형, 작업형)을 응시하지 않으면 실격 처리된다.
2) 산출 근거가 없는 계산값은 채점 대상에서 제외한다.
3) 답안을 작성하는 경우 반드시 흑색 또는 청색 필기구(연필류 제외) 중 동일한 색의 필기구만을 계속 사용하여야 하며 기타의 필기구를 사용한 답안항은 0점 처리된다.

건설재료시험기능사 필기 · 실기　　　정가 30,000원

- 저　자　고　　행　　만
- 발 행 인　차　　승　　녀

- 2009년　3월　5일　제1판　제1인쇄 발행
- 2017년　9월　5일　제10판　제1인쇄 발행
- 2018년　7월　20일　제11판　제1인쇄 발행
- 2019년　9월　20일　제12판　제1인쇄 발행
- 2021년　1월　15일　제13판　제1인쇄 발행
- 2022년　2월　28일　제14판　제1인쇄 발행
- 2023년　2월　10일　제15판　제1인쇄 발행
- 2023년　11월　20일　제16판　제1인쇄 발행
- 2024년　9월　10일　제17판　제1인쇄 발행

도서출판 건기원

(등록 : 제11-162호, 1998. 11. 24)

경기도 파주시 연다산길 244(연다산동 186-16)
TEL : (02)2662-1874~5　　FAX : (02)2665-8281

★ 건기원은 여러분을 책의 주인공으로 만들어 드리며 출판 윤리 강령을 준수합니다.
★ 본 수험서를 복제 · 변형하여 판매 · 배포 · 전송하는 일체의 행위를 금하며, 이를 위반할 경우 저작권법 등에 따라 처벌받을 수 있습니다.

ISBN　979-11-5767-854-9　13530